工程测量百问

GONGCHENG CELIANG BAIWEN

王百发　张　潇　徐亚明
刘东庆　王双龙　编著

中国计划出版社
北　京

图书在版编目（CIP）数据

工程测量百问 / 王百发等编著. -- 北京 : 中国计划出版社, 2023.3
ISBN 978-7-5182-1494-5

Ⅰ. ①工… Ⅱ. ①王… Ⅲ. ①工程测量—问题解答 Ⅳ. ①TB22-44

中国版本图书馆CIP数据核字(2022)第193964号

责任编辑：刘　涛　　封面设计：韩可斌
责任校对：王　巍　　责任印制：李　晨　王亚军

中国计划出版社出版发行
网址：www.jhpress.com
地址：北京市西城区木樨地北里甲 11 号国宏大厦 C 座 3 层
邮政编码：100038　电话：（010）63906433（发行部）
三河富华印刷包装有限公司印刷

787mm×1092mm　1/16　30.5 印张　736 千字
2023 年 3 月第 1 版　2023 年 3 月第 1 次印刷

定价：128.00 元

作 者 简 介

王百发：1963 年 6 月生于陕西大荔，中国有色金属工业西安勘察设计研究院有限公司副总工程师、正高级工程师。

1987 年 7 月毕业于武汉测绘科技大学，长期从事各种大型复杂的工程测量工作。1998—2001 年在新加坡 FGLS Land Survey Consultants Pte. Ltd. 及 Nishimatsu Construction Co. 日本西松建设新加坡分公司工作学习并担任测量师，在东北地铁线 C708 项目从事地铁隧道施工测量工作。

主编国家标准《工程测量规范》GB 50026—2007、《工程测量标准》GB 50026—2020 和行业标准《工程测量作业规程》YS/T 5228—2022，参编国家标准《工程测量通用规范》GB 55018—2021、《工程测量基本术语标准》GB/T 50228—2011、《工程摄影测量规范》GB 50167—2014 和行业标准《建筑变形测量规范》JGJ 8—2016。

获省部级优秀工程一等奖 3 项、二等奖 2 项、科技进步二等奖 1 项。

兼任陕西省欧美同学会常务理事，陕西省测绘学会常务理事、理事，第十、十一届中国民主建国会西安市委员会委员，第十一届雁塔区政协委员。

张潇：1964 年 7 月生于湖北松滋，长江空间信息技术工程有限公司（武汉）正高级工程师，国家注册测绘师、注册土木工程师（水利水电工程）。

1987 年 7 月毕业于武汉测绘科技大学，主要从事大型水利水电枢纽工程、特大型桥梁工程、南水北调中线工程、长江大保护等工程测量和工程安全监测设计及技术管理工作。

参编国家标准《工程测量规范》GB 50026—2007、《工程测量标准》GB 50026—2020，主编（主审）和编写专著及大学教材 3 部，发表专业论文近 20 篇。

主要参与的“长江三峡工程高边坡变形监测”等获优秀勘察工程项目金质奖 3 项，多项成果获湖北省重大科学技术成果等。

兼任中国地理信息产业协会常务理事，湖北省测绘行业协会会长。

徐亚明：1964 年 8 月生于江苏泰兴，武汉大学教授，博士生导师。

1983 年进入武汉测绘学院就读，专业为工程测量。1990 年硕士研究生毕业留校任教，2002 年获博士学位。主要研究方向为精密工程测量、数字近景摄影测量。

主持国家“863 计划”、国家自然科学基金、国家测绘局科技项目，获国家科学技术进步奖二等奖 1 项、中国测绘学会测绘科技进步奖一等奖 2 项。主编、参编多部测量规范。研究成果在中广核集团、地铁行业、水电行业等得到广泛应用。

刘东庆：1963 年 8 月生于河北丰南，中国电建集团北京勘测设计研究院有限公司测绘专业总工程师，正高级工程师，国家注册测绘师、注册监理工程师。

1987 年 7 月毕业于武汉测绘科技大学，长期从事各种大型工程测量一线工作，主持完成多项电站工程测绘生产和专业技术课题研发，具有扎实的理论基础和丰富的实践经验。主编、参编多部国家和行业测量标准，多项科研课题及测绘项目荣获相关学会科技进步或优秀测绘工程奖项。

兼任北京市测绘学会工程测量专业委员会委员、理事，第一届能源行业水电勘测设计标委会工程勘测分技术委员会委员。

王双龙：1963年9月生于湖北浠水，深圳市建设综合勘察设计院有限公司总经理兼专业总工程师，教授级高级工程师，国家注册测绘师。

1985年7月毕业于中南大学，长期从事工程及城市建设领域测量技术开发和应用工作，主持完成了一大批大中型工程测量、城市测量及其信息化应用项目。科技及工程成果获得了多项国家或省部级奖励。编制或参编了《工程测量规范》GB 50026—2007、《工程测量标准》GB 50026—2020等10多部标准，合著出版了《建筑变形测量规范JGJ 8—2016实施指南》等多部著作，发表专业论文近20篇。

兼任中国测绘学会理事，中国工程教育专业认证协会测绘地理信息类专委会委员，先后参与武汉大学、同济大学等10多所高校的认证进校考查工作。

序

工程测量是一门实践性、实用性、创新性很强的学科与专业门类，也是新理论、新技术、新设备应用最为广泛且相对集中的专业，同样也是我国测量从业人数最多、知识结构最为丰富、技术手段最为多样的专业。

所有建设工程均离不开工程测量，工程测量贯穿于建设工程的始终。在建设初期，测绘场区各种比例尺地形图，满足规划与设计的基本需求；在建设中，建立高精度控制网进行测量放样与施工监测，确保整个工程设计落地的成效与施工质量安全；在建设后期和运维期，实施竣工测量与运行期监测，保障工程效益和运营安全。

由于工程项目类别的差异化很大，很多属于跨专业或多学科融合的范畴，这也决定了工程测量科技人员既要有清晰的工程思维和扎实的专业基础，又要拥有处理工程问题的综合能力与知识架构，即便是面对大型或特大型的复杂建设工程项目，也能冷静面对、认真分析、谨慎决策，用现代测绘理论知识与先进技术手段，快速、准确、高精度、高可靠性地解决相关工程技术的难点及关键问题。

《工程测量标准》GB 50026—2020 是我国工程建设领域的一部传统的通用性国家标准，是工程测量技术人员首要的作业准则。从 1978 年批准发布实施以来，该标准历经三次全面修订更加完善，对我国的工程建设起到了重要的保障作用，对新技术、新方法、新设备的应用与推广发挥了巨大的推动作用。

本书以《工程测量标准》GB 50026—2020 的相关技术路径为主线，结合编著者所亲历的不同行业多个大型工程一线建设经验、一线教学实践经验和多部工程建设国家标准、行业标准的编写经验，从专业的角度、技术的角度、工程项目实践的角度以及几十年来对工程测量的理解、认识与感悟，对相关工程技术问题进行了系统性的分析、归纳、总结与诠释，并汇集成《工程测量百问》。本书是一部集体智慧的结晶，也是一部很好的工程技术指导书。相信本书的出版有助于对《工程测量标准》技术精髓的准确理解与把握，有助于专业基础知识在工程测量实践中的灵活运用，能够对我国工程测量技术的发展产生积极的影响。

测绘本身是一项科学与实践并举的重要基础学科门类，经过近三十年的努力与发展，我国已率先走过了数字化测绘这一重要阶段，正在迈入信息化与智能化测绘的新阶段。随着测绘事业的快速发展，必将在我国信息化和现代化建设中发挥越来越重要的作用。科技创新是一个永恒的话题，希望广大测绘人在不断总结和汲取前辈经验的基础上，勇于创新、敢于创新，把我国测绘事业推向新的高度，走向新的辉煌。

李建成

中国工程院院士

2020 年 10 月

前　言

对专业技术人员来说，非常渴望在其专业领域能够有这样一部书籍，既能结合工程实践，依托工程经验，又能从专业的角度，系统地回答在工程中所遇到的一系列技术问题，并能提供有效的、切实可行的解决办法。

因为在大学期间所获得的是扎实的理论基础和深厚的专业知识，是分析问题和解决问题的能力，是享用一生的财富。当走出校门，需要面对各种复杂的工程技术问题，有时会让人一片茫然、一头雾水甚至无从下手。尽管不同的单位或部门也要求师傅带徒弟，发挥良好的“传、帮、带”作用，但总会受到不同的管理体制、不同的专业设置、不同的行业分工、不同的知识层次等各种因素的影响，当然，也有来自市场化程度的影响，使得技术的传承在一定程度上流于形式。大多数工程技术人员都在苦苦地追求、探索、寻找、总结、积累工程经验和解决工程问题的办法。因此，技术人员从成长到成熟，本身就是一个自强不息、努力奋斗的过程，也是一个不断学习新理论、新技术和不断更新知识体系的过程，是一个由肯定到否定再到肯定的艰难曲折过程。这个过程一定充满艰辛、汗水、不解和痛楚，但最后收获的一定是幸福、快乐、理解和成就感。

为了给广大工程测量技术人员提供有益的帮助，直面工程测量的实践应用问题和新理论、新技术、新标准的热点问题，结合编著者近四十年的学习心得、工作经验、教学科研成果，采用问答形式，系统性地回答了工程测量从业人员所碰到的一系列工程技术问题。本书所汇总的问题源于编著者亲自参与的三峡水利枢纽建设工程、南水北调建设工程、西气东输建设工程、大型抽水蓄能电站建设工程、港珠澳大桥建设工程、国内外城市轨道交通建设工程、核电站建设工程、大型航空港建设工程等的工程测量经历，源于武汉大学一线工程测量教学实践，源于工程建设标准的编制经验。希望对系列问题的系统性回答，能消除工程测量技术人员在专业知识上的理解偏差，补足工程经验方面的短板，少走弯路，化难为易，举重若轻，并在工程建设实践中遇到问题能迎刃而解，这也正是编写本书的初衷。

本书编著者先后主持并参与了国家标准《工程测量规范》GB 50026—2007 和《工程测量标准》GB 50026—2020 的编写，本书是应广大测绘技术人员强烈要求所编写的一部实用工程技术指导用书，也是一部关于工程测量经验的总结。

希望相关测绘工程技术人员阅读后，能有一种豁然开朗的感觉，若再能将其灵活应用到工程技术实践中，且取得良好的成就，那将是对我们最大的慰藉。当然，经验意味着过去，创新才是未来，但创新不是空中楼阁，只有在汲取昨日经验的基础上的创新才是真正意义上的创新。希望年轻测绘人能够脚踏实地走好每一步，并在勇于创新、敢于创新中开创我国工程测量的未来。

本书的章节架构体系与《工程测量标准》GB 50026—2020 基本相同，共分为 12 章和 6 个附录，总计 262 个问题、8 个方面的工程综合应用与研究成果。全书由王百发统稿。按章、节编写分工如下：

第 1 章　工程测量理论体系，由王百发执笔。

第 2 章　工程测量标准体系，由王百发执笔。

第 3 章　工程测量基准体系，由王百发执笔。

第 4 章　工程测量精度体系与术语体系，由王百发执笔，刘东庆、王双龙、徐亚明补充撰写了部分内容。

第 5 章　平面控制测量，由王百发执笔。

第 6 章　高程控制测量，由王百发执笔，张潇补充撰写了部分内容。

第 7 章　地形测量，由刘东庆执笔，王百发、张潇补充撰写了部分内容。

第 8 章　线路测量，由王百发执笔，张潇补充撰写了部分内容。

第 9 章　地下管线测量，由王双龙执笔。

第 10 章　施工测量：

10.1　基本要求、10.2　工业与民用建筑施工测量、10.3　隧道施工测量，由王百发执笔。

10.4　水工建筑物施工测量、10.5　桥梁施工测量，由张潇执笔。

10.6　核电厂施工测量，由徐亚明执笔。

第 11 章　竣工总图的编绘与实测，由王百发执笔。

第 12 章　变形监测：

12.1　基本要求，由王百发、张潇执笔，刘东庆、徐亚明补充撰写了部分内容。

12.2　变形监测基准网，由张潇执笔。

12.3　基本监测方法与技术要求，由张潇执笔，王百发、徐亚明补充撰写了部分内容。

12.4　工业与民用建筑变形监测，由王百发、张潇执笔。

12.5　水工建筑物变形监测，由张潇执笔。

12.6　地下工程变形监测，由王双龙执笔，王百发、张潇补充撰写了部分内容。

12.7　桥梁变形监测，由张潇执笔。

12.8　核电厂变形监测，由徐亚明执笔。

12.9　滑坡监测，由张潇执笔。

12.10　数据处理与变形分析，由徐亚明执笔。

12.11　变形监测信息系统，由徐亚明执笔。

附录 A　综合应用与研究成果：

- 城市地铁工程施工测量的几项关键技术，由王百发执笔。
- 三峡水利枢纽工程测量及变形监测的要点与难点，由张潇执笔。
- 抛物线在测量坐标系中的直接解法，由王百发执笔。
- 高精度三维施工控制网技术在抽水蓄能电站工程的研究与应用，由刘东庆执笔。
- 水电工程表面变形监测自动化系统建设及应用研究，由刘东庆执笔。
- 某调水干线工程外部变形安全监测工作简述，由刘东庆执笔。
- 深圳卫星定位连续运行基准站技术与应用简介，由王双龙执笔。
- 海岸带测量新技术简介，由王双龙执笔。

附录 B　工程测量标准体系的相关国家标准基本构成，由王百发执笔。

附录 C　工程测量标准体系的相关行业标准构成，由王百发执笔。
附录 D　原国家测绘局系统国家标准的构成，由王百发执笔。
附录 E　原国家测绘局系统行业标准的构成，由王百发执笔。
附录 F　城市地下管线综合布置的原则与要求，由王双龙执笔。

感谢中国有色金属工业西安勘察设计研究院有限公司苏峰格工程师为本书绘制插图。
感谢中国计划出版社对本书的编辑出版工作所给予的大力支持。
在此，还要特别感谢中国工程院院士、中南大学校长李建成院士为本书作序。
由于编著者水平有限，书中难免有谬误之处，敬请读者批评指正。

编著者
2022 年 9 月

目　次

第1章　工程测量理论体系

1　什么是工程测量？

工程测量是指工程建设和资源开发的勘察设计、施工、竣工和运营管理各阶段，应用测绘学的理论与技术进行的各种测量工作的总称。

通俗地讲，在工程建设和资源开发中的所有测绘工作统称为工程测量，也泛指在冶金、石油化工、工厂矿山、铁路、公路、水利、电力、电信、航空、航天等行业在勘察设计、施工和营运管理等各阶段所需的通用性测绘工作。有的国家将工程测量称为实用测量或应用测量。

随着科学技术的快速进步，工程测量也在不断地向多专业、多学科融合发展，兼容并蓄，不断发展、拓宽服务领域。近三十年来，工程测量率先走过了全数字化的发展与应用阶段，已开始进入自动化和智能化的创新应用阶段。

（王百发）

2　什么是工程测量学？

工程测量学是研究工程建设和自然资源开发中各阶段进行的控制测量、地形测绘、施工测量、竣工测量、变形监测及建立相应信息系统的理论和技术的学科。

工程测量学是一门经典的应用学科，是测绘学的重要分支学科之一。工程测量学的主要理论、技术和方法是建立在测绘学的基础之上。其理论主要包括：①测量误差和精度理论；②测量可靠性理论；③灵敏度理论；④工程控制网优化设计理论；⑤测量基准理论。

工程测量学的理论与技术体系支撑了工程测量，工程测量的应用研究和创新成果丰富、发展了工程测量学。

按学科的历史溯源，1956年武汉测量制图学院建校初期设有3个系，即工程测量系、航空摄影测量与制图系、天文大地测量系，并开设了4个专业，即工程测量、航空摄影测量、天文大地测量、制图学。因此，工程测量学这门学科至少是在此时产生的。也可能在1956年由同济大学（测绘专业）、青岛工学院（测量系科、基础课、公共必修课的师资以及党政人员）、华南工学院（测绘专业）、南京工学院（测绘专业）、天津大学（测绘专业）合并组建武汉测量制图学院之前就已产生了工程测量学这一学科。因此，有些学者认为“1964年国际测量师联合会（FIG）成立了工程测量委员会（第六委员会），从此，工程测量学成为了一门独立学科。”的说法值得商榷。

（王百发）

3　什么是测绘学？

测绘学是研究地球和其他星体的与时空分布有关的信息的采集、量测、处理、显示、管理和利用的科学与技术。按学科分类，测绘学又称为测绘科学与技术，是一级学科。

测绘学是一门具有悠久发展历史和现代科技含量的学科。按传统的学科分类，测绘学可分为大地测量学、摄影测量学、地图制图学、工程测量学及海洋测量学等。

随着技术的发展，测绘学的服务对象和范围已远远超出了传统测绘学的应用领域，扩大到国民经济和国防建设中与地理空间信息有关的各个领域。现代测绘学已走向多学科交叉融合的地球空间信息学，其英文名称 Surveying and Mapping 将由 Geo-Spatial Information Science（简称 Geomatics）替代。

（王百发）

第2章　工程测量标准体系

4　什么是工程测量标准？

1.《工程测量标准》GB 50026—2020是我国工程建设领域的一部通用性国家标准，是我国工程测量从业者的核心技术准则，也是一部经典的、传统的、基础性的技术标准，属强制性国家标准。

《工程测量标准》GB 50026—2020是基于工程测量学的理论实践和经验总结，结合现代发展成熟的高新科技在原《工程测量规范》GB 50026—2007基础上修订而成的，也体现了工程测量技术体系的传承与发展。

标准制定的目的是为了统一工程测量的技术要求，做到技术先进、经济合理，使工程测量成果满足质量可靠、安全适用的原则。

标准制定有若干条强制性条文，必须严格执行。

作为全国工程建设领域的一部大型基础性的国家标准，主要体现原则性的和通用性的技术要求，对体现行业或区域特点的具体细节和技术指标则不过多涉及，交由相关的专用国家标准、行业标准和地方标准规定。

从标准的分类上，《工程测量标准》GB 50026—2020属工程建设国家标准。强制性国家标准代号为“GB”，工程建设国家标准代号为“5”，工程建设国家标准顺序号为第“26”部，发布年份为“2020”。封面左上角的“UDC”（Universal Decimal Classification）和“P”是标准分类的标记，源自中国标准文献分类法（China Classification for Standards，简称CCS）。其中，“UDC”是国际十进位分类法，“P”为土木、建筑类的分类号，也特指工程建设标准的属性。同时会在封面下部标明发布日期和实施日期。

《工程测量标准》GB 50026—2020发布并实施后，原《工程测量规范》GB 50026—2007同时宣布作废。

2.《工程测量标准》GB 50026制定、修订的历史沿革如下：

（1）20世纪50年代：1953年执行东北重工业部设计公司编制的《测量规程》；1956年重工业部苏联专家带来的一部《大比例尺地形测量规范》原文，测量作业执行此译本。在重工业部，孙觉民、汪文定这两位1949年“中央测量学校”大学部地形测量专业的最后一届（从南京入校，然后随学校迁移，于重庆毕业）毕业生和苏联专家是直接联系并直接接受对工程测量方案指导的。

新中国成立初期，冶金勘察测量的主要任务是为满足各工业企业尽快恢复生产的需要，为企业施测厂区总平面图，并为第一个五年计划的新建厂区测设系列大比例尺地形图。当时，共开展了156个重点项目（包括武钢、包钢及北满钢厂等），均进行了大比例尺地形测图和厂区建筑方格网的测设工作。此外，为满足工业运输和工业管线设计的需要，还测设了大量不同比例尺的带状地形图和纵横断面图，以及在线路沿线拟建构筑物的区域测设扩大图等。国家较重视冶金勘察测量工作，建立了专门机构编写了内部用的《测量学讲义》及有关学习资料，对技术人员进行了不同程度的短期培训以满足生产需求。

为了使测绘工作适应设计阶段的需要，在1954年首次编制了《测量技术规范》，主要编写人是孙觉民。

今天再看新中国成立初期苏联援建的这156个大项目，其中大多数是重工业项目。这156个大项目基本奠定了新中国工业的基础，使我国从一个农业国初步迈入工业国的行列。要知道，当时西方世界对中国是实行全面封锁的。苏联专家撤走以后，中国继续坚持走工业化道路，建成了较为全面的工业体系。改革开放后，中国崛起靠的就是全面工业体系，并利用全球化的契机，使自己成为世界工厂。

（2）20世纪60~70年代：冶金勘察行业测绘生产工作相对较少，业内主要加强了对测绘工作中的若干基本技术问题进行研究研讨。主要成果包括：

1）1957年与清华大学共同进行了《几种大比例尺地形测绘方法的试验比较》研究。证明常用的大平板仪、经纬仪及联合操作等三种主要方法各有所长，均能满足大比例尺测图要求。

2）1959年在湖北麻城进行了测图试验，取得了确定地形点的合理密度和视距的合理长度等数据，并且提出了如何正确取舍地形点的意见。

3）1965年在兰州白银大坝滩进行了专用控制网的试验，取得了工程专用网由小到大的精度变化规律，钢尺丈量距离的精度及全面网的精度及其分析资料。

4）在山区开展三角高程测量试验，达到了布设和应用的目的。

5）1959年与清华大学、北京勘测处一起研制成我国第一台变频式光电测距仪，即QC-64型光电测距仪，同时编制有相应的作业手册。

6）20世纪60年代初编写了《控制测量计算手册》，并在20世纪70年代经补充修订后在全国公开发行。

7）20世纪60年代初冶金勘察科技人员较早地接受了“测图摄影化”技术，并从不同途径进行了摄影与成图的试验研究，包括地面摄影测量。同时制定了较为完善的技术规范和细则。

8）20世纪70年代后期昆明冶金勘察公司研制成功的“倾斜摄影经纬仪”，结构新颖且能做到一次定向多方向摄影，摄影范围可达-47°~+47°，这在当时是国外所没有的。

9）1975年与常州第二无线电厂合作，首次研制成功了“激光地形测绘仪”。

10）对于专用控制测量，通过大量控制网的资料搜集与电算成果分析，肯定了“插网可以越级布设”及“线形锁可以用于四等三角测量”。

11）测量计算工作普遍推广可编程计算器，如沈阳冶金勘察公司与安徽无线电厂合作研制成功A-801型计算器，从而大幅提高了计算效率。

12）对于大规模的三角网、水准网、导线网，坐标换带，平面坐标换算及科学试验等大型项目计算中，普遍开始使用通用电子计算机。

13）制图与复制工艺上，用聚酯薄膜成图代替了胶合板原图，推广了写字仪和照相排字机，采用了静电摄影和刻图法相结合的无银新工艺及重氮干法复制厂区正象单色影像图。

14）开展了非地形摄影测量的合作应用研究。如与武汉测绘学院协作对高烟囱进行了变形观测，为环境保护测定过电厂烟云的扩散参数，对古建筑、石雕佛像等的测绘也受到了有关文物单位的重视。

以上14项在20世纪60~70年代所取得的冶金勘察测量研究成果，为后来的全国《工程测量规范》的制定奠定了坚实的理论和应用基础。

（3）20世纪70~80年代：根据国家建委1973年建革设字第239号文的通知精神，要求统一全国工程测量精度指标和成果质量由冶金工业部牵头制定。采用工人、干部、技术人员三结合的办法，集结各地各部门工程测量单位的高级技术人员，组成几十人的编写队伍，编制出全国第一本工程测量标准，即《工程测量规范》TJ 26—78，并于1978年由国家基本建设委员会和冶金部联合批准实施，自1979年6月1日起试行。

编写组组长是西安冶金勘察公司（中国有色金属工业西安勘察院的前身）孙觉民，同一单位的牛卓立、张贵和也参与了起草。由于当时的参编单位众多，参编人员有工人、干部、技术人员，没有列出主编单位、参编单位和主要起草人。

（4）20世纪80年代至21世纪之初，根据国家计委计综〔1986〕250号文，由中国有色金属工业总公司西安勘察院会同8家单位共同修订，于1993年3月26日批准为强制性国家标准《工程测量规范》GB 50026—93，自1993年8月1日实施；1995年规范英文版出版发行。

主编单位是中国有色金属工业西安勘察院；参加单位有机械电子工业部勘察研究院、机械电子工业部综合勘察院、航空航天工业部综合勘察院、机械电子工业部工程勘察院、交通部第二航务工程勘察设计院、北京测绘院、陕西省综合勘察设计院。主要起草人有孙觉民、程化迁、符纯祖、张玉林、王天游、田应中、孙幼伦、迟自昌、宋如轼、吕天朗、杨茂源、胡清汶、黄成勇、赖昌意。

（5）21世纪前10年，根据建设部〔2002〕85号文，由中国有色金属工业西安勘察设计研究院会同9家单位共同修订，于2007年10月25日批准为有4条强制性条文的国家标准《工程测量规范》GB 50026—2007，自2008年5月1日实施；2010年规范英文版出版发行。

主编单位是中国有色金属工业西安勘察设计研究院；参编单位有深圳市勘察测绘院有限公司、西安长庆科技工程有限责任公司、北京国电华北电力工程有限公司、中国化学工程南京岩土工程公司、机械工业勘察设计研究院、中交第二航务工程勘察设计院、西北综合勘察设计研究院、湖南省电力勘测设计院。主要起草人有王百发、牛卓立、郭渭明、丁吉峰、王双龙、王博、刘广盈、何军、杨雷生、张潇、周美玉、郝埃俊、徐柏松、翁向阳、褚世仙。

（6）21世纪10~20年代，根据住建部建标函〔2015〕274号文，由中国有色金属工业西安勘察设计研究院有限公司会同15家单位共同修订，名称变更为《工程测量标准》，于2020年11月10日批准为有7条强制性条文的国家标准GB 50026—2020，自2021年6月1日实施。

主编单位是中国有色金属工业西安勘察设计研究院有限公司、中国有色工程有限公司。参编单位有深圳市建设综合勘察设计院有限公司、广州市城市规划勘察设计研究院、长江空间信息技术工程有限公司（武汉）、武汉大学、中国电力工程顾问集团华北电力设计院有限公司、化学工业岩土工程有限公司、机械工业勘察设计研究院有限公司、中交第二航务工程勘察设计院有限公司、西北综合勘察设计研究院、中国能源建设集团湖南省电力设计院有限公司、建设综合勘察研究设计院有限公司、西安长庆科技工程有限责任公司、深圳市勘察测绘院有限公司。主要起草人有王百发、王双龙、张潇、林鸿、徐亚明、胡大为、郝埃俊、刘广盈、洪剑、丁吉峰、杨雷生、石成岗、曹玉明、曾德培、常君锋、王树东、傅晓珊、史阿亭、何军、褚世仙。主要审查人有李建成、刘东庆、田洪祯、付宏平、曹智翔、焦素朝、燕樟林、张周平、周国成、姜雁飞、张凤录。

（7）要特别补充说明的是：

1）国家标准《工程测量规范》GB 50026—2007，简称《07 规范》，自 2003 年开始编写时，我国当时仅有的两位测绘专业的国家勘察设计大师陆学智大师和严伯铎大师应邀全程参与了《07 规范》“初稿”“征求意见稿”和“送审稿”的专家讨论会，并分别作为审查会专家组的主任委员和副主任委员对《07 规范》进行了逐条、逐句的严格审查，对《07 规范》修订的主要内容、技术指标和编写质量以及高新科技的引进、编写组科研创新成果的纳入等，均提出了更严格的要求，为《07 规范》高水平、高质量的修编和严谨、审慎的精神传承做出了重要贡献。

2）为了使《07 规范》编写更具有科学性、先进性、合理性和广泛性，在《07 规范》“送审稿”形成前期，编写组除特别邀请了陆学智大师和严伯铎大师外，还特别邀请了工程测量界的著名学者郑汉球教授级高工、于来发教授和段全贵教授级高工在西安参与了《07 规范》征求意见的采纳讨论会。滑坡监测专家夏永忠高级工程师、卫星定位测量专家吴光标工程师和三峡大坝施工测量专家裴灼炎高级工程师共同列席了《07 规范》“初稿”宜昌讨论会并提出了宝贵的参考意见和建议。

3）《07 规范》的审查会于 2006 年 11 月 6 至 9 日在深圳召开。审查委员会的专家有陆学智、严伯铎、肖学年、孔祥元、马能武、方辉兵、丁晓利、张剑、李海明 9 位来自全国各个行业的专家学者。虽然按照建设部当时的规定，这些专家在《07 规范》上并未署名，但他们的无私贡献与智慧已随着《07 规范》的实施，共同促进了我国工程测量事业的快速发展与繁荣。

（王百发）

5　什么是工程测量标准体系？

1. 工程测量的国家标准、行业标准、地方标准和团体标准、企业标准这四个层级构成了工程测量标准体系，见图 5 所示。

2. 依据《中华人民共和国标准化法》的规定：

（1）标准包括国家标准、行业标准、地方标准和团体标准、企业标准。

（2）国家标准分为强制性标准、推荐性标准，行业标准、地方标准是推荐性标准。

（3）强制性标准必须执行。国家鼓励采用推荐性标准。

（4）强制性国家标准由国务院批准发布或者授权批准发布。

（5）推荐性国家标准、行业标准、地方标准、团体标准、企业标准的技术要求不得低于强制性国家标准的相关技术要求。

（6）国家鼓励社会团体、企业制定高于推荐性标准相关技术要求的团体标准、企业标准。

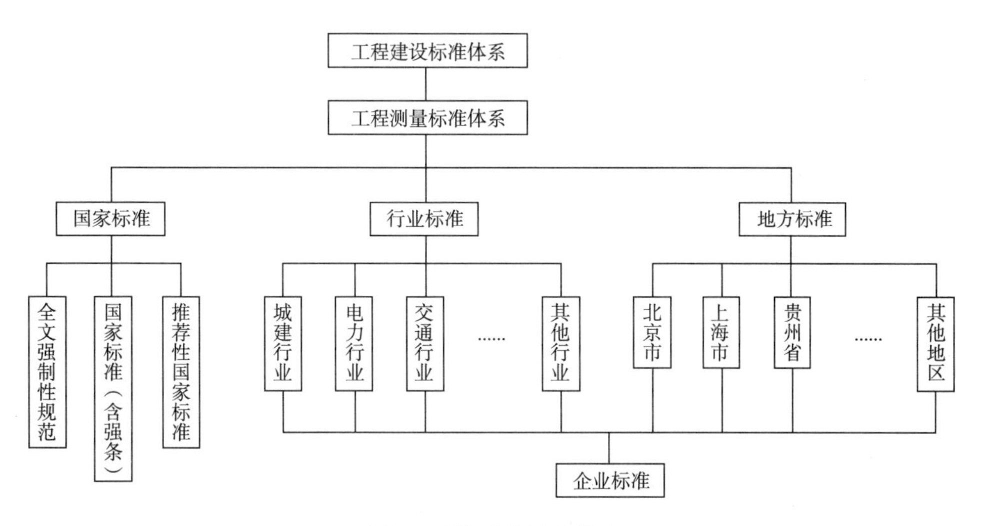

图5　工程建设标准体系

（7）行业标准由国务院有关行政主管部门制定，报国务院标准化行政主管部门备案。地方标准由省、自治区、直辖市人民政府标准化行政主管部门报国务院标准化行政主管部门备案，由国务院标准化行政主管部门通报国务院有关行政主管部门。

3. 依据《中华人民共和国民法典》第五百一十一条的规定，在质量约定不明确时的标准使用顺序：

（1）质量要求不明确的，按照强制性国家标准履行。

（2）没有强制性国家标准的，按照推荐性国家标准履行。

（3）没有推荐性国家标准的，按照行业标准履行。

（4）没有国家标准、行业标准的，按照通常标准或者符合合同目的的特定标准履行。

4. 工程测量从业者应依法合理选择工程测量标准，并认真把握测量标准层级和标准间的相互关系，正确使用标准。

5. 工程测量标准体系的相关国家标准和行业标准基本构成。

（1）工程测量标准体系的相关国家标准基本构成见本书附录B（仅列出常见标准供方便查询使用）。

（2）工程测量标准体系的相关行业标准基本构成，分别按住建行业，能源行业——电力，能源行业——电力线路，能源行业——核电、风电，能源行业——石油、化工、天然气，水利行业，交通行业，铁路行业，土地行业，地质行业，国家测绘行业，海洋行业，有色冶金行业，煤炭行业，北斗导航和其他行业等分别统计编排，工程测量标准体系的相关行业标准构成见本书附录C（仅列出常见测量标准供方便查询使用）。

（3）随着标准化体制改革的加快，全国各地都在结合地方需求和地域特色，制定或正在制定有大量的工程建设地方测量标准、团体标准或企业标准，对促进工程测量行业的发展将起到巨大的推动作用，同时也可能造成广大工程测量作业人员在使用方面的困惑与盲从。大家需要把握一点就是这些标准均属于推荐性标准是鼓励参考执行的，不是强制执行的。

（王百发）

6　什么是全文强制性工程建设标准？

为了适应国际技术法规与技术标准通行规则，2016年以来，住房城乡建设部陆续印发《深化工程建设标准化工作改革的意见》等文件，提出政府制定强制性标准、社会团体制定自愿采用性标准的长远目标，明确了逐步用全文强制性工程建设规范取代现行标准中分散的强制性条文的改革任务，逐步形成由法律、行政法规、部门规章中的技术性规定与全文强制性工程建设规范构成的“技术法规”体系。

1. 强制性工程建设规范具有强制约束力，是保障人民生命财产安全、人身健康、工程安全、生态环境安全、公众权益和公众利益，以及促进能源资源节约利用、满足经济社会管理等方面的控制性底线要求。工程建设项目的勘察、设计、施工、验收、维修、养护、拆除等建设活动全过程中必须严格执行。

2. 强制性工程建设规范体系覆盖工程建设领域各类建设工程项目。分为两个大类，即工程项目类规范（简称项目规范）和通用技术类规范（简称通用规范）。

项目规范，是以工程建设项目整体为对象，以项目的规模、布局、功能、性能和关键技术措施等为主要内容制定。

通用规范，是以实现工程建设项目功能、性能要求的各专业通用技术为对象，以勘察、设计、施工、维修、养护等通用技术为主要内容制定。

3. 两类规范的关系，项目规范是主干，通用规范是对各类项目共性的、通用的专业性关键技术措施的规定。关键技术措施是实现建设项目功能、性能要求的基本技术规定，是落实城乡建设安全、绿色、韧性、智慧、宜居、公平、有效率等发展目标的基本保障。

4. 与强制性工程建设规范配套的推荐性工程建设标准是经过实践检验的、保障达到强制性规范要求的成熟技术措施，一般情况下也应当执行。

5. 在满足强制性工程建设规范规定的项目功能、性能要求和关键技术措施的前提下，可合理选用相关团体标准、企业标准，使项目功能、性能更加优化或达到更高水平。

6. 推荐性工程建设标准、团体标准、企业标准要与强制性工程建设规范协调配套，各项技术要求不得低于强制性工程建设规范的相关技术水平。

7. 相关的全文强制性国家标准《工程测量通用规范》已发布，编号为GB 55018—2021，于2022年4月1日起实施。

（王百发）

7　为什么说我国工程测量标准的制定史也是我国国民经济发展的见证史？

1. 在新中国成立初期，国民经济百废待兴，工程建设任务繁重，工程测量力量十分薄弱。当时没有行业标准，更无国家标准，只有勘察设计单位自己制定的企业标准，如当时很有影响的东北人民政府重工业部设计公司的《测量规程》和《测量学讲义》，这两本书籍的知识体系在当时也属于比较老旧的。

2. 在我国第一、第二个五年计划建设期间，中苏关系友好密切，苏联对华提供了比较全面和系统的援助，其范围涉及勘察、设计、施工、设备供应和安装等阶段。几乎各个部委都有苏联专家组，专家组成员中基本上都配置有负责工程测量的专家，他们从其国内带来了不同类型的规范、规程，为我们制定自己的测量标准起了范本作用。当时影响较大的有三本规范，即重工业部1954年编制的《测量技术规范》、建工部1959年制定的《城市测量规范》和地质出版社出版的苏联测绘总局制定的《1∶500　1∶1 000　1∶2 000　1∶5 000大比例尺测量规范》和《1∶5 000　1∶2 000　1∶1 000　1∶500地形图符号》。1954年人民交通出版社出版了苏联的《大比例尺测量规范（1∶5 000　1∶2 000　1∶1 000）》，在当时也是较有影响的书籍。重工业部当时有一位苏联来的测量专家，孙觉民、汪文定这两位“中央测绘学校”的最后一届毕业生和苏联专家是直接联系并直接接受对工程测量方案指导的。1954年编制的《测量技术规范》他俩是主要起草人，且该部标准的知识体系和苏联是相同的，属于在当时比较新的、先进的工程测量知识体系。工程控制网也有等级划分，但和国家测绘总局的划分方法不同。

国家测绘总局1956年成立，于1958年制定了《一、二、三、四等三角测量细则》和《一、二、三、四等水准测量细则》。

3. 20世纪60年代各部门都是以总结我国自己的经验为主，修订本部门的工程测量标准。如水利电力部水利水电建设总局1964年颁发试行《水利水电工程测量规范（研究班定稿）》。

4. 1973年国家曾组织大规模力量，采用工人、干部、技术人员三结合的办法，集结各地各部门工程测量单位的高级技术人员，组成几十人的专门编写队伍，编制出第一本全国通用的《工程测量规范》。规范组进行了“初稿”“征求意见稿”和“送审稿”的讨论会。《工程测量规范》（送审稿）审查会于1976年在广州进行，会议也邀请了国家测绘总局参加了会议。会上，国家测绘总局表达了不同看法，其他各部委的专家代表对规范都一致支持并通过评审。国家标准《工程测量规范》TJ 26—78（试行）于1978年由当时的国家基本建设委员会和冶金部共同颁布，自1979年6月1日起试行。

编制《工程测量规范》TJ 26—78（试行）的重要贡献：①提出了工程控制网采用统一高斯正形投影3°带平面直角坐标系统的条件，即工程控制网边长的最大投影变形不得大于25mm/km的要求。②在既往工程控制网等级划分的基础上，增加了一、二级小三角和一、二、三级导线的测量等级，确定了工程控制网的基本精度序列。③提出了解析图根点（相对于邻近等级控制点）的点位中误差不大于地形图上0.1mm，高程中误差不大于1/10等高距的基本精度要求和地形图的基本精度规格。④首次将摄影测量技术引入规范中。

国家测绘总局在1969年底撤销，1973年3月恢复重建，于1974年6月将1958年制定的《一、二、三、四等三角测量细则》和《一、二、三、四等水准测量细则》修订成为《国家三角测量和精密导线测量规范》和《国家水准测量规范》并颁布实施。

这里要特别说明的是《城市测量规范》自20世纪50年代末（1959年）制定至今，始终以其高质量、高标准、权威、经典、实用的风格独树一帜，对我国城市测量和城市建设的发展做出了突出贡献。《城市测量规范》和《工程测量规范》编制组始终保持着密切交流合作且相互促进的关系，尽管两本规范的侧重点有所不同，但都对我国工程测量的发展与进步提供了重要的技术支持。

5. 进入20世纪80~90年代，中国实施改革开放，国民经济逐渐复苏，为了满足国家工程建设对测绘行业的要求，城建、水利、电力、交通、铁路、土地和极地考察等部门，均相继编制出版了结合本系统特点的工程测量行业规定、规程、规范等技术标准。例如，高速公路开始投资建设，通车里程不断延伸，催生了多部交通部门的测量标准制定；大中型水利枢纽的投资开发建设，催生了水利电力部门系列测量标准的颁布；全国城市建设加快、农村联产承包责任制全面推进，催生了地籍测量相关标准的制定与实施；我国极地考察取得了大量的科技成果，相应的测量标准也相继诞生。

这里要强调说明的是，随着美国GPS全球卫星导航定位系统在20世纪90年代的建成并开始全球服务，中国国家测绘局也及时发布了《全球定位系统（GPS）测量规范》CH 2001—92，这个系统和这本规范对我国测绘行业的影响与发展有着颠覆性的、划时代的里程碑式的意义。

《工程测量规范》GB 50026—93在1986年开始修订时做了以下调整：①增加了施工测量、竣工总图编绘与实测、变形测量，地形图的修测、编绘，晒蓝图、静电复印与复照，翻版、晒印刷版与修版，以及打样与胶印等章节。②规定了三边网的主要技术要求，规定了电磁波测距等级导线技术要求。③规定了电磁波测距三角高程测量的主要技术要求。④规定了电磁波测距仪布设图根点的技术要求、速测仪施测的技术要求。⑤规定了各等级线路测量的统一技术规定。⑥鉴于摄影测量技术的迅速发展，其深度和广度已具备形成独立规范的条件，已将原《工程测量规范》TJ 26—78（试行）中的摄影测量部分另编入国家标准《工程摄影测量规范》GB 50167—92中。

6. 步入21世纪，我国国民经济发展进入高速稳定增长阶段。我国的高速铁路开始投资建设，经过一二十年的发展，迅速全面建成了全国高速铁路网，同时也催生了引领世界先进水平的系列高速铁路测量规范的出台。

《工程测量规范》GB 50026—2007在2002年开始修订时做了以下调整：①为我国北斗卫星导航系统提前布局，率先提出了卫星定位、卫星定位测量和卫星定位测量控制网的概念，并将卫星定位测量控制网的精度等级有机融入工程测量的统一精度体系，避免了既往等级不匹配的无奈。②率先提出了三角形网测量的概念，覆盖了既往三角网、三边网、边角网的含义并将边角之内涵拓展为观测值而非起算值。③率先将变形测量的概念拓宽为变形监测，扩大了工程测量的服务领域。④将数字地形测量概念引入，推动工程测量专业数字化转型升级与数字产品服务。⑤首次引入地下管线测量和地下管线信息系统，扩大了工程测量的服务格局。⑥率先将工程测量大幅度朝施工测量方向倾斜，增加了桥梁施工测量、隧道施工测量，丰富了工业与民用建筑施工测量和水工建筑物施工测量的内容。⑦完善了变形监测的基本方法和技术要求，增加工业与民用建筑、水工建筑物、地下工程、桥梁的变形监测及滑坡监测等内容。

7. 近十年来，随着我国航天航空技术快速发展进步，北斗三号全球卫星导航系统全面建成并实施全球服务，月球深度探测及取样返回大获成功，火星探测仪表实施并成功实现“绕、落、巡”的三阶段探测任务等，相应的测绘行业也从数字化逐步迈入智能化测绘的新阶段，有关的高新技术测量标准相继诞生，进一步促进了工程测量专业的发展。

《工程测量标准》GB 50026—2020在2016年开始修订时做了以下调整：①首次将卫星定位动态控制测量作为平面控制测量的方法用于一、二级控制网的建立，首次将自由设站测量用于各等级控制网的加密测量或监测控制网的加密测量。②率先提出卫星定位高程测量的概念，并应用于五等高程控制测量。③进一步增加了地面三维激光扫描、移动测量系统、低空数字摄影、机载激光雷达扫描、多波束水域测深系统等数字测图方法。④增加了数字正射影像图和数字三维模型的技术要求。⑤将原架空送电线路概念修订为架空输电线路。⑥将原地下管线调查修订为地下管线探查。⑦增加了核电厂施工测量和综合管廊施工测量内容。⑧增加了自由设站、地面三维激光扫描、光纤光栅传感器和地基雷达干涉测量等基本监测方法，增加了核电厂变形监测和变形监测信息系统等内容。

8.《工程测量标准》GB 50026 在下次修订时，相信更多的且应用成熟的智能测绘、泛在测绘、机器学习全面自动监测和高度集成自动化和智能化信息（管理）系统将逐渐纳入，工程测量将踏上一个全新的更加智慧的征程。

（王百发）

8 工程测量标准体系和原国家测绘局系统的测绘标准体系有何不同？

国家测绘地理信息局（原国家测绘局），可谓是中国测绘的标杆和旗帜，也是国务院测绘行政主管部门。其设有专门的标准化研究机构和管理机构，主要负责全国测绘标准的编制、修订、推广与管理。国家测绘局自 1956 年初成立以来，发布了大量非常优秀的测绘国家标准、行业标准和指导性文件（见附录 D、E），对我国测绘事业的发展和新技术推广做出了卓越的贡献，起到了重要的引领作用。

由于国家测绘地理信息局已经撤并到自然资源部，这里将其发布的标准姑且称为原国家测绘局系统的测绘标准体系。尽管在新中国成立初期我国就制定了多部工程建设的相关标准，但无论从历史的角度还是从发展的角度，工程测量和原国家测绘局系统的测绘标准体系是长期共存、相互借鉴、共同促进、互相提高的，对我国国民经济建设做出的巨大贡献是有目共睹的。

本问试图从应用与管理层面理清工程测量标准体系和原国家测绘局系统的测绘标准体系的区别，以消除大家在标准使用上的困惑或疑虑。

1. 面向的任务对象和行业分工不同。原国家测绘局系统的测绘标准体系，是基于国家基础测绘和长期发展战略布局的需要而制定的。面向的对象是我国的整个国土和领海。除了建立国家级、省级连续运行基准站系统外，一直承担着全国等级平面控制网和高程控制网的建设，还需要施测 1∶10 000~1∶1 000 000 系列比例尺地形图或地图。在工程界统称为中小比例尺地形图。

工程测量标准体系是基于我国工程建设和国民经济发展的需要而制定的标准。其面向的对象是所有工程建设项目及建立区域性工程控制网或卫星定位控制网，大型工程项目也会建立工程项目所需的连续运行基准站系统。工程测量施测地形图所采用的比例尺为 1∶500~1∶5 000 系列，在工程界统称为大比例尺地形图。

2. 编制机构不同。原国家测绘局系统的测绘标准体系编制机构主体，主要是其下设的专门的标准化研究机构和管理机构，相关高校也起草或参与起草了部分国家标准或行业标准。

工程测量标准体系编制机构主体，分属于国务院各相关部委。早在 1963 年，国家科委就发文确立了一批国家的标准化核心机构，如建设部、铁道部、水利部、交通部、农业部、冶金部、中国有色金属工业总公司、电力工业部、核工业部、广电总局等，各部委也分别下设标准化机构，分别负责相关国家工程建设标准或行业标准的管理。各部委下属的科研院所和部分高等院校，分别承担相关工程建设国家标准和行业标准的编写任务。目前，地方工程建设标准的编写分属于全国各省、自治区、直辖市。

3. 发布机构不同。原国家测绘局系统的测绘标准体系，国家标准由国家市场监督管理总局、中国国家标准化管理委员会一起发布。早期的国家标准由国家技术监督局发布。行业标准由原国家测绘局或国家测绘地理信息局经备案后发布。

工程建设国家标准由国务院建设行政主管部门负责制定、批准，与国家市场监督管理总局联合发布。工程建设行业标准，分别由国务院各有关部门负责制定、批准，经国务院建设行政主管部门备案后发布。工程建设地方标准，由省、自治区、直辖市建设行政主管部门负责制定、批准，经国务院建设行政主管部门备案后发布。

4. 分类方式不同。

（1）原国家测绘局系统的测绘标准，采用的是国际标准分类法（International Classification for Standards，简称 ICS），其分类号为 ICS 07. 040。其中，07 代表数学、自然科学类属 ICS 分类的第一级；040 代表天文学、大地测量学、地理学（包括地图、海图）类属 ICS 分类的第二级。

同时，国家测绘局系统的测绘标准，又采用中国标准文献分类法（China Classification for Standards，简称 CCS），其分类号为 A75/79。其中，A75 属测绘综合，A76 属大地、海洋测绘，A77 属摄影与遥感测绘，A78 属精密工程与地籍测绘，A79 属地图制印。

国家测绘局系统的测绘标准的左上角会同时按两行标注这两个分类号，其中第一行为国际标准分类号，第二行为中国标准文献分类号。对于其测绘行业标准，还需再在第三行标注备案号（用冒号分隔）。

（2）我国工程建设标准，主要采用的是国际十进位分类法（Universal Decimal Classification，简称 UDC）。由于工程建设标准综合性很强，严格对其进行分类并给出相应的分类号难度很大，故只是将分类法作为一个标记使用，目前也没有正式要求将 UDC 改成 ICS。

工程建设标准按中国标准文献分类法（China Classification for Standards，简称 CCS）其分类号为 P ，是土木、建筑类的分类代码。其中 P11 属工程测量。P13 属工程地质、水文地质和岩土工程、P15 属工程抗震、P18 属人防工程等。工程建设标准不做严格区分和细分，将所有标准统一标注为 P。

工程建设标准的左上角会同时按两行标示这两个分类号，其中上方为国际标准分类号 UDC，正下方为中国标准文献分类号 P。对于其行业标准，还需在 P 标注行的右端之标准编号的下方标注备案号（无冒号分隔）。未经依法进行备案的行业标准、地方标准不得在工程建设活动中使用。

5. 编号规则不同。标准编号是标准身份的标识，通过标准的代号如 GB、GB/T、JGJ、CH 等表示标准所属的类别和属性，通过标准的顺序号如 50026 表示标准在所属类别中的序位，通过标准的年号如 2020 表示标准批准的年份。

（1）原国家测绘局系统的测绘标准体系，国家标准由中国国家标准化管理委员会按相应规则给定顺序编号。行业标准按国家测绘局标准化研究机构和管理机构制定的规则编号，如，综合类 10××，大地测量类 20××，航测类 30××等。

（2）工程建设国家标准的起始顺序号为 50001，也就是说标准顺序号大于 50000 的国家标准属于工程建设国家标准。如《工程测量标准》的编号为 GB 50026。国家标准化管理委员会从产品标准的角度对我国的行业标准及其代码进行了规定，在工程建设领域的部分行业在参照代码的基础上，采用代码后增加“J”的方式表示工程建设行业标准。如《建筑变形测量规范》的编号为 JGJ 8。工程建设地方标准按我国省、自治区、直辖市进行区分并给出了相应的编号与规则。

6. 编写规则不同。

（1）国家测绘局系统的测绘标准，通常依中国国家标准化管理委员会的要求，按《标准化工作导则　第1部分：标准的结构和编写》GB/T 1.1—20××给出的规则起草。

（2）工程建设标准编写，应符合下列相关文件的要求进行编写：①《工程建设国家标准管理办法》（1992年12月30日建设部令第24号发布）。②《工程建设行业标准管理办法》（1992年12月30日建设部令第25号发布）。③《实施工程建设强制性标准监督规定》（2000年8月25日建设部令第81号发布）。④《工程建设行业标准局部修订管理办法》（建标〔1994〕219号）。⑤《关于实施工程建设行业标准和地方标准备案制度的通知》（建标〔2000〕34号）。⑥关于印发《工程建设地方标准化工作管理规定》的通知（建标〔2004〕20号）。⑦关于印发《工程建设标准复审管理办法》的通知（建标〔2006〕221号）。⑧关于印发《工程建设标准英文版翻译细则（试行）》的通知（建标函〔2008〕79号）。⑨关于印发《工程建设标准编写规定》的通知（建标〔2008〕182号）。⑩《工程建设标准编制指南》住房和城乡建设部标准定额司编写。

（3）国务院各部委对标准的制定与编写也有一定的要求。如水利部《水利技术标准编写规定》SL 1—2014。

7. 强制性属性不同。

（1）工程建设标准具有综合性强、政策性强、技术性强、地域性强等特点，加之其所面向的工程建设项目复杂程度高、投资巨大、质量安全要求高，因此，工程建设强制性标准相对较多。目前，工程建设强制性标准是指标准中包含有强制性条文的标准，如《工程测量标准》GB 50026—2020；推荐性标准是指标准中不包含有强制性条文的标准，推荐性标准的标准代号后加“/T”表示，如《城市轨道交通工程测量规范》GB/T 50308—2017。按工程建设标准体系改革的要求，相继推出近40部相关工程建设领域的全文强制规范，其中也包括《工程测量通用规范》GB 55018—2021，对涉及在工程测量活动中保障生命和财产安全、公共安全、生态环境安全的相关内容做出强制性的规定。

（2）国家测绘局系统的测绘标准，因专业性强、新技术推广速度快，其以推荐性标准相对居多，如《国家一、二等水准测量规范》GB/T 12897—2006，代替GB 12897—1991。

8. 对条文说明的要求不同。

（1）工程建设标准，要求必须编写标准的条文说明且附在标准后面，以便技术人员正确的理解和把握标准条文的意图，尽管条文说明不具备与标准正文同等的法律效力。标准条文说明的编写原则如下：①标准正文中的条文宜编写条文说明；当正文条文简单明了、易于理解无需解释时，可不做说明。②强制性条文必须编写条文说明，且必须表述作为强制性条文的理由。③条文说明不得对标准正文的内容做补充规定或加以引申。④条文说明不得写入涉及国家规定的保密内容。⑤条文说明不得写入有损公平、公正原则的内容。

（2）国家测绘局系统的测绘标准的条文说明没有对外公开。

9. 对发布公告的要求不同。

（1）工程建设标准要求在标准首页体现发布公告，且对公告的形式、内容有具体的要求，主要包括标题及公告号、标准名称和编号、标准实施日期；当标准有强制性条文时，应列出强制性条文的编号；当标准为全文强制时应用文字表明；当标准进行全面修订时，应列出被代替标准的名称、编号和废止时间；当标准进行局部修订时，应采用“经此次修改的原文同时废止”的典型用语进行说明。在工程建设国家标准和城建、建工行业标准的公告中还应明确标准的出版主体。

（2）国家测绘局系统的测绘标准，对发布公告的体现不做要求。

10. 标准名称对应的英文译名翻译风格不同。

（1）工程建设标准，要求将“标准”一词翻译为“Standard”，将“规范”一词翻译为“Code”，将“规程”一词翻译为“Specification”加以区分。

（2）国家测绘局系统的测绘标准似乎未加区分，均译为“Specification”。

11. 其他不同主要包括：①对英文目录要求不同。工程建设标准要求有英文目录，国家测绘局系统的测绘标准不做要求。②标准前言编写要求风格不同。③标准条文编写体例风格差异较大。

（王百发）

9　原国家测绘局系统的测绘标准的使用要求是什么？

1. 尽管工程建设标准的编写体系与原国家测绘局系统测绘标准的编写体系有较大的不同，但无论从历史的角度还是从发展的角度，这两个标准体系是长期共存、相互借鉴、共同促进、互相提高的，对我国国民经济建设产生的巨大贡献是有目共睹的。工程建设领域并不排除使用原国家测绘局系统的测绘标准。

2. 在国家工程建设标准《工程测量规范》GB 50026—93 的“总则”中规定：“对于测图面积大于50km^{2}的1：5 000比例尺地形图，在满足工程建设对测图精度要求的条件下，宜按国家测绘局颁发的现行有关规范执行。”

在相应的条文说明中解释为：“从我国实际情况出发，根据需要，对于测图面积大于50km^{2}的1：5 000比例尺地形图，如可能应考虑“一测多用”的原则，规定了宜按国家测绘局颁发的现行有关规范执行。”

3. 今天看来工程测量标准编写组在30年前就提出的“一测多用”和当今国家所推行的国土空间规划“一规多用”“一张蓝图干到底”“一测多用”不谋而合且依然应景。

4. 事实上，《工程测量规范》GB 50026—93在“总则”中的规定，是基于事实和两个行业间的默契与认知。当然，前提是在满足工程建设对测图精度要求的条件下。

5. 在国家工程建设标准《工程测量规范》GB 50026—2007修订时，对《工程测量规范》GB 50026—93“总则”的这一规定采取了模糊处理，主要是长期以来工程测量单位已经接受和遵守了这一规定或者界线划分，同时从规范编写的角度积极把原国家测绘局系统的测绘标准作为工程建设测绘标准相关技术规定或作业方法的有效补充，并提倡在满足工程建设对测图精度要求的条件下使用原国家测绘局系统的相关测绘标准。规范的条文中也有对原国家测绘局系统相关标准的直接引用。

6.《工程测量标准》GB 50026—2020依旧延续了这一修订思路，但基本认知没有变。

（王百发）

10　《工程测量标准》GB 50026—2020“总则”中“工程测量除应符合本标准外，尚应符合国家现行有关标准的规定”的准确含义是什么？

该规定是为了明确本标准与相关标准之间的关系。我国现行工程建设标准数量多、覆盖的专业面广，即使同一专业领域内也有多项标准。技术人员要完成一项工程活动，不可能只执行一项标准，通常会涉及多项标准，因此，在执行本标准的同时，当然还需执行其他的相关标准。

需要指出的是，这里的“国家现行有关标准”是指现行的工程建设国家标准和行业标准，不包括地方标准。

（王百发）

第3章　工程测量基准体系

11　什么是2000国家大地坐标系？

1. 2000国家大地坐标系是通过中国GPS连续运行基准站、2000空间大地控制网以及天文大地网联合平差建立的原点位于地球质量中心的三维国家大地坐标系。2000国家大地坐标系以ITRF 97（International Terrestrial Reference Frame 97）国际地球参考框架为基准，参考框架历元为2000.0。英文名称为China Geodetic Coordinate System 2000，英文缩写为CGCS2000。

2. 2000国家大地坐标系坐标轴的定义：原点为包括陆地、海洋和大气的整个地球的质量中心。Z轴指向BIH 1984.0定义的协议地极方向。X轴指向BIH 1984.0定义的零子午面与协议赤道的交点。Y轴按右手坐标系确定。

3. 2000国家大地坐标系地球椭球基本参数：

地球长半轴$a=6\ 378\ 137$（m）

地球扁率$f=1/298.257\ 222\ 101$

地心引力常数$GM=3.986\ 004\ 418\times10^{14}$（$m^3\cdot s^{-2}$）

地球自转角速度$\omega=7.292\ 115\times10^{-5}$（$rad\cdot s^{-1}$）

其中：①地心引力常数是万有引力常数G和地球（含大气）总质量M的乘积。②BIH是国际时间局，英文名称为Bureau International de l'Heure。③地球椭球基本参数采用无潮汐系统。

4. 2000国家大地坐标系的基本特征：

地心坐标系（Geocentric Coordinate System）、三维的、高精度（$10^{-7}\sim10^{-8}$）的、动态的、陆海统一的、实用的国家大地坐标系统。

5. 国家正式启用2000国家大地坐标系的时间是2008年7月1日。

（王百发）

12　什么是连续运行基准站系统？

1. 连续运行基准站系统，是由一个或若干个基准站长期连续观测、接收导航定位卫星信号，并通过数据通信网络实时或定时将观测数据传输至数据中心进行处理，再实时或定时分发给用户，为用户提供服务的系统。英文名称为Continuously Operating Reference Station System，简称CORS系统。

该系统早期是基于观测美国GPS卫星信号为用户提供相关服务。深圳市在21世纪初就率先建立了自己的系统并称之为虚拟参考站（Virtual Reference Station）系统，随后很多城市也相继建立了CORS系统。

随着我国北斗卫星导航系统（BeiDou Navigation Satellite System，BDS）第55颗卫星即最后一颗北斗导航定位卫星，于2020年6月23日的成功发射。北斗三号全球卫星导航系统正式开通标志着我国建成了独立自主、开放兼容的全球卫星导航系统，中国北斗从此走向了服务全球、造福人类的时代舞台。相关机构对原来的CORS系统进行升级、扩容或改造也将相继展开。

2. 连续运行基准站系统由若干基准站、数据中心及数据通信网络组成。依据管理形式、任务要求和应用范围，基准站网可划分为国家基准站网、区域基准站网和专业应用站网。

国家基准站网，主要用于维持和更新国家地心坐标参考框架，开展全国范围内高精度定位、导航、工程建设、地震监测、气象预报等国民经济建设、国防建设和科学研究服务。国家基准站网应覆盖我国领土及领海，在全国范围内均匀分布，站间距100~200km。

区域基准站网，是省、自治区、直辖市用于维持和更新区域地心坐标参考框架，开展区域内位置服务和相关信息服务。区域地心坐标参考框架应与国家地心坐标参考框架保持一致。实时定位精度厘米级的站间距不应超过70km。

专业应用站网，是由专业部门或机构根据专业需要建立的基准站网，用于开展专业信息服务。专业应用站网基准站，宜与国家地心坐标参考框架建立联系。实时定位精度厘米级的站间距不应超过70km。

3. 基准站设有观测墩并建有观测室和工作室，并具有完备的防雷、电力、通信和气象设施。

（王百发）

13 什么是北斗地基增强系统？

1. 北斗地基增强系统，是一套通过基准站或基准站网连续观测、接收卫星信号，并将数据传输给国家数据综合处理系统形成相应信息，经由卫星、广播、移动通信等方式实时播发给应用终端，实现广域实时米级、分米级、厘米级和后处理毫米级高精度定位服务的系统。英文名称为BDS Ground-based Augmentation System。

2. 北斗地基增强系统由若干基准站、国家数据综合处理系统及数据通信网络组成。基准站按功能分为框架基准站和区域基准站。

框架基准站（Framework Reference Station），是为国家数据综合处理系统提供原始观测数据、气象数据等，用于地基增强系统基准框架构建、广域差分解算和地基增强系统完备性监测，并具有基准坐标的基准站，是基准站网的核心站点。站网间距300~1 000km，可提供广域实时米级、分米级服务。

区域基准站（Dense Reference Station），是为国家数据综合处理系统提供原始观测数据（Raw Observation Data）等，用于区域差分解算、大气参数确定、地基增强系统完备性监测，并具有基准坐标的基准站，是基准站网的普通站点，简称区域站。站网间距不超过60km，可提供区域实时厘米级和后处理毫米级高精度定位服务。

3. 框架基准站根据工作模式不同，可分为观测基准站和监测基准站。

观测基准站（Observation Reference Station），由观测接收机和观测天线等设备组成，用于观测、存储、传输卫星信号数据，并具有基准坐标的框架基准站，简称观测站。

监测基准站（Observation and Supervision Reference Station），由差分监测接收机（Differential Monitoring Receiver）和监测天线等设备组成，用于观测、存储、传输卫星信号数

据以及进行差分数据质量评估监测，并具有基准坐标的框架基准站，简称监测站。

4. 基准站设有观测墩并建有观测室。基准站的核心设备主要包括基准站接收机天线（差分监测接收机天线）、基准站接收机（差分监测接收机）、原子钟、计算机、不间断电源、路由器、集成机柜、气象仪等；基准站附属设备主要包括避雷针、网络防雷器、B+C级电源防雷器、馈线防雷器、防浪涌插座、机柜状态监控设备等。

5. 北斗地基增强系统基准站的功能主要包括：①导航卫星观测数据采集功能；②数据传输功能；③数据存储功能；④运行状态远程被监控功能；⑤差分数据质量监测功能；⑥维护保障功能；⑦安全防护功能；⑧气象数据采集功能。

6. 北斗地基增强系统基准站的数据类型见表13-1。

表13-1　北斗地基增强系统基准站的数据类型

项目	数据	内容	频度
实时观测数据	卫星数据	BDS（B1/B2/B3）、GPS（L1/L2/L5）、GLONASS（L1/L2）码伪距、载波相位值、多普勒频移、载噪比、导航电文等	1Hz
	定位结果	经度、纬度、高度、PDOP、HDOP、VDOP卫星数等	
	气象数据	温度、湿度、气压（框架基准站）等	
实时监测数据	差分数据	广域增强数据（如卫星轨道差、钟差、电离层改正数等）、区域差分数据（如RTD改正值、RTK改正值等）等	0.2Hz
	观测数据	码伪距、载波相位值、多普勒频移、载噪比、导航电文等	
	定位结果	经度、纬度、高度、PDOP、HDOP、VDOP卫星数等	

7. 北斗地基增强系统基准站的性能要求见表13-2。

表13-2　北斗地基增强系统基准站的性能

项目	要求	类别
工作频点	≥8	BDS（B1/B2/B3）、GPS（L1/L2/L5）、GLONASS（L1/L2）
数据采样间隔	1s	卫星观测数据采样时间间隔
	≤10s	气象观测数据采样时间间隔
数据传输时延	≤20ms	数据从接收机发出时间至从基准站路由器发出时间
多路径影响	≤0.5m	BDS B1、GPS L1、GLONASS L1
	≤0.65m	BDS B2、GPS L2、GLONASS L2
	≤0.65m	BDS B3、GPS L5
观测数据可用率	≥95%	基准站日观测数据可用率（截止高度角10°）

续表13-2

项目	要求	类别
观测数据传输间隔	10s	气象观测数据发送时间间隔
	1s	卫星观测数据发送时间间隔
	15s	星历数据传输时间间隔
观测数据存储能力	≥30d	观测数据储存能力（1.0s 采样间隔）
	≥30d	告警及故障状态数据储存能力
同步精度	≤50ns	接收机时钟与北斗时（BDT）的同步精度
数据传输模式	data	接收机的观测数据、气象数据、告警及故障信息按要求实时传输，运行状态数据根据需要进行传输，差分监测接收机数据按要求实时传输
	file	数据文件本地实时存储，按约定时间间隔或指令要求进行传输

（王百发）

14　什么是北斗坐标系？

1. 我国北斗卫星导航系统采用的是专用地心大地基准，即北斗坐标系。北斗坐标系是通过参考历元的地面监测站坐标和速度实现。英文名称为 BeiDou Coordinate System，英文缩写为 BDCS。

2. 北斗坐标系为右手直角坐标系。原点为包括陆地、海洋和大气的整个地球的质量中心，Z 轴指向 IERS（International Earth Rotation Service）参考极方向，X 轴为 IERS 参考子午面与通过原点且同 Z 轴正交的赤道面的交线，Y 轴按右手直角坐标系确定。

3. 参考椭球采用 CGCS2000 椭球。该椭球的几何中心与坐标系的原点重合，旋转轴与坐标系的 Z 轴一致，属旋转椭球。参考椭球面既是大地经纬度、高程的几何参考面，又是地球外部正常重力场的参考面。

4. 北斗坐标系的首次实现，包括参考历元 2 010.0 时 8 个监测站 ITRF2014 框架下坐标和速度，通过 8 个监测站 4 期 GNSS 数据与 62 个国际 IGS 站和 27 个国内陆态网络基准站数据组网联合解算得到。GPS 数据处理使用 GAMIT10.5 软件。软件采用绝对天线相位中心模型、FES2004 海潮模型。坐标标准差小于 2 mm，速度标准差小于 1 mm/a。

5. 任何一个地心坐标系的每次实现无论多么精确，随着时间的推移，监测站坐标和速度的误差积累将越来越大，以致坐标系重新实现成为不可避免。坐标系重新实现的结果就是框架的更新。重新实现就是利用历时更长的观测数据重新确定监测站坐标，并将框架对准于最新的 ITRF 框架。因此，北斗坐标系参考框架也是需要不断进行精化、维持和更新。

北斗坐标系的每次实现，将对应产生一个新的参考框架。随着时间的推移，北斗坐标系将出现多个参考架。北斗坐标系的不同框架的标识是“BDCS（W×××）”，其中 W××× 标示该框架自北斗系统时（BDT）第×××周 0 秒开始执行。

（王百发）

15　什么是 1980 西安坐标系？

1. 1980 西安坐标系，是在 1954 北京坐标系的基础上，采用多点定位法建立的大地原点位于西安市泾阳县永乐镇的二维参心大地坐标系。英文名称为 Xi′an Geodetic Coordinate System 1980，英文缩写为 Xi'an80。

2. 参考椭球采用 1975 年国际大地测量与地球物理联合会（International Union of Geodesy and Geophysics，IUGG）推荐的椭球，椭球定位参数根据我国范围内高程异常平方和最小为条件求解，使得椭球面与大地水准面最为密合。椭球短轴平行于地球质心指向地极原点 JYD1968.0 方向，起始大地子午面平行于我国起始天文子午面。

1980 西安坐标系的地球椭球基本几何参数：

长半轴 $a = 6\ 378\ 140$（m）

短半轴 $b = a\sqrt{1-e^2} = 6\ 356\ 755.288\ 2$（m）

扁率 $\alpha = \dfrac{a-b}{a} = 1/298.257$

第一偏心率平方 $e^2 = \dfrac{a^2-b^2}{a^2} = 0.006\ 694\ 384\ 999\ 59$

第二偏心率平方 $e'^2 = \dfrac{a^2-b^2}{b^2} = 0.006\ 739\ 501\ 819\ 47$

地球自转角速度 $\omega = 7.292\ 115 \times 10^{-5}$（$\mathrm{rad \cdot s^{-1}}$）

地心引力常数（含大气层）$GM = 3.986\ 005 \times 10^{14}$（$\mathrm{m^3 \cdot s^{-2}}$）

3. 基准面采用青岛大港验潮站 1952～1979 年确定的黄海平均海水面数据。

4. 1980 西安坐标系建立后，实施了全国大规模天文大地网平差计算，提供的大地点成果属 1980 西安坐标系。

5. 1980 西安坐标系的特点：①IUGG75 椭球参数与克拉索夫斯基椭球相比精度高。②椭球拥有 4 个参数，是一套完整的数值，既确定了几何形状，又表明了地球的基本物理特征，从而将大地测量学与大地重力学的基本参数统一起来。③通过椭球定位，使参考椭球面与我国似大地水准面最为密合。④轴系与参考基本面明确。⑤坐标系综合利用我国既有天文、重力、三角测量资料并进行了全国天文大地网联合平差计算。而 1954 北京坐标系仅进行了局部平差。⑥是比较完善的我国独立的参心坐标系。

（王百发）

16　什么是 1954 北京坐标系？

1. 20 世纪 50 年代，在我国天文大地网建立初期，鉴于当时的历史条件，采用了克拉索夫斯基椭球元素，并与苏联 1942 年普尔科沃坐标系进行联测，通过计算建立了我国大地坐标系，称为 1954 北京坐标系。英文名称为 Beijing Geodetic Coordinate System 1954，英文缩写为 BJ54。

2. 苏联 1942 年坐标系统是在苏联 1932 年普尔科沃坐标系的基础上采用克拉索夫斯基椭球元素，以普尔科沃（Pulkovo）为大地原点，组成弧度测量方程，进行多点定位建立的。而苏联 1932 年普尔科沃坐标系采用的是误差很大的白塞尔椭球。因此，1954 北京坐标系的大地原点在苏联的普尔科沃，坐标系的定位定向同苏联1942年坐标系的定位定向。

3. 1954北京坐标系与苏联1942年坐标系有一定的关系，但又不完全是苏联1942年坐标系。例如，其中高程异常是以苏联1955年大地水准面重新平差计算结果为起算值，按我国天文水准路线推算出来的；大地点高程以1956年青岛验潮站求出的黄海平均海水面为基准等。

4. 1954北京坐标系的地球椭球基本几何参数：

长半轴 $a=6\ 378\ 245$（m）

短半轴 $b=6\ 356\ 863.018\ 8$（m）

扁率 $\alpha = 1/298.3$

第一偏心率平方 $e^2 = 0.006\ 693\ 421\ 622\ 966$

第二偏心率平方 $e'^2 = 0.006\ 738\ 525\ 414\ 683$

5. 1954北京坐标系的明显缺点：

（1）克拉索夫斯基椭球参数同现代精准测量的椭球参数相比，长半轴大108m。

（2）克拉索夫斯基椭球只有涉及几何性质的两个基本参数满足不了现今对椭球的四个参数的要求。无法满足几何大地测量和物理大地测量对椭球统一使用的参数要求。

（3）1954北京坐标系所对应的定位后的参考椭球面，与我国大地水准面有自西向东明显的系统性倾斜，在东部地区最大超过60m。而我国东部地区地势平坦、经济发达，是测绘和使用较大比例尺地图较频繁的地区，原本要求参考椭球面与大地水准面有较好的密合，但实际情况恰恰相反。

（4）1954北京坐标系在定向上与国际和国内所采用的方向不一致，如地轴的方向不是国际上的通用指向，更不是西安80系的JYD1 968.0，更不可能是2000系的BIH 1 984.0，起始子午面也不是格林尼治平均天文台子午面。

（5）1954北京坐标系是按局部平差逐步提交大地测量成果的，起算误差、传算误差和累积误差较大达几米。没有进行过全国大地测量控制网整体平差。且名不符实，容易让人误解原点在北京。

（王百发）

17　什么是WGS84坐标系？

1. WGS84坐标系是美国国防部建立的全球统一坐标系统，其坐标原点位于地球质心属地心坐标系，也是GPS卫星星历所使用的三维大地坐标系统，称为1984世界大地（坐标）系统。英文名称为World Geodetic System 1984，英文缩写为WGS84。

2. WGS84坐标系坐标轴的定义：原点为包括陆地、海洋和大气的整个地球的质量中心。Z轴指向BIH 1984.0定义的协议地极（CTP）方向（BIH国际时间局）。X轴指向BIH 1984.0定义的零子午面与和CTP赤道的交点。Y轴按右手坐标系确定。

3. WGS84坐标系地球椭球基本几何参数：

长半轴 $a=6\ 378\ 137$（m）

短半轴 $b=6\ 356\ 752.314\ 2$（m）

扁率 $\alpha = 1/298.257\ 223\ 563$

第一偏心率平方 $e^2 = 0.006\ 694\ 379\ 990\ 13$

第二偏心率平方 $e^2 = 0.006\ 739\ 496\ 742\ 227$

地心引力常数 $GM = 3.986\ 005 \times 1\ 014$ （$m^3 \cdot s^{-2}$）

地球自转角速度 $\omega = 7.292\ 115 \times 10^{-5}$ ($rad \cdot s^{-1}$)

4. 从 20 世纪 60 年代以来，为建立全球统一的坐标系统，美国国防部制图局（Defense Mapping Agency，DMA）就曾建立了 WGS60，随后又提出了改进的 WGS66 和 WGS72。在 1973 年 12 月美国国防部批准了它的陆海空三军联合研制新的卫星导航系统 NAVSTAR/GPS 计划，在 GPS 试验阶段卫星瞬时位置的计算采用的就是 WGS72 系统。以后 GPS 所使用的 WGS84 坐标系统便是一个更为精确的全球三维地心坐标系统。

5. 自 WGS84 坐标系统建立和使用以来，还进行了多次精化维持。如 WGS84（G730）坐标系地心引力常数 $GM = 3.986\ 004\ 418 \times 1\ 014$ （$m^3 \cdot s^{-2}$），其他常数和参数不变。

（王百发）

18　2000 国家大地坐标系和 WGS84 坐标系有什么区别？

WGS84 坐标系测量成果是相对于某一个坐标框架和历元的数据，而 ITRF 框架是动态的，因此，不同框架历元坐标数值是有区别的，不同时期同一点观测数据的处理结果对于某一特定 ITRF 框架，其坐标值也是不同的。主要受点与点之间的位置变化、板块运动、极移和章动、观测误差、观测网形等的影响。CGCS2000 同样是相对于某一个坐标框架和坐标参考历元的坐标系，其坐标系的性质，坐标原点、坐标轴的定义与 WGS84 大地坐标系相一致。但由于参考框架、参考历元和参考椭球的差别，相互之间的坐标值也有差异。

WGS84 通过 GPS 监测站坐标实现，监测站坐标用来计算 GPS 的精密星历；CGCS2000 通过空间网点的坐标和速度实现。

为了维持框架的精确性和稳定性，在 1994 年、1996 年和 2001 年 WGS84 先后进行 3 次对 GPS 监测站的坐标进行更新，以使框架对准 ITRF。WGS84 的 3 次实现得到的框架，依次为 WGS84（G730）、WGS84（G873）和 WGS84（G1150）。其中“G”为 GPS 测量测站坐标，后面的数字为计算精密星历的 GPS 星期号。与 ITRF 的符合情况是：在 7 参数调整和考虑历元差异之后，WGS84（G1150）与 ITRF2000 的 RMS 差为每分量 10mm；参考于 WGS84（G1150）的 NGA GPS 精密星历与参考于 ITRF2000 的 IGSGPS 精密星历的随后比较，证实两个参考系是一致的。鉴于在坐标系定义和实现上的比较，可以认为，CGCS2000 和 WGS84（G1150）是相容的。在坐标系的实现精度范围内，CGCS2000 坐标和 WGS84（G1150）坐标是一致的。

两个坐标系的基本椭球参数 a 、f 、GM 、ω 中，唯有扁率 f 有微小差异 $f_{WGS84} = 1/298.257\ 223\ 563$ 而 $f_{CGCS2000} = 1/298.257\ 222\ 101$。当初 WGS84 也采用 GRS 80 椭球，改进后才有 WGS84 椭球扁率相对 GRS 80 椭球扁率的微小差异。

CGCS2000 椭球上的正常重力值与 WGS84 椭球上的正常重力值的差异很小，同一点在 CGCS2000 和 WGS84 椭球下经度相同，纬度的最大差值约为 $3.6'' \times 10^{-6}$ ，相当于 0.11 mm，这里主要是因椭球参数的不同而引起的同一点经纬度的差异，给定点位在某一框架和某一历元下的空间直角坐标，投影到 CGCS2000 椭球和 WGS84 椭球所得的纬度的最大差异相当于 0.11mm。基于当前的测量精度，由扁率差异所引起的同一点在 WGS84 和 CGCS2000 坐标系内的坐标变化和重力变化是可以忽略的。

因此，可以总结认为：

（1）坐标系定义上是一致的。

（2）参考椭球也很接近，其中4个椭球常数仅扁率有微小差异，另外3个非常接近。

（3）二者是相容的；在坐标系实现精度范围内，对于低精度定位而言二者的坐标是一致的。

（4）二者的实现方式不同；WGS84坐标系是通过遍布世界的26个GPS监测站坐标来实现，用监测站跟踪数据来计算卫星广播星历、精密星历等。

2000国家大地坐标系是通过34个中国GPS连续运行基准站、2 500多个国内GPS大地控制网点以及天文大地网点联合平差，以ITRF 97国际地球参考框架为基准，参考框架历元为2000.0来实现。

（5）坐标框架维持和更新的方式、方法和历元不同。

（王百发　刘东庆）

19　地心坐标系和参心坐标系的区别是什么？

地心坐标系和参心坐标系的区别见表19。

表19　地心坐标系和参心坐标系的区别

项目	地心坐标系	参心坐标系
原点定义	以地球质心（总地球椭球中心）为原点	以参考椭球中心为原点
椭球定义	总地球椭球中心与地球质心重合； 总地球椭球面与全球大地水准面差距的平方和最小	参考椭球中心与地球质心不重合； 参考椭球面与区域大地水准面差距的平方和最小
椭球定向	总地球椭球短轴与地球自转轴相重合	参考椭球短轴与地球自转轴相平行
实现方式	通过现代空间大地测量观测技术	通过传统大地测量手段（距离、角度、方位）、平差计算
维数精度	三维，$10^{-8} \sim 10^{-7}$	二维，10^{-6}
适用范围	全球测图	区域（国家）测图
应用	WGS84系、2000国家大地坐标系	1954北京坐标系、1980西安坐标系

（王百发）

20　什么是1985国家高程基准？

1. 1985国家高程基准采用青岛水准原点和根据青岛验潮站自1952—1979年的验潮数据确定的黄海平均海水面所定义的高程基准。英文名称为National Vertical Datum 1985。

2. 1985国家高程基准青岛水准原点的高程值为72.260 4m，较1956黄海高程系（Huanghai Vertical Datum 1956）同一原点的原高程值72.289m减少了0.028 6m。意味着1985国家高程基准面的黄海平均海水面比1956年的黄海平均海水面上升了28.6mm。

分析原因，除全球气候变暖微弱影响外，主要是因为1956黄海高程系采用了青岛验潮站1950—1956年观测成果求得的黄海平均海水面作为高程的零点，其验潮资料时间较短，准确性较差所致。而1985国家高程基准采用的是青岛验潮站1952—1979年的验潮资料，取19年的资料为一组，滑动步长为1年，共得到10组以19年为一个周期的黄海平均海面高，然后取10组的平均值确定了28年来的黄海平均海面高作为1985国家高程基准的零点。

3. 国家正式启用1985国家高程基准的时间是1988年1月1日。在此之前，我国一直采用的是1956黄海高程系，它是我国首次确定的全国统一的高程系统。新中国成立前，在不同地区有多个高程系统在使用，如大沽口高程、吴淞高程、黄河零点、坎门高程、榆林高程等。

4. 在青岛水准原点的附近还同时设置有5个副点，其与原点一起组成水准原点网。副点的作用主要是用于检查原点的高程有无变化。

（王百发）

21 为什么要对CGCS2000坐标框架进行精化、维持和更新？

1. CGCS2000是一个三维的、高精度的、动态的、实用的、统一的国家大地坐标系统，为了保持CGCS2000框架的高精度和现势性，需要开展对CGCS2000坐标框架进行精化与维持工作，必要时还需进行坐标框架的更新。

2. CGCS2000坐标框架是2000国家大地坐标系的具体实现，其精度反映了我国地心坐标系的精度。启用时间是2008年7月1日，但参考历元是2 000.0，即其框架点坐标对应的历元相对更早。由于框架点受诸如板块运动的影响，则点位会随着时间的延长而发生变化，且当前历元距离参考历元的时间越长，框架点位的坐标变化会更大。因此，为保持CGCS2000框架点坐标的精确性，必须对CGCS2000坐标框架进行精化。

3. 完整的CGCS2000坐标框架体系不仅包括框架点的坐标，而且需要有相应的板块运动模型和速度场模型。同时，为确保推算当前历元坐标的精确性，还需考虑框架的非线性运动。

由于在CGCS2000坐标框架启用时，对应的是ITRF96框架、2 000.0历元的静态框架，并没有与框架对应的板块运动模型。而框架本身历经十余年，实际点位已经偏离了原CGCS2000在2 000.0历元下定义的坐标值，这会对高精度卫星定位测量（如ITRF2005框架和当前历元）带来不便。若要进行历元归算或转换，必须要有高分辨率、高精度的速度场资料及建立板块运动模型，以便实施从当前历元的点位至2 000.0历元的归算。

由于坐标框架同时受到线性和非线性运动影响，仅建立线性的速度场模型并不能十分精确地反映框架点的时序特征，因此，还需对CGCS2000框架点的非线性运动建立相应模型。

4. 当点位参考历元和当前历元的周期很长时，利用相关模型归算参考历元的坐标到当前历元的预测坐标，通常会出现点位计算值和预测值之间的偏差，或者使用速度场模型归算的点位坐标不准确，不能反映框架点所在位置的地球物理现象或区域影响时，则需要重新精化框架。

5. 当框架的坐标误差或速度场误差随着时间累积已无法满足用户需求时，即可进行坐标框架的更新。

坐标框架更新，则须重新确定新的参考历元，也意味着其相应的框架点坐标、板块模型及速度场模型等都需要进行相应的更新。

框架更新周期，取决于框架的实现精度，而无固定更新周期。

6. 坐标框架的精化、维持和更新，是一项长期的、持续性的工作。

（王百发）

22 为什么1980西安坐标系没使用几年又推广2000国家大地坐标系？

1. 随着我国航空、航天、航海事业的快速发展，以及现代测绘技术的普遍应用，传统的参心坐标系已经不能满足现实需要。如北斗导航定位系统、天宫一号空间站、探月工程、火星探测、高分辨率卫星、天地图、全球板块运动等，均需要使用2000国家大地坐标系。

2. 国际上几乎所有发达国家都在使用地心坐标系，如美国（WGS84）、加拿大、墨西哥、澳大利亚、新西兰（NZGD2000）及欧洲和南美一些国家。我国周边国家如日本（JGD2000）、韩国（KGD2000）、菲律宾、马来西亚（NGRF2000）、蒙古（MONREF97）也在使用地心坐标系。

3. 在创建数字地球、数字中国的过程中，需要一个以全球参考基准框架为背景的、全国统一的、协调一致的坐标系统来处理国家、区域、海洋与全球化的资源、环境、社会和信息等问题。

4. 从国家发展战略需要，我国大地坐标系统也需要经过从二维到三维，从参心到地心，从静态到动态，从依赖国外技术到完全自主创新的发展历程。

5. 1980西安坐标系具有一定的局限性，主要表现在：

（1）属二维坐标系统。1980西安坐标系是经典大地测量成果的归算与应用，它的表现形式为平面的二维坐标。即只能提供点位平面坐标，而且表示两点之间的距离精确度也比用新技术测量精度低一个数量级。高精度、三维与低精度、二维之间的矛盾是无法协调的。例如，将卫星定位测量所获得的高精度三维点坐标表示在既有二维地图上，不仅会造成点位信息损失（三维空间信息只表示为二维平面位置），同时也造成精度损失。

（2）参考椭球参数。随着科学技术的发展，国际上对参考椭球的参数已进行了多次更新和改善。1980西安坐标系所采用的IAG1975椭球，其长半轴要比现在国际公认的WGS84椭球长半轴大3m左右，而这一差异可能引起地表较为显著的长度误差。

（3）随着我国经济建设的高速发展和科技事业的快速进步，维持非地心坐标系下的实际点位坐标不变的难度加大，维持非地心坐标系的技术也逐步被新技术所取代。

（4）椭球短半轴指向。1980西安坐标系采用指向JYD1968.0极原点，与国际上通用的地面坐标系如ITRS，或与GPS定位中采用的WGS84等椭球短轴的指向（BIH1984.0）不同。

（5）无法全面满足气象、地震、水利、交通等部门对高精度位置服务和相关信息服务的迫切要求，而且也不利于与国际上民航与海图的有效衔接。

（王百发）

23　什么是国家现代测绘基准体系？

1. 现代测绘基准体系，是覆盖我国全部陆海国土的大地、高程和重力控制网三网结合的高精度现代测绘基准体系。具有三维、高精度、动态、地心、涵盖全国陆海国土、实用且与国际接轨的特点。

2. 国家级卫星导航定位基准站网，共410座，全面支持BDS系统，兼容GPS、GLONASS、GALILEO系统。其是国家大地基准框架的主体，可获得高精度、稳定、连续的观测数据，维持国家三维地心坐标框架。同时具备提供站点的精确三维坐标及变化信息、实时定位及导航信息以及高精度连续时频信号的能力。

3. 国家卫星大地控制网，共4 503点。其是全国统一、高精度、分布合理、密度相对均匀的国家大地控制网，与国家卫星导航定位基准站网共同组成新一代国家大地基准框架，用于维持我国大地基准和大地坐标系统。

4. 国家一等高程控制网，也是国家一等水准网，共26 327点，全网路线长度125 600km，包含148个环、246个结点、431条水准路线。其是全国统一、高精度、分布合理、密度相对均匀的国家一等高程控制网，也是我国新一期高程基准成果。

5. 国家重力基准点，在国家已有绝对重力点分布的基础上，选择50座新建卫星导航定位基准站，进行100点次的绝对重力属性测定，实现每300km有一个绝对重力基准点，改善了国家重力基准的图形结构和控制精度，形成了分布合理、利于长期保存的国家重力基准网。

6. 基准精度：卫星导航定位基准站、大地控制点的绝对地心坐标精度达到mm级；国家一等水准观测精度每千米优于1mm；重力基准点观测精度优于5微伽。

7. 建立了国家现代测绘基准数据中心，数据中心由数据管理、数据处理分析、共享服务及全国卫星导航定位基准服务四个业务子系统组成，具备每天处理600座卫星导航定位基准站观测数据的能力。实现了全国范围2 700多座卫星导航定位基准站的数据汇集、统一管理、共享服务，能够提供实时米级、分米级卫星导航定位服务。

（王百发）

24　什么是国家等级控制网？

国家等级控制网又称为国家等级平面控制网，可分为连续运行基准站网、国家卫星定位测量大地控制网和传统国家等级控制网（三角网、导线网）。

1. 从最初CGCS2000坐标框架的建立上，对国家等级控制网的利用分为三个层次。

第一层次为CGCS2000框架的“骨架”——国家GPS连续运行基准站网（简称为国家级CORS），共计34个点，其坐标精度为mm级，速度精度为1mm/a。

第二层次是2000国家GPS大地控制网，由全国GPS一、二级网，国家GPS A、B级网以及地壳运动监测网和地壳运动观测网络工程网（CMONC）（简称为网络工程）联合平差所得，共计2 500多个点位，其坐标精度为30mm。

第三层次是经与2000国家GPS大地控制网联合平差后得到的全国天文大地网，作为CGCS2000框架的加密，共计约5万个点位。约50%点位的平面精度优于100mm。

尽管第三层次约有半数点位的平面精度优于100mm，但由于天文大地网的整体精度相对较低，在高精度的 CGCS2000 应用中，难以满足用户需求，因此，对 CGCS2000 框架精化主要是利用第一层次和第二层次的框架点进行。

2. 从国家 GPS 控制网的等级划分上，《全球定位系统（GPS）测量规范》发布编号依次为 CH 2001—92，GB/T 18314—2001，GB/T 18314—2009。其中 92 版和 2009 版将控制网划分为 A、B、C、D、E 五个级别，2001 版还曾设立有一个 AA 级划分为六个级别。其是按基线平均长度和基线长度中误差作为划分依据，见表 24。

表 24 国家 GPS 控制网的等级划分

级别	基线平均长度 d/km	固定误差 A/mm	比例误差系数 B/（mm/km）	基线长度中误差 σ/mm
AA	1 000	3	0. 01	$3+0.01 \cdot d$
A	300	5	0. 1	$5+0.1 \cdot d$
B	70	8	1	$8+1 \cdot d$
C	10~15	10	5	$10+5 \cdot d$
D	5~10	10	10	$10+10 \cdot d$
E	0. 2~5	10	20	$10+20 \cdot d$

注：表中数据源自《全球定位系统（GPS）测量规范》GB/T 18314—2001，主要是让大家熟识国家 GPS 网的规格与精度，而 2009 版对规格与精度的定义则有所改变。《工程测量标准》GB 50026 的 2007 版和 2020 版一直沿用的是 1992 版和 2001 版的精度规格，只是将二等更换为 $10+2\times10^{-6}$，三、四等和一级平面控制网精度与 C、D、E 级的精度要求相同。

全国范围内共建设 4 508 个国家卫星定位测量大地控制点，形成分布相对均匀，覆盖整个国土，具有较高覆盖密度的基础设施，实现我国大地基准的有效传递，满足基本控制测量的需要。其中新建 2 508 点，利用 2 000 点。

3. 从传统国家等级控制网的划分上，国家等级控制网分为一、二、三、四等控制网，分别包括三角网和精密导线网。目前可提供使用的国家平面控制网含三角点、导线点共 154 348 个。

（1）控制网早期构建时，一等三角测量由纵横三角锁互相交叉构成网状，形成国家大地网的骨干。在纵横交叉处设置起始边，两起始边之间的锁段长度约 200km，在每一起始边的两端点测定天文经纬度和方位角，并在每一锁段中央的一个三角点上测定天文经纬度。水平角观测的测角中误差不应超过 0. 7″，起始边测量的边长相对中误差不应超过 1/350 000，天文方位角的观测精度不应超过 0. 5″。一等锁的平均边长，山区约 25km，平原约 20km。

（2）在一等三角锁环内布设二等三角网，形成国家大地网的全面基础。在每一个二等三角网的中部布设一条起始边，在起始边的两端点上测定天文经纬度和方位角。二等三角网水平角观测的测角中误差不应超过 1. 0″，起始边长和其两端点上天文测定的精度要求与一等相同。二等网平均边长 15~20km。

（3）三、四等三角测量为二等三角网的进一步加密，尽可能采用插网的方法布设，也可采用插点的方法加密。三、四等三角测量的角度观测精度，由 20 个以上的三角形闭合差计算的测角中误差，三等不应超过 1. 8″，四等不应超过 2. 5″。三等三角网的平均边长为

8km，四等三角网的平均边长为2~6km。

（4）在特殊困难地区用精密导线测量方法布设大地网，一、二、三、四等大地网。①测角精度与相应等级的三角网相同。②边长测定的相对中误差：一等1/250 000，二等1/200 000，三等1/150 000；四等1/100 000。③导线边长：一、二等10~30km，三等7~20km，四等4~15km。④附合或闭合导线长度限值：一等1 000~2 000km，二等500~1 000km，三等200km，四等150km。

（王百发）

25 什么是国家高程控制网？

1. 我国水准点的高程采用正常高系统，按照1985国家高程基准起算。青岛国家原点高程为72.260m。

2. 我国高程控制网的精度等级，分为一等、二等、三等和四等，共四个等级。且要求一等水准网应每隔15年复测一次，每次复测的起讫时间不超过5年。

3. 我国高程控制网的测量精度要求见表25。

表25 我国高程控制网的测量精度要求

水准测量精度等级	每千米水准测量的偶然中误差 M_{Δ} /mm	每千米水准测量的全中误差 M_{W} /mm	水准仪等级
一等	0.45	1.0	DS05
二等	1.0	2.0	DS1
三等	3.0	5	DS3
四等	6.0	10	DS3

资料来源：《国家一、二等水准测量规范》GB/T 12897—2006和《国家三、四等水准测量规范》GB/T 12898—2009。

4. 我国高程控制网的构成规格要求：

（1）一等水准路线应闭合成环并构成网状，一等水准环线的周长，东部地区应不大于1 600km，西部地区应不大于2 000km。

（2）二等水准环在一等水准环内布设并构成网状，二等水准环线的周长在平原和丘陵地区不应大于750km。

（3）三、四等水准网是在一、二等水准网的基础上进一步加密，根据需要在高等级水准网内布设附合路线、环线或结点网，直接提供地形测图和各种工程建设所必需的高程控制点。单独的三等水准附合路线，长度应不超过150km；环线周长应不超过200km。单独的四等水准附合路线，长度应不超过80km；环线周长应不超过100km。

（4）一、二等水准路线上应埋设相应的标石，基岩水准点400km间隔，基本水准点40km间隔，普通水准点4~8km间隔。三、四等水准路线上，每间隔4~8km应埋设普通水准标石；在人口稠密、经济发达地区可缩短为2~4km，荒漠地区可增长至10km左右。

（5）我国全面更新和改造了现有一等水准网，实现全国范围的现代高程基准传递。其中，新建水准点7 865座，确定26 694个水准点高程，完成一等水准测量约12.6万km。

（6）目前可提供使用的1985国家高程基准共有水准点成果114 041个，水准路线长度为416 619.1km。

（王百发）

26 什么是国家重力基本网？

1. 地球重力场是地球的一种物理属性。表征地球内部、表面或外部各点所受地球重力作用的空间。根据地球重力场的分布，可以研究地球内部结构、地球形状以及对航天器的影响。

国家重力基本网是确定我国重力加速度数值的坐标体系。重力成果在研究地球形状、精确处理大地测量观测数据、空间技术、地球物理、地质勘探、地震、天文、计量和高能物理等方面有着广泛的用途。

2. 世界公认的起始重力点称为国际重力基准。各国进行重力测量时都尽量与国际重力基准相联系，以检验其重力测量的精度并保证测量成果的统一。国际通用的重力基准有1909年波茨坦重力测量基准和1971年的国际重力基准网（IGSN71）。

3. 重力基准点，是用绝对重力仪测定该点的重力值作为全国的重力基准。它的点位力求在全国范围内均匀分布。重力基本点，是用相对重力仪和重力基准点联测的重力点。重力基本点相对于重力基准点而言，数量多、密度大，以便于用户联测。重力引点，是作为重力基本点的备用点，每个重力基本点原则上还应布设一个重力引点。

4. 我国于1956~1957年建立了全国范围的第一个国家重力基准，称为1957年国家重力基本网。该网由21个基本点和82个一等点组成。

1985年我国重新建立了国家重力基准，称为1985年国家重力基本网。它由6个基准重力点，46个基本重力点和5个引点组成。

1999~2002年我国完成了新一代国家重力基准建设，称为2000国家重力基本网。目前可提供使用的2000国家重力基本网包括21个重力基准点、126个重力基本点和112个重力基本点引点，共259个点。

5. 国家高程控制网的起算点是青岛原点高程为72.260m，这是1985国家高程基准的起算点。但1985国家高程基准的起算面是黄海地区的平均海水面，也是一个局部性大地水准面，更准确地说是似大地水准面。大地水准面或者说似大地水准面一定是个重力等位面，也就是说似大地水准面上任何一点的重力位能是相等的。在工程界称为1985国家高程基准面。

6. 一、二水准路线上的重力测量，要求如下：

（1）一等水准路线上的每个水准点均应测定重力。高程大于4 000m或水准点间的平均高差为150~250m的二等水准路线上，每个水准点也应测定重力。高差大于250m的一、二等水准测段中，地面倾斜变化处应加测重力。

（2）高程在1 500~4 000m或水准点间的高差在50~150m的地区，二等水准路线上重力点间的平均距离应小于23km。

（3）水准点上的重力测量，应按加密重力测量的技术要求施测。

（王百发）

27 什么是中国台湾的地心参考系统?[①]

1. 建立与启用时间。中国台湾基于现代概念的地心参考系统于1997年开始建立，并于1998年实现。其是一个利用GPS的优势来有效地建立的新的区域参考系统，这些分布合理且定义明确的GPS控制点，还将有益于用方便的方法来维护这个坐标系统。

2. 中国台湾所使用的传统基准。大地基准是在1978年依据大地测量实现的，而参考椭球选择1967大地参考系统（GRS67）。该基准的原点是位于胡楚山天文点。原点的坐标和该点到参考点的起始方位角，是依据一等天文测量观测的。这个基准还另外做了如下四个基本假定：

（1）所采用的椭球中心是地球的质心。

（2）三个轴是一致的平行于平均的地球系统。

（3）原点的天文坐标与大地坐标是保持一样的。

（4）假设在原点处的椭球面与大地水准面相切。

从这个基准的定义可以明显地看出一些缺点，（3）和（4）的假定可能是没有根据的，因为椭球面和大地水准面之间的间隔是显著的。

应用这个基准进行了大地测量观测，从胡楚山点用三角测量和三边测量方法，扩展了一等、二等和三等控制点，建立了2 661个点的基本控制网，并采用坐标变量法对控制网进行最小二乘平差。

大地坐标是基于GRS67的纬度和经度，直角坐标是基于横轴墨卡托（TM）投影2°分带的坐标，所有大地控制点的高程都是在平均海水面之上的，这个平均海水面是1980年由中国台湾发布的。在此基础上形成的坐标系统称为胡楚山坐标系统，也定名为TWD坐标系统（基于GRS67的中国台湾大地基准）。

3. 中国台湾建立新基准的必要性。

（1）TWD67已经使用了20年（至1998年），因自然灾害（如地震、台风）和在岛上从事许多建设工程，大部分高度在500m以下的三角点（60%以上）都遭严重毁坏或破坏掉了，而许多测量活动仍然需要继续，因此，大地控制点要反复测量或反复建立，主要是为了要保证最好的精度。

（2）采用GPS测量建立一个新的大地控制网，有三种不同途径：①首先使用一种专门的转换参数，把GPS数据转化为“老”的基准系统，所转换的坐标再结合现存的地面数据在网平差中使用。②GPS观测值与地面观测值以不同观测方程式的形式联合进行大地网的重新平差，其中GPS数据处理使用“新”系统规定的定向、尺度比和原点。③在大地网中要广泛的收集GPS数据，并在网的平差中进行根本的处理和分析，以建立一个“新”的三维基准。

（3）一个新的、完整的、统一的和高精度的GPS控制网在中国台湾是重要的。更重要的，如果GPS相对的参考系统被建立，可以减小基于WGS84和TWD67的平面坐标之间达1 000m的差异。这也意味着对于导航的应用或各数字数据组的综合，其坐标来源主要

---

① 主要内容选自C. C. Chang，C. L. Tseng，严伯铎译，台湾地区的地心参考系统，英国《测量评论》，1999年7月。

是依据 GPS。

（4）中国台湾用 GPS 测量建立新的地心参考系统，许多优势可以来自它的观测值、数据处理、坐标精度和进一步的应用。好处如下：①易于操作，数据处理自动化，可以获得可靠而且高精度的坐标。②可以在统一的参考系统中来确定三维坐标。③各轴的定向参数、尺度比和原点使用传统的基准来定义，毫无疑问也可以用三维数据组来代替。④位于中国台湾及其近海的各岛屿的点位可以连接并统一纳入同一个坐标系统中。⑤三维大地坐标和曲线大地坐标可以通过简单的数学方法相互转换。⑥可以获得基于全球的地心基准，并提供国际上应用或使用。⑦GPS 观测和得到的坐标系可以适用于从地区、区域到全球的不同尺度。

（5）基于 GPS 测量的全地区坐标参考系统，将规定作为中国台湾及其近海岛屿的统一的大地基准，它与 TWD67 的情况不一样。尽管如此，这里推荐用国际地球自转服务局（IERS）创立的，也鼓励各国机构用 ITRF 来建立其精密的国家基准。为了解决和大陆的连接，并提供国际上应用或使用。因此，重新对中国台湾建立参考系统，也要求基于全球理念来确定地心基准。因而，椭球也要选择在大地测量中广泛采用的地球椭球，如 GRS80。

4. 中国台湾新的坐标系统。

（1）基本构成：8 个永久跟踪站，105 个一等点和在中国台湾的 621 个二等 GPS 控制点构成一个基本 GPS 网。

（2）时间节点：①于 1993 年建立 4 个 GPS 永久站，于 1994 年建立另外 4 个永久站；②于 1995 年建立 105 个一等 GPS 控制点；③于 1996—1998 年用 GPS 测量方法完成所有 621 个二等 GPS 点。

（3）建立方法：①建立由 8 个永久跟踪站，105 个一等 GPS 点和在中国台湾的 621 个二等 GPS 控制点所组成的基本 GPS 网。②为了得到 GPS 跟踪站高精度三维地心坐标和速度场，选择联测了其坐标在 ITRF90 中定义明确的某些 IGS 点位。③为了所有 GPS 控制点获得高精度三维坐标数据组，对通过基于使用静态 GPS 观测的双频载波相位数据，进行严密 GPS 网平差。④为了在直角坐标（X、Y、Z）和曲线坐标（Ψ、λ、h）之间进行坐标转换，采用 GRS80 作为参考椭球。⑤采用横轴墨卡托投影计算平面坐标，平面坐标（N、E）使用 2°带进行计算，对中国台湾和近海岛屿分别采用东经 121° 和 119° 作为中央子午线。

5. 中国台湾 GPS 点的维护。

（1）中国台湾的坐标系统是采用高精度的 GPS 定位建立的，为保证 GPS 控制点的质量和精度，减少人为或自然的影响，需要有正规的维护。

（2）三个等级的 GPS 控制点（跟踪站、一二等），它们的地理分布、操作功能和坐标精度，全部都是以最佳来设计的。

（3）中国台湾是位于不同地质构造板块的边缘，各 GPS 点位要受到地壳形变或地质构造板块运动的显著影响。如果 GPS 点位不进行正规的维护，这些基本 GPS 控制网的地心参考系统将会失真。但是，如果经常更新，就会给土地规划和管理带来麻烦。因此，需要确定维护的频度和控制维护质量。

（4）对于 GPS 跟踪站的维护，站的精确坐标是在网的平差中结合某些 IGS 站进行确定，其坐标也是与ITRF一起实现的正规维护。如果跟踪站是长期工作及其坐标是常规计算的，这也就包含了对GPS跟踪站的维护，当GPS跟踪站长期取得坐标数据组，就可以用来仔细研究时序演变。作为一等GPS控制点的坐标，在网的平差中是以GPS跟踪站的坐标作为固定坐标来确定，由GPS跟踪站所提供的定期演变信息，可以用于对一些GPS控制点进行继续的维护。

（5）为了仔细研究地质构造板块运动和地壳形变所产生的张力和压力模型，监测网包含几个必须建立的GPS点，以提供常规的和精确的各点坐标的变化，在监测网中也包含了三种级别的GPS站。这里也包含了为提供连续的跟踪数据建立的GPS跟踪站；由西尼莎（音译）学院为了从最近十年内显示地壳形变作用的某些专门点上收集长期数据而作业的某些GPS监测站；和为定期管理GPS活动所用的一等或二等GPS控制点。这些所合并的监测网，期望在中国台湾的地心参考系统的维护中起到主要的作用。

6. 坐标系统质量模拟试验。为了充分了解在基本GPS网中坐标变化的效果，选择一些GPS控制点进行了模拟试验，在模拟试验中固定坐标的点包括了8个GPS跟踪站和在中国台湾区域内的一个IGS点。又选择了7个一等GPS点，单独的与所有GPS跟踪站一起进行平差。在网的平差中所使用的基本观测值，是固定点与每个试验点之间基线的笛卡尔坐标向量。观测值的误差用坐标的经验精度因子的乘数进行模拟，在平差中考虑到基于GPS跟踪速度场的坐标变化量。时间跨度是考虑以5年为依据的坐标变化。对于坐标变化所用的速度场，是在1995—1997年每个跟踪站所收集数据估计的。

初步的实验结果期望提供有价值的资料，为实现对中国台湾新坐标系统进行维护而制定指导准则。

（王百发）

28　2000地方（城市）坐标系和2000国家大地坐标系有什么区别？

1. 2000国家大地坐标系是2000地方（城市）坐标系建立的基础。

2. 坐标原点及坐标轴的定义相同。原点为包括陆地、海洋和大气的整个地球的质量中心；Z轴指向BIH 1984.0定义的协议地极方向；X轴指向BIH 1984.0定义的零子午面与协议赤道的交点；Y轴按右手坐标系确定。

3. 参考椭球相同。采用与2000国家大地坐标系完全一样的地球椭球基本参数。

4. 坐标系的基本特征一致。地方坐标系也是地心坐标系、三维的、高精度的、动态的、陆海统一的、实用的大地坐标系统。

5. 中央子午线的选择与定义不一致。地方坐标系的中央子午线通常选择城区中心点或覆盖（管辖）区域的中心点的子午线作为地方坐标系的中央子午线；而国家坐标系是按标准的6°分带或3°分带确定各分带的中央子午线。

6. 投影面不一样。地方坐标系的投影面通常结合地方的地形地貌、河流湖泊、城镇交通和建设工程规划管理等区域特点，选择所覆盖（管辖）区域的某个高程面或平均高程面；而国家坐标系的投影面为参考椭球面。

7. 坐标系建立的目的不同。地方坐标系建立的目的主要是为了满足覆盖（管辖）区域内长度变形小于25mm/km的要求，相当于相对精度满足1/40 000的工程控制网精度要求而建立的。其也是建立地方现代测绘基准体系的首要基础条件。

而 2000 国家大地坐标系是从满足国家发展战略需要，满足国家航空、航天、航海事业的快速发展需要，满足现代测绘技术发展应用和其他相关领域科学研究需要而建立的。其也是建立国家现代测绘基准体系的首要基础条件。

8. 体现方式不同。地方坐标系建立后的直接体现方式为地方连续运行基准站系统和地方似大地水准面应用模型，简称地方 CORS 系统。国家 2000 大地坐标系建立后的直接体现方式为国家连续运行基准站系统和全国似大地水准面应用模型，简称全国 CORS 系统。两个系统的运营方式、管理模式、服务范围、模型精度等均有所差异。但所有 CORS 系统之间最终应能够实现协同共享、无缝连接，满足服务一体化的需求。

9. 二者转换关系应是严密的连接应是无缝的。2000 地方坐标系的建立方法与模型，应从 2000 国家大地坐标系无精度损失的数学变换获得。地方坐标系应与所在的省市坐标系建立相应的转换关系。

（王百发）

第4章　工程测量精度体系与术语体系

29　什么是工程测量的基本精度体系？

关于工程测量的基本精度体系，从前在业内是不曾有过类似的提法，属首次提出。其是根据我们的工作经验尝试着进行分类、归纳和总结。主要目的是为了厘清工程测量各阶段对控制网精度等级的基本定义、用途需求、作业特点、分类原则、体系构成、制定依据、历史沿革、指标来源、核心要求和应用方法做进一步的总结区分，以加深大家对不同阶段控制网的理解，在使用上不至于混淆。整体上称为“体系”，具体分类上表述为“序列”。

1. 工程测量的基本精度体系，由以下8个类别的精度序列构成一个完整的体系。

（1）平面控制网的精度序列。

（2）高程控制网的精度序列。

（3）地形测量的精度序列。

（4）线路测量控制网的精度序列。

（5）地下管线测量的精度序列。

（6）施工测量控制网的精度序列。

（7）变形监测网的精度序列。

（8）精度要求较高的工程且多余观测数较少时的测量精度数理统计计算方法。

2. 每个类别的精度序列，均有自身的构成特点，分门别类地指导工程测量不同阶段或不同类型测量项目的工作。经过业界三十多年来的实践和应用，已受到大多数测量国家专业标准和行业标准的广为认同与引用。

3. 要特别强调的是，精度体系一旦确定下来之后，原则上是不允许轻易变动的，否则，会造成使用上的混乱，对标准的整个体系也会造成很大麻烦。尽管测绘科学技术与仪器设备发展速度迅猛，但这也只是为我们广大测绘工作者提供了强大的理论支持和作业上的方便快捷，使原来很困难或工作量很大的项目在如今变得更容易实现，这不是更改或提高标准精度体系的理由。工程测量标准从精度体系确立之日起一以贯之。

4. 文中之所以经常提到工程测量标准体系中总是参考早期的或已经作废的相关标准，只是因为工程测量基本精度体系确立时，是以这些早期标准作为重要参考的，而如今这些参考标准的精度体系已经发生了变化，而工程测量标准体系并未随之而动，仅仅是随着测绘科技的发展与进步做了适当的补充和完善。

（王百发）

30　什么是平面控制网的基本精度序列？

1.《工程测量标准》GB 50026—2020新增条文明确规定，平面控制网可按精度划分为“等”次与“级”次两种规格，由高向低依次宜为二、三、四等和一、二、三级。主要目的是统一平面控制网的划分标准，避免工程界对控制网划分的乱象。进一步明确了

“等”比“级”高，尽管这是传统也是常识，但的确在一些行业标准中直接忽略了“等”的级别，却出现了“特级”“一级”“二级”“三级”，导致在工程结算时，建设方直接套用收费标准中比较低廉的“级”的收费标准，给工程测量单位造成了较大的经济损失和所引起的不必要的纠纷。因此，在控制网等级的划分上，没有必要独辟新境。

2. 平面控制网在等的名称或者命名上，工程测量单位一直沿用的是国家测绘总局1958年制定的《一、二、三、四等三角测量细则》中的已有名称，由于工程平面控制网极少涉及一等，故直接从二、三、四等进行划分。四等之下的一、二级控制网是工程测量界根据自身的作业特点和长期的工程经验统计的特有的工程控制网级别，同时还在导线测量中增加了三级的级别。尽管“等”次的含义有所不同，在《国家三角测量规范》GB 17942—2000中进一步明确一、二等三角测量属于国家基本控制测量，三、四等三角测量属于加密测量。

3. 对国家测绘总局《一、二、三、四等三角测量细则》平面控制网“等”的相关精度指标的沿用，也是有所区别的沿用。

（1）测角中误差，直接沿用。工程平面控制网二、三、四等的测角中误差直接沿用，分别为二等1″、三等1.8″、四等2.5″，另外还补充了一级5″、二级10″这两个级次。这也是我国经典的测角中误差划分方法。

（2）平均边长，无法沿用。工程平面控制网二、三、四等的平均边长，则无法沿用。主要是因为国家等级控制网的平均边长较长或者很长，在国家测绘总局1974年制定发布的《国家三角测量和精密导线测量规范》中一等锁（网）的平均边长，山区约25km，平原约20km；二等三角网平均边长约15~20km。三等三角网的平均边长为8km，四等三角网的平均边长为2~6km。尽管其也明确说明三、四等控制网是以测图和工程需要为目的，但无论从控制点的密度、精度还是所施测地形图的精度与绘制风格上讲，往往无法满足工程界的需要。

工程测量规范相应等级控制网的平均边长，则是根据工程测量的区域控制面积相对较小的特点结合长期的工程经验统计并进行严密的推算制定，分别为二等9km、三等4.5km、四等2km、一级1km、二级0.5km。

（3）水平角观测的测回数，没有沿用。

1）工程平面控制网二、三、四等三角网水平角观测的测回数，没有沿用国家测绘总局1974年制定发布的《国家三角测量和精密导线测量规范》中的相应测回数，主要是因为国家三角网的控制面积很大、边长很长且原则上是要造（觇）标的。觇标的作用是提供观测照准和升高仪器位置，测站观测完成后还需进行归心测量和归心改正（测站偏心和目标偏心）。不仅有观测时段的规定，而且有日测和夜测的要求；有观测回光的规定，也有照准圆筒（或标心柱）的要求；有一、二等必须进行全组合测角的规定，也有二、三、四等进行方向观测法的要求。因此，要获取同样精度的观测值，国家三角网的观测工作量要大很多，且其观测条件要严苛得多。相关技术指标，见表30-1。

表30-1　国家三角测量水平角观测的主要技术要求

等级	使用仪器类型	全组合测角法方向权：$n \cdot m$	方向观测法测回数
一等	J07型	36（35）	—
	J1型	42（40）	—

续表30-1

等级	使用仪器类型	全组合测角法方向权：$n \cdot m$	方向观测法测回数
二等	J07 型	24（25）	12
	J1 型	30（28、32）	15
三等	J07 型	—	6
	J1 型	—	9
	J2 型	—	12
四等	J07 型	—	4
	J1 型	—	6
	J2 型	—	9

注：1　n 为方向数，m 为测回数。

2　二等点上观测也可以采用三方向法。

2）工程测量规范相应等级控制网水平角观测的测回数，则是根据工程控制网的平均边长较短、区域控制面积相对较小的特点且采用的是方向观测法，结合长期的工程经验统计，进行严密推算并按不同精度的仪器给出相应等级的水平角方向观测法的测回数。相关技术指标，见表30-2。

表30-2　工程平面控制网三角形网测量水平角观测的主要技术要求

等级	使用仪器类型	方向观测法测回数
二等	0.5″级	9
	1″级	12
三等	0.5″级	4
	1″级	6
	2″级	9
四等	0.5″级	2
	1″级	4
	2″级	6
一级	2″级	2
	6″级	4
二级	2″级	1
	6″级	2

（4）起始边相对中误差，没有沿用。

1）在国家测绘总局1974年制定发布的《国家三角测量和精密导线测量规范》中，要求一等三角网起始边测量的边长相对中误差不应超过1/350 000，二等三角网起始边长测定的精度要求与一等相同。三、四等三角测量属于加密测量，未对起始边测量提出要求。主要还是因为过去国家等级控制网边长测量比较困难且条件尖刻，其以基线尺测量为主。

后来（约20世纪60年代末），光电测距仪、激光测距仪及电磁波测距仪出现后，测距就变得比较容易。远程测距初期，测距仪器需要大的组合棱镜方能收到信号回波实现测距，且起始边也需要进行对向观测。

2）工程平面控制网基于测区内控制网边长的最大投影变形不大于25mm/km的要求，相当于边长相对中误差为1/40 000，以此作为四等网（平均边长2km）最弱边边长相对中误差，即相对点位中误差为50mm的限值，这样密度的四等网可以满足大部分建设工程施工放样测量精度不低于1/20 000的这一工程测量原则性要求，结合平均边长进行理论推算建立相应等级工程控制网最弱边边长相对中误差精度序列和起始边边长相对中误差精度序列，见表30-3。

表30-3　工程控制网起始边边长相对中误差和最弱边边长相对中误差

<table>
<tr><th colspan="2">等级</th><th>平均边长/km</th><th>测角中误差/″</th><th>起始边边长
相对中误差</th><th>最弱边边长
相对中误差</th></tr>
<tr><td colspan="2">二等</td><td>9</td><td>1</td><td>1/250 000</td><td>1/120 000</td></tr>
<tr><td rowspan="2">三等</td><td>首级</td><td rowspan="2">4.5</td><td rowspan="2">1.8</td><td>1/150 000</td><td rowspan="2">1/70 000</td></tr>
<tr><td>加密</td><td>1/120 000</td></tr>
<tr><td rowspan="2">四等</td><td>首级</td><td rowspan="2">2</td><td rowspan="2">2.5</td><td>1/100 000</td><td rowspan="2">1/40 000</td></tr>
<tr><td>加密</td><td>1/70 000</td></tr>
<tr><td colspan="2">一级</td><td>1</td><td>5</td><td>1/40 000</td><td>1/20 000</td></tr>
<tr><td colspan="2">二级</td><td>0.5</td><td>10</td><td>1/20 000</td><td>1/10 000</td></tr>
</table>

3）要说明的是，在国家测绘总局1974年制定发布的《国家三角测量和精密导线测量规范》第8条规定精密导线测量边长测定的相对中误差：一等1/250 000，二等1/200 000，三等1/150 000，四等1/100 000。此相对中误差精度序列和工程控制网相应等级起始边边长相对中误差精度序列较为相似，应属不谋而合在一定程度上也算相互佐证。

（5）最弱边相对中误差，属于工程测量界的独创。最弱边相对中误差精度序列的制定，对工程测量的作业精度起到了重要的保障作用。在国家测绘总局1974年制定发布的《国家三角测量和精密导线测量规范》中是没有最弱边相对中误差这项指标的，在国家测绘局在2000年对74版标准修订并更名为《国家三角测量规范》GB/T 17942—2000时，引入了工程测量规范的这一指标限值，也是两个系统间相互学习相互促进的印证。

（王百发）

31　什么是高程控制网的精度序列？

1. 1985国家高程基准是我国的法定高程基准，因此，大中型工程项目的高程控制网基准，应该采用此基准。小项目或小测区，当与国家高程控制点联测有困难时，也可采用假定高程基准。在已有高程控制网的地区测量时，可沿用原有的高程系统。

2.《工程测量标准》GB 50026—2020规定，高程控制测量精度等级的划分，宜划分为二、三、四、五等。高程控制网在等的名称或者命名上，工程测量单位一直沿用的是国家测绘总局 1958 年制定的《一、二、三、四等水准测量细则》中的已有名称，由于工程界的高程控制网极少涉及一等，故直接从二、三、四等进行划分。四等之下的五等是工程测量界根据自身的作业特点和长期的工程经验特别增设的高程控制网级别。

3. 水准测量精度指标序列与国家水准测量规范的比较。

（1）21 世纪 00 年代国家高程控制网的测量精度要求，见表 31-1。

表 31-1　我国高程控制网的测量精度要求（21 世纪 00 年代）

水准测量精度等级	路线长度/km	每千米水准测量的偶然中误差 M_{Δ} /mm	每千米水准测量的全中误差 M_{W} /mm	水准仪等级
一等	1 600（东部）~2 000（西部）	0.45	1.0	DS05
二等	750（平原和丘陵）	1.0	2.0	DS1
三等	150（附合），200（环）	3.0	5.0	DS3
四等	80（附合），100（环）	6.0	10.0	DS3

资料来源：《国家一、二等水准测量规范》GB/T 12897—2006 和《国家三、四等水准测量规范》GB/T 12898—2009。

（2）20 世纪 70 年代国家高程控制网的测量精度要求，见表 31-2。

表 31-2　我国高程控制网的测量精度要求（20 世纪 70 年代）

水准测量精度等级	路线长度/km	每千米水准测量的偶然中误差 M_{Δ} /mm	每千米水准测量的全中误差 M_{W} /mm	水准仪等级
一等	1 000~1 500（平原和丘陵），2 000（山区）	0.5	1.0	DS05
二等	500~750（平原和丘陵）	1.0	2.0	DS1
三等	200（附合），300（环）	3.0	6.0	DS3
四等	80（附合）	5.0	10.0	DS3

资料来源：《国家水准测量规范》国家测绘总局 1974 年制定。

（3）工程测量标准高程控制网的测量精度要求，见表 31-3。

表 31-3　工程测量标准高程控制网的测量精度要求

水准测量精度等级	路线长度/km	每千米水准测量的偶然中误差 M_{Δ} /mm	每千米高差全中误差 M_{W} /mm	水准仪等级
二等	—	—	2.0	DS1
三等	50	—	6.0	DS1，DS3
四等	16	—	10.0	DS3
五等	—	—	15.0	DS3

资料来源：《工程测量标准》GB 50026—2020。

4. 我们不必纠结于国家水准测量规范对相关精度指标的微调的实际意义，只应明白工程测量标准在水准测量的相关精度指标的制定上，始终如一与《国家水准测量规范》相应等级的早期指标保持一致，因为精度体系一旦确定之后，原则上是不轻易变动的，否则，会造成使用上的混乱，对标准的整个体系也会造成很大麻烦。

5. 鉴于工程测量的水准路线相对较短，因此，工程界不强调水准测量“测段”概念，也对“测段往返测量”不做要求，因此，对“每千米水准测量的偶然中误差 M_{Δ}”自然就没有限值指标。

6. 工程测量强调附合水准路线的附合差，或环形水准路线的闭合差。由于整个水准路线总体偏短，也仅对二等水准测量提出往返观测的要求。其他等级的水准路线，通常“往一次”就可满足要求。

7. 工程测量要求用全网中各个水准环的闭（附）合差，统计计算高程全中误差，用来衡量整个水准网的整体高程测量精度。这一指标反映的是系统误差和偶然误差的综合影响，因此，称为全中误差。此点要求和国家水准测量的规定相一致。

8. 高程控制网的精度序列和变形监测网中垂直位移测量的精度序列是两个不同的精度体系，后者要高出很多，具体应用时不可混淆，原则上不能取而代之。

（王百发）

32 什么是地形测量的精度序列？

地形测量精度序列是根据工程用图需要和实际生产作业情况，对测图控制点、地物点的点位中误差、等高（深）线插求点的高程中误差、细部点的平面高程中误差、数字线划图、数字高程模型、数字正射影像图等精度指标做出的规定，它与我们通常理解的各类平面控制网、高程控制网精度体系存在明显的不同，它不存在“等”或“级”的概念，只是基于不同的目的和性质确立的相应精度要求，而非严格意义上的精度序列，相互间不存在上下兼容的直接联系，但却隐含一定的内在关联，故此可以将地形测量中各类精度要求的集合归纳为地形测量精度序列，现分别介绍如下：

1. 测图控制测量精度。地形图控制测量是各种比例尺地形图测绘的基础，为使地形图能够真实正确反映测区范围内地物、地形、地貌的基本属性与空间位置，应以分级布设逐级发展的原则建立覆盖全测区的测图控制系统，旨在有效限定测量误差的累积与传递，确保分区施测地形图成果能够按一定精度拼接为整体，最终满足工程建设用图的需要。

测图控制布设层次和测量精度与地形图测量比例尺紧密关联，假如同一测区需要施测不同比例尺地形图，应依据最大比例尺地形图施测要求建立测区基本控制。通常按地形控制发展层次可分为：基本控制（首级控制）、图根控制以及测站点控制。其中测区基本控制（首级控制）应由有效控制整个测图范围的等级控制构成，当测图范围较小，满足测图要求的图根控制也可作为测区基本控制（首级控制）。

在《工程测量规范》GB 50026 标准制定的过程中，无论是 93 规范、07 规范，还是新版的《工程测量标准》GB 50026—2020 对图根平面控制和高程控制的测量精度延续了同样的要求，即图根点相对于邻近等级控制点的点位中误差不应大于图上 0.1mm，高程中误差不应大于基本等高距的 1/10。并以此作为基本依据，规定了 RTK 图根测量、图根导线、极坐标法和边角交会法等施测图根的主要技术指标及相关要求。

2. 地形图基本测量精度。正如《工程测量标准》GB 50026—2020 条文说明中所描述的那样，一方面根据以往地形图使用情况，施测的地形测量成果应满足工矿区的改扩建项目、城镇居民小区规划红线、新旧建筑物之间安全距离、设计建设部门使用以及后期修测补测等对地形图图面精度的要求，且保有一定的精度储备；另一方面从地形图测绘技术、设计和使用等实际情况出发，随着测图方法、作业手段的不断丰富、改进与提高，地形点的实测精度得到了较好保障，目前设计部门用图大多为数字化地形图，不存在由地图复制、拼接、量算等产生的精度损失或影响。故此基于工程建设项目对地形图基本测量精度实际需要，提出的地形图图上地物点相对于邻近图根点的点位中误差和等高（深）线插求点或数字高程模型格网点相对于邻近图根点的高程中误差要求，具有合理性和可行性，也是规范地形图作业生产的一项重要技术内容。

（1）地形图图上地物点相对于邻近图根点的点位中误差，不应超过表 32-1 的规定。

表 32-1　图上地物点相对于邻近图根点的点位中误差

区域类型	点位中误差/mm
一般地区	0.8
城镇建筑区、工矿区	0.6
水域	1.5

注：1　隐蔽或施测困难的一般地区测图，点位中误差不宜超过表中限差的 1.5 倍。

2　1∶500 比例尺水域测图、其他比例尺的大面积平坦水域或水深超出 20m 的开阔水域测图，根据具体情况，可放宽至 2.0mm。

（2）等高（深）线的插求点或数字高程模型格网点相对于邻近图根点的高程中误差，不应超过表 32-2 的规定。

表 32-2　等高（深）线插求点或数字高程模型格网点相对于邻近图根点的高程中误差

	地形类别	平坦地	丘陵地	山地	高山地
一般地区	高程中误差/m	$\frac{1}{3}h_d$	$\frac{1}{2}h_d$	$\frac{2}{3}h_d$	$1h_d$
水域	水底地形倾角 α	$\alpha < 2°$	$2° \leqslant \alpha < 6°$	$6° \leqslant \alpha < 25°$	$\alpha \geqslant 25°$
	高程中误差/m	$\frac{1}{2}h_d$	$\frac{2}{3}h_d$	$1h_d$	$\frac{3}{2}h_d$

注：1　h_d 为地形图的基本等高距，单位为 m。

2　隐蔽或施测困难的一般地区测图，高程中误差不宜超过表中限差的 1.5 倍。

3　当作业困难、水深大于 20m 或工程精度要求不高时，水域测图高程中误差不宜超过表中限差的 2 倍。

对比相应地物点精度要求，《工程测量规范》07 版较 93 版合并调整了水域方面的要求，新版的《工程测量标准》GB 20056—2020 较 07 版增加了数字高程模型格网点高程中误差方面的要求，并在水底地形倾角规定上做出微小调整；综合各种客观因素，本次修订时未对地形图的基本精度指标做出调整。

3. 细部坐标点的点位精度。为了使设计或运营管理者应用原图时，能有足够的精度，并符合新设建筑与邻近已有建筑的相关位置误差小于100~200mm的要求，确定工业建筑区主要建（构）筑物的细部点相对于邻近图根点的点位中误差，不应超过50mm。对于棱角不明显建（构）筑物，由于存在判别误差，其实测轴线和理论轴线（或理论中心）也存在误差；对铁路、给水排水管道、架空线路等施工对象，其定位精度要求存在区别，故将诸如此类内容划归为一般建（构）筑物的细部点，其点位中误差规定为70mm。具体要求如下：

工矿区建（构）筑物按用途可分为主要建（构）筑物和一般建（构）筑物两种类型，细部坐标点的点位和高程中误差，不应超过表32-3的规定。

表32-3　细部坐标点的点位和高程中误差

地物类别	点位中误差/mm	高程中误差/mm
主要建（构）筑物	50	20
一般建（构）筑物	70	30

该条款自《工程测量规范》93版一直延续至今，一是说明工矿区及重要地物细部点测量的重要性，二是细部点坐标、高程的标注有利于地形图的实际应用，也便于地形图局部图根控制的恢复与扩展。

以点位中误差为例，对比分析上述三类精度要求见表32-4：

表32-4　精度对比分析

精度类别	点位中误差/mm	相对点位
图根点	≤图上0.1	邻近等级控制点
地物点基本测量	城镇建筑区、工矿区≤图上0.6	邻近图根控制点
细部坐标点	主要建（构）筑物50	—

由上表不难看出，相对城镇建筑区、工矿区地物点精度要求，图根控制精度具有充足的精度储备裕度，如此规定的主要原因是为了保障工矿区建（构）筑物细部坐标点的点位精度要求，间接说明细部坐标点测量应以图根及以上等级控制为基础施测，测量获取的细部坐标点点位精度应能满足小于或等于50mm的要求。而在非工矿区建（构）筑物测图区域，可将图根控制的储备精度有效释放，依据地物点精度要求，按对应层次进行测图控制点加密和扩展，示例说明如下：

假定地形图测量比例尺为1：1 000，依据表32-1城镇建筑区、工矿区确定地物点平面精度为图上0.6mm，实地点位精度则为0.6mm×1 000即600mm，依据李青岳教授主编《工程测量学》修订版教材推证可知，“当控制点所引起的误差为总误差的0.4倍时”，控制点对测量点的点位误差影响仅为10%可以“忽略不计”，测图作业时可按基本控制（首级控制）、图根控制和测站点控制三个层次布置测图控制，依次推定的测站点控制、图根控制和基本控制测量精度分别为：240mm、96mm和38.4mm，换言之当测区基本控制（首级控制）最弱点的点位中误差满足≤±38.4mm时，按图根点、测站点进行测图控制的扩展加密，最终实现的地物点测量精度仍可满足相应《工程测量标准》GB 50026—2020要求；同理，可以推定测站点控制、图根控制和基本控制的高程精度要求。这也说明测图控制的图根精度和地形图基本测量精度之间存在着一定的内部联系。总之，在生产实践活动中，对工测标准条文的技术规定不应是生搬硬套，而是在充分理解条文要义的基础上，合理把握、灵活运用。

4. 数字高程模型、数字正射影像图测量精度。从工程实际应用出发，结合本标准要求及其他相关规范规定，新版《工程测量标准》GB 50026—2020补充增加了数字高程模型、数字正射影像图测量的精度内容，其目的是为工程建设提供高质量的地形测量成果，具体规定如下：

（1）数字高程模型应由规则格网点数据和特征点数据以及边界数据组成，数字高程模型格网间距的选取和格网点高程中误差应符合表32-5的规定。

表32-5　数字高程模型的格网间距及格网点高程中误差

比例尺	格网间距/m	格网点高程中误差/m			
		平坦地	丘陵地	山地	高山地
1∶500	0.5	0.2	0.4	0.5	0.7
1∶1 000	1.0	0.2	0.5	0.7	1.5
1∶2 000	2.0	0.4	0.5	1.2	1.5
1∶5 000	2.5	0.7	1.5	2.5	4.0

注：森林、沼泽等隐蔽地区数字高程模型的高程中误差不宜超过表中相应限差的1.5倍，内插点的高程中误差不宜超过表中相应限差的2倍。

（2）数字正射影像图的地面分辨率不应大于表32-6的规定。

表32-6　数字正射影像图地面分辨率

比例尺	1∶500	1∶1 000	1∶2 000	1∶5 000
影像地面分辨率/m	0.1	0.2	0.4	1.0

（3）数字正射影像图地物点的平面位置中误差，对于平坦地、丘陵地不应大于图上0.6mm，对于山地、高山地不应大于图上0.8mm。

5. 测深点的深度测量精度。水深测量方法应根据水下地形状况、水深、流速和测深设备合理选择。测深点的深度中误差，不应超过表32-7的规定。

表32-7　测深点深度中误差

水深范围/m	测深仪器或工具	流速/（m/s）	测点深度中误差/m
0~4	宜用测深杆	—	0.10
0~10	测深锤	<1	0.15
1~10	测深仪	—	0.15
10~20	测深仪或测深锤	<0.5	0.20

续表32-7

水深范围/m	测深仪器或工具	流速/（m/s）	测点深度中误差/m
>20	测深仪	—	$H\times1.5\%$
1~500	多波束测深系统	—	$0.3\sim H\times2\%$

注：1　H 为水深，单位为 m。

2　水底树林和杂草丛生水域不宜使用回声测深仪。

3　当精度要求低、水下地形地貌条件困难区域、用测深锤测深流速大于表中规定或水深大于 20m 时，测点深度中误差不宜超过表中相应限差的 2 倍。

结合水下测深技术的发展和多波束测深系统目前应用的实际情况，新版《工程测量标准》GB 50026—2020 较 97 版增加了采用多波束测深系统进行测深点深度测量的技术规定，使得该技术的推广应用更具有可操作性。

综上不同类别精度要求汇集成所谓地形测量精度体系，其根本目的是确保施测的地形成果满足工程建设用图需要。由于工程建设项目不同，关注重点内容各异，因此，在生产实践中，应遵照测量任务提出的具体技术要求，依据规范开展针对性的地形图测量技术设计工作，制订的测图实施方案，既要突出重点，又要兼顾地形图测绘成果的总体质量。

（刘东庆）

33　什么是线路测量控制网的精度序列？

1. 为铁路、公路、渠道、输电线路、通信线路、管线及架空索道等线形工程所进行的测量统称为线路测量。

2. 对工程测量人而言，线路测量是最为宽松的测量工作，因此，不能用常规的平面控制测量和高程控制测量的精度对线路控制测量做出要求，因为线路控制测量拥有自身的工程特点，线性工程毕竟和面状的工程项目不同。

高速铁路除外，因为它拥有我国自主知识产权的相对更为严苛的测量技术要求，平面控制网等级划分为 CP0、CPⅠ、CPⅡ和 CPⅢ精度自成体系；高程控制测量其与《工程测量标准》GB 50026—2020 的精度等级序列基本一致划分为二、三、四、五等，但在二等和三等之间增加了一个“精密水准”的补充序列。这都是为满足我国高速铁路建设的需要并结合工程自身的特点应运而生的，详见行业标准《高速铁路工程测量规范》TB 10601—2009。

高速公路和一级公路的平面控制测量技术要求也相对比较特别，要求按常规平面控制测量的要求作业，但对于线路控制的导线测量则允许将相应等级导线长度再放长 1 倍。高速公路的高程控制则定义为四等水准精度即可满足要求。这也是我国高速公路测量的特点。

3. 其他线路控制测量，如铁路、二级及以下等级公路、自流和压力管线均采用超长导线测设，导线长度不超过 30km（见表 33-1~表 33-4）。也就是说线路控制测量作业主要采用导线测量方法往前推进，要求导线的起点、终点及每间隔不大于 30km 的点上，应与高等级平面控制点联测。至于导线测量的精度，无论是测角中误差还是测距相对中误差或者是导线相对闭合差，均比常规平面控制测量中三级导线测量的精度要求还低得多，属等外级。至于线路的高程控制测量，通常五等水准或图根水准的精度即可满足要求，每隔30km与高等级水准点联测一次即可。

这就是线路测量的特点，无论是从工程应用上还是在测量标准的制定上，没有必要更没有理由刻意拔高线路测量的精度，满足要求实用才是硬道理。

表 33-1　铁路、二级及以下公路导线测量的主要技术要求

导线长度/km	边长/m	仪器精度等级	测回数	测角中误差/″	测距相对中误差	联测检核	
						方位闭合差/″	相对闭合差
≤30	400~600	2″级仪器	1	12	≤1/2 000	$24\sqrt{n}$	≤1/2 000
		6″级仪器		20		$40\sqrt{n}$	

注：n 表中为测站数。

表 33-2　铁路、二级及以下公路高程控制测量的主要技术要求

等级	每千米高差全中误差/mm	路线长度/km	往返较差、附合或环线闭合差/mm
五等	15	30	$30\sqrt{L}$

注：L 为水准路线长度，单位为 km。

表 33-3　自流和压力管线导线测量的主要技术要求

导线长度/km	边长/km	测角中误差/″	联测检核		适用范围
			方位角闭合差/″	相对闭合差	
≤30	<1	12	$24\sqrt{n}$	1/2 000	压力管线
≤30	<1	20	$40\sqrt{n}$	1/1 000	自流管线

注：n 为测站数。

表 33-4　自流和压力管线高程控制测量的主要技术要求

等级	每千米高差全中误差/mm	路线长度/km	往返较差、附合或环线闭合差/mm	适用范围
五等	15	30	$30\sqrt{L}$	自流管线
图根	20	30	$40\sqrt{L}$	压力管线

注：1　L 为路线长度，单位为 km。

2　作业时，根据需要压力管线的高程控制精度，可按表中相应限值的 2 倍执行。

4. 至于架空输电线路的平面控制测量的要求更为宽松，长距离架空输电线路宜每100km与国家控制点联测一次。过去常采用视距法测量就可满足线路测量的一般要求。高程控制测量精度不宜低于五等。

5. 架空索道测量精度要求相对而言则略高，平面控制测量精度宜为二级，高程控制测量精度宜为图根高程精度。

（王百发）

34　什么是地下管线测量的精度序列？

1. 地下管线测量，是地下管线探查和地下管线测绘全过程的统称。

（1）地下管线探查，是指在收集已有管线资料的基础上，采用对明显管线点实地调查、隐蔽管线点探查、疑难管线点位开挖等作业方法，查明地下管线的相对关系及相关属性，并将管线特征点进行标示、记录的过程。

（2）地下管线测量，是指对已查明标示出的地下管线点及附属设施进行测量，并编绘综合、专业地下管线图的过程。

（3）地下管线测量的精度构成与分类，包括以下三个方面：①地下管线测量精度主要分为管线点的测量精度和管线点的探测精度。②管线点的测量精度分为平面精度和高程精度。③管线点的探测精度分为平面位置偏差和埋深较差。

2. 基于管线探测设备的技术发展水平和长期的地下管线测量工程实践，在《工程测量标准》GB 50026—2020 中，我们给出了普遍适用的隐蔽管线点探查精度公式如下：

$$\Delta S \leqslant 0.10 \times h$$

$$\Delta H \leqslant 0.15 \times h$$

式中：ΔS——探查的水平位置偏差（m）；

ΔH——埋深较差（m）；

h——管线埋深（m），当 h <1m 时可按 1m 计。

3. 我们不可能基于常规测量的精度给管线探查提出过高的精度要求，即地面点位的测量精度我们要求为厘米（cm）级，而管线探查的精度只能达到分米（dm）级。也就是说，二者的精度不在一个数量级，后者要低得多。

故有，管线点相对于邻近控制点的点位测量中误差不应大于 50mm、高程测量中误差不应大于 20mm 的测量精度要求。换句话来讲，我们要求测量带给管线探查的位置误差可以忽略不计。

4. 事实上，管线探查的精度和管线的直径与埋深相比已经是相对比较理想的精度。加之在作业时，因不同地段信号干扰因素及施测人员的操作熟练程度也会影响探查的精度，故采取从宽处理。目前的精度公式，可满足大部分管线探查精度要求。

《工程测量标准》GB 50026—2020 提倡相关行业标准和地方标准对探查精度公式提出更高的要求或更详细的精度划分，只要对工程有利且在技术方法上容易实现都是可行的。重复探查后，中误差的统计计算公式如下：

（1）隐蔽管线点的平面位置中误差：

$$m_{\mathrm{H}} = \sqrt{\frac{[\Delta S_i \Delta S_i]}{2n}}$$

（2）隐蔽管线点的埋深中误差：

$$m_{\mathrm{v}} = \sqrt{\frac{[\Delta H_i \Delta H_i]}{2n}}$$

式中：ΔS_i——复查点位与原点位间的平面位置偏差（m）；

ΔH_i——复查点位与原点位的埋深较差（m）；

n——复查点数。

5. 由于技术的限制，现有的仪器设备主要用于埋深小于4m的管线探测，埋深超过4m的管线探测精确度和可靠性会急剧下降。故该精度计算公式适用于埋深不大于4m的管线探测。对于埋深大于4m的管线探测精度要求可和用户协商并做专项设计。

6. 地下管线测量成果作为规划、建设、管理部门的重要资料，是与其他已有基础资料结合应用的，因此坐标系统和高程基准宜与原有主要基础资料保持一致，其控制测量作业方法与常规作业要求相同，精度等级视工程规模而定。管线点的测量控制点精度宜为图根级。

7. 地下管线图的精度，应满足实际地下管线的线位与邻近地上建（构）筑物、道路中心线或相邻管线的间距中误差不超过图上0.6mm的要求。

详查项目的管线点实地设置间距不宜大于50m；对于管线曲线段，管线点实地设置点位，应能反映出管线的弯曲特征。

8. 地下管线测量的成图比例尺，主要是基于地下管线测量是在相应比例尺地形图基础上附加更多的内容和信息，所以管线图的比例尺是按该地区地形图最大比例尺确定。地下管线测量成图比例尺，宜选用1∶500或1∶1 000。对于道路与建筑物密集的建成区，直接选用1∶500比例尺。对于长距离专用管线，在满足变更、维护与安全运营需要的基础上兼顾整体性，适当放小比例尺至1∶2 000~1∶5 000。

（王百发　王双龙）

35　什么是施工测量控制网的精度序列？

1. 施工测量的基本特点。

（1）满足施工放样对控制点数量和精度的基本需求，是建立施工控制网的唯一目的。

（2）满足1/20 000的相对测量精度或者满足最弱点点位中误差不超过50mm是对建立施工控制网的精度要求。

（3）先建立场区控制网，再建立施工控制网，然后进行施工放样是施工测量的基本程序。

（4）施工控制网采用独立布网并与国家等级控制网联测，是施工测量的普遍做法。

（5）施工控制网的坐标系统宜与规划设计阶段保持一致或建立换算关系，高程基准应与规划设计阶段保持一致，是建立施工控制网的原则要求。

（6）采用放样点精度的1/3，作为施工控制点的平面位置和高程中误差是简单施工测量的精度估算方法。

（7）场区控制网和施工控制网并没有严格的界线或上下等级区分，小规模或精度高的独立施工项目，可直接布设施工控制网。

（8）不同行业或者不同类型的工程施工项目，本身就拥有典型的行业特点与专业特色。其与常规的施工控制网要求不同，可根据工程需要建立更高精度的专用控制网。如大型的桥梁控制网、隧道控制网、水坝控制网和核电厂控制网等。

（9）专用施工控制网和专用变形监测网应属两个不同的精度序列且用途不同，当二者精度相当或相近时可以合用。如水利水电施工控制网作为监测网时，点位精度要求是相对于基准点的精度。

（10）即便是同一项目同一施工控制网内，放样点也分若干个不同种类且有不同的放样精度要求。通常强调的是放样点相对于临近控制点的点位精度，也有的是强调相对起始控制点的位置精度；有的是强调相对建筑物主副轴线的相对精度，也有的是强调相对于桥轴线、坝轴线的相对精度。具体作业时应仔细分析设计图纸，以满足设计对点位的要求为原则。

（11）放样前，按设计图纸及设计变更图纸推算放样元素并进行必要的检查验算是施工测量的规定程序。放样完成后，复测检查或相互位置校核检查是很有必要的，可避免一些无法挽回的失误或错误。

（12）放样施工设计位置线（墨线）和位置参考线（墨线）是施工测量放线的常规做法。

2. 场区控制网。

（1）场区控制网，宜利用勘察阶段已有平面和高程控制网。原有平面控制网的边长，应归算到场区的主施工高程面上，并应进行复测检查。精度满足施工要求时，可作为场区控制网使用；否则，应重新建立场区控制网。

（2）新建立的场区平面控制网，通常采用独立网形式。

1）独立网布设，即利用原控制网中的点组进行定位、定向；小规模场区控制网，也可选用原控制网中一个点的坐标和一条边的方位进行定位和定向；这样可以减少或阻断原有控制网的误差累积与传播，同时又与原有控制网的坐标系统相一致或者说建立了联系。点组定位定向的目的，是为了获得相对优化的位置与方向，从理论上讲就是定位定向后，各点剩余误差的平方和最小。要求场区平面控制网相对于勘察阶段控制点的定位精度，不应大于50mm。

平面控制网的观测数据，不宜进行高斯投影改化，观测边长宜归算到测区的主施工高程面上。即在主施工高程面上点间的坐标反算长度和实测长度相同。这样最方便施工。

2）场区平面控制网的布网形式，可根据场区的地形条件和建（构）筑物的布置情况，布设成建筑方格网、卫星定位测量控制网、导线网或三角形网等形式。

3）场区平面控制网的精度等级，分为一级和二级。适用范围，按工程规模和工程需要进行等级选择。即对于建筑场地大于1km^{2}的工程项目或重要工业区，应建立一级及以上精度等级的平面控制网；对于场地面积小于1km^{2}的工程项目或一般建筑区，可建立二级精度的平面控制网。

4）场区平面控制网的精度等级序列与常规平面控制网一、二级的序列基本相同，但具有场区平面控制网面向施工的自身特点。

3. 场区建筑方格网。

建筑方格网是既往场区控制网的主要布设形式，其特点是网型呈方格网状，格网控制点的坐标均须归化为整数，非常便于施工，但测设烦琐，工程成本最高。建筑方格网测量和水平角观测的主要技术要求见表35-1、表35-2。

表35-1　建筑方格网测量的主要技术要求

等级	边长/m	测角中误差/″	测距相对中误差
一级	100~300	5	≤1/30 000
二级	100~300	8	≤1/20 000

表 35-2 建筑方格网水平角观测的主要技术要求

等级	仪器精度等级	测角中误差/″	测回数	半测回归零差/″	一测回内 2C 互差/″	各测回方向较差/″
一级	1″级仪器	5	2	≤6	≤9	≤6
	2″级仪器	5	3	≤8	≤13	≤9
二级	2″级仪器	8	2	≤12	≤18	≤12
	6″级仪器	8	4	≤18	—	≤24

注：全站仪测设时，建筑方格网的边长应往返观测各一测回测定，并应进行温度、气压和仪器加、乘常数改正。

与同等级常规的三角形网观测精度相比较，其特点是：①平均边长缩短很多。②一级的测角中误差不变仍为 5″而二级的测角中误差由 10″提高为 8″。③受平均边长较短的影响，一级的测边相对中误差由 1/40 000 降为 1/30 000，二级的测边相对中误差保持不变仍为1/20 000；降的目的是因为短边的测边相对中误差较难实现。④将角度的观测测回数分别提高 1 个测回、将观测限差提高一个级别。目的是为了保证方格网点的点位精度和保证整个网型不会发生扭曲变形。⑤对归化后的方格网点位要进行角度和边长复测检查，限差分别取相应等级测角中误差和测边中误差的 $\sqrt{2}$ 倍（见表 35-3）。检查的目的是为了确保点位归化后的正确性。特殊需要时，应在将铜丝嵌入归化点位前后分别进行角度和边长复测检查。

表 35-3 建筑方格网点位归化后角度和边长复测检查的偏差限值

等级	角度偏差	边长偏差
一级	≤8″	≤ D/25 000
二级	≤12″	≤ D/15 000

注：D 为方格网的边长。

4. 场区卫星定位网。场区控制网采用卫星定位测量的主要技术要求（见表 35-4），主要是基于卫星定位测量技术的特点和施工控制网的要求确定的。卫星定位测量对于中长基线而言可以获得很高的相对精度，对于短基线特别是超短基线其固定误差的影响就变得尤为显著。解决办法就是提高卫星定位测量仪器的精度规格，由常规的 $(10+20d)$ 提高至 $(5+5d)$；同时将基线长度尽量加长，由既往一级方格网的平均边长 100~300m 加长至 300~500m。

表 35-4 场区控制网采用卫星定位测量的主要技术要求

等级	边长/m	固定误差 A/mm	比例误差系数 B/（mm/km）	边长相对中误差
一级	300~500	≤5	≤5	≤1/40 000
二级	100~300			≤1/20 000

与常规平面控制测量一、二级的要求相比较，平均边长缩短、固定误差和比例误差系

数提高、边长相对中误差维持不变。

5. 场区导线网。场区施工导线测量的主要技术要求（见表35-5），是基于施工项目对场区控制网的要求和方格网的基本精度指标，从保证相邻最弱点精度出发确定的。

表35-5　场区导线测量的主要技术要求

等级	导线长度/km	平均边长/m	测角中误差/″	测距相对中误差	测回数		方位角闭合差/″	导线全长相对闭合差
					2″级仪器	6″级仪器		
一级	2.0	100~300	5	1/30 000	3	—	$10\sqrt{n}$	≤1/15 000
二级	1.0	100~200	8	1/14 000	2	4	$16\sqrt{n}$	≤1/10 000

注：n 为测站数。

与常规平面控制测量一、二级的要求相比较，施工导线平均边长和导线长度均缩短、测角中误差和测距相对中误差维持不变、测回数提高、方位角闭合差和导线全长相对闭合差维持不变。

提高施工导线水平角观测测回数的目的，是在短边情况下确保导线点位密度和最弱点点位中误差满足施工测量的要求。

6. 场区三角形网。场区施工三角形网测量技术指标是基于相邻最弱点的点位中误差为10mm（施工要求）提出的。

以二级三角形网为例，平均边长为200m，测边相对中误差为1/20 000。依下式计算的测角中误差。

$$m_{\beta}=\frac{m_{点}\rho}{\sqrt{2}S}=\frac{10\times 206\ 265''}{\sqrt{2}\times 200\ 000}\approx 8''$$

式中：$m_{点}$——相邻最弱点的点位中误差（mm）；

S——三角形网的平均边长（mm）。

场区三角形网测量的主要技术要求见表35-6。

表35-6　场区三角形网测量的主要技术要求

等级	边长/m	测角中误差/″	测边相对中误差	最弱边边长相对中误差	测回数		三角形最大闭合差/″
					2″级仪器	6″级仪器	
一级	300~500	5	≤1/40 000	≤1/20 000	3	—	15
二级	100~300	8	≤1/20 000	≤1/10 000	2	4	24

与常规平面控制测量一、二级的要求相比较，平均边长缩短、测角中误差二级略提高、测距相对中误差和最弱边边长相对中误差维持不变、测回数提高、三角形闭合差二级略提高。提高的目的就是保证最弱点点位中误差满足施工测量的要求。

7. 场区高程控制网。高程控制网应布设成闭合环线、附合路线或结点网。大中型施工项目的场区高程控制网测量精度，不应低于三等水准。

8. 建筑物施工控制网。

（1）定位、定向与起算的基本要求：①建（构）筑物施工控制网，应根据场区控制网进行定位、定向和起算。②控制网的坐标轴，应与工程设计所采用的主副轴线一致。③建筑物的±0 高程面，应根据场区水准点测设。

（2）控制网布设与精度要求。

1）建筑物施工控制网的网型，主要根据建筑物的设计形式和特点，布设成十字轴线网或矩形控制网的网型。

2）施工平面控制网的精度规格，通常根据建筑物的分布、结构、高度、基础埋深和机械设备传动的连接方式、生产工艺的连续程度等，布设成一级或二级控制网，见表 35–7。

表 35–7　建筑物施工平面控制网的主要技术要求

等级	边长相对中误差	测角中误差
一级	≤1/30 000	$7''/\sqrt{n}$
二级	≤1/15 000	$15''/\sqrt{n}$

注：n 为建筑物结构的跨数。

3）控制网轴线起始点的定位误差不应大于 20mm，当两建筑物（厂房）间有联动关系时，则不应大于 10mm，且定位点不得少于 3 个。

4）建筑物高程控制网测量精度，不应低于四等水准测量精度。

9. 水工建筑物施工控制网。

（1）基本精度要求。

1）大中型水工建筑物施工项目，通常以点位中误差作为平面控制网的精度衡量指标，首级网的点位中误差一般规定为 5~10mm。

2）提倡布设一个级别的全面网并进行整体平差。受地形条件限制和施工放样的需要，平面控制网的层（梯）级以 1~2 级为宜。但为了防止布网层（梯）级过多，导致最末一级的点位中误差不能满足施工需要，故同时要求最末级平面控制点相对于起始点或首级网点的点位中误差不应大于 10mm。

3）为了减少起始数据误差对施工平面控制网的影响，要求首级网宜为独立网并与国家等级控制网建立联系，联测精度不低于四等精度。

4）一般工程项目平面控制网的相邻点位中误差不应大于 10mm。

5）要求平面控制网的观测边不做高斯投影改正，水平角不做方向改化。仅要求将观测边投影到测区选定的高程面上。

6）施工高程控制网的最末级高程控制点相对于首级高程控制点的高程中误差，对于混凝土建筑物不应大于±10mm，对于土石建筑物不应大于±20mm。

以上 6 点明确地反映出我国水利水电工程行业的特点与专业特色。水工建筑物的施工控制网和放样精度，显然要比常规建筑物施工控制网和放样精度 50mm 的要求高出很多。但依据这些点位精度和高程精度要求，是无法直接指导生产或者无法满足大批量施工放样的精度要求的。为此，水利水电工程施工行业也建立有施工平面控制网二、三、四、五等的等级序列及二、三、四、五等的施工高程控制网的精度序列。

（2）水工建筑物施工平面控制网。

1）在《水利水电工程施工测量规范》SL 52—2015 中对三角形网测量的技术要求，见表 35-8。

表 35-8　三角形网技术要求

等级	平均边长/km	测角中误差/″	测边相对中误差	测回数			三角形最大闭合差/″
				0.5″级仪器	1″级仪器	2″级仪器	
二等	500～1 500	1	≤1/250 000	6	9	—	3.5
三等	300～1 000	1.8	≤1/150 000	4	6	9	7
四等	200～800	2.5	≤1/100 000	2	4	6	9
五等	100～500	5	≤1/50 000	1	2	4	15

2）与国家标准《工程测量标准》GB 50026—2020 相比较，水利水电工程施工测量有以下异同：①等级序列相同，只是将工测标准的一级列为五等。②测角中误差精度序列相同。③测边相对中误差精度序列相同，仅五等由 1/40 000 调整为 1/50 000。④测回数的序列要求基本相同，二等有所减少其他一样；因边长较短仅 1 500m 而非 9 000m，故测回数相对应减少是合理的。⑤三角形最大闭合差的限差序列相同。⑥平均边长显著缩短。这是最大的区别，也就是说同等观测要求的条件下（以四等为例），只有缩短平均边长才能将 50mm 的点位中误差提高至 10mm。⑦最大的区别是《水利水电工程施工测量规范》SL 52—2015 取消了最弱边边长相对中误差的限值序列。也可能行业应用习惯不同所致。其实，相应等级的最弱边边长相对中误差，是最弱点点位精度的重要保证。也可能有学者认为三角形网是边角全测网，没有起始边也就不存在最弱边的概念，过去的最弱边不是实测边而是推算边。但现在对三角形网的计算要求已发生变化，《工程测量标准》GB 50026—2020 要求“三角形网中的角度宜全部观测，边长可根据需要选择观测或全部观测。观测的角度和边长应作为三角形网中的观测量参与平差计算。”所有的观测量都会进行平差修正的，也就是说最弱边就是指平差计算结果的最弱边。

（3）水工建筑物施工高程控制网。

1）在《水利水电工程施工测量规范》SL 52—2015 中对水准测量的技术要求见表 35-9。

表 35-9　水准测量的技术要求

等级		二等	三等	四等	五等
每千米水准测量的偶然中误差 M_{Δ} /mm		1	3	5	10
每千米水准测量的全中误差 M_{W} /mm		2	6	10	20
往返较差、附合或环线闭合差/mm	平丘地	$4\sqrt{L}$	$12\sqrt{L}$	$20\sqrt{L}$	$30\sqrt{L}$
	山地	—	$4\sqrt{n}$	$6\sqrt{n}$	$10\sqrt{n}$

2）与国家标准《工程测量标准》GB 50026—2020 相比较，水利水电工程施工测量有以下异同：①等级序列相同，均划分为二、三、四、五等。②每千米水准测量的全中误差

精度序列基本相同，仅五等有所差异，工测标准为15mm。③《水利水电工程施工测量规范》SL 52—2015强调每千米水准测量的偶然中误差，而《工程测量标准》GB 50026—2020不要求测段往返，故对此指标不做要求。④水准测量往返较差、附合或环线闭合差限差一致。需要注意的是，这里的往返不是指测段往返，而是指线路往返或者与已知点的联测往返。⑤施工高程控制网的最末级高程控制点相对于首级高程控制点的高程中误差，对于混凝土建筑物不应大于±10mm，对于土石建筑物不应大于±20mm。这是《水利水电工程施工测量规范》SL 52—2015的明确要求。属专业特点。⑥《工程测量标准》GB 50026—2020对水准测量路线长度有限制，而《水利水电工程施工测量规范》SL 52—2015未做明确要求。

（4）水工建筑物施工控制网的适用范围。

首级施工平面控制网等级见表35-10、施工高程控制网等级的选用见表35-11。

表35-10　首级施工平面控制网等级

工程规模	混凝土建筑物	土石建筑物
大型工程	二等	二等、三等
中型工程	三等	三等、四等
小型工程	四等、五等	五等

表35-11　施工高程控制网等级的选用

工程规模	混凝土建筑物	土石建筑物
大型水利水电工程	二等或三等	三等
中型水利水电工程	三等	四等
小型水利水电工程	四等	五等

10. 桥梁施工控制网。

（1）基本原则。

1）桥梁控制网精度要求与桥梁长度和墩间最大跨距有关。

2）桥梁施工控制网等级的选择，应根据桥梁的结构和设计要求确定。

3）公路桥梁施工，一般要求桥墩中心线在桥轴线方向上的测量点位中误差不大于15mm。铁路桥梁施工，一般要求主桥轴线长度测量中误差不大于10mm。

4）对于大桥、特大桥，应先在图上进行控制网的设计及精度、可靠性估算，并应兼顾经济实用因素，对精度等级可做合理调整。

5）根据桥梁施工单位的经验统计，通常对于跨越宽度大于500m的桥梁，需要建立桥梁施工专用控制网；对于500m以下跨越宽度的桥梁，当勘察阶段控制网的相对中误差不低于1：20 000时，即可利用原有等级控制点，但须经过复测精度满足要求后，方能作为桥梁施工控制点使用。

（2）桥梁施工平面控制网。

1）桥梁施工平面控制网的等级序列和常规平面控制网的等级序列基本相同，依旧划分为二、三、四等和一级，桥梁施工控制网没有设立二级精度。平面控制网精度要求和观测方法二者一致。

2）桥梁施工平面控制网通常布设为独立网，以减少起始数据误差对桥梁控制网的影响。

3）桥梁施工平面控制网的边长主要受跨越宽度的影响，通常取主桥轴线长度的0.5~1.5倍作为控制网的平均边长。具体倍数的选取，依现场的地形情况或水域岛屿情况而定。

4）当控制网跨越江河峡谷时，每岸控制点数量不应少于3点。

5）桥梁施工平面控制网可采用卫星定位测量控制网、三角形网或导线网等形式，可采用一次布网，也可采用分级布网。

6）桥梁施工平面控制网的精度等级，通常按表35-12进行选取。

表35-12　桥梁首级施工控制网等级的选择

桥长 L/m	跨越的宽度 l/m	平面控制网的等级	高程控制网的等级
$L>5\ 000$	$l>1\ 000$	二等或三等	二等
$2\ 000\leq L\leq 5\ 000$	$500\leq l\leq 1\ 000$	三等或四等	三等
$500<L<2\ 000$	$200<l<500$	四等或一级	四等
$L\leq 500$	$l\leq 200$	一级	四等或五等

注：1　L为桥的总长，单位为m。

2　l为跨越的宽度指桥梁所跨越的江（河、峡谷）的宽度，单位为m。

（3）桥梁施工高程控制网。

1）桥梁施工高程控制网的等级序列和常规高程控制测量的等级序列完全相同，均划分为二、三、四、五等。精度要求和作业方法二者也完全一致。

2）两岸的水准测量路线，应组成一个统一的水准网。

3）每岸水准点不应少于3点。

4）跨越江河峡谷时，根据需要可进行跨河水准测量。

11. 隧道施工控制网。

（1）基本要求。

1）保证隧道的正确贯通是隧道施工测量的第一要务或是核心任务。

2）隧道贯通分别包括横向贯通、纵向贯通和竖向贯通，其中横向贯通技术更为复杂需更加重视，竖向贯通通过水准测量相对较容易实现，纵向贯通影响甚微一般不做讨论。

3）隧道施工控制网包括地面控制网和地下控制网两个部分，其中的地面控制网主要是为地下控制网服务，地面的高精度测量正是为地下测量做精度储备。也就是说，并不要求洞内高程控制测量的等级与洞外相一致，在满足贯通高程中误差的基础上，洞内、洞外的高程精度允许互相调剂。

4）隧道地面控制网和地下控制网通常通过竖井进行联系，通过竖井将地面控制网的坐标和高程导入地下，这一导入过程称为竖井联系测量。通过一个竖井导入称为一井定向，通过两个竖井导入称为两井定向。竖井联系测量是隧道施工测量的一个重要环节。

5）隧道贯通前后，均需进行严格的贯通测量，有一个贯通误差的调整过程。贯通前的测量调整主要用于指导精确掘进，贯通后的测量主要用于在调整段内对贯通误差进行中线调整。因此，最终的贯通误差除过施工因素，主要是测量误差。

（2）贯通误差的确定。

1）工测标准对隧道工程的相向施工中线在贯通面上的贯通误差的限差，见表 35-13。

表 35-13　贯通面上的贯通误差的限差

类别	两开挖洞口间长度 L/km	贯通误差限差/mm
横向	$L<4$	100
	$4\leqslant L<8$	150
	$8\leqslant L<10$	200
高程	不限	70

注：1　贯通误差的限差按贯通中误差的 2 倍取值。

2　作业时，根据隧道施工方法和隧道用途的不同，当贯通误差的调整不会影响隧道中线几何形状和工程性能时，横向贯通限差可不超过表中限差的 1.5 倍。

2）参考国内有关行业标准对隧道施工测量的横向贯通误差和高程贯通误差统计见表 35-14、表 35-15。

表 35-14　横向贯通误差统计

行业标准名称	横向贯通限差/mm					
	100	150	200	300	400	500
《新建铁路工程测量规范》TB 10101—99	$L<4$	$4\leqslant L<8$	$8\leqslant L<10$	$10\leqslant L<13$	$13\leqslant L<17$	$17\leqslant L<20$
《公路勘测规范》JTJ 061—99	—	$L<3$	$3\leqslant L<6$	$L>6$	—	—
《水电水利工程施工测量规范》DL/T 5173—2003	$L<5$	$5\leqslant L<10$	—	—	—	—
《水工建筑物地下开挖工程施工技术规范》DL/T 5099—1999	$L\leqslant 4$	$4\leqslant L<8$	—	—	—	—
《水利水电工程施工测量规范》SL 52—93	$1\leqslant L<4$	$4\leqslant L<8$	—	—	—	—

表 35-15　高程贯通误差统计

行业标准名称	高程贯通限差/mm		
	50	70	75
《新建铁路工程测量规范》TB 10101—99	$L<4$ $4\leqslant L<20$	—	—
《公路勘测规范》JTJ 061—99	—	$L<3$ $3\leqslant L<6$ $L\geqslant 6$	—

续表35-15

行业标准名称	高程贯通限差/mm		
	50	70	75
《水电水利工程施工测量规范》DL/T 5173—2003	$L<5$	—	$5\leq L<10$
《水工建筑物地下开挖工程施工技术规范》DL/T 5099—1999	$L\leq 4$	—	$4\leq L<8$
《水利水电工程施工测量规范》SL 52—93	$1\leq L<4$	—	$4\leq L<8$

注：原行业标准《铁路测量技术规则》TBJ 101—85 规定隧道高程贯通误差为 70mm。

从表 35-14、表 35-15 中可以看出，不同行业标准对贯通误差的要求既有共同性、也有差异性。

3）表 35-13 是工测标准所规定的精度指标，主要基于三方面考虑：①因为贯通误差是隧道施工的一项关键指标，所以本标准在选取贯通误差限差时，稍趋严格一点。②经过统计资料及长期实践证明，满足本标准要求不会给测量工作带来很大的困难，随着卫星定位接收机、全站仪在隧道施工中的广泛应用和高精度陀螺经纬仪的使用，达到此限差是不困难的。③新技术、新设备的应用，为隧道准确贯通提供了便利，使得原来很艰难的贯通测量工作变得更容易实现。但这不能构成提高贯通误差限差的理由，对贯通误差的限差标准不建议轻易做出调整。

（3）控制测量对贯通中误差影响值的确定。由于隧道的纵向贯通误差对隧道工程本身的影响不大，而横向贯通误差的影响则比较显著，故以下仅讨论对横向贯通误差的影响。

1）平面控制测量总误差对横向贯通中误差的影响主要由四个方面引起，即洞外控制测量的误差、洞内相向开挖两端支导线测量的误差、竖井联系测量的误差。将该四项误差按“等影响”考虑，则：

$$m_{洞外}=m_{竖井}=\sqrt{\frac{1}{4}}\,m_{总}$$

$$m_{洞内}=\sqrt{2}\times\sqrt{\frac{1}{4}}\,m_{总}$$

2）无竖井时，为了与 1）中的要求保持一致，同时考虑到洞外的观测条件较好，这里对 $m_{洞外}$ 仍取 $\sqrt{\frac{1}{4}}m_{总}$，则洞内控制测量在贯通面上的影响为：

$$m_{洞内}=\sqrt{m_{总}^2-m_{洞外}^2}$$

$$m_{洞内}=\sqrt{\frac{3}{4}}\,m_{总}$$

3）根据 1）、2）的要求推算出隧道控制测量对贯通中误差影响值的限值，见表 35-16。

表 35-16　隧道控制测量对贯通中误差影响值的限值

两开挖洞口间的长度 L/km	横向贯通中误差/mm				高程贯通中误差/mm	
	洞外控制测量	洞内控制测量		竖井联系测量	洞外	洞内
		无竖井的	有竖井的			
$L<4$	25	45	35	25		
$4 \leqslant L<8$	35	65	55	35	25	25
$8 \leqslant L<10$	50	85	70	50		

注：表中规定的是相应贯通中误差的最大值，而非限差。

（4）隧道施工控制网设计。

1）隧道平面控制网的精度等级序列和常规平面控制测量的精度等级序列相同，划分为二、三、四等和一级且观测要求一致；隧道高程控制网的精度等级序列和常规高程控制测量的精度等级序列相同，划分为二、三、四等且观测要求一致。

2）为了减少起始数据误差对隧道施工控制网的影响，要求隧道洞外控制网布设为独立网并根据线路测量的控制点进行定位和定向。因为独立网能很好地保持控制网的网形结构与精度，不至于因起算点的误差导致控制网变形。

3）隧道控制网的设计主要根据隧道设计图、隧道长度、线路形状和对贯通误差的要求，进行隧道施工测量控制网的设计。

4）隧道施工控制网的设计，主要包括洞外、洞内控制网的网形设计、贯通误差分析和精度估算，并根据所配备的仪器设备进行控制网的设计。有竖井时，还应考虑竖井联系测量对精度的影响和竖井联系测量的作业方法。若有辅助坑道，还应兼顾辅助坑道的施工需求与辅助坑道的利用。

5）洞外控制网可采用卫星定位测量控制网、三角形网或导线网等形式，并应沿隧道两洞口的连线方向布设。隧道的各个洞口，应布设不少于 2 个相互通视的控制点。隧道洞外平面控制测量的等级，依隧道的长度按表 35-17 选取。

表 35-17　隧道洞外平面控制测量的等级

洞外平面控制网类别	洞外平面控制网等级	测角中误差/″	隧道长度 L/km
卫星定位测量控制网	二等	—	$L>5$
	三等	—	$L \leqslant 5$
三角形网	二等	1.0	$L>5$
	三等	1.8	$2<L \leqslant 5$
	四等	2.5	$0.5<L \leqslant 2$
	一级	5	$L \leqslant 0.5$
导线网	三等	1.8	$2<L \leqslant 5$
	四等	2.5	$0.5<L \leqslant 2$
	一级	5	$L \leqslant 0.5$

6）隧道洞内的平面控制网，由于受到隧道形状和空间的限制只能以导线的形式进行布设。①对于短隧道，布设成单一的直伸长边导线。②对于较长隧道布设成狭长多环导线。狭长多环导线有多种布网形式，其中洞内多边形导线应用较多。③导线边长在直线段通常不短于200m，是基于仪器和前、后视觇标的对中误差对测角精度的影响不大于1/2的测角中误差推算而得的；导线边长在曲线段通常不短于70m，是基于线路设计规范中的最小曲线半径、隧道施工断面宽度及导线边距洞壁不小于0.2m等参数估算而得。在实际作业时，需根据隧道的设计文件、施工方法、洞内环境及采用的测量设备，按实际条件布设尽可能长的导线边。④当隧道掘进至导线设计边长的2~3倍时，应进行1次导线延伸测量。⑤双线隧道通过横通道将导线连成闭合环的目的，主要是为了加强检核，是否参与网的整体平差视具体情况而定。⑥工程需要时可加测陀螺经纬仪定向边，以提高洞内导线的方位角精度。等级选择依隧道两开挖洞口间长度按表35-18选取。

表35-18　隧道洞内平面控制测量的等级

洞内平面控制网类别	洞内导线网测量等级	导线测角中误差/″	两开挖洞口间长度 L/km
导线网	三等	1.8	$L \geq 5$
	四等	2.5	$2 \leq L < 5$
	一级	5	$L < 2$

7）隧道洞内、外的高程控制测量宜采用水准测量方法。①隧道两端的洞口水准点，斜井、竖井、平洞口水准点和临近的洞外水准点，应组成闭合或往返水准路线。②洞内每隔200~500m应设立一个水准点，水准测量应往返观测。③洞内高程控制测量不提倡采用电磁波测距三角高程测量代替水准测量，主要是因为洞内气象条件和观测条件相对复杂，而竖曲线的坡度通常不会很大，水准测量作业更容易实现。若要采用电磁波测距三角高程测量代替四等水准测量，还会要求用四等水准测量方法进行同等级检核。等级选择和技术要求见表35-19。

表35-19　隧道洞外、洞内高程控制测量的等级

高程控制网类别	等级	每千米高差全中误差/mm	洞外水准路线长度或两开挖洞口间长度 S/km
水准网	二等	2	$S > 16$
	三等	6	$6 < S \leq 16$
	四等	10	$S \leq 6$

12. 核电厂施工控制网。

（1）核电厂控制网按控制网的用途和规模，将控制网划分为初级网、次级网和微网三种形式。三种形式的控制网对精度要求差别较大，并不具有“逐级控制”的含义，而具有点位配合和精度配合的意义也允许越级发展。这点与一般的建筑施工控制网要求不同。

（2）初级网是核电厂的首级控制网。

1）初级网建立的目的是将国家或地方坐标系统和高程基准引入核电厂区内，主要用于厂区各种比例尺地形图测绘、厂区总平面规划设计、工程地质勘察、五通一平等。初级网也是建立次级控制网的基础。

2）初级平面控制网的网点要求在厂区均匀布设，网的平均边长不超过 1km，网形可采用卫星定位网或三角形网形式。最弱点点位中误差不应大于 30mm；换算成坐标中误差，则是要求每个控制点的纵向、横向坐标中误差都优于 20mm；最弱边边长相对中误差不大于 1/40 000。

初级高程控制网，按水准网要求布设成闭合环线、附合路线或结点网，其最弱点高程中误差不应大于 10mm。

（3）次级网是为了满足核岛、常规岛和各子项精密工程施工放样、设备安装、调试和竣工测量提供统一完整的高精度控制基础和相应的高精度测量控制资料，所布设的相对精度要高于初级网属高精度工程测量专用控制网。

1）平面控制点埋设须采用永久性强制对中观测墩，观测墩要求深入基岩 500mm 以下，顶面强制对中盘须与观测墩内主筋相焊接。新建观测墩至少有 20 天稳定期后方可开始观测。

2）次级平面控制网应依初级网进行定位、定向。点位宜按核电厂总平面布置图和施工总布置图布设，网的平均边长宜为 200m，网形可采用三角形网或卫星定位网形式。最弱点点位中误差不应大于 3mm；换算成坐标中误差，则是要求每个控制点的纵向、横向坐标中误差都优于 2mm；最弱边边长相对中误差不大于 1/150 000。

次级高程控制网，按水准网要求布设成闭合环线、附合路线或结点网，其水准点高程中误差不超过 1mm。

（4）微网是布设在核电厂房内部的高精度工程测量控制网。

1）微网是以次级网为基础建立起来的建（构）筑物内部控制网。微网控制点位是设计图给定的，不能随意改变。其是各层施工测量定线、放线，设备安装和校核的基准。影响微网点位精度的主要因素是对中偏差，因此仪器的对中器要严格校正准确，并采用精密基座。

2）微网宜布设成短边三角形网或导线网形式，厂房内部微网相邻点间距宜为 5～30m，平均边长宜为 20m；微网观测宜采用多联脚架法，水平角观测的测回数 0.5″级仪器宜为 4 测回观测，1″级仪器宜为 6 测回观测；控制点的坐标中误差和相邻点相对坐标中误差不应大于 2mm；控制网中的插点，宜采用自由设站法同精度观测。

3）具体作业时应根据施工测量需要，除在厂房内部按设计要求预埋点位标志外，必要时适当增加少量过渡点，使控制点间构成三角形、大地四边形、矩形、中点多边形、折线形和多边形等基本网形。厂房内部微网通常按边角网布设。

4）平面坐标中误差、相邻点相对坐标中误差，是微网最基本的精度指标，需满足。

由于短边测角误差大，影响角度观测量精度的主要因素是仪器对中与觇标偏心误差、目标照准误差以及仪器本身误差等。因此，角度观测量的综合误差按下式估算：

$$m_\beta = \pm\sqrt{m_e^2 + m_v^2 + m_I^2}$$

式中：m_e ——对中及偏心误差对角度测量的综合影响（″）；

m_v ——目标照准误差（″）；

m_I ——按菲列罗公式计算的先验测角中误差（″）。

（5）次级网、微网的观测数据，不得进行高斯投影改化，宜将观测边长归算到核岛、常规岛等主厂房区域的场平标高面上。

施工测量使用的是控制点间的实际距离，将施工控制网的基线长度投影到核电厂的核岛、常规岛等主要厂房区域的场平标高面上，是为了施工时对已知坐标和边长使用方便，同时保证设备、构件的安装精度。但核电厂的主要厂房区域一般较小，为避免施工控制网的长度变形对施工放样的影响，只需将观测边长归算到测区的主要厂房区域的场平标高面上，没有必要进行高斯投影。

（6）厂房内部的微网观测、安装的定位和检查、局部控制网加密等精密测量工作，宜在同等气象条件下进行。当环境因素变化大时，应对温度、气压的影响进行改正。

由于反应堆等厂房内部微网控制点与钢衬或壁体相连，建网时与使用时的温差对微网的影响不可忽视。由于受到沉降、收缩等影响，网点之间的水平长度会发生一定的变化，需进行检测，并对观测边加温度改正，方可保证测量精度。

（7）微网的高程控制网由埋设在底板上的2~3个水准点组成，高程控制测量应采用高等级水准测量方法，宜布设成闭合水准路线，其水准点高程中误差不超过1mm。

（王百发　徐亚明）

36　什么是变形监测网的精度序列？

1. 基本等级序列和基本精度序列。

（1）变形监测网的精度序列，是一套相对独立又相对完整的精度序列，具有鲜明的精度要求和作业特点。其和常规的平面控制网和高程控制网的建立与使用有着根本的不同，二者不能混为一谈，更不能简单地取而代之，也就是说常规的平面控制网和高程控制网原则上不能直接作为变形监测网使用。

（2）尽管变形监测网的等级序列命名，沿用了国家等级控制网和常规工程控制网的等级序列名称，划分为一、二、三、四等监测网。但变形监测网精度序列，是分别以变形观测点的点位中误差和变形观测点的高程中误差或相邻变形观测点的高差中误差来确定监测网的精度序列的。就点位精度而言，变形监测网几乎要高出一个数量级。

（3）变形监测的等级划分及精度要求，见表36-1。

表36-1　变形监测的等级划分及精度要求

等级	垂直位移监测		水平位移监测	适用范围
	变形观测点的高程中误差/mm	相邻变形观测点的高差中误差/mm	变形观测点的点位中误差/mm	
一等	0.3	0.1	1.5	高精度变形监测项目

续表36-1

等级	垂直位移监测		水平位移监测	适用范围
	变形观测点的高程中误差/mm	相邻变形观测点的高差中误差/mm	变形观测点的点位中误差/mm	
二等	0.5	0.3	3.0	中高精度变形监测项目
三等	1.0	0.5	6.0	中等精度变形监测项目
四等	2.0	1.0	12.0	低精度变形监测项目

注：1　变形观测点的高程中误差和点位中误差，是指相对于邻近基准点的中误差。

2　特定方向的位移中误差，可取表中相应等级点位中误差的 $1/\sqrt{2}$ 作为限值。

3　垂直位移监测，可根据需要按变形观测点的高程中误差或相邻变形观测点的高差中误差，确定监测精度等级。

（4）变形监测相应的中误差指标，是基于设计对变形的要求和我国相关施工标准已确定的变形允许值，取其1/20作为变形监测的精度指标值。相邻点高差中误差指标，是为一些只要求相对沉降量的监测项目而规定的。

2. 监测基准网和监测网的精度等级关系。

（1）按传统的思维方式，应该先布设监测基准网，然后再布设监测网。基准网用于监测基准的维护，监测网用于变形监测，且监测基准网的精度还应高于监测网的精度。

（2）由表36-1的精度序列可以看出，监测精度要求之高，几乎是常规作业方法难以企及的。但如果升高一级监测基准网点的精度，无疑会给高精度观测带来困难，加大工程成本。故对于监测基准网采用与监测网相同的中误差系列数值。换言之，监测基准网的精度和监测点的精度要求是相同的。这也是变形监测的独特之处。

（3）监测基准网是由全部的基准点构成，而监测网是由部分监测基准点、工作基点和全部监测点构成。换言之，二者构网的点位组成方式不同但精度序列一致。

（4）监测基准网，分为水平位移监测基准网和垂直位移监测基准网两种类型。同样，监测网也分为水平位移监测网和垂直位移监测网两种类型。

3. 坐标系统与高程基准的选择。

（1）由于变形监测是以单纯测定监测体的变形量为目的，其测量基准为固定基准，因此，通常采用独立坐标系统或布设为独立网。

（2）大型工程监测精度要求较高、内容较多、监测周期较长、对网点的埋设与保护要求严格，因此，布网时还要充分顾及网的精度、可靠性和灵敏度等指标。

（3）高程基准通常要求采用统一的高程基准或者不受起算数据影响的独立高程基准，小型监测项目也可以采用假定高程基准。

4. 水平位移监测基准网的规格与技术要求的确定。

（1）《工程测量标准》GB 50026—2020对水平位移监测基准网的主要技术要求，见表36-2。

表 36-2　水平位移监测基准网的主要技术要求

等级	相邻基准点的点位中误差/mm	平均边长 L/m	测角中误差/″	测边相对中误差	水平角观测测回数		
					0.5″级仪器	1″级仪器	2″级仪器
一等	1.5	≤300	0.7	≤1/300 000	9	12	—
		≤200	1.0	≤1/200 000	6	9	—
二等	3.0	≤400	1.0	≤1/200 000	6	9	—
		≤200	1.8	≤1/100 000	4	6	9
三等	6.0	≤450	1.8	≤1/100 000	4	6	9
		≤350	2.5	≤1/80 000	2	4	6
四等	12.0	≤600	2.5	≤1/80 000	—	4	6

注：1　水平位移监测基准网的相关指标，是基于相应等级相邻基准点的点位中误差要求进行确定的。
2　具体作业时，也可根据监测项目的特点在满足相邻基准点的点位中误差要求前提下，进行专项设计。
3　卫星定位测量基准网，不受测角中误差和水平角观测测回数指标的限制。

（2）表 36-2 中相邻基准点的点位中误差是制定水平位移监测基准网相关技术指标的依据。其取值和表 36-1 中变形观测点的点位中误差系列数值相同，即使用同一精度序列。

但值得注意的是监测基准网中基准点的点位中误差是相对相邻基准点而言，而监测网中变形观测点的点位中误差是相对于邻近基准点而言。尽管取值相同，但含义有别。

（3）确定水平位移监测基准网规格的方法如下：

1）为了让变形监测的精度等级（水平位移）一、二、三、四等和常规工程控制网的精度等级系列一、二、三、四等相匹配或相一致，仍取 0.7″、1.0″、1.8″和 2.5″作为相应等级的测角精度序列，取 1/300 000、1/200 000、1/100 000 和 1/80 000 作为相应等级的测边相对中误差精度序列，取 12、9、6、4 测回作为相应等级的测回数序列，取 1.5mm、3.0mm、6mm 和 12mm 作为相应等级的点位中误差的精度序列。

2）根据纵横向误差计算点位中误差的公式：

$$m_{点} = L\sqrt{\left(\frac{m_\beta}{\rho}\right)^2 + \left(\frac{1}{T}\right)^2}$$

式中：L——平均边长（mm）；

$m_{点}$——点位中误差（mm）；

$1/T$——测边相对中误差。

可推算出监测基准网相应等级的平均边长，见表 36-3。

表 36-3　水平位移监测基准网边长规格估算与取值

等级	相邻基准点的点位中误差/mm	测角中误差/″	测边相对中误差	平均边长计算值/m	平均边长取值/m
一等	1.5	0.7	≤1/300 000	315	300
		1.0	≤1/200 000	215	200

续表36-3

等级	相邻基准点的点位中误差/mm	测角中误差/″	测边相对中误差	平均边长计算值/m	平均边长取值/m
二等	3.0	1.0	≤1/200 000	431	400
		1.8	≤1/100 000	226	200
三等	6.0	1.8	≤1/100 000	452	450
		2.5	≤1/80 000	345	350
四等	12.0	2.5	≤1/80 000	689	600

3）需要特别说明的是，相应等级监测网的平均边长是保证点位中误差的一个基本指标。布网时，监测网的平均边长允许缩短，但不能超过该指标，否则点位中误差将无法满足。平均边长指标也可以理解为相应等级监测网平均边长的限值。以四等网为例，平均边长最多能放长至600m，反之，点位中误差将达不到12.0mm的监测精度要求。

（4）确定水平角观测测回数的方法如下：

1）对于测角中误差为1.8″和2.5″的水平位移监测基准网的测回数，采用相应等级常规工程控制网的传统要求，即测回数和工测标准平面控制测量的要求相同。

2）对于测角中误差为0.7″和1.0″的水平位移监测基准网的测回数，分别规定为12测回和9测回（1″级仪器），主要是由于变形监测网边长较短，目标成像清晰，加之采用强制对中装置，根据理论分析并结合工程测量部门长期的变形监测基准网的观测经验，制定出相应等级的测回数。如一等网的观测，规定采用1″级仪器，测角中误差为0.7″时，测回数为12测回。工程实践也证明，测回数在12测回以上时，测回数的增加，对测角精度的提高无实质性影响。

另外，在《国家三角测量和精密导线测量规范》（1974版）中，测角中误差为0.7″时，将1″级仪器的测回数规定为：三角网21测回，导线网15测回（注：测回数，是按全组合法折算成方向法的测回数）；工测标准将监测基准网的测回数规定为12测回，较国家导线测量的测回数（15）略少。

测角中误差为1.0″时，在《国家三角测量和精密导线测量规范》（1974版）中，将1″级仪器的测回数规定为：三角网15测回，导线网10测回（测回数，是按全组合法折算成方向法的测回数）；在工测标准平面控制测量中，将1″级仪器的测回数规定为12测回。在监测基准网的测回数规定为9测回，与国家导线测量的测回数（10）接近，较常规三角形网测量的测回数调低一个级别。

对于0.5″级仪器的测回数参考1″级仪器的要求，按减少2~3个测回进行处理。

（5）当水平位移监测基准网设计成卫星定位网时，须满足表36-2中相应等级的相邻基准点的点位中误差的精度要求，基准网边长的设计须和观测精度相匹配。对于一、二等卫星定位测量基准网，由于边长很短只有采用精密星历进行数据处理才可能满足相应的精度要求。

5. 垂直位移监测基准网的规格与技术要求的确定。

（1）《工程测量标准》GB 50026—2020对垂直位移监测基准网的主要技术要求，见表36-4。

表 36-4　垂直位移监测基准网的主要技术要求/mm

等 级	相邻基准点高差中误差	每站高差中误差	往返较差或环线闭合差	检测已测高差较差
一等	0.3	0.07	$0.15\sqrt{n}$	$0.2\sqrt{n}$
二等	0.5	0.15	$0.30\sqrt{n}$	$0.4\sqrt{n}$
三等	1.0	0.30	$0.60\sqrt{n}$	$0.8\sqrt{n}$
四等	2.0	0.70	$1.40\sqrt{n}$	$2.0\sqrt{n}$

注：表中 n 为站数。

（2）表 36-4 中相邻基准点的高差中误差是制定相关技术指标的依据。其取值和表 36-1 中变形观测点的高程中误差系列数值相同。即使用同一精度序列。

但值得注意的是，垂直位移监测基准网采用相对于相邻基准点的高差中误差来衡量精度。而垂直位移监测网采用相对于邻近基准点的高程中误差来衡量垂直位移监测点的精度。前者是高差中误差，后者是高程中误差。尽管取值相同，但二者概念不同。

（3）每站高差中误差采用工测标准传统的系列数值，经多年的工程实践证明是合理可行的，能够保证各级垂直位移监测网的观测精度。

（4）取水准观测的往返较差或环线闭合差为每站高差中误差的 $2\sqrt{n}$ 倍，取检测已测高差较差为每站高差中误差的 $2\sqrt{2}\sqrt{n}$倍，作为各自的限值，其中 n 为站数。

（5）需要特别强调说明的是：

1）水准测量是垂直位移监测的基本作业方法。但相应等级的垂直位移监测，也只是使用了相应等级常规水准测量的观测次序和仪器操作要求。

2）水准观测的其他相应指标，如视线长度和闭合差限差等均远严于相应等级常规水准测量的限差要求。换言之，国家一、二、三、四等水准测量的作业要求不能用于一、二、三、四等垂直位移监测，因为前者的观测精度要求要比后者低很多。就仪器精度而言，至少是 DS1 级才能用于垂直位移监测，见表 36-5。

表 36-5　数字水准仪观测的主要技术要求

等级	水准仪级别	水准尺类别	视线长度/m	前后视的距离较差/m	前后视的距离较差累积/m	数字水准仪重复测量次数
一等	DS05、DSZ05	条码式因瓦尺	15	0.3	1.0	4
二等	DS05、DSZ05	条码式因瓦尺	30	0.5	1.5	3
三等	DS05、DSZ05	条码式因瓦尺	50	2.0	3	2
	DS1、DSZ1	条码式因瓦尺	50	2.0	3	3
四等	DS1、DSZ1	条码式因瓦尺	75	5.0	8	2
	DS1、DSZ1	条码式玻璃钢尺	75	5.0	8	3

注：水准观测时，若受地面震动影响时，应停止测量。

3）用于垂直位移监测的水准观测，在任何时间段均可进行，不受常规水准测量“日出后与日落前30min内及太阳中天前后2h内不能进行观测”的条件限制。这是由变形监测的时序特点决定的，加之观测视线相对较短成像清晰、且作业区域相对较小。

6. 不同行业的变形监测项目具有鲜明的行业特色。

（1）水工建筑物的变形监测，如大坝监测，其对水平位移量的测量中误差提出更高的要求（±0.3~±2mm），超过了一等监测精度。

（2）核电厂变形监测基准网通常由次级网的基准点和工作基点构成，对核岛、常规岛及其附属设施进行监测。

（王百发）

37 精度要求较高的工程且多余观测数较少时的测量精度数理统计计算方法是什么?

1. 工程测量的数据处理方法主要采用最小二乘法，该法是以中误差作为衡量测绘精度的标准。

2. 根据偶然中误差出现的规律，超出二倍中误差的或然率通常不大于5%。因此，工程测量通常以二倍中误差作为极限误差。

3. 根据数理统计理论，当多余观测数无穷多的时候子样中误差就无限趋近母体中误差。但就测量而言，多余观测数不可能是无穷的多，通常认为多余观测数为20以上时，子样中误差可以代替母体中误差（其差异小于10%）。

当多余观测数$n<20$时，由经典的最小二乘法常用的测量中误差公式计算的子样中误差m为：

$$m=\sqrt{\frac{[\Delta\Delta]}{n}}$$

及

$$m=\sqrt{\frac{[vv]}{n-1}}$$

式中：m——子样中误差（由观测数据计算的中误差）（mm）；

Δ——观测值的真误差（mm）；

v——观测值的改正数（mm）；

n——多余观测个数。

由公式可以看出：子样中误差m估值的可靠性，随着n的个数减少而越来越差。因此，对于一些对中误差指标要求较高的工程应采用其他比较可靠的精度评定办法。

4. 对精度要求较高的工程，当多余观测数少于20时，宜采用方差的χ^2检验法，用于检验观测精度是否达到工程测量标准规定的精度要求。论证如下：

（1）根据数理统计原理中子样中误差与母体方差的χ^2分布关系，有：

$$\sigma=m\sqrt{\frac{n}{\chi^2}}$$

令

$$K_M=\sqrt{\frac{n}{\chi^2}}$$

则有：

$$\sigma = K_M m$$

式中：σ——母体中误差估值（评定对象的中误差）（mm）；

K_M——子样中误差的修正系数；

m——子样中误差（由观测数据计算的中误差）（mm）；

n——多余观测个数。

（2）若令工程测量标准规定的中误差为 σ_0，则母体中误差估值小于或等于标准规定的中误差的概率为：

$$P(\sigma \leqslant k\sigma_0) = P = 1 - \alpha$$

或：

$$P(\sigma > k\sigma_0) = 1 - P = \alpha$$

式中：α——显著水平；

$1 - \alpha$——置信水平或置信概率。

但 α 在数理统计理论中一般的取值为 0.1、0.05 和 0.001。要说明的是，α 的这种取值跟工程测量的实际观测特点不尽一致。工程测量是用少量的观测个数算得的中误差（子样中误差）与标准规定的中误差（母体中误差 σ_0）进行比较，判别其是否达到要求。

（3）在正态分布的概率统计中，小于 1 倍中误差（即 $k = 1$）的概率为 0.682 68；则 $\alpha = 1 - 0.68268 = 0.31732$。

在 χ^2 检验中，对测量中误差置信概率的取值，应与正态分布的检验相同，即其右尾的 α 也应为 0.317 32。

（4）按 $K_M = \sqrt{\frac{n}{\chi^2}}$ 计算的 K_M 结果，见表 37-1。

表 37-1　置信概率为 0.682 68 的 K_M 值及归算值

自由度（或多余观测个数）n	K_M 值	K_M 归算值
1	2.446 1	2.224 4
2	1.618 6	1.471 8
3	1.415 1	1.286 8
4	1.321 8	1.202 0
5	1.267 5	1.152 6
6	1.231 6	1.120 0
7	1.205 9	1.096 6
8	1.186 5	1.078 9
9	1.171 2	1.065 0
10	1.158 8	1.053 8
11	1.148 6	1.044 4
12	1.139 9	1.036 6
13	1.132 4	1.029 8

续表37-1

自由度（或多余观测个数）n	K_M 值	K_M 归算值
14	1.126 0	1.023 9
15	1.120 3	1.018 8
16	1.115 3	1.014 2
17	1.110 7	1.010 1
18	1.106 7	1.006 4
19	1.103 0	1.003 0
20	1.099 7	1
40	1.064 9	—
100	1.038 2	—
500	1.015 9	—
∞	1	—

从表37-1可以看出，只有当n为无穷大时，K_M为1。也就是说由观测数据统计的子样中误差等于估算的母体中误差，除此之外，所有由观测数据统计的子样中误差均需要修正。

但从测量的角度，多余观测数不可能是无穷的多，通常认为多余观测数为20以上时，子样中误差等于估算的母体中误差（其差异小于10%）。即$n=20$时，令$K_M=1$，按比例将多余观测数小于20的K_M值进行归算，见表37-1第3列的K_M归算值，取其小数两位作为工程测量标准的修正系数，见表37-2。

表37-2　观测中误差修正系数表

多余观测个数（或自由度）n	K_M 值
1	2.22
2	1.47
3	1.29
4	1.20
5	1.15
6	1.12
7	1.10
8	1.08
9	1.07
10	1.05
11	1.04
12	1.04
13	1.03

续表37-2

多余观测个数（或自由度）n	K_M 值
14	1.02
15	1.02
16	1.01
17	1.01
18	1.01
19	1.00
20	1

（5）通俗地讲，该方法就是用子样中误差方差 m^2 与其母体中误差估值方差 σ^2 组成统计量χ^2 变量，并以一定的置信概率 $P = 1 - \alpha$，求母体中误差 σ 的置信区间，也称 σ 的 $(1 - \alpha)$ 置信区间。如果标准规定的相应精度指标 σ_0，在上述 σ 的置信区间，则认为测量中误差 m 达到了标准规定的精度要求，其置信概率为 $P = 1 - \alpha$；否则认为测量中误差 m 没有达到规范精度要求。

现以由 8 个三角形构成的某四等三角形网为例，说明表 37-2 的应用。

如果按 8 个三角形闭合差算得的测角中误差m_β 为 2.3″（其测角的多余观测数为 8<20），则其母体中误差的估算值为：$\sigma = K_M m = 1.08 \times 2.3'' = 2.48'' < 2.5''$，即满足四等三角形网对测角中误差的要求。如果 m_β 为 2.4″，则 $\sigma = 2.59'' > 2.5''$不能满足四等三角形网对测角中误差的要求。

若需对水准网的全中误差进行评价，宜采用环数的多余观测进行，测段往返只能评价偶然中误差。

5. 我们知道，测量平差实质上就是参数估计。随着科学技术的发展，数据处理的理论和方法发展很快，为了克服高斯-马尔柯夫模型（正态分布模型）的缺陷而提出的稳健估计、有偏估计等方法，自身理论不断完善，方法也更加实用。尽管工程测量标准主要采用最小二乘法，但对其他新的数据处理方法并不排斥，在充分科学论证的条件下，数据处理也可采用稳健估计等其他数据处理方法，但其他参数估计的精度和可靠性不能低于最小二乘法。

（王百发）

38 什么是工程测量术语体系？

1. 术语、名词、叙词有相似的一面，也有本质的不同。

（1）科技名词术语是科学概念的语言符号。人类在推动科学技术向前发展的历史长河中，同时产生和发展了各种名词术语，作为思想和认识交流的工具，进而推动科学技术的发展。

（2）科技名词伴随着科学技术而生，犹如人之诞生其名也随之产生一样。科技名词反映着科学研究的成果，带有时代的信息，铭刻着文化观念，是人类科学知识在语言中的结晶。作为科技交流和知识传播的载体，科技名词在科技发展和社会进步中起着重要作用。

（3）叙词是一种主题词，它是在文献标引与检索中用以表达文献的主题而规范化的词。叙词表的编制对图书、资料、文献的加工整理，科技信息的查询与检索，特别是计算机查询和检索具有十分重要的作用。叙词的体系结构遵循国家《汉语叙词表编制规则》，且要对叙词进行分类，对词间语义进行严格的一致性检验，确保词间关系（用、代、分、属、族、参）的严密性和准确性。

2. 工程建设标准编写指南，对术语的编写有明确的要求。标准中采用的术语和符号（代号、缩略语），当现行标准中尚无统一规定，且需要给出定义或含义时，可独立成章，集中列出，如《工程测量标准》GB 50026—2020。当内容少时，可不设此章。

（1）每项标准涉及的术语往往很多，但并非每个术语都需要列出。术语是否列入标准可遵循下列原则：

1）当标准条文里的术语在现行同级或上级基础标准（专门的术语标准、符号标准）已有统一规定时，就不需要列出。

2）本标准中所特有的术语，需要给出其定义或含义时，可在本标准中列出。一些不说自明的术语不需要列出。

3）当相关专业术语标准已有相同的术语，但本标准中的概念或定义角度有差别时，可在本标准中列出。

4）本标准中需要简称的术语，应在本标准中列出。

（2）确定一个术语需要规定三方面的内容，即术语名称、定义或含义、对应的英文译名。

1）术语的名称应是专业领域内使用的某个单一概念的名称，其形式主要是名词或中心词为名词的词组。

术语名称的构成一般遵守“约定俗成”规律。但需要注意的是“约定俗成”的背后常常有许多错误，特别是学科的术语标准化滞后时，更易出现这个问题，因此不宜过分强调“约定俗成”。

术语的名称可根据现行国家标准《确定术语的一般原则和方法》GB 10112 的规定进行确定，并遵循下列原则：①稳定性和普遍性，即已经确定，不要轻易改变。②语言的正确性。③表达的准确性，即反映概念之本质。④单一性，即在一个专业领域内，一个术语只有一个概念，一个概念只能由一个术语来表达。⑤系统性，即几个并列的术语应直接用一个大概念的术语来概括它们。⑥易记性，即尽可能简短，易读易记。⑦协调性，一个术语应与相关术语协调统一。⑧一般不采用外来词，当有约定俗成时可采用。

2）术语的定义应明确概念的内涵与外延，并遵循下列原则：①简明，反映本质特征，仅反映事物或概念的内在特征和外在特征。②贴切和适度，避免定义过宽、定义过窄、循环定义的问题。

3）国家标准和行业标准中的每一个术语，必须有英文译名。英文译名应在术语之后，空一格，不加标点。除专用名词外，英文译名应小写。英文译名的编写原则：①直接采用 ISO 或 IEC 等国际标准中的术语英文名称。②根据国际上的权威典籍和有影响的国家级标准、词典或手册等。

3. 工程测量基本术语标准已自成体系。

为统一工程测量的术语及释义，实现专业术语的标准化，以利于国内外技术交流，促进工程测量事业的发展，根据国家计委计综合〔1991〕290号文的要求，由中国有色金属工业总公司会同有关部门共同制定《工程测量基本术语标准》，中华人民共和国建设部于1996年6月5日建标〔1996〕336号文批准发布为推荐性国家标准，编号为GB/T 50228—96，自1996年10月1日起执行。

主编单位是中国有色金属工业西安勘察院。参加单位有煤炭部航测遥感局、中国有色金属工业昆明勘察院、首钢宁波勘察研究院、铁道部专业设计院、机械部勘察研究院、交通部第二航务工程勘察设计院。主要起草人有孙觉民、迟自昌、赖昌意、赵培洲、翟为檀、徐介民、丁伯皋、程化迁、宋如轼。

根据住房和城乡建设部《关于印发〈2008年工程建设标准规范制订、修订计划（第二批）〉的通知》（建标〔2008〕105号）的要求，标准编制组经广泛调查研究，认真总结实践经验，参考有关国际标准和国外先进标准，并在广泛征求修订意见的基础上，结合工程测量实际，对国家标准《工程测量基本术语标准》GB/T 50228—96进行了修订。中华人民共和国建设部于2011年7月26日发布2011年第1085号公告，批准《工程测量基本术语标准》为国家标准，编号为GB/T 50228—2011，自2012年6月1日起实施。

主编单位是中国有色金属工业西安勘察设计研究院。参编单位有深圳市勘察测绘院有限公司、西安长庆科技工程有限责任公司、长沙科创岩土工程技术开发有限公司、北京国电华北电力工程有限公司、宁波冶金勘察设计研究股份有限公司、中国有色金属工业昆明勘察设计研究院、机械工业勘察设计研究院、中国电力工程顾问集团西北电力设计院。主要起草人有郭渭明、牛卓立、王百发、何军、王双龙、丁晓利、康鑫、郝宝诚、丁吉锋、王季宁、郝埃俊、史华林、陈亚明。主要审查人有严伯铎、陆学智、王长进、王占宏、王守彬、孙现申、过静珺、裴灼炎、花向红、鹿罡。

《工程测量基本术语标准》编写的宗旨是：工程测量是工程建设领域中不可缺少的组成部分，它是冶金、石油化工、工厂矿山、铁路、公路、水利、电力、航空、航天等各部门的通用性测绘工作。为了使工程测量行业实现其专业术语的标准化，促进本专业的技术交流与发展，制定本标准。以便统一工程测量基本术语及释义，使之标准化，有利于国内外的交流，促进工程测量技术的进步与发展。

（王百发）

第5章　平面控制测量

5.1　基 本 要 求

39　平面控制网的主要用途是什么？

1. 主要是为了满足工程建设项目在前期规划、勘察、设计及施工阶段的用图需求，施工初步放线的需要，后期工程竣工验收和工程运营的需要而建立的面向整个区域的平面控制网。

2. 首级平面控制网不仅要覆盖整个区域，而且要有一定的范围储备，同时也必须有一定的控制精度储备。整体布网具有控制全局且能限制测量误差的传递和积累的作用。控制网的主要特征：①观测元素由水平角、距离、卫星定位测量基线或高差等组成。②图形延伸连接不能间断。③网的可靠性指标有一定的置信水平。

3. 加密控制网，视工程需要可越级布设或同等级扩展，这是工程控制网的特色。

4. 工程控制网二、三、四等和一、二级的布设要求、观测方法、精度指标、使用功能与国家相应等级大地测量控制网有较大的区别，尽管国家三、四等控制网也具有为工程建设规划设计阶段的测图服务功能。工程控制网通常需要与国家等级控制网进行联测，当国家控制网的精度无法满足工程控制网的需要时，至少应采用部分国家控制点对工程控制网点进行定位与定向以建立联系。

鉴于此，有些行业标准将此类平面控制网通俗的称为“测图控制网”也是有其基于现实的应用考虑。但工程测量标准的测图控制网，仅指图根平面控制网和图根高程控制网，并不包含等级控制网。

5. 通常在工程施工阶段基于施工精度的要求，需要布设专用的施工控制网或场区控制网，但需使用前期的等级平面控制点成果对专用控制网进行定位和定向，并尽量减少前期等级控制网对专用控制网的误差影响，因此，常常布设为独立网。施工控制网有其独立的精度体系要求。注意二者不同。

6. 线路控制测量，也可用前期勘察阶段的控制网点进行定位和定向，但线路控制测量拥有自己独立的精度体系，显著特点是30km附合一次，布网方式、观测要求、测量精度要比前期勘察阶段控制测量要求低很多。注意不应混淆。

7. 变形监测控制网，通常也是以前期的等级平面控制点进行定位和定向，但变形监测的精度体系是基于变形观测点的点位中误差和变形观测点的高程中误差或相邻变形观测点的高差中误差所确定的另一套独立的、完整的、更高精度要求的精度体系。因此，和前期的等级控制网的布网要求、观测方法、精度指标和使用功能等，有着本质的不同。因此，也绝对不允许将前期控制测量的“技术要求”用于变形监测。注意二者区别显著。

诚然，大多数建设工程项目在施工期，是不允许、也不可能、更没有必要建立一套施工控制网，同时再建立另一套更高精度的变形监测网，通常的做法是两网合一或者是部分利用，既满足施工放样的需要，又满足变形监测的目的。由于变形监测是服务于施工的安全监测需要，因此，变形监测只能是充分地利用施工测量的控制网点位。由于二者的精度体系不同、技术要求不同、作业方法有别，因此，具体作业时还得由测绘专业人士进行专业区分与专业应用，以满足项目全生命周期的监测要求。

（王百发）

40 平面控制网平均边长是如何确定的？

1. 首先确定的是四等平面控制网的平均边长为2km。四等平均边长2km的确定，是基于测区内控制网边长的最大投影变形不大于25mm/km的要求，相当于边长中误差为50mm及边长相对中误差为1/40 000，以此作为四等平面控制网的最弱边精度要求。再往上（二、三等）往下（一、二级）分别确定相应等级控制网的平均边长。核心目的是要保证四等及以下等级的平面控制网精度，满足1∶500比例尺地形图上0.1mm的测图精度（相当于实地50mm）和大部分建设工程施工放样测量精度不低于1/20 000的这一基本要求。

2. 其次确定的是二等平面控制网的平均边长为9km。据调查了解，我国城市二、三等三角网的平均边长约为7~10km。当边长超过10km时，观测起来就较为困难。通俗地讲，就是距离太远，视线或测线经过的路径环境复杂，看不清、测不准、作业效率低下。因此，工程测量规范将二等平面控制网的平均边长确定为不超过9km。

3. 然后按上至下平均边长2∶1的比例关系确定相应等级平面控制网平均边长。对于三角形网的平均边长，二等为9km、三等为4.5km、一级为1km、二级为0.5km。对于导线测量的平均边长，三等为3km、四等为1.5km、一级为0.5km、二级为0.25km、三级为0.1km。

4. 要特别说明的是，《工程测量标准》GB 50026—2020规定：对于“级”次控制网的平均边长，当测区测图的最大比例尺为1∶1 000时，一、二级三角形网或一、二、三级导线的平均边长可放长，但不应大于相应“级”次规定长度的2倍。这是一个相对宽松的规定，当然，条件是在可预见的将来，测区不再可能施测1∶500比例尺的地形图。按1∶1 000估算，其点位中误差放大1倍，故平均边长相应放长1倍。否则，无法享受这一“优惠”条件。

5. 若利用国家大地测量控制网作为起算，当边长较长时，在精度满足要求的前提下，可采用同等级或越级插网等形式进行加密，以缩小其边长。这一规定是针对原来边长测量比较困难的情形，可以看出当初工程测量技术人员的良苦用心。现在显然已经过时，但并不影响相应等级平面控制网的规格与精度，只是目前实现起来比较容易且作业手段相对多元而已。但从工程应用的角度来讲，点位密度与点位精度需满足施工放样精度要求，仍是最基本的前提条件。

（王百发）

41 平面控制网水平角观测的测回数是如何确定的？

1. 基于工程实践的统计结果。统计数据分别包括测回数、相应获得的测角中误差和网的个数，见表41-1。

表 41-1　水平角观测中误差与测回数统计表

1″级仪器			2″级仪器		
测回数	测角中误差/″	网的个数	测回数	测角中误差/″	网的个数
3	0.90~1.66	4	1	5.00	1
4	0.89~2.40	8	3	2.40	2
6	0.80~1.70	17	4	1.55~2.10	4
8	0.85~1.68	3	6	1.30~2.50	9
9	0.55~1.79	26	8	1.90~2.20	5
10	1.01	1	9	0.95~1.80	6
12	0.40~1.02	7	9	2.12	1
—	—	—	12	1.17~1.64	2

2. 参考早期有关行业测绘标准的测回数指标统计，见表 41-2。

表 41-2　有关行业测绘标准的测回数指标统计

标准名称	测回数			
	三等		四等	
	1″级仪器	2″级仪器	1″级仪器	2″级仪器
城市测量规范（1959 年）	6	8	4	4
城市测量规范（1985 年）	6	9	4	6
冶金勘察测量技术规范（1975 年）	6	9	4	6
冶金勘察测量规范（1987 年）	6	9	4	6
机械工业建厂测量规范（1973 年）	6	9	4	6
天津城市测量规范（1973 年）	6	9	4	6
北京城市测量规范（1975 年）	6	9	4	6
工程测量规范（1979 年）	6	9	4	6

3. 基于工程控制网平均边长较短、区域控制面积相对较小的特点且采用的是方向观测法，结合长期的工程应用效果可以确认，相关测回数在保障网中各三角形闭合差和依据各三角形闭合差计算的全网测角中误差及最弱边相对中误差（或最弱点点位中误差）符合相应限差指标要求方面是有效合理的。

（王百发）

42　什么是点位误差、相对误差、相对中误差？

1. 点位误差，是指点的测量最或然位置与真位置之差。从几何意义讲世界是由无穷点组成的，测量就是在自然界识别某些有意义的点（是什么）和它们之间的关系（在哪里）。点位通常具有位置、属性、关系等特征。位置一般表示为在某一参照系里的坐标和它的误差，即点位误差。点位误差是相对于其真位置而言的，但是真位置是不知道的，因此要靠重复测量之间的差别来估计它的误差。点位误差是一个总概念，视具体问题含义有一些差别，常见有点位中误差、坐标中误差、相邻点间相对中误差、最弱点、误差椭圆、误差曲线等。

2. 相对误差，是指测量误差的绝对值与其相应的测量值之比。

3. 相对中误差，是指观测值中误差与相应观测值之比。

4. 相对误差和相对中误差主要用于描述测量长度的精度。既要顾及其绝对误差（或中误差）的大小，还应考虑长度值本身的大小。通常采用分子为 1 的分数表示。

（王百发）

43 中误差和标准差有何不同？

1. 中误差，采用带权残差平方和的平均数的平方根进行表示，作为在一定的条件下衡量测量精度的一种数值指标。

中误差用观测值相应的权和残差或改正数来计算：

$$m = \pm \sqrt{\frac{[PVV]}{n - t}}$$

式中：n ——总观测数；

t ——必要观测数；

V ——残差或改正数（观测值与其最或是值之差）；

P ——观测值的权。

2. 标准差，采用真误差平方和的平均数的平方根进行表示，作为在一定条件下衡量测量精度的一种数值指标。

标准差用观测值的真误差计算：

$$m = \pm \sqrt{\frac{[\Delta\Delta]}{n}}$$

式中：n ——观测值个数；

Δ ——观测值的真误差（观测值与其真值之差）。

3. 标准差跟中误差的不同，在于观测个数 n 上；标准差表征了一组观测值在 $n \to \infty$时误差分布的扩散特性，即理论上的观测精度指标。而中误差则是一组观测值在 n 为有限个数时求得的观测精度指标。所以中误差实际上是标准差的近似值（估值）；随着 n 的增大，中误差越趋近于标准差。

（王百发）

44 关于中误差、误差、闭合差、限差、互差及较差的正负问题？

1. 误差是有正负之分的，当然零误差是没有正负属性的，这是毋庸置疑的。

2. 闭合差通常是和零误差相比较的，自然有正负之分。

3. 互差和较差通常是两两相比，似乎区分正负的意义不大，主要看哪个在前、哪个在后，毕竟还是有正负属性的。

4. 限差又称为极限误差，工程测量通常取二倍中误差作为限差，限差自然而言就是一个由负到正的区间范围，简单就用正负值表示。

在施工测量和安装测量中，有时也只有正限差，如不能高过某值但允许低一些，或者只有负限差，又如，不能低过某值但允许高一些。像水工建筑物附属设施平面闸门轨间间距安装的平面允许偏差-1～+4mm。

5. 中误差从其计算公式上来讲，理论是不存在正负值的，或者说其值恒正。有些学者对此也有专门的论述。

但工程测量通常取二倍中误差作为限差，而限差是有正负之分的。因此，在标准的制定上，大家还是习惯性的或者约定俗成的给中误差赋予正负的含义，这样从相关的精度估算上也显得合理。

类似约定成俗的还有很多，如工民建专业的±0 标高，生活中的正负能量等，事实上能量也是没有正负属性的。

6.《工程测量标准》GB 50026—2020 在制定时，对于条文中的中误差、闭合差、限差及较差，除特别标明外，通常采用省略正负号表示。对于大于或等于、小于或等于，非必要时，也常常采用省略符号表示。这样版面清晰明了、整洁好看，省得整个版面都是"±"号或者"≤""≥"号。

（王百发）

45　平面控制网的坐标系统如何选择？

1.《工程测量标准》GB 50026—2020 在平面控制测量一章中明确规定，平面控制网的坐标系统应在满足测区内投影长度变形不大于 25mm/km 的要求下，做下列选择：

（1）可采用 2000 国家大地坐标系，统一的高斯正形投影 3°带平面直角坐标系统。

（2）可采用高斯投影 3°带，投影面为测区抵偿高程面或测区平均高程面的平面直角坐标系统，或任意带，投影面为 1985 国家高程基准面或测区平均高程面的平面直角坐标系统。

（3）小测区或有专项工程需求的控制网，可采用独立坐标系统。

（4）在已有平面控制网的区域，可沿用原有的坐标系统。

（5）厂区内可采用建筑坐标系统。

（6）大型的有特殊精度要求的工程测量项目或新建城市平面控制网，坐标系统可进行专项设计。

2. 几乎在每一次的修编讨论会上，无论是编写组的成员还是参会的专家，大家都会对这一条规定的基本语序提出自己不同的看法和修改意见。但经过反复讨论和相互斟酌之后，彼此都会发现自己所提意见或看法的不足。因此，这一规定似乎已无法撼动成为经典的表述方式。历年来，也得到很多国家专业标准和行业标准的引用与肯定。即便是修改，也只能是局部的补充修改与调整。这一经典的表述最早出现在《工程测量规范》TJ 26—78 中。

3. 满足测区内投影长度变形不大于 25mm/km 的要求，是选择坐标系统的前提条件当然更是必要条件，也是建立工程平面控制网的主要目的。

承认或认可这一前提条件（注意这里不是"达到"的意思）后，才能按上述顺序（1）、（2）、…、（6）做出后面的选择。

首先选择（1），如果（1）能够达到≤25mm/km 的前提条件，则采用（1）规定的坐标系统；如果（1）无法达到≤25mm/km的前提条件，才允许选择（2）。如果（2）能够达到≤25mm/km的前提条件，则采用（2）规定的坐标系统；如果（2）无法达到≤25mm/km的前提条件，才允许选择（3）。以此类推，直到选择到适合的满足变形要求的坐标系统。

该要求虽然略为拗口，但表述非常严密。

4. 2000国家大地坐标系是目前国家规定采用的大地测量基准，自2008年7月1日正式启用。统一的高斯正形投影3°带平面直角坐标系统，是目前国家规定采用的平面直角坐标系统之一，其平面控制网的坐标和边长统一投影到2000参考椭球面上。因此，要求首先考虑采用2000国家大地坐标系统一的高斯投影3°带平面直角坐标系统，与国家所要求的坐标系统相一致。

5. 但由于采用统一的高斯正形投影3°带平面直角坐标系统后，测区内投影长度变形往往无法满足小于25mm/km的基本条件，故通常采用改变投影面高度的办法使投影长度变形符合规定，以满足工程平面控制网建立的这一必要条件。

6. 每千米长度变形为25mm，即其相对中误差为1/40 000。这样的长度变形，可满足大部分建设工程施工放样测量精度不低于1/20 000的要求。经过近40年的应用，该指标已成为建立区域控制网的基本原则。

7. 当测区附近的国家等级控制点无法满足工程控制网对起算点的数量与精度需要时，建立独立坐标系统的工程控制网或独立网是工程界的常规做法，当然这样也可有效的阻断起始数据误差对工程控制网的精度影响，但应与国家等级控制网建立联系，这也是《中华人民共和国测绘法》的要求。

8. 在已有平面控制网的区域，可沿用原有的坐标系统是工程测量的作业惯例，主要是为了有效衔接、避免浪费。

9. 厂区内的平面控制网采用建筑坐标系统是满足工程需要的基本做法。

（王百发）

46 独立网的概念与独立网如何建立？

1. 当三角网中只有必要的一套起算数据（一条起算边、一个起算方位角和一个起算点的坐标）时，这种网称为独立网。如果三角网中具有多于必要的一套起算数据时，则这种网称为非独立网。这是《控制测量学》① 教科书对独立网的基本定义。

2. 对于工程控制网，独立网也只是针对首级平面工程控制网而言，无论控制网采用卫星定位网、导线网还是三角形网，只要仅有一套必要的起算数据用于控制网的计算都称为独立网。

3. 布设独立网主要是出于以下三种情形：

（1）测区能收集到的控制点很少，也仅有一套必要的起算数据。或者说能收集到的控制点相对较多，但符合首级网对起算数据精度要求的仅有一套。

（2）测区能收集到的控制点较多，但没有一套能够符合首级网对起算数据的精度要求。

---

① 武汉测绘学院控制测量教研组、同济大学大地测量教研室合编，《控制测量学》（上册），测绘出版社，1986年。

（3）测区既有控制网的精度很低，无法满足新布设控制网对起算数据的精度要求。

4. 布设独立网时，通常要求利用原控制网中的点组进行定位、定向。点组定位定向的目的，是为了获得最优的位置与方向，亦即定位、定向后各点剩余误差的平方和最小。然后，利用优化后的点位坐标与方位进行独立网的起算。

5. 小规模工程控制网，也可选用原控制网中一个点的坐标和一条边的方位进行定位、定向和起算。

6. 布设独立网可以减少或阻断原有控制网（点）的误差累积与传播。

7. 通常要求独立网相对于勘察阶段控制点的定位精度，不应大于50mm。

8. 由于独立网使用了原控制网（点）的坐标与方位，因此，其坐标系统和原控制网（点）的坐标系统是相同的，并非是独立坐标系。

9. 独立网仅指平面控制网。

10. 高程控制网没有独立网之说。但也有学者将不受起算收据影响的高程控制网或者说工程中使用的假设（定）高程基准称为独立高程系，这属于业内的习惯性说法，和独立网的原本概念还是有本质的不同。

（王百发）

47 独立网与国家控制点联测后的坐标系统是什么？

1. 由于独立网通常是利用原有控制网中一个点的坐标和一条边的方位进行定位、定向和起算，因此，其坐标系统和原控制网（点）的坐标系统应是相同的。

2. 当独立网与国家控制网联测或建立联系，并用新获取的独立网点的国家坐标进行独立网的重新计算后，所得到的这套坐标应属国家坐标系。

3. 相对于利用国家控制网采用插网（或逐级布网）的形式布设的控制网而言，独立网只是维持了相对独立的控制网精度，而插网（或逐级布网）要受到原国家控制网误差的传递与累积无法获取理想的网点精度与相对精度，但二者的坐标系统是一致的，只是精度不同而已。

4. 独立网不需要高斯投影变换也不涉及椭球参数，但与国家控制网的联测方案需要顾及这些相关因素。

5. 独立网与国家控制网联测时，联测精度和独立网的观测精度相同即可。换言之，独立网精度为三等，联测的国家控制点为一等点，没有必要采用一等的观测要求进行联测。若联测的国家控制点为四等点，联测精度依然建议采用三等观测精度。

（王百发）

48 独立网和独立坐标系两个概念一样吗？

1. 独立网就是指起算、布网形式和观测精度不受外界干涉的相对独立的或者说至少在精度上相对独立的首级控制网。常见于施工控制网和变形监测网。其核心的目的是解决控制点的精度和相对精度的问题。

2. 坐标系是为了解决控制点坐标的起算原点问题和归属问题。独立网与国家等级控制网（点）联测后，其坐标就归属于国家坐标系；独立网与其他等级控制网（点）联测后，其坐标就归属于独立坐标系或者地方独立坐标系。

3. 独立网和独立坐标系是两个完全不同的概念甚至可以说是没有交集的概念，尽管均包含“独立”二字。按《中华人民共和国测绘法》的要求，独立坐标系的建立须经国家测绘主管部门批准后才能建立并使用，而独立网是工程测量作业常常采用的平面控制网布设方式。

4. 独立坐标系的建立必然会涉及中央子午线的“非标准”位置和椭球的选择、定位与定向。

（王百发）

49 如何理解“小测区或有专项工程需求的控制网可采用独立坐标系统”？

1.《工程测量标准》GB 50026—2020 沿用了《工程测量规范》GB 50026—2007 的这一表述，但在《工程测量规范》GB 50026—93 中的表述为：“小测区可采用简易方法定向，建立独立坐标系统。”这里均涉及独立坐标系统。也就是说独立坐标系统是工程测量的一个传统概念或者说是一个狭义上的工程测量独立坐标系统术语。

这里有一个显著的共同特点就是因为测区规模很“小”，可以视作一个平面。测区控制网与国家控制网联测困难或者说联测的成本很高。换言之，与国家控制网的联测费用大于或接近小测区的测量费用，且设计部门对与国家控制网的联测没有提出要求或者说不联测国家控制网对小测区的用图设计没有任何影响。实质上，这就是一个性价比问题或者客户需求问题。

2. 而《中华人民共和国测绘法》所指的独立坐标系统是指相对国家坐标系的一个大范围、大区域的广义概念，可以大到一个城市或者一个都市圈，测区无法视作一个平面而应是地球曲面。该独立坐标系统通常命名为××城市地方独立坐标系，其必然会涉及中央子午线的位置移动和地方参考椭球的选择、定位与定向。

3. 简单地将国家坐标系统之外的其他坐标系统定义为独立坐标系统是不正确的，因为工程测量通常会涉及满足工程需要的很多坐标系统，如施工坐标系、建筑坐标系、厂区坐标系、机场坐标系、跑道坐标系等，这些坐标系均不涉及中央子午线移位和参考椭球的定义，属于满足工程建设要求的工程坐标系。

（王百发）

50 如何理解统一的平面坐标系统？

1. 相关工程建设标准对平面坐标系统的选择，不同规范规定摘录如下：

《工程测量规范》GB 50026—93 关于坐标系统的选择之规定首先为：采用统一的高斯正形投影 3°带平面直角坐标系统。

《城市测量规范》CJJ 8—99 关于坐标系统的选择之规定首先为：一个城市只应建立一个与国家坐标系统相联系的、相对独立和统一的城市坐标系统。

《冶金勘察测量规范》YSJ 201—87、YBJ 26—87 关于坐标系统的选择之规定首先为：采用国家坐标系，高斯正形投影 3°带平面直角坐标系统。

《新建铁路工程测量规范》TB 10101—99 关于坐标系统的选择之规定首先为：新建铁路的平面坐标应采用 1954 年北京坐标系，隧道测量和桥涵测量也可采用独立坐标。

2. 造成没有统一的原因之一，主要是 1974 年国家测绘总局制定的《国家三角测量和精密导线测量规范》关于坐标系的选择要求之表述并不明确且用“暂依”二字表达。摘录如下：所有大地测量的观测成果，都须归化到参考椭球面上，推算各大地点的大地坐标—大地经度、大地纬度和大地方位角。参考椭球暂采用克拉索夫斯基椭球。参考椭球的定位，暂依1954年北京坐标系的大地基准数据为准，推算各大地点的大地坐标。

3. 直到国家测绘局系统在2000年对原三角测量规范修订后，才有了明确的规定：国家三角测量采用1980西安大地坐标系。可惜，这一更新很快就过时，因为国家于2008年7月1日正式启用2000国家大地坐标系。

《国家三角测量规范》GB/T 17942—2000是根据国家有关标准化的规定和要求，参照1974年国家测绘总局制定的《国家三角测量和精密导线测量规范》的有关规定，结合近期科技和生产的发展而编制的。关于国家三角测量基准之规定摘录如下：坐标系统，国家三角测量采用1980西安大地坐标系。平面坐标系统，国家三角测量的平面坐标采用高斯—克吕格平面坐标系统。国家三角点均计算出高斯平面的六度带或三度带的平面直角坐标。

4. 可以看出，我国工程建设标准一直是提倡采用统一的平面坐标系统的，即便是在原国家测绘局相关标准没有进一步明确之前。现时，新修订的工程建设标准很多已明确规定：在长度投影变形满足要求的前提下，优先采用2000国家大地坐标系。

5. 客观上讲，由于2000国家大地坐标系的建立是基于国家基础测绘和长期发展战略布局的需要而制定的，面向的对象是我国的整个国土和领海。对于具体的工程项目和城市建设而言，也常常无法满足长度投影变形小于25mm/km的要求，因而，依然需要建立独立网或者相对独立的地方坐标系。这也正是各地2000地方城市独立坐标系相继建立的原因。北斗坐标系也是基于2000国家大地坐标系无法满足系统需要的考量。

6. 依据上述因素，对统一的平面坐标系统之含义可以分别理解如下：

（1）统一的国家坐标系统。

（2）统一的地方相对独立坐标系统或统一的工程坐标系统。如××市2000相对独立城市坐标系。

（3）统一的坐标分带及换带计算。即六度带或三度带的主子午线精度均由东经3°起，分别每隔6°或3°划分投影带，每个投影带内以主子午线和赤道的交点作为平面直角坐标的纵横坐标原点，主子午线的投影长度比定为1，主子午线上各点的横坐标定为500 000m。

（4）统一的工程坐标系统，是要求工程建设项目的各个阶段或时期（前期、中期、后期）坐标系统必须统一，尽管各阶段平面控制网的精度等级、控制范围和起算数据可能不同，但椭球参数、椭球定位定向、主投影面和高程基准应一致或协调一致。

（王百发）

5.2 卫星定位测量

51 卫星定位测量一词的由来？

1. 当年，建设部在建标〔2002〕85号文《关于印发〈2001—2002年度工程建设标准制订、修订计划〉的通知》要求，由主编单位中国有色金属工业西安勘察设计研究院对《工程测量规范》GB 50026—93 进行全面修订。如何面向多元化的全球卫星导航定位系统并确定一个合适的名词，如何为我国将来的北斗导航定位系统在国家标准的编写上提前进行谋篇布局，对规范修订组是一个重要的挑战。

2. 2003 年，国内相关全球卫星导航定位系统的测量标准共有 3 部，分别是：①国家测绘局发布的《全球定位系统（GPS）测量规范》CH 2001—92，其于 2001 年修订后的名称没有发生变化，但标准首次提升为国家标准，代号为 GB/T 18314—2001。②住建部发布的行业标准《全球定位系统城市测量技术规程》CJJ—97。③交通部发布的行业标准《公路全球定位系统（GPS）测量规范》JTJ/T 066—98。

可以看出，三部标准均绕开了多元化的全球卫星导航定位系统这一现实。当然这与 GPS 一家独大有关，也与其他全球导航定位系统刚刚建成或刚刚起步不久且应用不成熟或没有开始应用相关。

3. 2003 年全球卫星导航定位系统的格局，分别是：①美国的 GPS 全球定位系统——The Global Position System；于 1994 年全面建成，于 1995 年正式投入全球使用。②俄罗斯的 GLONASS 全球导航卫星系统；于 1996 年 1 月 18 日正式起用。③欧盟委员会 2002 年 3 月 26 日最终通过启动 GALILEO 研制发射计划，原准备于 2008 年正式建成世界上第一个民用卫星导航系统。④我国自 1994 年北斗卫星导航系统启动建设，也建立了北斗一号卫星导航定位系统，并全面实施北斗卫星导航系统“三步走”计划。事实上，卫星导航定位系统领域已出现多元化或多极化的格局。

4. 当时在工程测量界或者测绘界，均把《全球定位系统（GPS）测量规范》简称为“GPS 测量规范”，均把这一测量过程简称为“GPS 测量”。但面向多元化的全球卫星导航定位系统格局，总不能还称为美国的 GPS 测量吧，显然是不妥的。当时，市场上已经出现了性能优越的 GPS/GLONASS 联合型单双频双星兼容定位接收机（如 TOPCON GPS+），简称为双星座接收机或双星接收机或兼容格洛纳斯接收机。

5. 为了寻找一个合适的名词，编写组王百发同志于 2003 年 11 月出席了在深圳召开的由中国测绘学会工程测量分会和全国城市测量 GPS 应用研究中心联合举办的全国“空间定位技术应用研讨交流会”，并提交了大会交流论文《卫星定位测量在工程测量规范中的体现》。这是卫星定位测量概念在国内首次公开提出。编写组牛卓立老先生一同出席了会议。

会议共交流了 45 篇论文，尽管没有其他任何一篇论文使用卫星定位测量一词，但在一些学者的文章中已出现了“全球卫星定位”和“卫星定位技术”词汇，至少摆脱了“导航”和“系统”这两个词汇的捆绑。同时促成了后续“卫星定位测量简称为卫星定位”的概念延伸，并将其英文直接在术语词条中翻译成“satellite positioning”。清华大学过静珺教授在大会上做了题为《新一代卫星导航定位系统—GALILEO 系统结构与功能》的介绍。

关于针对卫星定位测量这一新概念的提出，编写组与参会学者也做了一定范围的交谈。赞成者有之，反对者也有之，也有不置可否的。特别是会议主办方主席《城市测量规范》CJJ 8—99 主编洪立波老先生就表示不赞同意见，也可能与大会主题和他本人所倡导的“空间定位”技术这一概念有关。

6. 卫星定位测量、卫星定位测量控制网、三角形网等新概念的提出与使用，在2004年《工程测量规范》的初稿讨论会上，得到了陆学智大师、严伯铎大师、于来发教授、郑汉球教授级高工、段全贵教授级高工的大力支持。在征求意见稿阶段，也得到了大部分工程测量人的肯定。

（1）毕竟就测绘而言或就工程测量而言，无论是静态卫星定位测量还是动态卫星定位测量均与“导航（Navigation）”无关或关系不大。

（2）“××系统（GPS）测量”这种中英文混合名称，作为国家标准则显得不是那么严肃。

（3）“××系统测量”也不符合中文的命名习惯。而系统则属国家战略或国家军事战略以导航定位为主的大系统，而测量乃是其中的一个小应用或者附属衍生品。再说，你测量的也不是系统本身而是应用系统功能对系统外的地球地物、地貌等进行测绘。

（4）卫星定位测量或卫星定位，就是一个通俗易懂的名称，且在标准编写中为我国的北斗全球卫星导航系统预留了测量应用空间，完全有理由代替原来的GPS测量一词。

（5）随着北斗卫星导航系统的成功应用，发出中国声音和由中国制定规则的时机已成熟。

7. 国家标准《工程测量规范》GB 50026—2007发布实施后，大多国家标准和行业标准及高校的教科书中都积极响应和引用了这一新概念，自然资源部2021年发出的测绘资质分类文件中也在使用卫星定位测量一词。

8. 从2020年06月24日北斗卫星导航系统第55颗组网卫星圆满发射成功并顺利完成全球组网，北斗全球卫星导航系统星座部署全面完成，现已正式面向全球提供服务，北斗导航与北斗定位将进入一个辉煌的时代。

（王百发）

52 卫星定位测量基线精度表达式的来源、争议与应用？

1. 公式来源。众所周知，任何两台接收机间所测量的空间基线均包含两个方面的误差，分别为固定误差 m_1 和比例误差 m_2，则基线的长度中误差 σ 可表示为：

$$\sigma = \sqrt{{m_1}^2 + {m_2}^2}$$

式中：m_1——固定误差，$m_1 = A$；

m_2——比例误差，$m_2 = B \times d$。

则有

$$\sigma = \sqrt{A^2 + (B \cdot d)^2}$$

式中：σ——基线长度中误差（mm）；

A——固定误差（mm）；

B——比例误差系数（mm/km）；

d——基线平均长度（km）。

2. 公式争议。

（1）有的规范中将 σ 称为是弦长中误差或弦长精度，鉴于工程控制网的平均边长相对大地测量控制网的平均边长要短很多，因此，我们认为基线就是一条空间基线或者空间直线，不分弧长和弦长之说。准确地说基线长度就是两台卫星定位接收机相位中心间的直线距离（不含接收机对中误差）。

（2）有的规范中将 σ 称为是弦长标准差，我们认为是不合适的。因为标准差跟中误差的不同，在于观测个数 n 上；标准差表征了一组观测值在 $n \to \infty$时误差分布的扩散特性，即理论上的观测精度指标。而中误差则是一组观测值在 n 为有限个数时求得的观测精度指标。所以中误差实际上是标准差的近似值（估值）；随着 n 的增大，中误差越趋近于标准差。

（3）相邻点的基线长度中误差公式中的固定误差 A 和比例误差系数 B，与接收机厂家给出的精度公式（$a+b \cdot D$）中的 a、b 含义相似。这是两种类型的精度计算公式，应用上各有其特点。基线长度中误差公式主要应用于卫星定位测量控制网的设计和外业观测数据的检核。

（4）主要的争议在于比例误差系数 B 和基线长度 d 的量纲上。理论上讲比例误差系数 B 是不存在量纲的，是一个没有单位的量值。而 σ 和 A 的量纲单位均为 mm，而 d 的量纲单位为 mm 在数学公式的表达上才是最严密最恰当的。但若把 5km 长的基线表达为 5 000 000mm，非常不符合测量人的使用习惯，也不符合仪器制造商和仪器经销商的习惯称谓。因此，工程测量标准在编写时，还是遵从了测量人的使用习惯，基线长度 d 的量纲依然用 km，但赋予比例误差 B 一个仅用于计算的量纲 mm/km。其目的只是让基线测量中误差的表达式更为直观简洁并遵从测量人的使用习惯。当然，曾有规范使用 ppm 代替 mm/km 是不尽合理的，毕竟它是一个无量纲的浓度表示方法。也有规范赋予 B 一个（1×10^{-6}）量值，但仍然没有解决 σ 和 d 量纲单位的不一致性，还略显多余。

（5）也有教科书将 σ 称为等效距离误差，也许这是仁者见仁智者见智，工程测量标准的编写并不提倡这种说法。

3. 相关卫星定位测量标准关于基线中误差的提法，罗列如下仅供参考。

（1）《全球定位系统（GPS）测量规范》CH 2001—92 中，各级 GPS 网相邻点间弦长精度表达式为：

$$\sigma = \sqrt{a^2 + (b \cdot d)^2}$$

式中：σ ——标准差（mm）；

b ——比例误差系数（ppm）；

d ——相邻点间距离（km）。

（2）《全球定位系统（GPS）测量规范》GB/T 18314—2001 中，各级 GPS 网相邻点间基线长度精度表达式为：

$$\sigma = \sqrt{a^2 + (b \cdot d \cdot 10^{-6})^2}$$

式中：σ ——标准差（mm）；

d ——相邻点间距离（mm）。

（3）《全球定位系统（GPS）测量规范》GB/T 18314—2009 中，不再使用基线中误差的表达式，而是 A 级网采用坐标年变化率中误差的水平分量 2 mm/a 和垂直分量 3mm/a、相对精度 $1/10^8$ 和地心坐标各分量年平均中误差 0.5mm 进行表示，BCDE 级网分别采用相邻点基线分量中误差的水平分量和垂直分量以及相邻点间平均距离进行表示。

（4）《全球定位系统城市测量技术规程》CJJ 73—97 中，各级 GPS 网相邻点间弦长长度精度表达式为：

$$\sigma = \sqrt{a^2 + (b \cdot d)^2}$$

式中：b ——比例误差系数（1×10^{-6}）；

d ——相邻点间距离（km）。

（5）《卫星定位城市测量技术规范》CJJ/T 73—2010 中，CORS 网相邻点间基线长度精度和 GNSS 网相邻点间基线长度精度的表达式为：

$$\sigma = \sqrt{a^2 + (b \cdot d)^2}$$

式中：b ——比例误差系数（mm/km）；

d ——相邻点间距离（km）。

（6）《公路全球定位系统（GPS）测量规范》JTJ/T 066—98 中，GPS 控制网相邻点间弦长精度表达式为：

$$\sigma = \sqrt{a^2 + (b \cdot d)^2}$$

式中：σ ——弦长标准差（mm）；

b ——比例误差系数（ppm）；

d ——相邻点间距离（km）。

（王百发）

53 卫星定位测量控制网的规格是如何确定的？

1. 卫星定位测量控制网的制定原则。

（1）在《工程测量规范》GB 50026—2007 修订时，确定的原则如下：①在国内首次用卫星定位测量的概念代替“GPS 测量”，并要求面向多元化的全球卫星导航定位系统，同时为我国的北斗导航（Compass）提前布局。②卫星定位测量控制网的等级序列，必须和常规工程控制网（三角形网）的等级序列相一致。不可以也不允许另起炉灶设立另一套不相关或相关度较小的等级序列。③卫星定位测量控制网的精度序列，必须融入常规工程控制网（三角形网）的精度体系。在使用上不允许出现“两张皮”现象。④卫星定位测量控制网的技术指标，必须体现工程测量的作业特点；相关的技术指标必须有制定的理论依据或工程实践的统计依据。一旦确定，原则上是不允许轻易做出修改，即便是对于后续的修订与再版。⑤卫星定位测量控制网，必须有独立的数据检验方法和精度统计方法。

（2）在《工程测量标准》GB 50026—2020 修订时，除以上原则外补充了一条。即卫星定位动态控制测量属于卫星定位测量的范畴，其是低等级控制测量的作业方法之一。在网络 RTK 的覆盖区域，应优先使用网络 RTK 进行低等级控制测量作业，但应加强检核。

2. 卫星定位测量控制网规格的确定。

（1）卫星定位测量控制网的等级序列与三角形网测量的序列相同，划分为二、三、四等和一、二级。

（2）基线平均长度规格与三角形网测量相应等级的平均边长序列相同。

（3）基线精度序列在 2003 年修订时选择与《工程测量规范》GB 50026—93 中三边测量相应等级的测距相对中误差精度序列相同。

（4）为了保证各等级卫星定位测量控制网的精度，同时还要求须满足约束点间的边长相对中误差和约束平差后最弱边相对中误差这两个条件。

（5）约束点间的边长相对中误差和约束平差后最弱边相对中误差，在2003年修订时选择与《工程测量规范》GB 50026—93中三角测量起始边边长相对中误差和最弱边边长相对中误差的精度序列相同。

（6）参考相关规范，并根据工程测量的实际状况，将各等级卫星定位测量控制网的固定误差 A 均确定为10mm，然后按基线精度计算公式推算并综合确定相应等级控制网的比例误差系数 B 。计算公式如下，B 的数值见表53-1。

$$B = \sqrt{\frac{\sigma^2 - A^2}{d^2}}$$

表53-1 卫星定位测量控制网的比例误差系数计算及取值

等级	基线平均长度/km	固定误差 A/mm	比例误差系数 B/（mm/km）取值	比例误差系数 B/（mm/km）计算值	基线相对中误差分母
二等	9	10	2	3.84	250 000
三等	4.5	10	5	6.28	150 000
四等	2	10	10	8.66	100 000
一级	1	10	20	22.91	40 000
二级	0.5	10	40	45.82	20 000

（7）基于以上论述，确定了各等级卫星定位测量控制网的主要技术指标，见表53-2。

表53-2 卫星定位测量控制网的主要技术指标

等级	基线平均长度/km	固定误差 A/mm	比例误差系数 B/（mm/km）	约束点间的边长相对中误差	约束平差后最弱边相对中误差
二等	9	≤10	≤2	≤1/250 000	≤1/120 000
三等	4.5	≤10	≤5	≤1/150 000	≤1/70 000
四等	2	≤10	≤10	≤1/100 000	≤1/40 000
一级	1	≤10	≤20	≤1/40 000	≤1/20 000
二级	0.5	≤10	≤40	≤1/20 000	≤1/10 000

3. 卫星定位测量控制网主要技术指标应用说明：

（1）等级，确定了卫星定位测量控制网的等级序列，是卫星定位测量控制网的设计依据之一。

（2）基线平均长度，确定了各等级卫星定位测量控制网的规格，是卫星定位测量控制网的设计依据之二。

（3）固定误差 A 和比例误差系数 B ，确定了相应等级控制网基线的基本精度，是卫星定位测量控制网的设计依据之三。

（4）约束点间的边长相对中误差和约束平差后最弱边相对中误差，是卫星定位测量控制网对起算数据和平差结果的基本要求。换句话说，它们分别是起算数据和平差结果的限值指标。

（5）基线长度中误差$\sigma=\sqrt{A^2+(B\cdot d)^2}$的计算结果，实为所测基线的平均长度中误差的设计限值，而非实际的基线长度中误差。其主要用途有：①用来评估计算卫星定位测量控制网的测量中误差限值。②用来评估计算同步环各坐标分量闭合差及环线全长闭合差限值。③用来评估计算异步环或附合线路各坐标分量闭合差及全长闭合差限值。④用来评估计算重复基线的长度较差限值。因此，计算时，d应为全网实测基线的平均长度或图上所布设的全网的平均边长，而相应的A、B值依控制网的等级按表53-2进行选取。

对同步环、异步环或附合线路、复测基线的闭合差或较差之限差进行估算时，d可取相应同步环、异步环或附合线路、复测基线的基线平均长度。而A、B取值和表53-2中相应等级的序列值相同。

（6）很多人错误的把这里的A和B用接收机厂家给出的标称精度公式（$a+b\cdot D$）中的a、b替代，导致仪器精度越高限差越严，这属于理解错误或应用错误。虽然二者含义相似，但这是两种类型的精度计算公式，应用上各有其特点。基线长度中误差公式$\sigma=\sqrt{A^2+(B\cdot d)^2}$主要应用于卫星定位测量控制网的设计和外业观测数据的检核。

（王百发）

54　为什么规定卫星定位测量控制网中构成闭合环或附合路线的边数不超过6条？

1. 在相关的规范中，均对卫星定位测量控制网中构成闭合环或附合路线的边数做出限制，但这些指标的制定依据均没有明确说明。引用如下：

（1）原国家测绘局系统《全球定位系统（GPS）测量规范》CH 2001—92中，要求GPS网一般应由一个或若干个独立观测环构成，也可采用附合线路形式。除此之外没有给出进一步的明确要求。

《全球定位系统（GPS）测量规范》GB/T 18314—2001中，给出了明确要求。要求A级及A级以下各级GPS网中，最简独立闭合环或附合路线的边数应符合表54-1的规定。但没有给出这一规定的依据或来源，因原国家测绘局系统的规范的条文说明不对外公开。

表54-1　最简独立闭合环或附合路线的边数

级别	A	B	C	D	E
闭合环或附合路线的边数/条	≤5	≤6	≤6	≤8	≤10

《全球定位系统（GPS）测量规范》GB/T 18314—2009中，给出了明确要求。只是名称发生小的变化，即由独立闭合环改为异步观测环。要求各级GPS网最简异步观测环或附合路线的边数应不大于表54-2的规定。

表54-2　最简异步观测环或附合路线的边数

级别	B	C	D	E
闭合环或附合路线的边数/条	≤6	≤6	≤8	≤10

（2）住建部行业标准《全球定位系统城市测量技术规程》CJJ 73—97 中，要求 GPS 网应由一个或若干个独立观测环构成，也可采用附合线路形式。各等级 GPS 网中每个闭合环或附合线路中的边数应符合表 54-3 的规定。非同步观测的基线向量边，应按所涉及的网图选定，也可按软件功能自动挑选独立基线构成环路。

表 54-3　闭合环或附合线路边数的规定

等级	二等	三等	四等	一级	二级
闭合环或附合路线的边数/条	≤6	≤8	≤10	≤10	≤10

在该标准的条文说明中，没有给出这一要求的技术依据，尽管其和《全球定位系统（GPS）测量规范》GB/T 18314—2001 的要求不谋而合，但其发布时间要早 4 年。

《卫星定位城市测量技术规范》CJJ 73—2010 中，规范名称修改为卫星定位，环的名称由闭合环改为异步环，技术指标没有变化，见表 54-4。

表 54-4　异步环或附合线路边数的规定

等级	二等	三等	四等	一级	二级
异步环或附合线路的边数/条	≤6	≤8	≤10	≤10	≤10

这两个版本中，也均未给出技术指标的来源与技术依据。其相关的条文说明也只是对要满足重复设站数和异步环最多边数前提下构网方法的说明。

（3）交通部行业标准《公路全球定位系统（GPS）测量规范》JTJ/T 066—98 中，将公路 GPS 网分为一级、二级、三级、四级，要求 GPS 控制网由非同步 GPS 观测边构成多边形闭合环或附合路线时，其边数应符合表 54-5 的规定。

表 54-5　异步环或附合路线的边数

等级	一级	二级	三级	四级
多边形闭合环或附合路线的边数/条	≤5	≤6	≤7	≤8

在条文说明中给出了如下解释，但相对比较含糊。评定基线处理结果质量的重要依据之一是非同步环闭合差。为避免基线过多时误差可能相互掩盖，所以组成非同步环的基线数不宜过多；根据经验与测算，对不同等级的基线数做了具体的规定。

（4）在周忠谟和易杰军教授编著的《GPS 卫星测量原理与应用》测绘出版社 1992 年 12 月第一版中，给出了文字解释但也没有相关技术指标的推算，经查阅所引用的相关技术指标值源自书末参考文献［121］中华人民共和国测绘行业标准《全球定位系统（GPS）测量规范》（征求意见稿）。但要说明的是该标准 92 版正式发布时，取消了对闭合环中基线边数的限值。可见，这应是国内最早出现该指标的文献。

在该书中对闭合环中基线边数的解释引用如下：由若干含有多条独立观测边的闭合环所组成的网，称为环形网。这种网形与经典大地测量中的导线网相似，其图形中的结构强度比三角网为差。不难理解，由于这种网的自检能力和可靠性与闭合环中所含基线边的数量有关，所以，一般根据网的不同精度要求，都规定闭合环中包含的基线边，不超过一定的数量。例如表 54-6。

表 54-6　闭合环中的边数

类级	A	B	C
闭合环中的边数/条	≤8	≤10	≤12

环形网的优点是观测工作量较小，且具有较好的自检性和可靠性，其缺点主要是非直接观测的基线边（或间接边）精度较直接观测边低，相邻点间的基线精度分布不均匀。

作为环形网的特例，在实际工作中还可按照网的用途和实际情况，采用所谓附合线路。这种附合线路与经典大地测量中的附合导线相类似。采用这种图形的条件是，附合线路两端点的已知基线向量，必须具有较高的精度，另外附合线路所包含的基线边数也不能超过一定的限制。

可见，这种解释也只是参考了导线的构型做了一种表面的说明，但并未对相关的指标值的来源提供理论上的说明。值得肯定的是，这段话中提供了可靠性这一基本理念。

2. 基于可靠性理论，王百发和牛卓立一起对卫星定位测量控制网的构网图形的可靠性做了全面深入的研究，也是为了探寻相关规范规定的指标来源的理论依据，并得出了“构成闭合环或附合路线的边数以 6 条为限值”的合理结论并编入《工程测量规范》GB 50026—2007 中，解决了这一困扰测量人的技术难题。

具体研究步骤如下：

（1）分别以最简闭合环的基线数 3 条边、4 条边、5 条边、6 条边、8 条边和 10 条边分别构成三边形、四边形、五边形、六变形、八变形和十边形的连续网形。

（2）分别推算网点数、总独立观测基线数、环数、必要观测基线数和多余观测基线数。

（3）依据可靠性理论有：①总独立观测基线数 = 必要观测基线数 + 多余观测基线数。②网的可靠性 = 多余观测基线数 ÷ 总独立观测基线数。③网的可靠性的基本指标 = 1/3。

（4）对 $m \times n$ 环组成的连续网形进行了研究，结果见表 54-7。

表 54-7　控制网最简闭合环的边数分析

最简闭合环的基线数	网的平均可靠性指标	平均可靠性指标满足 1/3 时的条件	图形	备注
3	$\frac{2}{3+\frac{1}{n}+\frac{1}{m}}$	不限	n ······ 2 1 1 2 ······ m	三边形 点数：$nm+n+m+1$ 总观测独立基线数：$3nm+n+m$ 环数：$2nm$ 必要基线数：$nm+n+m$ 多余观测数：$2nm$

续表54-7

最简闭合环的基线数	网的平均可靠性指标	平均可靠性指标满足 1/3 时的条件	图形	备注
4	$\frac{1}{2+\frac{1}{n}+\frac{1}{m}}$	$n = m \geqslant 2$	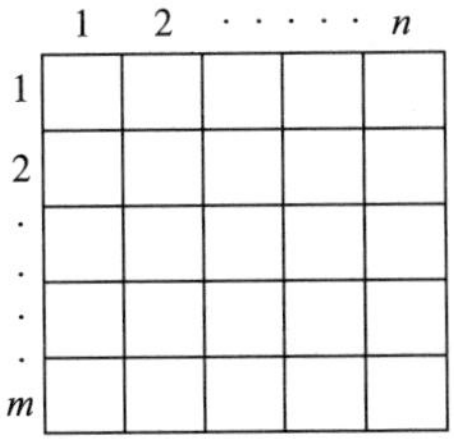	四边形 点数：$nm+n+m+1$ 总观测独立基线数：$2nm+n+m$ 环数：nm 必要基线数：$nm+n+m$ 多余观测数：nm
5	$\frac{3}{7+\frac{3}{n}+\frac{3}{m}}$	$n = m \geqslant 3$	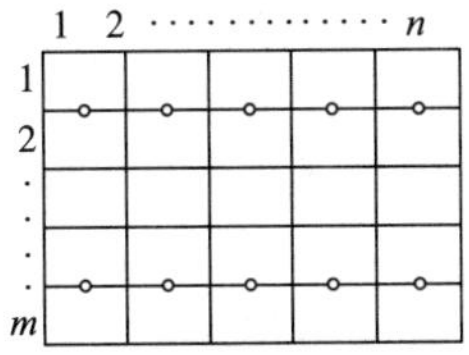	五边形 点数：$(nm+n+m+1)\ 4/3$ 总观测独立基线数：$(nm+n+m)\ 2/3$ 环数：nm 必要基线数：$(nm+n+m)\ 4/3$ 多余观测数：nm
6	$\frac{1}{3+\frac{2}{m}+\frac{1}{n}}$	$n = m = \infty$	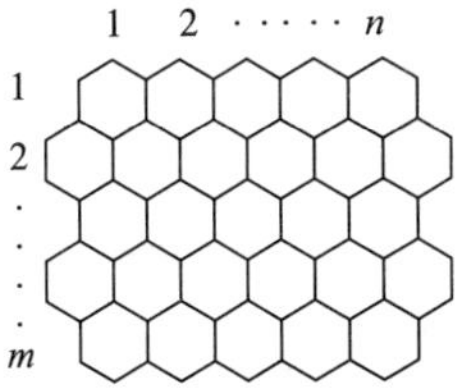	六边形 点数：$2nm+2n+m+1$ 总观测独立基线数：$3nm+2n+m$ 环数：nm 必要基线数：$2nm+2n+m$ 多余观测数：nm
8	$\frac{1}{4+\frac{2}{n}+\frac{2}{m}}$	无法满足	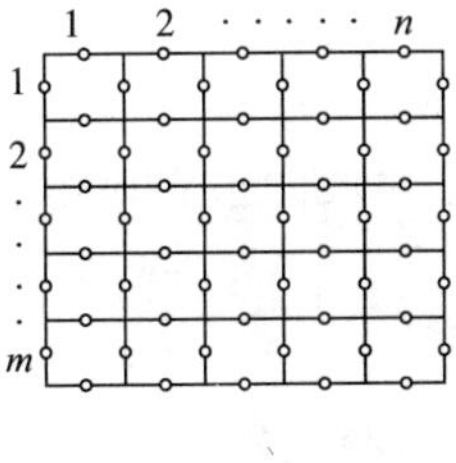	八边形 n 表示列数；m 表示行数 点数：$3nm+2n+2m+1$ 总观测独立基线数：$4nm+2n+2m$ 环数：nm 必要基线数：$3nm+2n+2m$ 多余观测数：nm
10	$\frac{1}{5+\frac{2}{n}+\frac{3}{m}}$	无法满足	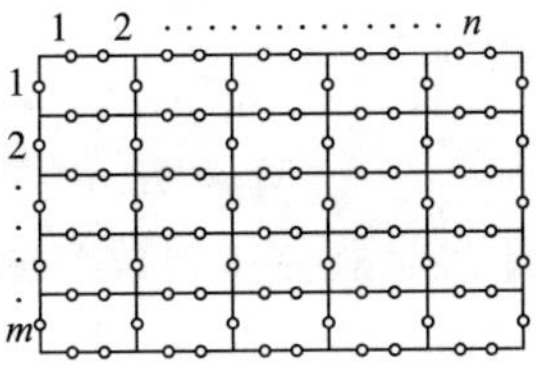	十边形 点数：$4nm+3n+2m+1$ 总观测独立基线数：$5nm+3n+2m$ 环数：nm 必要基线数：$4nm+3n+2m$ 多余观测数：nm

（5）研究结论：从表54-7中可以看出，三条边的网型、四条边 $n = m \geqslant 2$ 的网型、五条边 $n = m \geqslant 3$ 的网型、六条边无限大的网型都能达到要求。八条、十条边的网型规模不管多大均无法满足网的平均可靠性指标为1/3的要求。故规定卫星定位测量控制网中构成闭合环或附合路线的边数以6条为限值。简言之，如果异步环中独立基线数太多，将导致这一局部的相关观测基线可靠性降低。

这一理论论证成果，也得到了一些国家专业标准的采纳应用与推广，如《核电厂工程测量技术规范》GB 50633—2010。

（王百发）

55　卫星定位测量控制网的工作量如何确定，且工作量又为何与接收机台数不相关？

1. 在一些相关的规范和专业教科书中，各有观测时段数、施测时段数、重复设站数、平均重复设站数、重复测量的最少基线数、重复测量的基线占独立确定的基线总数的百分数等不同概念和技术指标的规定，且在观测基线数的计算中均涉及卫星定位测量控制网的网点数、接收机台数、平均重复设站数、平均可靠性指标等四项因素；工程应用上也显得比较烦琐、条理不清。

王百发和牛卓立合作对卫星定位测量控制网的工作量进行了专门的理论研究，也是为了探寻相关规范规定的指标来源和理论依据，并得出结论：

（1）卫星定位测量控制网的工作量与接收机台数不相关。

（2）各等级卫星定位测量控制网中独立基线的观测总数，不宜少于必要观测基线数的1.5倍。

证明如下：

令　N_p ——卫星定位测量控制网的网点数；

K_i ——接收机台数；

N_r ——平均重复设站数。

则有全网总的站点数为 $N_p \times N_r$。

全网的观测时段数为 $\dfrac{N_p N_r}{K_i}$。

而 K_i 台接收机观测一个时段的独立观测基线数为 $K_i - 1$ 条。

则有全网的独立观测基线数为 $S = \dfrac{N_p N_r}{K_i}(K_i - 1)$

因网的必要观测基线数为网点数减1（此处仅以自由网的情形讨论）。

即必要观测基线数为 $N_p - 1$

则多余独立观测基线数为 $N_{多} = \dfrac{N_p N_r}{K_i}(K_i - 1) - (N_p - 1)$

$$N_{多} = S - (N_p - 1)$$

因网的平均可靠性等于多余观测基线数与总独立观测基线数之比。

故有网的平均可靠性指标为 $\tau = \dfrac{N_{多}}{S} = \dfrac{S - (N_p - 1)}{S}$

即：
$$\tau = 1 - \frac{N_p - 1}{S}$$

可将上式即可靠性计算公式转换为工作量计算公式

即：
$$S = \frac{N_p - 1}{1 - \tau}$$

工程控制网通常取1/3为网的可靠性指标，即有

$$S = 1.5(N_p - 1)$$

至此，可得出结论：①卫星定位测量控制网的工作量即全网独立观测基线总数仅和网点数N_p有关和其他的任何指标均不相关。②全网的必要观测基线数为网点数减1，即$N_p - 1$。举例，全网共30个点，则必要观测基线数为29条基线。③全网工作量即需要观测的独立基线总数，不宜少于必要观测基线数的1.5倍。举例，全网共30个点，需要观测的独立基线总数为1.5×（30−1）≈44条，需要重复观测的独立基线数为44−29=15条基线。测量作业者应准确把握以保证控制网的可靠性，若低于该指标则网的可靠性就满足不了1/3这一通用指标要求。

这一研究成果也编入了《工程测量规范》GB 50026—2007中，解决了测量人长期的技术困惑。

2.《工程测量规范》GB 50026—2007和《工程测量标准》GB 50026—2020中明确规定：各等级卫星定位测量控制网中独立基线的观测总数，不宜少于必要观测基线数的1.5倍。

3. 至于标准中没有指出必要观测基线数为网点数减1，因为这属于通识。通俗地讲，两点之间至少要观测一条基线才能确定相互间的位置（即2−1=1），三点之间至少要观测两条基线才能确定三点间的相互位置（即3−1=2），这就是必要观测。若此时基线出错或观测精度很差则点位就出错或点位精度很低，因为没有多余观测也就没有可靠性支撑。也可能所测基线没有出错且精度符合要求，但其可靠性依然为零，因为没有重复观测的数据支撑与相互检验。

4. 就工程测量而言，由于卫星定位测量控制网边长相对较短且网的规模相对较小，故不强调多时段观测，仅要求独立重复观测。这点和大地测量的要求不同。

5. 在一些相关的标准中，也有类似的规定，但均没有说明来源和技术依据。引用如下：

（1）原国家测绘局系统《全球定位系统（GPS）测量规范》CH 2001—92中，要求见表55-1。但没有给出这一规定的依据或来源，因原国家测绘局系统的规范的条文说明不对外公开。

表55-1 《全球定位系统（GPS）测量规范》CH 2001—92

级别	A	B	C	D	E
同步观测接收机数	≥4	≥3	≥2	≥2	≥2
观测时段数	≥8	≥6	≥2	≥2	≥2

《全球定位系统（GPS）测量规范》GB/T 18314—2001中，要求见表55-2。

表 55-2　《全球定位系统（GPS）测量规范》GB/T 18314—2001

级别	AA	A	B	C	D	E
同步观测接收机数	≥5	≥4	≥4	≥3	≥2	≥2
观测时段数	≥10	≥6	≥4	≥2	≥1.6	≥1.6

《全球定位系统（GPS）测量规范》GB/T 18314—2009 中，要求见表 55-3。

表 55-3　《全球定位系统（GPS）测量规范》GB/T 18314—2009

级别	A	B	C	D	E
同步观测接收机数	—	≥4	≥3	≥2	≥2
观测时段数	—	≥3	≥2	≥1.6	≥1.6

注：A 级网指标属《全球导航卫星系统连续运行参考站网建设规范》所规定。

（2）住建部行业标准《全球定位系统城市测量技术规程》CJJ 73—97 中，要求见表 55-4。

表 55-4　《全球定位系统城市测量技术规程》CJJ 73—97

级别	二等	三等	四等	一级	二级
同步观测接收机数	≥3	≥3	≥2	≥2	≥2
平均重复设站数	≥2	≥2	≥1.6	≥1.6	≥1.6

在该标准的条文说明中，没有给出这一要求的技术依据，尽管其和《全球定位系统（GPS）测量规范》GB/T 18314—2001 的要求不谋而合，但其发布时间要早 4 年。

《卫星定位城市测量技术规范》CJJ 73—2010 中，要求见表 55-5。

表 55-5　《卫星定位城市测量技术规范》CJJ 73—2010

级别	二等	三等	四等	一级	二级
同步观测接收机数	≥4	≥3	≥3	≥3	≥3
平均重复设站数	≥2	≥2	≥1.6	≥1.6	≥1.6

这两个版本中，也均未给出技术指标的来源与技术依据。其相关的条文说明也只是对要满足重复设站数和异步环最多边数前提下构网方法的说明。

（3）交通部行业标准《公路全球定位系统（GPS）测量规范》JTJ/T 066—98 中，将公路 GPS 网分为一级、二级、三级、四级。其对重复测量和时段数均做出要求，但未对接收机数量提出要求。相关要求见表 55-6。

表 55-6　《公路全球定位系统（GPS）测量规范》JTJ/T 066—98

等级	一级	二级	三级	四级
重复测量的最少基线数/%	≥5	≥5	≥5	≥5
施测时段数	≥2	≥2	≥1	≥1

在条文说明中没有对相关指标要求给出解释。

（王百发）

56 如何评价卫星定位测量控制网的精度？

1. 传统的控制测量，主要是依据闭合差来衡量外业测量精度。简单列举如下：

（1）传统三角网，分别有三角形闭合差和测角中误差的统计计算。

（2）传统三边网，分别有四边形、中点多边形角度闭合差的计算、测边中误差的计算。

（3）直伸导线，分别有纵横向闭合差、测角中误差、测边中误差的计算。

（4）导线网，分别有环形闭合差、测角中误差、测边中误差的计算。

（5）水准网，分别环线闭合差、水准测量高程全中误差的计算。

2. 在相关的GPS测量规范和相关的GPS教科书中，就外业观测精度而言，其评价指标无非是以下4个方面。这四个方面的指标实质上反映的都是基线的测量精度。

（1）基线长度中误差。若采用接收机厂家给出的精度公式（$a + b \times 10^{-6} \times D$）中的$a$、$b$或仪器检定中心给出的$a$、$b$，则$\sigma = \sqrt{a^2 + (b \cdot d)^2}$的计算结果就是基线的实际测量精度。

（2）同步环各坐标分量闭合差及环线全长闭合差。同步环闭合差理论上为零，但由于观测时同步环基线间不能做到完全同步，即观测的数据量不同，以及基线解算模型的不完善，即模型的解算精度或模型误差而引起同步环闭合差不为零。主要用来衡量基线解算模型的误差。

（3）异步环或附合线路各坐标分量闭合差及全长闭合差。异步环闭合差的检验，是卫星定位测量控制网质量检核的主要指标。异步环闭合差计算公式是按误差传播规律确定的，并取2倍中误差作为异步环闭合差的限差。其实际上反映的是组成异步环的独立基线的观测质量。

（4）重复基线的长度较差。重复基线的长度较差计算公式也是按误差传播规律确定的，并取2倍中误差作为重复基线的限差。其可直接反映出重复基线的独立观测质量。

3. 既往发表的卫星定位测量方面的文章众多，但鲜有涉及整体评价控制网精度的论文，也未见到相关文章对独立闭合环闭合差的进一步应用。但不对整个GPS网的外业观测精度做出评判，从传统的控制网布设与测量的角度来看总是一个空白或缺憾。

4. 牛卓立先生在《测绘工程》期刊1996年12期发表了《工程GPS平面控制网的精度衡量方法》一文，试图应用独立环闭合差从全中误差的角度对各级GPS控制网的外业观测精度做出评判。作者建议采用统一的GPS测量全中误差为精度的衡量标准，其计算公式如下：

$$M = \sqrt{\frac{1}{N}\left[\frac{WW}{[SS]}\right]}$$

式中：W——闭合环平面闭合差（mm）；

S——基线边平面长度（km）；

N——闭合环个数；

M——GPS测量全中误差（mm）。

文中同时给出了平面闭合差计算公式和平面闭合差限差的计算公式和相关的推荐值。仔细分析后，该公式中似乎存在一个量纲合理性问题。

5. 在《工程测量规范》GB 50026—2007 的初稿中，将牛卓立先生的推荐公式纳入。在初稿讨论会上，大家都认为应该采用全中误差的形式对 GPS 控制网的外业观测精度做出统一的评判，但应对全中误差的计算公式做出相应的合理调整，使其更方便实用。王百发与陆学智大师、严伯铎大师和牛卓立教授级高工在初稿讨论会上进行商议确定了卫星定位测量全中误差的计算公式与评判标准如下：

卫星定位测量控制网观测精度的评定，应符合下列规定：

（1）控制网的测量中误差，应按下式计算：

$$m = \sqrt{\frac{1}{3N}\left[\frac{WW}{n}\right]}$$

式中：m——控制网的测量中误差（mm）；

N——控制网中异步环的个数；

n——异步环的边数；

W——异步环环线全长闭合差（mm）。

（2）控制网的测量中误差，应满足相应等级控制网的基线精度要求，并应符合下式的规定：

$$m \leqslant \sigma$$

公式中的“3”可以理解为三维坐标向量闭合差，σ 按网的实际平均边长和相应等级精度规格的 A 和比例误差系数 B 进行计算。

（王百发）

5.3　导线测量

57　全站仪测角精度和测距精度的分级命名法则是什么？

《工程测量规范》GB 50026—2007 在 2003 年初开始修订时，由于国内尚未有合适的对全站仪测角精度和测距精度的分级命名标准，尽管全站仪已在国内开始普遍应用。为了工程测量规范编写的需要，按以下原则对全站仪的测角部分和测距部分分别按相应精度进行分类。

1. 测角精度分类。

（1）精度依旧采用我国传统的测角仪器精度等级序列。但由于原来的分类名称不涵盖全站仪，故采用了专业人员对常规测角仪器的习惯称谓，分别命名为 0.5″级仪器、1″级仪器、2″级仪器和 6″级仪器。

（2）对于其他精度的仪器，如 3″、5″等类型，使用时按“就低不就高”的原则归类。3″、5″类型的全站仪是符合欧洲的标准，但不符合中国的分级标准只能是“高配低就”。这一规定也就相继限制了 3″、5″等类型“非标”全站仪对中国的出口。

（3）尽管当时有些学者建议增加 3″、5″和 10″级别的划分以便“接轨”，我们还是坚持了自己原本观点并给出了相应的英文名称。如下：2″级仪器，2″class instrument，2″级仪器是指一测回水平方向中误差标称为2″的测角仪器，其包括全站仪、电子经纬仪、光学经纬仪。1″级仪器和6″级仪器的定义方法相似。这是基于本世纪初我国工程测量单位的仪器应用状况确定的相对前沿的分类方法，当时必须照顾电子经纬仪和光学经纬仪这两种设备。

（4）《工程测量标准》GB 50026—2020 于 2016 年开始修订时，电子经纬仪和光学经纬仪均已淘汰出局，生产中也几乎不用，这和 2002 年当时命名的预见和部署相同。测角精度分类命名修改如下：2″级仪器，2″class instrument，标准环境下一测回水平方向观测中误差标称为2″的测角仪器。

（5）这种称谓，在清华大学土木工程系测量教研组编写的教材《普通测量》1985 年第三版中就曾出现过。

2. 测距精度分类。

（1）《工程测量规范》GB 50026—2007 在 2003 年初开始修订时，全站仪逐渐普及而测距仪在工程测量单位的作业中依旧占有相当的比重，但无论是全站仪测距还是测距仪测距的精度都已大幅提高。因而，修订时摒弃了原来将测距精度划分为：Ⅰ级，$|m_D| \leq 5$；Ⅱ级，$5 < |m_D| \leq 10$；Ⅲ级，$10 < |m_D| \leq 20$ 的概念，用新的概念来代替并给出了相应的英文名称，如下：5mm 级仪器，5mm class instrument，5mm 级仪器是指当测距长度为 1km 时，由电磁波测距仪器的标称精度公式计算的测距中误差为 5mm 的仪器，其包括测距仪、全站仪。1mm 级仪器和 10 mm 级仪器的定义方法相似。随着技术的进步 10mm 级仪器也将很快退出市场。

（2）《工程测量标准》GB 50026—2020 于 2016 年开始修订时，纯粹的测距仪已退出历史舞台（手持测距仪除外），全站仪全面应用，因此概念更新为：5mm 级仪器，5mm class instrument，当测距长度为 1km 时，按测距的标称精度公式计算的测距中误差为 5mm 的测距仪器。

（3）我国传统的经纬仪系列分级见表 57-1。显然，这一分类方法不够全面无法涵盖全站仪。

表 57-1　经纬仪系列分级

等级	室内一测回水平方向中误差/″
DJ07	≤±0.6
DJ1	≤±0.9
DJ2	≤±1.6
DJ6	≤±4.0
DJ15	≤±8

注：D 是大地的意思，更早期的分类不含 D。

（4）国家测绘局系统于 2003 年编制的《全站性电子速测仪》JJG 100—2003 中，将全站仪的测角部分及电子经纬仪的准确度等级以仪器的标称标准偏差来划分，见表 57-2。显然，这一分类方法和工程测量的实际情况和理念不完全一致。

表 57-2 准确度等级分类

仪器等级	标称标准偏差	各等级标称范围
Ⅰ	0.5″	$m_\beta \leq 1.0''$
	1.0″	
Ⅱ	1.5″	$1.0'' < m_\beta \leq 2.0''$
	2.0″	
Ⅲ	3.0″	$2.0'' < m_\beta \leq 6.0''$
	5.0″	
	6.0″	
Ⅳ	10.0″	$6.0'' < m_\beta \leq 10.0''$

注：m_β 测角标准偏差。

（王百发）

58 导线测量的主要技术要求是如何制订的？

1. 随着全站仪的普及，工程测量部门对中小规模的控制测量大部分采用导线测量的方法，工程测量标准修订将导线测量覆盖到了各个级别的全站仪包括0.5″级。按照工程测量传统的行业习惯并不提倡用高精度的0.5″级和1″级的全站仪进行低等级的控制测量工作，因此，对于四等以下的一、二、三级导线测量还是倡导使用2″级和6″级全站仪。事实上，应用过于高端的测量仪器进行低等级的测量工作效率未必显著。因为高端仪器不仅重量大、太过灵敏、操作相对复杂、仪器本身对作业环境条件要求相对更苛刻一些。

2. 工程测量标准规定的导线测量的主要技术要求见表58。

表 58 导线测量的主要技术要求

等级	导线长度/km	平均边长/km	测角中误差/″	测距中误差/mm	测距相对中误差	测回数				方位角闭合差/″	导线全长相对闭合差
						0.5″级仪器	1″级仪器	2″级仪器	6″级仪器		
三等	14	3	1.8	20	1/150 000	4	6	10	—	$3.6\sqrt{n}$	≤1/55 000
四等	9	1.5	2.5	18	1/80 000	2	4	6	—	$5\sqrt{n}$	≤1/35 000
一级	4	0.5	5	15	1/30 000	—	—	2	4	$10\sqrt{n}$	≤1/15 000
二级	2.4	0.25	8	15	1/14 000	—	—	1	3	$16\sqrt{n}$	≤1/10 000
三级	1.2	0.1	12	15	1/7 000	—	—	1	2	$24\sqrt{n}$	≤1/5 000

注：1　n 为测站数。

2　当测区测图的最大比例尺为1∶1 000时，一、二、三级导线的导线长度、平均边长可放长，但最大长度不应大于表中规定相应长度的2倍。

3. 导线测量的主要技术指标的确定方法如下：

（1）三、四等导线的测角中误差，采用同等级三角形网测量的测角中误差值 m_β 。

（2）相邻导线点的分布的间距较三角形网点要密一些，故三、四等导线的平均边长 S，采用同等级三角形网平均边长的 0.7 倍左右。

（3）测距中误差 m_D，是按以往中等精度全站仪测距标称精度估算值制订的，近年来全站仪测距精度都相应提高，该指标是很容易满足的。

（4）设计导线时，中间最弱点点位中误差采用 50mm；起始误差 $m_{起}$ 和测量误差 $m_{测}$ 对导线中点的影响按“等影响”原则处理。

4. 导线长度指标的确定方法如下：

（1）对于导线中点（最弱点）按等影响原则处理，即：

$$m_{起中} = m_{测中} = \frac{50}{\sqrt{2}}$$

则最弱点点位中误差为：

$$m^2_{最弱} = m^2_{起中} + m^2_{测中}$$

（2）由于中点的测量误差包含纵向误差和横向误差两部分，即有：

$$m^2_{测中} = m^2_{纵中} + m^2_{横中}$$

（3）附合于高级点间的等边直伸导线，平差后中点纵横向误差分别按下式计算：

$$m_{纵中} = \frac{1}{2} m_D \sqrt{n}$$

$$m_{横中} = 0.35\, m_\beta [S] \sqrt{5+n}$$

式中：n ——导线边数，$n = \frac{[S]}{S}$；

$[S]$ ——导线总长。

（4）将上述公式代入，即可推导出导线长度的理论计算公式：

$$\frac{0.122\,5\, m_\beta^2}{S}[S]^3 + 0.612\,5\, m_\beta^2 [S]^2 + \frac{0.25\, m_D^2}{S}[S] - 1\,250 = 0$$

（5）分别将各等级导线的测角中误差 m_β、平均边长 S、测距中误差 m_D 之规定值代入上式，即可解出 $[S]$，即相应等级的导线长度限值。

5. 导线全长相对闭合差限差的确定方法如下：

（1）导线的终点和中点一样，其测量的点位误差同样包含了沿导线前进方向的纵向误差和垂直于导线前进方向的横向误差两部分，即：

$$m^2_{测终} = m^2_{纵终} + m^2_{横终}$$

（2）顾及起算数据误差的影响，则有：

$$m^2_{测终} = m^2_{纵终} + m^2_{横终} + m^2_{起终}$$

（3）理论计算证明：附合导线中点和终点的误差比值，横向误差为 1∶4，纵向误差、起始数据的误差均为 1∶2，即：

$$m_{横终} = 4\, m_{横中}$$

$$m_{纵终} = 2\, m_{纵中}$$

$$m_{起终} = 2\, m_{起中}$$

即有：

$$m^2_{测终} = (2\, m_{纵中})^2 + (4\, m_{横中})^2 + (2\, m_{起中})^2$$

则有，导线终点的总误差 $M_{终}$ 的理论公式为：

$$M_{终} = \sqrt{4\,m_{纵中}^2 + 16\,m_{横中}^2 + 4\,m_{起中}^2}$$

（4）将 $m_{纵中} = \frac{1}{2} m_D \sqrt{n}$，$m_{横中} = 0.35\, m_\beta [S] \sqrt{5+n}$，$m_{起中} = \frac{50}{\sqrt{2}}$，$n = \frac{[S]}{S}$ 代入上式，即可求出相应等级导线的终点总误差 $M_{终}$。

（5）取 2 倍导线终点的总误差作为限值，则有导线全长相对闭合差的限值：

$$1/T = 2M_{终}/[S]$$

6. 导线测量水平角观测测回数的确定方法如下：

（1）导线测量水平角观测的测回数，与相应等级三角形网测量的测回数相同。

（2）由于工程测量标准规定，当三、四等导线测量的测站只有两个方向时，需观测左右角。故将三等导线 2″级仪器的观测测回数规定为 10 测回，以便左右角各观测 5 测回（三等三角形网测量的水平角观测测回数 2″级仪器为 9 测回）。

7. 表 58 注 2 的规定的条件解释如下：一、二、三级导线平均边长和总长放长的条件，是测区不再施测 1∶500 比例尺的地形图。按 1∶1 000 估算，其点位中误差放大一倍，故平均边长相应放长一倍。若尚有施测 1∶500 地形图的可能，则不能放长。即放长条件失效。

（王百发）

59　为何要求当导线的长度小于规定长度 1/3 时全长绝对闭合差不应大于 0.13m？

1. 根据理论公式验证，直伸导线平差后，导线终点的总误差 $M_{终}$ 和导线中点的点位中误差 $m_{中}$ 的关系为：

$$M_{终} = K\, m_{中}$$

而导线全长的相对闭合差为：

$$1/T = 2M_{终}/[S]$$

则：

$$1/T = 2K\, m_{中}/[S]$$

式中：K——比例系数。

2. 当附合导线长度为标准规定长度 1/3 时，导线全长的最大相对闭合差按上式计算结果如下：

取 $m_{中} = 50\text{mm}$，$K = \sqrt{7}$。计算结果见表 59。

表 59　1/3 规定导线长度时的导线全长相对闭合差

等级	规定导线长度/km	1/3 规定长度计算的全长相对闭合差	规定的全长相对闭合差
三等	14	1/17 638	1/55 000
四等	9	1/11 339	1/35 000
一级	4	1/5 040	1/15 000

续表59

等级	规定导线长度/km	1/3 规定长度计算的全长相对闭合差	规定的全长相对闭合差
二级	2.4	1/3 024	1/10 000
三级	1.2	1/1 512	1/5 000

可见，导线全长的最大相对闭合差，不能满足标准的最低要求。

3. 此种情况下，则要求以导线终点的总误差 $M_{终}$ 来衡量。

$$M_{终} = K\,m_{中}$$

按起算误差和测量误差等影响、测角误差和测距误差等影响考虑，则 K 为 $\sqrt{7}$；因 $m_{中}$ 为 50mm。

则有 $M_{终} = \sqrt{7} \times 50 = 132.3\text{mm}$。

故工程测量标准规定当导线的长度小于规定长度 1/3 时，全长绝对闭合差不应大于 0.13m。

4. 要说明的是，尽管我们衡量单一导线精度合格与否，会同时参考测角中误差、测距中误差、测距相对中误差、方位角闭合差和导线全长相对闭合差做出判断。但对于这种短距离导线，则要按全长绝对闭合差是否大于 0.13m 来衡量。

（王百发）

60 为何规定导线相邻两点之间的视线倾角不宜过大？

因为当视线倾角较大或两端高差相对较大时，高差的测量误差将对导线的水平距离产生较大的影响。证明如下：

根据测线的水平距离计算公式：

$$D_p = \sqrt{S^2 - h^2}$$

则有测距边的中误差的计算公式：

$$m_D^2 = \left(\frac{S}{D} \cdot m_S\right)^2 + \left(\frac{h}{D} \cdot m_h\right)^2$$

式中：h ——测距边两端的高差（m）；

S ——测距边的长度（m）；

D ——测距边平距的长度（m）；

m_D ——测距边的中误差（mm）；

m_S ——测距中误差（mm）；

m_h ——高差中误差（mm）。

由上式能看出：测距边两端高差 h 越大，高差中误差 m_h 对测距边的中误差 m_D 影响也越大。因而规定导线测距边视线倾角不能太大。

（王百发）

61 水平角观测的 2*C* 误差来源及 2*C* 互差的制定要求是什么？

1. 水平角方向观测法的技术要求，见表 61-1。

表 61-1　水平角方向观测法的技术要求

等　级	仪器精度等级	半测回归零差限差/″	一测回内 $2C$ 互差限差/″	同一方向值各测回较差限差/″
四等及以上	0.5″级仪器	≤3	≤5	≤3
	1″级仪器	≤6	≤9	≤6
	2″级仪器	≤8	≤13	≤9
一级及以下	2″级仪器	≤12	≤18	≤12
	6″级仪器	≤18	—	≤24

注：当某观测方向的垂直角超过±3°的范围时，一测回内 $2C$ 互差可按相邻测回同方向进行比较，比较值应满足表中一测回内 $2C$ 互差的限值。

2. 全站仪盘左盘右观测值的不符值称为 $2C$ 较差，其误差来源分析如下：全站仪水平角的观测误差主要由全站仪的视准轴不垂直于横轴的误差 C 和横轴不水平的误差 i 所致，二者对同一方向盘左观测值 L 减盘右观测值 R 的影响公式为：

$$L - R = \frac{2C}{\cos\alpha} + 2i\tan\alpha$$

当垂直角 α 为 0 时，$L - R = 2C$。即只有视线水平时，$L - R$ 才等于 2 倍照准差，因此，$2C$ 较差受垂直角的影响为：

$$\begin{aligned}\Delta_{2C} &= \left(\frac{2C}{\cos\alpha_1} + 2i\tan\alpha_1\right) - \left(\frac{2C}{\cos\alpha_2} + 2i\tan\alpha_2\right)\\ &= 2C\left(\frac{1}{\cos\alpha_1} - \frac{1}{\cos\alpha_2}\right) + 2i(\tan\alpha_1 - \tan\alpha_2)\\ &\approx C\frac{\alpha_1^2 - \alpha_2^2}{\rho^2} + 2i\tan\Delta\alpha\end{aligned}$$

3. 对于 2″级仪器，$2C$ 能够校正到小于 30″，即 $C \leqslant 15''$，这时上式右端第一项取值较小。例如，$\alpha_1 = 5°$，$\alpha_2 = 0°$时，$C \cdot \frac{\alpha_1^2 - \alpha_2^2}{\rho^2} \approx 0.12''$，当 $\alpha_1 = 10°$，$\alpha_2 = 0°$时，$C \cdot \frac{\alpha_1^2 - \alpha_2^2}{\rho^2} \approx 0.46''$。可见，此值与一测回内 $2C$ 互差限差 13″相比是较小的，因此上式第二项才是影响 $2C$ 较差变化的主项。

4. 对于 2″级仪器，一般要求 $i \leqslant 15''$，但是由于全站仪水平轴不便于外业校正，所以若 i 角较大时，也得用于外业。i 角对 $2C$ 较差的影响，见表 61-2。

表 61-2　i 角对 $2C$ 较差的影响值 $2i\tan\Delta\alpha$

横轴误差 i	垂直角 α		
	5°	10°	15°
15″	2.6″	5.3″	8.0″
20″	3.5″	7.1″	10.7″

5. 由表 61-2 中数值可知，对 $2C$ 互差即使允许放宽 30% 或 50%，有时还显得不够合

理，但是若再放宽此限值，则对于 i 角较小的仪器又显得太宽，失去限差的意义。因此，对垂直角较大的观测方向的 $2C$ 互差给予了相对宽泛的规定。即当某观测方向的垂直角超过±3°的范围时，一测回内 $2C$ 互差可按相邻测回同方向进行比较，比较值应满足表中一测回内 $2C$ 互差的限值。

6. 事实上，全站仪的视准轴误差 C 、横轴误差 i 及二者导致的 $2C$ 较差是一种客观存在或者说仪器校准后的客观存在，并不以观测者的意志为转移。而是随着垂直角的大小而有所变化。因而，制订观测要求时并不是以 $2C$ 较差的绝对值大小作为衡量指标，而是以各个观测方向的 $2C$ 较差的变化量作为限值指标以确保观测值的可靠性。$2C$ 较差的变化量，称为 $2C$ 较差的互差，又简称 $2C$ 互差。这一点很多人在概念上容易混淆，故强调之。

（王百发）

62 全站仪进行水平角观测时是否需要配置度盘?

1. 配置度盘的目的是减少和消除度盘的分划误差。

2. 在全站仪的应用初期，很多学者认为全站仪使用的是电子度盘不存在度盘的分化误差。

3. 事实上，电子测角可分为三种方法，即编码法、动态法和增量法。前两种属于绝对法测角，后一种属于相对法测角。不论是采用编码度盘还是光栅度盘，度盘的分划误差都是电子测角仪器测角误差的主要影响因素。只有采用动态法测角系统的仪器在测量中不需要配置度盘，因为该方法已有效地消除了度盘的分划误差。

4. 由于工程类的全站仪很少采用动态法测角系统，故规定应配置度盘。在《工程测量规范》GB 50026—2007 中，明确要求全站仪按标准公式进行度盘配置，但有所区别。即对于普通工程测量项目，只要求按度数均匀配置度盘。有特殊要求的高精度项目，可根据仪器商所提供的仪器的技术参数按下式进行配置，并要求事先编制度盘配置表。

$$\sigma = \frac{180^\circ}{m}(j - 1) + i(j - 1)$$

式中：σ ——度盘和测微器位置变换值（°′）；

m ——测回数；

j ——测回序号；

i ——度盘最小间隔分划值。

5. 基于工程测量的实际应用状况，在《工程测量标准》GB 50026—2020 中，对度盘的配置要求进一步做了简化，即只要求“宜”按下式配置到度（°）的层次即可，对伺服马达全站仪进行多测回自动观测，不做度盘配置要求。

$$\sigma = \frac{180^\circ}{m}(j - 1)$$

6. 事实上，若控制网测量有足够的精度储备，而度盘的分化误差对观测精度影响较小时，是可以不考虑度盘配置的。但对于高精度观测项目，还是建议配置度盘。因此，下次《工程测量标准》GB 50026 修订时，随着科学技术的进步和作业手段的增强，度盘配置可能将作为测量作业者的自选项。即根据工程需要自行决定配置度盘。

（王百发）

63　水平距离的计算公式及应用条件是什么？

1. 当边长 $S=15\text{km}$ 时，其地面弧长与弦长之间的差异及影响计算。

由图 63 可知，根据余弦定理，有：

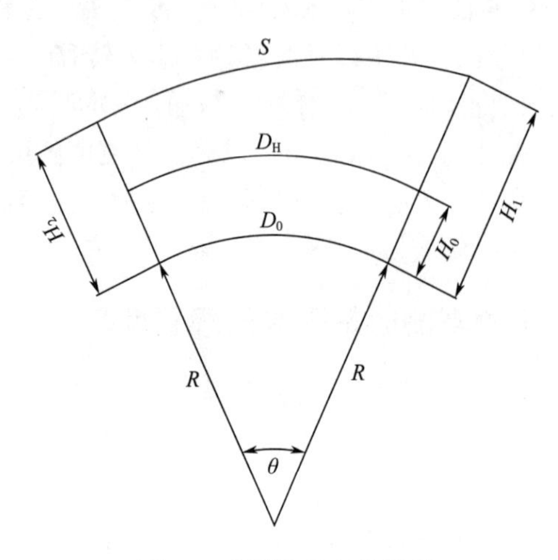

图 63　观测边长归化计算

$$D_0^2 = 2R^2 - 2R^2\cos\theta$$

则：

$$\cos\theta = 1 - \frac{D_0^2}{2R^2}$$

令

$$D_0 = 15\ (\text{km}),\ R=6\ 400\ (\text{km})$$

可计算出所对应的地心角：

$$\theta = 0.134\ 287\ 013° = 0°\ 08'3.43''$$

其所对应的地面弧长为：

$$S = \frac{\theta°}{360°} \times 2\pi R = \frac{0.134\ 287\ 013°}{360°} \times 2\pi \times 6\ 400\text{km} = 15.000\ 003\ 09(\text{km})$$

即：

$$S - D_0 = 3.09\ (\text{mm})$$

相对精度为：

$$\frac{1}{T} = \frac{1}{4\ 854\ 369} \approx \frac{1}{5\ 000\ 000}$$

可见，当边长 $S \leqslant 15\text{km}$ 时，其地面弧长与弦长之间的差异较小，对相对精度的影响小于 1/5 000 000。

2. 推导归算至参考椭球面上的水平距离严密计算公式，如下：

由图 63 可知，地面上两点至地心的距离分别为 $R + H_1$ 和 $R + H_2$，根据余弦定理，有下式：

$$S^2 = (R + H_1)^2 + (R + H_2)^2 - 2(R + H_1)(R + H_2)\cos\theta$$

而

$$\cos\theta = 1 - \frac{D_0^2}{2R^2}$$

即：
$$S^2=(H_1-H_2)^2+(R+H_1)(R+H_2)\frac{D_0^2}{R^2}$$

令两点间的高差

$$h=H_1-H_2$$

则：
$$S^2=h^2+(R+H_1)(R+H_2)\frac{D_0^2}{R^2}$$

$$\frac{D_0^2}{R^2}=\frac{S^2-h^2}{(R+H_1)(R+H_2)}$$

$$\frac{D_0^2}{R^2}=\frac{(S+h)(S-h)}{(R+H_1)(R+H_2)}$$

$$D_0^2=\frac{(S+h)(S-h)}{(R+H_1)(R+H_2)}\times R^2$$

$$D_0^2=\frac{(S+h)(S-h)}{\frac{(R+H_1)}{R}\times\frac{(R+H_2)}{R}}$$

$$D_0^2=\frac{(S+h)(S-h)}{\left(1+\frac{H_1}{R}\right)\left(1+\frac{H_2}{R}\right)}$$

故有，归算到参考椭球面上的水平距离严密计算公式为：

$$D_0=\sqrt{\frac{(S+h)(S-h)}{\left(1+\frac{H_1}{R}\right)\left(1+\frac{H_2}{R}\right)}}$$

3. 同理，可推导出归算到测区平均高程面 H_0 上的水平距离严密计算公式。归算到测区平均高程面 H_0 上的水平距离严密计算公式与归算到参考椭球面上的水平距离严密计算公式的推导过程是完全相同的，并无二致。其区别只是把参考椭球面（0 面）高程 0 升高到测区平均高程面 H_0 面上了，而两点之间的高差并无变化依旧为 h，测区平均高程面的曲率半径由 R 变成了 $R+H_0$，地面上两点至投影面的距离由上式的 H_1 和 H_2 分别变成了 H_1-H_0 和 H_2-H_0。代入上式即可得到归算至测区平均高程面 H_0 上的水平距离严密计算公式和再次重复理论推导应是完全一样的。严密计算公式如下：

$$D_H=\sqrt{\frac{(S+h)(S-h)}{\left(1+\frac{H_1-H_0}{R+H_0}\right)\left(1+\frac{H_2-H_0}{R+H_0}\right)}}$$

式中：D_H——归化到测区平均高程面上的水平距离（m）；

S——经气象及加、乘常数等改正后的斜距（m）；

D_0——归化到参考椭球面上的水平距离（m）；

H_1、H_2——分别为仪器的发射中心与反光镜的反射中心的高程值（m）；

h——仪器的发射中心与反光镜的反射中心之间的高差（m）；

H_0——测区平均高程面的高程（m）；

R——地球平均曲率半径（m）。

归算至测区平均高程面 H_0 上的水平距离严密计算公式 D_H，可以看作是水平距离计算的通用严密公式。应用时，当 H_0 为 0 时，其计算结果为参考椭球面上的水平距离；当 H_0 取测区平均高程面的高程时，其结果为测区平均高程面上的水平距离；当 H_0 取测区抵偿高程面的高程时，其结果为测区抵偿高程面上的水平距离；当 H_0 取测线两端的平均高程时，其结果为测线的水平距离。

4. 如令上式的分母的开方值为：

$$K = \sqrt{\left(1 + \frac{H_1 - H_0}{R + H_0}\right)\left(1 + \frac{H_2 - H_0}{R + H_0}\right)}$$

则有：

$$D_p = \frac{1}{K}\sqrt{S^2 - h^2}$$

通过计算，当 H_0 为测线两端的平均高程时，$K \approx 1$，其误差小于 10^{-8}。

则测线的水平距离计算公式表示为：

$$D_p = \sqrt{S^2 - h^2}$$

5. 要说明的是，在以上公式的推导中，椭球高是以正常高代替，椭球高只有在高等级大地测量中才用到。由于工程测量控制网边长较短、控制面积较小，椭球高和正常高之间的差别通常忽略不计。

（王百发）

64 电磁波测距和光电测距的概念区别？

1. 电磁波测距的基本原理是通过测定电磁波（无线电波或光波）在测线两端点间往返传播的时间 t，按下列公式计算出两点间的距离 D。

$$D = \frac{1}{2} c_{空气} t$$

式中：$c_{空气}$——电磁波在大气中的传播速度。

$c_{空气}$可以根据观测时的气象条件来确定。也就是说，我们在测距时所作的相关气象改正实质上应是对光速的修正，因为时间是不会因气象条件的改变而发生任何改变。

2. 电磁波测距依据所采用的载波不同，可划分为光电测距和微波测距。采用光波（可见光或红外光）作为载波的称为光电测距。采用微波段的无线电波作为载波的称为微波测距。因为光波和微波都属于电磁波的范畴，故相关的测距又统称为电磁波测距。可见，电磁波测距属于大概念，而光电测距和微波测距属于细分的概念。

3. 就工程测量而言，我们所关心的是测距结果与精度，至于测距原理也只是有所了解即可，更没有必要给予更多的关注与细分，故工程测量标准的编写始终采用电磁波测距这一大概念。至于其他的相关标准采用光电测距这一细分概念，也许有它采用的理由，则不必细究。

4. 鉴于测量专用测距仪已经淘汰（手持测距仪除外），而全站仪的测距精度普遍都很高，就测距精度而言，可满足大部门工程测量作业的需要。因此《工程测量规范》GB 50026—2007在修订时就已经取消了对测距精度的分级标准，简单地用 5mm 级仪器或 10mm 级仪器的概念替代。

5. 在《工程测量标准》GB 50026—2020 修订时，已经采用“全站仪测距”的习惯称谓代替既往电磁波测距一词。但在高程控制测量一章中还保留了电磁波测距三角高程测量的概念，毕竟它和经典的三角高程测量的概念与计算原理有着本质的不同。

6. 可能在下次修订时，会采用“全站仪高程测量”取代现在的电磁波测距三角高程测量的概念，全站仪高程测量将和水准高程测量在低等级精度的高程控制测量上平分秋色。但在高等级精度一、二、三等上，工程测量标准还是审慎纳入，尽管有些学者也做了相关的试验认为可以达到二等水准的观测精度，但对观测设备和观测条件则要求相当讲究。从作业效率、性价比和可靠性上，工程测量标准还是坚持一、二、三等精度用水准测量的作业方法施测。

7. 电磁波测距误差表达式为：

$$m_d^2 = [(m_{co}/C_o)^2 + (m_{ng}/n_g)^2 + (m_f/f)^2] \cdot D^2 + [(\lambda/4\pi)^2 \cdot m_{\Delta\varphi}^2 + m_c^2 + m_A^2 + m_g^2 + \cdots]$$

式中：m_{co} ——真空光速值测定误差（m/s）；

C_o ——真空光速值（m/s）；

m_{ng} ——大气折射率的测定误差；

n_g ——大气折射率；

m_f ——调制频率的测定误差（MHz）；

f ——调制频率（MHz）；

λ ——调制频率的波长（μm）；

$m_{\Delta\varphi}$ ——相位测定误差；

m_c ——加常数测定误差（mm）；

m_A ——周期误差（mm）；

m_g ——对中误差（mm）；

D ——观测距离（mm）。

从表达式可以看出，测距误差可分为两大部分，一部分具有一定数值，与所测距离长短无关，分别包括加常数的测定误差、对中误差、测相误差、幅相误差等；另一部分是与所测距离长短成比例的误差，分别包括光速值测定误差、大气折射率误差、频率误差等。

（王百发）

65 如何理解距离测量对气象元素的观测要求？

1. 在《中、短程光电测距规范》GB/T 16818—2008 中，对气象元素的主要观测要求为：

（1）Ⅰ级精度测距仪的技术指标为：$m_D \leq (1 + 1 \times D)$ mm。

（2）使用一级仪器测量相对精度优于五十万分之一的距离的，应在每条边观测始、末两端点（必要时加测中间点）测定大气温度、湿度和气压值并求其平均值作为测线气象代表值。

（3）对于二至四等级起始边、导线边应在测线两端同时测定大气温度和气压值，求其平均值。在每次测距时间超过 2min 时，还应在观测时间始、末测定一次大气温度和气压值。若在 500m 以内较平坦、地表覆盖较为一致的地区，在有风的情况下，可以单端（测站）测定气温和气压值。

（4）对于等外级别控制边，一般每边一次，测站单端测定大气温度和气压值。但在地形地物复杂、高差较大、距离大于 1km 时，也应两端测取大气温度和气压值并求其平均值。

（5）对于工作频率在微波段的测距仪，距离测量中都应测定大气温度。

（6）对于输入气象元素值自行改正的测距仪，应将上述采集的气象元素平均值输入仪器后进行测距。但是，当气象元素值发生变化时（干、湿温度变化值大于 1°，气压变化值大于 2hPa)，应立即输入新值，再测距离。

2. 在《工程测量标准》GB 50026—2020 中，对气象元素的主要观测要求为：

（1）四等及以上等级控制网的边长测量，应分别量取两端点观测始末的气象数据，计算时应取平均值。

（2）测量气象元素的温度计宜采用通风干湿温度计，气压表宜选用空盒气压表；读数前应将温度计悬挂在离开地面和人体 1.5m 以外阳光不能直射的地方，读数应精确至 0.2℃；气压表应置平，指针不应滞阻，读数应精确至 0.5hPa。

（3）测量的斜距，应经气象改正和仪器的加、乘常数改正后才能进行水平距离计算。

3. 综合《中、短程光电测距规范》GB/T 16818—2008 和《工程测量标准》GB 50026—2020 对气象元素的主要观测要求，可以总结为：

（1）只有国家一等控制网的边长测量，才需要测定观测期间的大气温度、湿度和气压值。

（2）工程测量控制网的精度等级划分为二、三、四等和一、二级，其边长测量只需要测定观测期间的大气温度、和气压值，不需要测定湿度值。

（3）工程测量标准要求测边时，宜采用通风干湿温度计主要是基于以下考虑：①通风干湿温度计是全站仪高精度测距标配的测量型专用温度计。②标配的测量型通风干湿温度计，由干温度计、湿温度计、储水盒和发条驱动的机械风扇所集成。③常规测距时，仅需要旋紧发条驱动风扇对温度计组件进行吹风以获得准确的空气温度，即干温度。这也是通风干湿温度计的“通风”含义和作用所在。④对于高精度边长测量或对高等级卫星定位测量控制网的基线检测，建议同时测定测站或测线两端的干温度与湿温度。测定湿温度时必须在储水盒中加水经风扇吹风后读取湿温度。用相应的干温度值和湿温度值通过查表或公式计算得出观测时的空气湿度。相应的干温度、湿度和气压值用于严格的边长气象改正计算。这一要求，对一、二等水平位移监测的测距边长改正也显得尤为重要。

（王百发）

66 测距气象改正的相关事项与应用建议？

1. 依据《中、短程光电测距规范》GB/T 16818—2008 中，对气象元素的改正计算要求为以下 6 个步骤：

（1）严格的气象改正计算公式：

$$\Delta D_{气象} = D_{斜距}(n_0 - n_i) \times 10^{-6}$$

式中：$\Delta D_{气象}$ ——气象改正值（mm）；

$D_{斜距}$ ——测量斜距（m）；

n_0 ——全站仪气象参考点的群折射率；

n_i ——测边时气象条件下的实际群折射率。

（2）分量一：n_0 全站仪气象参考点的群折射率计算公式：

$$n_0 = 1 + \left(287.604 + \frac{3 \times 1.6288}{\lambda^2} + \frac{5 \times 0.0136}{\lambda^4}\right) \times 10^{-6}$$

式中：λ ——测距光源真空中的波长（μm）。

由计算公式可以看出，全站仪气象参考点的群折射率只与光的波长（或频率）相关。

（3）分量二：n_i 全站仪气象参考点的群折射率计算公式：

$$n_i = 1 + (n_g - 1)\frac{273.16 \times P}{(273.16 + T) \times 1013.25} - \frac{11.27 \times 10^{-6}}{273.16 + T} \times e$$

式中：n_g ——标准大气压条件下光的群折射率，仪器说明书会给出。

T ——气温（℃）；

P ——气压（hPa）；

e ——水蒸气压（hPa）。

由计算公式可以看出：①温度对群折射率影响最大，其次是气压，湿度影响最小。②理论与实践证明，温度和气压的测量误差对光电测距和微波测距的影响不相上下，但水蒸气压对二者的影响相差悬殊，即对光电测距的影响可以忽略不计，但对微波测距的影响相当显著。也就是说，对于微波测距需要正确的测定干湿球的温差并对距离进行有效的修正。③工程用的全站仪大部分是红外测距仪，属光电测距仪的范畴。

（4）分量三：e 水蒸气压的计算公式：

$$e = E - c(T - T')P$$

式中：E ——饱和水蒸气压（hPa）；

T ——气温或干温（℃）；

T' ——湿温（℃）；

c——系数。

（5）分量四：E 饱和水蒸气压的计算公式：

$$E = 10^{\left[\left(\frac{aT'}{b+T'}\right) + 0.7858\right]}$$

式中：a、b——系数。

（6）分量五：b 和 c 的取值见表 66。

表 66　饱和水蒸气压计算公式分量取值

系数	湿球未结冰	湿球未结冰
a	7.5	9.5
b	237.3	265.5
c	0.000 662	0.000 583

2. 可以看出，如上计算非常的烦琐。因全站仪厂家在仪器使用手册中会给出相应的计算公式与说明，具体做工程时，应按相应仪器厂商的计算说明要求进行温度、气压和湿度的严格修正计算，可获得理想的测距精度。

3. 以0.5″级的徕卡TS30测量机器人为例说明：

（1）例如，操作手册给出的每千米气象改正公式为：

$$\Delta D = 286.34 - \frac{0.29525 \times P}{1 + \frac{T}{273.15}} - 4.126 \times \frac{10^{-4} \times h}{1 + \frac{T}{273.15}} \times 10^{\left(\frac{7.5 \times T}{237.3 + T} + 0.7857\right)}$$

式中：ΔD——每千米斜距大气改正值（系数）（ppm）；

P——气压（mbar）；

T——空气温度（°C）；

h——相对湿度（%）。

（2）若进行最高精度的距离测量，则大气改正必需精确到1ppm的准确度。必须精确测定气温T到1℃、气压P到3mbar、相对湿度h到20%。

这里要澄清说明的是：①1mbar=1hPa。②760mmHg=1 013.3mbar=1 013.3hPa。

（3）空气湿度：若气候极度湿热，则空气的湿度将影响距离测量。对于高精度的测量，必需测量相对湿度并连同气压和气温一起加到改正中。

（4）组合EDM指标：基准折射率n = 1.000 286 3、载波［nm］= 658。基准折射率n是从Barrel及Sears公式中计算出来的，对于下述情况有效：即气压P = 1 013.25mbar，气温T = 12℃，空气相对湿度h = 60%。

4. 对于常规的边长改正计算，可以采用直接将相关参数输入全站仪由仪器自动完成。但对于高精度边长测量的改正计算，建议使用仪器厂商提供的计算公式对边长两端的气象数据取平均值后，采用后处理方式手工完成改正计算。手工改正计算可以获得更为理想且可靠的测距精度。

（王百发）

67 测距边长的折光系数改正计算问题?

因这项改正和气象改正均与大气的折射率相关，很容易让工程测量作业者将二者混淆，故特此说明强调。

1. 改正理由：对于高精度距离测量的长边（$D \geqslant 10$km），由于实际大气折射系数仅用测线两端的中值，而没有采用严格沿波道上的积分平均值，因此产生了所谓的折射系数的代表性改正。

2. 折光系数的改正公式：

$$\Delta D_{折光} = -(k - k^2)\frac{D^3}{12R^2}$$

式中：D——观测斜距（m）；

k——折光系数，$k \approx 0.13$；

R——地球半径（m）；R经常用平均地球半径$R_m \approx 6\,400\,000$m来代替。

3. 适用范围：该项改正通常要求10km以上的距离才需要。对于工程测量而言，由于控制网的边长较短（二等网的平均边长为9km）通常是不需要考虑这项改正的。但对于高精度测量项目，可根据精度要求参考使用。折光系数对测距影响的试算结果见表67。

表 67　折光系数对测距影响的试算结果

D/km	ΔD/mm
2	0.002
5	-0.029
7	-0.079
9	-0.168
10	-0.23
15	-0.777
20	-1.841
30	-6.213
40	-14.727
50	-28.763

4. 由于测距时，受大气密度折光系数垂直梯度的影响，电磁波的传播路径走的是一条弯曲线，我们实际测量的是一条弯曲的弧长而非测站与反射棱镜两点之间的弦长。因此，需要进行弧长化弦长的改正。理论上，地球曲率半径 R 与弯曲线的曲率半径之比即为电磁波的折射系数 k 。弦长改正公式如下：

$$\Delta D'_{弦长} = -k^2 \frac{D^3}{24R^2}$$

《中、短程光电测距规范》GB/T 16818—2008 要求对 3km 以上测量距离要做此项弦长改正。

5. 在相关的教科书中，通常将折光系数改正公式与弦长改正公式合并至一起，统称为波道弯曲改正。波道弯曲改正公式如下：

$$\Delta D_{波道} = \Delta D_{折光} + \Delta D'_{弦长} = -(2k - k^2)\frac{D^3}{24R^2}$$

（王百发）

68　测距边长的精测频率变化改正和周期误差改正计算问题?

1. 工程测量甚少涉及测距的精测频率变化和周期误差变化这两项改正，主要是因为这两项变化作业人员不可知或者说无法把控，也可以认为这两项改正对测距影响相对来说不显著。普遍认为这属于仪器检定的范畴。

2. 精测频率变化改正。

（1）频率误差包括频率的校正误差和频率的漂移误差。前者反映了频率的精确度，后者反映了频率的稳定度。频率的稳定度是频率误差的主要来源。

（2）频率误差是一种与边长有关的比例误差。它对于短程测距的影响不大，但对于高精度远程测距的影响则不可忽视。

（3）当工程测量的测距边长需要顾及频率误差对边长的影响时，按下式计算：

$$\Delta D_f = \frac{f_0 - f}{f_0} \times D'$$

式中：ΔD_{f} ——频率变化的斜距改正值（m）；

D' ——观测斜距（m）；

f_0 ——全站仪说明书标称的精测频率（Hz）；

f ——全站仪实际检定的精测频率（Hz）。

（4）需要说明的是，当（f_0-f）<±10Hz 时，无须进行此项改正。

3. 周期误差变化改正。

（1）周期误差是指按一定的距离为周期而重复出现的误差。它是由仪器内同频串扰信号的干扰所产生的。

（2）当工程测量的测距边长需要顾及周期误差变化对边长的影响时，按下式计算：

$$\Delta D_{\mathrm{A}} = A\sin\left(\varphi_0 + \frac{2D'}{\lambda} \times 360°\right)$$

式中：ΔD_{A} ——周期误差的斜距改正值（mm）；

A ——仪器检定的周期误差振幅（mm）；

φ_0 ——仪器检定的周期误差初相角度数（°）；

λ ——全站仪的精测调制波长（m）；

D' ——观测斜距（m）。

（3）当周期误差的振幅 A 大于测距中误差绝对值的 $\sqrt{2}$ 倍时，应进行此项改正。

（4）采用脉冲式测距的全站仪无须进行此项改正。

（王百发）

69　全站仪测距边长进行仪器加、乘常数改正计算的时间节点问题？

仪器加、乘常数改正计算的时间节点问题，是很多测量人比较困惑的问题，值得引起注意。

1. 仪器的加、乘常数是由测定多条已知距离，经过频率、气象、周期误差修正后计算出来的。其值由检定证书给出。

2. 测量斜距只有经过气象改正、频率改正（需要时）、周期误差改正（需要时）后，才能进行仪器的加常数、乘常数改正（由仪器自动改正时除外）。

3. 必要时，还应进行折光系数的改正。

4. 待所有改正完成后，才能把改正后的斜距归算为水平距离。

5. 高精度距离测量，建议关闭仪器的自动感应（温度、气压等）功能和自动改正功能或是通过标准气象参数的设定使相关改正数为零，按仪器的使用手册所提供的计算公式按实测的气象数据进行人工计算改正，才能获得更高的测距精度。而且，此类计算不应采用教科书上的通用气象改正公式。

6. 需要注意的是，仪器的加常数是测距仪加常数与反射镜加常数的和。测量时，测距仪和反射镜等设备应配套使用，若配套设备改变，应及时更改棱镜参数或重新检定仪器常数。

（王百发）

70　地球曲率和大气折光改正的属性？

1. 地球曲率和大气折光改正是用于三角高程测量对高差的改正，并不是对水平距离的改正。这一点很多人从概念上容易混淆，值得注意。

2. 地球曲率对三角高程测量高差的影响，简称为球差改正。公式为：

$$\Delta h_{球} = \frac{D^2}{2R}$$

3. 大气垂直折光对三角高程测量高差的影响，简称为气差改正。公式为：

$$\Delta h_{气} = -\frac{kD^2}{2R}$$

4. 地球曲率和大气折光对三角高程测量高差的共同影响，简称为球气差或两差改正。公式为：

$$\Delta h = (1-k)\frac{D^2}{2R}$$

5. 在《工程测量标准》GB 50026—2020 中，要求两点间的高差测量，宜采用水准测量。当采用电磁波测距三角高程测量时，高差应进行大气折光改正和地球曲率改正。

（王百发）

71 干温度、气压、湿度、湿温度的定义和湿度测量原理是什么？

1. 基本术语。

（1）干温度 atmospheric temperature。简称气温，指的是测站（或反光镜站）气温。气温是表示大气温度高低的物理量，通常用符号 T 表示。通常指距地面 1.5m 处百叶箱中的空气温度。气温随高度增加而下降，气温直减率约 0.65℃/100m。

（2）气压 atmospheric pressure。测站（或反光镜站）的大气压强。任一点的气压值等于该地单位面积上的大气柱重量，通常用符号 P 表示。气压总是随高度的增加而降低的。据实测近地层高度每升高 100m，气压平均降低 12.4mbar。

这里需要注意的是，过去国内采用的大气压强单位是 mmHg，现在采用的是国际单位 hbar。而一些进口全站仪，如徕卡 TS30 气压单位采用的是毫巴 mbar。换算关系如下：

$$760\text{mmHg} = 1\ 013.3\text{mbar} = 1\ 013.3\text{hPa}$$

$$1\text{mbar} = 100\text{Pa} = 1\text{hPa} \approx 0.75\text{mmHg}$$

（3）大气湿度 atmospheric humidity。简称湿度，反映空气中水汽含量的多少和空气潮湿程度的一个物理量。常用的表示方法分别由绝对湿度、水蒸气压力、体积百分比、含湿量、相对湿度、露点等。

1）水汽压 vapor pressure。在大气中由于水汽的存在所引起的那一部分压强称为水汽压，通常用符号 e 表示。大气中的水汽越多，e 越大；反之，水汽越少，e 越小。它也表示空气中含有水汽的多少。

饱和水汽压通常用 E 表示。E 与温度直接相关，温度越高，对应饱和水汽压越大。温度相等时，水面和冰面的饱和水汽压关系是水面要大于冰面，亦即当水面上饱和时，冰面上应当是过饱和了。

2）绝对湿度 absolute humidity。表示空气中水汽的绝对含量，即单位容积空气中含有的水汽质量。实际上就是水汽密度，通常用符号 a 表示。绝对湿度和水汽压在一定条件下，数值可以互相代替。在 T=16℃绝对湿度与水汽压值（mmHg）相等。

3）相对湿度 relative humidity。实际水汽压 e 与同温度下对应的饱和水汽压 E 之比称为相对湿度，通常用符号 h 表示。通俗地讲，就是气体中（通常为空气中）所含水蒸气量（水蒸气压）与其空气相同情况下饱和水蒸气量（饱和水蒸气压）的百分比。h 的大小表示空气距离饱和的程度。温度上升，相对湿度下降。

4）露点温度 dew-point temperature。当空气中的水汽含量不变且气压一定时，降低温度，使空气刚好达到饱和时的温度称为露点温度，通常用符号 Td 表示。当气压一定时，露点的高低与空气中的水汽含量直接相关，与温度无关。水汽含量越多，露点越高；反之，水汽含量越少，露点越低。这一概念不属于工程测量关注的范畴。

2. 干湿温度计的基本工作原理。工程技术人员常用干湿温度计（psychrometer）来测量空气的相对湿度。它是由两个固定在一个竖版的温度计构成，其中一个温度计下端的球泡被用清水浸过的材料包裹称为湿温度计，另一个温度计下端的球泡裸露在空气中称为干温度计。二者如此组合被统称为干湿温度计。在通风和不受阳光直射的环境下读取两个温度计的温度值。这时，湿温度计的读数一定比干温度计的读数低，二者的温差称为干湿球温度差（或湿球温差、或湿球降差、或干湿差）（wet bulb depression）。温差是源自湿球包裹材料的水的蒸发结果。也可以联想得到，当温度一定时，空气越干燥（即相对湿度越小），蒸发越快，吸热越多，两只温度计读数差越大；反之空气中水蒸气越多（即相对湿度越大）时，蒸发越慢，两只温度计的读数差越小。所以两只温度计的读数差能够间接反映环境相对湿度的大小。然后用干湿球方程换算出湿度值，或制成图表以方便查取相对湿度。

e 水蒸气压的计算方程：

$$e = E - c(T - T')P$$

$$E = 10^{\left[\left(\frac{aT'}{b+T'}\right)+0.7858\right]}$$

式中：E ——饱和水蒸气压（hPa）；

T ——气温或干温（℃）；

T' ——湿温（℃）；

a、b、c ——湿球的冰点状态参数。

当然，干湿球方程换算条件是在湿球附近的风速必须达到 2.5m/s 以上，才能得到比较准确的相对湿度值。因此，不要简单地认为只要提高两支温度计的测量精度就等于提高了湿度的测量精度。

3. 测量型专用通风干湿温度计和空盒气压表。

（1）测量型专用通风干湿温度计和空盒气压表是电磁波测距标配的必要辅助装备，经过长期的测量实践二者具有良好的高可靠性。

（2）标配的测量型通风干湿温度计，由干温度计、湿温度计、储水盒和发条驱动的机械风扇所集成。

（3）常规测距时，仅需要旋紧发条驱动风扇对温度计组件进行吹风以获得足够的风量和准确的空气温度，即干温度。这也是通风干湿温度计的“通风”含义和作用所在。

（4）对于高精度边长测量或对高等级卫星定位测量控制网的基线检测，建议同时测定测站或测线两端的干温度与湿温度。测定湿温度时必须在储水盒中加水经风扇持续吹风后读取湿温度。用相应的干温度值和湿温度值通过查表或公式计算得出观测期的空气相对湿度。相应的干温度值、相对湿度值和气压值用于严格的边长气象改正计算。这一要求，对一、二等水平位移监测的测距边长改正同等重要。

（王百发）

5.4 三角形网测量

72 三角形网测量的概念是如何提出的？

1.《工程测量规范》GB 50026—2007 在 2003 年初开始修订时，对平面控制测量这一章的编写内容和编写风格做了大幅度的改变，将《工程测量规范》GB 50026—93 该章按工序编写的方式，改用按作业方法进行分类的模式。即由《工程测量规范》GB 50026—93 的一般规定；设计、选点、造标与埋石；水平角观测；距离测量；内业计算等，改为一般规定；卫星定位测量；导线测量；三角形网测量等按独立节处理。调整的目的是基于可操作性的考虑，另外，从作业方法的编排上也体现了选择各种测量手段的主次之分，这也是根据工程应用情况确定的，也体现了测量作业方法的发展与应用趋势。

2. 随着全站仪在工程测量单位的广泛应用，角度和距离测量已不再像以前那么困难，现在的外业观测不仅灵活且很方便。就布网而言，纯粹的三角网、三边网已极少应用。所以，2003 年修订时便提出了三角形网测量这一统一概念。

3. 提出三角形网测量这一概念的初衷，主要是为了标准编写的方便。因为无论如何处理，在当时总是难以摆脱三角网、三边网、边角网的传统框架，且这三个概念属于经典的、早已深入人心的、有严密理论支持的、非常固化的概念。规范主编几易其稿，最后，提出了三角形网测量的统一概念才算较好地处理了这一棘手问题，同时赋予了三角形网测量新的内涵，即对已往的三角网、三边网、边角网不再严加区分；将所有的角度、边长观测值均作为观测量看待；观测的“角”“边”元素均以观测值的身份参与平差；不再使用以往连接角、起始边的概念。

4. 三角网测量概念的提出也收到很多不同的意见，反对者认为用边角网的概念可以替代，事实上原边角网的概念不是边角全测而是角度全测并加测少量边长，且所测边长均做已知边（起算边）看待不参与平差计算。《城市测量规范》CJJ 8—99 采用了三角网和边角组合网测量的概念，只是摒弃了原来的纯三边测量的概念进行过渡处理。《城市测量规范》CJJ/T 8—2011 进一步摒弃了三角网的概念，保留了边角组合网测量的概念。如此处理自有他的道理，无论是从编写上还是从工程应用上更加顺手，但从用户心理上总会有原来边角网测量的概念袭扰。

5. 三角网测量概念的提出与正式编入《工程测量规范》GB 50026—2007，得到了陆学智大师和严伯铎大师的鼎力支持与肯定。也得到了相关国家标准和行业标准的积极响应与采纳推广。

6. 三角形网一词，最早出现在周忠谟、易杰军先生编著的《GPS 卫星测量原理与应用》（1991 年）一书中，但未给出确切的定义。工程测量规范的编写只是借来一用，并赋予新的概念内涵。

（王百发）

73　三角形网测量精度指标是如何确定的?

工程测量标准中三角形网测量的精度指标，基于原三角网和三边网的相关指标制定。具体指标的确立，是根据工程测量单位完成的工程控制网统计资料并顾及不同行业的测量技术要求，在综合分析的基础上确定的，见表 73-1。具体说明如下：

表 73-1　三角形网测量的主要技术要求

等级	平均边长/km	测角中误差/″	测边相对中误差	最弱边边长相对中误差	测回数				三角形最大闭合差/″
					0.5″级仪器	1″级仪器	2″级仪器	6″级仪器	
二等	9	1	≤1/250 000	≤1/120 000	9	12	—	—	3.5
三等	4.5	1.8	≤1/150 000	≤1/70 000	4	6	9	—	7
四等	2	2.5	≤1/100 000	≤1/40 000	2	4	6	—	9
一级	1	5	≤1/40 000	≤1/20 000	—	—	2	4	15
二级	0.5	10	≤1/20 000	≤1/10 000	—	—	1	2	30

注：测区测图的最大比例尺为 1∶1 000 时，一、二级网的平均边长可放长，但不应大于表中规定长度的 2 倍。

1. 关于测角中误差和测回数。工程测量标准对二、三、四等三角形网测量的测角中误差仍分别沿用我国经典的 1.0″、1.8″、2.5″的划分方法。水平角观测的测回数是根据工程测量单位的统计结果确定的，详见“41　平面控制网水平角观测的测回数是如何确定的?”。

2. 关于平面控制网的基本精度。工程平面控制网的基本精度，应使四等以下的各级平面控制网的最弱边边长（或最弱点点位）中误差不大于 1∶500 或 1∶1 000 比例尺地形图上 0.1mm。即中误差相当于实地的 50mm 或 100mm。因此，工程测量标准取四等三角形网最弱边边长中误差为 50mm。

就一般工程施工放样而言，通常要求新设建筑物与相邻已有建筑物的相关位置误差（或相对于主轴线的位置误差）小于 100~200mm；对于改、扩建厂的施工图设计，通常要求测定主要地物点的解析坐标，其点位相对于邻近图根点的点位中误差为 50~100mm。因此，工程测量标准所规定的控制网精度规格，是可以满足大比例尺测图并兼顾一般施工放样需要的。

3. 关于测边相对中误差和最弱边边长相对中误差的精度系列。测边相对中误差的精度系列，沿用的是《工程测量规范》GB 50026—93 三边测量测距相对中误差精度系列；最弱边边长相对中误差的精度系列，沿用的是《工程测量规范》GB 50026—93 三角测量最弱边边长相对中误差精度系列。三角形网概念集两种精度系列于一体，不仅完全保证控制网的精度符合相应等级的精度要求，而且在工程作业中更容易实现。

4. 关于各等级三角形网的平均边长。根据一些工程测量单位的作业经验和对工程施工单位的调查走访认为，四等三角形网的平均边长为 2km，最弱边边长相对中误差不低于 1/40 000，即相对点位中误差为 50mm，这样密度和精度的网，可以满足一般工程施工放样的需要。故工程测量标准规定四等三角形网的平均边长为2km。其余各等级的平均边长，基本上按相邻两等级之比约为2∶1的比例确定，即三等为4.5km，二等为9km，一级为1km，二级为0.5km。详见“40　平面控制网平均边长是如何确定的?”。

5. 关于各等级三角形网的三角形闭合差限差（见表73-2）。

（1）各个三角形内角和要满足180°的客观条件。

即：

$$W = \angle a + \angle b + \angle c - 180^\circ$$

若测角中误差为 m_β，则三角形闭合差的中误差为：

$$m_w = \sqrt{3}\, m_\beta$$

取2倍中误差作为三角形闭合差之限差，则有：

$$m_{w限} = 2\sqrt{3}\, m_\beta$$

表73-2　各等级三角形网的三角形闭合差限差

等级	二等	三等	四等	一级	二级
测角中误差/″	1	1.8	2.5	5	10
三角形闭合差限差计算值/″	3.46	6.23	8.66	17.32	34.64
三角形闭合差限差计算值/″	3.5	7	9	15	30

（2）要强调说明的是，在平面上三角形三内角之和为180°，而球面上三角形三内角之和大于180°，超出部分称球面角超。球面角超根据三角形面积和地球曲率半径计算。若工程范围仅限定在20km²以内，通常可不顾及球面角超的影响。

6. 表73-1的下端注释中平均边长适当放长的条件，是测区不再可能施测1∶500比例尺的地形图。按1∶1 000比例尺地形图估算，其点位中误差放大一倍，故平均边长相应放长1倍。

7. 三角形网测量概念的新内涵，就是将所有的角度、边长观测值均作为观测量看待，所以均应参加平差计算。

（王百发）

74　为什么三角形网要进行各项条件闭合差的检验?

1. 众所周知，三角形网是各个类型控制网中结构最严谨、可靠性和观测精度最高的控制网。现时，主要用于高精度专用施工控制网、专用安装工程控制网和高精度变形监测网。

2. 在工程界把由中点多边形和大地四边形构成的三角形网，称为全面网。全面网本身就具有很多的几何检验条件。

3. 三角形网的单一测站检查，只能反映出测站的内部符合精度，或者说仅能部分体现出观测质量，无法体现系统误差的影响，更不能反映整体三角形网的观测质量。而几何条件检查，才是衡量整体外业观测质量的主要标准。

单一测站检查是在每测站观测完成时进行，整体外业观测质量检查是每完成一期作业后必须进行验算。

4. 三角形网整体外业观测质量检查，不仅各个三角形内角和要满足180°不符值的限差条件，而且中点多边形中点圆周角也要满足360°不符值的限差条件，同时还要满足其他的几何条件限值，如角—极条件自由项的限值、边（基线）条件自由项的限值、方位角条件的自由项的限值、固定角自由项的限值、边—角条件的限值、边—极条件自由项的限值等。

5. 三角形网各项条件闭合差不应大于相应的限值。如果某些条件闭合差超限，说明观测成果中存在着较大的误差，需要进行检查处理，必要时应进行外业重测。可见，对三角形网所构成的各种几何条件的检验，是衡量其整体观测质量的充分条件。其也是三角网按条件平差时的一种条件。

（1）角—极条件，即在多边形中以某点为极点，由任意边出发经有关的观测方向或角度推算至原出发边，其边长值相等的条件。角—极条件自由项的限值，按下式计算：

$$W_{\mathrm{j}} = 2\frac{m_{\beta}}{\rho}\sqrt{\sum \cot^{2}\beta}$$

式中：W_{j}——角—极条件自由项的限值；

m_{β}——相应等级的测角中误差（″）；

β——求距角（°）。

（2）边（基线）条件，即在三角形网中由一个边开始推算至另一边时，其推算值等于已知值所产生的条件。边（基线）条件自由项的限值，按下式计算：

$$W_{\mathrm{b}} = 2\sqrt{\frac{m_{\beta}^{2}}{\rho^{2}}\sum \cot^{2}\beta + \left(\frac{m_{s_1}}{S_1}\right)^{2} + \left(\frac{m_{s_2}}{S_2}\right)^{2}}$$

式中：W_{b}——边（基线）条件自由项的限值；

$\frac{m_{s_1}}{S_1}$、$\frac{m_{s_2}}{S_2}$——起始边边长相对中误差。

（3）方位角条件，即从一边的已知方位角 α_1 开始，经相关观测方向或角度推算至另一边的方位角 α_2，其推算值与相应已知值相等的条件。方位角条件的自由项的限值，按下式计算：

$$W_{\mathrm{f}} = 2\sqrt{m_{\alpha1}^{2} + m_{\alpha2}^{2} + nm_{\beta}^{2}}$$

式中：W_{f}——方位角条件的自由项的限值（″）；

$m_{\alpha1}$、$m_{\alpha2}$——起始方位角中误差（″）；

n——推算路线所经过的测站数。

（4）固定角条件，即在高等级三角点上观测低等级三角形网时，观测两个以上高等级边方向，各观测角之和等于高等级边之间固定夹角的条件。固定角自由项的限值，按下式计算：

$$W_{\mathrm{g}} = 2\sqrt{m_{\mathrm{g}}^{2} + m_{\beta}^{2}}$$

式中：W_{g}——固定角自由项的限值（″）；

m_{g}——固定角的角度中误差（″）。

（5）边—角条件，即三角形中一个角的观测值与由三个边长观测值计算得的角值应相等所产生的条件。边—角条件的限值，应由三角形中观测的一个角度与由观测边长根据各边平均测距相对中误差计算所得的角度限差，按下式计算：

$$W_r = 2\sqrt{2\left(\frac{m_D}{D}\cdot\rho\right)^2(\cot^2\alpha + \cot^2\beta + \cot\alpha\cot\beta) + m_\beta^2}$$

式中：W_r——观测角与计算角的角值限差（″）；

$\frac{m_D}{D}$——各边平均测距相对中误差；

α、β——三角形中观测角之外的另两个角（°）；

m_β——相应等级的测角中误差（″）。

（6）边—极条件，即对于三边测量中的某个极点，由三个边长观测值计算得的多个角值之代数和为360°或0°的条件。边—极条件自由项的限值，按下列公式计算：

$$W_Z = 2\rho\cdot\frac{m_D}{D}\sqrt{\sum\alpha_W^2 + \sum\alpha_f^2}$$

$$\alpha_W = \cot\alpha_i + \cot\beta_i$$

$$\alpha_f = \cot\alpha_i \pm \cot\beta_{i-1}$$

式中：W_Z——边—极条件自由项的限值（″）；

α_W——与极点相对的外围边两端的两底的余切函数之和；

α_f——中点多边形中与极点相连的辐射边两侧的相邻底角的余切函数之和；四边形中内辐射边两侧的相邻底角的余切函数之和以及外侧的两辐射边的相邻底角的余切函数之差；

i——三角形编号。

6. 外业观测精度评定。用各个三角形的闭合差进行统计计算，获取整个三角形网的测角中误差，可以用来评估整个三角形网的外业观测精度。

我们知道，三角形闭合差具有真误差的属性，即：

$$W = \angle a + \angle b + \angle c - 180°$$

根据真误差计算中误差的原理，有：

$$m_w = \sqrt{\frac{[WW]}{n}}$$

而又有三角形闭合差的中误差为：

$$m_w = \sqrt{3}\,m_\beta$$

即：

$$\sqrt{\frac{[WW]}{n}} = \sqrt{3}\,m_\beta$$

则有按各个三角形的闭合差进行统计计算整个三角形网的测角中误差公式，又称为菲列罗公式：

$$m_\beta = \sqrt{\frac{[WW]}{3n}}$$

式中：m_β——测角中误差（″）；

W——三角形闭合差（″）；

n——三角形的个数。

就单个三角形而言，其闭合差只能反映出该三角形的观测质量或测角精度，对于整个三角形网，其以三角形闭合差为数最多，因此按菲列罗公式计算出的测角中误差，是衡量三角形网整体测角精度的主要指标。

可以看出，三角形的个数 n 越多，则测角中误差 m_β 越可靠，依据可靠性理论通常 n 应超过 20 个。但由于三角形网的规模通常相对较小，依据工程经验当 n 超过 10 个时可统计计算 m_β，否则，统计的意义不大。因为可靠性太低。也就是说，由菲列罗公式计算的 m_β 实际上是中误差的估算值，当 n 的数量较少时，这个估值表现出一定的随机性，这样求得的中误差不能真正反映实际观测精度。当 n 的数量增多（$n > 20$）时，则 W 出现的统计概率逐步趋近它的概率，而 m_β 也就呈现出稳定性，这样按由菲列罗公式计算的中误差才比较可靠。

7. 要说明的是，待相关几何条件闭合差检验合格后，才能进行三角形网的整体平差计算。

8. 可见，三角形网测量要想获得理想的精度，进行相关几何条件闭合差的检验很有必要。

有些学者认为不必进行这些条件闭合差检验的观点，是不尽合理的。

（王百发）

75　垂线偏差的修正问题？

1. 从地面点向大地水准面做一垂线，同时也从该点向椭球面做一法线，两线之间的夹角称之为垂线偏差。垂线偏差在南北方向上的分量称为子午分量，用 ξ 表示。垂线偏差在东西方向上的分量称为卯酉分量，用 η 表示。

2. 垂线偏差的修正，通常只有国家一、二等控制网才需要进行此项改正计算，对于国家三、四等控制网和工程测量控制网，一般不必进行。

3. 观测方向垂线偏差改正的计算公式如下：

$$\delta_u = (\eta\cos A - \xi\sin A)\cot z$$

$$\eta = u\sin\theta$$

$$\xi = u\cos\theta$$

式中：δ_u——观测方向垂线偏差改正（″）或（rad）；

η——垂线偏差卯酉分量（″）或（rad）；

ξ——垂线偏差的子午分量（″）或（rad）；

A——以法线为准的大地方位角（°）；

z——照准方向的天顶距（°）；

u——垂线偏差的弧度元素（″）或（rad）；

θ——垂线偏差的角度元素（°）。

4. 在高山地区或垂线偏差较大的地区作业时，因垂线偏差分量 η、ξ 较大，照准方向的高度角也很大时，其对观测方向的影响接近或大于相应等级控制网的测角中误差，有的影响更大。研究结果表明，垂线偏差对山区三角形网水平方向和垂直角的影响不可忽视。故《工程测量标准》GB 50026—2020 规定对高山地区二、三等三角形网点的水平角观测值，要进行垂线偏差修正。具体作业时，还需按国家大地测量的相关标准执行。

（王百发）

5.5 自由设站测量

76 自由设站法的定义、原理和应用要求是什么？

1. 自由设站法，是徕卡全站仪的一项应用功能称为“Free Station”。其他厂家的全站仪并未附和或者响应。

2. 在《高速铁路工程测量规范》TB 10601—2009 中，明确规定：CPⅢ平面网测量应采用自由测站边角交会法施测。CPⅢ控制点高程测量可以利用 CPⅢ平面网测量的边角观测值，采用 CPⅢ控制网自由测站三角高程测量方法与 CPⅢ平面控制测量合并进行。

3. 在《工程测量学（第二版）》[①] 中介绍，轨道控制网（CPⅢ）在线下工程施工结束和沉降变形趋于稳定后建立，是平面和高程共点的三维控制网，平面上是以 CPⅠ或 CPⅡ点为已知点的一种全新的自由设站地面边角交会控制网，其主要作用是为轨道板铺设、钢轨铺设和检校提供基准。

在该教科书中主要采用自由设站一词，在涉及高铁规范时用的是自由测站。事实上在徕卡推出全站仪时，国内译名用的是自由设站的名称。二者没有本质的区别，《高速铁路工程测量规范》TB 10601—2009 采用自由测站自有它的道理，毕竟它已成为我国自主知识产权的技术且发展迅猛。

4. 《工程测量标准》GB 50026—2020 也开始引入该名称，定义为自由设站测量。难免有给厂家做广告之嫌。但应用上不限于高精度控制网测量，而是面向各种精度的工程测量需要，并给出了具体的要求：

（1）技术特点。

1）自由设站法的实质就是全站仪的边角后方交会法，其原理是利用周围少量任意分布的已知控制点确定待定点的位置。作业时在待定点上安置全站仪，观测出待定点至已知点之间的距离和角度（或方向），根据两类观测值按最小二乘法原理计算待定点的坐标。

2）全站仪自由设站法既克服了测角交会存在危险圆的问题，又弥补了测边交会的不足，点位选取更加灵活方便，在工程测量中较为实用。

3）自由设站点的点位精度不仅与测角精度和测边精度有关，而且与已知点形成的图形和面积大小及设站点与已知点所形成的交会图形的形状和范围大小有关。

（2）技术定位。自由设站测量，适用于工程控制网点的同精度加密，是对卫星定位测量、导线测量和三角形网测量方法的补充，但不属于控制测量作业的基本方法。因此规定为：自由设站测量，可适用于各等级控制网的加密及各类工程（施工、变形）测量中需要临时设站或传递坐标的测量，也可用于独立工程控制网的建立与加密测量。

（3）技术要求。

1）因自由设站的位置常常位于不能永久设站或不便设站的测区（或施工工地）中心位置，能够高精度快速获取设站点的坐标与定向方位角正是该方法的优势，因此，对仪器的精度提出了较高的要求规定为：四等及四等以上控制网的自由设站加密测量，宜采用测

---

① 张正禄，《工程测量学（第二版）》，武汉大学出版社，2013 年。

角精度不低于2″级、测距精度不低于5mm级的全站仪；四等以下的加密测量宜采用测角精度不低于6″级、测距精度不低于10mm级的全站仪。

2）因自由设站点的精度与已知点精度和其所形成的交会图形的形状和范围大小有关，且增加已知点的个数，设站点的点位精度会有所提高；但过多增加已知点数量对设站点的精度改善并不显著。因此在考虑作业效率的情况下规定：作业前，应对周边既有控制点进行检查校核，并应选用符合要求且不少于3个控制点作为交会基准，设站点各观测方向之间的夹角宜为30°~120°。

3）因自由设站法适用于控制网加密或进行坐标传递时，通常采用与周边控制点相同的精度等级，即同等级加密。因此规定：水平角方向观测法的测回数和测站限差及边长测距中误差与相应等级的三角形网测量要求一致。

4）当采用自由设站法进行高精度控制测量加密时，需及时精确测定测站的温度、湿度与气压值并对交会边长进行气象改正。温度读数宜精确至0.2℃，气压读数宜精确至0.5hPa，湿度可根据工程需要读取。

5）自由设站法测量除计算测站坐标外，还应统计计算交会残差，并应进行残差分析；若某个观测方向的计算残差超限，应舍弃超限方向，并应重新进行交会计算。

6）设站点的交会精度满足要求后，才能进行其他工序的测量工作。其他工序的测量工作完成后，还须进行归零检查。归零差不应大于水平角方向观测法相应等级同一方向各测回较差限差的2倍。

（王百发）

第6章　高程控制测量

77　为何高程基准比高程系统在工程应用上概念更准确?

1. 在传统的学科概念上，高程系统指的是正高高程系统、正常高高程系统和动（力）高高程系统。其含义分别如下：

（1）正高高程系统，是以大地水准面为高程基准面的地面上任一点的正高高程，简称正高。

1）大地水准面的定义：是一个与静止的平均海水面密合并延伸到大陆内部的包围整个地球的封闭的重力等位面。所谓的海拔就是源于此面。

2）大地水准面的性质：是一个重力等位面。既是一个几何面，又是一个物理面。

3）正高计算公式如下：

$$H_{正} = \frac{1}{g_{m}}\int g\mathrm{d}h$$

式中：$H_{正}$ ——地面点的正高（m）；

g_{m} ——地面点至大地水准面的重力加速度平均值（m/s^2）；

g ——水准路线地面点重力加速度（m/s^2）。

由上式可知，$\int g\mathrm{d}h$ 为地面点的水准面与大地水准面间的重力位能差，而 g_{m} 为平均值，因而正高高程值具有唯一性，不随水准路线不同而变化。虽然地面点的重力加速度 g 可以通过重力测量得到，但地面点沿垂线至大地水准面间的重力加速度，不但随深入地下的深度不同而变化，而且还与地球内部物质密度的分布有关，所以地面点至大地水准面的重力加速度平均值 g_{m} 并不能精确测定，也不能用公式推导出来，因此，从严格意义上来讲地面点的正高高程值不能精确求得。换句话来讲，大地水准面也无法精确测定。

（2）正常高高程系统，是以似大地水准面为高程基准面的地面上任一点的正常高高程，简称正常高或高程。

1）似大地水准面的定义，从地面点沿正常重力线量取正常高所得端点构成的封闭曲面。工程测量所测之统一高程，均源于此面。

2）似大地水准面的性质：不是重力等位面，没有明确的物理意义，与大地水准面很接近，在海洋上二者是重合的，陆地上存在差异，高山地区差异较大。

3）正常高计算公式如下：

$$H_{常} = \frac{1}{\gamma_{m}}\int g\mathrm{d}h$$

式中：$H_{常}$ ——地面点的正常高（m）；

γ_{m} ——正常重力值（m/s^2）；

g ——沿水准路线的实测重力加速度（m/s^2）。

因重力加速度 g 可沿水准路线的实测获取，正常重力值 γ_m 可由正常重力计算公式计算求得。因而，似大地水准面是可以精确求定的。因而，正常高高程值也具有唯一性，也不随水准路线不同而变化。

4）正常高高程系统，是我国统一的高程系统。我们原来使用的1956黄海高程系和现在使用的1985国家高程基准均属于正常高高程系统，所采用的水准面就是似大地水准面。

5）需要指出的是，正常高与正高之差也就相当于似大地水准面与大地水准面间的距离，二者在高山地区差别约2m，平原地区差异较小在厘米级。因而，在不需要严格区分的情况下，也会把似大地水准面称为大地水准面。

（3）动（力）高高程系统，是为了满足大型水利工程建设需要而设立的局部或区域性高程系统，该系统可以弥补正常高高程系统的不足。

动高也叫力高或动力高。地面上某点 B 的动（力）高 $H^{B}_{动(力)}$ 常定义为：

$$H^{B}_{动(力)} = \frac{1}{\gamma_{45^\circ}} \int_{OB} g\mathrm{d}h$$

式中：$H^{B}_{动(力)}$——地面上某点 B 的动（力）高（m）；

γ_{45°——地球纬度45°处的正常重力值（m/s^2）；

g——沿水准路线的实测重力加速度（m/s^2）。

与正常高计算公式相比，它是在正常高公式中，用地球纬度45°处的正常重力 γ_{45° 代替 γ_m 的结果。因此，一点的力高就是过该点的水准面在纬度45°处的正常高。由于 γ_{45° 是常数，所以同一水准面上各点的动（力）高一定相同。

2. 新中国成立后，我国采用青岛验潮站的相关验潮数据确立了高程基准为1956年黄海高程系，也许当初命名时是为了与1954年北京坐标系相呼应。但这个名称很容易让测绘从业者概念混淆，很多人认为这就是我国的高程系统，事实上它只是一个高程基准或者高程起算点或者说是高程起算面，和高程系统的原本概念相去甚远。

3. 20世纪80年代中期，我国依据青岛验潮站的长期观测数据推出了1985国家高程基准，这一新的命名才准确体现了起算点、起算面、基准点、基准面的明确含义。正如《国家一、二等水准测量规范》GB 12897—91对高程系统和高程基准所规定：水准点的高程采用正常高系统，按照1985国家高程基准起算。青岛原点高程为72.260m。

4. 基于以上理由，工程测量技术方案或工程测量技术报告中正确的表达方法应该是：

坐标系统：2000国家大地坐标系（或2000地方独立坐标系）。

高程基准：1985国家高程基准。

5. 另外需要说明的是，在《工程测量基本术语标准》GB/T 50228—2011中，我们对相关基准术语做了统一的规定，即去掉了“年”字，因为它不是“年号”仅是一个“代号”而已。如2000国家大地坐标系、1980西安坐标系、1954北京坐标系、1956黄海高程系、1985国家高程基准、1984世界大地坐标系WGS84等。

（王百发）

78 高等级水准测量高差改正包括哪些内容及如何应用？

1. 高等级水准测量高差改正包括水准尺改正、水准面不平行改正、重力异常改正、日月引力改正和路线闭合差改正五个方面。

（1）水准尺改正。分别包括标尺尺长改正和标尺温度改正。

1）标尺尺长改正。依计量检定部门对水准测量前和水准测量结束后的标尺检定结果进行改正。若两次检定的名义米长不大于 30μm，取平均值进行改正。若超过 30μm，则应分析原因并确定改正方法或重测。一测段高差标尺尺长改正数 δ，按下式计算：

$$\delta = f \times h$$

式中：δ——标尺尺长测段高差改正数（mm）；

h——测段往测或返测高差值（m）；

f——标尺改正系数（mm/m）。

2）标尺温度改正。一测段高差标尺温度改正数 ∂，按下式计算：

$$\partial = \sum [(t - t_0) \times a \times h]$$

式中：∂——标尺温度测段高差改正数（mm）；

t——标尺温度（℃）；

t_0——标尺长度检定温度（℃）；

a——标尺因瓦带膨胀系数［mm/（m·℃）］；

h——测温时段中的测站高差（m）。

（2）水准面不平行改正。一测段高差水准面不平行改正数 ε，按下列公式计算：

$$\varepsilon = -(\gamma_{i+1} - \gamma_i) \cdot H_m / \gamma_m$$

$$\gamma_m = (\gamma_i + \gamma_{i+1})/2 - 0.1543H_m$$

$$\gamma = 978\,032(1 + 0.005\,302\,4\sin^2\phi - 0.000\,005\,8\sin^2 2\phi)$$

式中：ε——水准面不平行改正测段高差改正数（m）；

γ_m——两水准点正常重力平均值（10^{-5}mm/s^2）；

γ_i、γ_{i+1}——分别为 i 点、$i+1$ 点在椭球面上的正常重力计算值 γ（10^{-5}mm/s^2）；

H_m——两水准点概略高程平均值（m）；

ϕ——水准点纬度（°）；

γ——正常重力计算值，精确至 0.01×10^{-5}mm/s^2。

（3）重力异常改正。一测段高差重力异常改正数，按下列公式计算：

$$\lambda = (g - \gamma)_m \cdot h / \gamma_m$$

$$\gamma_m = (\gamma_i + \gamma_{i+1})/2 - 0.1543H_m$$

$$(g - \gamma)_{空} = (g - \gamma)_{布} + 0.1119H$$

式中：λ——测段高差重力异常改正数（mm）；

$(g - \gamma)_m$——两水准点空间重力异常平均值（10^{-5}mm/s^2）；

h——测段观测高差（m）；

$(g - \gamma)_{空}$——水准点空间重力异常（10^{-5}mm/s^2）；

$(g - \gamma)_{布}$——水准点的布格异常从相应的数据库检索，精确至 0.1 位（1×10^{-5}mm/s^2）；

H——水准点概略高程（m）。

（4）日月引力改正。水准测量日月引力影响的改正，分区段按下列公式进行计算：

1）一区段日月引力影响的高差改正数，按下式计算：

$$U = (\theta_{南}^{m} \times \cos\alpha + \theta_{南}^{s} \times \cos\alpha + \theta_{西}^{s} \times \sin\alpha) \times \gamma \times R$$

式中：U ——一区段日月引力影响的高差改正数（mm）；

α ——观测路线方位角（°）；

γ ——潮汐因子，取 0.68；

R ——区段长度（km）；

$\theta_{南}^{m}$ ——月亮引起垂线向南偏离的积分平均值；

$\theta_{南}^{s}$ ——太阳引起垂线向南偏离的积分平均值；

$\theta_{西}^{s}$ ——太阳引起垂线向西偏离的积分平均值。

2）公式分量 $\theta_{南}^{m}$ 、$\theta_{南}^{s}$ 、$\theta_{西}^{s}$ ，均有相应的计算公式，不再列出。需要时可查阅《国家一、二等水准测量规范》GB/T 12897。

（5）水准路线闭合差改正。高精度水准测量的各测段经前几项必要的相关改正后，若所计算的水准路线自成独立环线或附合于两个已知高程点上，则此路线的闭合差 W 须按测段的测站数 S 成比例配赋于各测段高差中，按下式计算：

$$V_i = -\frac{S_i}{\sum S} \times W$$

式中：W ——测段高差经相关改正后的路线闭合差（mm）；

S_i ——第 i 测段的测站数。

2. 水准测量的五方面改正，是对国家一、二等水准测量的要求。国家一等水准网的环线周长为 1 000~2 000km，是国家高程控制网的骨干。国家二等水准网布设于一等水准环内环线周长为 500~750km，是国家高程控制网的全面基础。一、二等水准网覆盖了我国的全部疆域。因线路和水准测段均很长且线路走向和起伏变化很大，因此只有进行严格的高差改正才能符合规范要求并获得理想的高程精度。

3. 对于工程测量而言，主要以三、四等水准测量为主，二等水准测量相对较少，一等水准测量几乎不涉及。即便是需要进行一、二等水准测量其路线长度也远无法和国家一、二等水准路线长度相匹敌。因此，通常是不需要考虑这么多项改正。但工程测量技术人员是有必要了解这些改正的概念、要求和计算方法，因为现在的超级工程越来越多，对高程控制测量的规模、范围和精度以及数据处理方法均提出了前所未有的要求，一旦参与到这些超级工程中去就可做到心中有数。类似工程，如高速铁路、南水北调、西气东输、引汉济渭等。

4. 工程测量所需要的水准测量高差改正，以水准路线闭合差改正为主，这是所有等级高程控制测量必须做的。其次考虑的是大地水准面不平行改正，按常规的改正公式要求，即 $\varepsilon = -A \cdot H \cdot \Delta\phi$ ，通过始末点纬度差，查表取得 A ，计算改正数即可满足要求。其他的相关改正视工程需要而定。这里所谓的工程需要有两重含义，一是工程项目本身要求的精度很高需要严格进行必要的高差改正计算；二是所测的区间高差能否很好的附合到既有的国家高等级水准点上，在确定区间高差测量无误的情况下，若闭（附）合差超过规范限值，则应考虑增加尺长改正和重力改正等改正选项。日月引力改正工程测量一般不会涉及。

（王百发）

79 高差偶然中误差M_{Δ}和高差全中误差M_{W}计算公式的含义和要求是什么？

水准测量的外业观测质量，主要靠每千米高差偶然中误差和每千米高差全中误差评定其精度。

1. 利用测段的往返高差不符值来推求水准观测中误差，主要反映了测段间偶然误差的影响，因此称为水准测量每千米高差的偶然中误差。计算公式如下：

$$M_{\Delta}=\sqrt{\frac{1}{4n}\left[\frac{\Delta\Delta}{L}\right]}$$

式中：M_{Δ}——高差偶然中误差（mm）；

Δ——测段往返高差不符值（mm）；

L——测段长度（km）；

n——测段数。

2. 利用附合或环线闭合差来推求水准观测中误差，反映了偶然误差和系统误差的综合影响，因此称为水准测量每千米高差的全中误差。$N \geqslant 20$ 时，公式才具有统计学意义。计算公式如下：

$$M_{W}=\sqrt{\frac{1}{N}\left[\frac{WW}{L}\right]}$$

式中：M_{W}——高差全中误差（mm）；

W——附合或环线闭合差（mm）；

L——计算各 W 时，相应的路线长度（km）；

N——附合路线和闭合环的总个数。

3. 鉴于工程测量的各等级水准路线整体较短且规模较小，因此，工程界不强调水准测量“测段”概念，也对“测段往返测量”不做要求。通常一条闭（附）合水准路线就可覆盖工程项目区域，没有必要对路线分段，更没有分段往返观测的必要。若一条闭（附）合水准路线无法满足工程测量对水准点位密度和精度的要求时，通常会布设成结点网。即使如此，也不提倡分段和分段往返观测。没有大量分段，没有大量往返观测较差，自然就无法统计每千米高差偶然中误差。这是基于工程测量高程控制网的现实需要考虑，也是工程测量标准没有给出每千米水准测量的偶然中误差 M_{Δ} 限值指标的原因。这一点和国家测绘局系统制定的水准测量规范的要求有所不同，国家一、二等水准路线几百或上千公里，不可能一鼓作气测完，必须要有分段间歇。而往返观测是保证测段高差质量的重要举措。

当然，对于水准测量的结点网而言，在结点与结点之间、结点与已知点之间自然会形成很多的“测段”，若项目高程精度需要进行往返观测，这时就可以统计出每千米高差偶然中误差了。每千米高差偶然中误差的限值通常取每千米高差全中误差的1/2。

4. 工程测量强调附合水准路线的附合差，或环形水准路线的闭合差。由于整个水准路线总体偏短，也仅对二等水准测量提出往返观测的要求。其他等级的水准路线，通常“往一次”就可满足要求。工程测量要求用全网中各个水准环的闭（附）合差统计计算高程全中误差，以评价全网的整体高程测量精度。这一要求和原国家测绘局系统水准测量规范的规定相一致。

5. 水准测量的高差全中误差的理论计算公式为：

$$m_L = \sqrt{\eta^2 \cdot L + \delta^2 \cdot L^2}$$

式中：m_L——高差全中误差（mm）；

η——水准路线每千米的高差偶然中误差（mm）；

δ——系统中误差（mm）；

L——路线长度（km）。

由于工程测量中水准测量路线长度一般不很长，计算 η、δ 的结果带有一定的任意性，尤其是对 δ 的计算更是如此，因此，《工程测量标准》GB 50026—2020 采用的高差全中误差计算公式属符合工程测量作业特点的简单计算公式。

6. 当然，在具体的工程应用实践中，若遇到大范围高精度的水准线路，可视项目需要确定水准线路的分段，并进行分段往返观测以提高测量精度，并利用测段的往返高差不符值进行水准测量每千米高差偶然中误差的计算。值得注意的是，测段数不足 20 个的线路，可纳入相邻路线一并计算；当测段长度小于 0.1 km 时，可按 0.1 km 计算。

（王百发）

80 电磁波测距三角高程测量的主要技术指标是如何确定的？

《工程测量标准》GB 50026—2020 规定了电磁波测距三角高程测量的主要技术要求如表 80-1。为了达到相应的观测精度，同时规定了观测的技术要求如表 80-2。

表 80-1 电磁波测距三角高程测量的主要技术要求

等级	每千米高差全中误差/mm	边长/km	观测方式	对向观测高差较差/mm	附合或环形闭合差/mm
四等	10	≤1	对向观测	$40\sqrt{D}$	$20\sqrt{\sum D}$
五等	15	≤1	对向观测	$60\sqrt{D}$	$30\sqrt{\sum D}$

注：1 D 为测距边的长度，单位为 km。

2 起讫点的精度等级，四等应起讫于不低于三等水准的高程点上，五等应起讫于不低于四等的高程点上。

3 路线长度不应超过相应等级水准路线的总长度。

表 80-2 电磁波测距三角高程观测的主要技术要求

等级	垂直角观测				边长测量	
	仪器精度等级	测回数	指标差较差/″	测回较差/″	仪器精度等级	观测次数
四等	2″级仪器	3	≤7″	≤7″	10mm 级仪器	往返各 1 次
五等	2″级仪器	2	≤10″	≤10″	10mm 级仪器	往 1 次

注：垂直角的对向观测，当直觇完成后应即刻迁站进行返觇测量。

对表中相关指标的确定，说明如下：

1. 直返觇观测每千米高差中误差。

（1）直返觇观测每千米高差中误差的计算公式为：

$$m_{hkm} = \pm\sqrt{\frac{1}{2}(\sin\alpha \cdot m_S)^2 + \frac{1}{2\rho^2}(S \cdot \cos\alpha \cdot m_\alpha)^2 + \left(\frac{s^2}{4R} \cdot m_{\Delta k}\right)^2 + m_G^2}$$

式中：m_{hkm} ——直返觇观测每千米高差中误差（m）；

α ——垂直角（°）；

S ——电磁波三角高程测量斜距（m）；

R ——地球曲率半径（m）；

m_G ——仪器和觇标的量高中误差（m）；

$m_{\Delta k}$ ——直返觇折光系数之差的中误差。

（2）各项误差估算：

1）测距误差：m_S 对高差的影响与垂直角 α 的大小有关，一般全站仪的测距精度 m_S 为 $5+5\times10^{-6}\times D$，由于测距精度高，因此它对高差精度的影响很小。

2）测角误差：垂直角观测误差 m_α 对高差的影响随边长 S 的增加而增大，这一影响比测边误差的影响要大得多。为了削减其影响，主要从两方面考虑，一是控制边长不要太长，工程测量标准规定不要超过 1km。二是增加垂直角的测回数，提高测角精度。

垂直角测角误差估算如下：

假设

$$m_{正镜}=m_{倒镜}=m_{半测回}$$

则指标差中误差和指标差较差中误差为：

$$m_{指标差}=\sqrt{\frac{1}{4}m_{正镜}^2+\frac{1}{4}m_{倒镜}^2}=\frac{m_{半测回}}{\sqrt{2}}$$

$$m_{指标差较差}=\sqrt{2}\,m_{指标差}=m_{半测回}$$

垂直角一测回测角中误差和测回较差的中误差为：

$$m_{垂直角一测回}=\sqrt{\frac{1}{4}m_{正镜}^2+\frac{1}{4}m_{倒镜}^2}=\frac{m_{半测回}}{\sqrt{2}}$$

$$m_{测回较差}=\sqrt{2}\,m_{垂直角一测回}=m_{半测回}$$

垂直角 n 测回测角中误差为：

$$m_{垂直角n测回}=\frac{m_{半测回}}{\sqrt{2n}}$$

根据表 80-2 中指标差较差和垂直角较差的规定限差，即四等为 7″，五等为 10″。则相应的 $m_{半测回}$ 值分别为，四等为 3.5″，五等为 5″。

依据上式计算：四等三测回观测的测角中误差为 1.43″，五等两测回观测的测角中误差为 2.5″。

国家测绘局测绘科学研究所和广东省测绘局 1985 年在珠海地区的实验证明，采用DJ_2型仪器对特制觇牌的上下边缘观测垂直角三测回，其对向观测高差平均值相应的垂直角观测精度为 ±1.1″左右。采用DJ_2型仪器二测回垂直角的观测精度在 ±3″以内。可见，该推算结果和上述工程实验结果是吻合的，也说明四、五等电磁波测距三角高程测量的测回数 3、2 是可行的。就全站仪而言，其垂直度盘的精度要比原来的光学经纬仪的垂直度盘的精度更为可靠，因此，达相应精度应该不成问题。

3）大气折光影响的误差：垂直角采用对向观测，而且又在尽量短的时间内进行，大气折光系数的变化是较小的，因此，即刻进行的对向观测能很好地抵消大气折光的影响。但实际上，无论采取何种措施，大气折光系数不可能完全一样，直觇和返觇时的 K 值总会有一定差值，所以，对向观测时 $m_{\Delta k}$ 应是直返觇大气折光系数 K 值之差的影响。

根据工程测量规范编写组曾在平坦地的电磁波测距三角高程测量试验研究资料，计算出 1h、0. 5h、15min 折光系数变化的影响如表 80-3 所示。

表 80-3　折光系数的变化对高差平均值和高差较差的影响

时间间隔	1h	0. 5h	15min
m_{K1-K2}	0. 068 33	0. 024 16	0. 008 54
$m_{\frac{K1+K2}{2}}$	0. 165 24	0. 058 42	0. 020 65

注：m_{K1-K2} 用于对直返觇高差平均值影响的误差估算，$m_{\frac{K1+K2}{2}}$ 用于对直返觇高差较差影响的误差估算。

4）仪器和觇标的量高误差：作业时仪器高和觇标高各量两次并精确至 1mm，其中误差按 1~2mm 计。

考虑以上四种主要误差的影响，即测距中误差取 $5 + 5 \times 10^{-6} \times D$；垂直角观测中误差，四等取 2″，五等取 3″；折光系数按 1 小时变化估计；仪器和觇标的量高中误差取 2mm。则能推算出电磁波测距三角高程对向观测的每千米高差中误差，见表 80-4。

表 80-4　电磁波测距三角高程测量对向观测的每千米高差中误差

距离/km		0. 2	0. 4	0. 6	0. 8	1. 0	1. 2	1. 4	1. 6
m_{hkm} /mm	四等	5. 5	5. 4	6. 0	6. 8	7. 6	8. 4	9. 3	10
	五等	6. 5	7. 3	8. 4	9. 6	11	12	13	14

从表 80-4 验算看出，边长为 1km 时，每千米高差测量中误差四等 7. 6mm、五等 11mm，若再考虑其他系统误差的影响，如垂线偏差等，则要满足四等 10mm、五等 15mm 是不困难的。

2. 电磁波测距三角高程测量的对向观测高差较差。

（1）一些试验和工程项目证明：用四等水准测量的往返较差 $20\sqrt{L}$ 要求电磁波测距三角高程测量的对向观测较差是很难达到的。试验结果统计见表 80-5，其较差取 $30\sqrt{D}$。

表 80-5　电磁波测距三角高程测量对向观测高差较差

地区	项目	边数	边长/km		较差大于 $30\sqrt{D}$		备注
			最大	最小	边数	百分比	
珠海	试验项目	62	<1		3	4. 8	—
西南某矿区	试验项目	61	1. 83	0. 05	5	8. 2	其中两条边大于 1km
迁安	工程项目	70	0. 92	0. 14	4	5. 7	—
西南某矿区	工程项目	126	—	—	2	—	—

从表 80-5 能看出：对于 $30\sqrt{D}$ 的限差要求，也有相当比例的直返觇较差超限。

（2）大气折光对直返觇较差的影响比对高差平均值的影响大 2~3 倍（见表 80-3）。

（3）垂线偏差对直返觇较差也有一定影响。

考虑以上三点，《工程测量标准》GB 50026—2020 将四等对向观测高差较差放宽至 $40\sqrt{D}$；五等相应调整为 $60\sqrt{D}$。

3. 电磁波测距三角高程测量的附合或环形闭合差。由于对向观测高差平均值能较好地抵消大气折光的影响，并考虑其他影响因素，《工程测量标准》GB 50026—2020（即表 80-1）中规定附合或环形闭合差为：四等 $20\sqrt{\sum D}$，五等 $30\sqrt{\sum D}$，即和四、五等水准测量的限差相一致。只是对于对向观测高差较差放宽一倍，对于附合或环形闭合差没有放宽与水准测量相一致。

4. 有些学者认为：三角高程测量的误差大致与距离成正比，因此其“权”应为距离平方的倒数，不能简单的套用水准测量的精度估算与限差规定的形式。

《工程测量标准》编制组认为，既然将电磁波测距三角高程测量应用于四五等高程控制测量，那么其主要技术指标，如每千米高差全中误差、附合或环线闭合差就必须与水准高程控制测量相一致。至于观测权的问题，需在水准测量和电磁波测距三角高程测量混合平差时考虑。

5. 也有些学者实验研究认为，电磁波测距三角高程测量采用特殊加工设备和更为严格的作业方法，高程精度可以达到二等和三等。鉴于常规工程测量项目的规模不是很大，而水准测量又有高度的灵活性和高可靠性且作业速度很快。因此，《工程测量标准》编制组结合自己的试验结果对此采取了更为审慎的态度。

6. 关于中间设站法三角高程测量技术，《工程测量标准》编写组曾于 2003 年修订时在初稿中引入，最后在送审稿中又去掉了。主要是考虑到该方法的普遍适用性、通用与可行性和相比水准测量的可靠性。

（王百发）

81 为什么要对三角高程测量的高差进行地球曲率和大气折光改正？

1. 三角高程测量路线，大多是在平面控制点的基础上布设的。当观测边超过 200m 时，地球曲率和折光差对两点间高差将产生影响。

2. 三角高程测量属于经典的传统概念诞生于测距相当困难的年代和今天的电磁波测距三角高程测量的概念有着本质的区别。

（1）三角高程测量两点间的距离，是通过三角测量所获得的三角点的坐标反算出平距，再通过经纬仪观测垂直角求得高差。简单地说，点间距是用三角关系算出来的不是直接测出来的。即先算出平距→再测垂直角→算出高差→求得高程。

（2）电磁波测距三角高程测量是直接测量斜距和垂直角，并直接计算高差获得高程。

（3）两种方法的共同点，就是都需要观测垂直角（或天顶距）。

3. 只要通过观测垂直角求得两点间的高差，其高差值都会受到地球曲率和大气折光的影响，因为在竖直面内，过仪器横轴的水平面和其水准面与过照准点铅垂线相交，所截取的距离称为由地球曲率所产生的高程误差。又由于大气折光的缘故，目标点是经由弧线进入仪器望远镜的，此弧线在仪器横轴处与视线（即曲线在该点的切线）的夹角称为垂直折光差，而其在过照准点铅垂线上所截取的距离称为由大气折光所产生的高程误差。因此，必须对所测高差进行改正。

（1）地球曲率对三角高程测量高差的影响，简称为球差。改正公式为：

$$\Delta h_{球} = \frac{D^2}{2R}$$

式中：$\Delta h_{球}$——地球曲率对三角高程测量高差的影响（m）；

D——电磁波三角高程测量斜距或坐标反算距离（m）；

R——地球曲率半径（m）。

（2）大气垂直折光对三角高程测量高差的影响，简称为气差。改正公式为：

$$\Delta h_{气} = -\frac{kD^2}{2R}$$

式中：k——大气折光系数。

（3）地球曲率和大气折光对三角高程测量高差的共同影响，简称为球气差或两差改正。公式为：

$$\Delta h = (1-k)\frac{D^2}{2R}$$

4. 地球曲率和大气折光改正是用于三角高程测量对高差的改正，并不是对水平距离的改正。这一点很多人从概念上容易混淆值得注意。

（王百发）

82　卫星定位高程测量的概念与应用要求是什么？

1.《工程测量标准》GB 50026—2020 正式采用卫星定位高程测量概念。在《工程测量规范》GB 50026—2007 中虽然在平面控制测量中首次提出并使用卫星定位测量这一概念，但在高程控制测量中，基于当时对发展方向难以把握，仍然采用了“GPS 拟合高程测量”。在工程测量标准征求意见阶段，很多学者与工程技术人员对这一概念的提出与应用，给予了肯定与支持。

2. 由于我国采用的是正常高高程系统，我们所应用的高程是相对于似大地水准面的高程值，而卫星定位高程是相对于椭球面的高程值，为大地高，二者之间的差值为高程异常。因此，确定高程异常值，是卫星定位高程测量的必要环节。

3. 高程异常的确定方法，一般分为数学模型拟合法和用地球重力场模型直接求算。对于一般工程测量单位而言，由于无法获得必要的重力数据，主要是根据联测的水准资料利用一定的数学模型拟合推求似大地水准面。大地高 H 与正常高 h 的关系为：

$$h = H - \zeta$$

$$\zeta = f(x, y)$$

式中：ζ——高程异常拟合函数。

4. 高程异常拟合函数，要根据工程规模、测区的起伏状况和高程异常的变化情况选择合理的拟合形式，如平面拟合、曲面拟合、多项式、多面函数等方法，还有自然三次样条函数、几何模型法、附加参数法、相邻点间高程异常差法、附加已有重力模型法、神经网络法等。方法的选择，在满足工程测量标准精度要求的前提下，不做具体规定。

5. 为了稳妥安全，《工程测量标准》GB 50026—2020 将卫星定位高程测量，定位在五等精度。

6. 关于更高等级卫星定位高程测量、较大区域范围的卫星定位高程测量及远距离跨河卫星定位高程传递，要求进行专项设计与论证。主要是因为高精度的卫星定位高程测量需依靠高精度和高分辨率的区域似大地水准面精化成果来实现。该技术基于“移去—恢复”原理即 FFT 技术（1D/2D FFT），辅以多项式拟合法或其他拟合法来计算。其综合了多种测量手段、使用了大量既有测量成果与重力数据资料、进行了复杂的数据处理运算，建立区域似大地水准面精化模型。该技术在我国 30 多个大中城市已得到良好的应用。因此，工程测量标准要求充分利用区域似大地水准面精化成果或当地的重力大地水准面模型、资料。

7. 关于卫星定位高程测量的水准点联测要求。

（1）卫星定位高程网要求与四等或四等以上的水准点联测。联测的高程点，宜分布在测区的四周和中央。若测区为带状地形，联测的高程点应分布于测区两端及中部两侧。试验证明，拟合区以外点的测量中误差会显著增大。

（2）为了保证拟合高程测量的可靠性和进行粗差剔除并合理的评定精度，规定了联测点数宜大于选用计算模型中未知参数个数的 1.5 倍。

（3）卫星定位高程测量一般在平原或丘陵地区使用，但对于高差变化较大的地区，由于重力异常的变化导致高程异常变化较大，故要求联测点数宜大于选用计算模型中未知参数个数的 2 倍。

8. 关于卫星定位高程测量数据处理。

（1）对于似大地水准面的变化，通常认为受长、中、短波项的影响。长波 100km 以内曲面非常光滑；中波 20~100km 仅区域或局部发生变化；短波小于 20km 受地形起伏影响。因此利用已有的区域似大地水准面精化成果或重力大地水准面模型能改善长、中波的影响。短波影响靠联测点的密度来弥补，故规定联测点的点间距不大于 10km。

（2）要求对拟合高程模型进行优化或多方案比较，是为了获取较好的拟合精度，这也是作业中普遍采用的方法。

（3）对于超出拟合高程模型所覆盖范围的推算点，因缺乏必要的校核条件，所以在高程异常比较大的地方要慎用，并且要严格限制边长。

（4）我国很多地区已具有区域似大地水准面精化成果，且精度稳定可靠，故要充分利用。

9. 关于卫星定位高程测量成果检查。工程测量成果的高可靠性，是工程建设质量的重要保障，因此，对卫星定位高程测量成果应进行检验。检测点数不应少于全部高程点的 5%，并不应少于 3 个点；高差检验，可采用相应等级的水准测量方法或电磁波测距三角高程测量方法进行，高差较差的限值，按下式计算，计算时路线长度应按“km”取值。

$$\Delta h = 30\sqrt{D}$$

式中：Δh ——高差较差的限值（mm）；

D ——检查路线的长度（km）。

（王百发）

83 传统跨河水准测量的设计、实施与关键技术环节有哪些？

高精度跨河水准测量作为一种水准高程传递手段，广泛应用于城市等级控制网建设、堤防建设、长距离调水工程、跨江跨河（沟）大桥建设、水利枢纽工程、大型电站建设、长线路铁路（高铁）建设等。

1. 跨河水准测量的专项设计。

（1）水准网一般由附合线路或闭合线路组成。但是在跨江、跨河城市等级控制网建设中，由于高等级水准点分别位于江、河两岸，需要将两岸水准点共同组网并进行同精度测量，经统一平差后方能得以实现。

（2）在以往的工程测量及大地测量中，传统的跨河水准测量应用较多。在卫星定位测量广泛应用的今天，当遇到不便于布设卫星定位跨河场地的狭窄区域、卫星信号遮挡受限，或者需要在宽广的江、河、海面采用多级跨河的情况，仍需要采用传统的高精度跨河水准测量方法。

（3）根据工程建设需要及场地特点，对跨河水准测量需要进行现场实地踏勘、选点和技术设计，其中包括跨河的距离、场地布置、工作基点、引测点、已知点、特殊装备（觇牌或觇灯）等。

2. 跨河水准测量的主要技术要求。

（1）跨河水准测量通常采用高精度测角仪器倾角法进行观测。即采用两台高精度测角仪器进行对向观测，用垂直度盘测定水平视线远端水准尺上、下两标志的倾角，计算水平视线在尺上的位置，求出两岸高差。照准标志宜采用专用跨河觇牌或觇灯。

（2）作业时，应以跨河视线长度确定相应观测的时间段数、测回数与限差。跨河水准测量的主要技术要求，见表 83-1。

表 83-1 跨河水准测量的主要技术要求

跨河视线长度/m	二等		
	最少时间段数	双测回数	半测回中的组数
100～300	2	2	2
301～500	2	2	4
501～1 000	4	8	6
1 001～1 500	6	12	8
1 501～2 000	8	16	8
2 000 以上	$4 \times S$	$8 \times S$	8

注：表中 S 为跨河视线长度，单位为 km。

（3）受潮水、风浪和视线高度的影响，测回数可适当增加。

3. 跨河水准测量的实施要点。

（1）仪器设备的检定。采用全站仪（或经纬仪）倾角法进行跨河水准测量时，相关仪器应按表 83-2 的要求进行检查、检验。

表 83-2 跨河水准测量相关仪器的检查、检验项

仪器名称	检验项目
全站仪（或经纬仪）	垂直度盘测微器行差的测定（经纬仪）
	一测回垂直角观测中误差的测定
水准仪	水准仪的检视
	水准仪上概略水准器的检校
	光学测微器隙动差和分划值的测定
	i 角检校
	双摆位自动安平水准仪摆差 $2C$ 角的测定
水准标尺	标尺的检视
	标尺上的圆水准器的检校
	标尺分划面弯曲差的测定
	一对水准标尺零点不等差及基辅分划读数差的测定

（2）作业要求。

1）采用两台高精度测角仪器（如 WILD T3 经纬仪）按经纬仪倾角法进行对向观测时，跨河水准观测所参与计算的测回，均要严格按规范要求做到上、下午观测的测回数相等、仪器两种位置的测回相等、测回互差符合规范规定的限差。

2）依跨河视线长度按表 83-1 规定的观测时间段数、测回数、每测回组数进行观测，并符合下列规定：

各单测回数的互差计算按下式进行。

$$dH = 4\,M_{\Delta}\sqrt{N \times S}$$

式中：M_{Δ} ——每公里水准测量的偶然中误差限值（mm）；

N ——单测回的测回数；

S ——跨河视线长度（km）。

垂直角观测限差，应符合表 83-3 的要求。

表 83-3 垂直角观测限差

同一标志四次读数互差	指标差互差	同一标志垂直角互差
3″	8″	4″

如果测站遇到大桥的水中试桩控制点稳定性差，影响观测精度，在观测过程中可适当放宽限差。

4. 跨河水准测量的关键技术环节。

（1）方案设计时，在跨河的两岸各岸一般布置 2 个或 2 个以上稳定标石，作为跨河后的工作基点。作业前，应对已知点进行联测检查并对其稳定性做出判断。

（2）作业时，应选择最佳观测时间段，尽量避免涨潮落潮、风大浪高、行船密度大、跨河视线低、水中试桩稳定性不高等许多不利因素。

（3）若测站设在水中试桩上，观测时必须注意人身和仪器设备的安全。

（4）垂直角观测应严格同步，一测回中每组两岸应同时开始观测。

（5）无论用何种方法跨河，两岸工作基点必须连测至本岸的高等级（一、二等）直接水准点（标石）上，组成附合或闭合线路进行统一平差计算。

（张　潇）

84　高等级卫星定位跨河水准测量如何实施？检测效果如何？

1. 在国家特大型建设工程中，均需布设高精度的施工控制网，而首级高程控制网的精度通常会确定为一、二等。就大型工程而言，其涉及面之广，或跨度大、或线路长，常常需要跨越大江大河。因此，要保证高程网的精度满足工程需要，成功地实施长距离跨河水准测量是决定一、二等水准网建立成败的技术关键。

2. 传统的跨河水准测量方法，从场地选择、测站布置、观测实施、到数据处理均有一定的技术难度，需要具有丰富经验的作业人员和数据处理人员。

传统作业手段通常采用T3经纬仪倾斜螺旋法、经纬仪倾角法、电磁波测距三角高程测量等方法进行。这样做对于跨河水准测量的场地要求较高，较适宜高山峡谷地带。在河滩广阔平坦的河面上，由于需要解决视线离开水面4m以上的问题，往往需要进行专门的设施安装，较为费工、费时。

3. 卫星定位测量作为一种新的跨河水准测量技术，在大型跨越工程中的应用将越来越普遍。要实现其与直接几何水准测量的无缝对接，还有很多关键技术与作业流程需要很好的把握。

（1）卫星定位高程测量原理。由于我国采用的高程系统为正常高系统，利用卫星定位技术所测定的大地高，无法满足用户所需求的正常高（或海拔高）。大地高 H 与正高 H_g、正常高 H_r 之间的关系见图84-1。

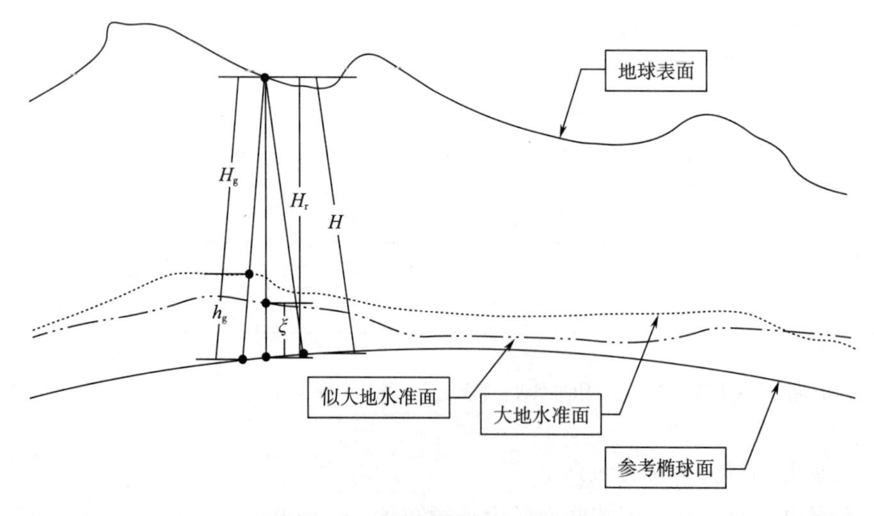

图84-1　各高程系统之间的关系

大地高 H 与正高 H_g、正常高 H_r 之间的关系可表示为：

$$H = H_g + h_g \tag{1}$$

$$H = H_r + \xi \quad (2)$$

式中：h_g——大地水准面差距，即大地水准面到地球椭球面的距离（km）；

ξ——高程异常，即似大地水准面到椭球面的距离（km）。

大地高 H 可由卫星定位测出，正常高 H_r 可用水准测量结合重力测量得出，高程异常 ξ 利用由卫星定位测量与重力观测网和地球重力模型求得。

因大地高 H 与正常高 H_r 两方向存在偏差 Δh（垂线偏差），则相应的公式（2）变为：

$$H = H_r + \xi + \Delta h \quad (3)$$

一般情况下，Δh 很小，可以忽略不计。

（2）卫星定位高程测量对跨河场地的要求。作业时，应根据场地地形条件，按图 84-2 的形式布设控制点，且图形结构与点位间距应满足下列三个条件：

$$S_{A2-B} \approx S_{D2-C} \approx S_{B-C} \quad (4)$$

$$S_{A1-A2} \leqslant S_{B-C} \times 1/4 \quad (5)$$

$$S_{A1-A2} - S_{D1-D2} \leqslant S_{B-C} \times 1/25 \quad (6)$$

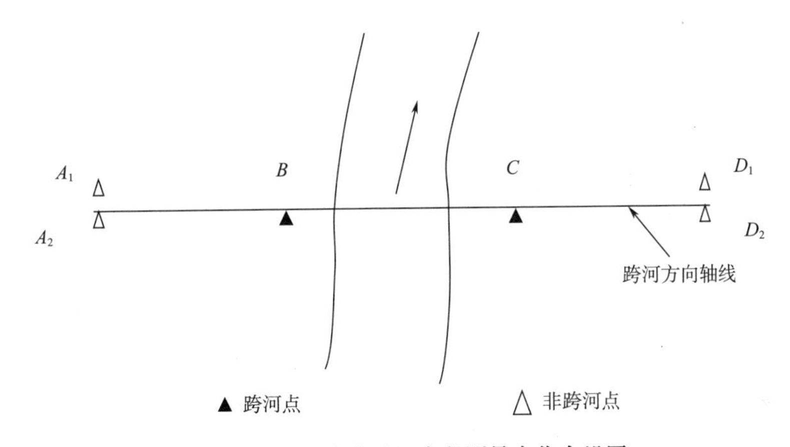

图 84-2　卫星定位跨河高程测量点位布设图

（3）卫星定位高程测量对基线观测时长、观测时段和基线解算的要求。因为基线的观测质量和解算精度直接决定卫星定位跨河水准测量的精度。因此，作业时应遵循下列原则：

1）应采用不少于 4 台双频卫星定位接收机进行同步观测，接收机的标称精度不得低于 5mm+1mm/km×d。

2）每时段连续观测 2h，观测时段数取决于跨河水准等级及跨河视线长度。

3）依工程经验，具体作业时的观测时长要比规范要求的时间略长，主要是确保同步观测的数据质量。观测时段也会比规范要求多观测 1~2 个时段，主要是为了获得足够的数据量，同时也为删除不利观测条件影响下的不良观测值预留条件，避免观测粗差的影响。

4）基线解算应采用双差相位观测值，采用卫星定位连续运行跟踪站坐标作为基线解算的起算坐标，采用星历误差小于 2m 的精密星历。

目前，国际导航卫星系统服务（IGS）提供的 24h 精密星历精度已经能够达到卫星定位跨河水准测量基线解算的要求，可在其网站免费下载。

精密星历根据播发时间分为最终精密星历（IGS）、快速精密星历（IGR）和超快精密星历（IGU）三种类型。

（4）高程异常值解算。卫星定位测量直接获得的是跨河点的大地高，其高差为大地高高差；水准测量需要得到的是一对跨河点间的正常高高差。两者之间存在高程异常，其相互关系可以由公式（2）或公式（3）得出：

$$\Delta H = \Delta H_y + \Delta\zeta \tag{7}$$

式中：ΔH_y ——跨河点间正常高高差（m）；

ΔH ——跨河点间大地高高差（m）；

$\Delta\zeta$ ——跨河点间的高程异常差（m）。

从式（7）可以看出，卫星定位跨河水准测量的关键在于求解跨河点之间的高程异常差。由于高程异常的变化是光滑的，可以采用两岸陆上高程异常变化率的平均值作为跨河点间高程异常变化率，得出跨河点间的高程异常差。如图 84-2 所示情况，则跨河点 B、C 间的高程异常差为：

$$\Delta\zeta_{B-C} = \frac{\alpha_{A-B} + \alpha_{C-D}}{2} \times S_{B-C} \tag{8}$$

式中：$\Delta\zeta_{B-C}$ ——跨河点间高程异常差（m）；

S_{B-C} ——跨河点间平距（km）；

α_{A-B}、α_{C-D} ——两岸高程异常变化率（m/km）。

两岸高程异常变化率 α，可按下式计算：

$$\alpha = \frac{\Delta H - \Delta H_y}{S} \tag{9}$$

（5）以某项目为例总结说明卫星定位跨河水准测量的实施要点。由于跨河点选点及点位布置有定量要求，因此，相关点位应采用初步放样来实现。应掌握卫星定位跨河水准测量的主要影响因素，并针对作业各环节的特点，研究实施过程中需要解决或特别注意的关键点，并进行必要的对比验证。

1）接收机安置及复位。卫星定位接收机天线安置的稳定性、对中整平的精确性及不同时段天线安置复位的准确性，是卫星定位跨河高差误差来源的一个重要因素。尤其是不同天线在观测过程中的不均匀沉降直接影响跨河高差测量的精度。研究项目是采用脚架安置接收机天线，作业前均严格检校了基座和量高尺。

2）天线高的量测。接收机天线高的量测误差直接影响正常高差。天线高应采用专用量高尺测量。量高尺在使用前必须经检定合格。每时段观测前后应按规范要求准确量测天线高。由于此项误差直接影响观测高差，在研究项目中按高于规范要求的量测限差和次数量测天线高，主要是为了提高天线高的量测精度。

3）观测时段长及时段数。研究项目按规范要求采用时段长度 2h，共 6 时段观测。具体作业时，采用的是内业截断时段的方式，外业连续观测 16h，采用截断时段法的目的除减少时段间的操作外，主要是为了减少人为因素对天线安置稳定性的影响。

4）基线解算及网平差。基线解算采用的是卫星定位测量计算软件、IGS 精密星历并采用了 IGS 跟踪站的联测数据作为基线解算的起算数据。

基线向量检核符合要求后，以三维基线向量及其相应的方差—协方差阵作为观测信息，连续运行站或同等网点（跨河点）的三维地心坐标系下的三维坐标作为起算数据，进行卫星定位网的三维无约束平差。

无约束平差应提供各点在三维地心坐标系下的三维坐标、各基线向量改正数及精度信息。

5）高差计算。

$$\alpha_{A-B}=\frac{\Delta H_{GA-B}-\Delta H_{yA-B}}{S_{A-B}} \tag{10}$$

式中：α_{A-B}——AB 方向的高程异常变化率（m/km）；

S_{A-B}——AB 点间的平距（km）；

ΔH_{GA-B}——AB 点间的大地高差（m）；

ΔH_{yA-B}——AB 点间的正常高差（m）。

由每一非跨河点与最近的跨河点计算出一个 α 值，最后将跨河两岸得到的不同的 α_{A-B} 与 α_{C-D} 取平均值作为该跨河河段的高程异常变化率 α_{BC}。

高程异常差计算公式：

$$\Delta\zeta_{A-B}=\alpha_{A-B}\times S_{A-B} \tag{11}$$

跨河线路 B、C 点之间跨河水准高差计算公式：

$$\Delta H_{yB-C}=\Delta H_{GB-C}-\Delta\zeta_{B-C}=\Delta H_{GB-C}-\alpha_{B-C}\times S_{B-C} \tag{12}$$

（6）卫星定位跨河水准测量作业流程。研究项目表明，应用卫星定位测量可实现高等级跨河水准测量，无论从场地布置、外业观测，还是内业数据平差处理，都自成一体具有显著的作业特点和鲜明的技术特色。严格按照操作流程进行作业，是成功实施卫星定位跨河水准测量的关键。其作业流程见图 84-3。

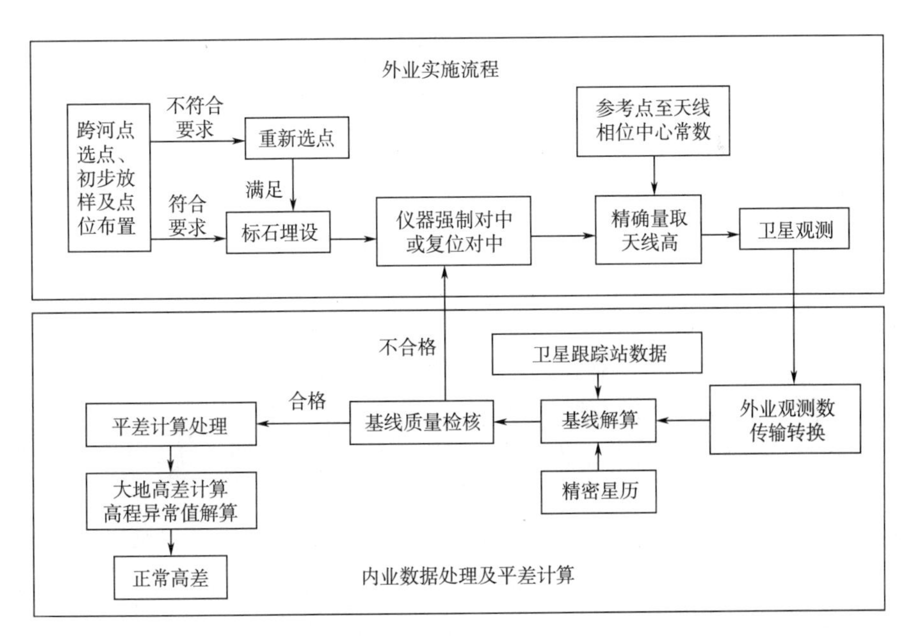

图 84-3 卫星定位跨河高程测量流程图

（7）卫星定位跨河水准测量的精度及可靠性检验。在某大型调水工程首级施工测量控制网建立和观测后，分三个年度进行了三次复测。

1）初次使用卫星定位跨河水准方式时，为验证其成果的可靠性，对卫星定位跨河点采用传统的经纬仪倾斜螺旋法进行了对比性检验，见表 84-1。

表 84-1　卫星定位方法与经纬仪倾斜螺旋法比较

测量方法/高差值/m		较差/mm	限差/mm
经纬仪倾斜螺旋法	卫星定位测量法		
0.370 2	0.371 1	0.9	±4.6

可见，卫星定位跨河高差与传统跨河高差较差符合相关规范规定。

2）后面两个年度复测时，采用了双过江的方案。跨河点及非跨河点间采用了一等水准进行了连测。其高差及闭合差见表 84-2。

表 84-2　卫星定位方法双跨河线路高差及闭合差

高差/m				闭合差/mm	限差/mm
ΔH_{rB1-C1}	ΔH_{RC1-C2}	ΔH_{RC2-B2}	ΔH_{RB2-B1}		
0.390 4	2.588 1	−3.106 1	0.128 6	1.0	±7.9
0.446 5	2.499 0	−3.079 2	0.132 6	1.1	±7.9

检测表明，卫星定位跨河高差内符合、外符合精度均较高，可以达到相应等级传统跨河水准测量的精度。

（张　潇）

85　卫星定位跨河水准测量的主要优势有哪些？

在工程施工控制网中，高精度的一、二等水准在遇到跨越长江、黄河或大高差的山间峡谷时，由于不可逾越的障碍，如果进行直接的几何水准测量，要么不能实施，要么将成倍、成十倍、数百倍的增加工作量。因此，为了保持两岸水准网精度的统一性和可靠性，必须进行跨河水准测量。而传统的跨河水准测量实施起来的难度较大，不仅对测角、测边仪器的精度要求高，而且需要设计和加工专门的觇牌或觇灯，对作业者的技术熟练程度也提出了更高的要求，且对天气、视线等客观条件要求也较为苛刻。

卫星定位测量在平坦地区、宽广河面进行跨河水准测量具有传统方法不可替代的优势，通过对多个大型跨河工程的应用进行总结，主要有以下几点：

1. 通过高程异常求解过程就可以看出，在地势平坦、跨河两端高差小（视线低）、河面宽广的情况下，具有保证高精度水准跨河成功的良好特性。

2. 尽量保证非跨河点布设在跨河点的延长线上，且各点间距离与跨河点间的距离大致相同，并满足条件（见图 84-2）$S_{A2-B} \approx S_{D2-C} \approx S_{B-C}$、$S_{A1-A2} \leqslant S_{B-C} \times 1/4$、$S_{A1-A2} - S_{D1-D2} \leqslant S_{B-C} \times 1/25$ 的要求。

3. 选点埋石相对容易，不必担心不可预见因素（如河水暴涨、河道变迁等）所带来的影响，也便于控制网复测。

4. 观测过程相对于传统方法，对于观测人员的技能要求较低，作业强度显著降低。

（张　潇）

第7章 地形测量

7.1 基本要求

86 地形测量的概念及含义是什么?

1. 地形测量是指按照一定的作业方法，对地物、地貌和其他地理要素进行测量并综合表达的技术，包括图根控制测量和地形测图。地形测图分别包括陆域地形测图和水域的水下地形测图。

需要注意的是，图根控制测量不属于等级控制网建设的传统控制测量的概念范畴，而是属于地形测量的概念范畴。其是直接为地形测图而建立的平面控制和高程控制。属在等级控制点间进一步加密的“等外”控制点，核心目的是满足测图的需要。图根控制测量在早期又称为地形控制测量。

2. 地形测量的作业方法，传统上有大平板测绘法、经纬仪加小平板测绘法和摄影测量法。现时，传统的作业方法与技术手段早已淘汰，取而代之的是高新科技与数字测绘技术。在《工程测量标准》GB 50026—2020 中已分别纳入并推广使用，分别包括：①卫星定位 RTK 测图；②全站仪数字化测图；③地面三维激光扫描测图；④移动测量系统测图；⑤低空数字摄影测图；⑥机载激光雷达扫描测图；⑦RTK 实时定位单波束测深系统和多波束测深系统；⑧无人测量船水域地形测量系统。

3. 地形测量的成果类型，分别包括数字 3D 地形图、数字线划图（DLG）、数字高程模型（DEM）、数字正射影像图（DOM）、数字表面模型（DSM）、数字地面模型（DTM）、数字栅格图（DRG）等。

4. 地形测量的分类形式，由于不同测区类型所包含的测量对象、精度要求、作业方法均有所不同，所以在《工程测量标准》GB 50026—2020 中将地形测图分为一般地区地形测图、城镇建筑区地形测图、工矿区现状图测量、水域地形测量等。

工矿区现状图测量的显著特征是包含主要地物的细部坐标点（解析坐标）测量。要指出的是，解析坐标是相对于图解坐标而言所提出的旧有名词，现已鲜少使用。

水域地形测量的直观性很差，基本是以断面的形式进行测量，通常采用等深线表示水域地形状况。

5. 地形测量是一个大概念或者是一个统一的概念，在 2003 年开始修订《工程测量规范》GB 50026—2007 时，数字地形测量技术的发展应用已相对成熟，大部分工程测量单位都在应用，但也有不少单位还在使用传统的平板测图（或白纸测图）方法。作为过渡，规范编写当时引入了数字地形测量的概念，同时罗列了数字地形图与纸质地形图的分类特征。按原来的部署，在下次修订时将用数字地形测量取代原来的地形测量一词。在 2017 年修订时，传统的纸质地形图（指绘制在有形实物介质上的所有地形图）及其测绘方法已经淘汰，已经无须刻意区分纸质地形图测量和数字地形图测量的区别，也没有必要刻意用数字地形测量一词来取代传统的地形测量一词，因此，地形测量是一个统一的大概念。

6. 地形测量的作业风格与原国家测绘局系统的作业风格存在差异。在原国家测绘局系统的下属省局都设有专门的地形测量队，其主要从事的是中小比例尺地形图测绘。而中小比例尺地形图测绘和工程测量单位的大比例尺（1∶500~1∶2 000）及局部扩大图1∶200地形图测绘有着显著的不同，中小比例尺地形图重在用等高线来准确表示地形的走势，为了减少图面负荷其在绘制完等高线后会擦去图面上的高程点及其高程注记，仅保留少量高程点。而工程测量单位基于设计和工程建设的需要，重在讲究地形点的测量密度与地物地貌点的测量精度，如用于土方量算与建筑总（单）体布置。尽管等高线也力求走势准确但相对而言其已处于次要或从属的地位。因此，大比例尺地形图的图面负荷要高很多且原则上不得擦去测设的地形点及其高程注记，有时为了减少图面负载不得不另行编制细部测量成果表或测设局部扩大图。

7. 另外需要说明的是，地形测量的“地”、地形图的“地”、地图的“地”、地物地貌的“地”应是源自地球的“地”。因此，月球地形图，火星地形图的称谓就值得商榷了。当然，在没有合适的名称之前，作为过渡也是一种无奈的选择。但“月貌”“月壤”的称谓则显得更为讲究，以示与地球“地貌”“土壤”的区别。当然，“火星土壤”的叫法也是值得斟酌的。

（王百发）

87 施工控制网与测图控制有何关系？起算基准如何确定？

工程建设的整体规划、基础开挖、施工布置等设计工作均是以工程前期施测的地形成果为基础来完成，而工程设计内容、相互位置关系等又将依靠施工控制网放样到实地，故此建设工程的测图控制网和施工控制网尽管在控制精度、控制范围、建立目的等方面存在差别，但是两者有着非常紧密的联系，因此，测图控制和施工控制在平面坐标系统、高程基准上宜保持一致，这样施工放样数据可直接通过设计图件获得，既避免边长投影改化麻烦，也可减少计算错误。

事实上，对于同一施工控制网，网点间相对精度与网点相对位置和网的观测精度有关，而与施工控制网的起算位置不发生关联。但是，网点的绝对精度与施工控制网的起算位置却有较大的关联性，靠近控制网起算位置的网点精度高，离起算数据越远的点精度越低。所以，在施工控制网建立过程中，为使网点的点位精度均匀，具有较高的绝对点位精度，网的起算点和起算方向大多选在接近图形重心、且能均匀分割控制网图形的位置与方向。

假使工程涉及范围较小，建立场区平面施工控制网，可利用工程原有测图控制的基本控制点或图根点，就近联测施工控制网临近中心部位的两个网点，作为施工控制网的起算数据，按一点一方向对工程施工控制网进行自由网（独立网）平差，使计算的坐标成果，在维系坐标系统一致性的同时，保持自身精度的独立性。

当工程涉及的范围较大时，工程施工控制网仍采用一点一方向起算可能会产生的较大偏差，其原因在于前期测图控制的总体精度不高，或者测图控制与施工控制的坐标系统上存在差异或者系统精度有别，致使在原有的大比例尺地形图上的设计坐标，放样后位置与实地出现不相符合的现象。施工控制网起算数据需通过多点定位方式予以确立（也属独立网)，即利用测图控制就近联测施工控制网点，且要求联测点的数量不应少于三点，联测位置应能均匀分布于整个测区，通过相似变换使各点联测点坐标分量残差的平方和最小，以便对测图和施工两类坐标系统存在的偏差进行有效控制。

（刘东庆）

88 什么是数字地形图？

在《测绘学名词（第四版）》[①] 一书中，对“地图”“地形图”“数字地图”释义如下：①地图是按一定的数学法则，运用符号系统，以图形或数字的形式表示具有空间分布特征的自然与社会现象的载体。②地形图是表示地表上的地物、地貌平面位置及基本地理要素且高程用等高线表示的一种普通地图。③数字地图是以数字形式储存在计算机存储介质上的地图。故数字地形图可解释为采用数字化方法或数字测图技术，以计算机为载体，运用图示符号，依一定比例尺，反映测量区域范围内地形、地貌等各种地物特征点的空间位置及分布特征的各类地面要素及属性的数据集合。在《工程测量基本术语标准》GB/T 50228—2011 中数字地图定义为将地形信息按一定的规则和方法采用计算机生成、储存及应用的地形图。

数字地形图的地面要素及属性获取，一是将原有的纸质地形图采用数字化方法转化为数字地形图，以用于图纸的更新、修测及地形图数据库建立等；二是采用数字地形测绘技术，随着 3S 技术的推广应用，数字测图技术逐步取代了解析法的白纸测图，目前，主要数字测图技术方法有全站仪数字化测图、卫星定位 RTK 数字化测图、遥感数字测图等。全站仪和卫星定位 RTK 两种方法测图须在野外现场进行数据采集，数据形式为离散的地形特征数据，数据成果可靠，成图精度高，是大比例尺地形图测量常用的技术手段。遥感数字测图方法采集的数据形式主要为数码影像或点云数据，野外劳动强度低、工作效率高、成图精度主要取决于采集影像的地面分辨率，而且可制作多样化的数字测绘成果，主要有数字高程模型（DEM）、数字线划图（DLG）、数字正射影像图（DOM）和数字栅格图（DRG），可满足工程建设对测绘信息成果的需求。

数字地形图与传统地形图比较具有如下特点：

1. 可存储在计算机的硬盘、软盘或磁带等介质上，便于携带、管理及远程传输。

2. 利用专用计算机软件可快速完成地形图的检索、读取和显示，方便地形图的修改编辑与图形存储，可依据需要任意选择成图比例尺和范围进行地形图成果的打印输出。

3. 能够将丰富多样的地形图要素内容分层显示、表达，也便于图幅相互间的组合、拼接，实现了点位坐标、高程、长度、角度、面积等在图上的自动化量算。

4. 便于与卫星影像、航空照片及其他信息源融合、匹配，进而生成新的测绘信息成果。既丰富了地形图成果的表现形式，又提高了测绘信息成果的应用价值。

（刘东庆）

89 国家基本比例尺地图的概念与比例尺范围是什么？

1. 国家基本比例尺地图的概念或名称，应是首次出现在 1992 年 12 月 28 日颁布的

---

① 全国科学技术名词审定委员会，《测绘学名词（第四版）》，测绘出版社，2020 年。

《中华人民共和国测绘法》中，但并未见对其内涵与范围做出界定和说明。摘录如下："第八条　国家建立全国统一的大地坐标系统、平面坐标系统、高程系统、地心坐标系统和重力测量系统，确定国家大地测量等级和精度，以及国家基本比例尺地图的系列和基本精度。具体规定由国务院测绘行政主管部门同国务院其他有关部门、军队测绘主管部门会商后制定，报国务院批准发布。"

《中华人民共和国测绘法》相继在 2002 年 8 月 29 日修订通过和在 2017 年 4 月 27 日修订通过后，在国家基本比例尺地图的系列和基本精度的规定上，并无变化。

2. 1990 年出版的《测绘学名词（第一版）》中，只是给出了比例尺（scale）和基本比例尺（basic scale）的名词和英文名称，均没有对所收录的名词进行解释。

2002 年出版的《测绘学名词（第二版）》中，给出基本比例尺的解释为：根据需要由国家统一规定测制的国家基本地形图的比例尺。我国规定的基本比例尺为 1∶5 000、1∶10 000、1∶25 000、1∶50 000、1∶100 000、1∶250 000、1∶500 000、1∶1 000 000 八种。

2010 年出版的《测绘学名词（第三版）》中，给出基本比例尺解释与第二版相同。也并未将"国家基本比例尺地图"和"国家基本比例尺"纳入测绘学名词的范围。基本比例尺的界定范围和我国长期以来的行业认知基本相同。

3. 较早前，由原国家测绘局系统组织专家 1999 年编写的现代测绘科普系列《测绘天地纵横谈》中认为：国家基本地形图即国家基本比例尺地形图，简称国家基本图。它是根据国家颁布的统一测量规范、图式和比例尺系列测绘或编绘而成的地形图，是国家经济建设、国防建设和军队作战的基本用图，也是编制其他地图的基础。各国的地形图比例尺系列不尽一致，我国规定 1∶1 万、1∶2.5 万、1∶5 万、1∶10 万、1∶20 万（现改成 1∶25 万）、1∶50 万、1∶100 万七种比例尺地形图为国家基本比例尺地形图。其实，这一表达才真正体现了自新中国成立以来国家测绘总局与我国各部委之间的默契与认知。因为在国家测绘总局成立初期，对于大比例尺地形测绘其无力顾及，1∶500、1∶1 000、1∶2 000、1∶5 000 的地形图测绘均由各部委自行承担。

4. 2017 年原国家测绘局系统起草并由国家标准化委员会发布了推荐性国家标准《国家基本比例尺地图测绘基本技术规定》GB/T 35650—2017 在总则中规定，国家基本比例尺地图的比例尺系列包括 1∶500、1∶1 000、1∶2 000、1∶5 000、1∶10 000、1∶25 000、1∶50 000、1∶100 000、1∶250 000、1∶500 000、1∶1 000 000，共有 11 种。此种划分实际上已经覆盖了比例尺的全系列，我们不必纠结于该推荐性国家标准对国家基本比例尺范围的划分依据与法理基础。

5. 国家基本比例尺地图，大地基准采用 2000 国家大地坐标系，高程基准采用 1985 国家高程基准，深度基准在沿岸海域采用理论最低潮位面，在内陆水域采用设计水位。

6. 我国 1∶1 000 000 地形图采用双标准纬线正等角割圆锥投影，又称亚尔勃斯投影，双标准纬线等面积圆锥投影。假设圆锥轴和地球椭球体旋转轴重合，圆锥面与地球椭球面相割，将经纬网投影于圆锥面上展开而成（图 89）。圆锥面与椭球面相割的两条纬线，称为标准纬线。投影是按纬度划分的原则，从 0°开始，纬差 4°一幅，共有 15 个投影带，每幅经差为 6°。图 89（a）中 ϕ_1 为圆锥面与地球椭球面相割的第 1 纬度圈，ϕ_2 为圆锥面与地球椭球面相割的第 2 纬度圈，B 圆锥顶点也是圆锥轴与地球椭球体旋转轴重合线的顶点。

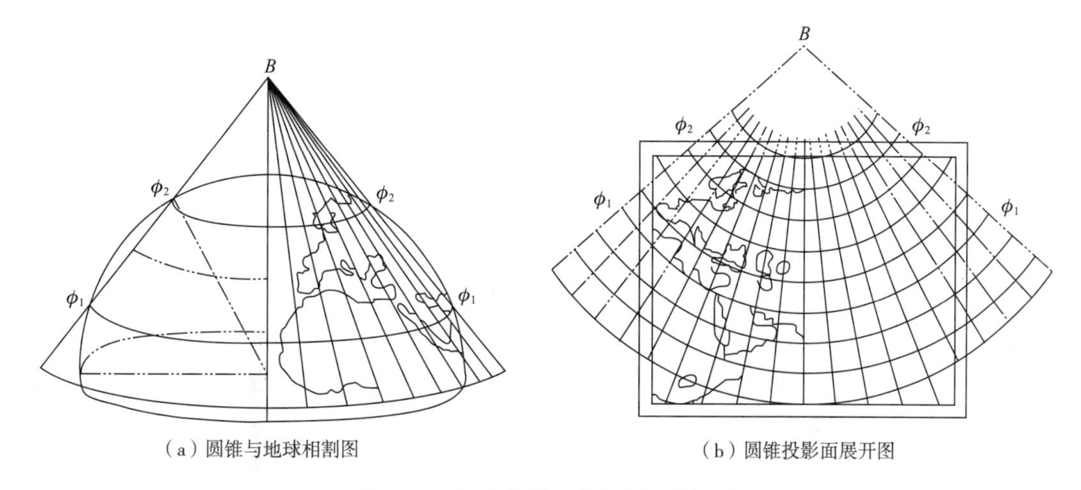

图 89　双标准纬线正等角割圆锥投影

7. 对于 1∶500、1∶1 000、1∶2 000、1∶5 000、1∶10 000 地图采用高斯一克吕格投影，按经差 3°分带。对于 1∶25 000、1∶50 000、1∶100 000、1∶250 000、1∶500 000 采用高斯一克吕格投影，按经差 6°分带。当 1∶500、1∶1 000、1∶2 000 地图对控制有特殊要求时，可采用任意经线作为中央子午线的独立坐标系统，投影面为测区平均高程面。

（刘东庆　王百发）

90　如何获取工程类地形图，其分幅及编号有何规定？

工程建设中常用地形图为 1∶10 000、1∶5 000、1∶2 000、1∶1 000 和 1∶500 的大比例尺地形图，用于工程选址、设计规划、可行性研究等的 1∶10 000、1∶5 000 比例尺地形图，可通过申请涉密基础测绘成果的单位，持申请函和有关证明材料到测绘地理信息管理部门办理审批手续，审批通过后图件收集获取；满足工程建设初步设计、施工图设计、总图管理、竣工验收等应用的 1∶2 000、1∶1 000 和 1∶500 比例尺地形图，为确保地形图所负载的地物、地貌及基本地理要素具有良好的现势性和精度，通常是依据工程建设需求，采用测量技术方法实地施测获得，这也是地形测绘的重点服务内容。为此，人们对 1∶5 000 及以下比例尺地形图的分幅及编号方法应有所了解，对 1∶2 000 及以上比例尺地形图常用分幅和编号方法应熟练掌握。

为便于地形图的测绘、使用和管理，需将地形图按照一定的规律进行分幅和编号，地形图分幅可分为两类，一种是按经纬线分幅的梯形分幅法，又称国际分幅，常用于 1∶5 000~1∶500 000 中、小比例尺地形图；另一种是按坐标格网划分的正方形和矩形分幅法，如工程类 1∶500、1∶1 000 和 1∶2 000 大比例尺地形图。

1. 梯形分幅及图幅编号。1∶500 000~1∶5 000 地形图均以 1∶1 000 000 地形图为基础，按规定的经差和纬差划分、采用行列编号方法图幅，见表 90-1。

表 90-1　1：500 000~1：5 000 地形图分幅方法

比例尺	图幅大小		每幅 1：100 万地形图	图幅数量
	经差	纬差		
1：500 000	3°	2°	划分为 2 行 2 列	4 幅
1：250 000	1°30′	1°	划分为 4 行 4 列	16 幅
1：100 000	30′	20′	划分为 12 行 12 列	144 幅
1：50 000	15′	10′	划分为 24 行 24 列	576 幅
1：25 000	7′30″	5′	划分为 48 行 48 列	2 304 幅
1：10 000	3′45″	2′30″	划分为 96 行 96 列	9 216 幅
1：5 000	1′52. 5″	1′15″	划分为 192 行 192 列	36 864 幅

将各比例尺地形图分别采用不同的字符作为其比例尺的代码，见表 90-2。

表 90-2　1：500 000~1：5 000 地形图的比例尺代码

比例尺	代码
1：500 000	B
1：250 000	C
1：100 000	D
1：50 000	E
1：25 000	F
1：10 000	G
1：5 000	H

1：500 000~1：5 000 地形图的图号均由其所在 1：1 000 000 地形图的图号、比例尺代码和各图幅的行号列号共十位码组成。1：500 000~1：5 000 地形图编号的组成见图 90-1。

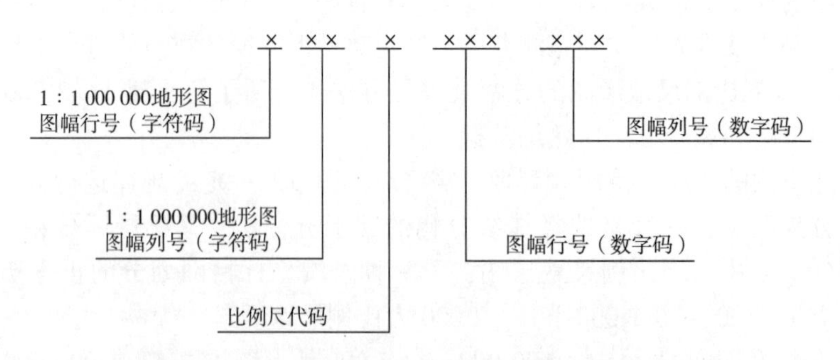

图 90-1　1：500 000~1：5 000 地形图图幅编号的组成

2. 正方形、矩形分幅及图幅编号。1：2 000、1：1 000 和 1：500 地形图通常采用 500mm×500mm 正方形分幅和 400mm×500mm 矩形分幅，如果测区为狭长带状，为减少图幅接图，也可采用任意分幅。其图幅编号一般采用图廓西南角坐标编号法，也可选用行列编号法和流水编号法，对于测绘面积较小的设计、施工用图，可根据用图单位要求，结合作业、用图、管理的便利性，灵活处理。

坐标编号法：采用图廓西南角坐标以“km”为单位编号，*X* 坐标公里数在前，*Y* 坐标公里数在后。1∶2 000、1∶1 000 地形图取至 0.1km（如 10.0~21.0）；1∶500 地形图取至 0.01km（如 10.40~27.75）。

流水编号法：带状测区或小面积测区可按测区统一顺序编号，一般从左到右，从上到下用阿拉伯数字 1、2、3、4、…编定，示例见图 90-2，图中灰色区域所示图幅编号为 ×× -8（ ×× 为测区代号或名称）。

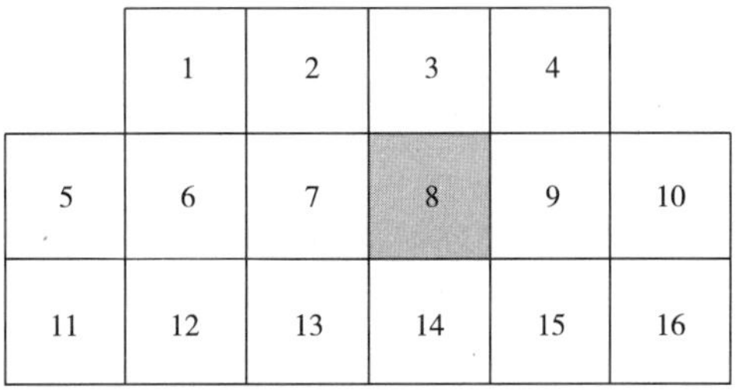

	1	2	3	4	
5	6	7	8	9	10
11	12	13	14	15	16

图 90-2　流水编号法

行列编号法：行列编号法一般采用以字母（如 A、B、C、D、…）为代号的横行从上到下排列，以阿拉伯数字为代号的纵列从左到右排列来编定，先行后列。示例见图 90-3，图中灰色区域所示图幅编号为 A-4。

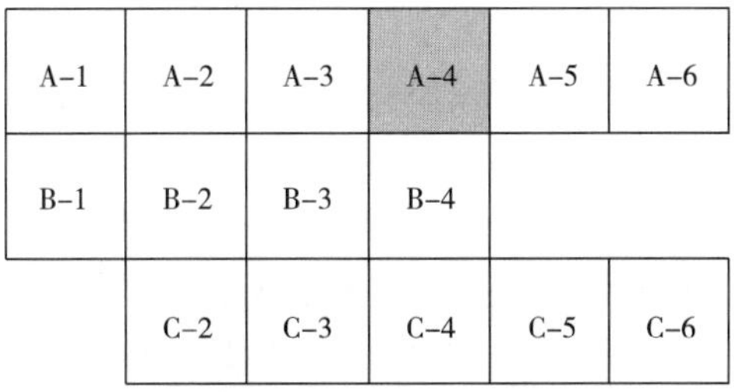

A-1	A-2	A-3	A-4	A-5	A-6
B-1	B-2	B-3	B-4		
	C-2	C-3	C-4	C-5	C-6

图 90-3　行列编号法

（刘东庆）

91　地形图测绘主要包括哪些内容？

地形图不仅要准确表达地面上地物的平面位置，而且还要反映地形的起伏变化、地貌特征以及自然与社会的分布现象，同时还应满足读图、识图、量算、设计等功能性应用需求。故地形图的基本内容包括数学要素、地理要素和其他辅助要素。数学要素是构成地图的数学基础，如比例尺、控制点、网格线等；地理要素是指自然现象和社会现象，如河流、湖泊、山脉、森林、草地等自然要素，如房屋、铁路、厂矿、桥梁等人类活动形成的社会经济要素；其他辅助要素则是方便地形图应用的其他内容，如图名、图号、图例以及文字、数字注记等。依据《国家基本比例尺地图测绘基本技术规定》GB 35650 要求，地形图测绘主要包括内容如下：

1. 定位基础：包括测量控制点和数学基础。测量控制点包括平面控制点、高程控制点、卫星定位测量控制点和其他测量控制点；数学基础包括内图廓线、坐标网线、经线和纬线。

2. 水系：包括河流、沟渠、湖泊、水库、海洋要素、水利及附属设施、其他水系要素。

3. 居民地及设施：包括居民地、工矿及其设施、农业及其设施、公共服务及其设施、名胜古迹、宗教设施、科学观测站、其他建筑物及其设施。

4. 交通：包括铁路、城际公路、城市道路、乡村道路、道路构造物及附属设施、水运设施、航道、空运设施、其他交通设施。

5. 管线及附属设施：包括输电线、通信线、油（气、水）输送主管道、城市管线。

6. 境界与政区：包括国家、省级、地级、县级、乡级行政区界及其他区界。

7. 地貌：包括等高线、高程注记点、水域等值线、水下注记点、自然地貌、人工地貌。

8. 植被与土质：包括农林用地、城市绿地、荒地、自然地表覆盖植被和土质。

9. 注记：包括居民地名称注记、说明注记、地理名称注记、各种数字注记。

（刘东庆）

92　地形图测量的基本作业程序及内容是什么?

1. 接收测量任务：了解工程项目所处行政属地，地形图测量目的，熟悉测量范围、测图比例尺、项目实施关注重点、成果资料的技术与工期要求等内容。

2. 收集相关资料：查询工程所在地常住居民构成，生活习惯、民风民俗和安全现状等；了解当地的经济状况、气候环境及有利测绘作业时间。收集测区范围等级控制点、地形图、影像资料等已有测绘成果。

3. 组织现场踏勘：若不熟悉工程建设项目所在地工作环境，且地形图测绘范围较大时，应组织富有经验的专业技术人员进行现场踏勘，深入了解当地自然地理、地貌及气候特征，与测绘工作相关的用工、用车、住宿、交通及生活供给等情况；同时对所收集测绘资料的可利用程度做出评价；必要时将上述内容汇总为踏勘报告予以详细说明。

4. 编写技术设计书：结合测区测图范围、技术要求以及踏勘情况，拟定地形图作业方案，按《测绘技术设计规定》CH/T 1004—2005 编写技术设计书，明确施测方法和技术指标要求，仪器及人员资源配置，作业计划安排等内容，可有效指导测绘外业工作。

5. 开展外业工作：遵照项目技术设计书的各项要求有序开展外业工作，为确保测绘作业质量，应加强作业生产过程中的质量控制，以避免上阶段不合格成果流入下一道工序；如遇特殊情况，不能按原设计方案分步实施时，应及时做出合理可行的设计变更，并应得到主管部门的认可。

6. 内业成图编辑：根据技术设计书有关要求开展内业成图工作，按《工程测量标准》GB 50026—2020 相关规定对地形成果进行编辑、分幅和编号，经质检、审核将合格地形成果打印出图，并进行备份、存储。

7. 编写技术总结报告：测绘任务完成后，依据《测绘技术总结编写规定》CH/T 1001—2005 编写项目技术总结报告。简要说明任务的总体完成情况，阐述任务执行过程中测绘技术书以及规程规范的执行情况，对出现的主要技术问题和技术性变更内容、处理与解决方法和取得的效果等予以重点说明。

8. 编写检查验收报告：以《数字测绘成果质量检查与验收》GB/T 18316—2008 和《测绘产品检查验收规定》CH 1002—1995 以及项目约定的技术条款，进行地形图成果的过程检查、最终检查和成果验收，并编写《测绘成果质量检验报告》。

9. 成果资料归档与提交：整编各项地形测绘成果资料，按有关规定完成资料归档，依合同要求的内容、形式和份数提交地形测绘成果。

（刘东庆）

93 如何正确理解地形图修测工作？

随着我国国民经济快速稳定发展和综合国力的不断增强，以农业、水利、交通、能源、城市改造、节能环保、信息等为重点的多领域基础设施建设和民生工程全面展开，各领域建设项目日益增加、有序推进，尤其是城市建设更是日新月异，地物、地貌变化非常迅速，为保障各类地面要素及属性的正确性以及地形图现势性，从成本节约且能快速提供工程项目规划、建设、管理用图需要出发，宜经常性地进行已有地形图修测和编绘工作。

1. 地形图修测的原则。

（1）原有地形图若为纸质地形图，宜将原图数字化再进行修测。

（2）地形图修测采用的平面、高程系统应与原图保持一致，当测图控制点数量不满足修测要求时应予以加密或补充，并设置固定的测量控制标石或标志。

（3）修测工作应与原有地形图为基础，修测前应全面了解原图的成图质量情况、施测方法、完成时间等；依据工程建设用图需要，组织实地踏勘，确定地形图修测范围，明确重点修测内容，制订修测技术方案。

（4）通常以地形图图幅为单位，如果在一幅图内的地物、地形、地貌存在变化且不超出原图的 20% 时，应对地形图予以修测，当地形图变化超出原图的 20% 时，则应进行重测。

（5）当测区范围内有多种比例尺地形图需要修测时，应首先修测最大比例尺地形图，获取的地形数据成果，可直接用于编绘其他小比例尺地形图。

（6）修测内容为现实环境与原地形图存在变化的地面要素及属性，主要包括新增与改扩建地物；地形、地貌发生变化的地方，迁移或变更的注记名称；原有地形图中地物、地貌存在的明显错误或粗差以及不符合现行图式要求的地物符号及高程注记等。

2. 地形图修测的方法。

（1）数字地形图的常用修测方法有全站仪测图法、RTK 测图法，以原测图控制为基础，直接设站（或架设基站）进行变化区域地形碎部点的测量。

（2）可利用未变更的固定地物如房角、线杆、注记坐标和高程固定点等采用图解方法设置测站进行修测。

（3）在居民地、建筑群等依据可靠的原有建筑位置，量取原有建筑物与新增建筑物之间的间距，采用支距法绘出新增地物。

（4）修测工作不论采取那种方法，外业工作结束后都要对地形图图面进行检查，当所修测的地物、地形跨越图幅时，还应处理好图幅接边问题。

3. 修测的注意事项及要求。

（1）应利用原图已有坐标、高程的地物点对图解测图控制点进行检核，平面坐标较差不应大于图上 0.2mm，高程较差不得超过基本等高距的 1/5。

（2）地物、地貌修测应由原地形图的存在变化的连接部分开始；修测时地形图连接部分应施测一定数量的重合点；重合点的坐标、高程差值应满足相应比例尺测图精度要求。

（3）检查新测地物与原有地物的间距，统计的间距中误差，不得超过图上 0.6mm。

（4）修测完成后，宜按图幅进行实地对照检查，对修测情况做相应记录，并绘制略图。

（刘东庆）

94 如何进行地形图数学精度的检查与统计？

地形图数学精度检查包括地形图成果的高程精度检查、平面位置精度检查及相对位置精度检查三项内容，各项检查都是通过实地采集要素特征数据与地形图成果提取的图上数据对比来实现的。平面、高程检测点应分布均匀、位置明显、要素覆盖全面，检测点（边）的数量视地物复杂程度、比例尺等具体情况确定，每幅图一般各选取 20~50 个；当检测点（边）数量少于 20 时，以误差的算术平均值代替中误差，数量大于或等于 20 时按中误差统计；精度统计的对象为单位成果，当单幅图要素特征点数量有限，可适当扩大统计范围。

假定要素特征数据（平面、高程、检测边）实测值为 L'（精确量至 mm），在地形成果上提取的要素特征数据（平面、高程、检测边）为 L''（精确量至 mm），则第 i 检测点（边）的较差 Δ_i 可由下式计算得出：

$$\Delta_i = L'_i - L''_i$$

当采用高精度检测时，中误差计算按下式执行。

$$M = \pm\sqrt{\frac{\sum_{i=1}^{n}\Delta_i^2}{n}} \tag{1}$$

式中：M ——成果中误差（mm）；

n ——检测点（边）总数；

Δ_i ——较差（mm）。

当采用同精度检测时，中误差计算按下式执行。

$$M = \pm\sqrt{\frac{\sum_{i=1}^{n}\Delta_i^2}{2n}} \tag{2}$$

式中：M ——成果中误差（mm）；

n ——检测点（边）总数；

Δ_i ——较差（mm）。

在允许中误差 2 倍以内（含 2 倍）的误差值均应参与数学精度统计，超过允许中误差 2 倍的误差视为粗差。同精度检测时，在允许中误差 $2\sqrt{2}$ 倍以内（含 $2\sqrt{2}$ 倍）的误差值均应参与数学精度统计，超过允许中误差时 2 $\sqrt{2}$ 倍的误差视为粗差。

数学精度评分方法按《测绘成果质量检查与验收》GB/T 24356—2009 按相关规定执行。

（刘东庆）

95 如何通过设计确定地形图控制测量的布设层次与测量精度？

地形图控制测量是各种比例尺地形图测绘的基础，为使地形图能够真实正确反映测区范围内地物、地形、地貌的基本属性与空间位置，应以分级布设逐级扩展的原则建立覆盖全测区的测图控制系统，旨在有效限定测量误差的传递和累积，确保分部施测地形图成果按一定精度拼接为整体，最终满足工程建设用图需要。

测图控制布设层次和测量精度与地形图测量比例尺紧密关联，当同一测区需要施测不同比例尺地形图时，应依据最大比例尺地形图施测要求建立测区基本控制。通常地形控制层次可分为基本控制（首级控制）、图根控制和测站点控制。各级测图控制的测量精度的确定方法如下：

1. 执行相应规范要求，如《水电工程测量规范》NB/T 35029—2014 对控制布设层次及相应精度要求的规定见表 95-1。

表 95-1 控制布设层次及精度要求

控制层次	平面控制精度/mm	高程控制精度（h 为基本等高距）
基本控制	基本平面控制最弱相邻点点位中误差不得大于±0.05	最弱点高程中误差不得大于±h/20。当h=0.5m 时，不得大于±h/16
图根控制	最末级图根点相对于邻近基本平面控制点的点位中误差不得大于±0.1	最后一次加密的高程控制点相对邻近基本高程控制点的高程中误差不得大于±h/10，且最大不得大于±0.5m
测站点控制	测站点相对于邻近图根点的点位中误差不得大于±0.2	测站点高程相对邻近图根高程控制点的高程中误差不得大于±h/6

2. 依据规范规定的地形图细部坐标点的点位和高程中误差，按“忽略不计”原则，依控制的发展层次逐级推算确定。如《工程测量标准》GB 50026—2020 图上地物点相对于邻近图根点的点位中误差要求详见表 95-2。

表 95-2 图上地物点相对于邻近图根点的点位中误差

区域类型	点位中误差/mm
一般地区	0.8
城镇建筑区、工矿区	0.6
水域	1.5

3. 假定地形图测量比例尺为 1∶1 000，仍以基本控制（首级控制）、图根控制和测站点控制三个层次布置测图控制，依据表 95-2 以点位中误差要求最高的城镇建筑区、工矿

区确定地物点实地平面精度为：0.6mm×1 000＝600mm，按《工程测量学》[①] 推证可知，"当控制点所引起的误差为总误差的0.4倍时"，控制点对测量点的点位误差影响仅为10%可以"忽略不计"，依据"忽略不计"原则，逐次推定的测站点控制、图根控制和基本控制测量精度分别为：240mm、96mm和38.4mm，即测区基本控制测量最弱点的点位中误差应满足±40mm的要求；同理，可以推定测站点控制、图根控制和基本控制的高程精度要求。

4. 形式上两者看似不同，但两者的实质具有统一性。《水电工程测量规范》NB/T 35029—2014也是运用同样的原则对各级测图控制的测量精度提出相应规定。由此不难看出，在测图比例尺得以确定情况下，地形控制测量的精度与布设层次之间存在相互制约的关系，若要测图控制布设层次增加，基本控制的测量精度则需相应提高；反之，若是基本控制的测量精度不高，则应适当限定测图控制的布设层次。

（刘东庆）

96 地图和地形图的区别与联系？

1. 地图的概念是一个原始的古老概念。地图起源于4 500多年前，它的产生和发展是人类活动的实际需要。最早发现并保存下来的原始地图是公元前25～前23世纪古巴比伦人在陶片上绘制的地图，图上绘有古巴比伦城、底格里斯河和幼发拉底河。我国的地图传说《河伯献图》可以追溯到4 000年前或更早的时期。据史籍记载，早在公元前一千多年以前，我国就诞生了地图。《汉书·郊毅志》和《左传》中的《九鼎图》就有相关记载。据宋代思想家朱熹推断，《山海经图》是从夏代九鼎图像演变而来的，也是一种原始地图。《山海经图》的"五藏三经图"中绘有山、水、动植物及矿物等，而且注记着道里的方位，是较规范的地图形式。由此可以说我国在夏代已有了原始的地图。

2. 18世纪后半叶等高线法才成为大比例尺地形测图表示地貌的基本方法。1728年荷兰工程师克鲁基最先用等深线法来表示河流的深度和河床的状况，后来又把它用来表示海洋的深度。1729年库尔格斯首次制作等深线海图。再后来才应用到陆地上表示地貌的高低起伏形态。1791年法国都朋特里尔绘制了第一张等高线地形图，裘品—特里列姆用等高线表示了法兰西领域的地貌。18世纪后半叶，等高线冲破了不易识别的障碍获得公认，开始广泛用于大比例尺地形图测量。1820—1830年，高斯测绘Hanover公国的地图。

3. 地貌学又称地形学，是从地理学和地质学中逐渐分化出来的。地貌学是研究地球表面的形态及其成因、形成年代、分布和演变规律的学科。地貌学的英文Geomorphology源自希腊语，由Geo（地球）、Morpho（外表形态）和Logy（论述）三词组成，即关于地球外表面貌的论述。地形学是地貌学的同义词。在新中国成立以前，常用西方的地形学一词，在新中国成立以后统一用苏联的"地貌学"一词。目前，在工程界似乎地形、地貌都在用。

4. 从学科分类上，地理学、地质学属于理学的范畴，而测绘学属于工学的范畴。地理学、地质学属于相对古老的学科，而测绘学则相对年轻，但均属于地学的范畴。大约在20世纪五六十年代，地图学作为一门独立的科学已经形成。地图学与数学、测绘学、地

---

① 李青岳，陈永奇，《工程测量学（第三版）》，测绘出版社，2008年。

理学有着十分密切的关系，也与艺术和文化在视觉、色彩和符号设计上密切相关。

5. 不同的学科，都在对地图的含义和用途进行定义和分类。我们不必细究其差别，毕竟把地形图归类到普通地图在测量界或者工程测量界要有一个认知的过程，并不妨碍工程测量对地形图概念的使用。

（1）《中华人民共和国测绘法》在 1992 年 12 月 28 日首次颁布时，在第八条中就第一次出现了国家基本比例尺地图的概念，而非地形图。

（2）在《测绘学名词（第二版）》和《测绘学名词（第三版）》对地图、地形图释义为：地图，是按照一定的数学法则，运用符号系统和综合方法，以图形或数字的形式表示具有空间分布特性的自然与社会现象的载体。地形图，是表示地表上的地物、地貌平面位置及基本地理要素且高程用等高线表示的一种普通地图。

（3）在原国家测绘局系统主编的《国家基本比例尺地图测绘基本技术规定》GB 35650—2017 中明确规定，国家基本比例尺地图基本类型包括地形图、数字高程模型、正射影像图和海图等。

（4）从图式发展上，只是在《国家基本比例尺地图图式　第 1 部分：1：500　1：1 000　1：2 000 地形图图式》GB/T 20257. 1—2007 和《国家基本比例尺地图图式　第 1 部分：1：500　1：1 000　1：2 000 地形图图式》GB/T 20257. 1—2017 两个版本的名称前均冠以“国家基本比例尺地图图式”用的是“地图”二字，但具体的分类名称第 1~5 部分用的又全是地形图图式的传统名称。图式发展的历史沿革如下：1957 年国家测绘总局制定《1：500、1：1 000、1：2 000地形图图式》；1964 年国家测绘总局制定《1：500、1：1 000、1：2 000 地形图图式》；1977 年国家测绘总局制定《1：500、1：1 000、1：2 000 地形图图式》；1987 年国家标准《1：500、1：1 000、1：2 000 地形图图式》GB 7929—87；1995 年国家标准《1：500、1：1 000、1：2 000 地形图图式》GB/T 7929—1995；2007 年国家标准《国家基本比例尺地图图式　第 1 部分：1：500、1：1 000、1：2 000 地形图图式》GB/T 20257. 1—2007；2017 年国家标准《国家基本比例尺地图图式　第 1 部分：1：500、1：1 000、1：2 000 地形图图式》GB/T 20257. 1—2017。至于地图表达用“图式”还是“图例”就不再在此深入探讨。

6. 在工程界主要是在大比例尺地形图上进行勘察、规划、总平面图布置和施工图设计等。因为其需要并首先强调的是精度，而大比例尺地形图也正是基于这种需要而诞生的。因此，把地形图定义或划归为普通地图似乎很牵强或者是值得商榷的。

普通地图首先强调的是内容，其次才是精度或者对精度不是过分强调，而普通地图的制作肯定离不开地形图。普通地图会强调经济与文化属性，而地形图则要求真实反映地貌地物且必须有一定的精度储备。因此，大比例尺地形图在工程界是有它的专用属性和专业用途的。即便是要划归到普通地图的范畴也是地图制图的过程技术资料。

7. 随着地理信息系统技术的广泛应用与发展，将会不断促进地图制作技术的改进和创新，地图制作将会越来越简单，各种地图产品将呈现多元化和个性化。人们既是普通地图使用者，又将是普通地图制作者，终将使主客体同一化。

8. 从工程的应用层面，工程界很快会摆脱原有的二维地形图的概念，进入到实景三维地形图的信息化或智能化的应用阶段，但精度、质量和好用始终是工程测量人的专业承诺与不懈追求。

（王百发）

7.2 图根控制测量

97 图根控制测量的常用方法和基本要求有哪些？

图根控制测量包括平面测量和高程测量。图根平面测量常用方法有卫星定位 RTK 测量法、图根导线测量、极坐标法和边角交会法等。图根高程测量通常采用图根水准测量、电磁波测距三角高程测量和卫星定位 RTK 测量等方法。

图根平面控制和高程控制测量的基本要求：

1. 图根测量精度：图根点相对于邻近等级控制点的点位中误差不应大于图上 0.1mm，高程中误差不应大于基本等高距的 1/10。

2. 图根控制测量时所应用的起算点，平面测量的起算点应不低于等级控制点；高程测量的起算点应不低于四等高程点。

3. 应用于图根控制测量的测量仪器应通过检定，且在检定有效期内使用；仪器的精度等级应满足《工程测量标准》GB 50026—2020 要求。

4. 图根点位置选择应便于仪器架设、控制加密和地形点数据采集。现场应设置固定标志，点位标志宜采用木（铁）桩，若点位在固定岩石或混凝土表面，也可采用线长 50mm×50mm、线宽小于 3mm 的十字刻石标志，当图根点作为首级控制或等级点稀少时，应埋设适当数量的固定标石。

5. 图根点的数量，一般地区不宜少于表 97-1 的规定。

表 97-1　一般地区图根点的数量

测图比例尺	图幅尺寸/mm	图根点数量/个	
		全站仪测图	RTK 测图
1：500	500×500	2	1
1：1 000	500×500	3	1~2
1：2 000	500×500	4	2
1：5 000	400×400	6	3

注：表中所列数量，是指施测该幅图可利用的全部解析控制点数量。

6. 图根控制测量内业计算和成果的取位应符合表 97-2 的规定。

表 97-2　内业计算和成果的取位要求

各项计算修正值/″或/mm	方位角计算值/″	边长及坐标计算值/m	高程计算值/m	坐标成果/m	高程成果/m
1	1	0.001	0.001	0.01	0.01

7. 为保障图根控制测量成果的正确性，应对图根控制测量成果的进行检核，检查点应均匀分布于测区中央及四周。

8. 对采用 RTK 测量方法施测的图根控制成果进行检查，统计的检核点精度应满足点位中误差不应大于图上 0.1mm，高程中误差不应大于基本等高距的 1/10；对采用全站仪测量方法施测图根控制成果进行检查，当高精度检测时，统计的检核点精度要求以 RTK 相同，当同精度检测时，统计的检核点精度应满足点位中误差不应大于图上 $0.1\times\sqrt{2}$ mm，高程中误差不应大于基本等高距的 $\sqrt{2}/10$。

（刘东庆）

98 如何进行全站仪极坐标法图根控制测量技术设计？

1. 全站仪极坐标法图根控制测量原理见图 98。

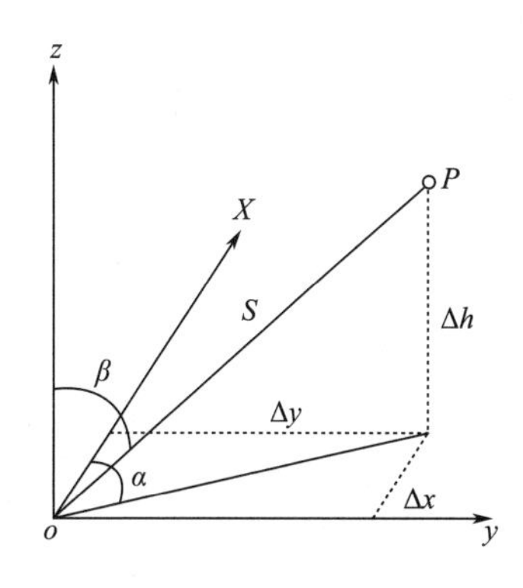

图 98 测量原理图

2. 测量设测站点 o 的点位坐标、高程分别为x_o、y_o、z_o，待定点 P 的点位坐标、高程分别为x_p、y_p、z_p；若由测站 o 点观测待定点 P 的水平方向、天顶距和斜距分别为：α、β、S，则 P 点坐标、高程可由下列公式计算得出：

$$x_p = x_o + D_{op} \times \cos\alpha$$

$$y_p = y_o + D_{op} \times \sin\alpha$$

$$z_p = z_o + S \times \cos\beta + f + i - j$$

$$D_{op} = S \times \sin\beta$$

式中：f——地球曲率和大气折光影响（mm）；

i、j——仪器高和目标高（mm）。

3. 不计仪器对中误差、起始点误差、仪器高目标高量测误差以及地球曲率和大气折光影响，则由上列公式推算的极坐标法点位精度估算公式为：

（1）平面精度：

$$M_p = \sqrt{m_{xp}^2 + m_{yp}^2}$$

$$M_p = \sqrt{\sin^2\beta \times m_s^2 + \frac{S^2 \times (1 + \cos^2\beta) \times m_\alpha^2}{2 \times \rho^2}}$$

（2）高程精度：

$$m_{pH} = \sqrt{\cos^2\beta \times m_s^2 + \frac{S^2 \times \sin^2\beta \times m_\alpha^2}{\rho^2}}$$

式中：m_s ——测边精度（mm）；

m_α ——测角精度（″）；

ρ ——常数，$\rho = 206\,265$。

4. 地形图技术设计时可依据《工程测量标准》GB 50026—2020 所要求的图根平面控制和高程控制测量，可同时进行，也可分别施测。图根点相对于邻近等级控制点的点位中误差不应大于图上 0.1mm，高程中误差不应大于基本等高距的 1/10。要求利用全站仪极坐标测量精度估算公式，假定测边、测角精度、测距长度以及天顶距等进行模拟计算，并依据计算结果做出相应的设计规定。

（刘东庆）

99　全站仪极坐标图根测量有哪些基本要求？

1. 全站仪极坐标测量方法可直接测定图根点的平面坐标和高程。
2. 宜采用 6″级全站仪，水平角、天顶距观测 1 测回，距离观测 1 测回。
3. 角度、距离观测限差，不应超过表 99-1 的规定：

表 99-1　极坐标法图根点测量限差

半测回归零差/″	两半测回角度较差/″	测距读数较差/mm	正倒镜高程较差/m
≤20	≤30	≤20	$\leq h_d/10$

注：h_d 为基本等高距，单位为 m。

4. 测量的边长，不应大于表 99-2 的规定：

表 99-2　极坐标法图根点测量的最大边长

测图比例尺	最大边长/m
1∶500	300
1∶1 000	500
1∶2 000	700
1∶5 000	1 000

5. 为保障测量成果的正确性，观测时宜联测另一个已知点进行检查。
6. 仪器高和觇标高量取应精确至 1mm。
7. 应采用上、下半测回角度、距离观测值分别计算图根点的平面、高程成果，并取平均值作为最终观测成果。
8. 最终实现的图根点精度应满足相对于邻近等级控制点的点位中误差不应大于图上 0.1mm，高程中误差不应大于基本等高距的 1/10 的要求。

（刘东庆）

100　全站仪导线法图根平面测量方法有哪些？如何进行精度估计？

导线测量布设简单，每点只需前、后两点通视，且精度均匀，既适用于通视困难的隐蔽地区或建筑物林立的遮挡严重的城镇建筑区，也有利于铁路、公路、河道等带状区域控制测量的开展与应用。故在地形图测绘中全站仪导线是平面图根控制测量的常用方法。导线常见的布设形式有支导线、单定向附合导线、附合导线、无定向导线、闭合导线和导线网等。

1. 不同形式图根导线的坐标计算：

（1）支导线。

1）支导线布置形式见图 100-1。

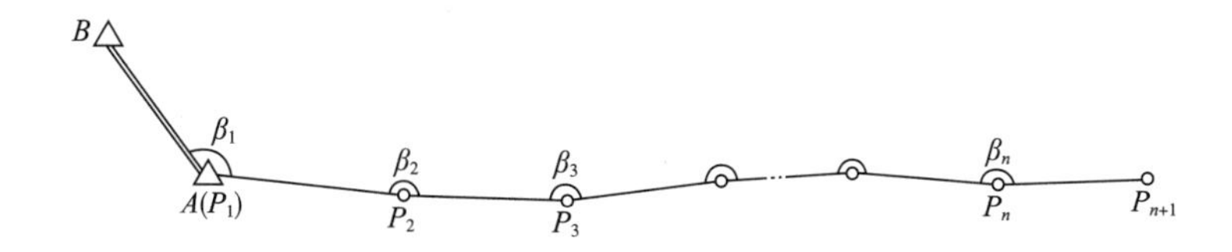

图 100-1　支导线

2）支导线平面坐标计算遵循下列步骤：①由 A 、B 两已知点的平面坐标，反算出 A 点到 B 点的坐标方位角 α_{AB}。②以 α_{AB} 开始，依据观测的连接角 β_1、β_2、β_3、…、β_n ，以此推算出 AP_2、P_2P_3、…、P_nP_{n+1} 方位角 α_{AP_2}、$\alpha_{P_2P_3}$、…、α_{nn+1} 。③按支导线观测的天顶距和斜距分别计算 AP_2、P_2P_3、…、P_nP_{n+1} 两点间的水平距离。④由各边的坐标方位角和水平距离，正算两相邻导线点的坐标分量 Δx_{AP_2}、Δy_{AP_2}、$\Delta x_{P_2P_3}$、$\Delta y_{P_2P_3}$、…、$\Delta x_{P_nP_{n+1}}$、$\Delta y_{P_nP_{n+1}}$ 。⑤依据以下公式计算支导线各点平面坐标。

$$x_{i+1} = x_i + \Delta x_{P_iP_{i+1}}$$

$$y_{i+1} = y_i + \Delta y_{P_iP_{i+1}}$$

（2）单定向角附合导线。

1）已知平面坐标点 A 、B 、C ，以 A 点为测站点 B 为后视方向起测导线，附合于 C 点，单定向角附合导线见图 100-2。

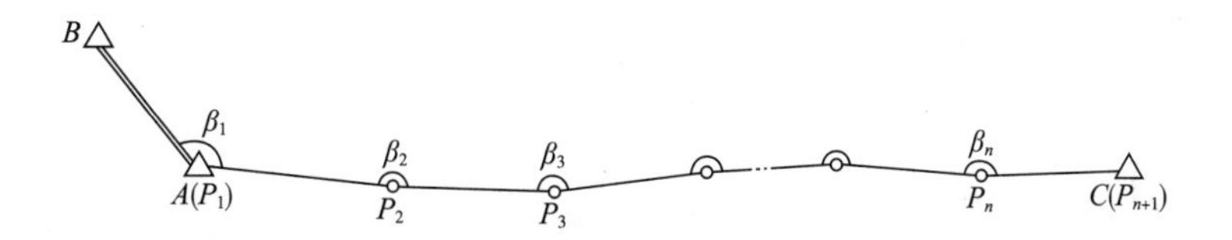

图 100-2　单定向角附合导线

2）平面坐标计算与支导线计算步骤相同，两者的区别在于单定向角附合导线最后一点为已知点 C，由于存在观测值和已知点误差，最后一点计算的平面坐标 x_{n+1} 、y_{n+1} 和 C 点已知坐标 x_C 、y_C 存在坐标差值 f_x、f_y 。

$$f_x = x_{n+1} - x_C$$

$$f_y = y_{n+1} - y_C$$

3）为消除坐标差，最简便的方法是按各导线边的长度成比例的修正它们的坐标增量，即：

$$\vartheta_{\Delta x_{ij}} = \frac{-f_x}{\sum S} \times S_{ij}$$

$$\vartheta_{\Delta y_{ij}} = \frac{-f_y}{\sum S} \times S_{ij}$$

式中：$\sum S$——导线总长（平距之和）（m）或（mm）；

S_{ij}——第 i 点到 j 点的平距（m）或（mm）；

$\vartheta_{\Delta x_{ij}}$、$\vartheta_{\Delta y_{ij}}$——坐标增量改正数（mm）。

4）各点的坐标增量可表示为：

$$\Delta x_{ij} = \Delta x'_{ij} + \vartheta_{\Delta x_{ij}}$$
$$\Delta y_{ij} = \Delta y'_{ij} + \vartheta_{\Delta y_{ij}}$$

（3）附合导线。

1）已知平面坐标点 A、B、C、D 四点，以 A 点为测站点 B 为后视方向起测导线，附合于 C 点和 CD 方向，具有两个定向角度，附合导线标准形式见图 100-3。

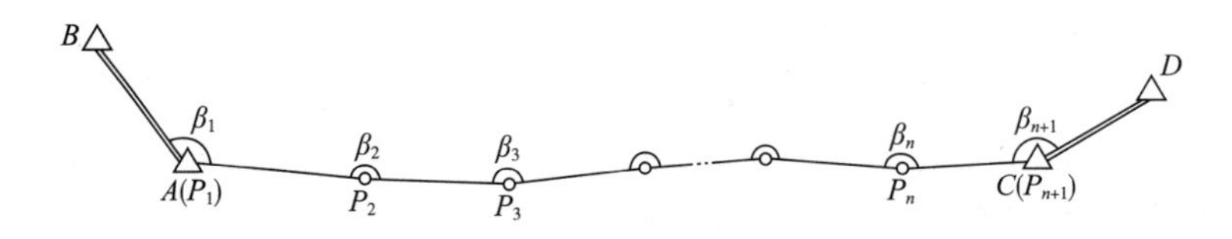

图 100-3　附合导线

2）具有两个定向角度的附合导线和单定向角附合导线比较，又多了一个角度附合条件，即由已知方位 α_{AB} 和导线观测的各连接角 β_1、β_2、β_3、…、β_n、β_{n+1} 推算的 α'_{CD} 应与已知的 C 点到 D 点方位角 α_{CD} 相吻合，由于各种误差的存在，α'_{CD} 和 α_{CD} 不相等，从而产生方位角闭合差 f_α。

$$f_\alpha = \alpha_{AB} + \beta_1 + \beta_2 + \beta_3 + \cdots + \beta_n + \beta_{n+1} - (n+1)180^\circ - \alpha_{CD}$$

3）若各连接角观测精度相同，方位角闭合差 f_α 可平均分配至各个角度上，各连接角推算出 AP_2、P_2P_3、…、P_nP_{n+1} 方位角 α_{AP_2}、$\alpha_{P_2P_3}$、… 加上改正数 ϑ_α。

当计算的 f_α 为正值时：　$\vartheta_\alpha = \dfrac{-f_\alpha}{n+1}$

当计算的 f_α 为负值时：　$\vartheta_\alpha = \dfrac{f_\alpha}{n+1}$

4）各观测边方位角经改正之后的计算，与单定向角附合导线计算相一致。

（4）无定向导线。

1）无定向导线是只有两个已知平面坐标点 A、C，导线测量由已知点 A 开始，以已知点 C 结束，其图形形式见图 100-4。

2）由于无定向导线两端均未测连接角，故无法直接从已知的坐标方位角 α_{AM} 推算出各导线边的坐标方位角。为此，可假定导线的开始边 AP_2 一个坐标方位角 α'_{AP_2}，依此推算出各导线边的假定坐标方位角 α'_{ij}，然后按支导线的计算顺序推求各点的坐标 x'_i、y'_i。

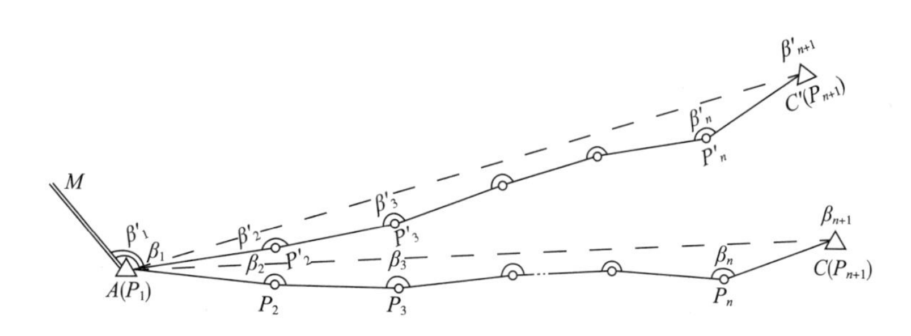

图 100-4　无定向导线

由图形的几何关系可知，实际的导线与按假定坐标方位角推算的导线呈形状及大小均相同，仅仅是导线所处的方位发生了旋转变化，需要将这条推算的导线假定方位 $AC'(P_{n+1})$ 旋转至实际位置 $AC(P_{n+1})$ 即可。连接 A、C 两点和 A、C'两点，如图 100-4 所示，其旋转角 δ 为：

$$\delta = \alpha'_{AC(P_{n+1})} - \alpha_{AC(P_{n+1})}$$

$\alpha_{AC(P_{n+1})}$ 和 $\alpha'_{AC(P_{n+1})}$ 可由 A、C 和假定方向推算的 C'坐标通过坐标反算求得。

3）δ 算出之后，将各假定坐标方位角加以改正，得实际坐标方位角为：

$$\alpha_{ij} = \alpha'_{ij} + \delta$$

4）最后按支导线的计算步骤，便可求得各导线点的坐标。

5）因各种误差的存在，上述求得的 C 点坐标 x'_C、y'_C 仍将与已知点坐标 x_C、y_C 不同，而产生坐标闭合差 f_x、f_y。此时仍可按单定向角附合导线方式，求出坐标增量的改正数，改正各边的坐标增量，从而消除此项矛盾，而最终求定无定向导线的待定点坐标。

（5）闭合导线。

1）闭合导线是只有两个已知平面坐标点 A、B，导线测量在已知点 A 设站，后视已知点 B 开始，最后仍设站已知点 A 连接已知点 B 方向结束，其布置形式见图 100-5。

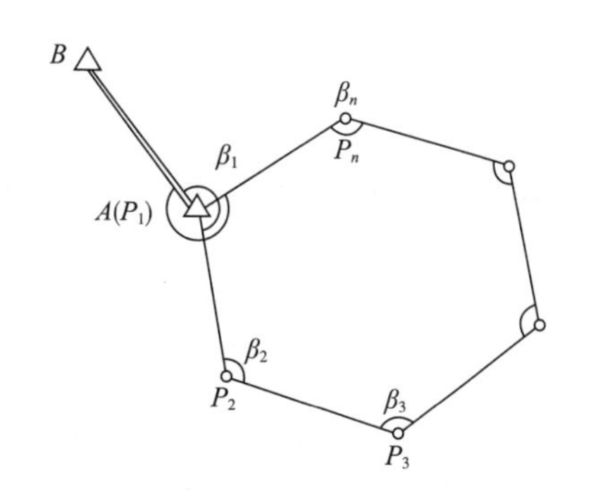

图 100-5　闭合导线

2）闭合导线的图形可以看作是附合导线（图 100-3）的已知点 C、D 分别与已知点 A、B 相重合，因此它的计算完全可按附合导线的方法进行。

（6）导线网。与前面几种形式的图根导线比较，导线网的布置形式相对复杂，它包含多个已知点，由不同简单导线组合而成，且网中至少包含 1 个导线结点，导线网示意图见图 100-6。

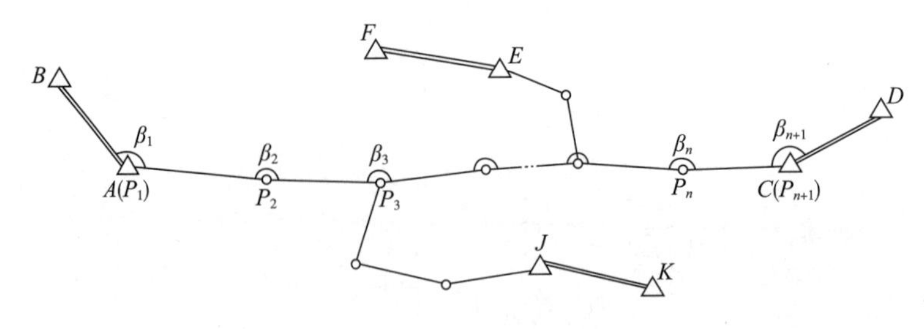

图 100-6 导线网示意图

由于导线网具有多个已知条件，能够形成较多的多余观测，其测量成果相较其他已知条件较少的导线测量，测量成果更为准确可靠，但是导线点坐标计算工作相对复杂，为有效消除各种误差影响，通常采用导线平差计算软件完成。

2. 部分不同形式图根导线最弱点的点位精度估算公式。

（1）图根导线测量的点位坐标以及点位精度计算大多通过测量软件完成，为便于地形图测量技术设计应用，在此给出部分图根控制导线最弱点的点位精度估算公式，供使用参考。

（2）为简化导线测量的精度分析，公式推导从等边直伸导线出发，考虑到推算导线最弱点中误差的过程较为烦琐，而基本方法和原理已被大家熟知，故此直接给出最弱点精度预估公式。在图根导线测量中，由于测边存在误差，将使导线点在导线长度方向产生位移，这种位移称为纵向误差，相应的中误差称为纵向中误差，以 m_t 表示。由于测角有误差，将使导线点在导线长度的垂直方向产生位移，这种位移称为横向误差，相应的中误差称为横向中误差，以 m_u 表示，假定导线的平均边长为 s（m）、测角中误差为 m_β（″）、边长测量中误差 m_s 、常数 $\rho = 206\ 265$、导线边数为 n 。推导的最弱点计算公式如下：

1）支导线。等边直伸支导线的最弱点为导线末端终点。

$$m_t = \pm m_s \sqrt{n}$$

$$m_u = \pm \frac{S}{\rho} m_\beta \sqrt{\frac{2n^3 + 3n^2 + n}{6}}$$

2）单定向角附合导线。该类导线的最弱点距离导线有定向角一侧起点 0.6L 处（L 为导线长度）。

$$m_t = \pm \frac{\sqrt{6}}{5} m_s \sqrt{n}$$

$$m_u = \pm \frac{S}{\rho} m_\beta \sqrt{\frac{1.88n^3 + 2.71n^2 + 4.53n}{172}}$$

3）附合导线。常规附合导线的最弱点在导线中点。

$$m_t = \pm \frac{1}{2} m_s \sqrt{n}$$

$$m_u = \pm \frac{S}{\rho} m_\beta \sqrt{\frac{n^3 + 3n^2 + 5n}{192}}$$

4）无定向导线。无定向角导线的最弱点在导线中点。

$$m_t = \pm \frac{1}{2} m_s \sqrt{n}$$

$$m_u = \pm \frac{S}{\rho} m_\beta \sqrt{\frac{4n^3 + 8n}{192}}$$

（3）由上述导线最弱点的精度估算公式不难看出：导线的横向中误差和纵向中误差，除与导线平均边长、测边测角精度相关外，和导线边数有着紧密关联，所以若提高图根导线精度，应缩短导线总长度，减少导线转点数量，适当提高导线的测角、测边精度。

（刘东庆）

101　全站仪图根导线测量基本技术要求是什么？

1. 全站仪图根导线测量基本要求。

（1）图根导线的布设形式可以是导线网、附合导线、闭合导线和支导线等形式。

（2）图根导线测量，宜采用6″级及以上全站仪施测。

（3）在等级点下加密图根控制时，不宜超过2次附合。

（4）图根导线的边长宜单向施测；当图根导线为首级控制时，边长应进行往返测，较差的相对误差不应大于1/4 000。

（5）图根导线交叉时，应设置结点，高级点至结点以及结点间的分段长度应不大于同级附合导线长度的0.7倍，高级点之间的长度应不大于同级导线长度的1.5倍；当图根导线布设为单定向角电磁波测距导线时，导线长度应不大于同级附合导线长度的0.8倍；当图根导线布设为无定向角电磁波测距导线时，导线长度应不大于同级附合导线长度的0.6倍。

2. 全站仪图根导线测量技术指标要求。

（1）图根导线水平角测定宜观测1测回。主要技术要求应符合表101-1的规定。

表101-1　图根导线测量的主要技术要求

导线长度/m	相对闭合差	测角中误差/″		方位角闭合差/″	
		一般	首级控制	一般	首级控制
$\leqslant \alpha \times M$	$\leqslant 1/(2\,000 \times \alpha)$	30	20	$60\sqrt{n}$	$40\sqrt{n}$

注：1　α为比例系数，取值宜为1，当采用1∶500、1∶1 000比例尺测图时，α值可在1~2之间选用。

2　M为测图比例尺的分母；但对于工矿区现状图测量，不论测图比例尺大小，M均应取值为500。

3　隐蔽或施测困难地区导线相对闭合差可放宽，但不应大于$1/(1\,000 \times \alpha)$。

（2）导线长度小于规定长度的1/3时，绝对闭合差不应大于图上0.3mm。

（3）对于难以布设附合导线的困难地区，可布设成支导线。支导线的水平角观测可用6″级经纬仪施测左、右角各1测回，其圆周角闭合差不应超过40″。边长应往返测定，其较差的相对误差不应大于1/3 000。导线平均边长及边数，不应超过表101-2的规定。

表 101-2　图根支导线平均边长及边数

测图比例尺	平均边长/m	导线边数
1：500	100	3
1：1 000	150	3
1：2 000	250	4

（4）图根导线边长测量宜一测回观测。一测回读数两次，其读数较差应小于 20mm。测距边宜加入气象、加乘常数以及投影改正。

（刘东庆）

102　什么是交会法图根平面控制测量？

1. 常规交会图形如图 102 所示，A、B 两点为已知点，P 点为待定点。三角形 ABP 的三个内角分别为 α、β、γ，三条边分别为 a、b、c。

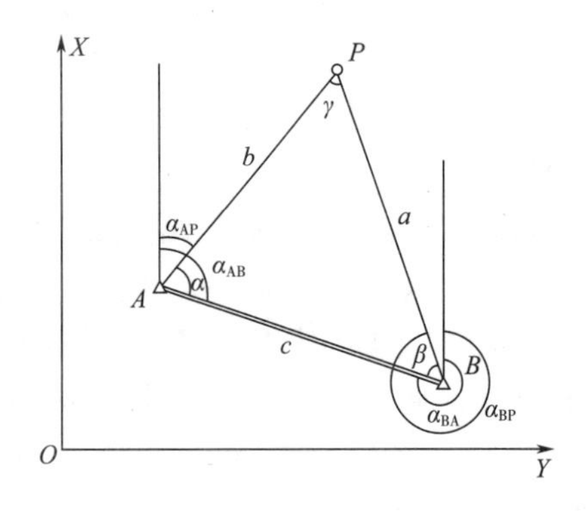

图 102　交会法图形

2. 测角交会也称为前方交会，是分别在已知点 A、B 架设全站仪，且互为后视方向，观测待定点 P，获得已知方向与待定点 P 方向的夹角 α、β，则 P 点坐标的具体计算步骤如下：

（1）通过已知点 A、B 坐标，利用坐标反算公式计算两点的边长 c 和方位角 α_{AB}。

（2）按三角正弦定理计算已知点 A、B 至待定点 P 之间的边长 a、b 以及待定边的方位角 α_{AP}、α_{BP}。

（3）根据已知点 A、B 至待定点 P 的平距边长 b、a 和方位角 α_{AP}、α_{BP} 分别从已知点 A、B 按坐标正算公式计算 P 点坐标，互为检核，无误后可取坐标均值作为计算结果。将上述计算过程化算为正切公式直接计算待定点 P 的平面坐标。公式如下：

$$x_P = \frac{x_A \times \tan\alpha + x_B \times \tan\beta + (y_B - y_A)\tan\alpha \times \tan\beta}{\tan\alpha + \tan\beta}$$

$$y_P = \frac{y_A \times \tan\alpha + y_B \times \tan\beta + (x_A - x_B)\tan\alpha \times \tan\beta}{\tan\alpha + \tan\beta}$$

3. 测边交会也称为距离交会，将全站仪分别架站已知点，测量已知点 A、B 和待定点

P 之间的水平距离 AP 和 BP 即 b、a。测边交会方法计算 P 点坐标的步骤分两步：

（1）利用已知边长 c 和观测边长 b、a 按三角余弦定律计算出三角形内角 α、β。

（2）运用已知点 A、B 坐标和内角 α、β，采用正切公式计算出待定点 P 的平面坐标。

4. 边角交会也可称为边角后方交会，是将全站仪架站待定点 P，观测 P 点至已知点 A、B 的水平距离 PA 和 PB 即 b、a，且观测 PA 和 PB 两边构成的水平角 γ，以计算待定点 P 平面坐标。P 点坐标的计算过程如下：

（1）利用已知边长 c 和观测边长 b、a 按三角余弦定律计算出三角形内角 α、β。

（2）根据三角形内角和为 180°，求出待定点 P 处三角形内角 $\gamma' = 180° - \alpha - \beta$。

（3）以 P 点处内角的计算值 γ' 和观测值 γ 之差作为角度闭合差 ω，$\omega = \gamma' - \gamma$，若角度闭合差在允许限差范围以内，按 $-\omega/3$ 对计算出三角形内角 α、β 进行改正，而后仍按采用正切公式计算待定点 P 的平面坐标。

综上，由测角、测边和边角交会获得待定点坐标的观测及计算不难发现，全站仪交会法的重点是围绕待定点进行相关的边、角测量，运用坐标反算、三角函数关系等计算待定点坐标正算所需的各种参数，最终推算出待定点坐标。当存在少量多余观测时，可由不同观测量分别计算待定点坐标值，相互检核无误可取均值作为最终计算成果；当多余观测条件较多时，为消除各种测量误差的综合影响，则需要选择平差计算软件进行待定点坐标计算，进而对待定点的点位精度做出评定。

值得注意的是，为减少交会法测量误差，在测量标准中规定采用测边交会和测角交会时，交会角应为 30°~150°，观测的角度、距离限差应分别不大于 30″和 20mm，由分组计算所得待定点坐标较差，不应大于图上 0.2mm。特别是在测角后方交会中，当待定点位于已知点的外接圆上时，待定点位置不固定，坐标无解，故称已知点外接圆为“危险圆”，相关标准对交会角做出的规定要求，也是为了避免待定点落在危险圆附近。

（刘东庆）

103　卫星定位 RTK 测量的作业方式有哪些？有何异同？

卫星定位实时动态测量也称为卫星定位 RTK 测量或 RTK 定位。RTK 定位是基于载波相位观测值的实时差分定位技术，基准站通过数据链将其观测值和测站坐标信息一起传送给流动站。流动站通过数据链接收来自基准站的数据，并结合流动站卫星定位数据，在系统内构成差分观测值并进行实时处理，以获取流动站的坐标，流动站可以是静止状态也可以是运动状态。

1. 与 RTK 定位相关的基本概念。

（1）实时动态相对定位（real time kinematic relative positioning）。根据载波相位差分原理，利用无线电通信技术将基准站差分数据传输给流动站卫星定位接收机，通过解算，确定流动站卫星定位接收机天线实时位置或移动轨迹的相对定位，简称实时动态定位或 RTK 测量。

（2）单基准站 RTK 测量（single reference station for RTK surveying）。只利用一个基准站，并通过数据通信技术接收基准站发布的载波相位差分改正参数进行 RTK 测量。单基准站 RTK 测量通常分为固定基站和移动基站两种方式，固定基站是在常规 RTK 测量中，利用电台播发差分数据，而移动基站则是通过无线网络通信技术进行差分数据传输。实际作业中为提高待定点坐标成果的可靠性，也可采用两个固定基准站实施 RTK 定位测量，称为双基站 RTK 测量。

（3）网络 RTK（network RTK）。指在一定区域内建立多个基准站，对该地区构成网状覆盖，并进行连续跟踪观测，通过这些站点组成卫星定位观测值的网络解算，获取覆盖该地区和某时间段的 RTK 改正参数，用于该区域内 RTK 用户进行实时 RTK 改正的定位方式。

（4）连续运行基准站系统（continuously operating reference station system）。以多个连续运行的卫星定位基准站组成的网络为基础，利用现代通信技术，由数据处理中心为用户提供高精度实时定位和多种信息的综合服务系统，简称 CORS 系统。有如下特点：①需要建立多个连续运行基准站；②各基准站间应建立联系并组成网络；③依 CORS 系统建立的目的，分为提供和不提供 RTK 服务功能的两种模式；④提供 RTK 定位服务的 CORS 系统，可通过系统平台的搭建，数据处理中心将各基准站观测值进行统一处理，并建立精确的差分信息解算模型，解算出高精度的差分数据，再利用无线网络技术将改正信息发送给流动站用户，其工作原理和服务功能与网络 RTK 相同。

2. 单基准站 RTK、网络 RTK 和 CORS 系统间的异同。

（1）单基准站 RTK 测量、网络 RTK 测量和 CORS 系统间的共同点是，其均属于实时动态相对定位测量技术。

（2）三者的区别如下：

1）设施构成不同。单基准站 RTK 测量只有一个或两个参考站，网络 RTK 测量需要有多个卫星定位基准站组成网络，并能形成网状覆盖。

2）控制的范围不同。CORS 系统或网络 RTK 控制范围大，而单基准站 RTK 控制范围较小。

3）改正参数的计算方式和定位精度不同。CORS 系统或网络 RTK 差分数据计算复杂，获取的流动站的待定点坐标成果精度均匀，可靠性强；单基准站 RTK 相对简单，待定点的测量精度和成果可靠性随流动站与基准站之间距离的增加而逐渐降低。

4）改正参数的传输方式不同。单基准站 RTK 可依托电台或网络，而另外两个只能通过网络传输。

（刘东庆）

104　网络 RTK 技术组成包括哪些内容？

网络 RTK 能够实时、快速完成厘米级定位，其技术组成主要包括整周模糊度解算、区域误差模型建立、基准站网构建和系统完备性检测。

1. 整周模糊度解算。整周模糊度的确定，是载波相位测量相对定位的关键问题。网络 RTK 系统整周模糊度解算，可分为基准站网和流动站两个部分。

（1）基准站网模糊度确定。尽管基准站的坐标已知，但是在 CORS 网络中，由于基准站之间相距几十公里乃至上百公里，双差处理后仍存在较大残差，使基准站间整周模糊度难以准确解算。故网络 RTK 基准站间的整周未知数解算有如下特点：

1）受残差影响大。由于网络 RTK 基准站之间距离较长，误差相关性降低，导致双差残差增加，所以为了得到正确整周未知数，必须考虑残差影响。

2）连续静态观测。CORS 站都是建立在基础稳定性强、坐标成果准确的固定点进行连续观测，具有大量的静态观测资料。所以，在最初确定整周未知数时，可以利用前期资料作为辅助求解。

3）模糊度之间的限制条件。对于一个基线组成的闭合环，整周未知数之和应为零。由于 CORS 网由多个基准站组成，那么就会产生多个基线闭合环条件，这些限定条件，对模糊度的解算具有很大的帮助作用。

（2）流动站双差模糊度确定。尽管网络 RTK 因基线较长而导致双差处理后残差较大，但是流动站双差模糊度确定与常规 RTK 技术确定是一样的，需要通过基准站网数据进行修正。目前，国内外解决该问题的主要方法简单介绍如下：

1）最小二乘搜索法。Hatch 认为因观测噪声对载波相位观测所引起的误差远小于一个波长，又因双差模糊度与空间三维值存在线性关系，因此，只需有 3 个独立双差模糊度。即只要确定 3 个双差模糊度，其余模糊度便可直接推算确定。

2）附加模糊度参数的卡尔曼滤波法。是把整周未知数参数视为滤波器的状态，将初始历元的双差模糊度实数解估值和协方差阵作为初值，然后通过卡尔曼滤波器，逐次趋近求得正确模糊度实数解。具体解算过程为：①确定模糊度浮点解和搜索空间；②优化 Cholesky 分解整周模糊度搜索；③整周未知数确定。

2. 区域误差模型建立。当基准站网获得正确双差模糊度以后，可以得到厘米级的基准站间误差。此时如何有效地计算流动站误差同样至关重要。如何建立因距离有关的误差源修正模型并进行优化，成为网络 RTK 技术的关键。也就是所谓的区域误差模型建立。

对于误差建模可分为两类：一类是将各种误差分开，并独立建模，然后根据流动站位置计算对应的误差。另一类是不区分各类误差，直接统一建模，最后利用流动站相对于网络基准站的坐标进行综合内插计算误差。

3. 基准站网构建。网络 RTK 计算改正数，必须建立在基线解算基础上。为了快速、准确解算网络整周模糊度，并且建立精密误差模型，就必须将独立基线组成网络。若基准站间距离越小，对于与距离相关的误差因子所导致的定位误差也就越小，则误差建模也越精确。而网络 RTK 通常选择与流动站最近的三个基站进行差分改正计算，那么构网原则和算法将直接影响网络 RTK 的作业效率。构建基准站三角网形方法很多，常用的有 Voronoi 图形和 Delaunay 三角形网法。其中，Delaunay 三角形网法应用于网络 RTK 较为普遍。

网络 RTK 构网要求：①网形唯一；②尽量满足网形最佳，即接近等边三角形最好；③保证最近点构成三角形。

4. 系统完备性监测。网络 RTK 完备性监测是用户安全的一个重要部分，若系统发生故障导致数据出错，系统能否及时对用户做出警告是衡量网络 RTK 完备性的一个指标，也是网络 RTK 关键技术之一。网络 RTK 完备性监测主要包括差分信息发布的准确度和可靠性监测、参考站数据的完备性监测、通信线路的稳定性监测等。

虽然现阶段我国已经进入一个网络 RTK 系统建设、应用和发展阶段，但还没有专门对网络 RTK 系统完备性进行系统性研究，不能解决当前网络 RTK 系统存在的相关问题。所以，如何建立网络 RTK 完备性监测参数体系及如何提供用户自主完备性监测方法，将是进一步研究网络 RTK 的重要课题。

（刘东庆）

105　网络 RTK 存在的误差来源及修正方法有哪些？

网络 RTK 同常规 RTK 一样，均属卫星定位测量的范畴，都需要对导航定位卫星信号进行跟踪，才能完成实时定位。而相关定位信号源自全球导航定位卫星，在信号发射、传播与接收过程中，都会受到各种因素的干扰。

1. 卫星定位测量误差，按其来源可分为三种类型，即卫星信号传播的误差，与卫星相关的误差，和用户设备及观测相关的误差。

（1）卫星信号传播的误差，主要有电离层延迟、对流层延迟及信号传播的多路径效应。

（2）与卫星相关的误差，主要包括卫星星历误差、卫星钟的误差、地球自转和相对论效应的影响。

（3）和用户设备及观测相关的误差，主要包括接收机钟的钟误差、接收机的位置误差和接收机的测量噪声等。

2. 卫星定位测量，需要建立正确的误差改正模型对观测值进行修正，需要选择良好观测条件或恰当处理方法以减弱或消除各种误差影响，从而提高卫星定位测量的精度与可靠性。分别说明如下：

（1）电离层延迟。

1）距地球表面 50~1 000km 范围，由于紫外线、X 射线、γ 射线和高能粒子作用，大气中含有大量的正离子和电子，形成电离区域构成所谓电离层。当导航定位卫星信号通过电离层时，受电离气体的影响，传播速度会发生变化。变化程度主要与电子密度和信号频率相关，信号传播路径也会发生弯曲，从而导致信号传输的延迟误差。由于电离层存在弥散性，电子密度不均，且与紫外线强弱关联密切，呈季节周期性和日周期性变化，因此电离层延迟量与信号频率构成相关函数。在卫星定位误差源中，电离层影响误差是主要误差，也是最大的影响误差源。

2）电离层有以下特点：①折射系数主要与信号频率有关；②载波相位与码观测的电离层延迟值大小相等、符号相反；③受日照影响，变化复杂，难以通过理想模型进行准确描述。

3）试验研究证明，电离层误差具有空间相关性，即在卫星定位测量的相对定位中，该项误差与基线距离相关，可以通过双差减弱，也可以利用模型进行修正。电离层模型可以分为基于格网的模型和基于函数的模型。在网络 RTK 定位中，通常采用利用基准站网观测数据进行建模或者是与其余误差进行统一内插进行减弱修正。

（2）对流层延迟。

1）导航定位卫星信号，穿过距地面高度 50km 一下的未被电离的中性大气层传输至用户接收机，即电磁波通过平流层和对流层时会产生路径变化，由于大气质量主要集中在对流层，也是大气现象呈现的主要区域，信号延迟的 80% 发生在对流层。故将发生在中性大气层中的延迟所引起的误差称为对流层延迟。卫星信号在对流层中传输产生的路径弯曲变化，与地面气候、大气压力、温度和湿度有关，同时也与信号发射的高度角有关。

2）减少对流层折射对电磁波延迟影响的方法，可通过实测地区气象资料利用模型改正，也可通过短基线两端同步观测求差，来削弱大气折射影响。

3）在运用网络 RTK 技术进行数据处理中，由于连续运行参考站的坐标已知，并且不间断地进行连续观测数据，温度、气压等气象参数可以实时测定，所以使用对流层延迟改正模型均可进行较好的对流层延迟改正。在短距离条件下，网络 RTK 可以直接进行模型修正，也可以通过基准站网进行对流层误差修正或者内插出误差改正。

（3）多路径效应。

1）导航定位卫星信号传至地面时，易被反射物反射。若接收机天线周围存在高大建筑物或大范围水域，在强反射作用下，天线接收的信号既有卫星发射的直接信号，也有经反射物反射后的同频反射信号，从而与直接信号发生干涉，干涉后的组合信号就会严重影响观测值，产生定位误差，该误差称为多路径效应。

2）多路径效应影响因素，包括观测环境的条件好坏，如静水面、金属材料、玻璃幕墙等都会造成较大的多路径效应。并且与卫星信号的入射角、反射物与接收机的远近有关。多路径效应将严重影响 RTK 测量精度，严重时还会导致信号失锁。

3）削弱多路径效应的方法主要包括：①依据观测条件合理选择流动站位置，避开有强烈反射物，如水面、光滑地面等；②硬件设置，采用抑制天线、相控阵列天线技术；③适当延长观测时间。

（4）卫星星历误差。

1）卫星在轨运行过程中受多种摄动力影响，而地面监测站无法精确地掌握卫星的受力作用状况，所提供给用户的预报星历与卫星实际运动轨迹不符形成的差值称为卫星星历误差，通常认为星历误差是一种起算误差。轨道误差影响定位精度与基线的长度相关。当前，卫星广播星历能达 10m 量级精度，而采用精密星历精度约为 30~50mm 量级。

2）对于网络 RTK 来说，10m 级广播星历引起的轨道误差，在基线 50km 的大小约为 25mm，而载波相位波长一般在 150mm 以上，也就是说这样的误差不会影响基线之间的整周模糊度求解。所以，基准站间小于 50km 的网络 RTK 系统，利用广播星历就可以达到要求。反之，当轨道误差超过 25mm，由于系统还有其他误差影响，就难以解决基准站间模糊度求解。在网络 RTK 中，一般采用多基准站根据自身观测的数据把距离相关误差用一个模型进行描述，再内插得到流动站的误差估计并削弱或消除。

3）解决卫星星历误差的方法如下：①采用轨道改进法。即在处理观测数据时，将卫星轨道误差视为未知参数，与其他待估参数进行一并求解。②同步观测值求差。即将多台卫星定位接收机在同一时段对同组卫星进行同步观测，由于同组卫星的轨道误差对不同测站影响误差符合系统误差特性，特别是短基线，认为影响大小相同，故可通过差值进行消除或减弱，这种方法对于精密相对定位来说具有很大意义。

（5）卫星钟误差。因卫星定位是由导航定位卫星发射信号至接收机，而观测信号要以精确测时为准，才能正确得到卫星位置信息。即无论是载波相位测量还是伪距测量，均要求卫星时钟和接收机时钟同步。但卫星钟难免有频移、钟差等误差。而这种约 1ms 的钟差会引起约 300km 的等效距离误差。这种误差可通过卫星主控站根据监测卫星运行已有资料推算确定，并发送给用户。也可以通过接收机间求差来消除。对于网络 RTK 来说，可通过差分模型消除卫星钟差和接收机钟差。

（6）接收机有关误差。接收机有关误差主要包括天线相位中心偏差、接收机钟差和接收机位置误差。

1）天线相位中心偏差。卫星定位接收机获得信号后，要由天线中心位置确定观测值，则要求天线相位中心与几何中心绝对一致。事实上，随着输入信号的强度和方向不同都会对天线相位中心有所改变，也就是观测时相位中心与理论值存在差异，称为天线相位中心偏差。

实际工作中，若两个同类型天线的接收机，安置在短基线两端对同组卫星进行同步观测，可以通过求差来削弱相位中心偏差；也可以用罗盘找到磁北极，使天线指向磁北极，来统一消除或减弱天线相位中心偏差对基线测量的影响。

2）接收机钟差。接收机钟差与卫星钟差一样，都会对载波相位观测值产生影响且不容忽视。通常，可以将每个观测时刻的接收机钟差作为未知参数，在数据处理中与观测站位置同时求解。也可通过卫星间求差来消除接收机钟差。

3）接收机位置误差。因接收机相位中心与标石中心不一致所引起的误差，称为接收机位置误差。其属于偶然误差，可通过多余观测消除。

（7）观测噪声。观测噪声主要与接收机类型和卫星高度角有关，属处理伪距观测值或载波相位观测值过程中由接收机自身所产生的误差。接收机观测噪声数量级较小，通常认为小于信号波长的1%。对于卫星定位观测值而言，以GPS接收机为例其等效距离误差见表105。

表105　观测噪声对卫星定位观测值的影响

信号类别	波长/m	接收机观测噪声/m
P码	29.3	0.3
C/A码	293	2.9
L1载波	0.190 5	0.002
L2载波	0.244 5	0.002 5

注：表中数值以GPS接收机为例。

（8）与通信有关的误差。网络RTK系统的数据传输性能，主要从传输时延、丢包率、误码率等体现。而这些对于网络RTK技术的定位结果精度都是至关重要的。所以，通信率必须高达99%的可靠性，才能保证网络RTK正常使用。

（刘东庆）

106　网络RTK有哪些常用的计算方法？

网络RTK计算方法，主要有虚拟基准站（VRS）技术、主辅站技术（MAC），区域改正数技术（FKP）、综合误差内插技术（CBI）、增强基准站技术（ARS）。分别对各算法理论介绍如下：

1. 虚拟基准站（VRS）技术。

（1）虚拟基准站技术的系统组成：①网络基准站系统，是由若干个连续运行基准站组网而成，对全球导航定位卫星进行连续观测。②控制中心，下设通信中心和数据处理中心，主要负责数据接收、播发和解算。③用户设备，是指用户为了享用系统提供的服务，所选用的卫星定位接收机设备。

（2）虚拟基准站技术的核心思想。

1）基准站网将所有的观测数据实时发送到控制中心，由数据处理中心完成误差模型的建立。

2）用户在观测时首先由接收机获得卫星粗定位的概略坐标，然后经过无线网络（GPRS/CDMA）向数据中心发送这个概略坐标。

3）数据处理中心根据用户概略位置，由系统自动选择最佳的基准站组合，根据这个组合的观测数据，对导航卫星轨道误差、电离层延迟、对流层延迟和大气折射引起的误差进行差分，最后将高精度的差分信号返回给用户流动站。

4）用户接收机依差分信号完成最终精确定位。这种模式相当于在用户接收机附近建立了一个虚拟基准站（Virtual Reference Station），简称为 VRS。该模式突破了作业半径、无线通信信号不稳定等常规 RTK 的技术瓶颈，而且定位精度不受流动站与基准站距离的显著影响，使用便捷高效，是目前应用最为广泛的一种网络 RTK 技术。

5）虚拟基准站（VRS）的关键环节为流动站误差计算和虚拟观测值的生成。

（3）虚拟基准站技术的工作流程。虚拟基准站技术的工作流程，如图 106-1 所示。

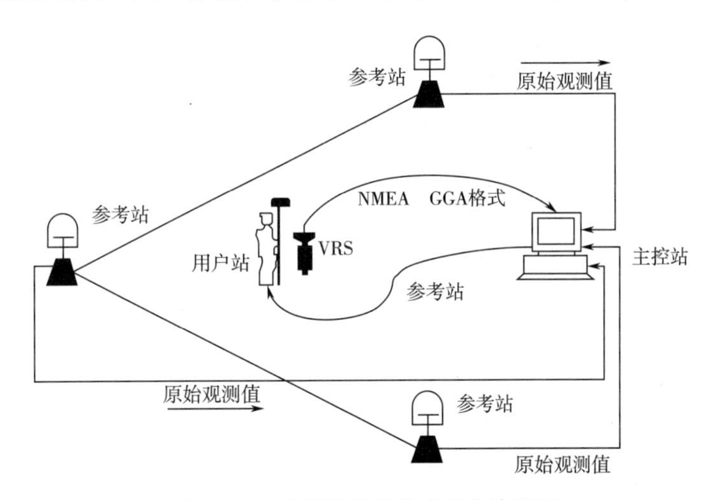

图 106-1 虚拟基准站技术工作流程图

（4）虚拟基准站技术的原理（图 106-2）。根据流动站位置选择主参考站 A，生成虚拟基准站位置 P，主参考站 A 和虚拟基准站 P 以及用户站 u 之间关系如图 106-2 所示，构成相应观测方程，利用虚拟基准站技术将空间相关误差得到消除。

（5）基于虚拟基准站技术的网络 RTK 实现过程。

1）连续运行基准站不间断观测卫星，并将观测值、气象信息等基准站信息通过通信专线发送给控制中心。控制中心对所接收的数据信息进行融合、处理及对误差源建模。

2）用户设备在与网络 RTK 系统建立好通信协议后，将自己的概略坐标发送给控制中心。控制中心根据流动站位置，解算出距离流动站实际位置很近的虚拟参考站观测值，并返回给流动站用户接收机。

3）流动站用户接收机接收到虚拟基准站信息后，便可利用常规 RTK 技术差分原理，进行载波相位差分解算，实时得到高精度定位结果。

可见，虚拟基准站技术要求双向通信，即流动站在得到系统播发的改正信息前，必须先将自己定位结果发送给系统数据处理中心。

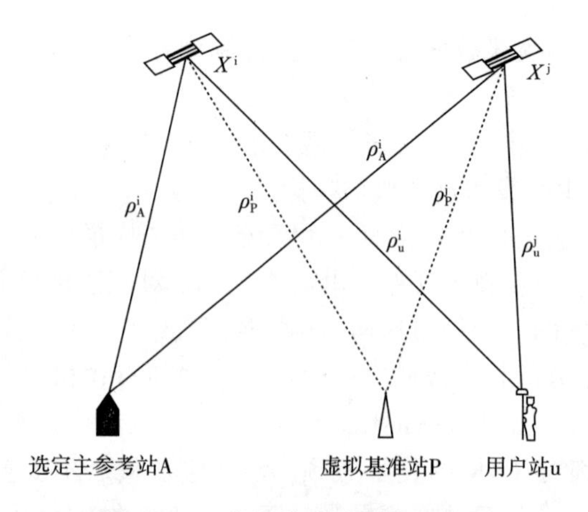

图 106-2　虚拟基准站技术的原理

（6）虚拟基准站技术的流程框图。虚拟基准站技术的流程框图见图 106-3。

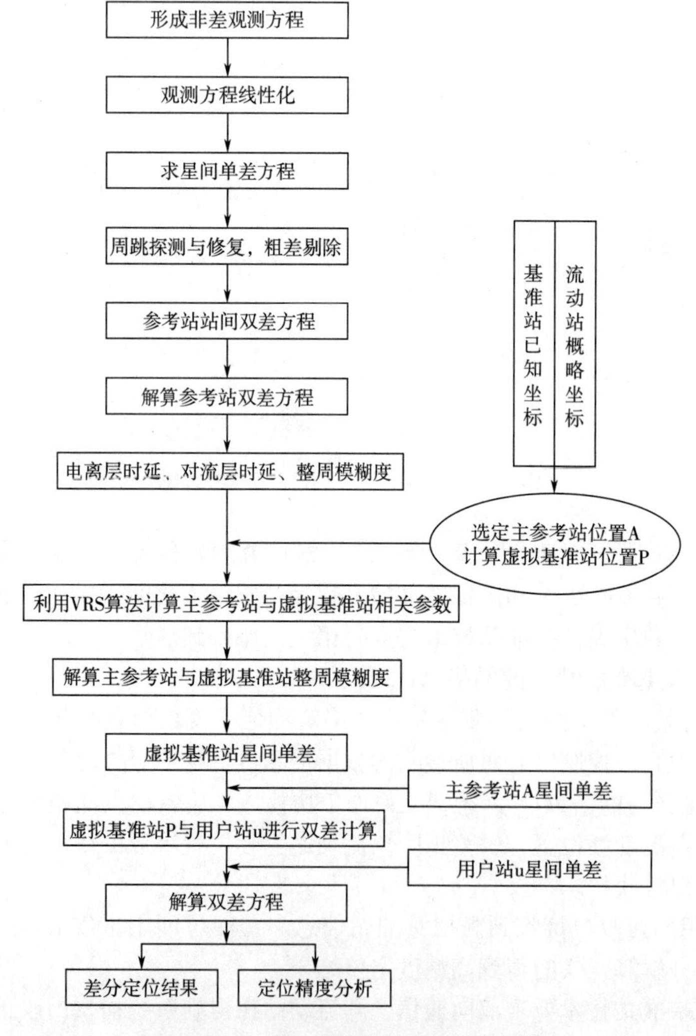

图 106-3　虚拟基准站技术的流程框图

（7）虚拟基准站技术的优势。VRS 技术的优点在于计算模型精度高，可靠性强，VRS 技术是使用整个网络的信息来计算电离层和对流层的误差改正模型，通过差分观测值计算电离层延迟、对流层延迟和星历误差。通过虚拟基准站，使网络 RTK 定位的解算精度、可靠性和稳定性较常规 RTK 定位有了显著的提高。

（8）虚拟基准站技术的系统软件。当前，使用 VRS 解算模型的商业软件主要有 Trimble 公司的 GPSNet，Topcon 公司的 TopNet、南方测绘公司的 Venus。

2. 主辅站技术（MAC）。

（1）主辅站技术是由瑞士 Leica 公司根据“主辅站”这一概念所提出的。它是基于多系统、多基站、多频和多信号非差分处理算法的数据处理技术，它将弥散性和非弥散性的差分改正数以高度压缩的形式作为网络的改正数发送给用户。本质上来说它可以是区域改正数（FKT）的一种优化。

（2）主辅站技术，顾名思义就是将网内所有基准站在进行网络 RTK 技术中分成主站和辅助站两类。其中，距离流动站较近的基准站作为主站，在基准站网覆盖范围内选择至少两个以上的基准站作为辅助站，然后对主辅站观测数据进行差分计算，得到辅助站相对于主站的改正值，数据中心将主辅站观测信息以及改正数等信息一并播发送给用户，用户利用这些数据对自己观测数据进行加权修正，然后得到精确定位结果。主辅站技术原理，见图 106-4。

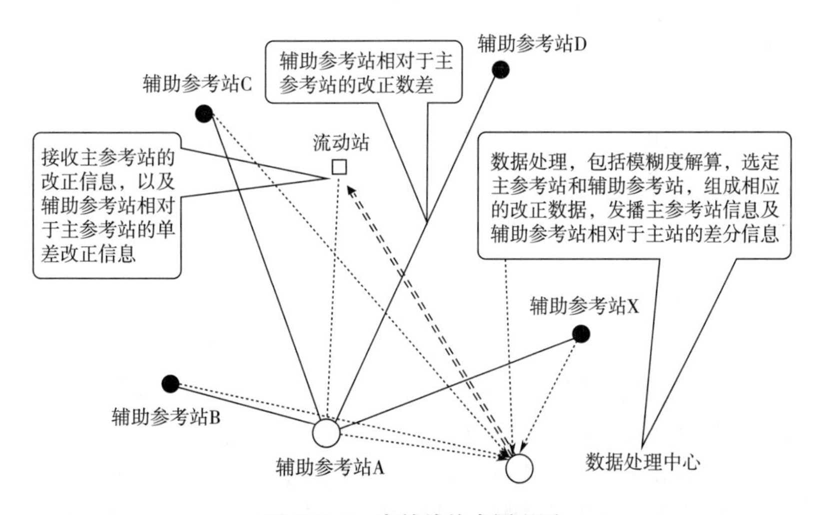

图 106-4　主辅站技术原理图

（3）主辅站的最大特点，就是将以往基准站网络发布差分改正数的信息量大幅降低。主辅站技术通常计算模式是，选出一个基准站作为主站，发布其坐标信息及其他基准站对该站的改正信息。其他基准站为辅助站。辅助基准站的差分信息量得到大幅减少。流动站用户直接将主基准站发出的最终差分信息作为参考内插出精确位置。或者将主基准站的差分信息用于重建其他辅助基准站的改正信息。可以看出，主基准站的作用仅是被用来实现数据传输，并没有进行改正数计算。

（4）主辅站实施的基本步骤：

1）所有连续运行基准站将观测的原始数据上传数据中心。

2）数据中心由计算机软件自动估计站间的双差整周模糊度。

3）任意选取一个基准站作为主基准站，其他基准站设为辅助基准站。

4）计算主基准站和辅助基准站之间的单差空间相关误差，生成差分改正数。

5）将单差误差改正数据分解为弥散性和非弥散性两类，并以不同的频率发送至各流动站。

6）流动站以主辅站改正数为基础，重新构成完整的基准站网络观测数据信息，同时利用用户流动站附加的接收机解算软件，内插计算本站与各基准站间的空间相关误差。

7）根据计算所得的空间相关误差改正数对载波相位观测值上的综合误差进行修正，降低其误差影响，从而实现高精度 RTK 定位。

（5）目前，瑞士 Leica 公司网络 RTK 软件应用的便是主辅站技术。

3. 区域改正数技术（FKP）。

（1）区域改正数技术的基本原理，是基准站将每一个瞬时采集的未经差分处理的同步观测值实时传回数据处理中心，通过数据处理中心实时处理，产生一个称为 FTK 的空间误差改正参数，然后将这些参数通过扩展信息发送给服务区内所用流动站进行空间位置的实时解算。

（2）区域改正数技术的特点，是估计各个基准站上的非差参数，通过基准站非差参数的空间相关误差模型计算流动站的改正数，从而实现实时精确定位。

（3）区域改正数技术进行定位的基本步骤：

1）把基准站的原始观测数据传输到数据中心。

2）各个基准站数据中心，对原始观测数据采用卡尔曼滤波进行非差状态参数估计。

3）对所估计的对流层延迟、电离层延迟、卫星星历误差和潮汐效应等非差状态参数进行空间相关误差建模，并估计流动站上的空间相关误差，同时利用流动站非差空间相关误差估值计算区域改正参数。

4）数据中心将区域改正参数以 RTCM-TYPE59 的格式编码，采用单向广播模式发送给流动站用户，从而实现 RTK 定位。

（4）区域改正数技术的适用性，由于采用的是非差模型，待估参数太多，想要建立较为准确的随机模型和函数模型就比较困难，从而限制了区域改正参数的估计精度。另一方面，由于数据中心采用 RTCM 的扩展电文格式将区域改正参数发送给用户，用户端就必须安装专业的客户端软硬件才能进行参数解码和误差修正，同时用户端也承担了部分误差的建模计算。

（5）目前，只有少数国家或地区采用区域改正数技术进行 RTK 解算。如德国 Geo++ 公司的网络 RTK 软件。

4. 综合误差内插技术（CBI）。

（1）综合误差内插技术，属武汉大学提出的 CORS 建设技术，是一种空间相关误差区域建模技术。

（2）综合误差内插法的基本原理，是利用卫星定位误差的相关性，计算网内基准站间的双差综合误差，并发送给用户。用户根据此误差和当前位置内插算出用户自身的综合误差，从而对观测值进行改正，提高 RTK 定位精度。

（3）实验表明，在电离层变化较大的时间段和区域内，应用综合误差内插技术比较有优势。

（4）综合误差内插技术，方法简单可靠、性能稳定，单向通信就可以实时解算。目前，这种技术已经应用于深圳连续运行基准站网络。

5. 增强基准站技术（ARS）。

（1）增强参考站技术，是由我国西南交通大学黄丁发教授提出来的一种新的网络 RTK 技术。

（2）增强参考站技术的特点是对基准站网络的观测数据进行融合，然后传输融合后的数据参与流动站的差分定位，实现多基线解。其中增强基准站观测值是各个基准站改正数的加权平均值，因此，增强基准站观测值的变化率很小。

（3）目前，黄丁发教授以增强基准站技术为基础，开发了一套具有自主知识产权的系统软件 VENUS（VRS Enhance Network Utility System），该系统经过评估测试并取得良好的效果。

（刘东庆）

107 如何进行单基站 RTK 的位置选择和设站操作？

1. 位置选择。

（1）应根据测区范围、地形地貌和数据链的通信方式，遵照单基站有效作业半径不宜超过 10km、网络基站有效作业半径满足地方基站要求，在图上设计，初步拟定基站布设位置。

（2）宜选择地势较高、视野开阔、对空通视条件良好，周围无高度角超过 15°障碍物的地方。

（3）为避免多路径效应及强电磁干扰对接收卫星信号的影响，既要避开大面积水域、高大建筑物、树木、海滩等，又要远离微波站（通道）、无线电发射台、高压走廊，通常要求距离不小于 200m。

（4）地质条件良好，基础稳定，无振动干扰，且交通及通行便利的位置。

（5）基准站位置选择还应与数据链的通信方式相适应，确保信号有效覆盖和通信畅通。

2. 设站操作。

（1）基准站应设置在等级控制点上。

（2）正确连接天线电缆、电源电缆和通信电缆等；接收机天线与电台天线之间的距离，不宜小于 3m，电台天线尽可能设置于高处。

（3）接收机天线应精确对中、整平。对中误差不应大于 5mm；天线高独立量测两次，较差应小于 3mm，取中数填入测站记录。

（4）应检查电台和接收机的链接，核对电台频率，正确设置仪器类型、电台类型、电台频率、播发格式、天线类型、数据端口、蓝牙端口等；电台频率的选择，不应与作业区其他无线电通信频率相冲突。

（5）应正确设置基准站坐标、数据单位、尺度因子、投影参数和接收机天线高等参数。

（6）作业过程中不应对基准站的设置、天线位置和天线高度进行更改。

(7) 每次作业开始前或重新架设基准站后，均应进行至少一个同等级或高一级已知点的检核，其平面、高程测量成果应满足图根控制点精度指标要求。

(8) 当基准站自由架设时，应严格进行点校正，校正残差符合要求后，方能进行测量作业。作业过程中应及时在已知点上复核检查。

(刘东庆)

108　如何获取测区坐标系统和高程基准的转换参数？

1. 转换参数的获取。

(1) 测区坐标系统转换参数，可采用重合点求定参数（七参数或四参数）的方法进行。

(2) 坐标转换参数和高程转换参数的确定宜分别进行；坐标转换位置基准应一致，重合点的个数不少于 4 个，且应分布在测区的周边和中部；高程转换可采用拟合高程测量的方法求解。

(3) 在既有卫星定位测量控制网的测区，可以直接应用控制网二维约束平差所计算的转换参数；若没有获得测区坐标系统转换参数，也可以自行通过联测求解。

(4) 对于面积较大的测区，需要分区求解转换参数时，相邻分区应不少于 2 个重合点。

(5) 转换参数求取时应根据测区范围及具体情况，对起算点进行可靠性检验，采用合理的数学模型，宜采取多种点组合方式分别计算，再进行优选。

2. 已有转换参数（模型）的应用要求。

(1) 转换参数（模型）的应用，不应超越转换参数的计算所覆盖的范围，且参考系统应正确使用。

(2) 正式使用前，应对转换参数（模型）的精度、可靠性进行分析和实测检查。检查点应分布在测区的中部和边缘。采用 RTK 图根点测量方法检测，其检测结果平面较差不应大于图上 0.1mm，高程较差不应大于等高距的 1/10；超限时，应分析原因并重新建立转换关系。

(3) 对于地形趋势变化明显的大面积测区，应绘制高程异常等值线图，分析高程异常的变化趋势是否同测区的地形变化相一致。当局部差异较大时，应加强检查，超限时，应进一步精确求定高程拟合方程。

(4) 网络 RTK 的平面坐标系与项目坐标系不兼容时，可通过点校正法建立转换关系。

3. 测量精度要求。RTK 图根点测量平面坐标转换残差，不应大于图上 ±0.07mm。RTK 图根点测量高程拟合残差，不应大于 1/12 基本等高距。

(刘东庆)

109　RTK 图根点测量应满足哪些技术要求？

平面图根点测量可采用单基站 RTK 测量模式，也可采用网络 RTK 测量模式。由流动站采集卫星观测数据，通过数据链接收来自基准站的数据，在系统内组成差分观测值进行实时处理，通过坐标转换方法将观测得到的地心坐标转换为指定坐标系中的平面坐标，是这一作业方法的基本测量原理。

RTK 图根点测量作业，应满足下列技术要求：

1. 使用网络 RTK 流动站作业时，应在连续运行基准站服务中心登记、注册，并获得系统服务的授权。

2. 网络 RTK 的流动站应在有效服务区域内进行，并实现与服务控制中心的数据通信。

3. RTK 流动站观测宜在比较开阔的地点进行，应避开隐蔽地带、成片水域、建（构）筑物等具有多路径影响位置以及存在强电磁波干扰的位置。

4. 流动站接收机天线高宜为固定高度，且不宜低于 2m，天线高的量取应精确至 1mm，变换天线高时须做相应记录。

5. 应正确设置仪器类型、天线类型、测量模式、天线高、位置精度强弱度（PDOP）、高度角、转换参数，基准参数、数据链通信频率等内容，确保流动站和基准站参数设置一致。

6. RTK 流动站到网络基站距离不宜超过 10km，到单基站距离不应超过 5km。

7. RTK 流动站观测时宜采用三脚架对中、整平，接收有效卫星数不宜少于 6 个，多星座系统有效卫星数不宜少于 7 个，PDOP 值应小于 5，每次观测历元数不应少于 20 个，数据采样间隔宜为 2~5s，并应采用固定解成果。

8. 观测开始前应对仪器进行初始化，并得到固定解，当长时间不能获得固定解时，宜断开已通信链路，再次进行初始化操作或更换测量点位。

9. 每次作业开始前或重新架设基准站后以及观测结束前，宜检测至少一个不低于图根精度的已知点。检测结果与已知成果的平面较差不应大于图上 0.2mm，高程较差不应大于测图比例尺基本等高距的 1/5。

10. RTK 图根控制点应进行同一基站或不同基站下的两次独立观测，坐标差不应大于图上 0.1mm，高程较差不应大于测图比例尺基本等高距的 1/10，符合要求后宜取两次独立观测的平均值作为最终成果。

11. 作业过程中，如出现卫星信号失锁，应重新初始化，并经重合点测量检测合格后，方能继续作业。

12. 每日观测结束，应及时转存测量数据至计算机并做好数据备份。

（刘东庆）

110 RTK 图根点测量的数据成果整理内容和检查的规定是什么？

RTK 图根点测量完成后，应及时对外业采集的数据进行整理、备份，对内外业测量成果进行检查。

1. 数据整理，应包括下列内容：

（1）基准站点名、天线高、观测时间。

（2）流动站点名、天线高、观测时间。

（3）流动站的平面、高程收敛精度。

（4）流动站的地心坐标、平面和高程成果。

（5）测区转换参考点、观测点网图等。

2. RTK 图根点测量成果检查，应符合下列规定：

（1）对采用 RTK 方法实测的图根点成果应进行 100% 的内业检查，外业抽查不宜少于总点数 5%，且不得少于 3 个点。

（2）平面检测方法可采用相应等级边长检核、角度检核或导线联测检核等。高程控制点外业检测可采用相应等级的三角高程、几何水准测量方法。

（3）为确保观测成果的正确性，检查点应均匀分布于测区的中部和四周。

（4）图根点平面检核限差，应符合表 110 的规定。

表 110　图根点平面检核测量技术要求

等级	边长检核		角度检核		导线联测检核	
	测距中误差/mm	边长较差的相对中误差	测角中误差/″	角度较差限差/″	角度闭合/″	边长相对闭合差
图根	20	1/2 500	20	60	$60\sqrt{n}$	1/2 000

注：n 为导线测量测站数。

（5）图根点高程检核限差应符合 $\pm 40\sqrt{D}$ mm，其中 D 为检测线路长度（km），不足 1km 时按 1km 计算。

（6）根据下式对检查点的点位中误差 M_Δ、高程中误差 M_h 进行统计，点位中误差应不大于图上 0.1mm，高程中误差应不大于测图比例尺基本等高距的 1/10。

$$M_\Delta = \sqrt{\frac{[\Delta S_i \Delta S_i]}{2n}}$$

$$M_h = \sqrt{\frac{[\Delta H_i \Delta H_i]}{2n}}$$

式中：M_Δ、M_h ——检查点点位中误差或高程中误差（mm）；

ΔS_i、ΔH_i ——检查点与原点位平面位置较差或高程较差（mm）；

n ——检查点的个数。

（刘东庆）

111　图根水准测量的基本原理及技术要求是什么？

为地形测量而进行的普通水准测量称为图根水准测量，施测目的是测定图根点高程。精度等级为图根水准。

1. 基本原理。利用水准仪提供一条水平视线，对竖立在两地面点的水准尺上分别进行瞄准和读数，以测定两点间的高差；再根据已知点的高程，推算待定点的高程。如图 111 所示。设已知 A 点的高程为 H_A，求 B 点的高程 H_B，在 A、B 两点设立水准尺，并在 A、B 点之间安置一架水准仪；若水准测量是从 A 点向 B 点方向进行，规定称 A 点为后视点，B 点为前视点。根据水准仪望远镜的水平视线，在 A 尺上读数 a 为后视读数，在 B 尺上读数 b 为前视读数，为了避免将两点间高差的正负号搞错，规定从 A 点至 B 点的高差 h 的写法为 h_{AB}，反之则为 h_{BA}，二者的绝对值相等而符号相反。由图可知，A 点至 B 点的高差 h_{AB} 等于后视读数 a 减前视读数 b，即：

$$h_{AB} = a - b \tag{1}$$

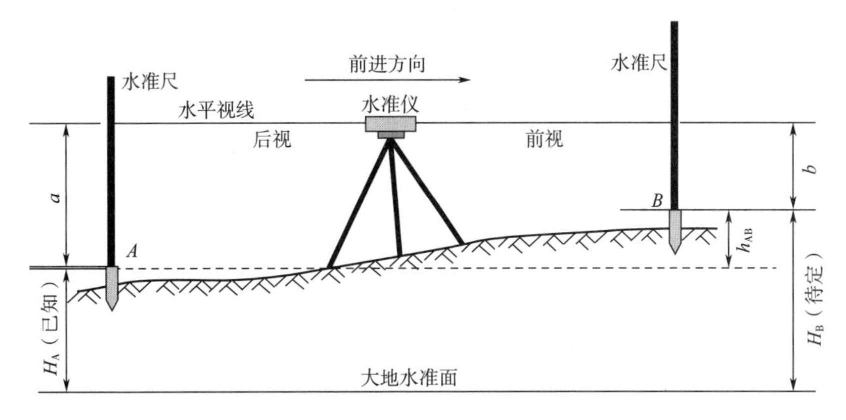

图 111　水准测量原理图

如果 A 、B 两点的距离不远，而且高差不大（小于一支水准尺的长度），则安置一次水准仪就能测定其高差，如图 111 所示，设已知 A 点的高程为 H_A ，则 B 点的高程为：

$$H_B = H_A + h_{AB} \tag{2}$$

当安置一次水准仪需要测定若干前视点的高程时，可依据公式（2）逐次计算推定。

2. 基本技术要求。

（1）图根水准线路的起算点精度，不应低于四等水准高程点。

（2）应使用精度不低于 DS10 的水准仪和普通水准塔尺；仪器使用前需进行检验和校正，仪器 i 角不宜大于 30″。

（3）水准线路布设为附合路线、闭合环线时，可按中丝读数法单程观测，线路长度不应大于 5km；水准路线布设成支线时，应按中丝读数法往、返观测，路线长度不应大于 2. 5km。

（4）图根水准支线往返较差、附合线路或环线闭合差平地或丘陵地应不大于 $40\sqrt{L}$（mm），山地应不大于 $12\sqrt{n}$（mm），其中 L 为线路长度（km），n 为测站数。

（5）内业计算可采用简易平差法对水准线路的闭合差或不符值进行配赋，并计算各待定点的高程；计算取位精确至 mm。

3. 作业特点。图根水准测量作业灵活、操作简便、技术要点便于掌握，平地、丘陵地常用该方法作业，由于地形起伏不大，且距离不长，在保证各项作业满足相应技术指标要求前提下，除顾及水准测量线路不符值（闭合差）影响外，可不进行其他改正项修正，能够获得可靠、良好的图根控制点高程成果。

（刘东庆）

112　电磁波测距三角高程测量原理及测量方法有哪些？

1. 三角高程测量原理。三角高程测量的基本原理，是利用全站仪在测站点对照准点进行观测，测定垂直角（或天顶距）和它们之间的距离，经观测数据的计算处理得到测站点与照准点之间的高差。这种测量方法简便灵活，对于地面起伏较大的山地、高山区以及沼泽、水库地区的高程测定有着极大的便利性。

如图 112-1 所示，确定地面 A 、B 两点间的高差 h_{AB} ，首先在 A 点架设全站仪作为测站点，在 B 点安置照准棱镜作为目标点，对应量取测站点的仪器高 i 和目标点的棱镜高 v，用全站仪望远镜十字丝照准棱镜中心，观测 A 点至 B 点的垂直角 α 和斜距 D，从图 112-1 表示的几何关系不难得出如下关系式：

$$H_B + v = H_A + i + D \times \sin\alpha$$

$$H_B - H_A = h_{AB} = D \times \sin\alpha + i - v \tag{1}$$

若 A 点高程已知为 H_A，则待定点 B 的高程 H_B 可表示为：

$$H_B = H_A + D \times \sin\alpha + i - v \tag{2}$$

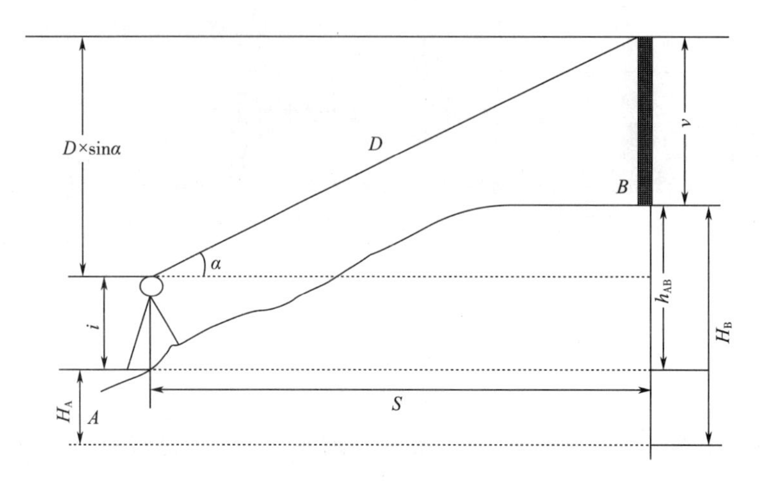

图 112-1　电磁波测距三角高程原理

当电磁波三角高程测量距离较长时，还应顾及地球曲率和大气折光对高差的影响。地球曲率影响通常简称为球差，大气折光影响通常简称为气差，两者合称为球气差，假定球气差总影响以 f 表示，经理论推导可得：

$$f = \frac{S^2}{2R} \times (1 - K)$$

式中：S ——A、B 两点之间平距（m）；

R ——地球曲率半径（m）；

K ——大气折光系数。

K 值的主要影响因素为温度、气压，也与日照、植被等因素有关，其变化具有复杂性，在不同地区、不同时间、不同天气、甚至同一测站不同方向均可能不同，K 值变化为 0.08~0.20。顾及球气差对高程的影响，可将（1）、（2）式改写为：

$$h_{AB} = D \times \sin\alpha + i - v + f \tag{3}$$

$$H_B = H_A + D \times \sin\alpha + i - v + f \tag{4}$$

2. 三角高程测量方式。

（1）单向观测。这种方式是仅在一点上设站架设仪器，在另一点上安置目标棱镜，测定两点之间的高差。高差的计算公式为：

$$h_{AB} = D \times \sin\alpha + i - v + f$$

$$f = \frac{S^2}{2R} \times (1 - K)$$

作为近似计算时，可取 $K=0.14$ 或按全站仪的测量方式操作手册说明给定。由于这种观测方式不能有效克服大气折光等因素影响，也缺乏必要的检核条件，因此，应特别注意其测量成果可靠性的检查。

（2）对向观测。在两点上均设站架设仪器、安置目标棱镜，进行对向观测，以求得两点之间的高差。为有效消除大气折光影响，做到同时对向观测最为理想，但是实际生产作业中难于实现，而是采用非同时对向观测方案，依据观测可按下列公式计算 K 值和两点之间的高差 h 。

$$K = 1 + \frac{R}{S_{AB}^2}[(D_{AB} \times \sin\alpha_{AB} + D_{BA} \times \sin\alpha_{BA}) + (i_A - v_B) - (i_B - v_A)]$$

$$h = \frac{1}{2}\left[(D_{AB} \times \sin\alpha_{AB} + D_{BA} \times \sin\alpha_{BA}) + (i_A - v_B) - (i_B - v_A) - \frac{K_{AB} - K_{BA}}{2R} \times S_{AB}^2\right]$$

式中：D_{AB}、D_{BA}——A 至 B 和 B 至 A 经修正后的斜距（m）；

S_{AB}——A、B 两点间的平距（m）；

R——地球平均曲率半径（m）；

α_{AB}、α_{BA}——A 至 B 和 B 至 A 的垂直角（°）；

i_A、i_B——A、B 两站的仪器高（m）；

v_A、v_B——A、B 两站的棱镜高（m）。

（3）中间观测。中间观测方法和水准仪观测相类似，在两个目标点上分别设置照准棱镜，而在两点中间架设全站仪，对前后两个目标点进行单向观测（图 112-2），测定仪器与目标点间的高差 h_1、h_2 及折光系数 K_1、K_2，最终求得两目标点之间的高差 h，其近似高差计算公式如下：

$$h = h_2 - h_1$$

$$h = (D_2 \times \sin\alpha_2 - D_1 \times \sin\alpha_1) - v_2 + v_1 + \frac{D_2^2\cos^2\alpha_2}{2R}(1 - K_2) - \frac{D_1^2\cos^2\alpha_1}{2R}(1 - K_1)$$

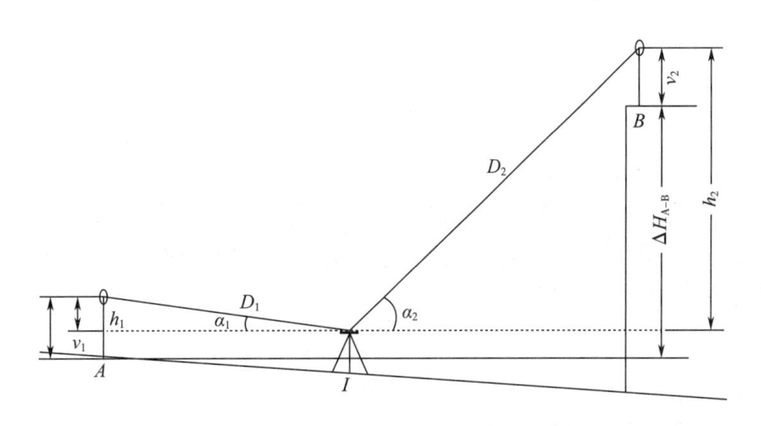

图 112-2　中间设站法三角高程测量

中间观测法将两点间的观测距离缩短近似一半，故此观测成果受测角误差、大气折光影响较小。若前后视线距离较短且基本相等，观测环境近似一致，中间观测法可抵消大部分球气差对观测高差的影响，计算时即便略去公式中的球气差改正项，也能得到较好精度的观测成果。在具体工程项目中，可以考虑在四、五等和图根精度的高程控制测量中应用中间设站法三角高程测量技术，但应加强检核。

关于中间设站法三角高程测量技术，《工程测量标准》编写组曾于 2003 年修订时在“初稿”中引入，最后在“送审稿”中又去掉了。主要是考虑到该方法的普遍适用性、通用与可行性和相比水准测量的可靠性。

（刘东庆）

113 图根电磁波测距三角高程测量的技术要求是什么？

1. 基本作业要求。

（1）使用仪器的标称精度应不低于：测角精度±6″、测距精度±（3mm+2mm/km）。

（2）起算点的高程精度不应低于四等水准高程点。

（3）电磁波测距三角高程测量宜与图根平面控制测量结合布设并同时施测；也可单独布设成附（闭）合高程导线或高程导线网。

（4）线路长度应不大于 5km，其边数不宜超过 12 条，最大边长不宜超过 1 000m，边数超过规定时应结成三角高程导线网。

（5）三角高程作业采用单程对向观测，宜记录测站点的温度、气压，对测距边进行加乘常数和气象改正。

（6）测前、侧后宜分别量取仪器高和觇标高，且应精确至 1mm。

2. 主要技术指标。图根电磁波测距三角高程的主要技术要求，应符合表 113 规定。

表 113 图根电磁波测距三角高程的主要技术要求

仪器精度等级		边长观测/m	一测回读数较差/mm	指标差较差/″	垂直角较差/″	对向观测高差较差/mm	附合或环形闭合差/mm
测角	测距						
6″级仪器	3mm+2mm/km	2	20	25	25	$80\sqrt{D}$	$40\sqrt{\sum D}$

注：1 D 为电磁波测距边的长度，单位为 km。

2 边长一测回的含义是照准目标 1 次，读数 1 次。

3. 测量精度及数据处理要求。

（1）作业完成后，可依据附合三角高程导线或闭合三角高程导线的观测成果，计算附合或环形闭合差 Δ，并计算每千米高差偶然中误差 M_{Δ}。当构成附合或环形数量超过 20 个时，还应计算每千米高差全中误差 M_W。

$$M_{\Delta}=\pm\sqrt{\frac{1}{4n}\left[\frac{\Delta\Delta}{L}\right]}$$

式中：M_{Δ} ——每千米高差偶然中误差（mm）；

Δ ——附合或环形闭合差（mm）；

L ——附合或环形线路长度（km）；

n ——路线的个数。

每千米高差偶然中误差 M_{Δ} 不应大于±10mm，每千米高差全中误差 M_W 不应大于±20mm。

（2）可采用简易平差法对附合或环形闭合差进行误差配赋。

（刘东庆）

7.3 测绘方法与技术要求

114 我国地形测量的发展历程如何？

1. 地形图测量主要经历了过去的白纸测图和现在的数字测图两个阶段。白纸测图通常也被称为手工测图，它是以图根控制测量为基础，运用测量仪器按一定的数学法则，对地球表面局部区域内的各种地物、地貌特征点的空间位置进行测定，根据相应的位置关系，以一定的比例尺和图式符号手工绘制在图纸上，通过地物展绘、等高线清绘、图面整饰、着墨绘图等步骤形成地形图测量成果。白纸测图的方法主要有平板仪测图、经纬仪或水准仪配合小平板测图、经纬仪配合量角器测图、经纬仪配合空心全园仪测图等。

2. 航空摄影测量诞生于第一次世界大战，当时是为了军事侦察的需要才受到重视并得到快速发展。我国航空摄影测量始于 1931 年。1931 年 6 月，由浙江省水利局航测队与德国测量公司合作首次进行航空摄影，拍摄了钱塘江支流浦阳江 36km 河道的航片。同年 8 月在购置飞机、航摄设备及对人员进行培训的基础上，南京国民党政府参谋本部陆地测量总局正式建立了航测队。在以后的几年里，这个队主要测制了局部地区 1：10 000 和 1：25 000 比例尺的军事要塞图，以及湘黔、成渝一带的 1：50 000 比例尺地形图。

新中国成立后航空摄影测量技术得到较快发展，1980 年前采用分工法和全能法测图，制作完成了我国 1：25 000～1：100 000 各种比例尺地形图；1980 年后，利用解析和数字摄影测量方法，主要制作全国范围的 1：50 000 地形图，各省市 1：10 000 和 1：5 000 地形图以及城市部分的 1：1 000 和 1：2 000 地形图。在无人机低空摄影方面我国起步较晚，2003 年中国测绘科学院最先研发出 UAVRS 低空无人机遥感检测系统，利用无人机遥感影像制作出数字正射影像和数字线划图。自 2009 年起，基于无人机小型化、多样化、机动灵活等特点以及测绘应用技术的完善与提高，而逐步成为大比例尺数字地形图生产的重要手段。

3. 遥感技术起源于航空摄影，它是在不接触目标物的情况下，对自然现象远距离感知的一门探测技术，利用传感器获取地表特征的各种数据，通过兴趣信息的提取，研究地物形状、空间位置、性质变化与环境关系的应用技术科学。（对遥感技术在不同行业上的定义、概念等较多，内容也特别丰富。）其中卫星遥感技术是衡量国家遥感发展水平的重要尺度，国外早在 2011 年底就研制部署了分辨率为 0.5m 的卫星，我国在 2010 年实施了高分对地专项工程，2020 年发射高分一至九号卫星并投入使用，使得我国卫星遥感技术与世界先进水平距离极大缩短。

4. 随着现代科技的进步和计算机技术的迅猛发展，测绘新设备、新技术、新方法不断涌现，全站仪测图、卫星定位 RTK 测图、地面三维激光扫描测图、移动测量系统测图、机载激光雷达测图、低空数字摄影测图等技术在大比例尺地形测绘中得到广泛应用，使地形测量在数据采集、成图编辑等方面向着数字化和智能化方向快速迈进，并已初步形成了完整的技术体系。

（1）全野外数据采集式测图技术，是指在地面上利用全站仪或其他测量仪器设备采集数据，再利用计算机或人工成图的一种测图方法。野外数据采集设备有全站仪或卫星定位RTK 接收机。

（2）数字摄影测量成图技术，是指将摄影所获得的数字影像，利用计算机进行数字图像处理，从而获得数字地形图或其他数字化图形产品。数字摄影测量成图技术，可分为航空摄影测量（包括低空）和近景摄影测量。

（3）遥感测图技术，因为遥感是一种远距离的、非接触的目标探测技术和方法。遥感测图，主要是利用卫星或其他载体所载的遥感设备接收从地面反射和辐射来的电磁波，从而获得海量地形信息，并以图形数据形式或图像形式存储为数据文件，再利用计算机图形图像处理软件进行处理后得到数字地形图。如 In-SAR 技术等。

（4）三维激光扫描技术，也有学者称为实景复制技术，是指采用高精度逆向三维建模及重构技术，大范围高分辨率并快速获取被扫描对象表面的三维坐标数据，通过计算机重构三维模型，利用软件进行处理后得到数字地形图。该技术可直接实现各种大型、复杂、不规则的实体或实景三维数据的完整采集，具有效率高、精度高的独特优势。如地面激光扫描、机载激光扫描和移动测量系统等。

（刘东庆）

115 大比例尺地形测量方法有哪些？

传统的手工测图（或者白纸测图）方法已于十多年前就退出了历史舞台，取而代之的是数字地形测量技术。数字地形测量技术按作业模式可分为地面数字测图、数字航空摄影测图、激光扫描测图三大类。

1. 地面数字测图。地面数字测图主要有全站仪测图和卫星定位 RTK 测图两种方法。它是利用全站仪或 RTK 定位设备测量记录地形点的坐标和高程，采用编码法、草图法或内外业一体化实时成图法进行测图协作，经计算机编辑处理后绘制成数字地形图的方法。地面数字测图基本硬件包括全站仪或 RTK 接收机、计算机和绘图仪等。成图软件主要功能有野外数据的输入和处理、图形文件生成、等高线自动生成、图形编辑与注记、地形图自动绘制、图形修改、成果输出与管理等。

2. 数字航空摄影测图。数字航空摄影测图是通过两个不同摄影位置对同一物体进行数字摄影，从而得到两张数字影像（分别为左影像与右影像）。采用摄影测量系统分别对左、右影像上的同一物体（同名像点）进行分析、处理、解译和量测，以确定被摄物体的形状、大小和空间位置（坐标和高程）等信息。

数字航空摄影的主要飞行平台为飞机、低空无人机、无人飞艇等飞行器。基本作业程序包括航空摄影、影像处理、外业控制测量、外业调绘、内业控制点加密、内业成图等。

近十年来，伴随无人机技术和倾斜摄影测量技术的发展应用日益成熟，无人机倾斜摄影相机可同时从多个不同角度获取地物影像，将这些影像数据通过区域网平差、多视影像匹配、DSM 生成、正射纠正和三维建模等流程，可形成丰富的地形测量成果。该技术在大比例尺测图中将成为主流的作业手段。

3. 激光扫描测图。20 世纪 90 年代中期三维激光扫描技术应用研究取得重大突破，目前已发展成熟且在工程项目中得到初步应用。三维激光扫描仪可自动连续、高密度地快速获取物体表面点的三维坐标，其“扫描”测量的作业模式，能够获得地物实体表面海量点云数据，通过数据采集、点云去噪声、补漏配准、表面重建以及纹理映射等，可迅速建立地物或地形的三维数字模型。

在大比例尺地形测量中，三维激光扫描测图有地面固定设站、车载移动和机载移动测量等多种方式，作为新兴测绘技术，具有广泛的发展应用前景。

（刘东庆）

116　全站仪的概念和全站仪测图的主要技术要求是什么？

1. 全站仪（total station），早期称为全站型电子速测仪。它集电子经纬仪、电磁波测距仪和微处理器为一体，可以同时测量水平角、垂直角和距离，并在此基础上扩展、固化了仪器功能及测量应用程序。全站仪的功能和使用范围十分强大，在测绘专业的发展史上也具有里程碑的意义。

2. 全站仪测图主要是采用极坐标法和三角高程测量方法为一体，同时测定地形点的坐标和高程。特殊状况下，也可选择其他测量模式获取相关地物或测站的相关信息（如对边测量、自由设站）。

3. 为确保全站仪测图的正确性，《工程测量标准》GB 50026—2020 对全站仪测站作业做出如下规定：

（1）全站仪测图所使用的仪器和应用程序，应符合下列规定：①宜使用 6″级全站仪，其测距标称精度不应低于 10mm+5mm/km；②测图的应用程序，应满足内业数据处理和图形编辑的基本要求；③数据通信格式宜采用通用数据格式，内存空间满足数据储存需求。

（2）全站仪测图的方法，可采用编码法、草图法或内外业一体化的实时成图法等。

（3）全站仪测图的仪器安置及测站检核应符合下列要求：①仪器的对中偏差不应大于 5mm，仪器高和反光镜高应量至 1mm；②数据采集开始前和结束后，应对后视点的距离和高程进行检核，检核的距离较差不应大于图上 0. 2mm，高程较差不应大于基本等高距的 1/5；③作业过程中和作业结束前，应对定向方位进行检查。

（4）全站仪测图的测距长度，不应超过表 116 的规定。

表 116　全站仪测图的最大测距长度

比例尺	最大测距长度/m	
	地物点	地形点
1 : 500	160	300
1 : 1 000	300	500
1 : 2 000	450	700
1 : 5 000	700	1 000

4. 数字地形图测绘应符合下列要求：

（1）当采用草图法作业时，应按测站绘制草图，并对测点进行编号。测点编号应与仪器的记录点号相一致。草图的绘制，宜简化标示地形要素的位置、属性和相互关系等。

（2）当采用编码法作业时，宜采用通用编码格式，也可使用软件的自定义功能和扩展功能建立用户的编码系统进行作业。

(3) 当采用内外业一体化的实时成图法作业时，应实时确立测点的属性、连接关系和逻辑关系等。

(4) 在建筑密集的地区作业时，对于全站仪无法直接测量的点位，可采用支距法、线交会法等几何作图方法进行测量，并记录相关数据。

5. 全站仪测图可按图幅施测也可分区施测。按图幅施测时每幅图应测出图廓线外5mm；分区施测时应测出各区界线外图上 5mm。

6. 应及时将施测的地形数据成果导入计算机，对采集的数据应进行检查处理，删除或标注作废数据、重测超限数据、补测错漏数据。

7. 运用测图软件进行地形点展会、自动连接三角网（TIN）、生成等高线，依据实地情况对地形地势走向做出检查修改、对地物、地类界、植被等进行编辑，生成原始数据文件并做备份。

8. 进行地形数据的整体拼接，检查测图进展与完成情况；补测图面存在的漏洞，规划后续测图安排；对已完成测图部分施测检查点，以满足地形图编辑完成后，成图质量检查、验收需要。

(刘东庆)

117 为什么要进行测站点检查？检查内容及具体要求是什么？

为避免测图控制点坐标成果用错，测图过程中标定的后视方向产生偏离、卫星信号中途失锁、RTK 转换参数存在错误等，所产生或造成的地形测量数据采集的错漏或偏差，因此，要求在采用全站仪测图、单基站 RTK 测图时，应对测站点、基准站点、流动站实施必要的检查。

1. 检查仪器的对中偏差，偏差值应不大于地形图上 5mm。

2. 应核对设站点、定向点的点名及使用的控制成果资料，以避免因控制点或控制资料使用错误而引起不必要的返工重测。

3. 全站仪测图时应以较远的已知点作为定向点，并利用其他已知点进行检核，已知点的平面位置较差不应大于图上 0.2mm，高程较差不应大于 1/5 基本等高距，在测图过程中及测站作业结束前，应检查定向方向，其方向值偏差不应大于 4′。

4. 基站的定向指北线宜指向正北，偏离允许值为±10°，选择无线电台通信方法，数据传输工作频率应按约定的频率进行设置。且正确输入基准站坐标、数据单位、尺度因子、投影方式和坐标转换参数等。

5. 观测前应对 RTK 进行初始化，取得固定解且收敛稳定后方可开始记录观测值。

6. RTK 作业前，宜检测两个以上不低于图根精度的测图控制点。检测结果与已知成果的平面较差不应大于图上 0.1mm，高程较差不应大于基本等高距的 1/10。

7. 全站仪测图、RTK 测图作业过程中和作业结束前，应进行已知点检查以确保测站施测地形成果的正确性。

(刘东庆)

118 2000 坐标系的采用对原 54 系和 80 系地形图的影响如何？

1. 属参心坐标系的 1954 北京坐标系、1980 西安坐标系，在采用地心坐标系

CGSC2000 后，都需要进行适当的修正。

2. 计算结果表明，在 56°N～16°N 和 72°E～135°E 范围内若不考虑椭球的差异，坐标系改变为 CGSC2000 国家大地坐标系。

（1）1954 北京坐标系下的地图图幅平移量为：X 方向平移量为 -29m 至 -62m；Y 方向平移量为 -56m 至 +84m。

（2）1980 西安坐标系下的地图图幅平移量为：X 方向平移量为 -9m 至 +43m，Y 方向平移量为 +76m 至 +119m。

3. 对于 1∶25 万及更大比例尺地形图中点（含图廓点）的地理位置的改变值已超过制图精度，必须重新给予标记。

对于 1∶50 万及 1∶100 万地形图，由坐标系更换引起图廓点坐标的变化在制图精度内，可以忽略其影响。

（刘东庆）

119 单波束测深系统的概念与测深原理是什么？

1. 单波速测深系统主要由回声测深仪和卫星定位 RTK 接收机组成。随着 RTK 无验潮作业方法和数据处理方法的改进，单波速测深系统已成为水下地形测量的重要手段之一。

2. 回声测深仪的发展，从初期的模拟式，到中期的模拟与数字结合式，再到今天的小型、智能和全数字化式，其应用技术日臻成熟。

3. 回声测深仪的测深原理，是利用换能器将电能转换成声能，在船底竖直向下发射出声信号，当换能器发射出的声信号抵达水底后，经水底面反射，声能以回波形式返回至换能器。测深仪主机通过计算得到声波在水中路径的传播时间，再根据当时环境下传播速度，计算出换能器的下表面和水底之间的距离，若已测量出换能器下表面到水面的深度，两者相加便是所测水域的水深值。

4. 船用单波束测深仪的工作原理，如图 119 所示。

（1）在船舶下面的单波束测深仪换能器离水面的距离为 D，单波束测深仪换能器从 A 点发射出一定频率的脉冲声波，声波经过水到达水底 O 点，声波经过水底平面沙石的反射，反射的声波在 B 点由换能器接收。

（2）AB 两点的距离为 $2L$，假定当时环境声在水中的传播速度用 C 表示，声波由 A 到 B 在水中存在的时间为 t，单波束测深仪换能器同水底面竖直距离用 h 表示，则所测水域深度 H 为：

$$H = D + h$$

$$h = \sqrt{(AO)^2 - (AM)^2} = \sqrt{(Ct/2)^2 - L^2}$$

（3）通常单波束测深仪均采用收发合置换能器，即 AB 点重合，则所测水域深度可简化为：

$$H = D + Ct/2$$

其中 D 为固定值，可通过测量器具直接测定；声波在水下传播的声速 C 与水的温度、盐度等有关，可利用经验公式或查表获得；时间 t 为测深仪发射信号与接收反射回波的间隔。

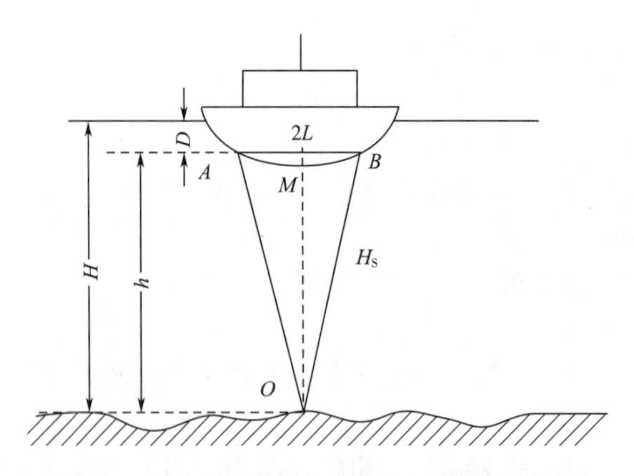

图 119　单波束测深仪水深测量工作原理示意图

5. 数字回声测深仪与 RTK 接收机相结合，实现了导航、定位、测深的自动控制和同步数据采集，使水下地形测量摆脱了传统的定位与水深测量分开作业的低效模式，进入无验潮三维水深测量阶段。伴随姿态传感器（MRU）、涌浪传感器等设备的接入与应用，各种设备相互组合形成的单波束测深系统能够自动获取船体姿态、动吃水深度等数据，能在复杂水域环境下对水深测量数据进行精密修正。

6. 由于单波束测深仪测深过程采取单点连续的测量方法，沿测线行进方向的测深数据十分密集，而在相邻测线之间无水深数据，故单波束测深系统属非覆盖式测量。

（刘东庆）

120　单波束测深系统的误差来源及控制措施如何？

1. 误差来源。单波束测深系统的测量误差，主要来源于水深测量模式、仪器设备及操作、安装方法和环境影响因素四个方面。

（1）RTK 无验潮测量方法无须考虑水位的升降变化对测深的影响，可直接获得水下地形点的高程，是目前水下地形测量的主要作业方法。

（2）仪器设备及操作误差，主要是指水深点的定位与测深误差、船速误差，定位系统和测深系统之间因时间不同步而产生的延迟误差。

（3）构成单波束测深系统的各种仪器设备安装完成后，由于设备之间相对位置的测定不准确所产生的安装误差。

（4）环境影响因素导致的误差，主要包括声速误差、波速角效应、姿态误差，受水中气泡或湍流影响产生的测深误差等。

2. 控制措施。

（1）船速控制措施。因 RTK 定位设备的平面和高程精度可达厘米级，测深仪的测深精度通常为水深的 0.1%，两者均小于现行规范规定精度要求。故水深点测量时 RTK 定位及测深仪测深所产生的误差可忽略不计，而船速误差和延时误差则是关注重点。

1）当施测大比例尺地形图时，为避免水下地形漏测，作业时应合理地控制行船速度。具体行船速度，应符合下式计算结果的要求：

$$v \leqslant r\tan\theta/\Delta t$$

式中：v ——船速；

r ——实测水深；

θ ——半波速角；

Δt ——数据采集间隔。

2）船速的基本控制原则：在水域中部水深较深时，船速可适当加快；靠近水域岸边水深较浅时，船速应适当放慢。

3）受延时误差影响定位点和测深点数据采集时间不同步，水深点测量结果会产生平移，导致地形扭曲。探测延迟时间的主要方法是对同一测线的往返测量，通过特征点比对或测线最小二乘拟合的方式计算确定。在实际作业中也可用控制船速方式来削弱延时误差影响，在水下地形平坦水域，延时误差较小，可选择较高船速；靠近岸边水下地形较为复杂水域，应选择较慢船速。

（2）安装误差控制措施。为避免由于设备安装的连接固定不牢靠、相对位置关系测定不准确以及换能器安装杆与水面不垂直等对测量结果带来的影响，通常选择特定的组合或固定方式消除或减弱设备安装误差，如将换能器、RTK 定位天线组合安装在同一安装杆位上，设定并焊接组装连接固件，以螺杆和螺丝进行紧固连接，并使安装杆在工作中保持与水面垂直。这样既不必进行复杂的坐标平移转换，也无须安装姿态传感器设备。

（3）环境影响因素及处置措施。

1）声速改正。采用测深仪进行水深测量时，依据不同水深范围，《工程测量标准》GB 50026—2020 给出了测点深度中误差要求，如水深小于 20m，测点深度中误差应满足小于或等于 $\pm H \times 1.5\%$ 。由于设计声速和实际声速间存在偏差，对测点深度测量会造成不同程度的影响，当其影响超过测深精度要求的 1/4 时，应加入声速改正。

2）波速角效应改正。通常测深仪换能器是以锥形波速向水下发出探测信号，信号到达水底后又反射回换能器，由于换能器接收的反射信号来自信号照射区域内水底至换能器的最短距离，并非全是换能器至水底的垂直距离，在此情况下会造成水下地形的变形或失真，产生所谓波速角效应影响。水域地形测量时，水底平坦区域可忽略此项影响，但在岸坡、水底地形起伏较大等复杂区域，应依据水下地形特征，合理选择修正模型进行波速角效应改正。

3）姿态误差的处置措施。受风浪作用影响，换能器的安装杆与水面难以始终保持垂直状态，由此引发声波入射角偏差；船体航行姿态也会产生升降、横摇、纵摇的随机变化，加之与波速角所构成的耦合关系，会造成测深结果的错误或偏差。故《工程测量标准》GB 50026—2020 规定，当遇有大风、大浪时，必须停止水上测量作业。其目的是要规避作业安全风险、确保作业质量。为有效掌握航行姿态影响，也采用姿态传感器测量船体的三维姿态，以便在后期数据处理中予以修正。

4）水中气泡影响及处置措施。若水中有气泡群或存在大量气泡，则会造成测深仪无水深值或水深值不稳定等非正常现象。因此在大风浪、船体转弯、倒车等情况下，不应进行测深作业；在水流较急作业环境下，可使用双频测深仪，来改善特殊水域环境下的测深效果。

（刘东庆）

121　多波速测深系统的概念、原理、基本架构和作业特点是什么？

1. 系统的概念与测深原理。多波束测深系统又称为多波速测深仪、条带探测仪或多波束测深声呐。其是利用声波在水中的传播特性，由换能器基阵向水下发射宽扇区覆盖声波，并对声波进行窄波束接收，运用发射与接收的间隔时间、波长速率等，解算出水底深度。将测深系统发射与接收区域形成的正交特征印记数据进行恰当处理和分析，能够精确、快速地得出航线垂直方向水下测点的水深值，结合现场同期采集的导航定位数据、姿态数据等，进而可靠地描绘出水下地形及地物的形状的三维特征，绘制出高精度、高分辨率的水下数字成果图。多波束测深原理见图 121-1、图 121-2。

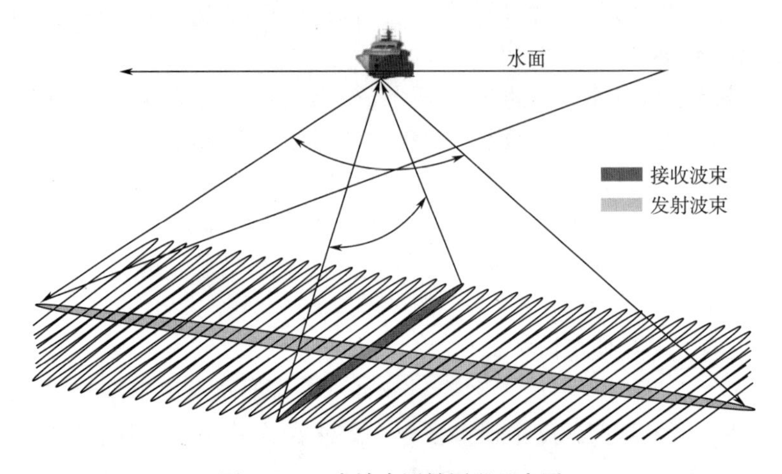

图 121-1　多波束测量原理示意图

图 121-2　多波束测量原理示意图

2. 系统的基本架构。典型的多波束测深系统包括多波束声学子系统、波束空间位置传感子系统、数据采集与处理子系统三部分。

（1）多波束声学子系统，包括多波束发射接收换能器阵（声呐探头）和多波束信号控制处理电子系统。从声呐探头的数量也分为单探头和双探头。

（2）波束空间位置传感子系统，包括用以提供大地坐标的 DGPS 差分卫星定位系统，用以提供测量船横摇、纵摇、艏向、升沉等姿态数据的姿态传感器，用以提供测区声速剖面信息的声速剖面仪等。

（3）数据采集与处理子系统，包括数据采集与后处理软件及相关软件和数据显示、输出、储存设备等。

系统的正常运行需要多个部分合作完成，多波束测深系统组成如图 121-3 所示。

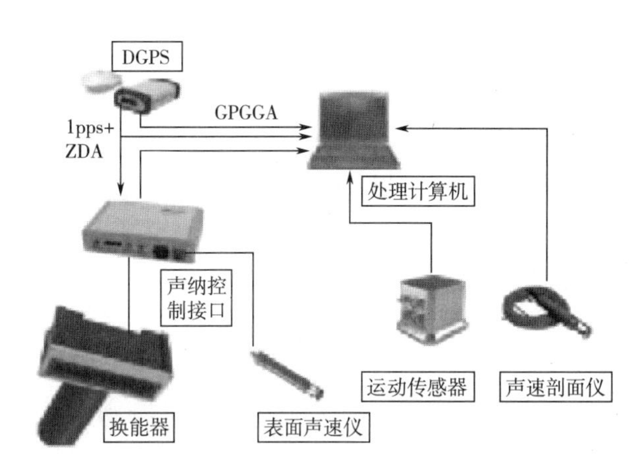

图 121-3 多波束测深系统组成示意图

3. 系统的作业特点。

（1）多波束测深按带状方式进行，水下覆盖为一个面，所覆盖的宽度通常是水深的 4~10 倍，可以极大地提高水下测量的作业效率，实现了测深数据自动处理，能自动绘制测区水下彩色等深图和水下地形地貌立体图，被形象地称为“水下 CT”。

（2）多波束测深仪的声基阵是由两个米尔斯交叉阵（Mill's Cross）组成的 V 形阵，发射基阵将声信号发射至水底条带形状区域，接收基阵接收到条带区域的反向散射信号后，经过空间处理形成多个波束，可将不同位置的深度分离出来，一次扫测能够获得多个深度数据，极大地提高了工作效率，能够实现大范围水域的全覆盖测深。

（刘东庆）

122 如何进行多波束测深系统设备的安装和校准？

1. 多波速测深系统的安装。由于多波束测深系统不仅是水下声波、计算机、导航定位和数字化传感器等多种技术应用的高度集成，而且各种设备、传感器之间经过复杂组合形成统一的测深系统。因此测量成果质量一方面取决于设备、传感器自身精度，另一方面与设备、传感器之间几何位置精度直接相关联。因此，系统组合安装后必须精确测定它们的相互位置关系，使之能为发射接收换能器提供横摇、纵摇、升沉和船艏向变化的实时补偿，以确保将系统测量成果精确地归算成水下地形点的三维坐标。

（1）设备安装测量。多波速测深系统的理想安装状态，是多波束换能器基阵中心的三轴坐标和测量船重心的三轴坐标完全重合。但实际作业中却无法实现，需通过两坐标系之间的平移、旋转划归为同一系统，因此测深系统对换能器、姿态传感器和卫星定位设备安装及相互位置关系测定具有较高要求。

1）换能器、姿态传感器和卫星定位接收机天线必须牢固固定在船体或支架上，作业时相对位置应保持不变。

2）换能器接收端在前，发射端在后，要求换能器发射和接收无遮挡，安装时换能器三轴应尽可能与船体重心坐标系的三个轴向保持平行。

3）姿态传感器要固定在测船重心位置上方，安装时应保持水平，且与船体纵轴平行。

4）通常选择船体重心为坐标原点，建立船体测量坐标系，船头方向为 Y 轴，右舷方向为 X 轴，向下方向为 Z 轴。

5）精确测定换能器基阵中心、姿态传感器中心和接收机天线相位中心的三维坐标。

（2）设备安装调试。系统硬件设备安装连接完成后，需进行通电测试，检查设备运行是否正常，信号是否同步输入。若出现异常情况，应检查接线、通电是否正确，软件设置参数是否合理等。

（3）设备安装时的注意事项：

1）换能器、姿态传感器和卫星定位接收机天线均应安装在船体的稳定部位，且三者的位置关系应保持固定不变。

2）换能器安装位置应远离噪声源，声呐头宜超出船底，并对声呐头校准的正确性做出验证检查。

3）姿态传感器的箭头指向应为船的行进方向，安装位置宜避开噪声源和振动源的干扰。

4）卫星定位接收机天线上方应具备良好的对空条件，确保卫星信号接收无障碍物遮挡。

2. 多波束测深系统的校准。多波束测深系统的安装误差，主要包括时间同步误差和声呐探头安装误差两部分，若存在偏差会导致包括横摇偏差、纵摇偏差、艏摇偏差、时延误差等多种误差的产生，另外，多波束测深系统还存在吃水误差、声速误差、运动误差、近场误差、潮位误差、测量船体姿态误差以及仪器本身固有系统误差等。使水下地形图测量点位测深位置和深度产生偏离，从而影响成图精度。但是这些误差具有系统误差性质，可利用一定的方法标定出关键误差的具体数值。

（1）横摇偏差校准。

1）横摇偏差校准的目的，是测量出换能器横摇偏差角。由于多波束系统的换能器存在安装误差，引发横向角度偏差，使实际测量波束入射角与理论设计方向产生偏离，在实时水下地形归位计算时，造成测量地形的倾斜或扭曲变形，距离越远偏差越大。

2）通过横摇校准求得换能器安装偏差角，在系统处理数据时，对安装横向角度偏差进行归位改正，将各波束的测量计算点再恢复到实际测点上，从而得到与实际相符合的水下地形、地貌。

3）横摇误差校准是多次的反复测量、校正过程，并非一次性校准完成，直到两个平面重合为止。

4）横摇偏差标定是通过测船以相同的速度，匀速往返测量水下平坦水域的同一条测线，将测线往返测量数据导入软件，利用软件参数校正功能计算出横摇偏差值。计算方法是先输入先验值，以最小二乘法进行迭代计算，当数据收敛，收敛角度值就是横摇偏差；若不收敛，则表明测量数据无效。

（2）纵摇偏差校准。

1）纵摇偏差，主要表现为实际波速测量断面与理论设计波速断面形成二面角，由此引起测水深的点位沿着测量航迹前后发生位移偏移。

2）纵摇偏差校准，应选择同线反方向测量一个孤立目标进行，同速度穿过测量目标。如果孤立目标在多波束数据叠加则存在纵摇偏差，量取两目标间的距离 l ，测定水深 d ，则纵摇角偏差为：

$$P(\theta) = \arctan\left(\frac{l}{2d}\right)$$

3）纵摇偏差校准的外业操作，是在特征地形的同一条测线上分别以相同的船速，相互相反的方向各测量一次。同样可利用软件进行自动计算，将计算得出的纵摇偏差作为参数输入，往返测线将会把原来分开的孤立目标重合为一个目标，说明纵摇偏差已得到成功校准。

（3）艏摇偏差校准。

1）由于姿态仪、换能器存在安装误差，从而形成艏摇偏差。

2）艏摇偏差表现为波束测点横向排列与航迹不垂直，以中央波束为原点向左或向右旋转形成夹角，测点据中央波束越远偏差值越大。

3）艏摇偏差校正，选择具有线性目标特征的水下地形，布设穿越该目标的往返两条测线，分别以相同的船速，互相相反的航向各测量一次。若多波束系统存在艏摇偏差，则艏摇偏差角将使线性目标以中央波束为原点旋转一个同样大小的角度，往返测线叠加便成为相互交叉的两条线，其夹角的一半应为艏摇偏差角。

（4）延时误差校准。多波束测深系统中包含多个子系统，由于在时间上存在延时误差，将引发各子系统采集数据以及数据传输过程中会产生不同步问题，造成数据时延。使各类测量成果不能按系统要求同步汇集。多波束测深系统的延时误差，重点是卫星定位数据与测深数据的延时。

目前大部分多波束测深系统采用时间同步法处理各子系统之间同步问题，纠正延时误差，故通常不进行延时误差校正。时间同步法的原理是利用卫星定位系统的秒脉冲（1PPS）时间，不停地调整多波束处理单元的时间，使多波束处理单元的时间始终与卫星定位接收机的时间保持同步。

（5）多波束测深系统安装校准顺序。多波束系统误差相互影响相互制约，校准顺序非常关键，通常顺序为接收机时延—横摇—纵摇—艏摇。校准项不同，波束选择也不同：

时延和纵摇皆选择中心波束，即顺航线选择波束；横摇选择整个条带的波束，即垂直航线选择波束；艏摇选择 2 条测线中间的重合波束，顺航线选择波束。

总之，多波束校准主要目的是消除时延误差、横摇误差、纵摇误差及艏摇误差，实现各条带数据合理拼接。随着计算机技术的发展，误差校正主要采用模拟计算方法进行，通过计算机迭代计算出各误差角度值进行校准。

（刘东庆）

123　多波束水域地形测量的基本作业步骤是什么？

多波束水域地形测量基本作业步骤分为七步，各步骤要求如下：

1. 设备安装调试。多波束水深测量系统的数据采集设备，主要包括换能器、姿态传感器和卫星定位接收机三部分。设备安装完毕后，应精确测量三者几何位置关系，建立船体坐标系，并将设备位置换算成船体坐标系下的三维坐标。连接各类系统设备，进行通电测试，验证各设备信号输入是否正常，能否进行数据采集及存储等。

2. 架设 RTK 基准站。在水域岸边，选择地形开阔、对空通视条件较好的地方设置 RTK 基准站，连续接收导航定位卫星信号，并通过电台数据链实时地将基准站坐标及观测数据传送至流动站接收机。在流动站接收机在岸上已知点位校核无误后，将流动站天线固定至船体安装杆上。

3. 声速剖面测量。作业开始前，应使用声速剖面仪精确测量声速剖面，作业过程中宜每隔 2 ~ 3d 进行声速剖面测量。当水域温差不大，测量声速剖面 1 次即可；若温差较大，声速剖面应在早、中、晚各测量 1 次。

4. 水深值比对。多波束测深系统在正式开展水深数据采集之前，必须进行水深值的比对测试。比对测试可采用测深杆、测深锤、单波束测深仪等进行水深测量，将多波束测深系统所测水深与其他水深测量方法结果相互对比，当两者较差满足规范精度限差要求后，方可开展多波束测深系统作业。

5. 系统校正。在多波束测深系统数据外业采集过程中一般不进行横摇、纵摇和艏摇偏差的实时校正，而是采用后处理方式对数据的系统偏差进行改正。

6. 水域地形测量。

（1）测线布置。多波束外业数据采集前，为保证水下地形全覆盖测量，需要对测线布设和船速进行技术设计。水下全覆盖测量要求波束横向重叠率和纵向重叠率达到项目技术设计要求。若波束重叠率过小，将产生测量遗漏，若重叠率过大，势必影响测量作业效率。因此，需要对测线、测线间距和船速做出系统设计。通常主测深线沿平行等深线方向分段布设，检查时要求测深线沿垂直等深线方向布设且与主测深线相交。

（2）测线间距设计。多波束探测脚印是发射波束与接收波束在海底的交叉重叠区域，由纵横两条波束交叉形成，可用矩形概略表示，见图 123。可以从图中直观看出，单个波束矩形长宽与斜距 D 、垂直航迹波束角 θ（横向）和沿航迹波束角 α（纵向）有关。多个波束矩形长度累加即得到条带横向覆盖宽度，矩形宽度即为波束纵向覆盖宽度。为保证水下地形全覆盖测量，必须保证条带之间横向覆盖和纵向覆盖有一定的重叠度。

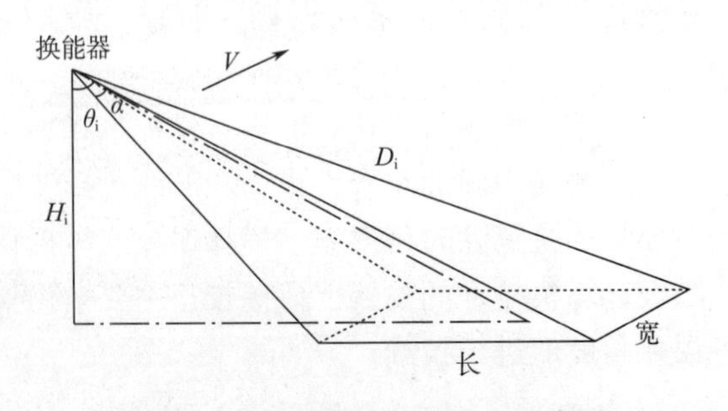

图 123　单个多波束探测脚印示意图

条带重叠率，是相邻测线间条带重叠部分与测线间距的百分比。全覆盖测量中，相邻主测深线间距应不大于条带有效测量宽度的80%，测线间条带重叠率应大于10%，条带重叠率按照下式计算：

$$\gamma = \frac{L}{D} \times 100\%$$

式中：γ——条带重叠率；

L——相邻测线间条带重叠的宽度（m）；

D——相邻测线间距（m）。

（3）船速设计。为保证波束纵向重叠率满足规范要求，在测量过程中，需要对测船的行船速度进行实时监控，测量作业中的最大船速按下式计算：

$$v = 2\tan\left(\frac{\alpha}{2}\right) \times (H - D) \times N$$

式中：v——最大船速（m/s）；

α——纵向波束角（°）；

H——测区内最浅水深（m）；

D——换能器吃水深度（m）；

N——多波束的实际数据更新率（Hz）。

可以看出，最大船速主要与水域的最浅水深有关，通常按照测线在水域中位置的平均水深计算最大船速，分区选择航行速度。

（4）风浪影响的控制。船只在航行过程中产生摇晃，测量船和换能器的姿态将不断发生改变，摆动幅度较大时，会导致发射和接收波束的覆盖区分离，边缘波束无法被换能器接收到或者接收到回波信号杂乱无章。因此，为保证多波束全覆盖测量，应综合考虑安装偏差、声线弯曲、风浪以及水下地形的综合影响，合理布设测线并选择合适船速。作业过程中，测船行驶忌急转方向，若条带之间存在遗漏缝隙，应直线行驶进行补测。

（5）测船航行控制。测量时主测线通常沿平行水边线布设，测船的航向主要分为逆流行驶和顺流行驶。顺流行驶过程中，行驶速度较快，不易控制航向；逆流行驶过程中，行驶速度较慢，易于控制航向，因此最好逆流行驶。但水流过大，会导致声呐探头抖动，波束发散，无法接收反射波束，因此，测量时探头必须固定牢靠。

（6）其他应注意事项：

1）外业地形数据采集前，需先设置表层声速值，表层声速值直接影响多波束外业采集的成果质量，且后期数据处理难以修正。

2）测量过程要随时对声呐进行控制，主要有波束张角大小、中央波束方向、声呐功率、最小水深值、最大水深值。控制张角大小，既保证足够的条带覆盖率，又尽量避免采集边缘离散度较大的点。

3）中央波束方向通常指向船底正下方，根据水下地形变化，适当向左向右进行细微调整，保证数据采集覆盖不偏不漏。

4）浅水区降低波束发射功率，深水区增大波束发射功率，防止浅水区功率过大，产生噪声点，而深水区功率过小，导致采集质量不高。根据实际地形设置最小和最大水深值，剔除范围以外的噪声点。

5）根据需要确定是否进行水的盐分测试。

7. 多波束数据处理。外业数据采集完成后，需要进行规范化、标准化数据处理，重点包括剔除噪声点、数据平滑、声速改正、水位改正、姿态改正、测深点坐标位置归算、成图以及各种格式文件的存储与输出等。

（刘东庆）

124 临近出海口的江、河大桥施工期桥轴线及主桥区水下地形测量要求？

为满足大型跨河、跨江公路大桥桥梁工程建设的需要，应掌握由于河床在径流、潮流的相互作用下及在水动力条件复杂的区域所产生的水下地形的变化。建设方或大桥建设指挥部通常会委托专业技术单位对大桥施测大比例尺桥轴线断面图，同时对主航道桥的桥墩附近施测大比例尺的水下地形图。其主要任务、技术特点及实施方法分别说明如下：

1. 一般规定。

（1）水面定位。水面定位宜采用桥位首级平面和高程控制网点求取转换参数建立转换模型并采用卫星定位 RTK 法进行测量定位，并符合《水运工程测量规范》JTS 131 的相关要求。

（2）设立验潮站。

1）在临近出海口的江河处，为满足水下地形及水下断面测量对高程测量的精度要求，在大桥断面附近应布设临时潮位站。验潮站的高程校核点宜按四等几何水准或四等电磁波测距三角高程测量方法联测，水尺零点高程可用五等水准精度联测确定。如利用以前的校核点，则必须进行联测校核。

2）根据临时潮位站的位置及岸边条件，水尺可布设为直立式搪瓷直读水尺或悬锤式水尺。悬锤式水尺起算点至水面的最大高度不应超过 3m。

3）若采用人工验潮，则验潮的起讫时间应完全覆盖水下地形的测量时段。在涨潮时宜每 0.5h 观测 1 次，落潮时宜每 1h 观测 1 次，高低潮前后宜每 10min 观测 1 次。

4）水尺零点高程和各水尺之间，应每天进行联测和相互比较校核，以防止水尺受水流及波浪影响发生变动。验潮记录应包含波峰波谷值及填写天气、风速、风向等内容。

2. 断面测量。

（1）桥轴线河床断面测量，应分别在桥纵轴线及上下游分别布置测量断面，每座桥墩处及其上下游必须要有测点，陆上部分应测至桥轴线起终点。

（2）水下部分的平面定位宜采用 RTK 作业，测深设备可采用单波束数字式测深仪。陆上部分可采用 RTK 或全站仪施测。高程引测应采用几何水准测量或电磁波测距三角高程测量方法。

（3）断面测量的水下部分在陡岸边、主槽及河床急剧转折处需适当加密施测高程点，以能够反映断面内河床地形的主要变化为原则；陆地上或岸上测点横向偏距应小于 0.1m，其点位在地形变化处以能够反映断面的实际情况为原则；地形平缓处（如田地、滩地）可适当减少断面测点；桥轴线断面的水下部分测量与陆上部分断面测量应有效衔接。水下测深点点距宜为 10~15m，陆地部分点间距视地形坡度变化而定，最大不应超过 20m。

（4）采用单波束测深仪进行断面测量时，测深仪的换能器安装在距测量船船首 1/3~1/2 船长处。安装时，应准确量取换能器的动船吃水深度。每次工作前，应先测量测区的表层水温，并对测深仪作转速调整、换能器动船吃水深改正和零位校正。水深测量前后，应对测深仪进行人工测量比对。测量过程中为保证测深仪测深的稳定性和准确性，应对测深仪的工作电压、电机转速动态监视。测深仪的转速偏差不应大于 1%；工作电压与额定电压之差，对于直流电源不应大于 10%；测深仪记录纸的走纸速度应与测量船的航速相匹配；记录纸上的回波信号应清晰。

3. 水下地形测量。

（1）主要施测范围为主桥墩周边区域。水面定位宜采用 RTK 法，测深可采用多波束测深系统测深，也可采用单波束数字式测深仪测深。

（2）多波束系统是一套多传感器系统，其各传感器安装位置、角度等对测量成果精度均产生影响。因此每次使用前都应对多波束系统进行校准，内容包括电罗经标定和卫星定位时延，多波束探头安装的纵偏、横偏及艏偏，其目的是对多波束系统各传感器安装偏差进行检验和校正，校准结果输入到后处理软件中对测量资料进行改正。

（3）多波束系统测量前的安装和调试重点，其中运动传感器 TSS 要尽量安装在船体重心处，各传感器安装完成后精确测定各传感器之间的相互关系，并输入到多波束采集软件中去，使数据采集时能实时观测条带（SWATH）的覆盖宽度及水深的变化情况。

（4）水下地形在扫测过程中，为了随时进行检测，在多波束测深探头同侧的 2~3m 处加载回深仪测深系统，卫星定位天线安装在回深仪探头杆顶部。

（5）测线分布宜平行等深线总方向，检查线宜垂直于测线方向。检查线可使用单波束或多波束测深仪测深。测线间距应视测量船、水深等多种因素综合确定，测线之间的覆盖率应重叠 30%。声速改正可使用温度计量测水温，查表或经验公式计算获取声速。温度计放在水面 1m 以下，并应保持 10min 以上。

（6）外业测量结束时，应再次核对多波束测深系统的关键参数设置。

（7）作业时的风力不宜大于 4 级，浪高不宜大于 1m。当姿态传感器（波浪补偿器）测出的横摇或纵倾超过 8°时，应停止测深作业。

4. 测深精度指标要求。

（1）测深点平面点位中误差，应不大于相应比例尺图上±1. 2mm。

（2）测深点深度误差，当水深 H 小于 20m 时，不应大于±0. 2m；当水深 H 超过 20m 时，不应大于 $\pm 0.01H$ 。

（3）深度比对互差，当水深 H 小于 20m 时，其互差应小于 0. 4m，当水深 H 大于 20m 时，其互差应小于 $0.02H$ 。

（4）多波束测深技术及精度指标见表 124。

表 124　多波束测深技术及精度指标

类别	技术指标
波束数	60
波束角	1. 5°×1. 5°
扫测角	90°×1. 5°
换能器频率	455kHz
测距量程	2. 5，5，10，25，50，100，200m

续表124

类别	技术指标
测距分辨率	50mm
扫测速率	2.5，5，10m 量程时为 15 次/s 25m 量程时为 13 次/s；50m 量程时为 7 次/s；100m 量程时为 3.5 次/s； 200m 量程时为 2 次/s
测深精度	波束角±90°为±40mm；±45°为±50mm ±30°为±60mm；±15°为±90mm

5. 数据采集与数据传输。导航软件应保证测船在预定航道断面线上行驶不偏航，并实时传输 RTK 定位数据和实时发送测深数据且二者同步。测船采集数据频率，宜每秒一组 RTK 定位数据和一组同步测深数据且应自动记录。

6. 数据处理。

（1）桥轴线断面图。根据设计要求和测量区域大小，合理确定桥轴线断面图的横比例尺、纵比例尺，并以数字图的方式成图。若需要纸质图，则以方便携带和使用的纵、横比例尺图幅尺寸进行编辑成图、打印。

（2）水下地形图。

1）在数据转换、清理前，须严格定义项目名称、测量船只、实施日期等内容，并形成符合数据清理软件要求的目录结构。

2）内业数据转换与清理工作，应严格遵守配套的相关工作流程。在数据转换前，应正确选取船配置 VCF 文件；滤波参数应在确保数据完整的前提下以剔除导航、水深等数据的粗差，使数据清理时的显示效果更合理。

3）子区模式处理时可同时打开全部或部分（分组处理）测线进行子区模式处理。分组进行子区模式清理时，为保证经子区模式处理后的各分组水深拼接合理，相邻的组保证有一条共同测线（或有 5%重叠测线）。

4）水深抽样模型的最主要参数为水平和竖直门限，水平门限值一般小于单侧扫宽中心处的波束底点宽度，竖直门限值视探测物体积、水底崎岖程度而定，一般情况下，平坦地区为 0.1~0.2m；模型中的其他参数宜保守使用，一般使用缺省值。

（3）构造 DTM 模型及绘制等深线。

1）为确保 DTM 能准确反映水底地貌总体趋势，又不遗漏特征地形点（浅点、折点、异常点）的最佳效果，应合理设置相关参数。

2）对于区域较大、总体规模大的水下地形测量项目，宜将整个测区分为若干个区域，使用同一套参数，分别进行 DTM 处理，以形成全测区的 DTM 模型系列。

3）整体而言，原则上使用由 DTM 计算生成的等深线，自动生成的等深线原则上不予修绘。生成等深线，应逐个每米勾绘等深线，以便发现浅点、浅片，对于经特殊处理处的特征点/片宜人工修绘等深线。等深线太密时，可在编绘时进行综合删除，以获得最佳视觉效果。

（4）坐标系统转换。进行坐标转换，应先进行小规模测试，将转换成果与其他软件转换结果进行比较，确认无误后再进行最后成果转换。

（5）成果检查要求。对于实施多波束测深的，在测区均匀布设 3 条以上交叉检查线，使用与主测线一致的滤波参数，人工进行认真清理、合并。检查线水深与规则 DTM 表面求差、统计。根据工程规模，垂直主测线合理布设 3 条以上单波束检查线以确认多波束无系统误差，统计主检线水深比对结果。

（张　潇）

125　地形测量 4D 技术成果及数据采集方法的特点有哪些？

1. 4D 成果主要由数字线划地图（DLG）、数字正射影像图（DOM）、数字高程模型（DEM）、数字栅格地图（DRG）以及复合模式组成。其和 3D（三维）地形图是完全不同的概念。

2. 4D 成果数据采集的技术和方法，按其发展历程主要有：

（1）平板仪测量。平板仪测量属于在计算机发展起来之前的早期、传统的技术方法，随着数字化、信息化技术的发展，该法已停用约二十年。

（2）内外业一体化数字测量技术。内外业一体化数字测量技术是于 20 世纪 90 年代中期随着计算机技术的发展而发展起来的新技术。早期的数字化测图软件在 DOS 系统下开发并操作，技术推广及应用难度较大。随着计算机技术的快速发展，在 Windows 操作系统下开发的内外业一体化数字化国产测图软件得以迅速发展并应用。

（3）卫星定位 RTK 测量。卫星定位 RTK 测量技术以其方便、灵活、快捷的特点，在外业数据采集上得到了极为广泛应用，其对测绘专业技术的推动是里程碑式的。

（4）地图数字化。地图数字化，属于内业数据采集处理，是对已有地图上的信息进行跟踪、编辑矢量化等。早期的数字化仪（平板）已淘汰近二十年，现以扫描仪的扫描数字化为主要数据采集手段。

（5）地面三维激光扫描测量。地面三维激光扫描测量，也称地面 3D 激光扫描。数据采集效率高，内业编辑成图快速。尤其对于高山、峡谷地区以及边境河流地区的勘测、大比例尺地形图测绘等，具有不可替代的优势。

（6）摄影测量。摄影测量已完全过渡到数字摄影测量时代，应用广泛，发展迅猛。星载成像雷达（SAR）和合成孔径干涉雷达（INSAR），适用于对分辨率要求较低的大区域数据采集。

（7）LIDAR 与 CCD 相机组合技术。LIDAR 也叫机载激光雷达，是一种安装在飞机上的机载激光探测和测距系统，由全球卫星定位系统（GNSS）、惯性导航系统（IMU）和激光测距三大技术集成的综合应用系统。同时还集成了 CCD 相机，它与激光探测与测距系统协同作业，同步纪录探测点位的影像信息。

LIDAR 扫描技术，可直接获取测区的高精度数字高程模型（DEM）、数字地表模型（DTM）、数字正射影像图（DOM），广泛应用于测绘、规划、林业、交通、电力、灾害防治等部门。

（8）低空航摄及轻型机载雷达。低空航摄及轻型机载雷达技术，对于植被茂密、覆盖区域大的森林地区，可以显著提高数据采集精度和作业效率。

（9）DLG、DEM 和 DOM 作业流程（不含栅格图 DRG），见图 125。

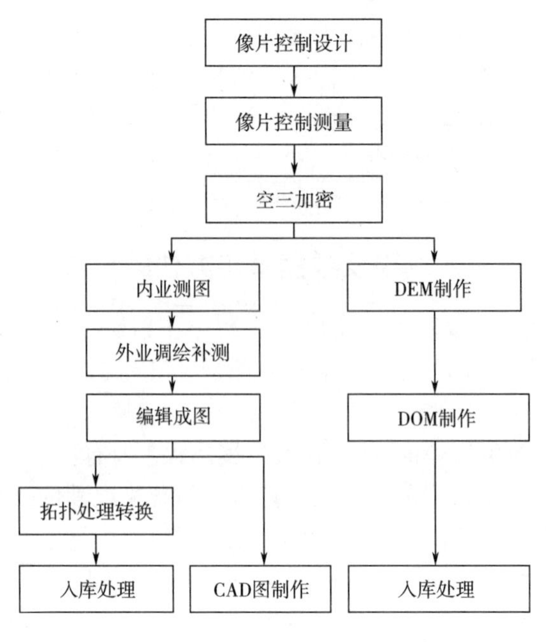

图 125　DLG、DEM、DOM 作业流程图

（张　潇）

126　DEM 在工程建设中的主要用途有哪些？

由于数字高程模型（DEM）主要用于描述地面起伏状况，则可用于地形信息提取和可视化分析等。

（1）建立可视立体模型，指导施工方案调整。水下施工属于隐蔽工程，水下地形也没有陆上复杂的地物，通过 DEM 可以方便地制作和生成正射影像图，正射影像图比地形图可以更加逼真地显示水下环境，更容易进行地貌地物的判读。如在堤防护岸抛石工程中，利用正射影像建立水下地形三维立体模型，可以确切地判断水下抛石护岸的现状。通过了解水下施工区域的现状，判断抛石的均匀程度和是否达到设计要求，确定漏抛区域，并及时进行补抛。

（2）进行剖面分析。对于地表 DEM，常常以线代面，研究区域的地貌形态、轮廓形状、地势变化、地质构造、斜坡特征、地表切割强度等。还可在地形剖面上叠加上其他地理变量，如坡度、土壤、植被等属性特征。

在 DEM 上进行坡度图绘制时，用两已知点的坐标求出两点连线及连线与三角网的交点和各交点之间的距离，因三角网的每一条边长上的点都具有高程特性，则可按选定的垂直比例尺和水平比例尺，依距离和高程绘出剖面图。

（3）坡度和坡向计算。地表单元的坡度就是其切平面的法线方向与 Z 轴的夹角。任意方向上的两点，可根据其所在等高线表示的差值和平距计算坡度。坡向是地表单元的法线向量在水平面上的投影与北方向之间的夹角。

（4）表面面积计算。在三角网的生成过程中，可以方便地获得每个三角形的序号和该三角形的三个顶点的三维坐标，通过顶点坐标可以得到每个三角形的空间面积，从而获得地形的表面积。

（5）进行挖填方量计算，核算施工工程量。根据 DEM 和等高线按一定的高程间距，查询等高线围成的面积；若挖填方量参照图非同一高程面，或不规则，应在参照图上绘出相应等高线，并与地形图叠加，将等高面闭合，计算和查询闭合等高面的面积，用平均面积法或棱体法计算挖填方量，这一过程也可直接在两个 DEM 叠加图上进行。通过基于施工区施工前后的 DEM 的剖面叠加，也可计算出水下隐蔽施工工程量。

（张　潇）

127　数字航空摄影测量的成图方式和技术工艺流程是什么？

1. 利用已有的航摄影像数据和空三加密数据，采用数字摄影测量导入空三成果建立立体模型，进行全区的 DEM 采集、内业测图。

2. 利用内业判测线划图的哑图到野外进行调绘和补测。

3. 进行编辑成图和数据整理。

采用数字摄影测量、内外业一体化影像图调绘、RTK 测量、内外业一体化影像图调绘、空间信息数据加工处理等技术组成的技术路线。其技术工艺流程见图 127。

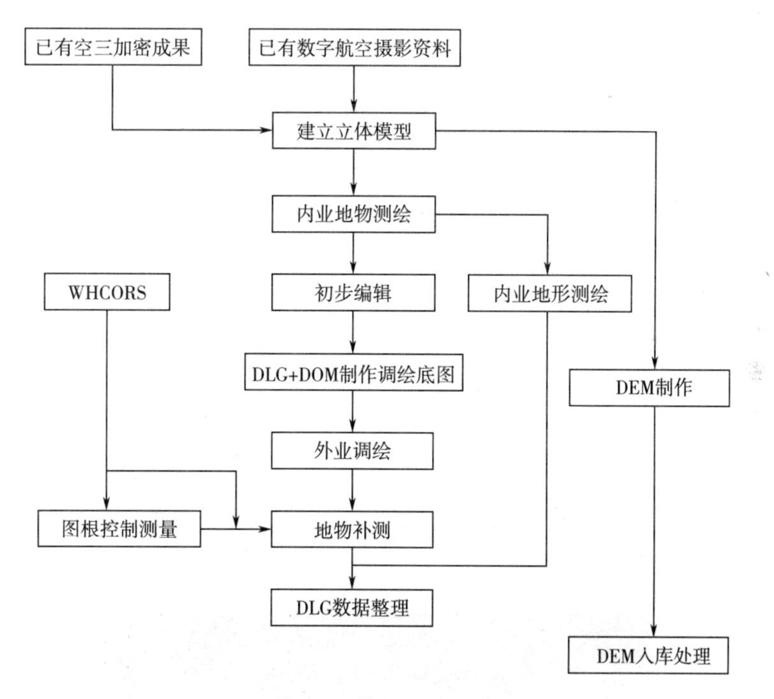

图 127　数字航测技术工艺流程图

（张　潇）

128　地面三维激光扫描技术的比较优势及技术流程是什么？

随着三维激光扫描仪的运用越来越多，地面 3D 激光扫描技术的发展也十分迅猛。在工程测量领域及地形测绘中，地面 3D 激光扫描技术与常规数字地形图测量方法相比，显示出常规、传统方式不可替代的优势。

1. 三维激光扫描技术的比较优势。

（1）目前，地形测量方法主要采用的是全站仪测图和 RTK 测图，其特点是点的测量。外业完成后，需将野外采集的数据在数字化软件中进行数据处理，生成数字地形图。

地面 3D 激光扫描技术在野外数据采集时一般采用卫星定位 RTK 与三维激光扫描仪联合作业，其优点作业效率更高，是面测量方式，与常规测量方法相比，外业人员的作业强度显著降低。

（2）地面 3D 激光扫描无接触、远程、自动化测量程度高。常规全站仪或 RTK 作业方式在逐点采集数据中，人员和仪器必须到达采集点位。但地面 3D 激光扫描技术则不需要，这样就解决了在悬崖、峡谷地区、国境边界及河流对岸（境外）等人员无法到达采集点位的野外数据采集的难题，是常规测量方法难以企及的。

（3）测量速度快、点位密度高、数据量大、主动发射激光扫描无须外部光源协作。高密度的数据点云能真实反映物体的空间形态和细部特征。

（4）数据信息丰富，除三维坐标信息外，还包含激光强度信号和彩色信息，便于目标识别和目标分类。

（5）地面 3D 激光扫描技术的海量点云数据更加逼近三维原型，可以直接得到三维数据成果，满足多方面的工程设计需求。

（6）主要缺点，是海量点云数据的高冗余、误差分布非线性、扫描不完整等，给海量点云数据的智能化处理带来了极大的困难。

2. 激光点云数据处理流程。

（1）数据采集前的准备工作。踏勘扫描范围，选好测站点，合理布置确保前后测站点通视，并获取测站点坐标，避免出现扫描盲区，且为搬站做好准备工作。

（2）点云数据处理（见图 128-1）。

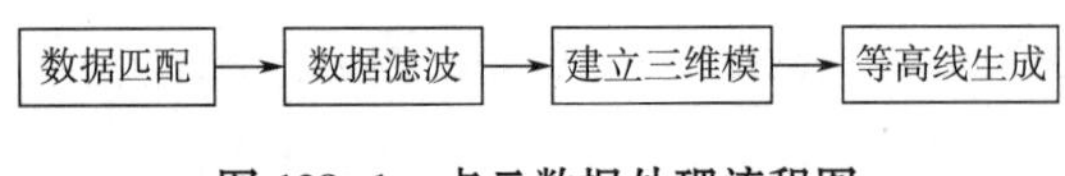

图 128-1　点云数据处理流程图

1）数据匹配，也叫数据拼接（见图 128-2），就是把不同测站点云数据融合到同一坐标系中得到整体空间数据信息。

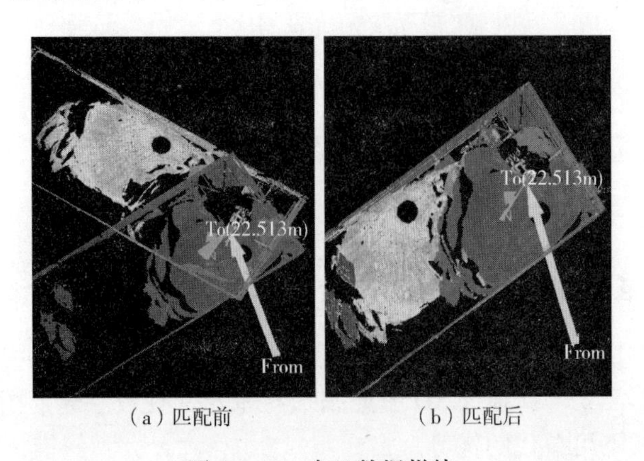

（a）匹配前　　（b）匹配后

图 128-2　点云数据拼接

2）数据滤波。对点云数据进行滤波，剔除冗余数据，消除噪声点，提取目标表面的点云数据（见图 128-3）。数据抽稀，剔除非地貌点，剔除野值点。

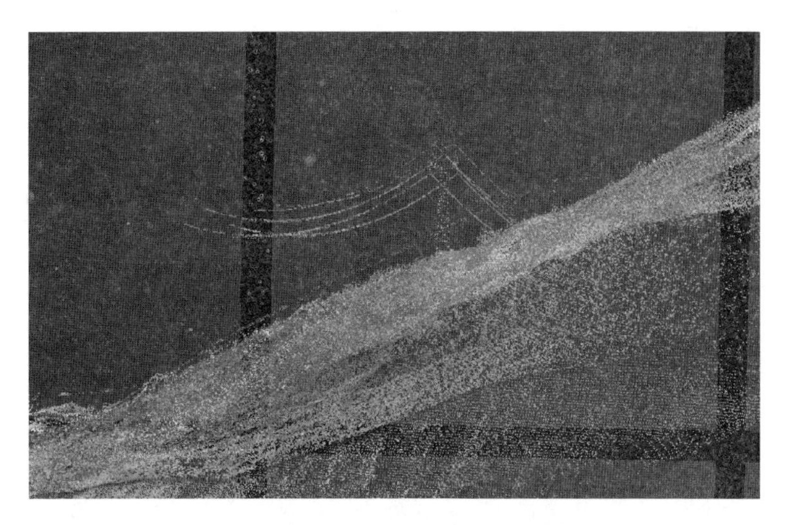

图 128-3　点云数据滤波

3）三维地表模型建立。点云数据建模和示例分别见图 128-4、图 128-5。

建立三角网 → 模型的优化和修改 → 软件自动销尖角 → 手动删除错误三角形

图 128-4　点云数据建模流程

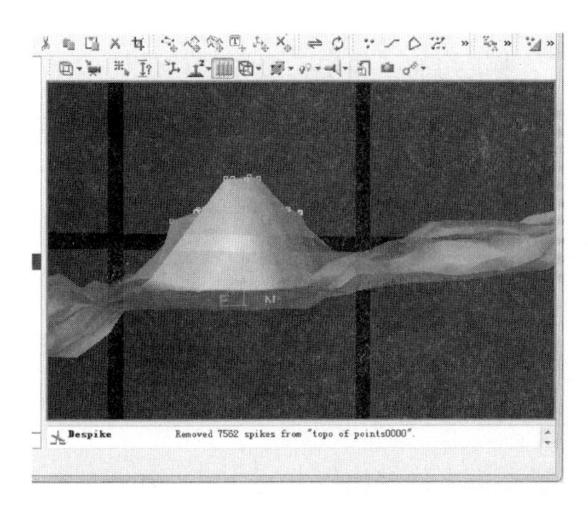

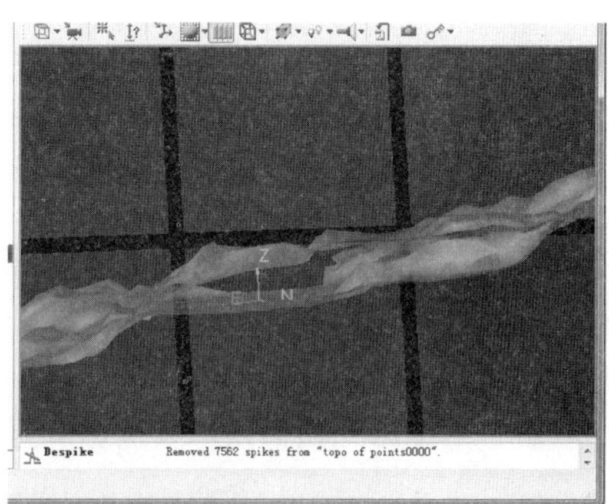

图 128-5　点云数据建模

4）等高线生成。与传统测量不同之处，三维激光扫描等高线由地面三维模型生成，是一个由三维到二维的过程，见图 128-6 和图 128-7。

3. 实施关键技术事项。

（1）合理布设测站，尽量获取目标区域的全部信息。主要是基于以下原因：①在一个或几个站点上，对目标区域采集点不完全。②由于三维激光发射的是可见光，不具有穿透

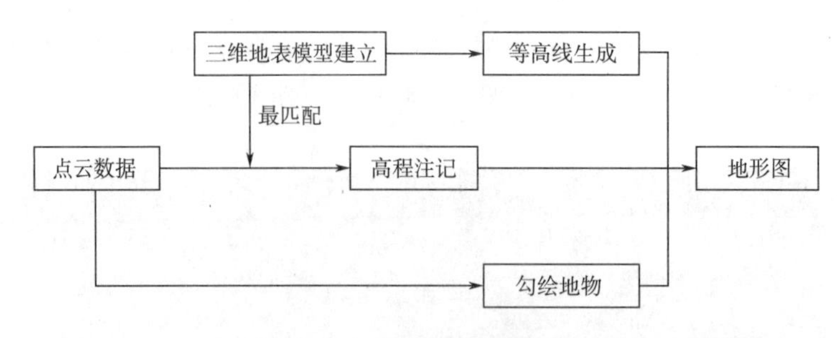

图 128-6　等高线生成过程

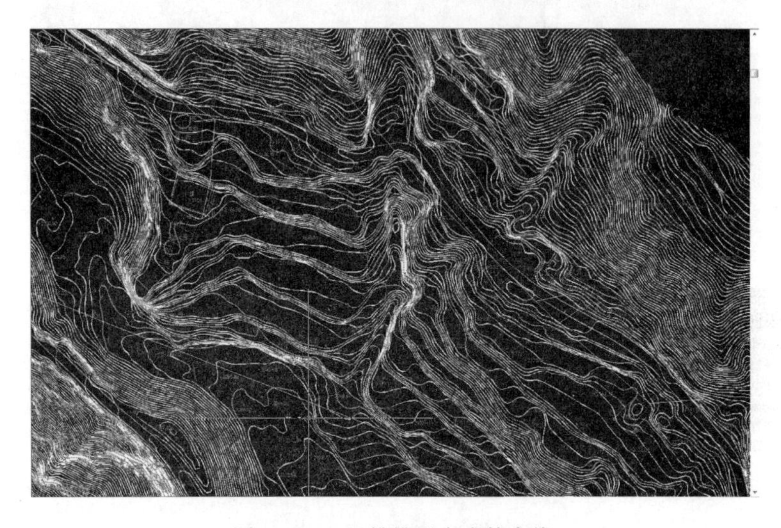

图 128-7　三维模型生成等高线

性，因此被遮挡的部分不能够被扫描。③在对工程建筑物的扫描中，交错的构件的内部也不能被扫描或显示。因此，对于没扫描到的地方，需要重新搬站，尽量能够将对象的大部分扫描到，便于后期数据处理和模型的建立。

（2）合理设置扫描时的梯度精度，有助于提高工作效率。要有选择的对一些复杂或精度要求高的区域设置高的扫描精度，对不同要求的区域设置不同的扫描精度进行扫描，这样分区域分精度扫描会显著地提高扫描仪工作的效率，减少外业数据采集工作时间。

（张　潇　王百发）

129　三维激光扫描技术与摄影测量技术有何区别？

尽管三维激光扫描和摄影测量在数据成果的类型上有许多相似之处，但二者还是有着本质的区别。

1. 摄影测量是一门独立学科，有一套完整的理论体系、技术体系、精度体系和作业方法体系。而三维激光扫描只是一种数据获取的方法或者说是一个系统、一个理论、一种技术。三维激光扫描系统，可以简单地理解为相当于一个高速转动并以面状获取扫描对象海量三维坐标的超级免棱镜全站仪，是一个将激光测距和激光束电子测角自动化集成的装备。三维激光扫描系统由三维激光扫描仪、双轴倾斜补偿传感器、电子罗盘、旋转云台、数码全景相机、电源及附属设备等组成。

2. 摄影测量的距离和范围要比三维激光扫描远且广阔得多，但点位精度远没有三维激光扫描高。

3. 摄影测量成像对环境要求很高，三维激光扫描属主动光源几乎不受环境光源所限。

4. 摄影测量可以获取影像数据、正射影像数据、点云数据和网格模型数据，三维激光扫描直接获取的是激光点云数据。

5. 摄影测量可直接获取模型纹理，三维激光扫描需要靠信号反射强度来匹配灰度信息，彩色信息需要靠数码相机专门提取。

6. 坐标转换方式迥异，三维激光扫描仅需简单联测即可，摄影测量要复杂得多。

（王百发）

130　三维激光扫描系统有哪些分类？精度如何？

1. 三维激光扫描系统可按测距原理、测程、成像方式、搭载平台和激光束发射方式进行分类。分类类别见表 130-1。

表 130-1　三维激光扫描系统的分类类别

分类方式	测距原理	测程	成像方式	搭载平台	激光束发射方式
类别	激光脉冲测距	短程≤200m	摄影扫描式	机载型	灯泡式扫描
	激光相位测距	中程 200~1 000m	全景扫描式	地面型（车载、地面）	三角法扫描
	光学三角测量	远程≥1 000m	混合扫描式	手持型	扇形扫描

注：徕卡 HDS8800，最大测程 2 000m，全景式扫描，激光测距，激光头 360°旋转扫描，应用近 10 年，性能优越。

2. 三维激光扫描系统的数据精度，就是指分辨率的大小。而分辨率的大小体现在激光光斑的尺寸和光斑的点间距。小的光斑能提高细节的分辨率，小的点间距能增大采样点的密度，同时提高模型的构建精度。模型的整体精度要显著高于单点的数据精度。

3. 激光扫描仪的扫描角度和扫描距离，对点位精度有直接影响。

（1）扫描仪与目标的距离越近，激光光斑越小，分辨率越高，回波信号也越强，点位精度就越高。反之，则点位精度就越低。

（2）扫描入射激光与扫描目标的曲面法线所形成的夹角越小（接近垂直入射），激光光斑越小，分辨率越高，点间距越小，回波信号也越强，点位精度就越高，反之，则点位精度就越低。当夹角大到一定程度时，仪器将无法收到足够的反射信号。

（3）因扫描仪是通过激光的反射回波信号得到扫描距离，对于激光被全反射和全透射的情况，则会造成扫描映像的数据盲点。

（4）三维激光扫描仪的数据采集误差分为系统误差和偶然误差。系统误差，会造成三维激光扫描点的坐标偏移，可通过计算公式进行修正。偶然误差属随机性误差，会对扫描点的点位精度造成影响。主要影响因素如下：①激光光束发散因素；②激光测距误差因素；③扫描角的误差因素；④扫描对象发射面的倾（偏）斜角度和表面粗糙程度因素；⑤标靶设置的位置因素；⑥扫描距离远近因素；⑦测站架设因素；⑧测站环境因素（温度、气压、湿度、透明度）；⑨软件因素和后期处理因素。

4. 现有部分激光扫描仪主要技术参数见表 130-2。

表 130-2 现有部分激光扫描仪主要技术参数

仪器型号	厂家	点位中误差（或测距中误差）	角度分辨率/″	测程/m
HDS 6200	Leica	±2mm@ 25m，±3mm@ 50m	±25	79
HDS 8800		±10mm@ 200m，±50mm@ 2 000m	±36	2 000
HDS C5		±2mm	±12	300
HDS C10		±2mm	±12	300
HDS P20		±2mm@ 50m	±8	120
ILRIS-3D	Optech	±8mm@ 100m	±4	1 700
ILRIS-HD		±8mm@ 100m	±4	1 800
ILRIS-HR		±8mm@ 100m	±4	3 000
Trimble GS 200	Trimble	±7mm@ 100m	±12	350
Trimble GX		±7mm@ 100m	±12	350
Trimble CX		±1. 2mm@ 30m，±2mm@ 50m	±15，±25	80
Trimble FX		±1mm@ 15m	±8	140
Trimble TX 5		±2mm@ 10~25m	±30	120
Trimble TX 8		±2mm@ 100m	±8	340
LMS-Z620	Riegl	±10mm@ 100m	±15	2 000
LMS-Z420i		±6mm@ 100m	±1. 8	1 000
LMS-VZ400		±3mm@ 100m	±1. 8	400
LMS-VZ1000		±5mm@ 100m	±1. 8	1 000
Focus3D	FARO	±2mm@ 10~25m	±14	150
Focus3D X330		±2mm@ 10~25m	±32	330
GLS-1500	Topcon	±4mm@ 150	±6	330
GLS-2000		±3. 5mm@ 150	±6	350

（王百发）

131 移动测绘技术的集成及应用是什么？

随着 CIM 技术及数字孪生技术的需求愈来愈多，3DGIS 和 BIM 技术的运用越来越广泛，催生了城市三维空间信息快速获取技术的蓬勃发展，移动测绘装备及技术因其能较好地满足高效率、大面积、高精度和全面自动化获取城市空间信息数据的要求，成为当今测绘研究与应用的热点。移动测绘的主要承载形式主要分为车载移动测量系统、推车式激光雷达扫描系统和背包式移动测绘系统。

1. 车载移动测量系统（MOBILE MAPPING SYSTEM，MMS）。

（1）车载移动测量系统，是当今测绘界前沿的科技之一，是目前最为引人注目的城市空间三维信息获取技术之一。主要构成为：GNSS/INS 组合导航系统 + 激光雷达 + 全景相机。

（2）卡尔曼滤波技术是20世纪60年代在现代控制理论的发展过程中产生的一种最优估计技术。利用卡尔曼滤波技术设计的GNSS/INS组合的导航系统，分为GNSS/INS硬件一体化组合和GNSS/INS软件组合，并配套有专业的点云数据后处理软件或平台。

（3）随着科学技术的不断发展，采用一体化、集成化和模块化设计的GNSS/INS组合导航系统，集成了陀螺仪、加速度计、磁强计、气压传感器、动压传感器等，测量精度可达厘米级。在多组电源模块供电的情况下，可支持全天候作业。

（4）因车载移动测量系统在行进中，能快速采集道路及道路两旁地物的空间位置数据和属性数据，可适用于大范围、大面积的三维城市测量、数据采集和城市建模。在工程勘测、城市规划、交通及道路管理、堤坝监测、电力设施管理、海事等领域都有着广泛的应用价值。

2. 推车式激光雷达扫描系统。

（1）推车式激光雷达扫描系统（室内移动测量车），包括6台高分辨率全景相机、1台水平激光扫描仪、2台垂直激光扫描仪、1台触屏控制器和稳定轻便的行走平台等。可用于室内环境的高精度三维信息获取。其作用类似于机器人在未知环境下进行定位和制图，在机器人领域称为SLAM。

（2）室内实景三维测图原理，是以SLAM技术为基础的室内移动测量系统，快速完成对目标建筑的室内三维结构、720°全景、WiFi、地磁等信息的采集，现场测量完成后通过专业软件对扫描数据进行处理并完成信息模型构建，从模型中获得建筑物的二维平面图和反映室内三维结构的点云数据，该点云数据可用于建模或相关性分析，也可以根据需要制作室内三维实景图。

（3）借助推车SLAM技术来获取室内空间数据，通过激光雷达扫描系统各部件的协调工作，可以生成有全沉浸式VR互动的360°全景图，实现室内实景三维测图，为室内导航定位提供数据基础。

（4）推车SLAM技术获取的空间数据具有精度高的特点，可支持输出LAS、PLY格式且兼容CAD系统的5 mm精度三维点云。

3. 背包式移动测绘系统。

（1）背包式移动测绘系统组成，主要包括数据及信息采集设备模块和后处理模块。

（2）数据及信息采集设备模块为背负式，主要由全景相机、激光雷达、控制器、手持终端、移动电源、支撑杆和背包框架组成，各个部件由背包框架连接和支撑。

（3）后处理模块以三维SLAM算法、点云着色算法为核心算法，对采集设备模块采集获得的数据进行后处理操作，输出着色三维点云数据和具有位置和姿态信息的全景影像数据。

（4）背包式移动测绘系统能够在连续移动中获取周围场景信息，克服了地面移动测量系统在无卫星定位信号的环境中失效及基于二维SLAM技术的推车式只能适用于地面水平的环境的问题。其特点是通过性好、适应性强、数据获取效率高。

（张　潇）

132　水电工程城镇移民迁建大比例尺测绘的特点有哪些？

大型工程如水电站、高铁站、工矿企业等，在选址、建设期会涉及征地移民问题。在水电工程中，更是需要进行专门的移民专题设计，根据当地政策对房屋、资产、征地面积等进行经济指标、补偿等事项测算。而城镇移民迁建的选址，通常会进行诸多方案比选。为了尽量少占用基本农田，或者从经济的角度出发，有的会采取对河、沟外围防护处理，再对场地回填后用于移民迁建。在进行移民实物指标调查和测量中，其中最常见的是进行大比例尺的专题地形测绘。作为设计基础资料的大比例尺专题测绘特点如下：

1. 在一般规定中的特点。

（1）测绘比例尺采用 1∶500~1∶2 000。

（2）地类地形图施测，要求全面、准确地反映安置点新址用地范围内的土地利用现状、水系、道路等线性地物的分布、主要建（构）筑物的几何特征。

（3）地类地形图采用的平面坐标系统和高程基准要求与可研阶段一致。

2. 在测绘内容中的特点。由于其具有经济指标测算与后期补偿依据的功能，与全要素大比例尺地形测绘相比，具有细致、精确、鲜明的特点。

（1）高度重视地类界的测绘，各种地类要详细测绘入图，且须成封闭状态。

（2）须使用专门的地类详细分类规范。即《水电工程建设征地实物调查规范》DL/T 5377—2007 及《土地利用现状分类》GB/T 21010—2007。

（3）地类划分要求更细致，种类更多。分别包括：①耕地（水田、水浇地、旱地、菜地）；②园地（果园、茶园、桑园、橡胶园、其他园地）；③林地（有林地、灌木林地、疏林地、未成林造林地、迹地、苗圃）；④草地（天然牧草地、人工牧草地、其他草地）；⑤交通运输用地（公路用地、农村道路用地、港口码头用地）；⑥水域及水利设施用地；⑦其他土地（设施农用地、田坎、沙地、裸地等）；⑧城镇村及工矿用地（城市、建制镇、村庄、采矿用地、风景名胜及特殊用地）等。

（4）重要建（构）筑物和一般房屋必须逐栋、逐件施测并绘入图中。

（5）详细施测征地范围内的等级公路（包括农村公路）、电力电信设施、广播电视设施等线性专业项目。

（6）需要对勘测范围内的重要地面建（构）筑物（含城镇污水处理厂管线、桥梁）所在地的地形局部施测更大比例尺断面图（1∶500 或 1∶200），并标明建（构）筑物的主要结构特征和高程。

（7）行政区界要详细测绘入图，包括县、乡（镇）、村、组的行政界线和名称。

3. 主要技术要求有所突出。

（1）地形图上要求绘出全部的完整的地形等高线（即等高线应连续完整、不得间断，包括陡坎、陡崖及倒坡部位及桥梁下部现状地形，均应绘出连续完整的等高线），地形平缓处的高程注记点标注要满足规范要求。

（2）标明各种地类及沟、渠、公路、各种线路、供水管道等线状物及老居民房屋。房屋需要注明结构和楼层，公路要求注明路面结构、材料等。

（3）行政村的土地所有权界线或乡（镇）、县的行政界线与用单线表示的线性地物重合时，需要同时注明土地所有权界线或行政界线和线性地物宽度。

（4）对征地范围内的等级公路、电力电信设施、广播电视设施等专业项目按地形图测量等有关规定施测，需要标注名称及规模级别等。

（张　潇）

第 8 章　线路测量

133　为何《工程测量标准》要将线路测量独立成章？

我们知道，线状工程建设项目和面状工程建设项目无论从建设规模、作业方法、功能用途和管理维护等方面有着本质的不同。就测量而言，最典型的莫过于超长导线测设。普通的线路测量项目，采用超长导线即可满足工程对控制测量的精度需求，一般要求导线长度不宜超过 30km。也就是说线路控制测量作业主要采用导线测量方法往前推进，要求导线的起点、终点及每间隔不大于 30km 的点上，应与高等级平面控制点联测。至于导线测量的精度，无论是测角中误差还是测距相对中误差或者是导线相对闭合差，均比常规平面控制测量中三级导线测量的精度要求还低得多，属等外级。至于线路的高程控制测量，通常五等水准或图根水准的精度即可满足要求，每隔 30km 与高等级水准点联测一次即可。而定线测量、曲线测设和纵、横断面测量也具有鲜明的行业特点。基于此，在《工程测量标准》的历次版本中均把线路测量独立成章。

（王百发）

134　什么是断链、长链、短链？

断链、长链、短链在线路工程中出现是不可避免的现象，虽然不是因测量原因所直接造成，但这三个术语却经常困扰着测绘工作者。因此，有必要搞清楚，也需要在线路工程测量中做到心中有数。

1. 断链、长链、短链均是直接与线路里程相关的量。

2. 本来一条线路从起点至终点，线路中线点的里程应该是一个连续的且是完整的链。但因局部改线或分段测量等原因，导致线路里程前后不再连续，这种现象的出现就叫断链（broken chainage）。而线路的里程都标示在中线桩上，因此出现断链的位置就叫断链桩。“链”的采用应该是源自英文 chain，而非 link。当然，在工程上也没有必要因局部线路的调整与修改，就要对整个线路的中桩里程和位置做出统一的修改或调整。否则就是小题大做，也会造成工程使用上的混乱。

3. 长链、短链是断链的衍生词或者是下一级的词汇。线路局部调整后，新线路比原线路长的叫长链，新线路比原线路短的叫短链。长链会导致新线路要在原基础上增加部分桩号，增加的桩号会出现与原有桩号重叠但位置却不同的现象。短链会导致新线路要在原基础上减少部分桩号。即会导致部分中桩缺失的现象。

4. 所谓断链处理，就是不必牵动全线路桩号（里程），而允许在中间产生断链，允许出现桩号（里程）不连续。仅在改动处用新桩号，其他不变动处仍用老桩号，即维持原有的其他线路不变。在同一断链桩上分别标明新老两种线路里程及相互关系。

5. 既然断链是与线路里程直接相关的量，那就说明断链桩的位置是可以随里程大小做适当调整的。因此《工程测量标准》GB 50026—2020 规定：断链桩应设立在线路的直线段，不得在桥梁、隧道、平曲线、公路立交或铁路车站范围内设立。断链桩放在直线段处理起来更方便简洁，若放在其他线段处理起来则相对复杂且容易造成失误。

6. 路线总长度=终点桩里程-起点桩里程 + $\sum$ 长链 - $\sum$ 短链 。

（王百发）

135 何为定测？线路中线定测如何进行？

1. 线路定测，是根据批准的初步设计文件，在现场进行具体方案的勘测落实，并通过定线、测角、中桩、高程、横断面等以及其他勘测资料的测量调查及内业工作，为施工图设计收集、提供有关资料。

线路定测和线路初测在工作内容和作业目的上有较大的不同。线路初测，是根据任务书确定的修建原则和线路基本走向方案，通过现场对各有价值的线路方案的勘测，进行导线、高程、地形、桥涵、线路交叉及其他资料的测量调查工作，并进行纸上定线和有关内业工作，从中比选确定采用的线路；收集提供编制初步设计文件所需的资料。

2. 线路中线定测的主要技术要求如下：

（1）线路中线上，应设立线路起终点桩、千米桩、百米桩、平曲线控制桩、桥梁或隧道轴线控制桩、转点桩和断链桩，并应根据竖曲线的变化加桩。

（2）线路中线桩的间距，直线部分不应大于 50m，平曲线部分宜为 20m。当铁路曲线半径大于 800m 且地势平坦时，中线桩间距可为 40m。当公路曲线半径为 30~60m 或缓和曲线长度为 30~50m 时，中线桩间距不应大于 10m；对于公路曲线半径小于 30m、缓和曲线长度小于 30m 或回头曲线段，中线桩间距不应大于 5m。

（3）中线桩位测量误差，直线段不应超过表 135-1 的规定；曲线段不应超过表 135-2 的规定。

表 135-1　直线段中线桩位测量限差/m

线路名称	纵向误差	横向误差
铁路、一级及以上公路	$\frac{S}{2\,000}+0.10$	0.10
二级及以下公路	$\frac{S}{1\,000}+0.10$	0.15

注：S 为转点桩至中线桩的距离，单位为 m。

表 135-2　曲线段中线桩位测量闭合差限差/m

线路名称	纵向相对闭合差		横向闭合差	
	平地	山地	平地	山地
铁路、一级及以上公路	1/2 000	1/1 000	0.10	0.10
二级及以下公路	1/1 000	1/500	0.10	0.15

（4）表 135-1 和表 135-2 的相关精度指标，是基于传统的曲线测设方法制定的。传统方法进行曲线测设的纵向闭合差，主要由总偏角的测角误差、切线和弦长的丈量误差所

构成，通常，总偏角的测角中误差将使计算的各项曲线要素产生同向误差，这种误差在曲线测设中互相抵消，切线和弦长丈量时的系统误差在纵向闭合差中影响甚微，偶然误差是影响纵向闭合差的主要因素。

（5）断链桩应设立在线路的直线段，不得在桥梁、隧道、平曲线、公路立交或铁路车站范围内设立。

（6）中线桩的高程测量，宜布设成附合路线，附合路线闭合差不应超过 $50\sqrt{L}$ mm。附合路线长度 L 的单位为 km。

高程测量限差指标来源，因中线桩位高程测量的限差按下式计算：

$$W = \pm 2\sqrt{m_{起}^2 + m_{测}^2} \cdot \sqrt{L}$$

当起算点中误差 $m_{起}$ 取用 15mm（五等水准），测量中误差 $m_{测}$ 取用 20mm（图根水准）时，故有 $50\sqrt{L}$。

（王百发）

136　工程中的平曲线、竖曲线及竖曲线与平曲线的组合要求是什么？

1. 平曲线是指在平面线形中线路转向处曲线的总称，包括圆曲线与缓和曲线。各级公路都有最小平曲线半径和相应超高的限制，其跟计算行车速度直接相关。

最小平曲线半径的实质是汽车行驶在公路曲线部分时，所产生的离心力等横向力不超过轮胎与路面的摩阻力所允许的界限，并使乘车人感觉良好的曲线半径值。

实践证明，适当增大平曲线超高横坡比单纯加大平曲线半径，既减少了工程量也可以达到安全的目的。当然超高还有路面排水的作用。

2. 竖曲线是指在线路纵坡的变坡处设置的竖向曲线，包括竖向圆曲线和抛物线。各级公路在纵坡变坡处均应设置竖曲线，竖曲线有最小半径和最小长度的限制，其跟计算行车速度直接相关。

竖曲线的曲线半径分为极限最小半径和一般最小半径。极限最小半径是指汽车在纵坡变坡处行驶时，为了缓和冲击和保证视距所需的最小半径计算值，该值在受地形等特殊情况约束时方可采用。但是，为了安全和舒适，应采用极限最小半径的 1.5~2.0 倍的数值，即一般最小半径值。

当坡差很小时，由计算得来的竖曲线通常很短，这样的竖曲线在视角上不好，会给驾驶员一个很急促的折曲感觉，为了避免这种情况出现，故同时会规定最小竖曲线长度，该长度也是按照计算行车速度 3s 行驶距离确定的。

3. 当竖曲线与平曲线组合式时，竖曲线宜包含在平曲线内，且平曲线应稍长于竖曲线。凸形竖曲线的顶部或凹形竖曲线的底部，应避免插入小半径平曲线或将这些顶点作为反向曲线的转向点。在长的平曲线内，如必须设置几个起伏的纵坡时，需用透视图法检验。

（1）平面线形与纵断线形的组合设计是线形设计的最后阶段，特别是对高等级公路合理的科学的设计显得尤为重要。首先要满足驾驶人员的视角和心理要求，这是因为驾驶人员以高速行车时，是通过视角、运动感觉和时间变化的感觉来判断线形的。视角是连接公路与汽车的媒介，公路线形、周围景观、交通标识、通行信息等，差不多都是通过驾驶人的视角感知的。总的要求是线形的设计要使驾驶人员保持视角的连续性，并有足够的舒适感和安全感，使视角和心理反应达到均衡。这是线形组合设计的一般要求。

（2）在视角上能够自然而然的引导驾驶人的视线的线形是组合平纵线形的根本要求。

（3）要保持平曲线和竖曲线的大小平衡。因为若失衡，会给人以不愉快的感觉，失去视角上的均衡性。

（4）要选择合适的合成坡度。合成坡度过大对行车不利，过小对排水不利也影响行车。

可见，掌握一些线路设计的理念与要求，会对相关的曲线测设进一步加深理解。

（王百发）

137　中、高压输变电线路测量定位数据采集的要点与流程是什么？

为了对输变电管理、故障研判、抢修指挥提供基础和保障，同时为局部区域建设统一运检管理信息平台，全面覆盖运维检修业务，贯穿运维检修管理全过程，实现全业务上线、全流程固化、信息一键生成及系统平稳过渡，则需要开展中、高压输变电线路设备异动数据的采集与录入工作。进而为提升运维检修精益化管理水平提供支撑，也为设备（资产）运维精益管理信息系统提供数据基础。

1. 主要工作内容。对国网供电公司所属变电站、输电杆塔进行野外数据采集，内业数据整理、GIS 系统录入及其相应的数据质量检查。

（1）外业数据采集利用 CORS 基站，采用虚拟参考站差分定位测量方式进行位置采集工作。对中、高压输变电设备测量定位数据的采集工作，包括变电站、杆塔等设备的定位信息、属性信息和连接关系等。

（2）内业数据整理将数据导出，根据数据整理要求将坐标信息、属性等信息建立相应数据库。同时，根据采集的设备坐标位置和连接关系画出线路图。

2. 测量基准。坐标系统：2000 国家大地坐标系；高程基准：1985 国家高程基准。

3. 精度及技术规格。

（1）测量定位精度。中、高压输变电设施测量定位精度要求见表 137。

表 137　中、高压输变电设施测量定位精度要求

设备类型	精度要求
变电站	最大点位误差不超过±3m，且与周边参照物的相对地理位置正确
输电杆塔	最大点位误差不超过±3m，且与周边参照物的相对地理位置正确
输电电缆	最大点位误差不超过±0. 3m

（2）重要数据采录要求。

1）变电站，要求采集 4 个角的经纬度坐标，根据变电站 4 个角的对角线推算变电站的中心点坐标。

2）输电杆塔，对于直径小于 300mm 的圆柱形杆塔，要求采集杆塔一侧坐标；对于直径大于 300mm 的圆柱形杆塔，采集杆塔周围 2~3 个点坐标，并推求杆塔中心点坐标等。

3）输电电缆，需采集电缆井、检查井/工井、电缆管（沟、隧道）特征点信息和电缆拐点坐标信息。作业时，可通过地下管线探测方式采集电缆线路的拐点位置信息，或基于电缆管（沟、隧道）的专用地面路径标牌，测绘电缆线路的走向和位置，并要求注明埋设方式。

4. 野外数据采集程序及流程。

（1）作业准备。数据采集技术人员在现场作业之前，需做好下列准备工作：①与管控人员确认当天采集计划；②打印线路一次接线图/线路地理走向图（线路条状图），供现场采集、数据核查等工作使用；③调试仪器，检查相机的电池的续电量；④打印现场数据模板；⑤所需携带的安全保障设备（交通警示牌等）。

（2）采集点确认。到达现场后，应对采集点进行确认。其中包括中、高压输变电线路的起始电站和线路名称。确认无误后，方能开展现场数据采集工作。

（3）野外数据采集。先用数码相机对设备拍照后，采用卫星定位设备或其他测量方法对电网设备的坐标信息进行采集。采集的电网设备信息，如名称、材质、运行状态、照片编号、应与测量定位的编号相对应。

（4）成果归类。整条线路测量的数据采集完成后，应按线路对设备进行归类。

（5）数据检查。在完成一条线路的归类后，应对采集成果进行检查。确认是否有采集点遗漏或相关资料遗漏及数据采集过程中所存在的问题。

（6）中、高压输变电设备测量定位数据采集流程见图 137。

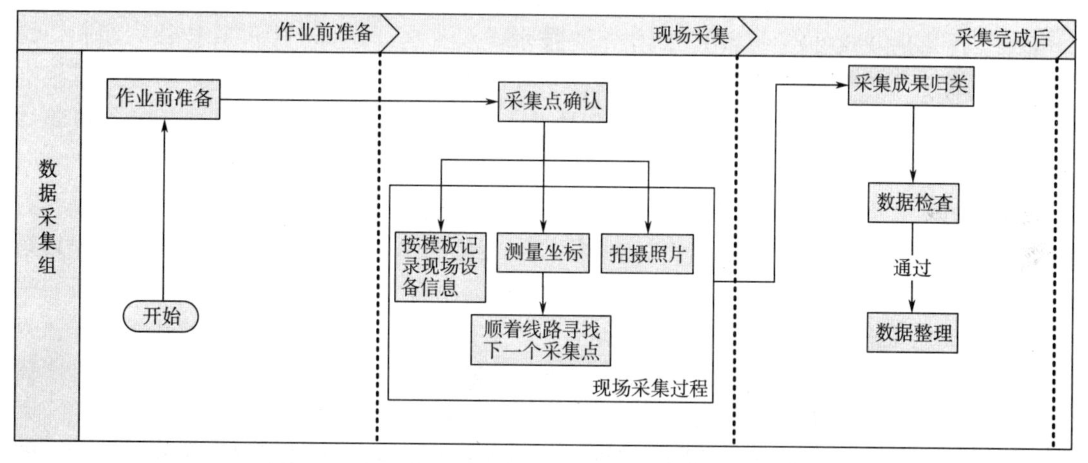

图 137　中、高压输变电设备测量定位数据采集流程图

5. 注意数据资料保密。未经许可，不得擅自复制、损毁和提供他人。

（张　潇）

138　勘测与勘察的区别？

1. 从住建部综合甲单位的名称和名称演变历史上讲，二者实际上是没有根本区别的。类似单位的主体专业组成自 20 世纪 50~60 年代组建时均包括：工程测量、工程地质勘察、水文地质勘察和地球物理勘探专业，并配套有土工试验专业。20 世纪 80 年代后期又从工程地质勘察专业分化出岩土工程专业和人工地基检测专业，岩土工程专业在 20 世纪 90 年代又分化成岩土工程设计和岩土工程施工两个专业，21 世纪初从工程地质勘察专业又分化出地质灾害治理专业等。

要说区别，无非是在单位成立初期命名时，由于测绘专业的技术人员力量占比相对强大、仪器设备充足、专业门类划分相对齐全，除了工程测量专业外还设置有大地、航测、制图、测量仪器研制等专业。故命名为“勘测”设计院。“勘测”名称在水利部和原电力工业部出现较多。若单位成立初期工程地质勘察、水文地质勘察专业相对测绘专业的技术人员力量占比相对强大，则单位的初期名称会命名为“勘察”设计院。“勘察”名称在原冶金部、原地质部、原化学工业部、原机械工业部、原航空工业部应用较多。

2. 从科技刊物名称上讲，二者有所区别但差别不大。国家建委在1973年8月创刊了《工程勘察》这一科技刊物，由中国建筑学会工程勘察分会和当时的建设工程部综合勘察院（今建设综合勘察研究设计院有限公司）共同主办。20世纪80年代将工程测量的科技文章从《工程勘察》中分离出来创刊了《工程测量》这一科技刊物，当时这两本科技期刊的封面设计、刊头题字和办刊风格基本一致。约在20世纪90年代初，《工程测量》又合并至《工程勘察》，涵盖的主体专业分别为：工程测量、工程地质、水文地质和物探等。两刊分合的原因不必细究，但也体现了合久必分、分久必合的道理。目前的《工程勘察》杂志涵盖了四大专业：岩土工程与工程地质、地下水资源与环境、测绘与地理信息工程和工程物探。该刊属于中国科技核心期刊。可见，工程勘察专业也是兼容并蓄的。

另一本刊物是由原冶金勘察研究总院（现中勘冶金勘察设计研究院有限责任公司）在1983年创刊的《勘察科学技术》，属学术—技术类双月刊，也属于中国科技核心期刊。该刊目前涵盖岩土工程及勘察设计与施工技术，工程地质，水文地质，环境地质及地下水资源评价，工程测量及地理信息系统，工程物探与地下管网探测，岩土测试及工程检测等专业。

建设部于1986年创刊主办了《城市勘测》双月刊，主要内容：勘测管理、行业动态、勘察技术、测绘技术、企业采风等偏重于管理与文化建设。其是住房和城乡建设部规划系统勘测行业唯一的科技期刊，其宗旨是宣传党和国家有关城市勘测工作方针、政策、法规，及时准确报道高层决策精神；紧密结合生产实践，开展学术交流，推动技术进步，致力于勘测科学技术的普及、发展和提高。可见，“勘测”一词在公开出版物上也是有所体现的，但比重相对偏小。

3. 从常规的认知上讲，二者有所不同。“勘测”是勘察专业与测绘专业的复合词，而“勘察”口总认为自己是大概念，涵盖工程测量。而勘察单位的测绘专业通常又具有自己独立性与完整性，即便是有相应的规范出台，如《冶金勘察测量规范》也是纯粹的测量规范其中并不涵盖任何工程地质、水文地质和岩土工程内容。相反，在勘测口的规范则是二者的复合体，如《海上风力发电场勘测标准》GB 51395—2019其中就有工程地质勘察、水文地质勘察、岩土工程勘察和工程测量的内容。也就是说，类似勘测类规范原则上是会有对测绘技术要求相关章节的。但从常规规范的名称上讲，《××勘察规范》是不包含工程测量内容的，《××测量规范》也是不包括勘察内容的。

4. 从住建部非综合甲的单位名称和业务类别上讲，勘察技术公司类是不含测量资质的，测绘技术公司类也是不含勘察资质的。

5. 住建部在20世纪90年代初开始，开展了全国勘察设计大师遴选活动，用的是“勘察”一词，其中也有不少测绘专业的知名人士获得此项殊荣。从这个概念上讲，勘察就属于大概念了。

6. 也有一些单位从“勘测”更名为“勘察”，比如，中铁第一勘察设计院集团，成立于 1953 年 1 月当时名称为铁道部设计局西北设计分局，1958 年 5 月改称铁道部第一设计院，1978 年 3 月改称铁道部第一勘测设计院，2001 年 3 月更名为铁道第一勘察设计院，并由事业单位改为科技型企业。2007 年 7 月改称中铁第一勘察设计院集团有限公司。尚未见到有单位从“勘察”更名为“勘测”的。

7. 从使用的频度和范围上讲，“勘察”一词使用更多、范围更广一些。如交通部门的交通事故勘察，水利、地震、消防部门的灾情勘察。

8. 还有一词为“勘查”或“勘探”，以地质调查为主体专业的单位在单位名称中常用“勘查”或“勘探”一词，如西北地质勘查局等，此类单位测绘人员很少或者没有设置测绘专业。

（王百发）

第9章　地下管线测量

9.1　地下管线探查

139　地下管线测量的相关标准有哪些？

1. 国家标准和行业标准。与管线测量有关常用的国家标准和行业标准见表139。

表139　地下管线测量常用标准

序号	名称	编号
1	工程测量标准	GB 50026
2	信息技术 地下管线数据交换技术要求	GB/T 29806
3	测绘成果质量检查与验收	GB/T 24356
4	城市地下管线探测技术规程	CJJ 61
5	城市综合地下管线信息系统技术规范	CJJ/T 269
6	城市工程地球物理探测标准	CJJ/T 7
7	城市测量规范	CJJ/T 8
8	卫星定位城市测量技术标准	CJJ/T 73
9	管线测量成果质量检验技术规程	CH/T 1033
10	管线要素分类代码与符号表达	CH/T 1036
11	管线信息系统建设技术规范	CH/T 1037
12	管线测绘技术规程	CH/T 6002

2. 地方标准。有的省市根据地方特点在国家和行业标准基础上制定地方标准，如广东省地方标准《广东省地下管线探测技术规程》DBJ/T 15—134、上海市工程建设规范《地下管线测绘标准》DG/TJ 08—85、宁波市地方标准规范《管线探测技术规程》DB3302/T 1079等。

（王双龙）

140　地下管线如何分类？

城市地下管网是城市基础设施中的生命线，有“地下神经”之称。城市地下管线属性复杂，种类繁多，按照功能分为给水管网、排水管网、燃气管网、供热管网、电力管网、通信管网、工业管线、综合管廊和其他管线共9大类。每一类管网都由管线段和附属设施组成，呈树状、环状或辐射状，形成一个系统，系统的各组成元件相互影响，共同发挥作用。地下管线按照敷设方式分为直埋敷设和管沟敷设，按照覆土深度分为浅埋和深埋，按照输送方式分为压力管道和自流管道，按照输送距离分为长途输送管道和短途输送管道。

1. 给水管线。

（1）定义与用途。向不同类别的用户供应满足需求用水的管网系统。

（2）分类。

1）给水管线按用途，分为生活用水给水管网系统、工业生产用水给水管网系统、市政消防用水管网系统。

2）按管网系统构成方式，分为统一给水系统、分质给水系统、分区给水系统、分压给水系统、循环和循序给水系统、区域性给水系统。

3）按输水方式，分为重力输水管网系统、压力输水管网系统；按照水源的数量，分为单水源供水管网系统和多水源供水管网系统。

（3）给水管网系统组成。

1）给水管网系统，由输水灌渠、配水管网（附属设施）、水压调节设施（加压泵站）、水量调节设施（清水池、水塔）等构成，简称输配水系统。

2）根据管线在整个供水管网中所起的作用和管径的大小，给水管可分为主干管、干管、支管、分配管和接户管。

3）输水给水管网的布置形式，主要分为树枝状管网和环状管网。

（4）特点。

1）给水管网具有水量传输、水量调节和水压调节的功能，具有一般网络系统的分散性、连通性、传输性、扩展性等特点。

2）树枝管网的特点，是给水管网从水厂至用户的形态呈树枝状。这种布置形式的特点是结构简单、管线总长度短，但给水的安全可靠性相应较低，适合小城市建设初期采用，可逐渐改造形成环状管网。

3）环状管网的特点，是管网系统中的管线相互联结串通，如果某条管线出现问题，网络中的其他环线可以迂回供水，因此网络的给水安全可靠性较强，城市尽可能采用这种管网布局方式。

2. 排水管线。

（1）定义与用途。对雨水、废水进行收集、输送和处理的管网系统。

（2）分类。排水管线按用途，分为三种：①生活污水排水管线；②工业废水排水管线；③雨水排水管线。

（3）排水管网系统组成。

1）排水管网系统，包括污废水（雨水）收集系统、排水管网、水量调节池、提升泵站和排放口等。

2）排水管网一般为重力流，管径较大，分为支管、干管、主干管。

3）排水管网设置检查井、雨水井、溢流井、跌水井、水封井、换气井、截流井等附属构筑物及流量检测设施，地势低洼地带需采用泵站提升排水。

4）生活污水、工业废水和雨水可以采用同一个排水管网系统排出，称为合流制，分为直排式合流制和截留式合流制；也可以采用两个或者两个以上相互独立的排水管网系统排出，称为分流制，分为完全分流制、不完全分流制和混合式分流制。

（4）特点。

1）排水管网系统性极强，对地形条件要求高，以重力流为主，在地形不允许时，压力提升后仍采用重力流；排水管网在重力流情况下可采用明渠或暗渠进行排水。

2）排水管网在排水管道交汇、转弯、管径或坡度改变、跌水处以及直线管段上每隔一定距离需设置检查井，管道附属构筑物数量多，管理、维护复杂。

3）排水管网管径较大，城市道路下一般排水管道的最小管径为 *DN*300，雨水干管的管径可达 *DN*2000。

3. 燃气管线。

（1）定义与用途。指符合规范燃气质量要求的，供给居民生活、商业和工业企业生产作燃料用的公用性质的燃气。一般包括天然气、液化石油气和人工煤气（简称煤气）。

（2）分类。

1）根据使用性质分为长距离输气管线、城市燃气管道、工业企业燃气管道。

2）根据敷设方式分为地下燃气管道、架空燃气管道。

3）根据输气压力分为低压燃气管道、中压燃气管道（B、A）、次高压燃气管道（B、A）、高压燃气管道（B、A）。

（3）燃气配气系统构成。燃气配气系统构成由城市门站、不同压力等级（低压、中压、次高压、高压）的燃气管网及附属设施、调压设施（调压站、调压箱）、储气设施、管理设施、监控系统等组成。

（4）特点。

1）城镇燃气管道按输送燃气压力分为 7 级：低压燃气管道、中压 B 燃气管道、中压 A 燃气管道、次高压 B 燃气管道、次高压 A 燃气管道、高压 B 燃气管道、高压 A 燃气管道，具体管道压力见表 140-1。

表 140-1　城镇燃气输送压力（表压）

名称		压力/MPa
高压燃气管道	A	$2.5<P\leq4.0$
	B	$1.6<P\leq2.5$
次高压燃气管道	A	$0.8<P\leq1.6$
	B	$0.4<P\leq0.8$
中压燃气管道	A	$0.2<P\leq0.4$
	B	$0.005<P\leq0.2$
低压燃气管道		$P\leq0.01$

2）中压和低压燃气管道宜采用聚乙烯管、机械接口球墨铸铁管、钢管或钢骨架聚乙烯材料复合管，次高压燃气管道应采用钢管，低次高压 B 燃气管道也可采用钢号 Q235B 焊接钢管。

3）地下燃气管道不能从建筑物和大型构筑物底部穿越。

4）高压燃气管道采用的钢管和管道附件材料根据管道的使用条件、材料的焊接性能等因素经技术经济比较确定，管道附件不得采用螺旋焊缝钢管制作，严禁采用铸铁制作。

5）燃气具有易燃、易爆的特点，在储存、输送过程中容易发生火灾、爆炸，从而造成人员伤亡和财产损失。

4. 热力管线。

（1）定义与用途。热力管线又称热力网，是指由热源向热用户输送和分配供热介质的管线系统，又指集中供热条件下用于输送和分配载热介质（蒸汽或热水）的管道系统。将锅炉生产的热能，通过蒸汽、热水两类热媒输送到室内用热设备，以满足生产、生活的需要。

（2）分类。

1）按载热介质，分为蒸汽管网和热水管网。

2）按使用功能和结构层次，分为主干热网和分配热网。主干热网是连接热源与区域热力站的管网，又称为输送管网或一级管网。分配热网以热力站为起点，把热输配到各个热用户的热力引入口处，又称为二级管网。

3）按布置方式分为地下敷设和架空敷设。

（3）供热输配系统组成。

1）供热输配系统，由热源、管网和热力站组成。

2）供热管道一般采用直埋方式敷设，管道根据其输送介质采用相应的预制直埋保温管，附件宜采用配套的预制直埋保温产品。

3）管道在充分利用弯头等自然补偿能力的条件下，根据有关技术规定设置必要的补偿装置。

4）热力网系统采用枝状布置，以热电厂、供热厂为中心，联网向四周敷设，敷设方式以地沟为主，高架为辅。

5）按规定布置在城市南北道路的东侧，东西道路的南侧。

（4）特点。

1）供热系统通过供热管道将热源与用户连接起来，将热媒输送到各个用户，实现城市集中采暖和生产用热需求。

2）锅炉和供热管线长期在受压、受热、腐蚀、负荷波动等情况下运行，具有事故率较高、事故后果较为严重的特点。

5. 电力管线。

（1）定义与用途。

1）城市电力管线，由城市输送电网与配电网组成。

2）城市输送电网，含有城市变电所（站）和从城市电厂、区域变电所（站）介入的输送电线路等设施。

3）城市变电所，通常为大于 10kV 电压的变电所。

4）城市输送电线路，以架空线为主，重点地段等用直埋电缆、管道电缆等敷设形式。

5）输送电网具有将城市电源输入城区，并将电源电压接入城市配电网的功能。

（2）分类。

1）按照电压等级输电线路包括超高压、高压、中压和低压四类。

2）城市电力网电压等级分为四级：①送电电压包括 500kV、330kV、220kV 三种；②高压配电电压包括 110kV、66kV、35kV；③中低压配电电压 10kV；④低压配电电压 380/220V。

3）按照电力线路敷设方式，分为架空线路和地下电缆线路两类。

（3）供电输配系统组成。

1）城市配电网由高压、低压配电网组成。

2）高压配电网电压等级为1~10kV，含有变配电所（站）、开关站、1~10kV高压配电线路。高压配电网具有为低压配电网、配电源以及直接为高压用电户送电等功能。高压配电线路通常采用直埋电缆、管道电缆等敷设方式。

3）低压配电网电压等级为220V~1kV，含低压配电所、开关站、低压电力线路等设施，其具有直接为用户供电的功能。城市道路电力供给还包括路灯和信号灯系统。

（4）特点。

1）城市架空电力线路，应根据城市地形、地貌特点和城市道路网规划沿道路、河渠、绿化带架设。路径做到短捷、顺直、减少同道路、河流、铁路的交叉，满足防洪、抗震要求。

2）高压电力管线，存在巨大的高频磁场，会导致生命死亡，酿成重大安全事故。因此，城市高压架空电力线路须设置安全走廊，具体宽度见表140-2。

3）地下电缆线路的选择，应根据道路网规划与道路走向相结合，并保证地下电缆线路与城市其他市政公用工程管线间的安全距离。经技术经济比较后，合理且必要时，宜采用地下共同通道。

表140-2　35~500kV高压架空电力线路规划走廊宽度

线路电压等级/kV	高压走廊宽度/m	线路电压等级/kV	高压走廊宽度/m
500	60~75	60、110	15~25
330	35~45	35	12~20
220	30~40	—	—

6. 电信管线。

（1）定义与用途。

1）电信管线，指电信管道和电信线路。

2）电信线路，指用来携带、输送、传递模拟或数字信息数据的物理媒介（如通信电缆、光缆、无线电波等）。

3）电信管道，指用来保护电线线路的工程管道。

（2）分类。

1）工程上的电信管线，主要包括电话、数据通信、有线广播、有线电视等。

2）国内三大电信运营商包括中国移动、中国电信和中国联通，同时还有电力通信、交通监控、电子警察、军用光缆、公安通信、有线电视等特殊线路。

3）移动通信一般采用无线电通信方式，并没有固定的传输线路或物理管道，而是表述为信号覆盖区域。

（3）电信管线系统组成。电信管线系统主要由区段通信、干线通信和移动通信三部分组成。

（4）特点。

1）电信管线传输信号包括模拟信号、数字信号，易受电磁干扰，需避开变电站、高压走廊等复杂电磁环境。电信管线传输媒质多样，包括双绞线、大对数电缆、同轴电缆、光纤等。

2）电信管线属于非承压、非重力流浅埋管线。管线敷设不需考虑城市地势高低，仅需保证规范埋深要求和管道自然坡度到人孔井即可。电信管道一般采用混凝土管、钢管、玻璃钢管、UPVC 管等，组合形式包括圆管、梅花管、多孔格栅管和组合型等。

3）电信主干管道敷设主干线路、中继线路、长途线路、专用线路。一般采用局向用户敷设，采用环状、网型、星型、复合型、总线型等网络结构形式及属性结构和管控逐渐递减方式。新设局所，宜设电缆的主干线路长度一般不超过 2km，超过 2km 以上采用光缆。配线管道采用敷设建设方式，一般采用 12 孔以下塑料管。广播电视线路敷设可与通信电缆敷设同管道，也可与架空通信电缆同杆架设敷设。

4）电信管道运营模式，分为由地方政府成立管道公司统一建设及经营电信管道模式、电信企业各自为政自行建设电信管道的模式、电信运营企业联合建设电信管道的模式。

7. 工业管线。

（1）定义与用途。

1）工业管线是工矿企业、事业单位为生产制作各种产品过程所需的工艺管道、公用工程管道及其他辅助管道。

2）工业管道广泛应用于石油、天然气、石油化工、化工、市政、冶金、有色金属、动力、机械、航天航空、轻工等各行各业中。

3）主要工业管线包括氢、氧、乙炔、石油等输送管线。

（2）分类。

1）工业管道按介质压力，分为真空管道、低压管道、中压管道、高压管道四级。

2）按介质温度，分为常温、低温、中温、高温管道。

3）按管道材质、温度、压力，综合分为碳钢、合金钢、不锈钢、铝及铝合金、钢及钢合金管道。

4）按工业用水使用程度，分为源水管道、重复用水管道、循环用水管道。

5）按制造工艺及所用管坯形状不同，分为无缝钢管（圆坯）和焊接钢管（板，带坯）两大类。

（3）特点。

1）与长输管道、公用管道相比较，工业管道是压力管道中工艺流程种类最多、生产制作环境状态变化最为复杂、输送的介质品种较多与条件均较苛刻的压力管道。

2）具有输送压力高、温度高的特点，是压力管道中分类品种级别最多的一种。

3）工业管道一般设置于工厂与各种站、场等工业基地中，尽管操作条件复杂、环境条件苛刻，但管理比较集中，相对市政基础设施管道而言更易于控制与管理。

8. 综合管廊。

（1）定义。综合管廊是建于城市地下用于容纳 2 种及以上城市管线的构筑物及附属设施。

（2）分类。综合管廊根据建设方式可分为干线综合管廊、支线综合管廊和缆线管廊。

（3）特点。

1）干线综合管廊用于容纳城市主干工程管线，采用独立分舱方式建设，主要埋设在机动车道、道路绿化带下方。

2）支线综合管廊用于容纳城市配给工程管线，采用单舱或双舱方式建设，主要埋设在道路绿化带、人行道或非机动车道下方。

3）缆线管廊采用浅埋沟道方式，设有可开启盖板但其内部空间不能满足人员正常通行，常用于容纳电力电缆和通信线缆，主要埋设在人行道下方。

9. 地下管线分类代码。管线要素分类与代码见表 140-3。

表 140-3 管线要素分类与代码

管线类型	字母代码	简写
电力	DL	L
通信	TX	D
给水	JS	J
排水	PS	P
燃气	RQ	M
热力	RL	R
工业	GY	G
综合管廊	ZH	Z
其他管线	QT	B

（王双龙）

141 地下管线探测常用仪器的分类?

地下管线常用探测仪器除常规测绘地理信息采集设备外，主要有两大类别，即电磁感应类仪器和电磁波探测类仪器。

1. 电磁感应类仪器。电磁感应类仪器是利用电磁感应原理探测金属管线、电/光缆，以及一些带有金属标志线的非金属管线，这类仪器也是经常所说的管线探测仪。比较常用的仪器有英国 RD 系列、日本 PL 系列等。

2. 电磁波探测类仪器。电磁波探测类仪器是利用超高频电磁波探测地下介质分布的一种地球物理方法，它利用宽带电磁波以脉冲形式来探测或确定地表之下的不可视的物体或结构。在地下管线探测中，常用于探测管线探测仪难以有效解决的非金属管道，如排水管道、地下人防巷道。这类仪器常被称为地质雷达。比较常见的有美国的 SIR 系列、瑞典的 RAMAC 系列等。

（王双龙）

142 地下管线探测的原则、条件和方法是什么?

1. 应用物探技术方法探查地下管线应遵循下列原则：

（1）从已知到未知。作业区内管线敷设情况完全已知的路段先行实施仪器探查，探查技术方法基本确定后推广到其他待探查的路段。

（2）由简单到复杂。管线稀疏路段先探查，管线稠密路段后探查；埋深较浅的管线先探查，埋深较深的管线后探查；管径大的管线先探查，管径小的管线后探查。

（3）方法有效、快捷、轻便。采用成本较低、探查效果较好、方便快捷的技术方法，对管线分布复杂、地球物理条件较差和干扰较强的路段应采用多种物探方法综合探查。

2. 应用物探技术方法探查地下管线，需要具备下列基本条件：

（1）被探查的地下管线与其周围介质之间有明显的物性差异，如电性差异、弹性差异、温度差异等。

（2）被探查的地下管线所产生的异常场有足够的强度，或可从干扰场和背景场中清楚地分辨出来。

（3）经方法试验证明其有效，探查精度能够达到规范中的规定。

3. 管线探测仪对金属管线探测的常用方法，有直接法、夹钳法和感应法。

（王双龙）

143 如何进行明显管线点调查？

地下管线调查的任务主要是对明显管线点所出露的地下管线及其附属设施进行实地调查、记录和测量。其具体内容为：查清每条管线的性质和类型；对与管线有关的建（构）筑物和其他附属设施逐一开启窨井，弄清管线的来龙去脉，记录其规格、数量；利用已有明显管线点尚不能查明实地调查中必需查明的项目时，需探查或在开挖管线的出露点上进行实地测量。

1. 地下管线普查的取舍标准。

城市地下管线普查取舍标准见表143-1。

表143-1 城市地下管线普查取舍标准

管线类别		需探测的管线
给水		内径≥50mm
排水	管道	内径≥200mm
	方沟	方沟断面≥300mm×300mm
燃气		干线和主要支线
热力	直埋	干线和主要支线
	沟道	全测
电力	直埋	电压≥380V
	沟道	全测
通信	直埋	干线和主要支线
	管块	全测
工业		工艺流程线不测
综合管廊		全测

2. 地下管线调查项目和取舍要求（属性项目）见表143-2。

表 143-2　地下管线调查项目和取舍要求

管线类型		埋深		断面尺寸		材质	其他要求
		外顶	内底	管径	宽×高		
给水		*	—	*	—	*	—
排水	管道	—	*	*	—	*	注明流向
	方沟	—	*	—	*	*	
燃气		*	—	*	—	*	注明压力
热力	直埋	*	—	—	—	*	注明流向
	沟道	—	*	—	—	*	
工业管道	自流	—	*	*	—	*	—
	压力	*	—	*	—	*	自流管道注明流向
电力	直埋	*	—	—	—	—	注明电压
	沟道	—	*	—	*	*	注明电缆根数
通信	直埋	*	—	*	—	—	—
	管块	*	—	—	*	—	注明孔数
综合管廊		—	*	—	*	*	权属单位和埋设年代

注：1　* 为调查或探查项目。

2　管道材质主要包括：钢、铸铁、钢筋混凝土、混凝土、石棉水泥、陶土、PVC 塑料等。沟道材质主要包括砖石、管块等。

3. 明显管线点的调查流程。明显管线点的调查流程，见图 143-1。

图 143-1　明显管线点调查流程图

4. 明显管线点的调查要求。

（1）明显管线点调查是指对能看见的、出露的管线特征点、附属物，在作业现场直接对管线的管径、材质、埋深、权属等属性数据进行采集，并将特征点、附属物的实际点位正投影到地面上，标明管线点点位。对明显管线点的调查一般采用直接打开井盖量测有关数据的方法，并现场填写明显管线点调查表，调查表样可根据实际情况做适当调整。

（2）所有管线点应按照现行有关技术规定的要求设置地面标志，并在点位附近注明管线点编号。管线点编号应采用“管线类别代号+管线点顺序号”形式，并应保持其在同一测区内的唯一性。

（3）为了保证实地调查的质量和提高工作效率，实地调查实施应尽可能请管线权属单位熟悉管线敷设情况的人员予以协助调查。作业时，要根据现场条件采取安全保护措施，确保作业人员的人身安全。

（4）各类管线都有其特定的附属物，通过管线特定的附属物很容易识别各种管线的类别，见表 143-3。

表 143-3　各类管线常见附属物

管线类别	附属物名称
给水	消火栓、水表、水表井、放水口
排水	雨水篦、出水口、化粪池
燃气	凝水缸、调压器
热力	锅炉房、加压站
电力	变压器、控制柜、信号灯、路灯、电杆、控制箱、配电室
通信	接线箱、人孔、手孔、电话亭、信息亭

5. 调查工具。

（1）实地调查时，应配备的工具有打开井盖用的钥匙、钩子、锤子、钢卷尺、皮尺、直角尺（L 尺）、垂球、梯子、鼓风设备、防毒面具和地面安全标志等，同时，还应有调查表以及各种图纸。直角尺示意图见图 143-2。

（2）埋深数据要重复量测 3 次以上，每次量测的数据差值不能超过±50mm，否则重新进行量测。多次量测的数据差值小于或等于±50mm 时，则取其平均值作为最终的采集数据记录。

6. 埋深调查。地下管线埋深分为内底埋深、外顶埋深和外底埋深。量测何种埋深应根据地下管线的性质和委托的要求确定。地下沟道或自流的地下管道应量测其内底埋深；有压力的地下管道应量测其外顶埋深；直埋电缆和管块量测其外顶埋深；管沟量测其内底埋深；地下隧道或顶管工程施工场地的地下管线应量测其外底埋深。

（1）内底埋深量测方法。测量排水管道内底至地面比高时，应将直角尺短边端部下缘平放在管道内底口上，于地面井口处读取直角尺读数，此读数即为管内底至井口地面的比高 h_1，即内底埋深。量测方法如图 143-3 所示。

（2）外顶埋深和外底埋深测量方法。量取给水、燃气等管道的外顶和外底至井口地面高时，可将直角尺的短边端部下缘平放在管道顶部，并于井沿处读取直角尺读数，即为外顶埋深 h_2；再将直角尺的短边向下放至管道下面，使直角尺短边上缘向上提，平贴管道的管外底，于井沿处读取直角尺读数减去短边的宽度，即为外底埋深 h_3。量测方法如图 143-4 所示。

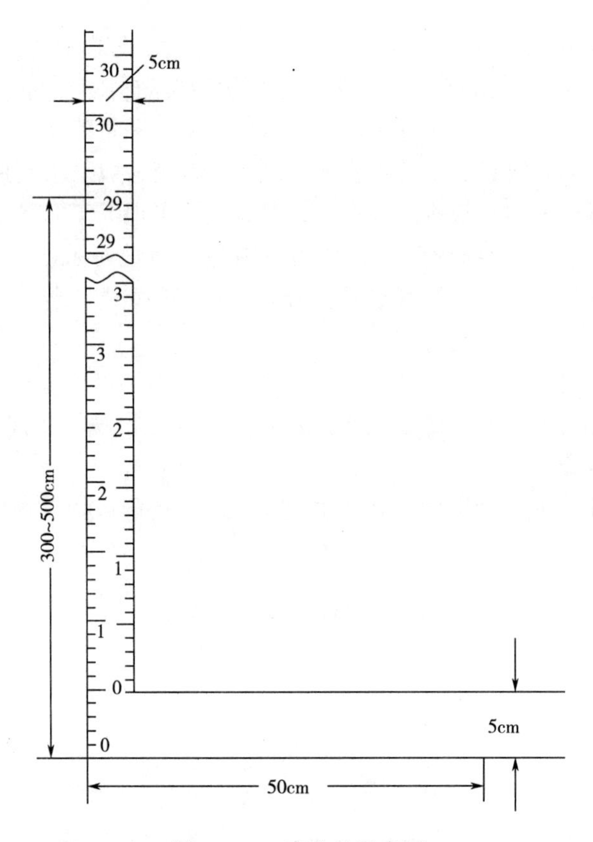

图 143-2　直角尺示意图

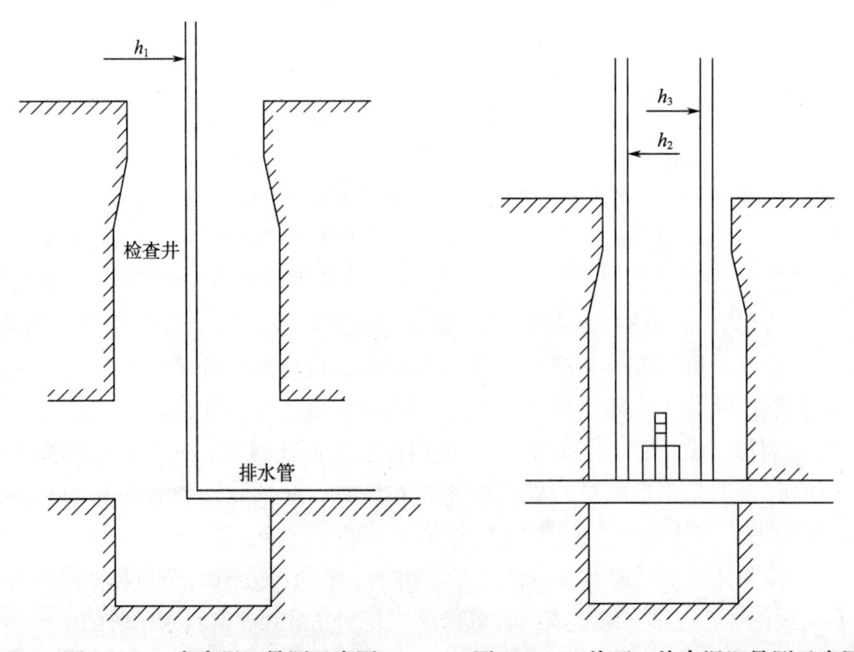

图 143-3　内底埋深量测示意图　　图 143-4　外顶、外底埋深量测示意图

7. 偏距量测方法。在窨井（包括检查井、闸门井、仪表井、人孔和手孔等）上设置明显管线点时，管线点的位置设在井盖的中心，当地下管线中心线的地面投影偏离管线点，其偏距大于 0.2m 时，应量测。用一自制的十字形井中器套卡在打开井盖的井口上，十字交叉点即为井口中心，交叉点挂钩悬一垂球，人下井用尺量出垂球至管道中心线的水平垂距 e，即为偏距，如图 143-5 所示；也可以在井口移动垂球，使其位于管道中心线上，在地面量出垂线至十字形井中器的中心距离 e，即为偏距，如图 143-6 所示。

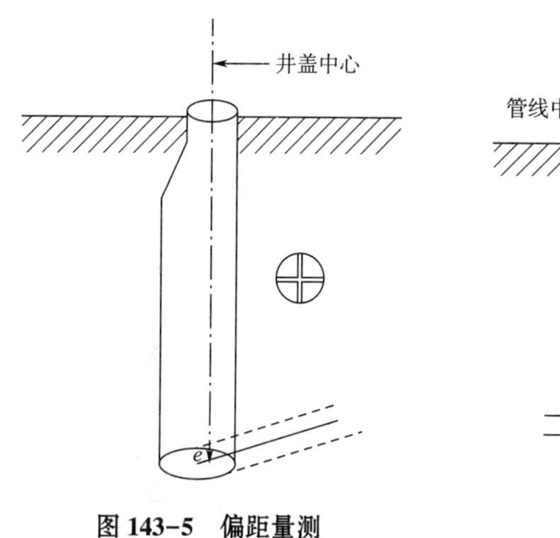

图 143-5　偏距量测

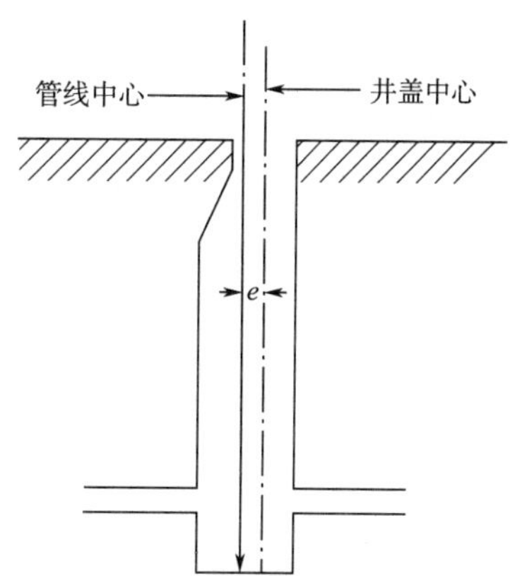

图 143-6　偏距量测

8. 管道及管沟断面尺寸量测。调查地下管道及管沟时，应量测其断面尺寸，圆形断面量取其内径或外径，矩形断面应量取其内壁的宽和高，单位以“mm”表示；同时，还应查明埋设于地下管沟或管块中的电力电缆或通信电缆的根数和孔数。

（1）内径量取方法。内径的量取方法如图 143-7 所示，将直角尺短边端部下缘平放在排水管道内底上，于井沿处读取读数 h_2 ，再将直角尺提起使短边端部上缘平贴管内顶，于井沿处读取读数 h_1 ，则管道内径 = $h_2 - h_1$ +直角尺短边宽。

（2）外径量取方法。外径量取方法同外顶埋深和外底埋深的量测一致，管道外径 = $h_3 - h_2$ 。

（王双龙）

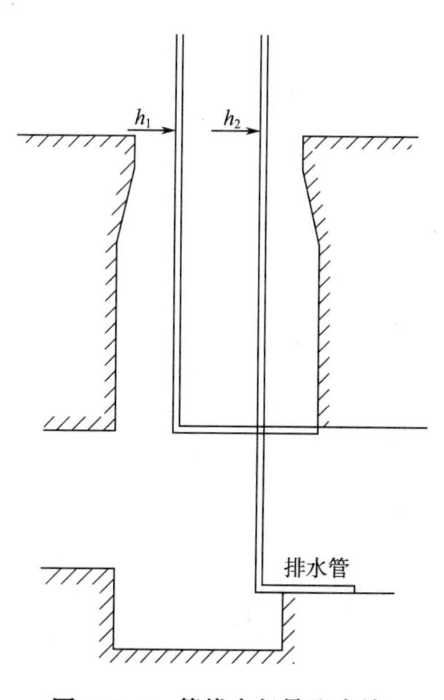

图 143-7　管线内径量取方法

144　隐蔽管线点探查方法是什么？

1. 地下管线隐蔽管线点调查分为仪器探查（即地球物理探查）、机械开挖、钎探、打样洞调查几种方式，其中，地球物理探查方法是探查隐蔽管线点位置及埋深的主要方法。

2. 仪器追踪法是在实地调查的基础上，通过仪器探测、追踪地下管线的路由和确定管线的连接关系，从而确定地下管线类别。所以，追踪法主要是用来确定隐蔽地下管线点的管线类别。

3. 当地下管线隐蔽埋设时，确定管线类别应遵循“已知→未知→已知”的原则。即从该条管线的已知点（明显管线点）开始调查，通过仪器探测或其他有效方法追踪管线，一直追踪到该条管线的另外一个已知点（明显管线点）；或从该条管线的已知点（明显管线点）开始调查，通过仪器探测方法追踪管线到需要调查的隐蔽管线点，而后在该隐蔽管线点施加有源信号，通过仪器探测方法，反向追踪到原来的管线已知点。

4. 采用仪器追踪法时，首先需要从目标管线的已知点（明显管线点）开始，在已知点施加有源信号，通过追踪该有源信号来确定地下管线的类别和路由。为了防止误判，追踪时，要一直追踪到目标管线的另外一个已知点（明显管线点）；或在探测的隐蔽管线点施加有源信号，通过仪器探测方法，反向追踪到原来的管线已知点。

5. 仪器探查应在现况调绘和实地调查的基础上，针对工作区内不同的地球物理条件，选择不同的物探方法和仪器设备实施探查工作。仪器探查主要是探查确定地下管线的平面位置、埋深，追踪确定地下管线连接关系，并在地面标出地下管线投影到地面上的点位。

6. 隐蔽管线点调查流程见图 144 所示。

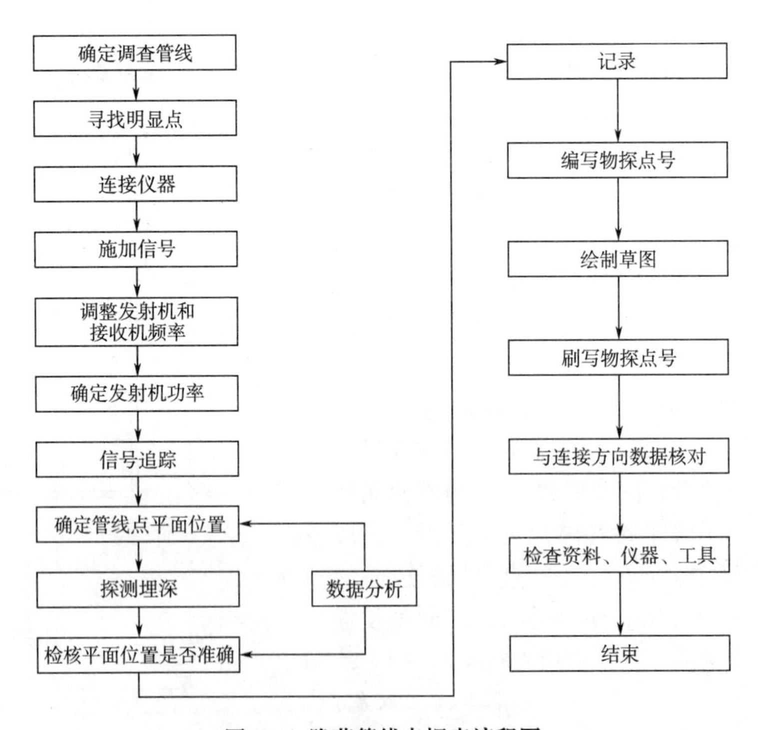

图 144　隐蔽管线点探查流程图

（王双龙）

145　隐蔽管线点探测的质量检验方法是什么？

1. 检验方法。隐蔽管线点探测的质量检验方法主要分为仪器探查验证和开挖（钎探）

验证。仪器探查验证，是指用管线探测仪、地质雷达等设备对隐蔽管线的重复探测验证。开挖验证，是指机械开挖、钎探、打样洞等方法直接对管线进行的直观验证。

2. 检验比例。重复探查的点数，不少于探查总点数的5%。开挖验证的点数，不少于隐蔽点总数的0.5%且不少于2个点。

3. 精度统计。对相关检查点的平面位置偏差、埋深偏差进行精度统计，以对整个项目探测结果做出整体评估。

（王双龙）

146　近间距平行管探测方法有哪些？

目前，地下管线探测的难点主要有：一是近间距平行管线探测；二是多电缆管道探测；三是大深度管线探测；四是非金属管道探测。因此，应用电磁法探测时，正确认识和把握探测的相应技术可以取得较好的探测效果。

经过工程实践总结，探查近距离平行地下管线较为有效的方法包括选择激发法、压线法、直接法、夹钳法以及计算机反演解释方法。

1. 选择激发法。选择激发法是利用改变发射机线圈与干扰管线的相对位置，减小或消除干扰管线影响，从而达到探查定位目标管线的目的。即利用发射线圈面与干扰管线正交时不激发、与干扰管线斜交时弱激发、而发射线圈远离干扰管线时无激发的特点，达到只选择目标管线激发的目的，如图146-1所示。

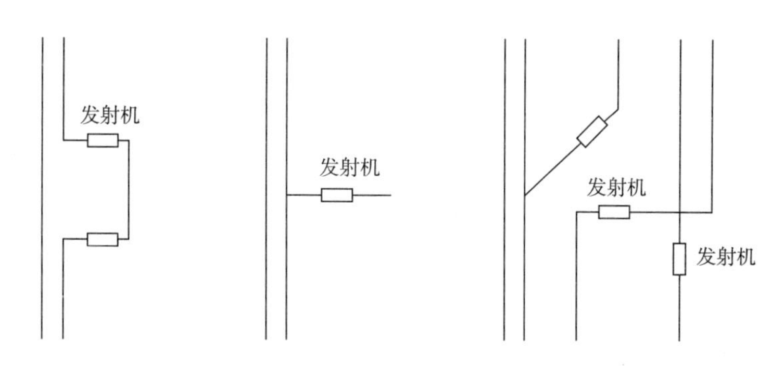

图146-1　选择激发示意图

选择激发法的应用前提，是要有分叉、拐弯、三通等可供选择激发之处，而远距离激发需要发射磁矩足够大且工作频率较低。

2. 压线法。压线法是通过改变发射机线圈与目标管线的相对位置，达到既能压制干扰信号又能增强目标信号的目的。压线法分为水平压线法、倾斜压线法和垂直压线法。

（1）水平压线法，如图146-2（a）所示，是将发射线圈水平放在干扰管线正上方，此时干扰管线不激发或激发最弱，该方法适合于探查间距稍大的平行管线。

（2）倾斜压线法，如图146-2（b）所示，就是选择靠近目标管线的上方附近，通过倾斜发射线圈并使其不激发管线或激发较小，达到压制干扰增强目标管线信号的目的。该方法适用于近间距平行管线且水平压线法效果不明显时的管线探查，但是上下重叠管线不宜使用。

（3）垂直压线法，如图 146-2（c）所示，是将发射线圈垂直放在干扰管线的水平方向，使干扰管线不激发或激发最弱，达到压制干扰信号的目的。该方法适用于上下重叠管线探测，但必须有可供垂直压线的现场条件。

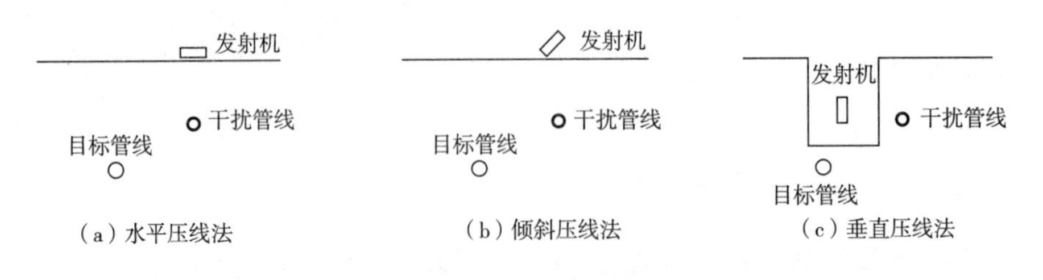

图 146-2　压线法示意图

3. 直接法。如前所述，该方法就是利用地下管线的出露部分直接向管线供某一频率的电流，并通过改变接地方式使电流沿目标管线流动，包括单端连接、双端连接和远端接地方式。对于电力、通信以及燃气管线禁止使用该方法。

4. 夹钳法。利用专用感应夹钳，使被夹管线产生感应磁场达到探测地下管线的目的，一般多用于电力、通信管线探查。

5. 计算机正反演解释方法。利用整条探查剖面的信息，通过计算拟合理论曲线和实测曲线达到复杂条件管线探查的目的，需要处理人员具有一定的专业基础知识，且对地下管线的分布、敷设情况有一定的了解，这样可减少探查结果的多解性。在近距离平行管线探测时，要注意电流方向的影响，因为电流方向会影响定位精度。

（王双龙）

147　地下管线的敷设方式有哪些？

地下管线敷设方式有直埋、管埋（电缆类套管）、管块、管沟、管廊等方式。

1. 直埋，一般指目标管线直接埋设于地下的敷设方式。

2. 管埋，指目标管线埋设时放于保护套管中进行敷设的方式。

3. 管块，多指电缆类管线埋设于块状介质中的敷设方式。

4. 管沟，指管线埋设在沟道中的敷设方式。

5. 综合管廊，是管线敷设方式的发展趋势。随着我国经济实力的增强和建设的需要，各种管线也将根据相关技术规范敷设在综合管廊的相应舱室中。

（王双龙）

148　综合管廊的概念与探测方法是什么？

1. 综合管廊的概念与意义。

（1）综合管廊，是指地下城市管道综合走廊（见图 148）。即在城市地下建造一个隧道空间，将电力、通信，燃气、供热、给排水等各种工程管线集于一体，设有专门的检修口、吊装口和监测系统，实施统一规划、统一设计、统一建设和统一管理，是保障城市运行的重要基础设施和“生命线”。

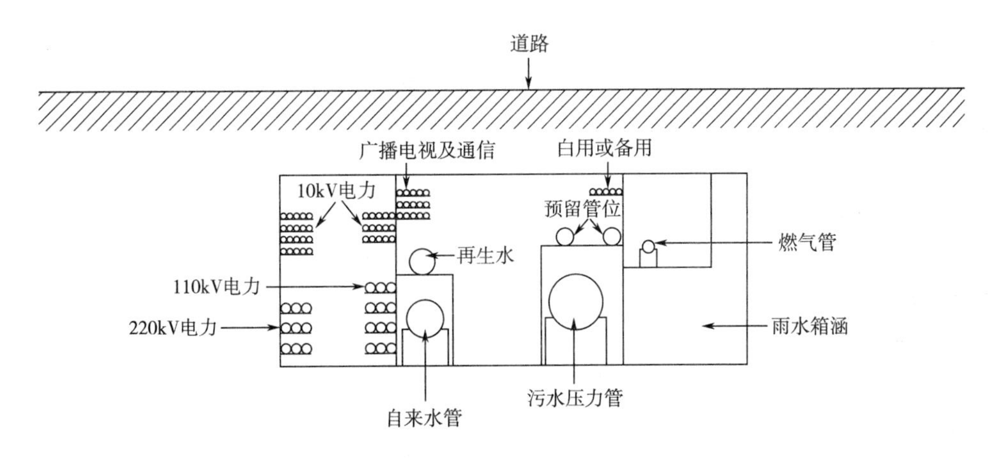

图 148　综合管廊示意图

（2）综合管廊一般分为干线综合管廊、支线综合管廊及缆线管廊。

1）干线综合管廊，用于容纳城市主干工程管线采用独立分舱方式建设的综合管廊。

2）支线综合管廊，用于容纳城市配给工程管线采用单舱或双舱方式建设的综合管廊。

3）缆线管廊，采用浅埋沟道方式建设，设有可开启盖板但其内部空间不能满足人员正常通行要求，用于容纳电力电缆和通信线缆的管廊。

（3）地下综合管廊的推广意义。

1）地下综合管廊系统不仅解决了城市交通拥堵问题，还极大方便了电力、通信、燃气、供排水等市政设施的维护和检修。此外，该系统还具有一定的防震减灾作用。

2）地下综合管廊对满足民生基本需求和提高城市综合承载力发挥着重要作用，避免由于敷设和维修地下管线频繁挖掘道路而对交通和居民出行造成影响和干扰，保持路容完整和美观，降低了路面多次翻修的费用和工程管线的维修费用，保持了路面的完整性和各类管线的耐久性。

3）综合管廊便于各种管线的敷设、增减、维修和日常管理。由于共同沟内管线布置紧凑合理，有效利用了道路下的空间，节约了城市用地。减少了道路的杆柱及各种管线的检查井、室等，美化了城市的景观。

2. 探测方法。

（1）综合管廊的探测需要进入管廊内，调查清楚分舱的管线种类，填好调查表。

（2）综合管廊本体应测定干线综合管廊、支线综合管廊和缆线管廊及附属设施的空间特征，并符合下列规定：①综合管廊两端、坡度或走向变化处的内壁角点坐标和高程、横断面形状与尺寸、底部中线位置及高程；当具备测绘条件时，可测绘其外壁角点的坐标和高程等。②综合管廊各个舱室的位置、内底高程及形状、尺寸。③综合管廊检修井（人孔）、转折点、变坡点的位置及内底高程。④地面出入口、通风口、投料口等附属设施的位置及高程。

3. 综合管廊本体测绘。

（1）平面坐标、方位及高程可利用综合管廊两端的地面控制点通过支导线方式传递到综合管廊内。

（2）管廊本体测绘应符合下列规定：①可根据现场条件，采用全站仪、水准仪、激光扫描仪或钢尺进行测绘。②底部中线点位置及高程测绘的间隔宜为 50m 左右。③当综合管廊内与地面测定的为同一设施时，可利用内外相对位置关系检查综合管廊内位置测定的准确性。④综合管廊结构主体测绘宜在综合管廊建造阶段进行。现状测绘时，可做必要的核查或补测。

4. 入廊管线测绘。入廊管线测绘应符合下列规定：①入廊管线测绘可通过量测管线与综合管廊内壁的相对位置关系来进行，量测时可使用钢尺、投点尺等工具。②电力、通信等安放在综合管廊两侧墙壁上并利用托架固定的管线，应量测其相对于综合管廊内底的高度，并调查电缆尺寸、电缆条数以及走向等。③给水、热力等安放在固定墩上的管线，应量测相对于综合管廊内底的高度及控制阀等管点设施的位置，并调查管线的管径、材质、走向等。

（王双龙）

149　地下管线探测工作的基本流程是什么？

1. 城市地下管线探测项目的总体流程可分为三部分：地下管线探测前的技术准备工作；地下管线探测数据的采集与处理工作；地下管线探测成果的提交工作。

2. 城市地下管线探测项目的基本流程，行业标准《城市地下管线探测技术规程》CJJ 61—2017 中给出了规范性归纳，主要包括：①接受任务（委托）；②编绘地下管线现况调绘图；③现场踏勘；④探查仪器检验和探查方法试验；⑤技术设计书编制；⑥实地调查、地球物理探查；⑦建立控制测量；⑧地下管线点测量与数据处理；⑨地下管线图编绘；⑩技术质量检查；⑪编写技术总结报告；⑫成果验收。

3. 对于探测任务较简单及工作量较小的项目，上述程序可简化。

（王双龙）

150　城市地下管线的现状如何？有哪些问题？

1. 管网现状和存在问题。

（1）近些年中国城市化快速发展，城市规模不断扩大，城市发展既面临交通、电力、通信、供水、排水、供热、燃气等市政基础设施的建设和增容需要，又面临由于原有的管道升级、线路改道等成为还历史欠账的“刚性需求”而导致的城市地下管线建设速度加快。

（2）建设过程中城市地下管线管理也暴露出一些不容忽视的问题；如管线在敷设和管理时各自为政，缺少统一规划；城市每天都在进行建设，城市地下管线每天都在不断更新，但地下管网基本情况不清，施工挖断管线现象不断。

（3）对城市地下管线维护重视程度不够，设施投入不足，管网老化泄漏爆炸偶有发生。

（4）市政管线种类多样，管理部门不同，道路重复开挖，安全隐患突出；管网设防水平低，应急防灾能力脆弱等。

2. 应对措施与现实意义。城市地下管线的相关问题，严重制约了城市经济社会发展，影响了人民群众的生活秩序。因此，要实现城市的现代化管理和可持续发展，需要审慎应对新形势下城市地下管线的安全发展问题，理解加强城市地下管线发展建设管理的重要性和紧迫性，认识到城市地下管线的安全发展具有维护社会公平、保障社会稳定和构建安定和谐社会的重要意义。

（王双龙）

151 城市地下管线规划、设计与施工的基准要求与法律规定？

1. 城市地下管线的规划、设计与施工，要采用城市统一的平面坐标系统和高程基准。大型厂矿、企业采用独立的坐标系统与假设高程基准时，要建立与城市坐标系统和高程基准的换算关系，并充分考虑城市地下管线系统的规划、设计要求及与城市地下管线系统的衔接。

2. 根据《中华人民共和国城乡规划法》的相关规定，城市地下管线的规划管理由城市的规划行政主管部门负责和实施。城市地下管线的新建、扩建、改建和拆除，必须经过城市规划行政主管部门的批准。

3. 城市地下管线的建设原则是：先地下后地上，局部服从于整体，临时管线服从于永久管线，可变管线服从于不可变管线，有压管线服从于无压管线，小容量管线服从于大容量管线。

（王双龙）

152 地下管线探测近几年有哪些新技术和新方法？

1. 管线陀螺仪。

（1）管线陀螺仪定位系统是基于惯性导航技术研发而成，依靠高精度的陀螺仪，在电脑快速运算下获取地下管线三维坐标，主要用于管道的位置探测，并可将数据传入 GIS、AutoCAD、Solidworks 等软件，尤其适合非开挖行业顶管施工的竣工测量。

（2）管线陀螺仪定位技术由硬件和软件两部分组成，硬件部分由测量主机和牵引钢绳两部分组成，测量主机由支架和陀螺仪构成。待管道定向穿越施工完成后，切开管道两端，将测量主机放入被测管道内部，经牵引钢绳拖动并在管道内通行一个来回，测量主机将自动记录被测管道各点的三维空间坐标。

（3）该技术可以应用于非开挖施工的燃气、给排水管道等领域，可以弥补传统管道定位方法的不足，达到快速、准确、安全定位地下管道的目的，且测量时不会受外界环境及管道材质等因素干扰。具体优势体现在以下三方面：①测量精度高。水平方向与深度方向均为 $\pm 0.2\% \times L$，其中 L 为目标管道的长度，当 $L<100$m 时则以 100m 代入计算。②坐标成果佳。系统可以按距离计算管道的坐标数据，可以通过管道首尾坐标，计算管道沿线的坐标数据，位置确定，任地表、基桩如何变化，能够快速定位查找管道位置。③不受外部影响。测量工作方式不受电磁波干扰，不受地面环境、交通、天气、光线等影响，不受管道材质和周围环境的干扰，也不受埋设深度限制。

（4）缺点是惯性陀螺仪定位技术对正在运行中的管道无法进行测量。由于其良好的技术路线与检测性能，所以惯性陀螺仪的价格要比其他设备要昂贵很多。

（5）适用范围，包括大口径的金属管、PE 管以及其他材质的管道。

2. 管线验证方法。地球物理探测方法是间接的探测手段，总是存在多解等不确定因素，在关键的工程范围，如桩基础周边、顶管施工的交叉点处，均须对重要管线进行确认，保证有合理的安全或施工距离。除开挖、钎探方法外，宜采用微孔验证或可视化验证等新兴的技术手段。

（1）微孔验证法。对重要的疑似管线点，采用钻孔切割和高压真空吸附技术对路面进行开挖，确认管线真实情况。①在疑似管线点上，利用钻孔旋转切割，取出路面芯块；②采用喷枪吹散孔内的泥土，再使用真空吸管将泥土吸入真空罐内，逐步进行至管道的深度，清理管道周围的杂土；③对管道进行验证确认（拍照、量取位置及深度）；④回填并夯实，放回路面芯块，修平和清洁路面，注入黏结剂并修复路面。

（2）可视化验证法。对重点的疑似管线点，埋深相对较深，特别是地下水位以下，管线点周边地质情况较复杂等情况，通常利用专业的孔中高清摄像设备深入钻孔套管中，通过拍摄直观的图片及视频确定管线点真实情况。

1）在管线点正上方，利用专业钻孔设备，在不破坏管道完整性前提下，先钻至距离管线点初测的管顶埋深合适的深度（一般大于探测允许误差 1~2m）。再改用水冲法，辅以人工动力下压钻进。

2）在钻孔完成后，将制作好的直径小于或等于钻孔直径的 PVC 套管下入钻孔中。

3）将水管插入已安置好的 PVC 套管底部，接入水压，反复用清水将 PVC 套管内的泥沙等物质冲洗干净。

4）把水管从 PVC 套管中取出，随后将专业的孔中高清摄像设备探头连接显示屏，并调试好后缓慢下入 PVC 套管中，在该过程中不断记录探头下降深度，同时注视显示屏中图像，当探头下降深度和疑似管线点深度一致时便可进行管线点真实性可视化验证。

5）记录验证管线点号及可视化验证图像或视频文件编号。

6）取出钻孔中高清摄像设备的探头和 PVC 套管，回填钻孔、夯实路面，恢复路面完整性。

（王双龙）

153　关于管线探查精度计算公式和适用范围？

1. 基于管线探测设备的技术发展水平和长期的地下管线测量工程实践，在《工程测量标准》GB 50026—2020 中，我们给出了普遍适用的隐蔽管线点探查精度公式如下：

$$\Delta S \leqslant 0.10 \times h$$

$$\Delta H \leqslant 0.15 \times h$$

式中：ΔS ——探查的水平位置偏差（m）；

ΔH ——埋深较差（m）；

h ——管线埋深（m）；当 $h < 1$m 时，可按 1m 计。

2. 我们不可能基于常规测量的精度给管线探查提出过高的精度要求，即地面点位的测量精度我们要求为厘米（cm）级，而管线探查的精度只能达到分米（dm）级。也就是说，二者的精度不在一个数量级，后者要低得多。故有“管线点相对于邻近控制点的点位测量中误差不应大于 50mm、高程测量中误差不应大于 20mm。”的测量精度要求。换句话来讲，我们要求测量带给管线探查的位置误差可以忽略不计。

3. 事实上，管线探查的精度和管线的直径与埋深相比已经是相对比较理想的精度，可满足大部分管线的探查精度要求。若对探查精度公式提出更高的要求，则可能对生产不利，探查工作效率也会大打折扣。

4. 由于技术的限制，现有的仪器设备主要用于埋深小于4m的管线探测，埋深超过4m的管线探测精确度和可靠性会急剧下降。故该精度计算公式适应于埋深不大于4m的管线探测。

5. 对于埋深大于4m的管线探测精度要求可和用户协商并作专项设计。

（王双龙　王百发）

154　非金属管线利用传统物探手段难以探测时宜采用哪些方法？

1. 有出入口的管道，宜首先采用示踪电磁感应法探测，无出入口的管道宜优先采用电磁波法探测。电力、通信类套管，小规格排水管道可采用穿线器推送示踪线或示踪探头。

2. 大规格排水管道采用排水管道电视检测系统推送示踪探头。

3. 对各类沟渠，应根据沟渠条件采取排水管道电视检测系统推送探头、人工下渠布设示踪线、人工测量等方法。

4. 管径较大、埋深较浅的非金属压力管道探测，宜首先采用探地雷达法，高精度探测时可采取多点钎探或微孔开挖的方法。

5. 管径较大、埋深较大的非金属压力管道宜根据现场条件优先采用直流电阻率法、浅层地震法或静力触探等专项探测方法。

6. 浅埋小规格非金属管线宜首先采取声波法，结合探地雷达、微孔开挖的方法。

7. 大埋深或定向钻铺设的非金属带压运行管线须停输、断管后开展专项管线探测。其中常规精度探测可采取示踪电磁感应法，高精度探测时应采用轨迹测量法。

8. 在盲区探测非金属管线时，宜采用探地雷达法进行搜索，搜索可采取平行搜索法或网格搜索法，发现异常后宜采用多断面探测确认管线走向。

（王双龙）

155　深埋管线有哪些探测方法？

1. 水平剖面法。

（1）水平剖面法是将接收机垂直于管道走向，在地面上每隔一定距离采集地下管道发出的电磁信号，利用软件对信号进行反演分析的过程。

（2）水平剖面法适用于陆地范围、深部金属管线的探测。

（3）通过增强目标管线信号，在垂直管线走向的剖面上观测磁场强度的变化情况，分析并判断管线的平面位置及深度，并采取以下步骤：

1）对目标管线加载足够电流，以便地面可以接收到足够强度的电磁信号。电缆类管线应采用夹钳法激发，钢管或铸铁管类采用直接法（充电法）。数据采集中，目标管线中的电流强度稳定不变。

2）垂直目标管线设置磁场观测剖面，剖面范围应平整，且长度不应小于管线深度，以不小于二倍管线深度为宜。

3）测试工作频率，选定稳定的工作频率。

4）在剖面上观测磁场强度，应以观测磁场水平分量为主，保持接收线圈在同一水平面上。

5）依据管线深度设置磁场强度记录点距，一般0.2~0.4m。

6）一条剖面数据，固定一个增益，磁场强度数据最大值不溢出。

7）绘制磁场强度剖面曲线，通过曲线的整体趋势及对称性，分析管线平面位置及深度。

8）宜采用正、反演技术获取管线位置及深度数据。

2. 竖直剖面法。

（1）竖直剖面法适用于对深度精度要求较高的金属管线，将水平剖面装置"下沉"至靠近目标管线，并绕目标管线顺时针旋转90°就成为竖直剖面法。

（2）进行竖直剖面法探测前，需运用水平剖面法对目标管线进行预定位，并初测目标管线的初步埋深，而后通过在目标管线旁侧钻孔，在管线垂直方向上利用分离式电磁法探头观测磁场强度的变化情况，分析判断目标管线与孔位的平面距离和探头的峰值位置，最终判断目标管线的平面位置和埋深，并满足下列要求：

1）竖直剖面法的钻孔方式，应优先采用人工下压式钻孔方式，在保证管线安全前提下，可采用大型机械钻孔。

2）采用人工下压式钻孔方式，下压速度不宜过快，分离式电磁法探头下压过程中，同步观测磁场变化情况。

3）采用大型机械钻孔方式，应先对钻孔周边进行管线探测，防止管线破坏事故的发生。

4）在目标管线附近设置钻孔，孔位不宜太远，一般为2~4m，以保证分离式电磁法探头能接收足够强的磁场信号。

5）采用大型机械钻孔时，钻孔直径不应小于70mm，并安装塑料套管，预防钻孔堵塞。

6）钻孔深度应大不小于目标管线初测深度的1.3倍。

7）垂直剖面法探测，应形成磁场曲线图，曲线末端应明显收敛。

8）进行竖直平剖面法确定管道深度时，也可采用井中磁法，进行磁梯度测量。

3. 陀螺仪惯性定位法。

（1）陀螺仪惯性定位法，是指通过测量进入管道内部的陀螺仪的加速度和角速度，自动进行运算，获得瞬时速度、瞬时姿态和瞬时位置数据的技术。

（2）陀螺仪惯性定位法，适用于可穿越的燃气、电力及通信等管线的探测。

（3）通过三维轨迹惯性定位的路径测量，赋予出、入口端点坐标，计算沿途各点三维坐标，确定超深管线的平面位置及深度，并满足下列要求：

1）必须满足相应的使用条件，保证三维轨迹检测系统可以在管道（块）中往返运行。

2）待测管道的出、入口端点坐标必须采取测量技术获取。

3）管道（块）路径上，路径点间距不应大于2m。

4）同一管道（块）必须往返2次（至少2组数据），且一致性良好。

5）不同管道（块），必须分别检测。

6）利用专用软件对采集数据进行数据处理，成果资料包含的管道（块）路径CAD数据、数据表格、数据文本、管道轨迹的三维图和二维视图。

4. 示踪探测法。

（1）示踪探测法，是指将能产生电磁信号的金属导线或示踪探头送入非金属管道内，用接收机接收导线或探头发出的电磁信号，从而确定地下管道的位置和埋深。

（2）对于有出入口的非金属管道，可采用示踪法进行探测。示踪法分为导线示踪法与探头示踪法两种。

1）导线示踪法。①采用人工穿线、穿管器穿线、漂流穿线等方式，将金属导线穿入待测目标管道。②利用管线探测仪发射机，给金属导线加载电磁信号。③按照金属管线的探测方式，确定金属导线的空间位置。④依据金属导线在目标管道（块）中的相对位置关系，进行校正，确定目标管道（块）的空间位置。

2）探头示踪法。①检测目标管道（块）内部情况，确定示踪探头可以在内部自由出入。②将满电电池装入示踪探头，地面检测信号正常，然后利用穿管器或爬行器等将示踪探头送入待测目标管道内部。③示踪探头在目标管道内静止后，在地面搜索示踪探头的磁场信号。④保持信号接收机中线圈的法线与示踪探头的法线一致，观测同一频率磁场的水平分量。⑤在水平面上（前进），寻找的磁场水平分量的极大值，为示踪探头的正上方。⑥沿示踪探头运行的方向，在磁场水平分量的极大值二侧，分别确定零值信号点，为对称分布。二个零值信号点之间距离的 0.7 倍，近似为示踪探头相对于地面的垂直深度。⑦移动示踪探头，重复 ③~⑥步骤，逐点确定目标管道空间位置。

（王双龙）

156　地下管线普查与建设工程地下管线详查的区别？

1. 地下管线普查，是指采用适当的技术方法，查明指定区域内的地下管线现状，获取准确的管线相关数据，编绘管线成果和建立管线数据库的过程。

2. 地下管线详查，是指为满足工程建设规划、设计、施工的需要，采用适当的技术方法，对指定区域内的地下管线进行详细探测的过程。

3. 详查与普查的主要区别在于：

（1）管线普查是为了调查和了解指定区域有哪些管线，不需要立即施工开挖，甚至很长时间都不存在施工的可能。

（2）管线详查面对的就是设计和施工，如道路改（扩）建、地铁工程、基坑工程等，在工程施工前需要考虑是否存在对地下管线的破坏，管线是否需要改迁等问题，而这些问题就需要管线详查提供准确的数据。

（3）普查偏重于管理用途，详查偏重于工程建设需要。

（王双龙）

157　如何保证施工详查管线探测成果的正确性？

1. 管线探测面向的任务对象，就是对一项复杂的地下工程甄别。因地下工程具有隐蔽性和复杂性，也就决定了管线探测成果的部分不确定性。

2. 管线探测过程要遵循从已知到未知，从简单到复杂的原则。

3. 对管线复杂地段或疑似复杂地段，在进行地勘钻孔或全面施工前，需进行地下管线全面探测，且要用多种方法互相验证。

4. 管线探测提倡使用新方法、新技术。科技的发展日新月异，能提高管线探测精度，提高工作效率的新设备、新技术要积极采用，并在工作当中实践检验。

5. 开挖是对管线探测最可靠和最直接的验证。在不便开挖的硬化路面等地方可以采用微孔验证、可视化验证等方法。

6. 由于地下工程的复杂性和仪器设备的局限，地下管线探测不能做到万无一失。在管线探测过程中对有不确定和怀疑的管线要在报告中说明并在管线图上标出。

（王双龙）

9.2 地下管线施测

158 地下管线点的测量精度是如何制定的?

1. 管线点是经过专业技术人员对明显管线点进行准确判断或对隐蔽管线点进行精确探查确定的。

2. 管线点所对应的是地下管线的平面位置在地面的投影和管线的埋深，它对管线的重要性不言而喻。

3. 地下管线属于埋设于地下的永久性重要构筑物，属于地下工程的范畴。

4. 需要顾及城市地下排水管道靠重力自流排水时，其纵坡相对较小对高程精度更为敏感等因素。

5. 地下管线探测的目的是绘制地下管线图，测量成果直接面向设计需要并满足设计要求，供工程设计使用。

6. 基于以上原因，《工程测量标准》GB 50026—2020 将管线点的测量精度定位为工矿厂区主要建（构）筑物的细部点测量精度。即比图根点精度低，比一般地物点的精度高。亦即，管线点相对于邻近控制点的点位测量中误差不应大于 50mm、高程测量中误差不应大于 20mm。该指标延续了《工程测量规范》GB 50026—2007 的规定。

核心宗旨是管线点的测量精度不能为管线点的探查定位精度造成显著影响。

7. 该指标与《工程测量标准》GB 50026—2020 线路测量一章中，对自流管线管线高程控制测量的精度要求为五等水准测量精度相比，也是合理的。其对压力管线高程控制测量的精度要求略低为图根水准。

8. 与行业标准《城市地下管线探测技术规程》CJJ 61—2017 的高程精度 30mm 要求相比，工程测量对高程精度要求则略为严格。毕竟面向的对象和服务的目的和要求不同。

（王百发　王双龙）

159 用 RTK 法如何施测管线点的平面位置?

在《工程测量标准》GB 50026—2020 中，对管线点的测量规定为管线点的平面坐标可采用全站仪极坐标法或卫星定位 RTK 法施测，高程可采用水准测量或电磁波测距三角高程测量的方法施测。RTK 法在施测平面位置时，需要满足下列要求：

1. 基本要求。

（1）RTK 测量可采用网络 RTK 测量和单基准站 RTK 测量方法。已建立 CORS 系统的城市，应采用网络 RTK 测量。

（2）当接收到多个导航卫星系统的数据进行 RTK 测量时，应至少有一个系统的导航定位卫星状况符合表 159 的规定。

表 159　导航定位卫星状况要求

观测窗口状态	截止高度角 15°以上的同系统卫星个数	PDOP 值
良好	≥6	<4
可用	5	<6
不可用	<5	≥6

（3）RTK 测量开始作业或重新设置基准站后，应至少在一个已知点上进行检核，平面位置较差不应大于 50mm。

2. 网络 RTK 测量。

（1）平面坐标转换的残差绝对值不应超过 20mm。

（2）网络 RTK 观测前接收机设置的平面收敛阈值不应超过 20mm，垂直收敛阈值不应超过 30mm。

（3）网络 RTK 一测回观测应符合下列规定：①观测前应对仪器进行初始化；②观测值应在得到 RTK 固定解且收敛稳定后开始记录；③每测回的观测时间不应少于 10s，应取平均值作为本测回的观测结果；④经度、纬度应记录到 0.000 01″，平面坐标和高程应记录到 0.001m。

3. 测回数要求。管线点的平面位置测量一测回测定。但应注意管线点调查编号与测量点号保持一致或相对应，防止管线探查成果出现人为错误。

（王双龙）

160　用 RTK 法能否施测管线点高程？

1. 在《工程测量标准》GB 50026—2020 中，对管线测量的要求为：

（1）管线点相对于邻近控制点的点位测量中误差不应大于 50mm、高程测量中误差不应大于 20mm。

（2）管线点的平面坐标可采用全站仪极坐标法或卫星定位 RTK 法施测，高程可采用水准测量或电磁波测距三角高程测量的方法施测。

2. 在原测绘局制定的《卫星导航定位基准站网络实时动态测量（RTK）规范》GB/T 39616—2020 中，对网络 RTK 测量的相关规定为：

（1）网络 RTK 平面测量按精度等级划分为一级、二级、三级及图根、碎部，网络 RTK 高程测量按精度等级划分为：等外和碎部。

（2）网络 RTK 高程控制点测量的技术要求，见表 160。

表 160　网络 RTK 高程控制点测量的技术要求

中误差/mm	测回数
30	≥3

（3）同时该规范对适用范围表明：利用单一基准站、多基站进行实时动态测量可参照本标准执行。

3. 无论是网络 RTK 还是单基站 RTK 或者是多基站 RTK 的高程精度较难优于 30mm，无法满足《工程测量标准》GB 50026—2020 对管线点高程测量精度 20mm 的传统指标要求。也进一步证明工程测量标准对管线点高程测量方法的规定是合理的。

4. 鉴于不同地区连续运行基准站高程的实现方式和分辨率有别，因此，在做过似大地水准面精化的平坦地区，若想采用网络 RTK 法测量管线点高程，则需要进行专业验证并做专项设计。

（王双龙　王百发）

161　地下管线竣工测量有哪些要求？

地下管线竣工测量包括施工拆迁、改移、复原的现有管线和新建管线的竣工测量等。

1. 成果组成。

（1）地下管线包括埋设于地下的给水、排水、燃气、热力、工业等各种管道，以及电力、电信和综合管廊等。

（2）地下管线竣工测量应测定各种管线的起讫点、分支点、交叉点、转折点、变材点、变坡点、变径点、上杆、下杆，管线上的附属设施中心点及各种窨井中心的坐标、高程、管径、管偏，管顶或管底高程、管线材质。

（3）地下管线竣工测量成果的成果报告书应包括成果报告书封面、成果报告书目录、成果说明、地下管线竣工测量成果表、竣工测量平面图、地下管线纵断面图、质量检验报告，宜包括竣工测量地形图、地下管线横断面图、三维模型、表面纹理、元数据。

2. 竣工测量平面图。

（1）竣工测量平面图宜分为专业管线平面图和综合管线平面图，可按需要进行编制。专业管线平面图宜只表示一种专业管线或相近专业组合管线；综合管线平面图宜同时表示多种专业管线，可做适当的编辑、综合。

（2）竣工测量平面图应在其竣工测量地形图基础上增加专业管线、建（构）筑物、附属设施、特征点及相关标注信息。

（3）地下管线的建（构）筑物、特征点及附属设施的内容，应包括表 161 中所列出的内容。

表 161　管线点及其附属物内容

管线种类	建构筑物	管线点	
		特征点	附属设施
给水	水厂、水源井、给水泵站、水塔、清水池、净化池、取水构筑物、沉淀池	出地点、入地点、进水口、出水口、给水接入点、弯头、抱箍、三通、四通、变径点、变材点、蒙板、伸缩器、终点、进出房点、预留口、交叉点、变坡点、一般管线点	阀门、阀门井、水表、水表井、消防井、消防栓、排气阀、排泥阀、预留接头

续表161

管线种类	建构筑物	管线点	
		特征点	附属设施
排水	排水泵站、沉淀池、化粪池、净化构筑物、暗沟地面出口、出口闸、隔油池、污水处理厂、压力调节塔、雨水收集池、调蓄池	进水口、出水口、三通、四通、多通、隔栅、变材点、变径点、预留口、转折点、进出房点、交叉点、变坡点、一般管线点	检查井、跌水井、水封井、冲洗井、沉泥井、进水口、出水口、雨落口、泵井、溢流井、连接暗井、排污装置、出气井、倒虹井、阀门、雨箅、污箅、再生水阀门、再生水阀门井、再生水消防栓、再生水消防井
燃气	煤气厂（站）、调压站、储气柜、计量站	弯头、三通、四通、变径点、变材点、管末、镁块（阴极桩、阳极桩）、出地点、进出房点、预留口、交叉点、变坡点、一般管线点	排水装置、排气装置、阀门、阀门井、凝水井
工业	动力站、冷却塔	弯头、三通、四通、变径点、变材点、管末、出地点、预留口、交叉点、变坡点、一般管线点	排水装置、排污装置、检修井、阀门、阀门井
热力	锅炉房、泵站、冷却塔	弯头三通、四通、变径点、变材点、管末、出地点、预留口、交叉点、变坡点、一般管线点	检修井、阀门、阀门井、排污井、排气井、补偿器井、调压装置、凝水井
电力	变电所（站）、变电室、配电室、电缆检修井、高压开关环网站、箱式开关站、各种塔（杆）	引上点、进出房点、预留口、井边点、交叉点、电缆接头、电缆盘留点、一般管线点	杆上变压器、电力井、控制柜、露天地面变压器、通风井、检修井、灯杆、线杆、上杆
电信	机楼、交换站、控制室、差转台、发射塔、交换站、增音站	引上点、进出房点、预留口、井边点、交叉点、电光缆接头、电光缆盘留点、一般管线点	人孔、手孔、分线箱、电话亭、线杆、上杆、检修井
综合管沟	通风窗口	三通、四通、变径点、预留口、变坡点、一般管线点	管廊出入口、吊物孔、监控室、检查井、通风口

（4）竣工测量平面图中管线设施可用管线点、管线段图形表示；管线点和管线段图形包括图形信息和属性信息。

（5）标注信息应包括以下内容：管线点的编号；管道、管线、管沟的规格；沟埋或管埋电力电缆的管线规格；电力电缆的电压和根数；电信电缆的管块规格和孔数；直埋电缆的电缆线根数；有压管线的压力；重力自流管线的流向等。

3. 地下管线纵断面图。地下管线纵断面图应表示以下内容：

（1）实测（设计）的管线高程及管径。

（2）地面地形变化、地面高程。

（3）与断面相交处的管线附属设施及其他地上、地下建（构）筑物。

（4）管线点水平间距。

（5）断面号。

（6）地下管线纵断面图的水平比例宜与管线竣工平面图一致，垂直比例宜为 1∶100。

（7）地下管线纵断面图的图廓右上角应包括桩号或断面号；图廓左下角应包括管线点编号、管顶高程、规格、距离、说明；图廓右下角应包括工程图名、建设单位、测量单位、比例尺、测量日期。

4. 地下管线横断面图。地下管线横断面图应表示以下内容：

（1）地面地形变化、地面高程。

（2）管线与断面相交处的地上、地下建（构）筑物。

（3）道路边线。

（4）各种管线的位置及相对关系、管线高程、管线规格、管线点水平间距。

（5）断面号。

（6）地下管线横断面图比例尺为易于换算的整数，横向和纵向比例可以不同，但应进行标注；水平比例宜为 1∶200，纵向比例宜为 1∶100。横向和纵向的量纲可以不同。

（7）地下管线横断面图的编号由管线所在地形图图幅号（或道路名称）加罗马数字顺序号构成。顺序号按照从左至右、从上到下的顺序排列。

（8）地下管线横断面图宜表示指定位置与道路走向垂直方向规划道路红线间的管线分布情况。

（9）地下管线横断面图中直埋电力、电信电缆以 1mm 的实心圆表示；小于 1m×1m（不含 1m×1m）的管沟、方沟以 3mm×3mm 的正方形表示；大于 1m×1m（含 1m×1m）的管沟、方沟按实际比例表示；其他管线以 2.5mm 为直径的空心圆表示；各种建（构）筑物、地物、地貌按实际比例绘制。

5. 质量要求。

（1）管线点埋深探测精度和管线点测量精度与《工程测量标准》GB 50026—2020 要求一致。

（2）地下管线附属设施与邻近建（构）筑物的间距中误差不应大于图上 0.4mm，相对于邻近控制点的高程测量中误差不应大于 150mm。

（3）地下管线与邻近建（构）筑物、相邻管线以及规划道路中心线的间距中误差不应大于图上 0.5mm。

（王双龙）

9.3 地下管线图绘制

162 地下管线图一般分哪几种？

1. 地下管线图一般分为综合地下管线图、专业地下管线图和地下管线断面图。

2. 在综合地下管线图中，对于地下管线特别密集的路口或重要地段，应单独制作地下管线放大图，放大图中管线点号、路名、单位名称等均应按相关标准的要求重新注记。

3. 在专业地下管线图中，除进行重新注记外，还应标注专业管线的相关属性。

4. 综合地下管线图和专业地下管线图的比例尺、图幅规格及分幅应与地形图相一致。

5. 通常视具体情况而定，通常在主城区采用 1∶500 比例尺；在建筑物和管线稀少的近郊采用 1∶500 或 1∶1 000 比例尺；在城镇外围地区采用 1∶1 000 或 1∶2 000 比例尺。

6. 对于地形图比例尺不能满足地下管线成图需要时，则需对现有地形图进行缩放和编绘。如果地形图是全野外数字采集而获得的，在放大一倍时，地物点精度不丢失，但文字注记、高程注记、个别独立地物等需要重新编辑；比例尺缩小时也是如此。如果地形图是采用现有的数字化图或原图数字化的，其放大后的精度可能较低，不能满足地下管线成图的要求，应慎用。

（王双龙）

163　地下管线的图式图例与国家基本比例尺地图图式不一致时是否需要更改？

1. 地下管线的图式图例基本依据《城市地下管线探测技术规程》CJJ 61—2017 和《管线制图技术规范》CH/T 4020—2018 有关规定制作。由于和《国家基本比例尺地图图式　第 1 部分：1∶500　1∶1 000　1∶2 000 地形图图式》GB/T 20257. 1—2017 在编制人员、发布时间等原因，图式之间存在部分不一致的现象。

2. 地下管线的图式专业性更强，与地形图式相比扩充了很多专业图式，并且不同类型管线采用分色表示，醒目突出。

3. 地下管线图一般是将地形图作为底图并淡色处理，然后将管线图叠加在地形图上方。很多作业单位还将管线的图例放在图纸右侧或图纸空白处，便于图纸使用人员阅读。

4. 在行业标准《管线制图技术规范》CH/T 4020—2018 中同时还设计了三维建模的图式图例，形成了自身的体系标准。因此地下管线的图式图例与《国家基本比例尺地图图式　第 1 部分：1∶500　1∶1 000　1∶2 000 地形图图式》GB/T 20257. 1—2017 不一致时通常不需要更改。

（王双龙）

164　地下管线三维建模有什么要求？

1. 地下管线数据应满足三维建模的要求。地下管线及附属设施三维要素模型应依据地下管线探测成果数据制作，模型的平面精度、高程精度、属性等应与依据的地下管线探测数据保持一致。

2. 地下管线及附属设施三维要素模型宜采用计算机软件自动建模方法为主、交互式人工建模方法为辅建立，管线应对基本轮廓和外部结构进行几何建模表现，附属设施宜采用三维模型符号库中预先制作的符号来表现，复杂的附属设施，可采用交互式人工建模或三维激光扫描进行精细建模。

3. 地下管线及附属设施三维要素模型应反映管线类型、管径、形状，管线断面应圆滑，并反映连接点、附属设施以及管线走向和空间拓扑关系。

4. 地下管线及附属设施三维建模完成后，其成果应与地形模型、建筑要素模型、交通要素模型、水系要素模型、植被要素模型和其他要素模型进行集成，形成统一的场景。

5. 地下管线及附属设施三维要素模型应进行数据检查，包括模型完整性检查、模型制作的准确性和合理性检查，模型纹理和贴图的准确性、完整性、协调性检查，模型整体效果检查、模型三维碰撞检查等。

（王双龙）

9.4 地下管线信息系统

165 地下管线信息系统如何建立与维护？

1. 地下管线信息系统。地下管线信息系统是指管线数据库的建立和实现数据库的管理和应用服务功能。

（1）对管线实行集中、统一、规范的信息化管理。

（2）地下管线信息系统建设应具备可扩展性和兼容性。

（3）地下管线信息系统应采用与城市基础地理信息相一致的平面坐标系统、高程基准和比例尺。

2. 地下管线数据库。

（1）地下管线数据应包括地下管线空间数据、属性数据和元数据。

（2）地下管线数据库的建库应包括数据结构设计、数据处理、数据检查、数据入库。

3. 地下管线的分类和编码。

（1）地下管线应进行统一分类和编码。大类按照《工程测量标准》GB 50026—2020分为电力、通信、给水、排水、燃气、热力、工业、综合管廊、其他管线共9个大类。

（2）地下管线小类应在大类的基础上依据传输介质性质或权属划分。

（3）编码可按照《基础地理信息要素分类与代码》GB/T 13923和《城市综合地下管线信息系统技术规范》CJJ/T 269有关规定。

4. 地下管线信息系统的建立。地下管线信息系统的建立应包括下列内容：

（1）地下管线图库和地下管线空间信息数据库。

（2）地下管线属性信息数据库。

（3）数据库管理子系统。

（4）管线信息分析处理子系统。

（5）扩展功能管理子系统。

5. 地下管线信息系统的维护。地下管线信息系统的维护包括信息系统的维护和根据管线的变化情况对数据库的更新维护。

（王双龙）

166 如果平常管线业务是小工程、小项目，是否有必要建设管线信息系统？

1. 管线信息系统有如下功能：图库管理、数据输入、数据检查、数据分析、数据更新、数据备份与恢复、历史数据管理、数据输出、元数据管理等。

2. 小工程、小项目的管线业务同样需要数据检查、数据分析，如果仅靠人工去检查图纸、核对管线成果表、对地下管线拓扑分析等，显然工作量大而且容易出错。

3. 从地下管线外业探测、数据录入、输出管线图和管线成果表都是在信息系统中完成，只是系统功能有的简单有的复杂，单纯只作图的管线绘图软件已经没有了市场。

4. 管线业务量少的作业单位可以从公司自身实力考虑，从第三方采购管线信息系统或者自行开发。

（王双龙）

167　对地下管线信息系统的软硬件进行升级或更新时的相关数据备份有何要求？

《工程测量标准》GB 50026—2020 中所说数据备份，主要是从数据安全的角度考虑的数据备份。因在进行软硬件升级、更新时可能会造成数据丢失、数据错误等情况，因此要先行数据备份。具体作业时，应注意以下几点：

1. 备份的相关数据有信息系统的安装程序、配置文件、日志文件、用户信息、数据库及说明文档等。

2. 数据应至少备份 2 份以上并存储在不同介质。

3. 备份好的数据需要进行必要的检查，包括数据是否有效、数据是否完整、是否感染病毒等。

4. 数据库的日常备份，要根据实际情况制定好备份方案，应每日进行数据的增量备份，每周做一次数据的全备份。业务系统进行重大系统变更之前，应对核心业务数据进行数据的全备份。

5. 对于重要数据，还有“异地备份”原则。所谓“异地”是指办公区域以外。对“异地”的最低要求是超过一般火灾影响范围。

6. 备份数据应注明数据信息的来源、备份日期、内容、恢复步骤等，并置于安全环境保管。

（王双龙）

第10章 施工测量

10.1 基本要求

168 什么是施工测量？施工测量的主要特点是什么？

1. 在工程施工阶段所进行的测量工作统称为施工测量。主要包括施工控制测量、施工放样、竣工测量以及施工期间的变形监测。

2. 工程测量标准编写时，也将安装测量纳入施工测量的范畴。安装测量是指为建筑构件或设备部件的安装所进行的测量工作。

3. 施工测量是工程测量的核心内容之一。

(1) 在《工程测量规范》GB 50026—93 修订时，已将施工测量独立成章，内容包括施工控制测量，工业与民用建筑施工放样，灌注桩、界桩与红线测量，水工建筑物施工测量。

(2) 在《工程测量规范》GB 50026—2007 修订时，对施工测量一章做了进一步的细化与扩充，补充了桥梁施工测量和隧道施工测量 2 节。

(3) 在《工程测量标准》GB 50026—2020 修订时，在原章节的基础上进一步补充了核电厂施工测量和综合管廊施工测量 2 节。

(4) 待装配式建筑施工测量技术发展成熟后，将在下次修订时引入。

4. 施工测量的日常工作便是施工放样，施工放样必须做到心中有数，放样后必须对放样点位进行相互校核，以避免不必要的失误。并做到以下几点：

(1) 专业测量人员必须了解相关的设计内容、性质、工艺流程和对测量工作的精度要求。

(2) 必须熟悉施工设计图纸，并对相关的位置尺寸和标高进行核算，图纸交代不明确时必须与设计代表进行沟通交流。

(3) 测量工作必须配合施工需求，掌握施工变更情况并按变更要求和变更后的图纸进行放样。

(4) 对测量放样使用的控制点点位，在放样前必须进行校核。

5. 施工放样的精度，主要基于设计要求并满足施工的需要。通常具有以下特点：

(1) 高层建筑物的放样精度要求高于多层建筑物。

(2) 钢结构建筑物的放样精度要求高于钢筋混凝土结构建筑物。

(3) 普通构筑物的放样精度要求高于普通建筑物。

(4) 连续性自动化生产工艺车间的放样精度要求高于普通（单体）生产车间。

(5) 工业建筑的放样精度要求高于一般民用建筑。

(6) 装配式建筑的放样精度要求高于一般建筑。

(7) 永久性建筑物的放样精度要求高于临时性建筑物。

（8）标志性建筑物的放样精度要求高于普通建筑物。

（王百发）

169　放样和测设是一回事吗？

1. 施工放样（setting out，staking-out）是指在工程施工时，按照设计和施工要求，把设计的建（构）筑物的平面位置、高程标定到实地的测量工作，以供施工使用或参考使用。

2. 施工放样是施工测量的日常工作，任务相对简单、单一，但责任重大。

3. 施工放样常常不能或无需直接放样施工点位、施工中线或施工边线，因为施工支模后会将相关的点、线、面包裹、遮挡或覆盖，因此，只能施放参考点或参考线，如500mm 偏距参考线等。施工放样的线位常用墨斗弹墨线标示。

4. 施工测设是一个旧有的词汇或者说行业名词，现在的使用频率相对放样而言要少很多。从使用者的角度似乎对测设有不同的理解或解释，但也都包含有测量放样的意思。但曲线测设又是传统教科书的经典概念。

5. 《工程测量基本术语标准》GB/T 50228—96 并未将“测设”作为独立的专业术语给出定义和解释，只是在线路测量一章中给出了“线路测设”一个节的定位，并罗列了相关的一些术语。如：

（1）曲线测设（curve setting out，laying off curve），将设计线路的曲线放样于实地的工作。

（2）平面曲线测设（horizontal curve setting out），将设计线路的平面曲线放样于实地的工作。

（3）竖曲线测设（vertical curve setting out），将设计线路纵坡变换处的竖曲线放样于实地的工作。

（4）坡度测设（grade location，setting out of grade），将线路设计坡度放样于实地的工作。

（5）全站仪法测设（setting out with total station），采用全站仪极坐标法放样线路的方法。

（6）GPS-RTK 法测设（setting out with GPS-RTK），采用 GPS—RTK 定位技术放样点位位置的方法。

6. 无论从术语条目的英文翻译还是从术语的释义上分析，测设就是放样，放样就是测设，相对来说放样更直接和直观。若是把测设再联想到放样后的校核或者使用测量仪器进行放样，则有画蛇添足之嫌。

术语标准的设立就是为了统一专业名词的使用和表达，便于国内外的技术交流与合作。

（王百发）

170　为什么说当控制测量误差为放样误差的 1/3 时，控制测量对放样点位的影响可忽略不计？

1. 施工测量的所有误差，最终都会集中落实在所放样的点位上，无论是点位的平面位置误差还是点位的高程测量误差。

2. 作为独立网，无需顾及起始数据误差的影响，那么最终的点位误差 M 将由两部分构成，即施工控制网测量误差 m_1 和施工放样测量误差 m_2 。

即：

$$M^2 = m_1^2 + m_2^2$$

若取 $m_1 = \frac{1}{3} m_2$ ，则有：

$$m_2^2 = 0.9 M^2$$

即：

$$m_2 = 0.949M \approx 95\% M$$

也就是说，当取放样误差的 1/3 作为控制网测量误差时，最终的点位或高程误差的 95% 是源自测量放样误差，控制测量对最终点位的影响不足 5%，可忽略不计。

3. 尽管有学者认为这是确定施工测量精度的基本准则之一。但从施工测量从业者的角度，这只是一种简单的精度估算方法或者说是一种分析方法，毕竟施工测量要面对各种各样精度有不同要求的点位放样，不可能逐一分析每个放样点位对施工控制点的精度要求，且更多的施工放样强调的是对某轴线或某中心线的相对精度。因此，还是应根据设计要求和设计图纸建立相应等级的或者不同精度层（梯）级的施工控制网，以满足绝大部分施工放样的要求。

（王百发）

10.2 工业与民用建筑施工测量

171 卫星定位 RTK 法能否用于建筑物的施工放样？

原则上，卫星定位 RTK 法不能用于建筑物地基基础的施工放样。主要是因为该作业方法无法满足施工测量的定位精度要求。

1. 在《工程测量标准》GB 50026—2020 在控制测量中将 RTK 法的精度定位为一、二级，见表 171-1。其平面点位中误差为 50mm。

表 171-1 一、二级卫星定位测量控制网动态测量的主要技术要求

等级	相邻点间距离/m	平面点位中误差/mm	边长相对中误差	测回数
一级	≥500	≤50	≤1/30 000	≥4
二级	≥250		≤1/14 000	≥3

注：1 网络 RTK 测量应在连续运行基准站系统的有效服务范围内。

2 对天通视困难地区，相邻点间距离可缩短至表中的 2/3，但边长中误差不应大于 20mm。

2.《卫星导航定位基准站网络实时动态测量（RTK）规范》GB/T 39616—2020 中，对网络 RTK 平面测量按精度等级划分为一级、二级、三级及图根、碎部，见表 171-2。对网络 RTK 高程测量按精度等级划分为等外和碎部，见表 171-3。即 RTK 的平面精度为 50mm，高程精度为 30mm。

表 171-2　网络 RTK 平面测量技术要求

等级	相邻点间距离/m	平面点位中误差/mm	边长相对中误差	测回数
一级	≥500	≤50	≤1/20 000	≥4
二级	≥300		≤1/10 000	≥3
三级	≥300		≤1/6 000	≥2

表 171-3　网络 RTK 高程控制点测量的技术要求

中误差/mm	测回数
30	≥3

3. 在建筑物的施工测量中，对放样精度要求最为宽泛的便是建筑基础施工测量，放样精度通常取施工允许偏差的 1/10，而施工偏差通常也和桩径相关，见表 171-4。而其他的轴线放样和高程传递则相对更为严格。

表 171-4　建筑基础桩位放样允许偏差

项目	内容	测量允许偏差/mm
基础桩位放样	单排桩或群桩中的边桩	±10
	群桩	±20

4. 卫星定位 RTK 法无法满足建筑物施工放样的测量精度要求，故在工程测量标准中明确要求：建筑物轴线放样宜采用 2″级全站仪，应先由控制点放样出建筑物外廓主要轴线点，偏差不应大于 4mm；内部轴线点可由主要轴线点采用内分法放样；检核相邻轴线点间距，偏差应小于 5mm。

5. 对于复合地基 CFG 桩位放样，由于桩位精度要求较低可以进行尝试，但对于边桩，由于深基坑侧壁会遮挡部分定位卫星，观测质量可能无法保证，故宜慎用。

（王百发）

172　高层建筑物施工轴线的测量控制方法？

1. 高层建筑的轴线控制，是高层建筑施工测量的重点和难点。楼层的轴线投测，随着建筑高度的变化，可采用多种测量方法，且相互进行验证。总体上分为外控法和内控法。

2. 因高层建筑施工周期长，所以，在定位放线时一定要做好轴线控制桩并进行必要的保护，并将纵横轴线投影到临近永久性建筑物的墙面或附近不被扰动的地面上且采用油漆标记或桩点定向，特别是以建筑物的边角柱和中间柱作为控制柱或控制线时。

3. 每层柱体施工前，将全站仪架设在轴线控制桩上，对中整平后瞄准后视点，用正倒镜取中点的方法将轴线投测到施工层，并用钢尺检核轴线尺寸，无误后，利用借线法确定各轴线位置及电梯井道位置。

4. 焊接柱子底部定位筋及电梯井壁定位筋，浇筑混凝土后，应及时校正垂直度。

5. 在对框架梁板混凝土浇筑前，应将全站仪架设在轴线控制桩上，将轴线投测到模板的边沿，用来校核框架柱、梁、电梯井壁上口的尺寸，以及作为柱中主筋定位的依据，确保高层框架结构轴线位置准确。

6. 当场地狭窄而无法用全站仪进行投测轴线时，可在每层楼板四个大角合适的对应位置或主要轴线的偏距平行线上预留200mm×200mm的方孔，用激光铅直仪向上传递首层的控制线（点），并依据控制线（点）确定施工楼层的轴线位置。投点完成时，应对相互位置关系进行校核，该法即为内控法。

7. 内控法可以做到自身楼层的位置关系严密，但检查不了内控网在施工层上的整体位移与转动。对于精度要求较高的高层建筑物，宜采用内、外控联合作业的方法。

8. 当高层建筑四廓轴线无法延长，可将轴线向建筑物外侧平行移出，俗称借线。借线法适用于场地四周空间较小的情形。可利用借线法确定各轴线位置及电梯井道位置。

9. 轴线投测，宜选择无风、阴天或早晨进行，主要是为了避免阳光照射等自然因素引起的主体变形从而影响轴线投测精度。

（王百发）

10.3 隧道施工测量

173 气压法隧道施工测量的核心要点？[①]

气压施工是隧道施工的一项特殊的施工措施，即对隧道进行封闭加压。特别对于新奥法施工工艺的隧道在特殊地质条件下较为常见。主要是为了防止透水和塌方事故的发生。土（泥）压平衡式盾构原则上不需采用。这里需要特别注意以下六个方面。

（1）在隧道封闭加压前，必须事先进行封闭舱内、外的联系测量，也就是将控制点的坐标和方位提前传至隧道的加压段。

（2）根据加压施工的线路长度确定，是否需要进行加压段的陀螺经纬仪定向检测。通常需要进行一次。加压段较短时，可不进行。

（3）由于隧道加压，所以必须测定加压段的气压和温度，并对边长进行严格的气象改正。切记，不能将直接测定盾构掘进定位标志的坐标对盾构进行导向，须采用改正后的坐标进行，否则会引起较大的偏差。

（4）气压法施工测量的作业方法和常规的隧道测量作业没有区别，只是作业时间严格控制，一般压力下工作时间为3h，气压压力越大工作时间越短。

（5）毕竟气压法施工测量有一定的危险性，无论是对工程项目本身，还是对测量技术人员自身。

（6）就测量技术人员自身而言，即便是初期体检合格，但在舱内加压阶段、带压测量阶段、出舱前减压阶段和出舱后的休息阶段，一旦身体出现不适状况，应及时报告并采取救治措施。气压作业牌要挂在脖颈上不得离身，气压作业日志要随身携带。一旦出门行走出现状况时，就能得到社会人士的报警协助。常见的不适有耳内痛、头痛、恶心、呕吐，

---

① 鉴于国内至今很少采用气压法施工且资料很少，本条及后续几个气压法问题，均是根据笔者在国外的一线工作经历总结编写。

严重时走路腿软、易跌倒甚至昏迷。气压病应属于职业病的范畴。

（王百发）

174　隧道气压法施工气压舱的原理与加减压流程？

1. 隧道气压法施工，通俗地讲就是在隧道将出现不良地质状况（透水、塌方）之前，在距离开挖面一定距离内已衬砌好的安全区段，设置气压舱并将隧道完全封闭，在加压状态下完成不良地质区段的隧道施工。

2. 隧道气压舱由上下两个舱构成，每个舱室均有内外两道密封舱门。下面的舱室用于渣土运出和管片运入，上面的舱室供人员出入。舱室与隧道走向一致，通常布设在直线段。

3. 供人员出入的舱室，通常可容纳 20～30 人，两边为固定座椅类似于地铁座椅，舱门上有较大的玻璃舷窗内外可视，舱内外可对讲通话类似于对讲门铃。舱内与舱外均有舱内压力显示表和隧道内的压力、二氧化碳 CO_2、二氧化氮 NO_2 及瓦斯气体的浓度显示表。

4. 由专职人员查验从外面将进入的作业人员的气压作业证，登记并填写气压工作日志簿后，许可进入舱室。

由专职人员关闭舱门，铃声响后便开始加压。所加压力通常为压缩空气。加压过程中会有舱外的值班医生不断观察和询问舱内人员的身体感觉状况。

待舱内压力与密封隧道内的压力一致后，打开内舱门，进入压力隧道内进行施工。施工作业人员为轮班制（shift），一般压力下每班工作约 3h。

5. 班组下班后，施工作业人员进入舱室，关闭舱门，铃声响起后开始减压。待舱内压力与密封舱外的自然空气压力一致后，减压结束。由专职人员打开舱门，回归自然。

6. 要说明的是，加压和减压都是一个相对缓慢的科学的专业过程，不可操之过急，否则会对人体造成伤害。通常减压的时间要短于加压的时间。整个的加压和减压流程，和航天员进入航天舱室的过程类似，也和医院的高压氧舱治疗相当。

（王百发）

175　隧道气压法施工气压舱的减压要求与重要性？

1. 气压法施工有一定的危险性，无论是对工程项目本身，还是对带压技术人员自身。

2. 即便是初期体检合格，但经过一段时间的带压工作后，身体都会出现一定程度的不适或改变。

3. 在加压、减压的过程中，有专职人员监管，在带压作业过程中有一起施工的同事陪伴。但离开工作场地后，可能就无人知晓或无人陪伴。因此，对从事气压作业人员有明确的要求，气压作业牌要挂在脖颈上不得离身，气压作业日志要随身携带，一旦离开施工场地在外出现状况时，社会人士若遇见就会及时报告并采取救治措施。

4. 若减压过程科学、合理且处理得当，则出现危险状况的概率就会减少。故对舱室的设计与分类、减压方法和气压作业人员有以下明确要求：

（1）生活舱应始终连接应急加压和应急呼吸气体，准备好治疗气体。随生活舱内压力的变化，应更换适宜的应急加压气、应急呼吸气和治疗气的气源。

（2）减压进度落后于原减压计划，不可采用加快减压速度来满足原计划，应按规定速度进行减压；减压进度快于原减压计划，则应停止减压，直至回到原计划进度，再开始减压。

（3）对舱内气压作业人员要求其在减压过程中，气压作业人员不可进行剧烈活动，膝关节和肘关节不应长时间处于受压位置；专职医务人员应关注气压作业人员的情况。饱和气压作业人员身体若有不适时，应即刻报告专职医务人员。

（4）减压至 1.5bar 前，应将生活舱内易燃物品（书、报纸等）取出；减压过程中，氧浓度不得超过 23%，以防失火危险。

（5）减压过程中，气压作业人员如出现减压病症状和体征，应停止减压，按气压日志簿中的规定程序进行治疗。

（6）气压作业人员出舱后应进行 12h 的跟踪观察，不得从事高空作业和潜水运动，且 24h 内不准乘坐飞机。如出现减压病症状和体征后，在 10 天内不得从事包括一般气压内的压力作业，不得进行较重的体力活动或其他剧烈活动。重新体检合格经专职医务人员签字许可后，方可进入压力隧道进行带压施工作业。

（王百发）

10.4 水工建筑物施工测量

176 水工建筑物施工控制网布设方案及技术特点是什么?

大型水利水电枢纽工程由于其规模巨大，占地面积少则几个平方公里，多则达到十几甚至几十平方公里。工程建筑物本身除了主体工程之外，还含有大量的水工建筑物，例如，厂房或地下厂房、船闸、地下交通硐室、地下输水隧道、上下游围堰、升船机、副坝等。众多的水工建筑物在建设中均需要进行准确、精确的位置及结构布置放样、工程量量算、坝基地质测绘等，尤其在机电、金属结构安装方面，还需要进行高精度放样，也就是要采取高精度工程测量的手段，实现水工建筑物及设备的安装。

水工建筑物的施工控制网，根据建筑物定位及放样需要，结合控制区域的大小和工程施工区域上下高程落差，进行分层次布网。同时考虑结合水工建筑物布置的特点和施工需要，一般又分为地面水工建筑物和地下水工建筑物及其附属工程。根据其特点分别说明如下：

1. 特大型、大型水利枢纽施工控制网。

（1）地面平面施工控制网。

1）地面平面施工控制网的布设采用三角形网或三角形网与卫星定位网的混合网。

2）地面平面施工控制网一般分为 2~3 个层级建网，即首级控制网和两级加密网，首级网的精度等级一般为二等，最弱点中误差控制在 1.5mm；第一级加密网在首级网的基础上进行，多采用三等，并由业主统一建立、统一管理。

3）施工控制网（首级网或第一级加密网）的复测，根据施工控制网建立的时间和施工进展情况，由业主安排或业主委托的专业技术管理单位（测量中心）组织实施，一般每两年复测一次。

4）第二级及以下的加密控制网由施工单位根据需要布设，报监理单位审查。

5）控制网点采用有强制对中装置的混凝土观测墩，为保持稳定，埋设时须进行基础处理。根据地质情况，在地质专业技术人员的配合下选定基础处理方案，基础采用的钻孔数量及深度，由测量和地质专业技术人员现场确定。

（2）各类硐室、地下平面施工控制网。

1）特大型、大型水利水电枢纽工程建设的一个显著特点之一，就是建在高山峡谷之中，建筑物布置在左右两岸高程落差大的立体空间。这样的地形地貌特征，加上水工建筑物多，大量的施工机械巨型设备需要运输，则就需要在山体中布置大量的输水隧洞、交通平硐、支洞、勘探平硐和竖井等。

2）因地下硐室群的规模大、数量多、路线长有的总长达数百公里，且结构复杂、犬牙交错、埋深很大有的垂直埋深数百米。针对这些特点，为满足施工定位和放样需求对施工控制网的建立提出了更高的要求。

3）地下施工控制网的布设一般采用附合导线网的形式。按主导线、辅助导线、支导线相结合的方式在左右两岸分别布设。

4）左右两岸的硐室地下主、辅导线，分别与两岸的地面施工控制网点进行连测，组成附合导线网。其他竖井、支洞等部位根据工程建设需要，进行加密支导线控制点布设，以满足施工放样、竣工测量等的需要。

（3）高程控制网。

1）地面高程控制网的首级网采用二等水准网与高等级三角高程测量网。

2）首级高程控制网，根据工程总平面布置情况，在必要时随着平面控制网的加密进行同步加密。

3）高程控制网点，除了部分专门设计的水准点外，一般与平面控制网点同建在一个观测墩上。好处有：①供平面控制网的边长改平用；②保证每个平面控制网点都有高精度或较高精度的高程值；③便于工程施工放样使用；④降低控制网的建网成本。

4）高程控制网的专门设计点位，除满足整个网型设计需要外，主要是为建立部分相对稳定的点位，通常布设在没有平面控制网点的地方。水准点标型以岩石水准标、钢管标及双金属标志为主。

5）高程控制网必须满足两岸水准点进行整体平差的要求，因此，在方案设计及施测时，应充分考虑跨河（江）水准的场地布置，并进行专门设计。

6）地下高程控制网，一般采用二等几何水准网。

7）某大型水利枢纽工程实践中，相关的设计网型经过严格观测及严密平差后，二等水准每公里高差中误差小于1mm，三等三角高程网最大高程中误差小于3mm。

2. 中小型水工建筑物的施工控制网。

（1）由于中小型水工建筑物布置区域相对较小，结构也相对简单，可根据工程总平面布置特点不分层级建网，仅进行首级施工控制网布设即可。对于加密网，则由业主委托或施工单位根据工程建设需要完成。

（2）中型水工建筑物首级平面施工控制网的精度等级一般为二等，采用三角形网或三角形网与卫星定位网混合布设。要求便于扩展或加密，以满足各类水工建筑物的施工测量要求。

（3）小型水工建筑物首级平面施工控制网的精度等级通常为三等，采用三角形网或三角形网与卫星定位网混合布设。

（4）首级高程网以二等精度的水准网为主，区域太小的也可以采用三等精度的水准网或三角高程网。跨江跨河水准测量，要进行整体设计和实施，并对左右两岸的高程控制测量观测值进行整体平差、使两岸保持相同精度。

3. 高精度局部施工控制网。

（1）地下厂房精密控制网。

1）厂房金属结构安装和机电设备安装要求精度高，对厂房施工控制网的建立带来了极大的挑战。因此，建立满足施工要求的地下厂房精密控制网，显得特别重要。

2）由于受施工区域及作业空间限制，无法接收定位卫星信号，则不能使用卫星定位测量方法布网。只能布设传统的三角形网，布网时又难于找到合适的空间布置观测墩，观测墩所建位置又处于变形区域，且容易受到施工干扰、遭到破坏，恢复难度大。总之，受现场条件制约很大。

3）在工程实践中，除了布设传统的三角形网外，测绘技术人员通过不断探索、研究、优化，突破传统控制网的布设和观测方式的条件限制，建立起经济适用、高效、便捷又符合施工特点的地下厂房精密控制网。①根据空间特点，将大多数控制点布置在厂房两侧边墙约同一高度处，利用两侧对称的洞壁安装用螺纹钢焊接的固定标志并插入360°棱镜作为边墙控制点。②在地面埋设1~2个地面标志或具有强制对中装置的观测墩，以最大限度地减少对施工场地的影响。③如此组网，就形成以水电机组中心线为中轴线的“一字型”对称分布的三角形网。④平面网观测，采用自由设站全圆边角法进行测量，每个设站点观测两侧边墙控制点不少于3对，每个边墙控制点不少于三个设站点联测。⑤自由设站点间距，一般控制在35~40m，设站点到边墙控制点最大距离控制在150m以内。

工程实践表明，该平面控制网最弱点点位中误差可满足小于2mm的点位中误差要求，很好地实现了对厂房金属结构安装和机电设备精密安装的测控要求。如此布网，不仅能高精度地为地下厂房金属结构安装和机电设备安装服务，且检测设站方式灵活、施工放样方便快捷，能显著提高施工测量的效率。

高程控制网观测与施工平面控制网观测同步进行，采用电磁波测距三角高程测量方法，可满足工程施工测量及相关规范要求。

（2）大型船闸闸室闸门高精度控制网。

1）大型船闸的专用施工控制网，是在枢纽工程首级控制网的基础上布设、扩展。其中，包含有首级控制网点及加密控制网点。目的是为大型岩土开挖、混凝土浇筑、闸室结构施工等进行服务。

2）在大型闸室闸门施工安装过程，对金属结构的安装精度都提出了极高的要求。例如，闸室闸门安装的几个主要精度指标：①两闸门底枢中心点距离误差、底枢中心点与顶枢中心点同心误差不大于2mm。②两底枢中心之间与两顶枢中心之间相对高差误差不大于2mm。③同侧顶、底枢中心点的相对高差不大于3mm等。

3）而对于闸室闸门施工安装和金属结构安装，要达到高精度的施工放样，就必须建立局部高精度施工控制网。由于同时受场地空间限制，可布设成相对独立的微型高精度专用控制网。其特点一般有：①以船闸专用施工控制网为基准，在闸顶测定闸门顶枢中心点位置，使用高精度仪器进行施工测量；在测定的闸门顶枢中心点位置架设天底仪（激光自动安平垂准仪的一种）向底枢中心的混凝土面进行投点，对底枢中心点进行施工测量。②建立闸门底枢系统局域控制网。一般埋设四个强制归心标点组成大地四边形，或建立中点多边形的三角形网，按照《水利水电工程施工测量规范》SL 52—2015 二等三角形网技术要求进行观测平差。③对顶部船闸专用施工控制网与闸门底枢系统建立的微型网进行联系测量，采用高精度测距、投点等方法实施。

4）控制网点的高程测量，按二等几何水准测量要求进行施测。顶部船闸专用施工控制网与闸门底枢系统建立的微型网的高程联系测量，采用精密高程传递方法进行。

（张　潇）

177　水工建筑物施工测量的管理与分工？

1. 在大型的水利枢纽工程建设中，为了保证水工建筑物施工测量的工作质量，统一测绘技术标准的使用，明确工作程序和规范测绘资料收集整理的要求，建设方或业主通常要成立专门的测量管理机构（如测量中心）进行统一管理。

2. 水工建筑物，主要指下列内容：①挡水建筑物（坝、水闸、堤和海塘）；②泄水建筑物（溢流坝、岸边溢洪道、泄水隧洞、分洪闸）；③取水及输水建筑物（进水闸、深式进水口、泵站及引（供）水隧洞、渡槽、输水管道、渠道）；④河道整治建筑物（丁坝、顺坝、潜坝、护岸、导流堤）等。

3. 大型的水利枢纽工程施工区的首级网及其加密网作为施工放样的基准数据，由测量中心进行统一管理和维护。

4. 各施工区范围内的首级网及其加密网以下控制点（主要轴线点、放样测站点、地下工程基本导线点以及相应的高程控制点），由有关施工承包单位负责布设，并根据需要提交监理进行校测、审查。

5. 对于各个工程部位水工建筑物的施工放样，根据其工程的等级、精度要求，采取相应的放样方法，关键部位的测量放样参数及方法，报业主测量专业技术管理单位审查。

6. 重要部位的放样点，如基础开挖开口线、竣工部位轮廓点、混凝土工程基础块（第一层）轮廓点、重要预埋件位置、金属结构安装轴线点、地下工程基本导线点等。施工单位，应将其放样成果以书面形式送交监理单位申请检查。监理单位，应在不影响施工的期限内及时进行复核。

（张　潇）

178　水电站枢纽工程测量中心的工作职责和主要任务？

1. 服务依据。标准与规范是工程测量中心服务工作的依据。其指现行国家标准和测绘行业、电力行业、水利行业颁发的关于水电水利工程测量的现行标准、规范、规程、定额、办法、示例等，以及招标人有关工程测量中心服务的书面规章。

2. 服务范围。水电站工程的所有主体工程项目、临建工程项目和辅助工程项目。

3. 工作职责。

（1）承担工程测量的业主管理职责。包括审核承包商提交的测量实施方案、主要技术措施、测量设备及限差要求，监督承包商测量放样，检查施工测站点、轴线和辅助轴线点、高程加密网点等，并根据检查结果确定是否需要复测。

（2）负责水电站所有施工区域内测量控制网的维护、管理、加密工作，负责审查施工测量控制网复测成果。

（3）参加基础验收、单项工程检查验收等工作，做好工程土石方、混凝土工程量的总量控制，提出有关测量方面的检查意见和要求。结合竣工工程量的复核，做好竣工测量资料的收集整理工作。

（4）向业主提供工程部位的原始地形（断面）测量资料。

（5）按发包人指示对需要校核的工程部位进行测量，并提交相应的测量成果报告。

（6）完成发包人布置的施工区内与本工程有关的零星测量任务。

（7）根据工程需要，承担与地方政府测绘管理部门、设计单位的联络和协调工作。

（8）熟悉掌握国家、行业的各种测量标准、规范和工程建设合同中有关测量的具体要求，熟悉水电站的施工测量控制网、基准测量点及其他测量资料。

（9）完成与测量工作有关的各类总结报告。

4. 主要任务。

（1）开展水电站工程的施工控制测量工作及控制网加密测量工作，负责施工测量控制网的维护与管理服务，满足工程施工其他需要。对于施工测量控制网复测，则视业主要求确定。

（2）对工程施工区域内原始地形进行校核、对已有地形图进行修测和补测。

（3）对土石方工程量进行测算与复核。分别包括：①项目工程设计工程量（包括设计土方量和各类岩石方量）；②项目工程施工进度工程量（包括已完成的土方量和各类岩石方量）；③项目工程竣工工程量（包括实际土方量、各类岩石方量和超欠挖方量）。

（4）对各合同项目的测量质量进行检查，包括对各施工部位的重要测量点线进行复核，调阅、复测或检测施工单位提交的各类测量图纸、资料。

（5）对各合同项目的施工进度工程量和竣工工程量测量计算的准确性进行复核，调阅、审查，必要时复测或检测施工单位提交的各类计量图纸、资料。当实际工程与设计工程量有争议时，工程测量中心负责复核，确定最终工程量。

（6）根据主体工程部位的施工进展，定期绘制工程施工进度图表。

（7）调阅、审查、必要时复测或检测施工单位提交的各合同项目的竣工测量图纸、资料，包括高程平面图、纵横断面图、形体测量、竣工平面图等。

（8）收集、审查各监理单位和施工单位的测绘资质、技术力量及个人资质、仪器检定证书。

（9）对经监理工程师审核的各工程项目的施工测量和计量的技术方案提出意见或建议。

（10）根据工程需要，完成发包人安排的本工程现场施工区内的零星测绘任务。

（11）按时编制测量工作的月报和年报。

（张　潇）

179　大型水电站工程测量监理的主要工作内容、方式及要求？

1. 主要工作依据。

（1）设计施工图纸及文件；招标、投标文件及合同；业主、监理部文件；国家或行业专业技术标准；监理工作规程及要求等。

（2）适用的国家或行业专业技术标准主要包括《水利水电工程施工测量规范》SL 52《水利水电工程测量规范》SL 197 和《工程测量标准》GB 50026 等相关性强的专业标准及技术规范。

2. 监理现场施工测量主要内容。

（1）测量基准。

1）收集所有施工控制网点的成果，点之记。包括计算说明、坐标系统、投影面高程、高程基准、引测成果、设计要求或其他技术要求、测量技术报告。

2）开工通知前向承包人提供勘测设计阶段的测量基准点、基准线和水准点及其基本资料及数据。

3）校核测量基准。

4）审核承包人提交的加密控制测量技术方案等。

（2）施工测量。

1）放线工作的必要检查。

2）审核承包人提供的计量测量资料。

3）审核或检测承包人的施工加密控制网（点）。

4）检查控制网点的保护情况，巡视测量控制点，对被破坏的点及时要求承包人恢复。

5）在开挖作业前 7 天，接承包人的书面报告后，通知测量中心进行原始地形、原始断面的复测。否则，不予确认。

（3）对承包人进行测量监理的主要内容及要求。

1）测量人员资质审核。

2）测量仪器设备有效性检查。

3）引测或利用已知成果正确性的检查。

4）测量技术方案审核备案。

5）测量实施过程的真实及可靠性检查。

6）原始记录手簿的抽查。

7）计算方法的检查或校算。

8）计量支付工程量的初步审核。

9）技术报告或技术文件的审核。

10）与发包人测量中心进行 20% 质量抽查的校核（开挖竣工、收方计量、原始地形等）。

（4）水电站工程分部分项测量监理主要工作内容及要求。

1）导流洞施工检测主要内容及要求。加密控制网方案及实施的审查、检测；技术等级、洞口点设置及保护等检查；放线测量方案、测量过程的审查、检查；中心桩号的检查、抽测；开挖断面的检查、抽测；计量校算及支付工程量的初步审核。

2）计量及支付技术要求。结合施工图纸及合同技术条款，检查或校核建筑物计量范围以外的长度、面积、体积，不能确认的不予确认；保证计量设备和用具符合国家标准及精度要求；初步审核实物工作量，列入承包人的每月工程量报表。

3）土方开挖校核测量。

①随时抽查、与承包人联合校测、校核开挖平面位置、水平标高、控制桩号、水准点

和边坡度等是否符合施工图纸要求。

②开挖前的用于原始工程量计量的原始地形断面的复核检查。按施工图纸对建筑物开挖尺寸进行测量放样成果的检查。

③开挖过程中检查承包人定期测量校正的开挖平面的尺寸和标高等资料，以及按施工图纸要求检查的开挖边坡的坡度和平整度。

④永久边坡的坡度和平整度的复测检查。

⑤排水沟的坡度和尺寸的复核检查。

4）石方明挖校核测量。

①开挖前应收到承包人以下资料并由测量监理人员审核、复测，并按规定程序审批。石方开挖前的实测地形图；开挖放样断面图；轮廓放样点（线）图。

②若开挖超过指定或施工图纸范围，及时纠正并修正开挖线。

③对岩石开挖面进行检查，督促承包人对岩石开挖面进行地质测绘和地质编录。

④承包人因需要对合同施工图纸所示开挖线以外进行石方明挖时，不得破坏山坡、山体稳定，支付计量对增加的工程量不予确认。

⑤洞口边坡稳定性较差的，对其洞口控制点进行必要的保护，对其监测成果按监理部或其他要求进行工作。

⑥质量检查和验收阶段按施工图纸所示检查边坡开挖剖面和测量放样成果，并复核、初步签认。作为工程量计量的依据。

⑦承包人需提供以下边坡开挖工程验收资料：边坡开挖的地质测绘平面图和剖面图（5m一个剖面）；边坡稳定的监测成果；承包人的质量检查记录；监理人的质量验收单。

⑧计量及支付审核，区分表土覆盖层和石方明挖，以现场实际地形和断面测量成果及复核结果，按每m^3为单位分别计算表土覆盖层和石方明挖工程量。

5）地下洞室开挖监理检测。

①承包人按监理人指示的主要内容为加密控制、洞线测量、危岩监测等，并符合技术条款规定和施工图纸要求。

②开挖前对地下洞室测量放样成果进行检查，检查承包人定出的中线、腰线及开挖轮廓线。审核施工期监测数据。

③审核施工记录报表，包括各开挖工作面进尺，实测开挖断面和各种测量成果。

④对承包人提供的以下完工资料进行联合初审：地下洞室开挖完工图；地下洞室开挖实测纵横剖面图（5m一个剖面）；地下洞室围岩地质测绘资料及监测资料；其他由监理部安排的相关资料。

⑤施工增加的开挖面的工程量应按投标文件、合同等规定计量。

⑥在地下洞室开挖质量的检查和验收阶段，必要时应对隧洞中心线的定线进行抽查。

⑦开挖完毕后，对开挖断面规格进行核测。按施工图纸设计开挖线计量审核开挖量。

6）支护工程检测。在地下开挖和支护过程中，审核危岩稳定监测措施及监测资料。根据监测资料，在遇到危险情况，及时上报监理部并督促承包人采取紧急措施。

7）钻孔检测。配合其他监理人员校核、校算承包人提供的孔斜测量资料。

8）混凝土工程检测内容及要求。

①按施工图检查模板放样测量资料。重要结构必要控制点的检查及复核。隧洞衬砌混

凝土的模板允许偏差，应符合《混凝土结构工程施工质量验收规范》GB 50204 相关条款的规定。②审查的完工资料。分别包括混凝土工程建筑物竣工图、混凝土工程建筑物形体复测成果、永久观测设施的完工图和施工观测资料的检查。③参加对承包人的建基面的检查验收，建基面地形图检查。④混凝土浇筑前 8h（隐蔽工程为 12h）与其他专业监理一道对观测仪器设备的埋设及安装等进行检查。⑤混凝土浇筑过程中，对承包人所做的建筑物测量放样成果进行检查和验收。⑥配合工程量计量的校算。

9）门槽及填框安装检测。

①门槽埋件安装完毕后，按施工图纸对承包人所报的最终精度复测成果进行检查。②填框组装完毕后，对测量校正成果进行检查。③埋件安装前，检查或检测、确认放样安装基准线和基准点。④埋件安装就位固定后，在一、二期混凝土浇筑前，对埋件安装位置及尺寸进行测量检查。⑤一、二期混凝土浇筑后，对埋件安装位置及尺寸重新测量的成果进行检查、验收。

10）砌体工程测量监理。对砌体测量放样成果进行检查。

11）土石方填筑工程测量监理及检测。

①按施工图纸划定工作的范围，对埋设的明显界标进行现场确认。②对填筑区开挖验收后实测的平、剖面地形测量资料进行检查和确认。③对施工期观测成果进行检查。质量检查验收阶段核查用于计量的平、剖面地形测量资料。④按施工图纸所示尺寸及基础开挖清理完成后的实测地形，复核计量工程量并初审。

12）原型观测审核及监理。

①适用范围为承包人所负责的导流洞地下洞室和开挖边坡的变形、地下水、应力应变及水位等观测仪器设备的采购、安装、埋设、施工观测等。②按施工设计图纸要求，在仪器设备安装前，初审或审批观测仪器设备采购计划。③在仪器设备安装前，初审或审批观测仪器设备安装和埋设措施计划。在观测工作开始前，初审或审批承包人编制的施工期观测规程。④初审或审批承包人定期提交的观测成果（包括初始数据在内的）及分析报告。⑤检查和审核承包人提交下列完工资料：仪器设备编号和仪器设备说明书、率定和检验记录、安装埋设施工记录、埋设完工图、隐蔽部位的验收记录、施工期的观测原始资料及观测成果分析报告。⑥现场对厂家仪器设备进行检查验收。监理认为仪器设备不满足要求时，承包人应更换。必要时与承包人代表一道赴厂家参加主要仪器设备的检验和验收。⑦负责协调解决仪器埋设中由于施工图纸存在错误或表达不清等出现的问题，审核承包人提交的仪器设备安装和埋设措施计划。⑧仪器埋设中，及时处理承包人报告的问题，审核其质量记录，发现承包人违反操作规程或使用已失效的仪器设备，立即指令其停止施工，并更换不合格的仪器。⑨审核批准施工期观测规程及提交的观测资料，审核因工程建筑物出现异常情况或遇暴雨、地震等自然因素增加观测频率的数量及方案。⑩审核承包人提交的资料分析报告。并按施工图纸、监理工程师指令，初步审核工程清单及计量支付。

（张　潇）

180　如何进行水利枢纽除险加固工程闸门的检测？

为了保证水利枢纽除险加固工程闸门系统的安装精度和安装后的正常运行，掌握主坝泄洪孔、闸门金属结构系统的实际尺寸和变形情况，需要进行专门的技术方案设计。

1. 方案设计原则。

（1）检测方案要求符合适用、可靠及经济的原则，并采用国内外先进、成熟的技术、设备。

（2）闸门系统（含启闭设备）为检测对象，结合运行管理部门、监理和施工安装部门所提供的信息，根据需要和可靠性，结合检测过程中可能遇到的特殊情况，适时合理调整检测方法，力求检测方法方便、快速、可靠，确保检测工作顺利展开。

（3）检测成果应准确、精度高，尽可能客观反映检测对象的实际工作状态，为施工安装和运行管理部门的科学决策提供可靠的依据。

2. 主要检测部位和内容。要求检测方法直观方便、可靠有效且成果精度符合要求，还需结合运行管理部门对检测所提出的要求进行检测。主要检测部位和内容包括以下三个方面。详细检测内容见表 180-1。

（1）支铰座检测：主要检测铰心高差、铰座中心（孔口中心）位置、铰座轴孔倾斜（任意方向的倾斜）、两铰座轴线的同轴度等。

（2）弧门底槛检测：主要检测底槛中心线与孔口中心线的距离、底槛里程、底槛高程、底槛中心与铰座中心的高差。

（3）弧门侧止水座板检测：侧轨（侧轮导板）与孔口中心线的距离、侧止水座板内外弧的曲率半径、侧止水座板间的距离。

表 180-1　闸门系统详细检测项目

序号	检测部位	检测项目	检测内容
1	支铰座	铰心高程	只测高差
2		铰心里程	里程为零
3		铰座中心与孔口中心线的距离	两中心重合，不需测距离，只需测出中心位置并在坝顶面上标记
4		铰座轴孔倾斜	任意方向的倾斜
5		两铰座轴线的同轴度	—
6	弧门底槛	底槛中心线与孔口中心线的距离	
7		底槛里程	以铰心为基准
8		底槛高程	以铰座为基准
9		底槛中心与铰座中心的高差	—
10	弧门侧止水座板	侧轨（侧轮导板）与孔口中心线的距离	—
11		侧止水座板内外弧的曲率半径	—
12		侧止水座板间的距离	—
13		工作表面的平面度	建工作平台、设置基准线
14	启闭机	启闭机支架（绳轱）中心与孔口中心的距离	—
15		启闭机支架（绳轱）里程	—
16		放样中心线点及方位点	为以后安装放样设置基准点

3. 检测精度及主要技术指标。

（1）凡精密水准法，均采用一等水准监测精度要求，环线闭合差及往返闭合差不符值限值 $\leqslant \pm 0.2\sqrt{n}$（$n$ 为测站数）。线路很长且闭合环数量较多时，每公里水准测量偶然中误差≤±0.45mm；每公里水准测量全中误差≤±1.0mm。

（2）平面坐标：采用高精度测角、测边仪器如 TCA2003 全站仪等仪器观测，每点观测 4 ~6 测回或采用双站双测回方法，相对坐标中误差 1~2mm；

（3）放样标志点：确定点位后，须进行观测 4 ~6 测回的观测，精确测定标志点的坐标。

（4）三角高程：一般每站不少于 4 测回，按二等精度要求施测，相对测站的高程精度在 3~5mm；

（5）精密测距法，精确测定同一断面两点之间的距离，每条边观测不少于 2 个测回，测回间变换大分划 20mm 以上；每测回三次读数，测回差及每次距离观测较读数差≤±1.5mm。

（6）局部几何中心测量：用专门加工的装置或工具测定，量测误差小于 1mm。

（7）平面坐标系统采用相对假定坐标系或坝轴系；高程以各铰座中心为基准，采用相对高程。

（8）检测量的方向（正负）规定：高差：高于对应铰座中心为正“+”，反之为负“-”；各中心间距离之差：面向下游位于孔口中心之左为正“+”，反之为负“-”。

4. 检测方法。

（1）支铰座检测。

1）铰心高差：采用精密几何水准法，按一等监测精度施测；首先用局部测量的方法确定 2 个支铰座中的几何中心或加工专用设备固定其几何中心，并假设其中一个支铰座的几何中心高程为零基准，检测出两个铰心高差。

2）铰座中心与孔口中心线的确定：首先测定 2 个支铰座几何中心的平面坐标，然后计算出孔口中心平面坐标，并进一步计算出孔口中心线方位角，最后在坝面和闸门上放样孔口中心线标记点（各 2~3 点）。

3）铰座轴孔倾斜（任意方向的倾斜）：测出每个铰座轴孔中心坐标，并按一等精密水准测量的方法，测得其高差，通过平面坐标和高差变化，即可计算出铰座轴孔倾斜度。

4）两铰座轴线的同轴：首先测定每个支铰座轴孔两端的几何中心的平面坐标，然后计算出各轴线的方位与两铰座中心连线方位的偏移角度，进而推算出其同轴度。

（2）弧门底槛检测。

1）底槛中心线与孔口中心线的距离：首先测定弧门与两侧墙在底槛处相交点的平面坐标，然后计算出底槛中心坐标，并在坝面或闸门上放样出底槛中心线标记点（各 2~3 点），最后在坝面或闸门上用精密测量的方法测定底槛中心线与孔口中心线的距离。

2）底槛里程：根据上面有关方法测出的底槛中心坐标和孔口中心坐标，可推算出底槛相对于铰心的里程。

3）底槛高程：用三角高程测量的方法，直接测量底槛各处相对于支铰座中心的高程；

观测条件许可时，采取两站独立观测，以增加观测成果的可靠性和提高观测精度。

4）底槛中心与铰座中心的高差：通过前面有关方法确定底槛中心位置后，用三角高程测量的方法，直接测量底槛各处相对于支铰座中心的高差。

（3）弧门侧止水座板检测。

1）侧轨（侧轮导板）与孔口中心线的距离：用悬挂标志标示出孔口中心线在垂直面上的确切位置，然后采用特殊夹尺装置，用专用精密量距尺进行精密丈量，测定各高程侧轨（侧轮导板）与孔口中心线的距离。

2）侧止水座板内外弧的曲率半径：根据观测条件，在闸门适当点设置棱镜，采用极坐标或交会法测得其坐标，再根据坐标及测点至闸门外壁的厚度，计算侧止水座板内外弧的曲率半径。

3）侧止水座板间的距离：采用特殊夹尺装置，用专用精密量距尺进行精密丈量，从上至下（或自下而上），每0.5m测定一次，测定各高程间隔侧止水座板间的距离。

4）工作表面的平面度：应根据现场条件，在闸室条件允许的情况下，例如在安装脚手架等临空作业设施、加工特殊水平导轨并配专用悬线装置的情况下实施。

（4）启闭机检测。主要包括启闭机支架（绳轱）中心与孔口中心的距离检测和启闭机支架（绳轱）里程的检测，该项需在通视且可以确定或标示绳轱中心的情况下法实施。考虑安装放样用途，在检测支铰座中心（孔口中心）时在坝面标记两点，并精确测定标记点坐标。检测方法详见表180-2。

表180-2　启闭机检测项目

<table>
<tr><th>序号</th><th>检测部位</th><th>检测项目</th><th>检测方法</th><th>检测仪器</th></tr>
<tr><td>1</td><td rowspan="5">支铰座</td><td>铰心高差</td><td>精密水准测量</td><td rowspan="13">精密水准测量采用NA2或同等级水准仪。
极坐标、交会法、三角测量采用TCA2003测量机器人或T3配DI2002精密光电测距仪。
精密量距采用精密量距尺配备特殊加工的悬线、夹线装置实施</td></tr>
<tr><td>2</td><td>铰座中心与孔口中心线的确定</td><td>极坐标法</td></tr>
<tr><td>3</td><td>铰座轴孔倾斜（任意方向的倾斜）</td><td rowspan="5">精密水准
双站双测回极坐标或交会法</td></tr>
<tr><td>4</td><td>两铰座轴线的同轴度</td></tr>
<tr><td>5</td><td>中心检测及放样</td></tr>
<tr><td>6</td><td rowspan="4">弧门底槛</td><td>底槛中心线与孔口中心线的距离</td></tr>
<tr><td>7</td><td>底槛里程</td></tr>
<tr><td>8</td><td>底槛高程</td><td>二等三角高程测量</td></tr>
<tr><td>9</td><td>底槛中心与铰座中心的高差</td><td>二等三角高程测量</td></tr>
<tr><td>10</td><td rowspan="4">弧门侧止水座板（至少每0.5m测一点）</td><td>侧轨（侧轮导板）与孔口中心线的距离</td><td>精密量距</td></tr>
<tr><td>11</td><td>侧止水座板内外弧的曲率半径</td><td>极坐标或交会法</td></tr>
<tr><td>12</td><td>侧止水座板间的距离</td><td>精密量距</td></tr>
<tr><td>13</td><td>工作表面的平面度</td><td>—</td></tr>
</table>

注：高程以铰座为高程基准；里程以铰心为基点。

（张　潇）

10.5 桥梁施工测量

181 如何定义桥梁工程测量？

1. 桥梁是线路的重要组成部分，大型桥梁建设属整个线路建设的控制性工程。一座桥梁在建设过程中需要进行各种测量工作，其中包括桥梁的勘测、施工测量和竣工测量等。

2. 勘测的目的主要包括：

（1）为桥梁建设提供准确、可靠的陆地及河床、河流状态等的基础地理信息资料，包括各种比例尺的地形图、接线段的纵横断面图数据。

（2）为建设单位综合政治、经济、技术等诸多因素提供准确的可比较的桥位资料以供决策使用。

（3）满足各阶段设计的用图需要。

（4）进行桥位中线和引道纵横断面测量，主桥、引桥、接线及互通工程的测量工作。

（5）建立满足桥梁施工需要的控制网等。

3. 施工测量主要包括：

（1）建立大桥施工与安装基础控制系统，监测大桥施工中的动态情况，为大桥建设提供各类科学决策的可量化依据。

（2）桥墩、桥台施工放样。

（3）梁体、构件安装测量。

（4）其他防护设施和排水构造物的安装测量等。

4. 变形监测。在施工过程中及竣工通车后，还要进行变形观测工作。根据不同桥梁类型和施工方法，测量的工作内容和测量方法也有所不同。

基于以上四方面因素，将桥梁工程的勘测、桥梁施工测量及桥梁安全监测统称为桥梁工程测量。

（张　潇）

182 桥梁工程测量在不同阶段的作业内容有哪些？

按照桥梁建设的整个过程，桥梁工程测量分别包括以下内容：

1. 可行性研究（预可研、工可研）阶段。

（1）调查测量，包括洪水痕迹、河床演变、地表特征的调查测量。

（2）中小比例尺的规划用图测绘。

（3）桥位比选测量，包括桥位总平面图测量、桥址地形图测量，桥位中线和引道纵横断面图测量等。

2. 初步设计阶段。

（1）桥址区陆地和水下大比例尺地形图测绘，一般为 1∶500 地形图测绘，有时会要求在桥墩附近局部区域施测 1∶200 地形图。

（2）河床比降、水深、航迹线、流速及流向测量。

（3）根据可研阶段测量控制点进行接线段初测及定测，包括桥位中线和引道纵横断面图测量，主桥、引桥、接线及互通工程的测量工作。

3. 施工阶段。

（1）主要包括建立较高等级的平面和高程施工控制网，桥轴中线定测，施工测量，施工期敏感部位或不可预见的地质缺陷部位必要的安全监测等。

（2）桥梁首级施工控制网的精度等级一般根据建设桥梁的长度确定，对于大型桥梁通常按二等精度进行控制网设计、施测。

（3）施工测量主要包括桥墩、桥台施工放样测量，构件安装的精密放样测量，其他防护设施和排水构造物的安装放样等。

4. 运营管理阶段。测量工作主要是安全监测，分别包括：

（1）建成通车前动、静载试验时间段的高密度、高频率变形监测。

（2）运营期高水位、高水流、强气流（强台风）等恶劣自然条件下桥梁安全的实时监测。

（3）一般条件下一定频度的动态安全监测等。

5. 根据我国目前国民经济和桥梁建设的实际情况，桥梁工程测量一般按阶段进行，也有将部分阶段合并交叉进行的，如初设阶段和施工设计阶段的桥梁中心线、接线线路的初测、定测工作，也有将初测、定测一次完成的。

（张　潇）

183　桥梁规划勘测设计阶段的测量内容、方法和作业特点？

大桥在规划建设初期，往往没有或只有少量的测量基础资料，更缺乏为优选设计所需要的两个甚至多个桥位的测量基础资料。因此，在进行桥梁系列勘察、方案论证的同时，需要为桥位设计提供详细可靠的测量基础资料，并建立初设阶段桥位勘察所需的平面坐标系统和高程基准。

1. 控制测量。

（1）在规划、勘测设计阶段，首级控制测量要求精度不高，一般用四等精度，小型桥梁用一级精度即可。

（2）平面控制布网方式，可采用四等或一级精度的导线网或卫星定位测量控制网；高程控制测量，可采用四、五等几何水准测量或相应等级的三角高程测量方法。

（3）控制点的标志，可采用普通地面标志，后期可用作小型桥梁的施工控制点。但对于大型桥梁，需根据施工控制网的精度要求重新布设，点位标志通常采用有强制对中装置的观测墩。

（4）对于两个或多个备选桥位，若相距不远时，相关控制点应组网联测；在相距较远时，应采用统一的平面坐标系统和同一高程基准，并结合已有资料尽量将大桥两端的高程控制点组网联测。

（5）规划、勘测设计阶段的控制测量，对于大型桥梁而言，其主要用途是为相关测量提供基准或作为起算点，分别包括洪水痕迹、河床演变、地表特征的调查测量；航迹线、流速及流向测量；河流（河床）比降、水深（水下地形）、河流比降测量；水文地质调查、工程地质调查及测绘；桥位地形测量（桥位总平面图和桥址地形图）、桥轴线纵断面图测量、桥轴线横断面图测量；桥梁孔位（地质孔、物探孔）定位测量；大桥的初测、桥位中线和引道纵横断面图测量等。

2. 洪水痕迹、河床演变、地表特征的调查测量。

(1) 用不低于五等精度的几何水准测量方法，测定选在桥位附近两岸的洪水痕迹点的高程。用全站仪或卫星定位 RTK 法测定其平面位置。

(2) 实地测绘或在已有的地形资料上补、修测调查河道弯曲及滩槽情况，分别包括支流、分流、急滩、卡口、滑坡、塌岸等位置及特征现状及河道主槽、边滩、沙洲现状；在主航道或复杂的河段拟建桥梁的一定范围内，现场划分滩、槽大小及位置；河道的顺直、滩地的高度、宽度，河床冲淤是否严重以及距桥位置情况等。

3. 航迹线、流速及流向测量。

(1) 测量范围。该项工作一般在拟建桥梁中心线的上、下游各 1~2km 长的主河道范围内进行。若河道水情复杂、水流湍急时，可适当加长测量范围，但一般控制在主桥长度的 3 倍左右。为取得有代表性成果，满足在后期桥梁建设中最不利情况下仍能有效指导桥梁建设，观测时间宜在汛期进行。对于大型水利枢纽的附属桥梁，还应顾及主要工程的建设要求和工期。

(2) 测量原理及方法。

1) 航迹线测量，一般采用岸上布设控制点，采用全站仪或经纬仪交会，照准目标为“当时江面”的大、中、小型船只的适当位置，无需棱镜，分别捕获上水、下水时间段，进行“典型代表”航迹线测量。测量时间一般应选在长江或河流的汛期高水位季节。重要桥梁的初步设计阶段，要求对桥轴线上下游江面 4.0km 的长度范围进行航迹线测量。其目的是为水上交通繁忙的跨江桥梁工程设计和安全施工提供水域重要依据。

2) 流速测量方法大致分为流速仪法和浮标测速法。

①流速仪法，除使用传统的水文测验流速仪进行外，目前在较为宽阔的、航道交通不太繁忙、漂浮物较少的流动性水域，常采用船用多功能声学多普勒流速剖面仪，简称多功能 ADCP 或 MADCP。属比较先进且实用的水文测验新技术，能够同时测定水流流速、江河道断面、悬浮物浓度等。

②浮标测速法，较为经济、实用，易于实施。在航道繁忙、漂浮物较多、水流过急的江河面，一般采用浮标测速法。其原理和方法为利用岸上布设的控制点设站，在所测江（河、海）区域的上游水面放置特制浮标作为照准目标，采用全站仪或经纬仪进行交会，并同时记录测量开始或结束的时间。也可设计在一定的时间内开始施测特制浮标行走的距离，然后计算水面流速。

3) 流向测量方法，一般采用流向仪、流向器或“自由浮标法”测量，通常在条件许可时，可将流向、流速采用浮标法合并测量。

自由浮标法测量，简单实用易于实施，是一门很有效很直观传统技术。其基本原理和方法为利用岸上布设的控制点设站，在江（河、海）待测区域的上游水面放置特制浮标作为照准目标，采用全站仪或经纬仪进行交会，根据所测数据进行计算，绘制流向图。重要桥梁工程在初步设计阶段，要求对桥轴线上、下游江面 3.2 km 的长度范围内进行了水面流向测量工作。

4. 河流（河床）比降、水深、洪水比降图。

(1) 河流（河床）比降测量是桥梁设计的一项重要资料，水深测量实质上是水下地形测量或断面测量，在可行性研究或初步设计阶段，可根据桥位方案比较比选、论证或的初设需要的不同用途，一般采用 1∶2 000 比例尺进行水下地形图测量。

（2）传统的测量方法，主要有传统的经纬仪交会配合测深锤（杆、绳）测量法、测距仪或全站仪交会配合测深锤（杆、绳）测量方法、测距仪或全站仪交会配合模拟信号测深仪测量方法等。

（3）目前的测量方法，主要有全站仪配合数字测深仪测量、卫星定位 RTK 配合数字测深仪测量、卫星定位 RTK 配合多波束水下数字地形测量系统等。

（4）洪水比降图，需要收集一定历史时期的洪水、水文资料进行分析、绘制。

5. 资料整理及成果。根据不同的工程需要及设定的范围，对航迹线、流速及流向测量、河床比降、水深等进行施测，根据测量数据计算测量成果，分别绘制相关图件供设计及工程施工使用。

（张　潇）

184　桥梁建设工程施工测量及实时检测主要技术有哪些?

近二十年来，无论是大型公路桥梁建设还是高速铁路桥梁建设，其施工方法日益走向模板化、工厂化和拼装化。相关的梁部构件都在工厂制造，在现场完成拼接和安装。为满足施工及安装精度要求，必须在传统施工放样的基础上，不断创新桥梁测控技术，提高施工测量精度，对加快桥梁工程施工进度具有不可替代的作用。

1. 桥梁施工测量基本方法。桥梁施工测量的目的，是将设计的桥梁位置、标高及几何尺寸在实地标出以指导施工；桥梁施工测量，包括施工控制测量，桥轴线长度测量，桥塔、墩、台细部放样以及梁部放样等；桥梁施工测量的放样方法，分别有交会法、极坐标法和直接测距法。在桥梁墩、台的施工测量中，最主要的工作的是测放出墩、台的中心位置及墩、台的纵横轴线。

（1）交会法。若桥墩的所在位置水较深，无法丈量距离及安置反射棱镜时，可采用角度交会法测放桥墩位置。

1）如图 184-1 所示，A、C、D 为控制网的三角点，且 A 为桥轴线的端点，E 为墩中心位置。在控制测量中 φ、φ'、d_1、d_2 已经求出。AE 的距离 l_E 可根据两点里程求出，则有：

$$\alpha = \tan^{-1}\left(\frac{l_E\sin\varphi}{d_1 - l_E\cos\varphi}\right)$$

$$\beta = \tan^{-1}\left(\frac{l_E\sin\varphi'}{d_2 - l_E\cos\varphi'}\right)$$

其中 α、β 也可以根据 A、C、D、E 的已知坐标求出。

2）在 C、D 点上架设 1″级或 2″级全站仪，分别自 CA 及 DA 测设出 α 及 β 角，则两方向的交点即为桥墩中心 E 点的位置。

3）为了检核精度及避免错误，通常都用三个方向交会，即同时利用桥轴线 AB 的方向进行交会。由于测量误差的影响，三个方向不交于一点，而形成如图 184-2 所示的三角形。

（2）极坐标法。若桥梁墩位可以架设反射棱镜，也可采用高精度全站仪，用极坐标法测放墩、台中心位置。当放样点精度要求较高或放样距离较远时（一般超过 200m），应考虑气象改正，将测出的气温、气压参数输入全站仪，由全站仪自动进行气象改正。

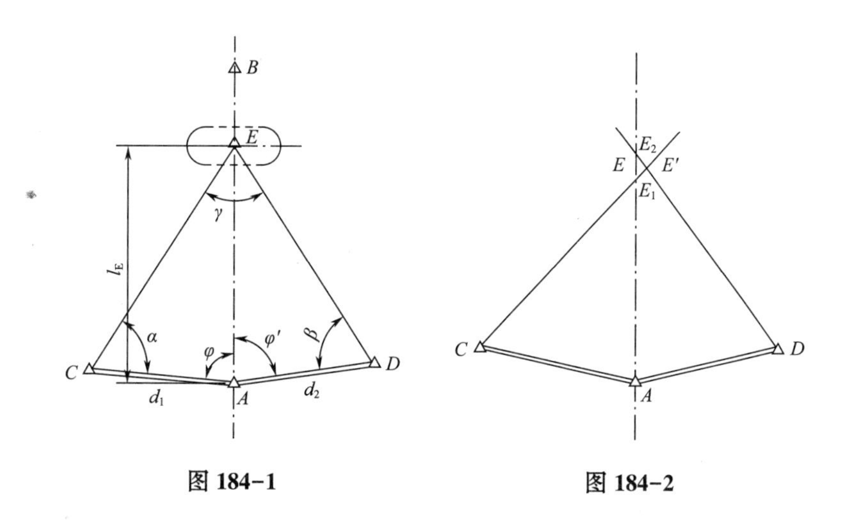

图 184-1　　　　图 184-2

（3）直接测距法。直线桥的墩、台中心都位于桥轴线的方向上。墩、台中心的设计里程及桥轴线起点的里程是已知的，相邻两点的里程相减即可求得它们之间的距离。根据地形条件，可采用直接测距法测设出墩、台中心的位置。

2. 悬高异型索塔施工测量。索塔造型的主要结构包括直塔柱、斜塔柱、下横梁以及索塔附属结构设施。

（1）索塔施工测量主要技术指标。

1）索塔垂直度误差：顺桥向不大于 $H/3\ 000$，横桥向不大于 $H/5\ 000$，H 为塔高。

2）索塔轴线偏差：顺桥向±10mm，横桥向±5mm。

3）断面尺寸偏差：顺桥向±20mm，横桥向±10mm，壁厚±5mm。

4）塔顶高程偏差：±10mm。

5）斜拉索锚固点高程偏差：±5mm，斜拉索锚固点平面偏差：±10mm。

（2）索塔典型断面特征轮廓点及坐标计算。

1）桥梁设计中，由于索塔结构及尺寸不同，对施工放样测量精度要求也不一样。

2）对于索塔塔柱外特征轮廓点的放样，其方法及精度是决定该部位施工符合设计要求的关键环节，是保证施工立模准确的第一步。随着索塔塔柱施工的不断加高，其特征轮廓点的位置也在变化，因此，确定索塔塔柱在不同高程面上的典型断面特征轮廓点及其坐标，是放样测量工作的先决条件。

3）根据施工设计图纸以及索塔施工节段划分，并利用索塔典型断面特征轮廓点建立数学模型，编制数据处理程序，计算索塔断面特征轮廓点三维坐标。

4）为方便大桥上部结构索塔施工，可建立桥轴平面坐标系，坐标原点为主墩，桥轴线（里程方向）为 X 轴，向北为正方向，向南为负方向；垂直于桥轴线方向为 Y 轴，向东为正方向，向西为负方向。

（3）施工测量方法。

1）通常采用全站仪三维坐标法测量。

2）通过索塔中心点坐标测放，来控制索塔中心与桥轴线一致；索塔中心的里程偏差，要符合设计及规范要求。

3）由承台上的高程基准向上传递至塔身、横梁、桥面以及塔顶。传递方法，以全站仪悬高测量为主，并用水准仪钢尺量距法进行校核。

3. 引桥匝道施工测量。在大型桥梁建设中，两侧一般都布设有引桥及上、下桥匝道。部分匝道的结构、造型较复杂，其桥长及规模也较大。如直线段设单向横坡，弯道设超高横坡，纵向设有纵坡等。

（1）确定放样特征轮廓点。分别包括匝道箱梁断面特征轮廓点、轴线点放样及模板检查定位。

（2）放样测量。①根据施工设计图纸上的几何尺寸，利用各点之间的关系，运用计算式，采用编程计算器或电脑算出各断面特征轮廓点、轴线点的三维坐标。②采用全站仪三维坐标法，对断面特征轮廓点、轴线点进行放样和模板检查定位；用精密水准仪对各点标高进行检测。

4. 主梁定位测量。

（1）主梁施工测量的主要技术指标。

1）桥面宽度偏差为±10mm，梁顶高程偏差要符合设计与施工控制要求。

2）斜拉桥的斜拉索锚固点平面偏差纵向为±10mm，横向为±10mm，高程偏差为±5mm，且要求前后点±偏差同号。

3）悬臂浇筑、合拢轴线偏位为±10mm；支架法现浇轴线偏位为±5mm。

（2）主梁悬浇挂篮定位。

1）主梁悬浇挂篮定位施工测量，平面定位采用全站仪极坐标法，高程放样采用全站仪三角高程测量和精密水准仪几何水准测量。挂篮运到工地现场，拼装完毕，校核挂篮结构轴线控制点、断面尺寸等。

2）挂篮定位步骤：首先定位其轴线，定位部位为上、下游挂篮边主梁，如果偏差过大，则调整挂篮，偏差不大（±20mm），则调整边模板；然后根据实时监控指令给定的挂篮前端、后端高程进行高程定位，控制挂篮平整度及坡度。

3）因高程定位是一个动态控制过程，故在挂篮高程定位过程中应随时检查后视或闭合。挂篮前移轨道轴线、节段端线以及前、后锚杆组轴线均需测量放线，偏差控制在±10mm。

（3）梁、主梁断面检测。以箱梁悬浇主梁断面检查测点为特征点进行检查，对轴线点以及轮廓点，主要检查轴线和节段端线。

（4）桥面系、边跨及主跨合拢施工测量。主梁顶面及桥面设置的竖曲线采用分段计算，精密控制主梁顶面以及桥面纵、横坡度；桥面系施工测量按常规施工测量。

1）主梁线形测量。①主梁线形测量采用精密水准仪测量。线形测量通过每节段监控控制点“钢筋高度”推算主梁梁底面高程来实现。“钢筋高度”在节段混凝土浇筑后，采用水准仪测量高差求得。②线形受温度影响很大，特别是在大悬臂状态下且有日照时更是如此，故线形测量应在气候条件较为稳定、日照变化影响较小、气温平稳的时段内进行。③线形测量控制观测点布置于桥中线及桥中线两侧，按主梁节段断面，每断面 3 个线形测量控制观测点。

2）合龙段施工测量。①为保证合龙段精度，应对桥轴线及各墩高程基准进行贯通测量。②边跨、中跨合龙之前，采用全站仪三维坐标法和精密水准仪几何水准法对梁端位移、线形（主要为合龙段高程）等进行24h观测，每2h观测一次。③测量内容主要包括合龙段尺寸、底板高程、桥轴线偏移等。④根据测量资料分析研究，经设计、监理确认合龙段最佳锁定连接时间，实现合龙。⑤需要说明的是，随着桥梁设计及施工技术的不断创新和进步，桥梁型式和类别繁多。因此，不仅需要形成一整套针对不同桥型简便、适用、精度可靠的施工测量及检测方法，还需要根据不同结构建立数学模型，编制数据处理程序，达到在不断变更已知条件情况下能快速、自动计算的功能。有效服务于各类桥梁建设，为桥梁建造技术快速发展提供可靠的测量技术保障。

（张　潇）

185　大型桥梁施工控制网布设的要求及特点？

跨江、跨河、跨海湾或跨海大桥，一般都具有较长的长度，加上两岸引桥、接线公路（高架）及匝道部分，其长度往往超过1公里甚至达到数十公里。因此，需要建立高精度和高可靠性的桥梁施工控制网，方能满足大桥建设的各种测量需要。

1. 一般技术规定。桥施工控制网的范围应包括主桥、河道（江、海湾）两岸引桥及其接线。主要目的是满足施工阶段桥梁及其引桥等工程安装及构件埋设的精确定位和施工放样的需要。

（1）平面坐标系统与高程基准。

1）平面控制网采用的坐标系统，应与原初勘设计时采用的坐标系统一致。

2）同时需要提供桥轴坐标，桥轴坐标按照不同高程面上桥梁安装精度要求对成果进行不同投影面的计算。

3）桥轴坐标系的建立，一般与桥轴线及里程桩相关联。如 Y 轴沿桥轴线由北岸向南岸增大，X 轴垂直桥轴线由上游向下游增大。

4）高程基准要求与原初勘测量的高程基准相一致。

（2）主要技术要求。桥梁施工平面控制网测量的主要技术要求见表185。

表185　桥梁施工平面控制网测量的主要技术要求

等级	测角中误差	桥轴线相对中误差	基线相对中误差	最弱边相对中误差	三角形最大闭合差
二	±1. 0″	1/130 000	1/260 000	1/120 000	±3. 5″
三	±1. 8″	1/70 000	1/140 000	1/70 000	±7. 0″
四	±2. 5″	1/40 000	1/80 000	1/40 000	±9. 0″

2. 施工控制网的初勘设计。大型桥梁施工控制网的布设和建造，在进入大桥施工图设计阶段后即可进行。主要满足施工阶段桥梁精确定位和施工放样的需要，施工控制网的建造必须在大桥施工开始以前完成。施工控制网的设计精度等级，主要依据主桥的结构、河宽和主跨长度来确定，还应满足加密引桥控制网和施工放样网点的需要。

（1）主桥施工控制网的初勘设计。

1）桥梁施工控制网的典型设计网型是双大地四边形，并在桥两端桥轴线延长线上各布设一个定向点。在地形条件允许的情况下，一般都采用这种设计。

2）在地质条件好的地方建桥，地形一般有起伏，特别是山体、丘陵地区，施工控制网的选点比较容易。对于通视条件差，覆盖层较厚，施工控制网点实施时应做基础处理，加高观测站台。随着城市化的不断发展，连接城市的大中型桥梁施工控制网在设计上可采用房顶标和高墩标。

3）若采用导线网或三角形网的布网方式，点位选择要考虑边长比例适中和传距角大于30°等基本要求，还应尽量减少基础处理的成本和通视困难带来的成本增加。

4）施工控制网的选点，应本着图上选点和实地踏勘相结合的原则，做好比选和网型优化。对于初步选定的基本网型，应根据所采用全站仪的标称精度进行精度估算，如果点位精度或边长相对精度达不到规定要求，应根据实际情况改选网型或增加观测条件。在确保施工控制网精度的情况下，确定观测实施方案。

5）导线网和三角形网观测方案，是比较灵活的布网方案，许多大中型桥梁施工控制网的观测方案都选用它。卫星定位测量控制网在对空观测条件许可时，也获得普遍应用。

（2）引桥施工控制网的初勘设计。

1）大型桥梁一般有较长的引桥工程或跨越街区的立交桥工程，因而也需要布设引桥施工控制网。

2）引桥施工控制网的初勘设计一般与桥梁施工控制网同步进行，也可以在引桥工程施工以前加密控制。

3）引桥施工控制网的精度等级可低于桥梁施工控制网的精度等级，也可与桥梁施工控制网一起平差计算或以桥梁施工控制网点作为坐标起算点，但精度应满足施工放样的需要。引桥施工控制网布设方案多种多样，根据实际情况可以采用插网、导线网或卫星定位网。

（3）水准网的初勘设计。

1）高程控制网的等级，应根据桥梁施工精度需要确定，一般与平面控制网采用相同等级。

2）水准点应选在土质坚实、利于保存、观测方便、便于施工放样的地方。在桥的两岸和引桥方向不易被施工破坏的地方应适当布设水准点。

3）水准路线应将高程起算点纳入并组成闭合水准路线。高程起算点的等级，应为国家一、二、三等水准点。特别困难的地区，可以采用较低等级的高程点作为起算点。整个闭合水准路线宜有其他水准点作为独立检核。

4）对平面施工控制网点除特别不易进行水准联测的山顶标、房顶标外，应尽量纳入水准网进行联测。

3. 施工控制网标石的埋设。

（1）平面标志埋设。

1）平面标志的埋设分桥轴线上标志的埋设和桥轴线两侧标志的埋设。

2）大中型桥梁的施工控制网标志一般埋设为观测墩。由于桥梁的施工期长，部分点位可根据地质情况和基础覆盖层厚度，须对基础进行加固处理。即在观测墩的基础下方打入四根长约1.5~2m的钢管桩，钢管外径宜为90~108mm，并将基座与钢管浇筑在一起。

3）桥轴线上的标墩的标盘需特殊加工，以满足各点在同一轴线上的要求。

4）桥轴线两端控制点的埋设，地点应选在前期施工不易破坏的区域，其点位可以在原初勘设计选定桥轴线的桥址点基础上埋设，也可以在桥轴线上放样出点位，其偏离设计桥轴线的误差以不至于影响桥轴线远端施工布置和设计意图为限。桥轴线两端的控制点埋设稳固后，可以放样和埋设桥轴线延长线上的控制点。

5）桥轴线两端延长线上控制点的点位应精确放样确定。精确放样的测量精度应高于施工控制网的测量精度。标墩的浇筑分两期完成，前期将观测墩标盘以下部分埋设在桥轴线选定位置上，标盘上部分可沿桥轴线垂线方向调节，标盘应置水平。后期浇筑，应在标墩底下部分基本凝结后进行，将标盘中心精确放样至桥轴线上并固定，再将标盘和标墩下部分浇筑在一起。

6）桥轴线上的标志埋设好后，应精确检测桥轴线标志标心方向的一致性，检测的测角精度，应高于施工控制网的测设精度。如果桥轴线方向偏差达不到施工控制网精度要求，桥轴线延长线上的标墩则应重新放样。

7）桥轴线控制网点的放样是项复杂的工作。例如，长江某大桥施工控制网桥轴线上设计有4点，即YQ1、YQ2、YQ3、YQ8（见图185）。

①YQ2在原初勘阶段桥位定线两四等点之一的南岸点上，直接投影至十字定位桩交点，点位重新埋设，新点位与原点位水平位置差小于10mm。

②YQ3利用全站仪定向在原桥位定线两四等点延长线上放样埋设。至此，YQ2、YQ3的标芯连线就构成桥梁施工的桥轴线，YQ2至YQ3的延长线经过北岸的城市道路，偏离路中心线最大处为0.5m，不影响引桥的布置。长江南岸桥位布置余地大，尽可能使YQ2、YQ3所定桥位与设计桥址相吻合。

③YQ2、YQ3墩标埋设稳定后开始放样埋设YQ1和YQ8。

④放样YQ1时，在YQ3上架设仪器，以YQ2为后视（YQ1、YQ2施工前期房屋未搬迁不通视），使用高精度全站仪（0.5″级），先定向粗放标墩下部分，并预埋可垂向移动基座。待基座浇筑达到基本稳定后，在YQ1上安装觇牌，按《工程测量标准》GB 50026—2020一等测角精度12测回测设YQ1、YQ2之间的夹角，计算出标芯偏离桥轴线的距离，重新移动基座至轴线位置。重复上述放样步骤，直至夹角小于两倍一等测角中误差2×0.7″=1.4″（工程实际的实测夹角为0.2″），浇筑标墩上部分，待标墩凝固后，再按一等测角精度测设YQ1、YQ2之间的夹角，满足要求后，才完成YQ1放样和埋标。YQ8的放样和埋设同上述步骤。

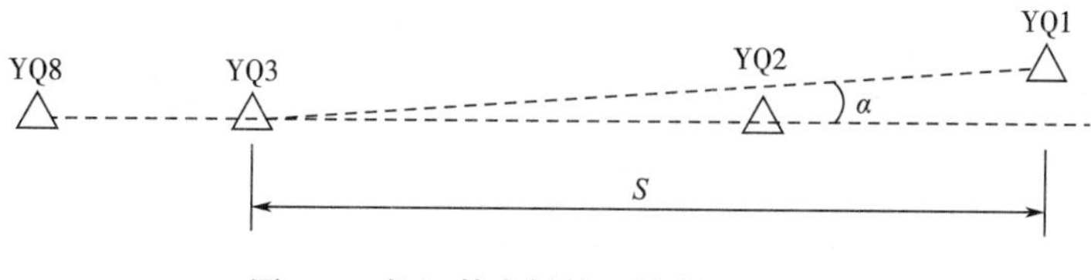

图185　长江某大桥施工控制网桥轴线

⑤偏离量计算：

$$\Delta = S \times \alpha''/\rho$$

式中：α''——观测小偏角值；

S——YQ1到YQ3的距离（m）；

ρ——取值为206 265″。

⑥桥轴线两侧标的埋设，应根据选点情况确定。当水准标和平面标志同墩时，应做适当的基础处理，以防止水准标石下沉。

⑦埋标完毕后绘制标点竣工图和点之记。

（2）水准标埋设。水准点的埋设应根据施工控制网的相应等级，按《国家一、二等水准测量规范》GB/T 12897 和《国家三、四等水准测量规范》GB/T 12898 中相应要求实施。有跨河水准测量时，应埋设跨河水准测量水准标。

4. 平面控制（三角形网）测量。平面控制网的标墩造埋稳固之后，可以进行控制网的观测。观测所用的仪器设备根据控制网的精度等级来选择。

用于观测的仪器包括全站仪、觇牌、气压计、干湿温度计均应经检定合格，并在测前做常规检查。对于一、二等施工控制网，全站仪在测前和测后均需进行仪器加、乘常数的测定。

（1）坐标联测。

1）施工控制网建立之前，因在初勘、详勘阶段已完成桥梁总布置图测量和桥位测量，因此，施工控制网的坐标系统应与初勘设计采用的系统相一致。

2）因初勘阶段的桥位测量精度可能较低，不能满足坐标引测的需要。引测坐标的精度可根据路线长度采用与施工控制网相同的精度，通常为四等以上精度测量。

3）坐标引测的方案可采用附合导线测量；当路线较长时，可采用卫星定位测量方法。

（2）控制网观测。

1）平面控制网的观测可分为测角和边长或基线测量，也可边角同测。

2）水平角观测一般采用全圆方向法。当平面网为三角形网时，设计时有些方向可不做观测，在观测实施过程中，应编制方向观测表。水平角观测的测回数按规范要求执行。对于一、二等网，应严格选择天气条件好的时间段进行观测。

3）如果平面网点的高程设计不是全部作水准观测，没有水准高程的平面点与其部分对向点之间应作对向三角高程测量。这一过程主要是为平面网的边长改平用。

4）边长测定应依照相应作业标准执行。在施测过程中，边长应做“异午观测”。所谓异午观测，是指同一边长的测回数在上、下午的对称时段里各观测一半。观测时气象元素的测定要准确。测回超限和往返测边超限应严格执行重测的规定。

5）各种观测数据，宜采用电子记录。

（3）平面控制网平差。

1）平面控制网平差，采用的坐标系一般有两种，一种是原初勘设计时采用的坐标系统；另一种是独立坐标系统（桥轴坐标系）。桥轴坐标系依据设计图提供的坐标和里程桩换算，桥轴线落在一个坐标轴上，里程桩号为桥轴线上点在该坐标轴上的坐标，里程增加的方向为坐标轴的正方向，桥轴坐标系坐标一般应加一大数，以避免坐标出现负数。

2）施工控制网的平差处理软件，应采用成熟的严密平差软件。

3）平面控制网的坐标起算，应采用“一点一方位”进行计算。

4）采用的坐标起算点应为桥轴线上的点，起算方位角应为桥轴线的方位角。当桥梁设计图已提供桥轴线的方位时，采用设计方位角而不采用引测或计算出的桥轴线方位角。

5）但坐标引测时，引测坐标和方位往往采取“就近点”的原则，点位和方向不在桥轴线上，因而在平差时：①先利用引测的坐标和方位角进行平差计算。②再用平差结果中桥轴线上合适的控制点和桥轴方位作为起算数据进行平差，得出最终平差结果。③用桥轴线的坐标和方位角作起算，可以减少严密平差对桥轴线上点的观测数据的平差改正。

6）如果平面网中有基线观测值，基线则不同于普通测边观测值，应该作为网的约束条件参与平差，一般情况下控制网中有一条至多条电磁波测距边参与平差已成为普遍网型。基线值属已知约束值，不属观测值，即平差时没有改正数。

7）对于高精度桥梁施工控制网，还有一种重要的约束条件应加入已知条件中进行平差，即所谓“平角条件”。桥轴线上的点高于控制网的施测精度放样埋设，其在一条线上的一致性非常好，为了避免其他观测值的误差在平差时影响桥轴线的方位一致性，造成桥轴线上点的坐标偏离桥轴线的矛盾，应将桥轴线上各点所组成的 $n-1$ 个（n 为桥轴线上控制网点数）平角条件按方向值的形式加入控制网中进行平差。

8）桥梁施工控制网专为桥梁施工所用，因而，所要求的边长和方位是施工放样的实测边长和方位，即在平差时不允许进行高斯投影改正和方向改化计算。而坐标和边长应投影至适当的水准面，对于投影面高程的选择，应根据桥面的设计高程来确定。一般采用桥面的平均设计高程。

5. 跨河高程控制系统的一致性。

（1）桥梁施工对桥两岸点的高程要求主要是相对高差，而两岸水准点的布网时间、精度等级、分布情况不尽相同。特别是跨越大江、大河的桥梁，其两岸水准点建网时间较早，如长江沿岸是20世纪60~70年代的水准网，一般不会恰好在新选桥位附近进行水准过江测量，由于长时间以来水准点的不均匀沉降，两岸水准点高程一致性已不能满足桥梁施工对两岸高程放样的需要。对于各地方单位根据自己的需要建立的水准网点，由于执行的标准不同，也不能盲目采用。

（2）为了桥梁施工控制中高程的一致性，在地形条件允许的情况下，桥轴线的上下游附近分别应做过江水准观测，观测测段与水准测段应组成水准环线。

（3）较宽跨度（500m以上）的跨河水准选线，应根据桥梁施工区的水文、气象及坡岸地形做专门设计。

（4）传统跨河水准方法的作业场地及环境要求：

1）跨河水准测量选择的水准过江的位置，应位于控制网附近，河道相对较窄，利于布置的观测场地。

2）过江观测的视线，应高于水面2m以上。

3）仪器架设的位置应开阔、通风，视线避开草丛、干沙滩等易产生旁折光和视线跳动的地方。

4）视线附近无特别的气流、工厂废气和强热源及轮船码头。

5）视线应尽量避开正对日照方向，以免对向观测困难。

6）观测尺台的位置应易于过江水准点的检测。

（5）传统跨河水准测量的方法有光学测微法、倾斜螺旋法、经纬仪倾角法以及测距三角高程法。跨河水准测量应根据不同的条件选择不同的观测方法，具体操作按相关标准执行。

6. 水准测量与水准网平差。

（1）水准观测在水准标石达到稳定后进行，一般需经历一个雨季。

(2) 水准观测前，须对观测用的水准仪、水准尺及跨河水准所采用的全站仪进行常规检查。检查及观测的具体操作参照相关标准执行。对于一、二等水准测量，往返测应采用“异午观测”。几何水准测段与跨河水准测段应组成闭合路线。

(3) 水准外业观测记录应采用电子记录。

(4) 水准网平差应采用计算机平差软件进行计算。水准测段应加入尺长改正。依据跨河水准路线长度和观测精度，水准测段和跨河水准测段可采用不同的观测权进行平差。

7. 基准点的校测。高程起算点为委托方提供的等级高程点，施测时应利用国家三等及其以上等级点进行三角高程导线测量校核，如果差值小于 0.2m，则按委托方提供的高程基准点进行计算，如果差值超过 0.2m，则利用国家等级点进行联测计算。

8. 观测仪器的检校项目及技术标准。

(1) 高精度全站仪须检定合格并需要进行常规检校、觇牌需检校。

(2) 干湿温度计、气压计需经计量单位检定合格。

(3) 水准仪、水准尺须检定合格并需要进行常规检校。对于光学水准仪，在作业开始一周内每天检查 i 角一次，以后每半月一次。对于数字水准仪，整个作业期间，每天开测前应进行 i 角检测。

(4) 水准标尺应做以下检校：标尺的检视；标尺上的圆水准器的检校；标尺分划面弯曲差的测定；标尺名义米长及分划偶然中误差的测定；一对水准标尺零点不等差的测定。

(张　潇)

186　中小型桥梁施工控制网如何布设?

1. 平面控制网的布设与测量。

(1) 在选定的桥梁中线上，在桥头两端埋设两个控制点，两控制点间的连线称为桥轴线。由于墩、台定位时主要以这两点为依据，所以桥轴线长度的精度直接影响墩、台定位的精度。

(2) 建立桥梁平面控制网的目的，是为了依规定精度测定桥轴线长度、进行墩、台位置的放样与梁体安装，也可用于施工过程中的桥梁变形监测。

(3) 对于跨越无水河道的直线小桥，桥轴线长度可以采用全站仪直接测定，墩、台位置也可直接利用桥轴线的两个控制点测设，无须建立平面控制网。

(4) 对于跨越有水河道的中型桥梁，在墩、台无法直接定位时，则必须建立平面控制网。

1) 根据桥梁跨越的河宽及地形条件，平面控制网多布设成如图 186-1 所示的形式。

2) 选择控制点时，应尽可能使桥的轴线作为三角网的一个边，以利于提高桥轴线的精度。如不可能，也应将桥轴线的两个端点纳入网内，以间接求算桥轴线长度，如图 186-1 (d) 所示。

3) 对于控制点的要求，除了图形结构刚强外，还要求地质条件稳定且视野开阔，利于交会桥墩位且交会角不致太大或太小。

4) 在控制点上须埋设标石，标石中心为刻有“+”字的金属标志。如果标石兼作高程控制点用，则中心标志宜做成顶部为半球状的标志。

5) 桥梁控制网宜采用三角形网。旧时，采用测角网要求测定两条基线作为约束条

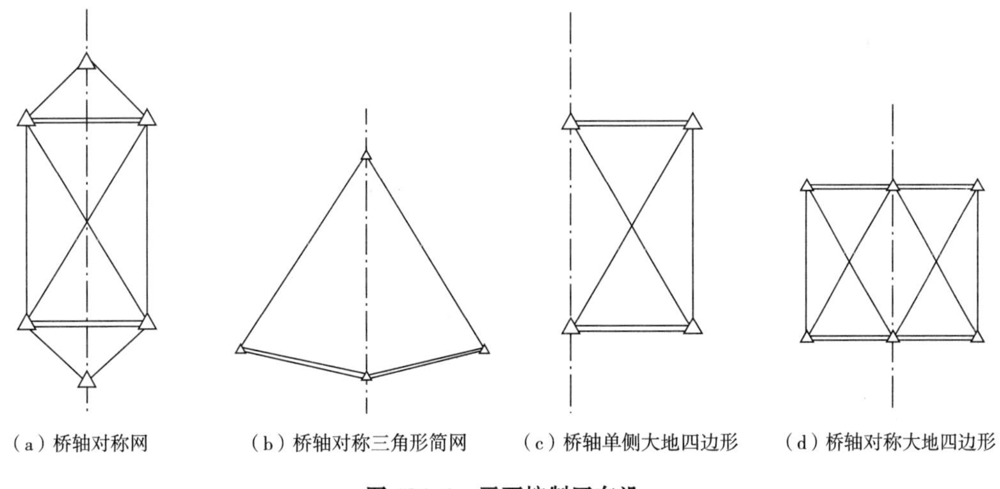

图 186-1　平面控制网布设

件，如图 186-1 的双线所示。现时，已要求采用全站仪边角全测，且所有观测值均要求参与平差计算。边长全测有利于控制长度误差（即纵向误差），而角度全测有利于控制方向误差（即横向误差）。在边、角精度互相匹配的条件下，三角形网可获得最为理想的精度。

6）桥梁控制网也可采用卫星定位测量控制网或导线网。

7）桥梁控制测量的等级，应根据桥梁长度确定。对特殊的桥梁结构，根据结构特点确定桥梁控制测量的精度等级。桥梁三角形网测量的主要技术要求，应符合表 186 的规定，桥梁卫星定位测量控制网可参照执行。

表 186　桥梁三角形网的主要技术要求

等级	桥轴线长度/m	桥轴线相对中误差	测角中误差/″	基线相对中误差	三角形最大闭合差/″
一级	501～1 000	1/20 000	±5.0	1/40 000	±15.0
二级	201～500	1/10 000	±10.0	1/20 000	±30.0
三级	≤200	1/5 000	±20.0	1/10 000	±60.0

8）由于桥梁三角网一般都是独立网，没有坐标及方位的约束条件，所以平差时都按自由网处理。它所采用的坐标系，一般以桥轴线作为 X 轴，而桥轴线始端控制点的里程作为该点的 x 值。这样，桥梁墩台的设计里程即为该点的 x 坐标值，这样便于以后施工放样进行数据计算。

9）若因桥长太长控制点不利于放样，或因施工机具、材料堆放遮挡视线导致无法利用主网控制点进行施工放样时，可以根据主网两个以上的点将控制点加密。这些加密点称为插点。当插点位于两岸主网的一条边上时，称为节点，如图 186-2 所示。插点的观测方法与主网相同，但在平差计算时，主网上点的坐标不得变更。

2. 高程控制点的布设与测量。

（1）在桥梁的施工阶段，为了作为放样的高程依据，应建立高程控制，即在河流两岸建立若干个水准点。这些水准点除用于施工外，也可作为以后变形监测的高程基准点。桥

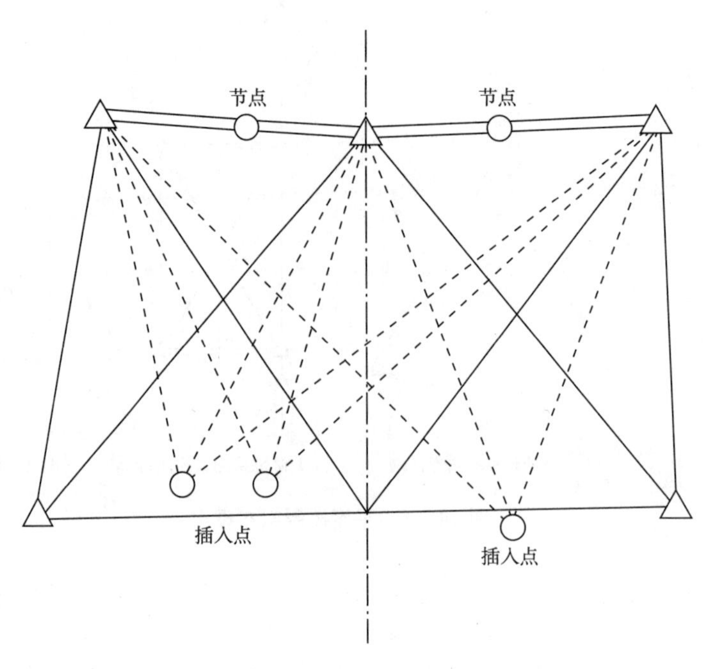

图 186-2　控制网加密插点示意图

位的高程控制一般是在勘测阶段建立。

(2) 水准点布设的数量视河宽及桥的大小而异。一般小桥可只布设一个点；200m 以内的中、小桥，宜在两岸各布设一个；当桥长超过 200m 时，由于两岸连测不便，为了在高程变化时易于检查校核，则每岸至少设置两个水准点。

(3) 水准点是永久性的，必须十分稳固。根据地质条件，可采用混凝土标石、钢管标石、管柱标石或钻孔标石。在标石上方嵌以凸出半球状的铜质或不锈钢标志并进行点位保护。

(4) 为了方便施工，也可在附近设立施工水准点，由于其使用时间较短，在结构上可以简化，但要求方便使用，也要求相对稳定，且在施工时不易被破坏。

(5) 桥梁水准点与线路水准点应采用同一高程基准。与线路水准点联测的精度不需要很高，当包括引桥在内的桥长小于 500m 时，可采用四等水准联测，大于 500m 时可用三等水准联测。但桥梁本身的施工水准网则宜采用较高精度，因为它会直接影响桥梁各部位放样精度。

(6) 当跨河距离大于 200m 时，宜采用过河水准法连测两岸的水准点。跨河点间的距离小于 800m 时，可采用三等精度，大于 800m 时应采用二等精度。两岸水准网联测后，应进行整体平差。

（张　潇）

187　如何进行桥梁墩、台中心点的测放？

在桥梁墩、台的施工测量中，最主要的工作是测放出墩、台的中心位置及墩、台的纵横轴线。其测放数据是根据控制点坐标和设计的墩、台中心位置计算出来的。放样可采用直接测放或者交会放样的方法。

1. 直接测距法。

（1）直线桥的墩、台中心都位于桥轴线的方向上。墩、台中心的设计里程及桥轴线起点的里程是已知的，如图 187-1 所示，相邻两点的里程相减即可求得它们之间的距离。根据地形条件，可采用直接测距法测放出墩、台中心的位置。

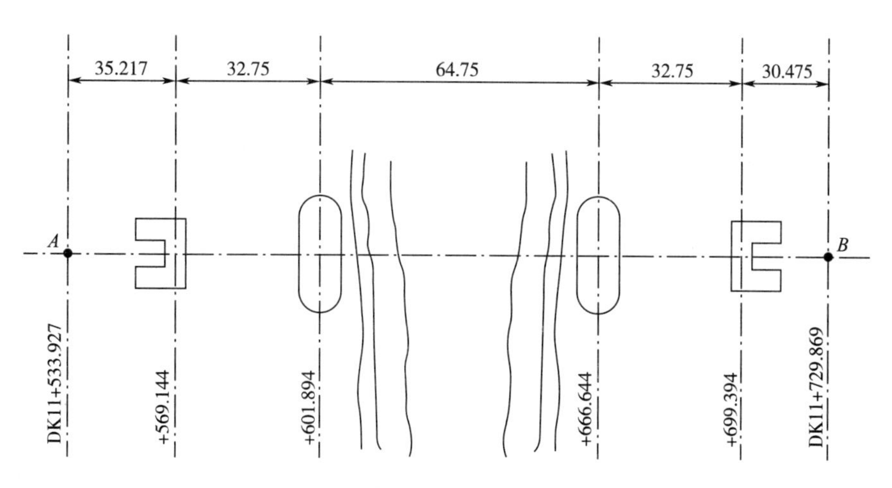

图 187-1　直接测距法测放墩台中心示意图

（2）这种方法适用于无水或浅水河道。根据计算出的距离，从桥轴线的一个端点开始，用全站仪测距或用检定过的钢尺逐段测放出墩、台中心，并附合于桥轴线的另一个端点上。如在限差范围之内，则依各段距离的长短按比例调整已测设出的距离。在调整好的位置上钉一小钉，即为测放的点位。

（3）若用全站仪测设，则在桥轴线起点或终点架设仪器，并找准另一个端点。在桥轴线方向上设置反光镜，并前后移动，直到测出的距离与设计距离相符，则该点即为要测放的墩、台中心位置。为了减少移动反光镜的次数，在测出的距离与设计距离相差不多时，可用小钢尺测出其差数，以定出墩、台中心的位置。

2. 交会法。

（1）当桥墩位所在位置水位较深，无法丈量距离及安置反射棱镜时，则采用角度交会法测放墩位。交会图形，如图 187-2 所示。

（2）为了检核精度及避免错误，通常都用三个方向交会，即同时利用桥轴线 AB 的方向进行交会。由于测量误差的影响，三个方向不交于一点，而形成如图 187-3 所示的三角形，这个误差三角形称为示误三角形。示误三角形的最大边长，对于墩、台底部定位时不应大于 25mm，对于墩顶定位时不应大于 15mm。如果在限差范围内，则将交会点 E' 投影至桥轴线上，作为墩中心的点位。

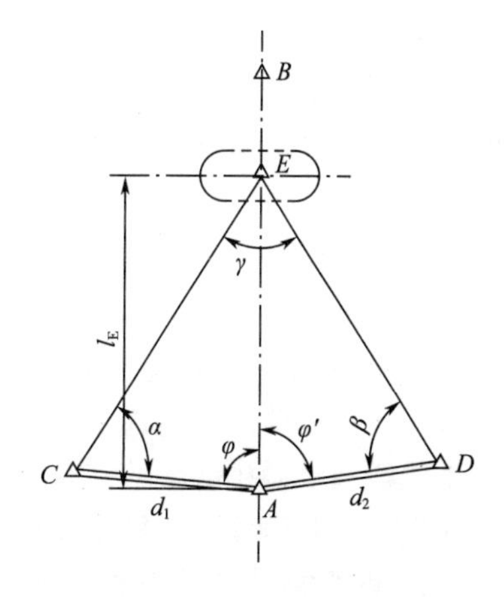

图 187-2　交会法示意图

（3）在墩、台定位中，随着工程的进展，需要经常进行交会定位。为了简化工作并提高效率，可在交会方向的延长线上设立标志，如图 187-4 所示。

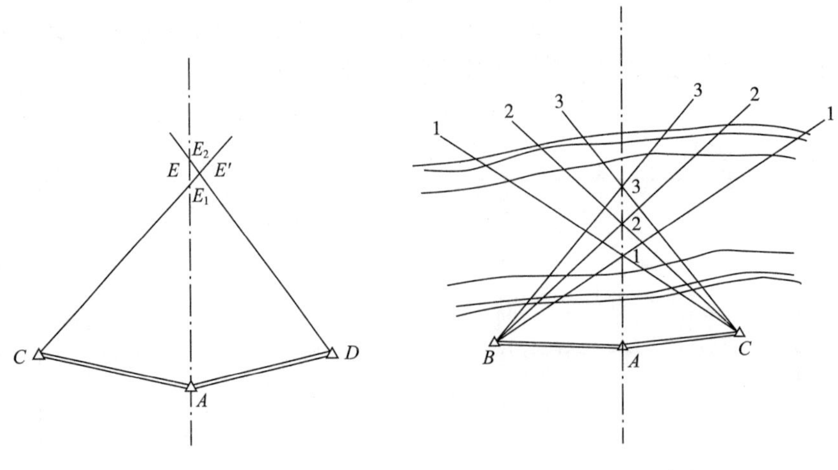

图 187-3　示误三角形示意图　　图 187-4　交会延长线定位示意图

（4）在以后交会时即不再测设角度，而是直接照准延长线标志即可。为避免发生混淆，相应的延长线标志应进行编号。当桥墩筑出水面以后，即可在墩上架设反光镜，利用全站仪以直接测距法定出墩中心的位置。

3. 极坐标法。

（1）如果在桥梁墩位可以架设反射棱镜，也可采用极坐标法测设墩、台中心位置。

（2）这种方法需推算出墩、台中心的坐标。为放样方便，一般采用桥梁施工坐标，计算放样元素，即放样点到测站的距离和放样方向与已知方向的夹角，在控制点上架设全站仪进行放样，也可将放样点的坐标、测站坐标、后视点坐标输入全站仪利用全站仪的坐标放样功能进行放样。为提高放样点位的精度，可采用盘左和盘右分别放样，再取点位均值。为保证放样数据的正确，可以再在另一控制点上放样，两次放样的差值在容许的范围内时，取均值作为放样点位。

（3）当放样点精度要求较高，或放样距离较远时，应考虑气象改正，将测出的气温、气压参数输入全站仪，由全站仪功能软件自动进行气象改正。

（4）极坐标法放样灵活方便，只要墩、台中心处能够安置反射棱镜且全站仪与之能够通视即可。当要求精度很高时，可以采用精密放样已知角的方法，根据拟定的测回数精确放样已知方向，再放样已知距离定出点位。

（5）在直线桥上，桥梁和线路的中线都是直的且两者完全重合，可以采用直接测距法进行校核或测放。

（6）曲线桥不同于直线桥，曲线桥的线路中线是曲线，而每跨梁却是直的。所以，桥梁中线与线路中线基本构成了附合的折线，这种折线称为桥梁工作线，如图 187-5 所示。桥梁工作线与线路中线不能完全重合，墩、台中心即位于折线的交点上。曲线桥的墩、台中心测设，就是测设这些转折角的中心位置，即工作线的交点。

（7）测放时，设计资料偏距 E 、偏角 α 、墩台中心距 L 是已知的，但在测设前应根据梁的布置形式进行校核计算，无误后才能进行放样。放样时可以采用公路曲线测

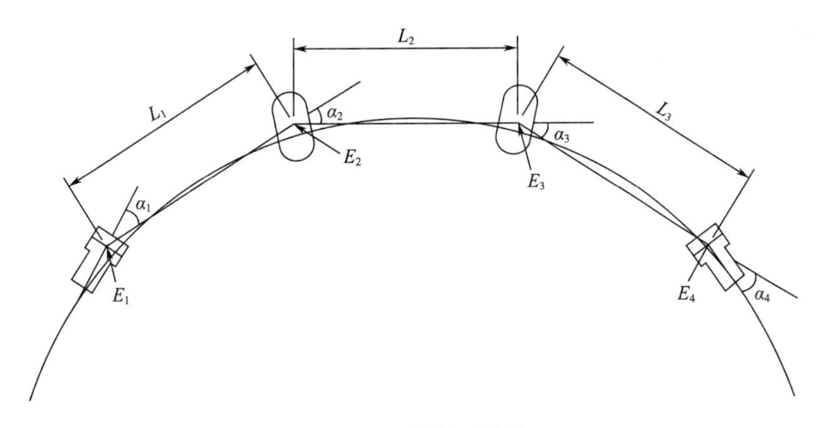

图 187-5　桥梁工作线

设的方法，如偏角法、切线支距法等，也可计算出墩中心位置的坐标，采用极坐标法放样。

4. 墩台纵、横轴线的测设。

（1）为了进行墩、台施工的细部放样，需要测设其纵、横轴线。纵轴线是指过墩、台中心平行于线路方向的轴线；横轴线是指过墩、台中心垂直于线路方向的轴线。直线桥墩、台的纵轴线与线路中线的方向重合，在墩、台中心架设仪器，自线路中线方向测设90°角，即为横轴线方向，如图 187-6 所示。

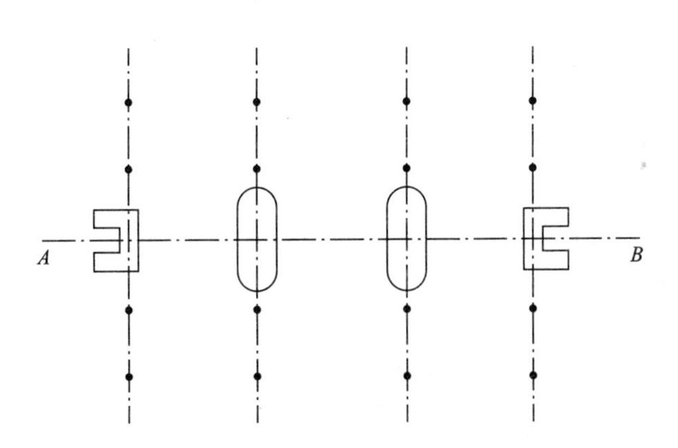

图 187-6　直线桥轴纵横轴线测设图

（2）曲线桥的墩、台纵轴线位于桥梁偏角的分角线上，在墩、台中心架设仪器，照准相邻的墩、台中心，测设 1/2 圆心角即为弦切角，亦即纵轴线方向。自纵轴线方向测设90 °角，即为横轴线方向，如图 187-7 所示。

（3）在施工过程中，墩、台中心的定位桩无法保留，需要经常恢复墩、台中心的位置，因而需要在施工范围以外钉设护桩，以便恢复墩台中心的位置。所谓护桩即在墩、台的纵、横轴线上，于两侧各钉设至少两个木桩，俗称骑马桩。因为有两个桩点才可恢复轴线方向。为防破坏，可以多设立几个护桩。在曲线桥上的护桩纵横交错，在使用时极易弄错，所以在桩上一定要注明墩台编号。

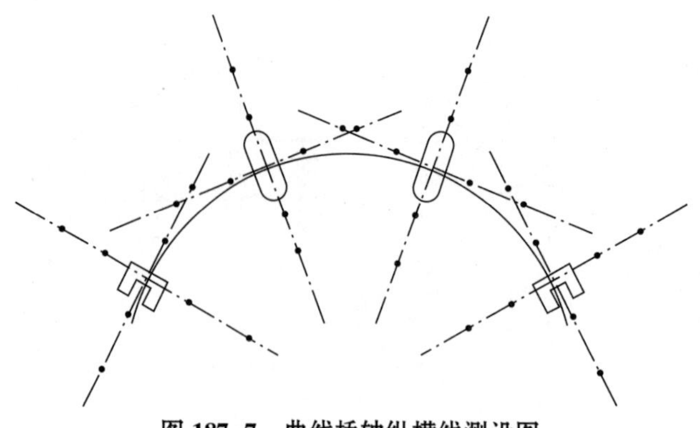

图 187-7　曲线桥轴纵横线测设图

（张　潇）

188　中小型桥梁施工测量的内容和方法？

按照桥梁的施工工序，桥梁施工测量分别包括基础放样，墩、台放样，及梁体测量或梁体安装测量。

1. 中小型桥梁的基础，最常用的是明挖基础和桩基础。明挖基础的构造如图 188-1 所示，它是在墩、台位置处挖出一个基坑，将坑底平整后，再灌注基础及墩身。

2. 明挖基础，依据设计图测放出的墩中心位置，纵、横轴线及基坑的长度和宽度，确定基坑的边界线。在开挖基坑时，如坑壁需要有一定的坡度，则应根据基坑深度及坑壁坡度测放开挖边界线。

边坡桩至墩、台轴线的距离 D 如图 188-2，按下式计算：

$$D = \frac{b}{2} + h \times m$$

式中：b ——坑底的长度或宽度（m）；

h ——坑底与地面的高差（m）；

m ——坑壁放坡系数的分母。

3. 桩基础的构造如图 188-3 所示，它是在基础的下部打入基桩，在桩群的上部灌注承台，使桩和承台连成一体，再在承台以上修筑墩身。

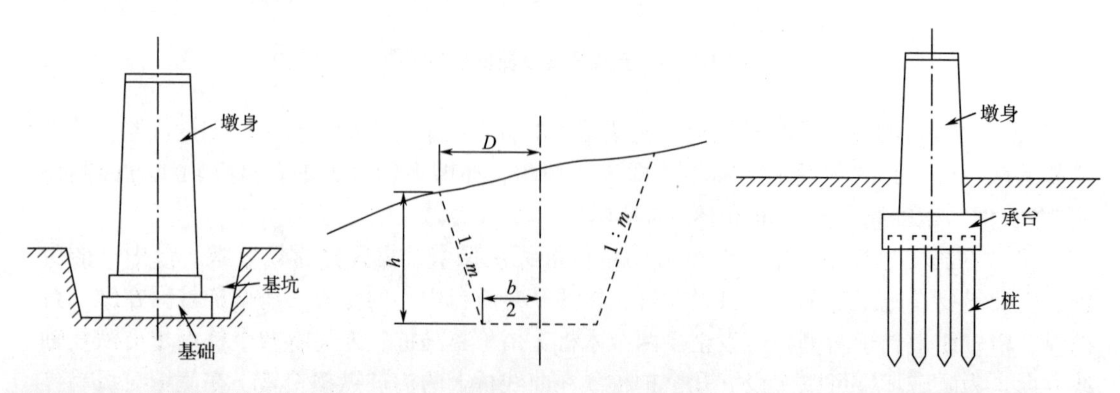

图 188-1　明挖基础的构造　图 188-2　边坡桩至墩、台轴线的距离　图 188-3　桩基础的构造

基桩位置的放样如图 188–4 所示，它是以墩、台的纵、横轴线为坐标轴，按设计位置用直角坐标法测设。在基桩施工完成以后、承台修筑以前，应再次测定其位置，用作竣工资料。

4. 明挖基础施工、桩基施工、承台施工及墩身施工的相关放样，都是先根据护桩测设出墩、台的纵、横轴线，再根据轴线设立模板。即在模板上标出中线位置，使模板中线与桥墩的纵、横轴线对齐，即为其相应的中心位置。

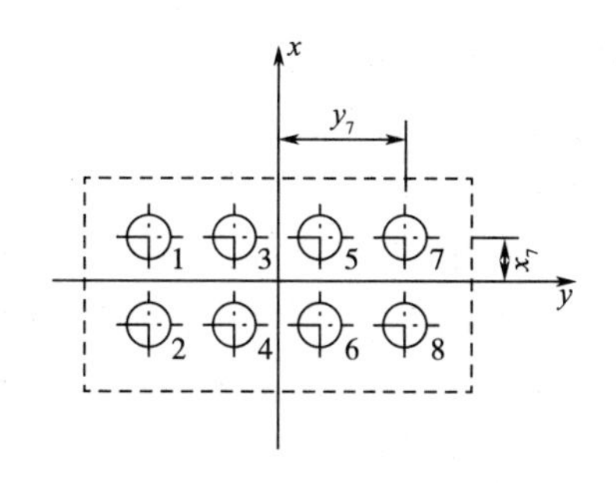

图 188–4　基桩位置的放样

5. 墩台施工中的高程放样，通常都在墩台附近设立一个施工水准点，根据这个水准点以水准测量方法测放各部的设计高程。对于基础底部及墩、台的上部，由于高差过大，难以用水准尺直接传递高程时，可用悬挂钢尺的办法传递高程。施工高程测放，用普通 DS_3 型水准仪和铝合金塔尺就可满足标高放样的精度要求，放样后应做好倒三角高度标记。

6. 架梁是建造桥梁的最后一道工序。无论是钢梁还是混凝土梁，都预先按设计尺寸在梁场进行预制，然后运至工地进行架设。

梁的两端是用位于墩顶的支座支撑，支座放在底板上，而底板则用螺栓固定在墩、台的支承垫石上。架梁的测量工作，主要是测设支座底板位置，测设时也是先设计出它的纵、横中心线的位置。支座底板的纵、横中心线与墩、台纵横轴线的位置关系由设计图上给出。因而在墩、台顶部的纵横轴线设计出以后，即可根据它们的相互关系，用钢尺将支座板的纵、横中心线测放出来。

（张　潇）

189　城市过江通道首级控制网整体解决方案?

随着城市基础建设提速且规模不断扩大，在跨江、跨河的城市交通体系建设中，除千姿百态的大型桥梁建设之外，过江（河）通道作为一种公路或地铁，或集公路、地铁交通融为一体的交通方式，具有不可替代的优势。要满足施工建设中的各种放样需求，首先需要通盘考虑并建立精度适宜的过江（河）通道的首级控制网。

1. 坐标系统和高程基准。平面坐标系统宜采用独立坐标系或地方独立坐标系并与国家 2000 大地坐标系联测。

高程基准宜与勘测设计阶段的高程基准保持一致，并与 1985 国家高程基准联测。起算点资料由建设方提供，须经检查合格后采用。

2. 首级平面控制网。

（1）精度等级设计。应根据工程总体规模、覆盖区域及局部对精密放样的要求等因素，在满足过江通道的主要技术指标的前提下，适当提高精度等级。

在跨长江通道建设中，对于通道工程范围全长 10km 以内的，首级平面控制网宜选择二、三等卫星定位测量控制网或相应等级的三角形网、导线网。

（2）卫星定位测量控制网的选点与埋石。

1）点位应利于过江通道勘测放线与施工放样，距离线路中心线以不小于 100m 且不大于 300m 为宜。对于大型互通式立交、隧道等还应考虑加密布设控制网的要求。因此，相邻控制点间至少保证有一个通视方向。

2）卫星定位测量控制点，要求视野对空开阔，视场内不应有高度角大于 15°的成片障碍物，并避开多路径效应的影响。点位附近不应有强烈干扰卫星信号接收的物体和玻璃幕墙。点位距大功率无线电发射源（如电台、微波发射站等）的距离应不小于 200m，距 220kV 以上电力线路的距离不应小于 50m。

3）利用城市已有控制点时，应检查点位的稳定性、完整性及周边环境条件的适合性。

4）建筑物上的控制点，应选在便于联测的楼顶承重墙上面，楼顶标石的标面处理与地面标石保持一致，标石高度视具体点位条件而定，标石与楼面的焊接应做加固处理并做好防水。

地面上的控制点，应选在基础稳定、利于保存、施测方便的地方。对于建造在沿江大堤上或江心洲上的点，若基础稳定性相对较差，则应进行基础处理。处理方法通常在每个点位打入 ϕ108 的钢管（深度不少于 2m）并在钢管内外灌入水泥砂浆作为加固承载体进行点位基础加固。

5）观测墩顶部埋设不锈钢标芯，在标面标芯上方（北边）用字模压出点名，标面标芯下方（南边）用字模压出埋设时间并用红油漆填写，标石四周应进行整平处理，以方便观测和使用。

（3）外业观测的联测要求。为了起算和检核需要，卫星定位测量控制网观测时需联测不少于 3 个城建控制网二等及以上三角（大地）点，或城市内的国家一、二等三角点。并按三等卫星定位测量控制网的要求进行观测，观测人员必须按作业计划在规定的时间内完成同步观测作业。

（4）基线解算与检核。外业观测结束后，应及时进行观测数据的处理与质量分析，检验其是否符合规范和技术设计的要求。精度要求较高且工期许可时，可考虑使用精密星历进行基线解算。

3. 首级高程控制网。

（1）精度等级设计。

1）根据城市过江（河）通道工程的特点，设计的首级高程控制网线路一般跨江（河）两岸，有的还需要跨一处或多处江（河）心洲，因此首级网的水准路线由陆地水准及跨江水准组成。

2）精度等级的选择一般与平面控制网对等，根据江（河）宽度、线路长度、控制网的加密要求、工程施工放样精度要求等，设计成三等及以上等级精度的首级高程控制网。

3）水准网设计时，应充分考虑联测至两岸的更高精度等级的水准点，并在两岸进行联测。

（2）选点埋石的特点及遵循的技术要点。

1）首级高程控制网布点，应根据工程需要进行布置。一般采取部分与首级平面控制网点共点，部分点单独选埋的方式。

2）水准点间距以 1~1.5km 为宜。在线路两端、过江通道口及竖井口附近，应布设水准点。水准点距线路中心线的距离，以大于 50m 且小于 300m 为宜。

3）水准点的选点与埋石，需征求隧道、桥梁设计方的专业意见，并埋设永久标石或标志。

4）水准点标石，宜选埋在坚实稳定与安全僻静之处且点位应便于寻找利于长期保存和引测；标石的底部，应埋设在冻土层以下且基础底部应浇灌混凝土；水准点也可以利用基岩或在坚固的永久性的建筑物上凿埋标志。

5）需要注意的是，水准点标石应避免选埋在以下地方：①即将进行建筑施工的位置或准备拆修的建筑物上。②低洼潮湿易于淹没之处。③不良地质条件（如土崩、滑坡等）之处及地下管线之上。④附近有强烈震动的地点。⑤地势过于狭窄、隐蔽且不便于观测之处。⑥对于大型工程的水准点位埋设地点，应征求现场工程地质技术人员的意见，对特别重要的基准点埋设场地，事前应进行必要的工程地质勘察。

（3）水准观测注意事项。

1）在作业前、中、后按规定对使用的仪器设备进行检验、检查，以保证性能和状态良好。即水准仪在作业前或作业中进行 i 角检校；水准标尺在作业前应进行一对水准标尺零点差检验。

2）跨河水准测量采用的两台高精度全站仪或光学经纬仪按经纬仪倾角法进行对向观测时，跨河水准观测所参与计算的测回，均要严格按规范要求做到上、下午观测的测回数相等、仪器两种位置的测回数相等、测回互差均要小于规范规定的限差。

3）在城市新区（开发区）建设过江（河）通道，或其他有条件的江（河）工程，也可以考虑布设卫星定位跨河水准测量方案。

（张　潇）

10.6 核电厂施工测量

190 核电厂施工控制网多长时间复测一次？

一般来讲，初级网一年复测 1 次；次级网在建网初期宜每 3 个月复测 1 次，点位稳定后宜每半年复测 1 次；微网在建网初期宜 1~3 个月复测 1 次，点位稳定后宜每半年复测 1 次，微网复测时，不宜再与次级网联系，仅仅做微网内部相对位置的检查与调整。

（徐亚明）

191 核电厂微网如何进行坐标和高程竖向传递？

1. 微网是由埋设在厂房内底板基础平台上的多个基本平面控制点组成，当在厂房的不同楼层施工放样时，从底层的微网点就无法给其他楼层放样，为了保证各楼层放样采用同一个坐标基准，就需要把底板微网的平面和高程基准进行竖向传递。

2. 竖向传递宜选择在无施工干扰、阴天、风力较小的条件下进行。

3. 在上层楼板上预设通视孔，通孔处用透明胶带封口，将激光垂准仪或全站仪架设在微网的控制点上，仪器对准天顶方向，并在通孔处的透明胶带上标记投点位置，在楼层间进行微网平面坐标传递时，一般选择 4 个通视孔，投点完成后，需要检查个投影点的相对位置，若投点误差大于 1mm 时，需要重新投点。

4. 高程传递宜采用悬吊钢尺、水准观测读数的方法进行。

（徐亚明）

第11章　竣工总图的编绘与实测

192　总图的概念与作用是什么？

1. 在建筑类高校里，总图是一门专业。在建筑设计院里，总图是一个专门机构或总图科或总图室。

2. 总图设计，是针对场区内建设项目的总体设计。其是基于建设项目的使用功能要求和规划设计条件，在有关法律法规、标准规范的基础上，人为地组织与安排场地中各构成要素之间关系的活动。常见的总体设计、场地设计、总图与运输设计、总平面图设计、室外工程设计、小市政设计、景观设计等，都属于总图设计。也可以简单理解为，除了单体设计以外的设计都属于总图设计。

3. 总图设计是工业与民用建筑设计中的重要组成部分不可或缺，对建设项目起着非常关键的综合控制作用。没有总图设计的项目必定会出现许多问题，如建设周期加长、建设投资增加、使用效果与功能不理想等，甚至出现影响社会和谐造成生命财产的损失的现象，如场地滑坡、泥石流、水灾、火灾、疏散、交通问题等。因此，了解总图设计的技术要求可更好地帮助建筑师在方案制定阶段的工作。

4. 相关规范中的一些规定，都属于总图设计需要考虑的范畴，如：

（1）《公共建筑节能设计标准》GB 50189—2005 中规定，建筑总平面的布置和设计，宜利用冬季日照并避开冬季主导风向，利用夏季自然通风。建筑的主朝向宜选择本地区最佳朝向或接近最佳朝向。

（2）《民用建筑节能设计标准（采暖居住建筑部分）》JGJ 26—95 中规定，建筑朝向宜采用南北向或接近南北向，主要房间宜避开冬季主导风向。

（3）《工程测量标准》GB 50026—2020 中规定，重要的工程建（构）筑物，在工程设计时，应对变形监测的内容和范围做出要求，并应由有关单位制订变形监测技术设计方案。

5. 总图设计主要成果。

（1）方案设计阶段：总平面图设计说明及总平面设计图。

（2）初步设计阶段：总平面图设计说明书、总平面图、竖向布置图、区域位置图（根据需要绘制）。

（3）施工图阶段：总平面图、竖向布置图、土石方图、管道综合图、绿化及建筑小品布置图、详图。

详图包括：道路横断面、路面结构、挡土墙、护坡、排水沟、池壁、广场、运动场地、活动场地、停车场地面、围墙等详图。

（4）根据项目要求，各阶段还需要绘制的其他类型的图纸有征地图、交通流线图、消防报批图、人防报批图、绿化报批图、地勘定位图、报建（报规）图、建筑定位放线图、配合单体施工图审查的总平及竖向图、场地初（粗）平图、管线报装图、管线过路管预留图、树木移植图等配合图。需要注意的是，母图永远是总平面图，任何修改和变化应及时修正总平面图，可充分利用绘图软件的图层管理器进行管理。

（王百发）

193 什么是竣工图？为何要编制竣工图？由谁来编？

1. 竣工图是各种地上、地下建（构）筑物或管线工程施工实体在图纸上的真实反映，是对工程进行交工验收、改建、扩建、维护、管理及事故处理的技术文件和依据，是整个工程档案最重要的组成部分。鉴于此，竣工图必须由各专业施工技术人员按有关设计变更文件和工程洽商记录遵循规定的法则进行改绘，使竣工后的建筑实体图与实物相符合，这种修改后的图纸即为竣工图。

2. 竣工图与施工设计图的关系既密切但又有区别。建筑工程在施工过程中常会碰到各种自然因素、人为因素和施工工艺、材料的变化影响制约而发生变更、修改，导致原设计图不能全面真实的反映建筑工程竣工后的真实面貌。为了满足建筑物竣工后改建、扩建、维护、管理等的需要，必须编制与建（构）筑物、管线工程实体相一致的竣工图。若在后续工作中利用与工程实际面貌不相符的施工图，则可能会给使用者带来严重隐患或造成重大损失。除此之外，竣工图还是城市规划、建设审批活动的重要依据，是司法鉴定裁决的法律凭证，是抗震救灾、战后恢复重建的重要保障。

3. 竣工图的编制单位是施工单位，因为施工单位是建筑商品的直接生产者，对工程变更最清楚。编制竣工图的形式和深度，应根据不同情况，区别对待：

（1）凡按图施工没有变动的，则由施工单位（包括总包和分包施工单位，下同）在原施工图上加盖“竣工图”标志后，即作为竣工图。

（2）凡在施工中，虽有一般性设计变更，但能将原施工图加以修改补充作为竣工图的，可不重新绘制，由施工单位负责在原施工图（必须是新兰图）上注明修改的部分，并附以设计变更通知单和施工说明，加盖“竣工图”标志后，即作为竣工图。

（3）凡结构形式改变、工艺改变、平面布置改变、项目改变以及有其他重大改变，不宜再在原施工图上修改、补充者，应重新绘制改变后的竣工图。由于设计原因造成的，由设计单位负责重新绘图；由于施工原因造成的，由施工单位负责重新绘制；由于其他原因造成的，由建设单位自行绘图或委托设计单位绘图。施工单位负责在新图上加盖“竣工图”标志并附以有关记录和说明，作为竣工图。

重大的改建、扩建工程涉及原有的工程项目变更时，应将相关项目的竣工图资料统一整理归档，并在原图案卷内增补必要的说明。

（4）竣工图一定要与实际情况相符，要保证图纸质量，做到规格统一，图面整洁，字迹清楚。不得用圆珠笔或其他易于褪色的墨水绘制。竣工图要经承担施工的技术负责人审核签字确认。

（王百发）

194 竣工图应何时编制？

1. 竣工图的名称很容易给人造成错觉，似乎应该是整个工程竣工后才能编制，其实不然，应该是在施工过程中进行编制。

2. 1982 年 2 月原国家建委颁发的《编制基本建设工程竣工图的几项暂行规定》第二条对编制竣工图的时间做了明确的规定：各项新建、扩建、改建的基本建设工程，特别是基础、地下建筑、管线、结构、井巷、峒室、桥梁、隧道、港口、水坝以及设备安装等隐蔽部位，都要编制竣工图，编制各种竣工图必须在施工过程中（不能在竣工后），及时做好隐蔽工程检验记录，整理好设计变更文件，确保竣工图质量。

3. 待工程竣工后再编绘竣工图存在下列问题：①因工程施工周期长，若竣工后再编绘竣工图，原始记录不易收集齐全，事后许多问题要靠回忆进行整理易造成错漏，难以做到准确无误。②施工过程中经常出现管理组织、管理人员的变动和交替现象，竣工后再编制竣工图，容易出现责任不清或互相扯皮现象。③有些施工单位，由于技术力量不足及承办的工程项目较多，经常是一个工程技术人员负责几项工程，或者是一项工程刚刚接近收尾，新的工程项目又下来了，主要精力又全部转移到新开工的项目上。导致完工项目的竣工图编绘工作难以落实。

可见，把编绘竣工图放在竣工后集中完成，工作量大、时间要求紧，人员也不好安排，赶编的竣工图质量也不高，所以，文献规定把编绘竣工图的工作放在施工过程中进行，由工程技术人员跟随施工的进程及时编制，发生技术纠纷时随时可去现场查证核准，保证竣工图的编绘质量。

（王百发）

195　哪些项目要编制竣工图？谁来编？谁来审？

1. 对新建、扩建、改建的基本建设工程项目，均应编制竣工图。分别包括：

（1）市政工程和公用设施方面的主要工程，包括：道路、桥梁、隧道等工程及各种地下管线工程。

（2）交通运输方面的主要建筑设施，包括：铁路、高级公路、车站、港口、码头、机场、地铁等工程及地下管线工程。

（3）工业建筑方面，包括：工厂、矿山、大型车间厂房、烟囱、变电所、高炉、矿井、水坝等工程及地下管线工程。

（4）人防、军事通信电缆的建筑工程设施。

（5）民用建筑方面，包括：教学楼、医院、广播电视台、影剧院、文化馆、俱乐部、体育馆、博物馆、展览馆、图书馆、档案馆、宾馆、办公楼、商场、住宅楼等工程及地下管线工程。

2. 对上述各类工程的建筑基础结构、管线等隐蔽部位要重点做好竣工图的编制工作。

3. 利用施工图编绘竣工图时，实行编制人、审核人、技术负责人、总监、现场监理多级审核制。

（1）编制人在施工过程中按设计变更部位对施工图进行修改、注记、补充测绘竣工原图，并在所测绘的竣工原图上签字，对所绘竣工图的正确性、完整性和质量负责。一般以单项工程为单位，对照设计变更文件和现场施工情况，逐张、逐份修改和绘制。

（2）审核人、技术负责人、总监、现场监理对编绘人所绘制的竣工图进行全面审查并予以签认，对竣工图的编绘质量全面负责。竣工图的审核与签字工作，是在施工活动中和竣工图的编绘过程中交叉进行的，主要检查编绘深度是否达到质量要求，是否有错漏现象等。

（王百发）

196 竣工图的组卷方法及提交套数有何要求？

1. 竣工图的组卷方法应按专业、时间顺序排列。保持其系统性、连贯性。例如，总图—建筑—结构—给排水—暖通—电气。

2. 竣工图组卷要利于保管和查阅。图纸不多时可组成一卷，如图纸较多，可按总图、建筑、结构、给排水、电气、暖通等分别组成若干卷。

3. 竣工图的立卷应采用手风琴式折叠，蓝图一面向里，折叠成 A4 纸规格（210mm×297mm）幅面，图标外露在右下角。当需要装订时，因图纸案卷左右厚度不平衡，应在装订线一侧加草板纸将脊部垫平，做到整齐美观。

4. 编制竣工图的套数，应根据工程项目的重要性和竣工档案接收部门的要求合理确定套数。

（1）属于城建档案馆（室）接受范围的大中型建设项目，竣工图一般不少于两套，一套移交城建档案馆（室）保管，一套移交生产使用单位保管。

（2）国家重大建设项目，还应增交一套给国家档案局保存。

（3）不属于城建档案馆（室）接受范围的小型建设项目，竣工图不得少于一套，并移交生产使用单位保管。

（4）对于一些参与管理部门较多的工程项目，编制的竣工图套数可能会超出上述规定，因此，确定编制套数应结合工程使用、维修、管理部门的具体需要，由甲乙双方在合同中明确所需竣工图的套数。

（王百发）

197 为什么竣工总图的编绘与实测要由测绘人员承担？

1. 从竣工图归档资料的编排上，竣工总图是首当其冲的，也是后续的改扩建和维护工作中使用最频繁也是最重要的一张图。

2. 从历史的角度，因原厂区缺失竣工总图，便由测绘专业承担了。在新中国成立初期，冶金勘察测量的主要任务，是为满足各工业企业尽快恢复生产的需要，为企业施测厂区总平面图，并为第一个五年计划的新建厂区测设系列大比例尺地形图。当时，共开展了 156 个重点项目（包括武钢、包钢及北满钢厂等）均进行了大比例尺地形测图和厂区建筑方格网的测设工作。此外，为满足工业运输和工业管线设计的需要，还测设了大量不同比例尺的带状地形图和纵横断面图，以及在线路沿线拟建构筑物的区域测设扩大图等。

3. 尽管竣工总图是以编绘为主，但对缺失的部分或调整变化大的部分需要进行实测才能满足竣工总图的精度要求。因而，竣工总图的编绘离不开测量。对于一般变化不大的普通竣工图，施工专业人员可独立编绘。

4. 所有项目在规划阶段，需要布设测量控制网并施测中小比例尺地形图；在设计初期，需要施测大比例尺地形图；在施工初期，需要按总平面图布设场区控制网或建筑方格网；在施工时，需要按施工图和设计变更资料进行精准放样；在竣工后，需要进行竣工测量和相关的检查验收测量。可以说，测量贯穿于建设工程的始终，测量人员对工程的全过程最为了解。因此，由测量人员编写竣工资料是施工单位各专业中相对理想的选择。

5. 由于竣工总图基本上是一种设计图的再现，因此，竣工总图的编制内容及深度基本上与设计图一致。就规模而言，竣工总图相对比较宏观、综合、复杂。工作也是“以编为主、以测为辅”。因此，《工程测量标准》的历来版本中，竣工总图的编绘与实测都是独立成章的。

（王百发）

198 竣工总图的编绘与实测的主要技术要求是什么？

1. 竣工总图与一般的地形图不完全相同，主要是为了反映设计和施工的实际情况，是以编绘为主。当编绘资料不全时，需要实测补充或全面实测。为了使实测竣工总图能与原设计图相协调，其坐标系统、高程基准、测图比例尺、图例符号等要与施工设计图相同。这是编绘的总体要求。

2. 竣工总图的编绘，应收集下列资料：①总平面布置图；②施工设计图；③设计变更文件；④施工检测记录；⑤竣工测量资料；⑥其他有关资料。

3. 编绘前，要求对所收集的资料进行实地对照检核，并实测不符之处的位置、高程及尺寸。

4. 竣工总图编制的基本原则如下：①地面建（构）筑物，应按实际竣工位置和形状进行编制。②地下管道及隐蔽工程，应根据回填前的实测坐标和高程记录进行编制。③施工中若有变更，应根据设计变更文件编制。④资料与实地不符时，应按实测资料编制。

5. 竣工总图的绘制可按三种情况进行分类，即简单项目，只绘制一张总图；复杂项目，除绘制总图外，还要求绘制给水排水管道专业图、动力工艺管道专业图、电力及通信线路专业图等；较复杂项目，除绘制总图外，允许将相关专业图合并绘制成综合管线图。

6. 竣工总图的实测，要求在已有的施工控制点上进行。当控制点遭破坏时，应进行恢复。竣工总图中建（构）筑物细部点的位置和高程中误差和工矿区现状图测量的相关要求一致。

（王百发）

第12章　变形监测

12.1　基本要求

199　变形测量和变形监测的概念确立?

1. 在《工程测量规范》GB 50026—93 中，使用的是变形测量一词，并且独立成章。也是国内首次将变形测量，作为一项工程项目内容纳入国家标准，做出统一规定并在全国进行推广。依据的修订文号为“国家计委〔1986〕250 号文”，其修订的时间为 1986 年。适用范围：工业与民用建（构）筑物，建筑场地、地基基础，中（小）型水坝和滑坡，以及测量精度要求与本规范相适应的其他变形测量。

2. 同期，根据“城乡建设环境保护部（84）城科字第 153 号文，开始制定推荐性行业标准《建筑变形测量规程》。于 1997 年 11 月 14 日经建设部以“建标〔1997〕308 号文批准发布，编号 JGJ/T 8—97，1998 年 6 月 1 日实施。适用范围：工业与民用建筑物（包括构筑物）的地基基础、上部结构及其场地的各种沉降（包括上升）测量和位移测量。在该规程的条文说明中，对规程名称采用“建筑变形测量”一词，而未使用习惯提法“建筑物变形观测”的主要原因引用如下：

（1）“建筑变形”一词，比“建筑物变形”一词更便于概括除建筑物本身（基础与上部结构）变形之外的建筑地基及其场地变形。

（2）“变形测量”一词，比“变形观测”一词便于概括除获得变形信息的观测作业之外的变性分析、预报等数据处理内容。后者在近代有了较大的发展与应用。

（3）建筑变形测量，虽属于工程测量范畴，但在技术方法、精度要求等方面与工程控制测量、地形测量、施工测量等有诸多不同之处，且已具有相对独立的技术体系，应作为一门专业测量考虑。

3. 在工程测量人的传统概念里，变形测量一词一直处于主导地位。因为在《工程测量学（第一版）》① 中，于 20 世纪 80 年代就将变形观测独立成篇，即第三篇“工程建筑物的变形观测”。全篇分 5 章共 36 节，唯独在首章工程建筑物变形观测的内容与布置方案的最后两节，分别使用“监测网”一词，即监测网优化设计的灵敏度约束和监测网的二类优化设计。在其他章节均使用变形测量一词。这是能查到“监测网”出现较早期的文献，虽然并未给出释义，但在文中能够初步看出“监测网”应该包含“观测网”之意。

4. 在 2003 年着手修订《工程测量规范》GB 50026—93 时，已决定引入更多的物理监测方法，比如，应力计、应变计、位移计、引张线、正倒垂等大量非几何测量方法，以扩大工程测量人的专业服务领域。但就该章的名称发生了争议，原因是变形测量的概念大还是变形监测的概念大？主张沿袭“变形测量”者认为，物理的变形监测方法只是对变形测

① 李青岳，《工程测量学（第一版）》，北京：测绘出版社，1984 年。

量内容的补充当属于辅助的监测方法，而几何变形测量方法还应是主体观测方法。但参加过三峡水利枢纽建设全过程的张潇同志，力主使用“变形监测”一词，因此，在《工程测量规范》GB 50026—2007 中无论从章节名称还是从内容上都正式使用“变形监测”。

5. 在国外监测一词用“monitoring”，沉降一词用“settlement”，变形一词用“deformation”均和测量一词“observation”关联性不大。

6. 可见《工程测量规范》GB 50026—2007 在章节和内容改用“变形监测”一词当时很富有前瞻性也是正确的。今天大家已经习惯并接受了，《工程测量规范》GB 50026—2020 继续沿用该词汇。

（王百发）

200　监测体的概念是如何提出的？

1. 在《工程测量规范》GB 50026—93 中，使用的是“变形体”一词。即其中的“变形观测点应设立在变形体上能反映变形特征的位置”。事实上，对于工程测量而言，变形体的概念略有缺陷。比如，大部分的建（构）筑物都是刚性结构，自身不会变形或变形不大，但会随建筑基础发生沉降，此时，将建（构）筑物称为变形体就显得不合适了。

2. 在其他相关的标准中，使用的是“被监测对象”一词，尽管表达准确，但终归算不上一个标准的词汇或者术语。再说，监测对象和被监测对象的含义有区别吗？只能是监测者和监测对象或被监测对象的主体有别而已。

3. 基于以上原因，在 2003 年对《工程测量规范》GB 50026—93 修订时，王百发同志提出“监测体”的概念，尽管当时也有人反对，但得到了陆学智、严伯铎两位大师的支持。毕竟“媒体”“载体”“团体”“集体”“机体”都是指自身，或者都是指被监测对象，和监测体是否刚性无关也和监测者无关。因此，将“监测体”一词引入《工程测量规范》GB 50026—2007 变形监测一章并取代旧有的“变形体”一词，这样编写与使用起来更加流畅。

4. 为此，《工程测量基本术语标准》GB/T 50228—2011 将变形监测（deformation monitoring）一词重新定义为：对被监测对象的形状或位置变化进行监测，确定监测体随时间的变化特征，并进行变形分析的过程。

（王百发）

201　对设计部门在建（构）筑物变形监测方面有何要求？

1. 在工程测量人的传统教科书《工程测量学（第一版）》中就指明：通常在工程建筑物的设计阶段，在调查建筑物地基负载性能、研究自然因素对建筑物变形影响的同时，就应着手拟定变形观测的设计方案，并将其作为工程建筑物的一项设计内容，以便在施工时，就将标志和设备埋置在设计位置上。从建筑物开始施工就进行观测，一直持续到变形终止。

2. 在《工程测量规范》GB 50026—93 中明确规定：大型或重要工程建筑物、构筑物，在工程设计时，应对变形测量统筹安排。施工开始时，即应进行变形测量。

3. 在《工程测量规范》GB 50026—2007 中明确规定：重要的工程建（构）筑物，在工程设计时，应对变形监测的内容和范围做出统筹安排，并应由监测单位制定详细的监测方案。首次观测，宜获取监测体初始状态的观测数据。修订时，为确保监测工作得到重视并有效落实，特在变形监测一章中制定了一条强制性条文。

4. 在《工程测量标准》GB 50026—2020 中明确规定：重要的工程建（构）筑物，在工程设计时，应对变形监测的内容和范围做出要求，并应由有关单位制订变形监测技术设计方案。首次观测宜获取监测体初始状态的观测数据。修订时，仍保留了原强制性条文，只是略加调整。

5. 综上所述，为做好建（构）筑物变形监测工作，在工程设计时，应明确变形监测的内容、范围及要求。《工程测量标准》GB 50026—2020 作为首部大型通用性国家标准率先通过条文予以明确。

（王百发）

202 工程测量标准与其他变形监测标准的关系是什么？

1. 《工程测量标准》GB 50026—2020 是我国工程建设领域的一部通用性国家标准，是我国工程测量从业者的核心技术准则，也是一部基础性的技术规范，属强制性国家标准。标准将变形监测专列一章，面向各种建设工程，从通用技术层面，规定了变形监测的精度体系、方法体系、技术要求、数据处理与变形分析方法及建立变形监测信息系统的基本要求。

2. 其他相关的变形监测标准，如《建筑基坑工程监测技术标准》GB 50497—2019 和《建筑变形测量规范》JGJ 8—2016，前者属于国家工程建设标准中的专业标准，后者属于工程建设标准中的行业标准。二者均面向建筑，前者专业面向建筑基坑，后者面向建筑整体。

3. 原则上，所有监测标准都应遵从统一的变形监测精度体系。但从其他方面可以针对专业上或行业上的具体应用特点，做进一步的细化与深化。当然，《工程测量标准》GB 50026—2020 没有覆盖到的具体内容，专业标准和行业标准可做进一步补充和完善。

4. 变形监测精度等级序列，见表 202。

表 202 变形监测的等级划分及精度要求

等级	垂直位移监测		水平位移监测	适用范围
	变形观测点的高程中误差/mm	相邻变形观测点的高差中误差/mm	变形观测点的点位中误差/mm	
一等	0.3	0.1	1.5	变形特别敏感的高层建筑、高耸构筑物、工业建筑、重要古建筑、大型坝体、精密工程设施、特大型桥梁、大型直立岩体、大型坝区地壳变形监测等
二等	0.5	0.3	3.0	变形比较敏感的高层建筑、高耸构筑物、工业建筑、古建筑、特大型和大型桥梁、大中型坝体、直立岩体、高边坡、重要工程设施、重大地下工程、危害性较大的滑坡监测等

续表202

等级	垂直位移监测		水平位移监测	适用范围
	变形观测点的高程中误差/mm	相邻变形观测点的高差中误差/mm	变形观测点的点位中误差/mm	
三等	1.0	0.5	6.0	一般性的高层建筑、多层建筑、工业建筑、高耸构筑物、直立岩体、高边坡、深基坑、一般地下工程、危害性一般的滑坡监测、大型桥梁等
四等	2.0	1.0	12.0	观测精度要求较低的建构筑物、普通滑坡监测、中小型桥梁等

注：1　变形观测点的高程中误差和点位中误差，是指相对于邻近基准点的中误差。

2　特定方向的位移中误差，可取表中相应等级点位中误差的 $1/\sqrt{2}$ 作为限值。

3　垂直位移监测，可根据需要按变形观测点的高程中误差或相邻变形观测点的高差中误差，确定监测精度等级。

（王百发）

203　形变与变形的区别？

通俗地讲，形变就是指形状的变化，相对比较宏观抽象。如地球形变监测、机车车辆形变检测，船闸闸门形变监测；变形是指状态的变化、结构的变化、地基的变化，相对比较微观具体。如建筑基坑变形监测、建（构）筑物变形监测、建筑场地变形监测。再通俗地讲，大地测量专业叫形变，工程测量专业叫变形。

（王百发）

204　如何理解对变形监测点的组网要求？

1. 在工程测量标准的变形监测这一章中，先给出了变形监测的等级划分及精度要求。即等级划分为一、二、三、四等，同时给出了变形观测点的高程中误差、相邻变形观测点的高差中误差、变形观测点的点位中误差的相应等级的“点的”中误差精度要求。

请注意，这里说的是“点”，没有说网。当然，网的精度与点位精度属同一序列。

2. 给出了变形监测网的点位的构成，宜包括基准点、工作基点和变形观测点。点位布设应符合下列规定：

（1）基准点应选在变形影响区域之外稳固的位置。每个工程至少应有 3 个基准点。大型工程项目，水平位移基准点应采用带有强制归心装置的观测墩，垂直位移基准点宜采用双金属标或钢管标。

（2）工作基点应选在比较稳定且方便使用的位置。设立在大型工程施工区域内的水平位移监测工作基点宜采用带有强制归心装置的观测墩，垂直位移监测工作基点可采用钢管标。对通视条件好的小型工程，可不设立工作基点，可在基准点上直接测定变形观测点。

（3）变形观测点应设立在能反映监测体变形特征的位置或监测断面上，监测断面应分为关键断面、重要断面和一般断面。需要时，还应埋设应力、应变传感器。

请注意，在（2）中的“对通视条件好的小型工程，可不设立工作基点，可在基准点上直接测定变形观测点。”换句话，大、小工程的变形观测点均可以在基准点、工作基点上直接测定。都能直接测定了，还有传统意义的组网内涵吗？

当然，直接测定的方法很多，包括极坐标法、前方交会法、水准测量间视法等，但变形观测点的测量精度必须符合相应等级的中误差要求。

3. 标准给出了两个基本概念和要求，即：①监测基准网应由基准点和部分工作基点构成；②变形监测网，应由部分基准点、工作基点和变形观测点构成。除此之外，似乎没有更好地或者更确切的直接表达方法。但无论如何，变形监测网总得覆盖变形观测点吧！

4. 在标准后续的章节中，分别用专门两节给出了基准网的建网技术要求，即水平位移监测基准网和垂直位移监测基准网。核心点引用如下：

（1）水平位移监测基准网，可采用三角形网、导线网、卫星定位测量控制网和视准轴线等形式。当采用视准轴线时，轴线上或轴线两端应设立校核点。

（2）垂直位移监测基准网，应布设成环形网，并应采用水准测量方法观测。

请注意，后续章节并未给出水平位移监测网和垂直位移监测网的建网要求。当然，您也可以理解为对变形监测点的建网没有明确的或者具体的要求。

5. 总之，在标准制定者的角度，要回答变形观测点要不要组网的问题，只能是：条件许可时尽量按传统方法组网可以获得较高的精度与可靠性，条件不允许时，直接测定即可无需按传统方式组网，但变形观测点的测量精度必须符合相应等级的中误差要求。规范不可能也不会对变形观测点是否组网做出统一的要求，不现实也没有必要。这一点完全由工程测量专业技术人员、建筑工程专业设计人员、安全监测专业设计人员结合工程情况、设计文件、相关技术规范等进行监测方案设计。

（王百发）

205　基坑变形监测的实质是什么？如何监测？

1. 为进行建筑基础与地下室的施工所开挖的地面以下空间，称为基坑（foundation pit）。为满足基坑在开挖、支护和基础建设施工期间的安全需要所进行的基坑支护结构和周边环境因素的监测工作，称为基坑监测（foundation pit monitoring）。可见，基坑监测的实质，主要是对支护结构的监测，其次是对周边环境因素的监测。

2. 因不同地区的工程地质和水文地质条件不同，不同项目类型对基坑的开挖深度不同，不同基坑支护方式的抗变形能力不同，不同的周边环境对基坑支护变形要求也不相同，因此，对基坑的变形监测很难做出一个通用的，且满足各种基坑需要的统一的监测要求。

3. 对于基坑的监测工作，首先须满足基坑支护设计人员和基坑开挖施工图设计人员，所提出的基坑监测点布设要求和监测频率要求。除此之外，还需满足与基坑相关的国家标准、行业标准的要求。有地方基坑监测标准时，也推荐执行。

4.《工程测量标准》GB 50026—2020 对基坑的监测精度要求不宜低于三等，具体监测要求如下：

(1) 变形观测点的点位，应根据工程规模、基坑深度、支护结构和支护设计要求综合布设。普通建筑基坑，变形观测点点位宜布设在基坑的顶部周边，点位间距宜为10~20m；危险性较大的基坑，变形观测点点位宜布设在基坑侧壁的顶部和中部；变形敏感的部位，还应加测断面或埋设应力和位移传感器。

(2) 水平位移监测可采用极坐标法、交会法等；垂直位移监测可采用水准测量方法、电磁波测距三角高程测量方法等。

(3) 基坑变形监测周期应根据施工进程确定。当开挖速度或降水速度加快引起变形速率增大时，应增加观测次数至每周或每3天观测1次；当变形量接近预警值或有事故征兆时，应持续观测。

(4) 基坑开始开挖至回填结束前或在基坑降水期间，还应对基坑边缘外围1~2倍基坑深度范围内或受影响的区域内的建（构）筑物、地下管线、道路、地面等进行变形监测。

5. 额外说明以下为基坑和竖井的区别，希望对测量工作者有所裨益。

(1) 从中文的字面上，是很容易理解。井无非是开口小而深度深，坑无非是开口大而深度浅。

(2) 从使用功能上，相对也是容易理解的。竖井特别是矿山竖井主要是满足垂直运输的需要，基坑特别是建筑基坑主要是满足地下工程建设的需要。

(3) 从量化的角度，开口的大小和深度的深浅有时却相对较难区分，就不得不参考基本功能和专业习惯了。例如，地铁的竖井，其开口足够大（约15m×25m），主要满足盾构设备的吊装、区间隧道的掘进开挖、拼装管片的吊装和渣土的垂直运输等，同时要满足工作人员出入、隧道送风和排水的功能需要。相对来说，把地铁车站的大开挖称为建筑基坑就不会让人生疑了。

(4) 从测量专业上讲，我们把地铁的竖井监测依旧当作基坑监测。

(5) 就英文而言，well，pit，shaft都有井的含义，但地铁的竖井通常称为shaft，地铁的竖井监测称为shaft monitoring，不能称为foundation pit monitoring。

（王百发）

206　何时进行首次观测最佳？

1. 变形监测项目的首次观测，宜获取监测体初始状态的观测数据。

2. 初始状态的观测数据，是指监测体未受任何变形影响因子作用或变形影响因子没有发生变化的原始状态的观测值。

3. 初始状态是首次变形观测的理想时机，但实际作业时，由于受各种条件的限制却较难把握，因此，首次观测的时间，选择尽量达到或接近监测体的初始状态，以便获取监测体变形全过程的数据。通俗地讲，就是在土建工程施工开始之前，加载或卸载尚未开始时。一旦土建工程施工开始，项目区域就会有加载或卸载、场地状态发生变化，相应的荷载、应力等均会发生变化，如果发生在监测点布置较近的区域，首次值就不能代表监测体初始状态的量化状况，给今后对监测体变形的分析带来一定的影响。

4. 变形影响因子是对变形影响因素的细化，是导致监测体产生变形的主要原因，也是变形分析的主要参数。

5. 重要的工程建（构）筑物，设计单位会对项目变形监测的内容和范围做出统筹安排，由监测单位制订详细的监测方案，于工程大规模开展前提前进场完成监测标志埋设，并在最短时间内完成观测及数据处理，获得可靠的首次监测标准值。

（王百发　张　潇）

207　首次值的取得为何应进行两次独立测量？

工程变形监测网点（含基准点、工作基点等）的首次值，是周期观测值的初始标准值，也是工程土建施工、运营维护期等资料分析的重要依据。因此，工程测量标准要求首次监测，应进行两次独立测量，主要是因为：

1. 增加可靠性。重复观测可以进一步减少或避免观测资料的粗差或错误。

2. 提高精度。当两次观测成果满足限差要求时，取两次独立重复观测值的平均值作为初始标准值，从而提高成果精度。

3. 需要强调的是，为减少外界因素变化带来的系统误差影响，连续两次独立观测的时间间隔宜最短；两次观测执行的技术方案应保持一致，包括坐标高程基准及投影面、观测图形和观测线路、观测等级与观测方法、起算数据及平差模型等，使两次观测成果性质统一、便于比较。

（张　潇）

208　如何选取监测初始值？

1. 初始值选取原则。

（1）几何变形初始值的确立。

1）以原始状态观测值为初始值（适用于监测体未扰动状态下的独立两次观测值的情形）。

2）以非原始状态观测值为初始值（适用于监测体刚扰动或已扰动状态下的独立两次观测值的平均值的情形）。

3）以某次观测值为初始值（适用于监测仪器设备需要通过调试测试，须在观测值稳定后取值的情形）。

（2）渗流渗压初始值的确立。

1）测压管：测压管埋设完成后，连续观测，取其平均值作为初始值。

2）渗压计：仪器处于完全水饱和状态，埋设前测值，作为施工期的初始值。

（3）应力应变初始值的确立。支撑结构中部的支撑轴力监测，表面应变计初始值的选取，要考虑弹性平衡、仪器的性能、所测支撑结构的特性，排除外界扰动以及观测误差的影响，在测值稳定，连续读数，其差值小于1%F.S时取其平均值。

2. 初始值的取值时间。按照设计要求并随施工工序进展情况，布置各监测项目不同监测内容的监测点，埋设或安装完成后，即应进行测试。测试合格后，各监测点均按要求及时取得监测初始值。

（张　潇）

209　自动化变形监测系统的概念、原理？

1. 自动化变形监测系统，是一个集测量机器人（伺服马达全站仪）技术、卫星定位技术及新型传感器技术于一体，按照设定程序进行自动数据采集、网络自动传输、数据自动处理与管理、自动计算与分析的实时监测系统。

2. 其原理是利用现有传感器，获取的有关建（构）筑物、基坑或边坡、气象、水位等各监测指标的数据，通过采集器组成的通信网络，将监测数据传输到数据管理中心，通过可视化展示，实现对建（构）筑物安全的集约化多源监测，使运行管理、决策高效化。

3. 而传统的变形监测方法，各种系统无法自动整合在一个统一的软件系统中，测量数据获取间隔时间长，数据的时效性及数据分析自动化程度低。

（张　潇）

210　如何编制变形监测项目技术方案？

1. 在监测方案制订之前，应广泛收集场地资料。具体要求如下：

（1）应收集项目的地基基础设计资料，明确设计对监测项目的要求。

（2）应收集项目的主体设计资料或线路设计资料，明确设计对监测项目的要求。包括监测的内容和范围及监测点位布设、监测精度等级、监测周期的要求等。

（3）应收集项目的基坑支护设计资料，明确设计对支护结构变形的监测要求。包括监测的内容和范围及监测点位布设、监测精度等级、监测周期的要求等。

（4）应收集项目的相关施工图设计资料，明确施工工艺与施工进度。

（5）应收集项目场地的水文地质、岩土工程资料和环境地质资料，明确地质薄弱点和监测需求。

（6）对既有运营项目的监测，应收集设计或业主的监测要求。

2. 在监测方案制订之前，应进行现场踏勘。具体要求如下：

（1）应查看项目场地的基本情况及周边的环境状况。

（2）应明确项目基础开挖工序及施工进度计划。

（3）应明确项目主体施工工序及施工进度计划。

（4）应根据项目监测要求、地形地质条件、环境因素等，拟定项目监测基准点、工作基点的设置数量、概略位置，并构成监测基准网图形确定施测方法。

（5）应明确项目监测点的数量、初步位置和监测方法，并应对设计单位的监测要求是否满足项目的监测需求，做出基本的判断和初步补充。

（6）应掌握工程监测项目的重点和难点并进行初步分析判断。

（7）应拍摄监测项目的现状照片和局部照片。

（8）需要时，应编写现场踏勘报告。

3. 监测方案的制订，应在场地资料收集和现场踏勘的基础上进行综合分析后编制。主要内容要求如下：

（1）场地条件和工程类型、规模、基础埋深、建筑结构和施工方法等概略说明。

（2）编制技术依据。

（3）采用的坐标系统和高程基准。

（4）监测基准网的精度等级、点位布设及监测方法。

（5）监测网的精度等级、点位布设及监测方法。

（6）基准网及监测网的观测频率和观测周期。

（7）其他辅助物理监测设备的监测方法、监测频率和监测周期。

（8）变形预（报）警值、预（报）警方式的设置。

（9）监测消警方式要求。

（10）使用的仪器设备及其检校要求。

（11）监测的重点和难点分析。

（12）数据处理方法要求。

（13）变形分析方法要求。

（14）自动化监测系统的数据传输与数据管理。

（15）项目监测其他情况说明。

（16）监测作业安全要求。

（17）提交成果的内容、形式和时间要求。

（18）技术成果质量检验方法要求。

（19）大中型监测项目或重要的监测项目需编写应急预案。

（20）相关附图、附表等。

4. 监测项目预警值和报警值（控制值）的确定，具体要求如下：

（1）监测的预警值和报警值宜由项目设计单位根据结构设计验算结果提供。

（2）当设计单位没有提供时，预警值和报警值宜由建设方会同设计、施工及监测单位依据相关标准并结合项目的具体情况共同会商确定。

（3）监测项目的预警值通常取报警值的75%。

（4）监测项目的预警值和报警值的调整应在设计单位的许可下进行。

（5）预警后，变形达到相对稳定后应及时消警。变形消警，应由建设方会同设计、施工及监测单位依据相关标准并结合项目的具体情况共同会商确定。

（王百发）

211　测量机器人的发展历程、特点与应用要求？

1. 测量机器人的主要发展历程。测量机器人是在电子经纬仪和红外测距仪基础上发展而来的，其研究和发展大致可以分为三个阶段：

（1）20世纪70年代中期到80年代中期，电子经纬仪和红外测距仪已走向成熟，并得到迅速推广和应用，但存在生产成本高、劳动强度大、非自动化等缺点。为了提高生产效率，一些研究机构和厂家进行了大量的研究和实验，1983年，H. Kahmen教授领导的课题组成功研制出由视觉经纬仪改制而成的组合式测量机器人，用于煤矿的边坡监测，可同时自动监测几百个变形目标点，但其集成度不高，精度较低。

（2）20世纪80年代中期到90年代中期是测量机器人的逐步发展期，徕卡公司推出了多种系列测量机器人，他除集成了电子经纬仪、步进马达、红外测距仪、CCD传感器、微处理器和存储器以外，最重要的是采用了自动目标识别技术，实现了普通棱镜的长距离的自动识别与精确照准，使测量机器人从室内的工业测量走向了野外工程测量。

（3）20世纪90年代以来则是测量机器人全面应用与发展的年代。驱动模式从步进马达过渡到压电陶瓷，极大提高了仪器旋转的速度、减少了仪器旋转的噪声；测距精度得到大幅提高；测量机器人配套了测量软件系统，并提供全面的二次开发工具和方法，基于测量机器人的各种应用与开发在全世界范围内得到迅速的发展与推广。

2. 测量机器人自动化变形监测系统的作业特点与模块构成。测量机器人具有无人值守，全自动（定时或连续）长期监测，监测精度高，实时处理，可靠性高等特点。测量机器人的自动测量系统，主要由计算机与全站仪的通信模块、学习测量模块、自动测量模块和成果输出模块等几个部分构成。

（1）计算机与测量机器人的通讯模块，是实现测量自动化的一个最基本的功能模块，它的主要功能是解决计算机和测量机器人之间的双向数据通信，计算机向测量机器人发送指令，测量机器人执行相应的操作后返回给计算机一些相应的信息，从而完成整个通信过程。

（2）学习测量模块，使测量机器人获得被测目标的原始测量数据并进行存储，为以后的自动测量模块提供基础数据。

（3）自动测量模块，主要是根据用户的设定和学习测量的数据，定时对特定点位进行自动观测，自动存储测量成果，包括测量原始数据和测量成果，从而得到不同变形点位的变形数据，经过多期观测值的累积同首期观测值之间的比较差值，就可以得到不同点位在不同周期下的变形趋势。

（4）成果输出模块，可以提供变形量报表、不同周期的变形量趋势图等资料，使得成果资料更加生动和能够满足不同用户的需求。

3. 测量机器人自动化变形监测系统适用的工程项目类型。利用测量机器人自动跟踪目标、实时测量的特点，在测绘工程和工业测量中均有重要应用。主要工程应用分别包括：

（1）边坡，包括自然边坡和人工边坡，因受地质构造、水、人工扰动和地震等因素的综合影响，造成边坡失稳，从而产生滑坡、崩塌、变形失稳、泥石流、塌陷等地质灾害。这些地质灾害，是目前安全生产的最大隐患。目前，广东、四川等一些雨水较多的省份，已经利用测量机器人成功对边坡进行有效和精确的变形监测。

（2）在道路施工和路面施工中，利用测量机器人实时跟踪测量的优势，可以实时得到施工点的平面位置和施工标高，对比该点位的设计标高，就可以得到该点的填挖高度，从而使道路施工的动态控制成为可能。极大提高施工效率和精度，减轻测量人员的劳动强度，实现了道路与施工的自动化、一体化和程序化。

（3）测量机器人已经成为大跨度桥梁施工过程中进行施工测量和过程控制的主要工具。在大跨度桥梁结构施工过程中，由于桥梁结构的空间位置随施工进度不断发生变化，要经过一个漫长和多次的体系转换过程，若同时考虑到施工过程中结构自重、施工荷载以及混凝土材料的收缩、徐变、材质特性的不稳定性和周围环境温度变换等因素的影响，使得施工过程中桥梁结构各个施工阶段的变形不断发生变化，这些因素均在不同程度上影响成桥目标的实现，并可能导致桥梁合拢困难、成桥线形与设计要求不符等问题。所以在其施工阶段就需要对桥梁进行施工过程监控，除保证施工质量和安全外，同时也为桥梁的长期健康监测与运营阶段的维护管理留下宝贵的基础资料。

（4）在地铁隧道变形监测中，测量机器人通过控制软件自动测量安装在各隧道断面上的棱镜，获得各点的三维坐标，从而计算各断面的收敛度，再通过远程通信系统，使相关各方实时掌握地铁隧道收敛情况和规律，可有效保障地铁的安全运行。

（5）测量机器人系统也可广泛应用于航天、航空、汽车、船舶等大型制造业的工业测量和变形监测。

4. 基于测量机器人的自动化变形监测系统的应用现状和基本功能要求。

（1）目前在国内外有很多基于测量机器人的自动化监测系统，在国外最为知名的也是最早的系统为徕卡公司的 GeoMoS，该系统销量最大，涉及的服务领域最广，主要适用于高层建筑物、高危建筑、古建筑、大坝、滑坡、矿山、桥梁、隧道、高架道路等结构物外部变形和三维空间位置变化量的自动化安全监测应用。

应该说 GeoMoS 是一套最为成功的自动化监测软件。其软件主要由两部分组成，监测器和分析器。其中监测器负责传感器管理，数据采集和事件管理。分析器负责在线和离线分析、图形显示和后处理数据。

（2）在国内的各个基于测量机器人的自动化监测系统中或多或少地都可以看到 GeoMoS 的影子。

1）国内有些生产单位为自身的生产需要，自己开发研制并服务于本单位的基于测量机器人的自动化监测系统。如南京市测绘勘察设计研究院有限公司、上海岩土工程勘察设计研究院有限公司等。

2）在国内市场上具有一定用户群的应用系统也有不少，如成都××公司所研制的基于测量机器人的自动化监测系统在大渡河上的水电站外观监测中得到应用。如大岗山电站、瀑布沟电站、枕头坝电站等。

3）武汉大学所研制的基于测量机器人的自动化监测系统，在地铁/铁路监测单位中得到应用。如广州地铁设计研究院股份有限公司、福州市勘测院有限公司、中铁上海设计院集团有限公司等，也在水电站中得到应用。如新疆伊犁喀什河水电站、吉林台水电站、温泉水电站等。

（3）不管哪家的基于测量机器人的自动化监测系统，均具有以下几项基本的功能：工程管理、系统初始化、学习测量、自动测量、智能处理、自动报警、数据处理、变形趋势图实时显示、测量数据报表输出、通过网络实时传输观测数据等。

5. 智能测站的概念与智能测站的基本要求。

（1）智能测站，指系统能通过对周边环境的判断，确定满足观测要求的条件，自动开合观测窗（保护罩），启动测量程序，自动完成数据采集工作的观测站系统。

（2）智能测站的主要作用是完成数据采集的功能，智能测站所安装的传感器包括：测量机器人、气象（温度、湿度、气压、风速、风向）传感器、雨雪感应器、能见度传感器、视频监控、报警器、卫星定位接收机等。具体建站时，可以根据用户的需求增减相应的传感器。

（3）智能测站需要通电、通网，配备电源箱、UPS 电源、数据采集控制箱等。为了防止雷击，需要安装避雷针。

（4）由于基于测量机器人的自动化监测系统，其野外的测站上需要长期安放测量机器人等设备，就需要相应的保护手段，以防止设备丢失，防止设备受雨雪、大风、灰尘等的影响。在基于测量机器人的自动化监测系统中，目前主要采用两种类型的智能测站：一种是观测房式的（见图 211-1），另一种是立柱式的（见图 211-2）。

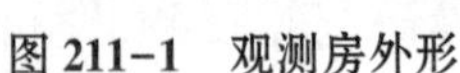

图 211-1　观测房外形

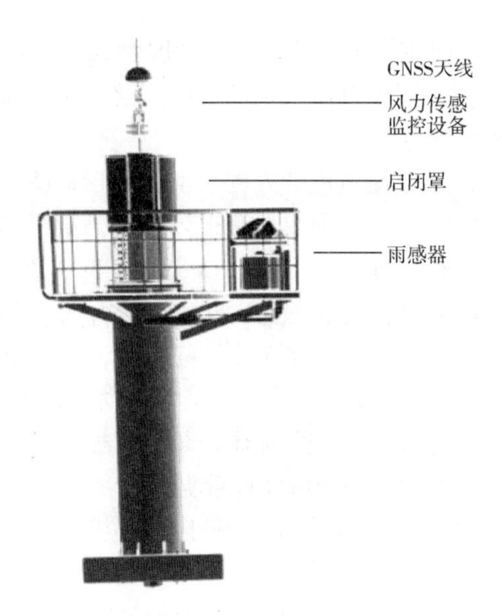

图 211-2　立柱式测站示意图

6. 气象元素改正模型和基准点差分改正模型。利用测量机器人进行变形自动化监测时，除了仪器自身精度导致的观测值误差之外，距离和角度的观测值更容易受到外界气象条件的影响。故在监测点坐标计算之前需对原始观测值进行改正。目前，主要的两种原始观测值改正方法分别是气象元素改正模型和基准点差分改正模型。

（1）气象元素改正模型。鉴于全站仪进行大坝变形监测常采用的是单向观测，大气折光无法消除，因此对观测结果必须进行气象改正，即通过测量作业现场的温度 T 、气压 P 以及湿度 H ，按照一定的气象改正公式，求出气象改正数以及距离和角度（水平角和垂直角）的改正数。

（2）基准点差分改正模型。基准点差分改正模型，亦称为基线自校准模型。当确信基准点稳定且监测区域的大气代表性误差规律清楚时，可以采用基准点差分改正法对气象因素进行改正。具体做法为利用基准网的测量信息，用基线边实时校准，边实时进行数据处理，无需测量气象元素，从而简化系统设备配置，实现实时大气折射率差分改正。

（徐亚明）

212　施工期变形监测基准点能否利用施工控制网点？

1. 变形监测基准网采用的是固定基准，与工程前期建立的测图控制、施工控制的联系可以是松散的，甚至是不相关联的独立坐标系统或独立高程基准。

2. 就变形监测自身而言一般划分为施工期变形监测和运行期变形监测两部分，由于施工建设期具有总历时短、变形量大等特点，且工程永久性的变形监测基准网尚不具备建立条件，为有效指导工程施工，保障施工质量，可以利用符合变形监测要求的施工控制网点作为工程施工期变形监测的基准点或工作基点，开展施工期变形监测。待工程变形监测基准网建立完成后，再将变形观测点监测数据成果进行持续有效的衔接。

3. 随着工程建设的完工，进入工程运营管理阶段，服务于工程规划设计阶段和施工建设阶段的测图控制、施工控制等各类控制标点或标志，已完成使命会被清除或逐步灭失，而其中的变形监测共用网点将可作为永久性基础设施得到较好的保护与利用。

4. 其好处是能保证工程施工期监测数据成果与运营期的监测数据持续有效衔接，且本身具有较高精度的坐标与高程。也有利于工程前期各类成果资料的管理与应用。

5. 需要注意的是，施工期的变形监测无论是作业方法还是测量精度与普通的施工测量和施工放样是两个不同的概念，其分别属于两个不同的精度体系。

（刘东庆）

213 在特大型、大型工程建设中如何确定监测断面？

大型工程建设各有其特点，在做好安全监控的同时，还要考虑监测方案及设备的可靠性、精确性、耐久性和经济性。既要满足快速、精确、量化了解复杂结构敏感部位的工作状态的要求，还要达到全面了解、宏观掌握整个工程区域、工程建筑物的运行状态的目的。在工程施工及运营实践中、增强对建（构）筑物变形规律的认识，不断探索、科学动态布置和调整各个层次的监测断面或监测部位数量，为工程建设或生产运营提供安全有效的监测服务。

1. 对于常规的工程建（构）筑物监测，依据相关标准进行监测点位布置，基本能满足变形监测的需要。

2. 在大型工程建设项目的变形监测中，存在以下问题：

（1）监测点位设计及布置过多，不能较好地突出重点，存在较大的优化空间。

（2）监测点位不能完全反映大型工程设计的需要，对解决工程设计中提出的相关问题的针对性不强。

（3）对复杂工程建（构）筑物及地质情况敏感部位的监测存在欠缺。

（4）需要更好地解决对重要效应量建立监控模型、确定监控指标，达到快速了解建（构）筑物的工作状态。

3. 在针对大型工程建设项目的变形监测中，除满足相关标准、规范要求之外，还需要结合工程建（构）筑物的结构复杂程度、工程地质的复杂程度、工程本身设计的要求及研究的相关问题等进行更为详细的、具有针对性的方案设计。其中，较为科学、适用的做法是选择或确定具有区别性的监测断面，也称监测部位。一般分为关键断面、重要断面和一般断面。

（1）关键断面，是指对工程建（构）筑物的安全起决定性作用的敏感部位，即建（构）筑物结构最为复杂、基础地质条件最为复杂的部位。该监测断面的布置在大型工程设计论证的基础上，原则上应在每一主体建（构）筑物上选择布置至少一个。监测点的布置应综合考虑各种相互关联或可印证的监测方法，且监测点（设备）的数量存在一定的冗余，便于进行联机分析或后期分析，并对可能的点位（设备）损坏进行适当储备。

（2）重要断面，是指工程建（构）筑物的安全起比较重要作用的部位，即建（构）筑物结构较为复杂、基础地质条件较为复杂的部位，且便于与关键断面进行比较分析。该监测断面的布置在大型工程设计论证的基础上确定，一般情况下比起关键断面而言，断面数量要多一些。监测点的布置综合考虑各种相互关联或可印证的监测方法，且监测点的数量也应存在少量的冗余。

（3）一般断面，是指除了以上关键断面、重要断面之外，结合工程设计及标准规范进行布置。它的选择或确定要能从宏观上反应各建（构）筑物的工作状态，遵循少而精的原则，监测点的数量、布置也应尽量精简。

（张　潇）

12.2　变形监测基准网

214　建立水平位移监测基准网的技术特点是什么?

水平位移监测基准网是指为检验水平位移监测工作基准点的稳定性、周期观测工程建（构）筑物或监测体在水平方向的变化，而建立的具有 3 个或以上稳定基准点的专用的高精度三角形网或卫星定位网。其主要特点是通过周期观测，获得工作基点、网点相对于基准网中基准点（稳定点或不动点）的稳定性及变化规律。

1. 设计原则。

（1）在满足监测网的精度、可靠性、稳定性、灵敏度及经济等项要求的前提下进行优化设计，确定监测网网型及观测方案。

（2）对于变形监测范围大的大型工程，水平位移监测基准网需要分层次布设。各层次监测网的观测频率有异，层次越高，观测周期越长。下一层次监测网起算点的稳定性由上一层次监测网来检验。对于变形监测范围不大的中、小型工程的变形监测基准网，则无须分层。

（3）满足监测工作要求。主要包括监测网网点之间的通视要求、监测标点特别是起算点的稳定性要求及工程监测中的一些特殊要求。

2. 建立水平位移监测基准网的目的。

（1）建立工程变形的统一基准。包括不同部位监测工作基点间的联系和同一部位不同监测项目工作基点间的联系。

（2）检验工作基点的稳定性。由于设置在离监测点较近的地方，其稳定性并不能得到保证，因此需要定期对其进行检验。

（3）通过对各建筑物整体性能状况全过程持续的监测，采集建筑物的变形量等数据，及时对建筑物的稳定性作出评价。

（4）通过安全监测提供量化数据，可检验施工方法和施工措施是否符合设计意图，也可以检验某些设计是否符合实际，从而改进和完善施工方法和措施，优化和完善设计，以达到设计与施工动态结合不断优化的目的。

3. 技术要点及精度指标。不同类型的工程，具有不同的监测技术及精度要求，说明如下：

（1）水平位移监测基准网或水平位移监测网的精度，主要取决于被监测对象的变形模量及地质特征。设计时先确定平面网的观测精度，再确定用于边长改平高程测量的等级精度，一般低于平面网一个等级即可。

（2）水工建筑物。

1）大型工程在全网下分层、分区建网，中小型工程可一次布网。

2）在特大型、大型水工建筑物变形监测中，为大坝和电站厂房及其基础在施工期、分期蓄水期和运行期的变形监测提供基点及工作基点。通过坝中区水平位移监测简网、大型船闸水平位移监测简网、升船机及临时船闸水平位移监测简网的联合观测，检测水利枢纽工程水平位移监测全网基准点的稳定性。

3）对于覆盖的区域较大或跨断层布置的，具有监测近坝区工程区域地壳形变的功能的水平位移监测网，需分层布置。

4）尽管水平（平面）位移监测网分为最简网、简网及全网三个层次，但是不代表在精度要求上有所区别。监测网的层次不同于传统测量控制的级别，分一、二、三、四等的精度不同，逐级下降，而是各层次所要求的精度是一致的。

5）水平位移监测基准网一般要求最弱点点位中误差小于 2mm。

（3）其他建（构）筑物。

1）桥梁、边坡及高切坡、高层建筑物与深基坑的监测网布设一般无需分层。监测网观测精度视工程性质专门设计，并结合网型精度估算后确定。

2）一般建筑工程中，可以将监测网设定为一个层次，在监测网的设计过程中，应考虑至少 2~3 个工程意义上固定点，即固定点选择在工程影响的变形范围之外，进行专门的标型及基础处理设计，在埋设过程中进行工程措施的基础处理，认为是稳定点。其他点位相对稳定，可以作为监测的工作基点，对建（构）筑物、基坑、边坡等监测对象进行位移量的测量。

3）边坡、滑坡体、高切坡为岩石的，要求观测的点位精度更高，水平位移监测网及位移点坐标中误差一般不大于 3mm；土质或土岩夹层的，不大于 5mm。

4）桥梁水平位移监测网观测最弱点及监测点位精度 3~5mm。

5）高层建筑物与深基坑的水平位移监测网最弱点坐标中误差不超过 3. 0mm。

（张　潇）

215　什么是直伸边角监测网，有哪些用途和特点？

1. 直伸边角网，是在大坝或其他线型建（构）筑物两端的山体上，位于平行于坝（桥）轴线的位置，左右岸各建造稳定的基点。在大型电站或水利枢纽两端的山上，一般设置深埋倒垂点作为基点。直伸边角网的其他待定点，从坝轴和坝宽的纵横比例看，基本都在基点的连线上。

2. 施测时，量测相邻点之间的距离，且相互通视的点都需观测方向，这样就构成了直伸边角网。

3. 其他待定点一般都与被监测的坝顶上、下游点或倒垂点对应，而这些坝顶的倒垂点，在建设或运行期中控制或通过传递计算监测坝体各个高程面监测点的位移变化，建筑物挠度、不均匀沉降等。

4. 直伸边角网一般用于受地形条件限制，布网难度仍然较大的峡谷、河谷地带。为了满足高精度的测控或监测需要，修建水电站、桥梁等工程建筑物，在对坝顶设施（标志）进行测控、放样或监测。

5. 随着高精度卫星定位测量技术发展，在克服了信号接收受到影响之后，直伸边角网的观测方法也可以进行优化，测边测角与卫星定位测量的组合观测被运用。但卫星定位测量的高程精度难于满足工程需要，作为高精度监测手段，对于待定点（往往是坝顶倒锤线基点）的垂直位移监测仍然需要用到传统的方法。

（张　潇）

216　为何垂直位移监测基准点的位置一般选择在水利枢纽坝轴线延长线外？

1. 垂直位移监测基准点及校核基准点的稳定性特别重要，它是整个垂直位移监测网各个监测点的起算点或校核点，也是坝址区垂直位移监测成果的评价、分析质量的基础。

2. 将垂直位移监测基准点、校核基准点位置一般选择在水利枢纽坝轴线延长线外，主要是考虑监测基准点的稳定性。设在不受大坝和库区水压力影响的不变形地区，或尽量少的受到应力变化的影响，便于对其他工作基点稳定性的监测、分析判断、或对前期监测成果的必要改算。

3. 水利枢纽工程大坝地基的稳定性问题一般都源于地基的变形、其所受承载力等因素，水工建筑物荷载通过基础传递给地基，使建筑物地基原有的应力状态发生变化。即在基底压力的作用下，地基中产生了附加应力和竖向、侧向或剪切变形，导致建筑物及其周边环境的沉降和位移。大坝建设期的开挖（卸载）、回填（加载），以及工程竣工后，在水工建筑物区域的附加应力处于变化之中。

4. 根据附加应力分布规律，因地基附加应力的扩散分布，即地基附加力不仅产生在荷载面积之下，而且分布在荷载面积以外相当大的范围之下，深度愈大，附加应力的分布范围愈大；在离基础地面下的不同深度处，同一水平面上，以基底中心点下轴线处的竖向附加应力为最大，距离中轴线愈远愈小。所以，一般地沿着坝轴线的延长方向，向远处延伸的距离越大，地基基础受到的影响越小，属于相对稳定区域。

5. 至于距离大坝两端多远为宜，既需要根据工程规模确定，也要考虑垂直位移监测基准点到大坝的距离对观测精度的影响，保证垂直位移观测最弱点精度达到±1～2mm。还要结合工程所在区域的地质条件、通行条件以及标志形式等因素，一般离坝址（坝端）直线距离 1km 或以上为宜。

（张　潇）

217　垂直位移监测基准点选择什么样的标型较好？

1. 一般情况下，可以选择做基岩标、平硐标、钢管标或双金属标志。

2. 若选用基岩标志，需选择基岩外露且便于保护的地方，将标志埋设于微风化或新鲜基岩中，基岩的位置及埋深判断一般由专业地质技术人员确定。为检测基准点的变动情况，应埋设可相互检核的由三个点组成的水准基点组。

3. 对于特大型的水利枢纽工程，为保证基准点没有沉降形变，减少温度对标志的影响或便于进行温度影响改算，设置的标型可以选择为平硐标志或双金属标志。采用双金属标志时，钻孔深度钻至微风化或新鲜基岩处，终孔位置由专业地质技术人员判断，并在钻孔过程中进行地质素描及编制钻孔柱状图等资料。

4. 一般情况下，双金属的内管（芯管）采用无缝不锈钢管和铝管，并在购买后、安装前截取样本送至专门的检测机构，测定金属管的温度膨胀系数，以作为后续观测资料整理时温度改正使用。

（张　潇）

218　什么是静力水准系统和静力水准仪？

1. 静力水准系统是测量两点间或多点间相对高程变化的系统，至少由两个观测点组成。每个观测点安装一套静力水准仪，系统各测点的液位由静力水准仪传感器测得。

2. 静力水准系统的结构由静力水准仪及安装架、液体连通管及固定配件、通气连通管及固定配件、干燥管、液体等组成。一般安装在被测建（构）筑物等高的测墩上或被测物体墙壁等高线上，安装方式分为测墩式安装和墙壁式安装两种方式。主要用于大坝廊道、管廊、桥梁、铁路、隧道、高层建筑、基坑、核电站、地铁等垂直位移和倾斜的监测。

3. 在静力水准系统中，所有测量点的垂直位移都相对于一个点（也称为参考点）改变，该点的点位相对稳定或其位移量可以精确测定。测定方法一般通过直接水准、三角高程测量、竖直传高等方式精确确定，从而精确计算静态液位系统每个测量点的沉降变化量。通过现场采集箱内置单机版采集软件实现自动采集数据并存储于现场采集系统内，再通过有线或无线通信与互联网相连进而传到后台网络版软件，从而实现静力水准系统自动化观测。

4. 静力水准仪是测量高差及其变化的精密仪器，又称连通管水准仪。它依据“连通管”原理工作的，两端开口与大气相通的U形管注入液体后，液体在大气压力和重力的作用下，始终会保持在同一个水平面上。测量出测点液位的变化，即可得到测点的垂直方向变化值。它是一种测量基础和建筑物各个测点的相对沉降的精密仪器。可更换的内置锂电池使用寿命可达2年以上，并且支持多种供电方式、5~24V、220V产品内置无线zigbee无线组网功能，可实现自动化组网。无线通信距离根据无线模块的功率可分为1~3km、3~10km。可直接连接互联网实现物联网的功能，通过Web软件实现远程访问监控以及云存储以及数据共享。

5. 根据静力水准工作原理，目前使用较多的分为液位式静力水准仪和压差式静力水准仪。液位式水准仪是通过测量每个测点液位变化的高度来计算沉降的，而压差式静力水准仪是通过计算不同测点间的液体压力变化量再除以液体的密度和重力加速度得到沉降值。

6. 液位式静力水准仪由于液位变化直观、原理简单，且测量液位的技术较为成熟，因此种类繁多。液位测量的方式主要分为机械式、非机械式两种。

7. 压差式静力水准仪由储液器、进口超高精度芯体和特殊定制电路模块、保护罩等部件组成。沉降系统由多只同型号传感器组成，储液罐之间由通气管和通液管相连通，基准点置于一个相对稳定的基点，当测点相对于基准点发生升降时，将引起该测点压力的变化。通过测量传感器压力的变化，来计算测点相对基准点的升降变化。主要包含压差式静力水准仪、储液罐、底板、管接头、干燥管、通气管、通液管、接长管接头、生胶带等。

（张　潇）

219　建筑地基磁环式分层沉降仪的埋设注意事项有哪些？

分层沉降测点按照处理分区设置，在插板施工完成后布设，沉降磁环的安装流程及注意事项如下：

1. 沉降管使用 ϕ53mm 的 UPVC 管，单根沉降管长度 2m，采用钻孔方式埋设。钻孔孔径需略大于沉降管外径，钻孔内径 ϕ90mm 较为合适。沉降管上、下底盖和接头处采用密封胶合及防水生料带缠绕后连接并用连接螺钉固定。

2. 将沉降管底部装上底盖，逐节组装，每间隔 5m 安装 1 支沉降磁环，共 5 支。沉降磁环弹片向下，用配套纸绳捆绑弹片，沉降磁环由普通透明胶带粘贴于沉降管外壁上，胶带及纸绳遇水不久后失去作用，弹片展开插入土体；由此沉降磁环随土体移动而产生位移。若在安装中，当磁环的间距不是设计指定的整数时，可采用调整沉降管长短或调整定位环位置的方法来解决。磁环向下要有不小于 1. 5m 的沉降距离（见图 219）。

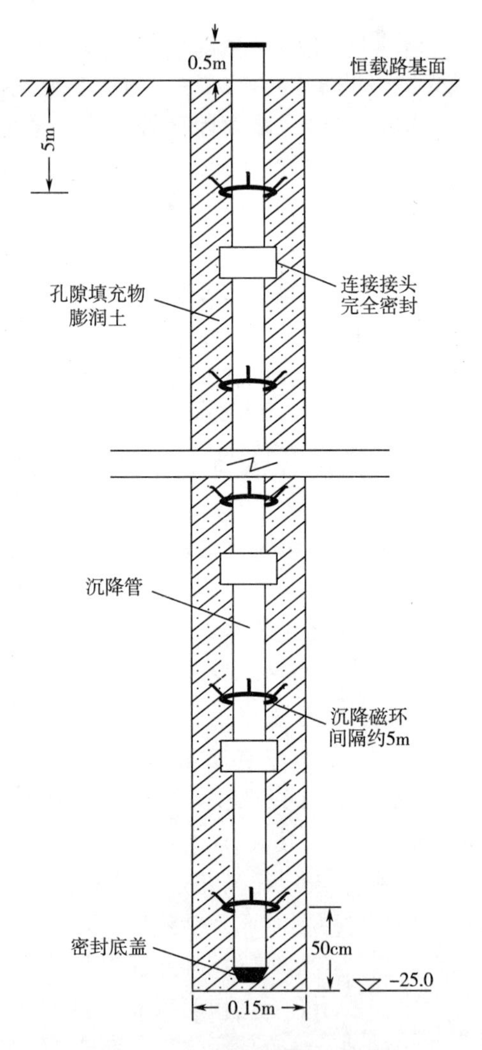

图 219　沉降磁环埋设示意图

3. 所有接头部位及上下底盖都必须严格密封。具体方法是：将接头上好后，先用四颗小螺丝固定接头，然后用“四氢呋喃”（一种化学试剂，呈液体状态）与 PVC 颗粒原料调成混合物，将其沿接头部位慢慢渗入，待其稍干后，再用“四氢呋喃”沿接头部位用毛笔慢慢点一部分，使接头与管子完全溶在一起（“四氢呋喃”不要用太多，因为“四氢呋喃”可与 PVC 管完全溶解)。

4. 钻孔成孔后应尽快将沉降管埋入孔中，并向管中灌入清水，以提高埋设速度及减少沉降管弯曲；下入钻孔内预定深度后，即向沉降管与孔壁之间的间隙由下而上逐段灌浆或用膨润土填实，以加快其稳定，沉降管口周围 500mm 范围内人工夯实。管口应及时加盖封住管口，以避免填料落入管内，影响传感器下沉的自由度。

5. 沉降管高度应高于填土高度，在上部管口做好标记，以此作为测试时的参照点；沉降管口可采用四等直接水准联测，并不定期复测，在堆载施工期间，加密联测频次，保证路基软土深层各高程位置分层沉降磁环的沉降变化量测精度。

（张　潇）

220　如何进行分层沉降的观测?

1. 分层沉降监测的观测方法采用管口标高法。安装完成后以管口为基准点，从上往下逐点测试。测试前，打开仪器电源开关，用一沉降环套住探头移动，当沉降环遇到探头的感应点时，发出声光报警，同时仪表有指示，说明仪器工作正常。

2. 观测时，以管口为标高，拧松绕线盘后面的止紧螺丝，顺孔放入探头，手拿钢尺电缆，让探头缓慢地向下移动，当探头敏感中心与沉降环相交时，仪器发出“嘟”的响声，并伴有灯光指示，电表指示值同时变大。此时钢尺在参照点上的指示值即是沉降环所在深度值。这样逐步测量到孔底，称为进程测读；当在该导管内收回测量电缆时，也能通过土层中的磁环，接收系统的音响仪器发出的音响，此时也须读写出测量电缆在管口处的深度尺寸，如此测量到孔口，称为回程测读。取进程读数和回程读数的平均值作为该测点的测值。

3. 每个点埋入后，应测出稳定的初始值，一般测 2~3 次，取得稳定的初值。以后每次测值与初值之差即为该点的沉降量。

4. 每次对沉降进行观测，读尺深度的参考点始终为沉降管管口，沉降管管口采用相应等级的几何水准观测取得，随堆载填筑的施工进展进行接管并监测水准，监测过程中需不定期对沉降管口高程进行复测，若发生沉降管下沉，应对观测数据进行匹配调整。

（张　潇）

12.3　基本监测方法与技术要求

221　如何对变形监测方法进行总体分类?

应用于变形监测的方法有很多，况且新的方法也不断被应用于变形监测。我们可以把变形监测的基本方法概括为以下几种：

1. 常规大地测量方法。

（1）常规的大地测量方法，指的是利用常规的大地测量仪器测量方向、角度、边长、高差等技术来测定变形的方法。包括布设成三角形网、各种交会法、极坐标法以及几何水准测量法、三角高程测量法等。

（2）常规的大地测量仪器，有光学经纬仪、光学水准仪、电磁波测距仪、电子经纬仪、电子全站仪以及测量机器人等。

（3）常规大地测量方法主要用于变形监测网的布设以及每个周期的观测。

2. 卫星定位测量方法。

（1）卫星定位测量技术在测量的连续性、实时性、自动化及受外界干扰小等方面表现出了越来越多的优越性。

（2）使用卫星定位差分技术进行变形测量时，需要将一台接收机安放在监测体以外的稳固地点作为基准站，当然也可以利用已有的 CORS 系统，另外一台或多台卫星定位接收机天线安放在监测体上作为流动站。

（3）卫星定位测量方法，可以用于测定场地滑坡的三维变形、大坝和桥梁水平位移、地面沉降以及各种工程的动态变形，如风振、日照及其他动荷载作用下的变形等。

3. 数字近景摄影测量方法。利用高精度数码相机对变形体进行摄影，然后通过数字摄影测量处理获得变形信息。与其他方法相比较，数字近景摄影测量方法具有以下显著特点：

（1）信息量丰富，可以同时获得监测体上大批目标点的变形信息。

（2）摄影影像完整记录了监测体各时期的状态，便于后续处理。

（3）外业工作量小，效率高，劳动强度低。

（4）可用于监测不同形式的变形，如缓慢、快速或动态的变形。

（5）观测时不需要接触监测体。

4. 三维激光扫描方法。地面三维激光扫描应用于变形监测，具有以下特点：

（1）信息丰富。地面三维激光扫描系统以一定间隔的点对监测体表面进行扫描，形成大量点的三维坐标数据。与单纯依靠少量监测点对监测体进行变形监测研究相比，具有信息全面和丰富的特点。

（2）实现对监测体的非接触测量。地面三维激光扫描系统采集点云的过程中完全不需要接触监测体，仅需要站与站之间拼接时，在监测体周围布置少量的标靶。

（3）便于对监测体进行整体变形的研究，地面三维激光扫描系统通过多站的拼接，可以获取监测体多角度、全方位、高精度的点云数据，通过去噪、拟合和建模，可以方便地获取监测体的整体变形信息。

5. InSAR 方法。合成孔径雷达干涉测量（InSAR）技术使用微波雷达成像传感器对监测体（地面）进行主动遥感成像，采用一系列数据处理方法，从雷达影像的相位信号中提取监测体（地面）的变形信息。

（1）用 InSAR 技术进行监测体（地面）变形监测的主要优点在于：①覆盖范围大，方便迅速；②成本低，不需要建立监测网；③空间分辨率高，可以获得某一地区连续的地表形变信息；④全天候，不受云层及昼夜影响。

（2）目前对于大面积的沉降监测，可以采用星载 InSAR；而对于工程类的变形，如滑坡监测或大坝外观变形监测等，可以采用 GBSAR。

6. 专用的测量技术手段。变形测量除了上述测量手段外，还包括一些专门手段，如应变测量、液体静力水准测量、准直测量、倾斜测量等。这些专门的测量手段的特点主要有测量过程简单，容易实现自动化监测和连续监测，可提供局部的变形信息。

（1）应变测量。应变测量采用应变计工作原理，分为两类：一类是通过测量两点距离的变化来计算应变；另一类是直接用传感器，实质上是一个导体（金属条或很窄的箔条）

埋设在监测体中，由于监测体中的应变使得导体伸长或缩短，从而改变导体的电阻。导体电阻的变化用电桥测量，通过测量电阻值的变化就可以计算应变。

（2）液体静力水准测量。液体静力水准测量，是利用静止液面原理传递高程的方法，即利用连通管原理测量各点处容器内液面高差的变化，以测定垂直位移的观测方法，可以测出两点或多点间的高差。适用于建筑物基础、混凝土坝基础、廊道和土石坝表面的垂直位移观测。一般将其中一个观测头安置在基准点，其他各观测头放置在目标点上，通过它们之间的差值就可以得出监测点相对基准点的高差。该方法无须点与点之间的通视，容易克服障碍物之间的阻挡，另外，还可以将液面的高程变化转化成电感输出，有利于实现监测的自动化。

（3）准直测量。准直测量，就是测量测点偏离基准线的垂直距离的过程。它以观测某一方向上点位相对于基准线的变化为目的，包括水平准直和铅直两种。水平准直法为偏离水平基线的微距离测量，该水平基准线一般平行于监测体（如引张线）。铅直法为偏离垂直线的微距离测量，经过基准点的铅垂线作为垂直基准线（如正倒锤）。

（4）倾斜测量。基础不均匀的沉降将使建筑物倾斜，对于高大建筑物影响更大，严重的不均匀沉降会使建筑物产生裂缝、甚至倒塌。倾斜测量的关键是测定建筑物顶部中心相对于底部中心或者各层上层中心相对于下层中心的水平位移矢量。建筑物倾斜观测的基本原理大多是测出建筑物顶部中心相对于底部中心的水平偏差来推算倾斜角，常用倾斜度，即上下标志中心点间的水平距离与上下标志点高差的比值来表示。

（徐亚明）

222 基于水平位移和垂直位移监测如何对监测方法进行分类？

1. 水平位移监测。

（1）目前使用较多的常规的传统方法主要有三角形网、极坐标法、交会法、自由设站法、卫星定位测量、地面三维激光扫描法、合成孔径雷达（SAR）和多孔径合成雷达干涉测量（INSAR）方法、微变形测量（IBIS-L）法、正倒垂线法、视准线法、引张线法、真空激光准直法、精密测（量）距法、伸缩仪法、多点位移计法、倾斜仪法、卫星实时定位测量（GPS-RTK）法、摄影测量法等。

（2）自动化监测：测量机器人（全站仪）自动跟踪测量法、卫星定位测量法、融合测量机器人+卫星定位系统自动化观测方法。

（3）需要说明的是，这些方法主要是指外部变形监测。内部变形监测，另行说明。

2. 垂直位移监测。

（1）常规垂直位移监测：几何水准测量法、液体静力水准测量法、竖直传高法、电磁波测距三角高程测量法、卫星定位测量法、INSAR 干涉测量法、电气泡倾斜仪法、水下河道冲刷大比例尺高精度地形测绘（通过重复测绘进行比较分析）等。

（2）专门设计的方法：分层沉降观测仪法、真空激光位移测量系统、多点位移计法。

（3）专门的标型设施：双金属标、钢管标、平硐标。

（4）电气泡倾斜仪，是用来测量大坝及岩体相对垂直位移、水平位移及表面转动角度变化的仪器。

（张　潇）

223　如何实施正垂线、倒垂线、引张线的观测？

正垂线、倒垂线、引张线由于其监测精度高、观测简便等优点，广泛用于各类大型水工、桥梁、高铁等建筑上，以及大型船闸、高边坡等形成的马道监测中。

1. 基本技术要求。

（1）一条引张线（包括其端点）、正倒垂线的观测，应在当天之内完成。

（2）首次值两次观测，应在一天之内完成。首次观测为连续两次观测取其平均值作为首次值。

（3）正、倒垂线观测者一般情况下应固定人员。

（4）周期为一月的，两次观测的时间间隔一般不超过 30±5 天。

2. 观测仪器及检查。

（1）正、倒垂线观测采用光学垂线坐标仪。

（2）检测零位的装置必须保护好，有专门的检测房并加锁以防失真，首次零位的测定，测两次分上下午进行，取两次平均值作为首次零点值。

（3）正倒垂线观测应在每月进行观测前、后，检测垂线坐标仪零位，并计算出与首次零位之差，取前后两次零位差之平均值作为本次观测值的改正数。每次观测过程中如发现仪器异常，则应停止观测。然后进行仪器零点的测定。如测定坐标仪零点值有一项大于 1. 6mm，则在这次检测之前的观测应重测，正常则检测之前的观测零点改正取本次零点差值与测前零点差值的平均值，本次测定的坐标仪零点作为以后的测前值。

3. 正、倒垂线观测技术规程。

（1）正、倒垂线观测前，必须检查该垂线是否处在自由状态；倒垂线浮子是否没入液体中，浮子是否保持了恒定；三维倒垂竖向标志应无异常（无松动滑动等），坐标仪基座清洁干净，定位槽中无尘埃、异物。

（2）一条垂线各测点的观测，应在 12h 内完成。

（3）每一测点的观测，将仪器置于底盘上，调平仪器，测微器按顺时针旋进照准，测中心线两次，读记观测值，构成一个测回。取两次读数的平均值作为该测回之观测值，两次照准读数差不得超过 0. 15mm，依次进行纵横坐标值观测，每一测次应观测两测回，两测回观测值之差不得大于 0. 15mm。

（4）三维倒垂观测在调平仪器后，每一测回先进行竖向观测，照准竖向标志最近刻划线两次，读记观测后，构成一测回。两测回观测值之差不得大于 0. 15mm。

（5）垂线观测测回间应重新整置仪器。如测回值之差超限应重新进行本次观测，不得只补测其中的一测回。

（6）同一组正、倒垂线及其量距观测应尽量同步进行，必须在 12h 内完成。

4. 引张线观测技术规程。

（1）每次观测与其端点正倒垂线观测同时进行，并在当天完成。

（2）每次观测前应调试，使全测线处于观测的良好状态，即浮船和钢丝应自由灵敏，钢丝高于尺面 0. 5mm 左右为宜。

（3）每测次观测两测回（从测线一端观测到另一端为一测回），测回间应在若干部位轻微拨动钢丝，待其静止后再观测。

（4）观测时，每测点应分别照准钢尺上最近整毫米刻线中心读数两次，照准钢丝左、右边缘读数各一次。观测顺序为刻线—钢丝左—钢丝右—刻线。钢丝左右边缘读数差和钢丝直径之差不超过0.15mm，刻线两读数也不超过0.15mm，取钢丝左右边缘读数之平均值与钢尺刻线中心读数之平均值之差，为测回观测值，两测回观测值之差不超过0.15mm，取两测回平均值与整毫米刻线读数之和为该测次观测值。

（5）每次观测的当天应将观测值与前次观测值进行比较，如发现异常则应检测该观测和该部位，无误后将情况上报。

（张　潇）

224　如何用解析方法确定倒垂有效孔（管）径及中心？

1. 基本情况。

（1）在变形监测工作中，为了对倒垂孔的钻孔质量进行验收，就需要对倒垂钻孔进行测量。一般每间隔1m或2m深度测量一个孔中心位置坐标，然后对这些测量数据进行处理，求出钻孔的有效孔径。

（2）倒垂装置安装前，需测量钻孔中的保护管的有效管径，并需求出保护管的有效中心位置，以便将倒垂线安装在有效中心。

（3）以往的工程实践中，通常采用图解法确定倒垂有效孔（管）径及其中心位置。这种方法虽然比较直观，但需利用AutoCAD做出众多所测圆，然后在这些圆中间做出一个圆，并使所做圆尽可能最大但不与所测圆相交，才能确定有效孔径和有效孔中心。

（4）随着工程技术的不断发展，作为平面监测基准的倒垂孔越来越深，不仅对测量精度要求提出了更高的要求，对计算方法的精度也更加严格。为克服工作量繁杂的传统方法所带来的诸多不便，快捷、准确地计算出倒垂的有效孔径，通过对多个倒垂孔的对比性研究，研制使用解析计算的方法，使得计算程序化、自动化，显著提高效率。

2. 倒垂孔的基本型式。在工程中的倒垂装置，有一种直径及多种直径（变径）的钻孔或保护管两种情况。

（1）整个保护管上下直径都相等，计算时只需求出相交空间最小的两圆或三圆的内切圆的直径和圆心即为保护管的有效管径和有效中心，其中空间最小的相交圆最多只需确定三个，如果有超过三个的圆与有效圆相切，则其他圆只是同时与有效圆相切，因为三个圆心不在一条直线上的圆的内切圆只有一个，如果第四个圆与这三个圆的共同内切圆不是这三个圆确定的内切圆，则这三个圆的内切圆就有两个，这必定不正确，所以最多只需确定三个圆就能求出有效圆。

（2）有多种直径的情况，在倒垂孔的施工中，钻孔中的保护管直径就出现两种不同直径的多圆求有效孔径和中心的问题。

3. 解析方法的基本原理、计算模型和步骤。

（1）建立坐标系。为便于计算，一般采取测量坐标系。为了方便测量，坐标系中心位于测量孔口中心，如图224-1所示。

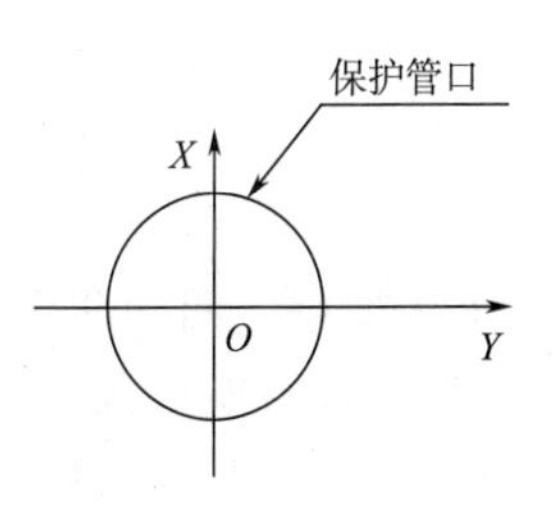

图224-1　孔口坐标系图

（2）有效孔径及中心计算。

1）只有一种直径的多圆相交。多圆相交关键在圆心，因为圆的位置是由圆心控制的，因此，可以从圆心入手，见图224-2。两圆相交的公共部分与两圆心的距离的关系为两圆心的距离越大，公共部分就越小，即有效孔径越小，假设测量孔（管）的直径为 D_1，于是，可利用所有测量的圆的圆心进行计算，即求出所有圆中的圆心相距最大的两圆，若求出的最大距离为 S，假设距离最大的两个测量圆的圆心为 $O_1(X_1, Y_1)$、$O_2(X_2, Y_2)$，于是可求出这两圆心的连线的方位角 α。则可求出有效孔径为：

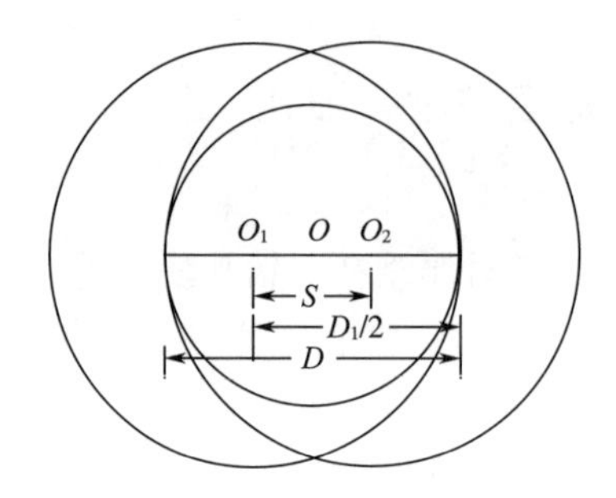

图 224-2 同孔径两圆相交有效孔径图

$$D = D_1 - S$$

有效孔中心坐标为：

$$X = X_1 + (D_1/2 - D/2)\cos\alpha$$
$$Y = Y_1 + (D_1/2 - D/2)\sin\alpha$$

因为是多圆相交，所以还有可能有的圆与其他圆相交的公共部分不是最小，但其与上述计算出的有效孔相交，为了保证所计算出的有效孔与所有圆都不相交，则进行下一步工作。如图224-3，计算出上述求出的有效孔中心 O 与所有圆圆心的距离，求出距有效中心 O 最远的距离为 S_1 及最远圆的圆心 O_i，如果 $D_1/2 - S_1 \leqslant D/2$，则所求得的有效孔径和中心即为最终成果；反之，即 $D_1/2 - S_1 > D/2$，则两圆相交，且刚求出的最远圆 O_i 为与第一次求出的有效孔公共部分最少。则可确定有效圆必定与圆 O_i、O_1、O_2 同时相切。再利用圆心来求出有效孔中心，因有效孔与圆 O_i、O_1、O_2 同时相切，则有效孔中心与三个圆的圆心的距离必定相等，即有效孔中心为圆心 O_i、O_1、O_2 三点连线组成的三角形的外接圆的圆心。因为圆心 O_i、O_1、O_2 三点为已知的测量值，则利用正弦定理可求出三圆心连线组成的三角形的外接圆的半径为 R，则有效孔半径为 $D_1/2 - R$，有效孔径为 $2(D_1/2 - R)$，然后可求出有效孔中心的坐标。如果有超过三个以上的圆与有效圆相切，则必定与其中三个圆相切，根据三点确定一个圆的原理（三点肯定不在一条线上），其他圆只是同时与这三个圆求出的有效圆相切。则所求的有效孔径即为最终结果。

2）有多种直径的多圆相交。其实多种直径的多圆相交，可以将所有圆一起进行计算，求出最小空间的两个圆或三个圆（即确定与有效圆相切的测量圆圆心和对应的直径），然后计算有效圆，为了计算简化，可先将直径相同的圆分别计算，分别求出构成相同直径的圆相交的最小空间的圆，计算方法如上。假设有 N 种直径，则最多可求出 $3N$ 个圆。

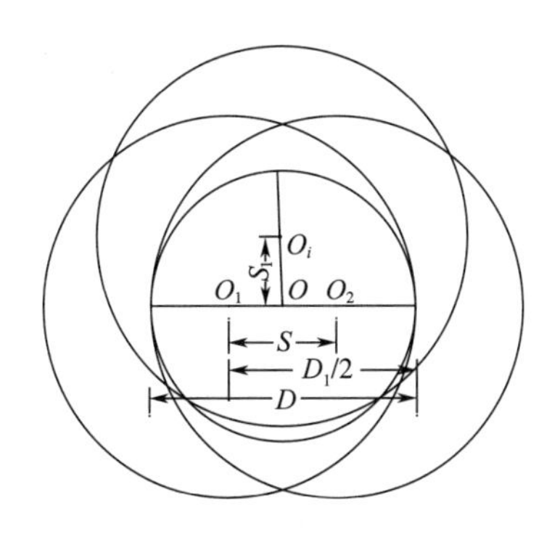

图 224-3　同孔径多圆相交有孔径图

再利用上面求出的这些圆进行计算。求出这些圆相交的两两之间的最小空间，若计算的两圆直径为 D_1 和 D_2，最小空间可用（距离）$AB = D_1/2 + D_2/2 - S$ 来判断，判断出空间最小的两测量圆 O_1 和 O_2，如图 224-4 所示，求得其有效孔径和有效中心为 D 、$O(X,Y)$ 。如图 224-4，O_1 直径 D_1 大于 O_2 直径 D_2，则有效孔径必定位于圆心 O_1 与 O_2 连线上，则可求出圆心 $O_1(X_1, Y_1)$ 与 $O_2(X_2, Y_2)$ 的距离 S 和方位角 α 。则有效孔径为 D（A 与 B 点的距离），$D = D_1/2 + D_2/2 - S$ 。

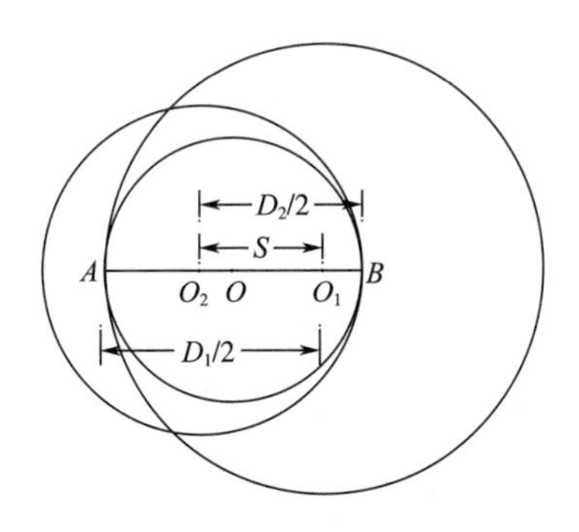

图 224-4　变径两圆相交有效孔径图

有效孔中心坐标为：

$$X = X_1 + (D_1/2 - D/2)\cos\alpha$$
$$Y = Y_1 + (D_1/2 - D/2)\sin\alpha$$

然后求出每个测量圆的半径 R_i 与其圆心到刚计算出的有效中心 O 的距离 D_i 之差，即 $R_i - \sqrt{(X - X_i)^2 + (Y - Y_i)^2}$ ，找出最小值时的圆心 O_i 、R_i ，判断出最小值是否大于刚计算出的有效圆的半径，如图 224-5，即判断出其是否 大于或等于 $D/2$，如果其大于或等于 $D/2$，则没有其他圆与刚求出的圆相交，则刚求出的有效孔径和有效中心 D 、O（X，Y）即为最终结果，反之，则刚求出的有效圆还与其他圆相交，且与刚求出的圆 O_i 相交空间最多（公共部分最少），则有效圆与三个圆相切。

在确定了有效圆与三个圆相切后，再进行下面的计算：如果三个圆的直径相等，则利用上面相同直径圆相交的计算方法计算；如果三个圆的直径不全相等，见图 224-6，圆 O_1、O_2 为最先判断出的空间最小的两圆，O_i 为第二次判断与第一次计算出的有效圆相交的

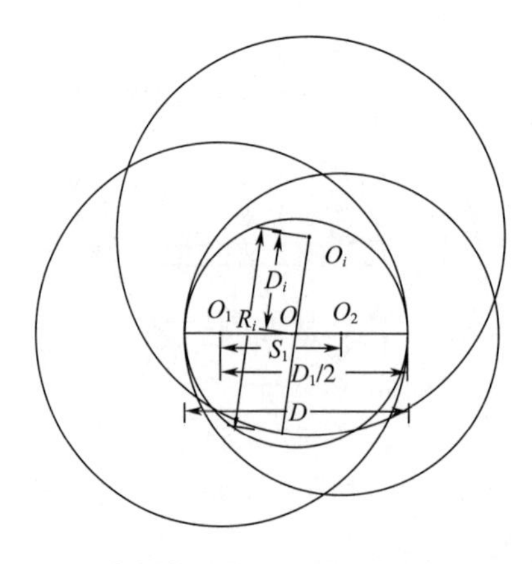

图 224-5　变径多圆相交计算有效圆半径判断图

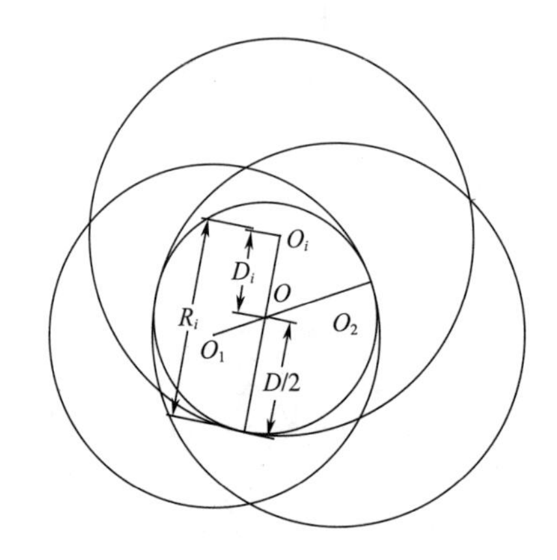

图 224-6　变径多圆相交计算有效孔径解析图

测量圆，其直径分别为 D_1、D_2、D_i，圆心坐标分别为 (X_1, Y_1)、(X_2, Y_2)、(X_i, Y_i)。假设最终有效孔径和有效中心为 D、$O(X, Y)$，其与三个圆相切，利用 O_1、O_2、O_i 三个圆，就可列出三个方程：

$$R_i - \sqrt{(X - X_i)^2 + (Y - Y_i)^2} = D/2$$

$$R_i - \sqrt{(X - X_1)^2 + (Y - Y_1)^2} = D/2$$

$$R_i - \sqrt{(X - X_2)^2 + (Y - Y_2)^2} = D/2$$

解出这三个方程，求出的值为内切圆和外切圆的圆心坐标和半径，在这里取内切圆的圆心坐标为有效孔中心坐标，内切圆的直径为有效孔径。

如果有超过三个以上的圆与有效圆相切，则利用其中的三个圆就能计算出有效圆，所以可以认为计算时最多只有三个圆与有效圆相切。

4. 解析方法的精度及优势。

（1）工程实践表明，使用解析法时有效孔与测量圆相切的精度更高，且能够解决图解法很难判断出情况和问题。

（2）内业处理中，只需将测量圆的坐标直接输入计算机，很快就能计算出结果，这就大幅地提高了效率。即使是在现场测量时，也可以使用便携计算机测量一个就输入一个数据，测量完成时就可以直接计算出有效孔径和有效中心，有利于现场直接掌握验收结果。

（3）在同时使用图解法与解析法时，通过出现有出入的倒垂孔核查分析：利用计算机将解析法的结果绘成图，发现有效孔与测量圆相切得非常好，而图解法与解析法的出入主要为构成有效圆的测量圆有微小差别。如果构成有效圆的测量圆为三个，即有效圆是由三个测量圆求得，图解法就很难判断出这种情况。

（4）采用图解法与解析法进行对比时，发现图解法多次确定的圆不准确。经利用解析法在计算机上通过程序计算有效孔径和中心，再将计算结果在计算机上利用 AutoCAD 做出图形，计算出的有效孔与测量圆相切得非常吻合。

（张　潇）

225　用于深层水平位移监测之测斜管的埋设要点？

在大型边坡深层岩体、土体及基坑等监测中，常常安装有观测深层位移的测斜管。测斜管与测斜仪配套使用进行观测，其测量的是测斜管轴线与铅垂线的倾斜角度。因此，使用测斜仪需事先埋设好测斜管。

测斜管的埋设安装是一个关键环节，质量好坏决定测斜仪的测量系统能否正常工作。如果埋设安装不当，就会产生测斜孔报废的情况。

1. 钻孔技术指标及质量控制。

（1）钻孔测斜仪测孔孔位、孔深、孔斜应严格按设计图纸放样和施钻，孔深达到设计深度，超深控制不大于 500mm。

（2）钻孔终孔直径为 ϕ110mm。控制钻孔铅直度偏差在 50m 内不大于 3°，孔位偏差不大于 200mm。钻孔岩芯进行地质素描。

（3）检查钻孔是否畅通，核实钻孔深度和倾斜度，确保钻孔孔壁平整光滑且轴线一致，全面清洗钻孔，清除孔内残留岩粉。

2. 测斜管安装技术要点。

（1）测斜管安装前检查是否平直，两端是否平整，对不符合要求的测斜管进行处理或舍去。

（2）使测斜管的一对导槽朝向可能的边坡运动方向。测管上印有一条引导线，安装时应始终保持这个方向。

（3）测斜管采用现场逐节组装的方法进行安装。确保导管及底部管帽封闭牢靠，以防止水泥浆进入管内。安装过程中使导管中的一对导槽方向与预计的岩体位移方向相近。用测扭仪测量测斜管导槽转角，以保证测斜仪探头沿导槽方向畅通无阻。

3. 灌浆流程及其技术要点。准备好搅浆机、灌浆管及灌浆阀门等灌浆器具。搅浆时将所有的水泥块搅散，并保持一定的浓度，使浆液能够迅速沉淀，同时又不至于将灌浆阀门及灌浆管堵塞。灌浆管确保伸入孔底（插在测斜管及钻孔之间的空隙）。

（1）清理钻孔岩屑，按照规程测量钻孔深度，装上底帽。

（2）下放测斜管直到孔底，并防止测管上浮，封好管口防止浆液进入。

（3）将灌浆管下放到孔底并用泵将浆液泵入。

（4）水泥浆沉淀并固结后，根据需要对孔口附近补灌，然后安装保护帽。

（5）灌浆后，应用压力水将测孔内壁冲洗干净，并在孔口加盖保护。

（6）记录每一测斜管接头的深度，测定导槽的方位。测斜仪示安装示意如图 225 所示。

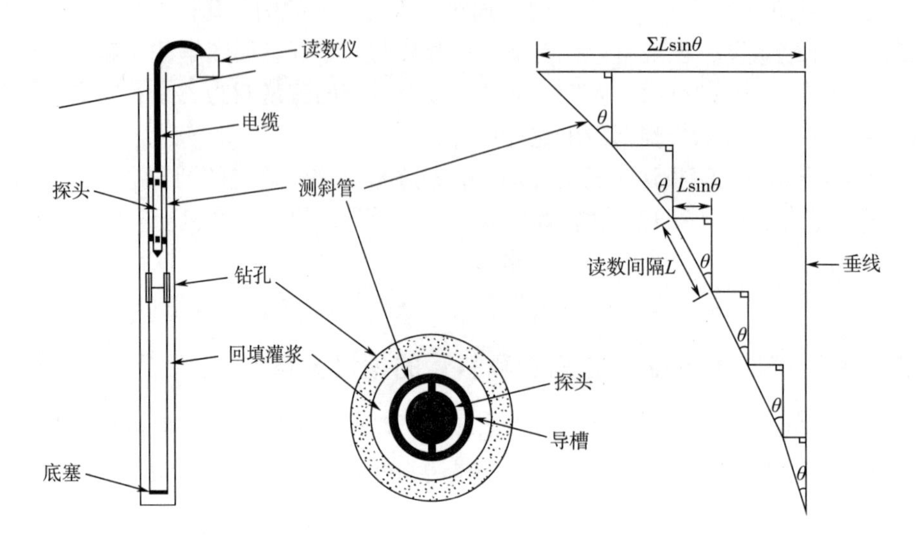

图 225　钻孔测斜仪安装埋设示意图

（张　潇）

226　地基雷达干涉测量的概念、原理和作业的主要技术要求？

1. 地基雷达干涉测量系统。

（1）IBIS 是一种基于微波干涉技术的创新雷达，称为地基合成孔径干涉雷达系统或远程微变形雷达测量系统。

（2）IBIS 系统是由意大利 IDS 公司和佛罗伦萨大学长达八年的合作研究成果。该系统集成了步进频率连续波技术（SF-CW）、合成孔径雷达技术（SAR）和干涉测量等先进技术，确保了 IBIS 系统拥有极高的距离向和横向分辨率。

（3）IBIS 系统利用差分干涉测量技术，对于监测体的每一次测量都包括两方面的信息，即振幅 $I(n)$ 和相位 φ_n，将在不同时间测量的监测体的相位信息的差异进行比较，通过 IBIS 得到的位移变化量是在距离向的变化量，通过软件可以投影到其他任意方向上，可以得到 0.01mm 的位移变化量。

（4）IBIS 系统具有远距离、高精度、大范围的监测特点。

（5）IBIS 系统有 IBIS-L 和 IBIS-S 两种型号。其中 IBIS-L 主要适用于大坝和滑坡监测，测量精度可达 0.1mm；IBIS-S 主要适用于桥梁和建（构）筑物的变形监测，测量精度可达 0.01mm，可以探测到建（构）筑物上某点 50Hz 的振动频率。

（6）IBIS 系统主要受视线向相位误差和大气折射误差的影响，测量精度与监测目标反射率有关。

2. 地基雷达干涉测量系统的原理。

（1）地基雷达干涉测量设备按其成像原理和数据特征分为地基合成孔径雷达、地基真实孔径扫描雷达和地基雷达干涉仪。地基合成孔径雷达和地基真实孔径扫描雷达采集目标区域二维雷达影像，测定区域内各像元在雷达视线向的变形分量，能够用于自然边坡、人工支护边坡、露天煤矿、大坝坝体、危岩体和滑坡等区域性地表或结构变形测量。地基雷达干涉仪采集线形结构目标一维复矢量数据，能够以较高的频率测定各像元在雷达视线向的变形分量，能够用于桥梁、高层建筑和塔柱等线形结构环境振动变形测量与结构模态分析。

（2）地基雷达干涉测量数据处理模式分为连续性变形监测数据后处理、周期性变形监测数据后处理和准实时变形监测等。

（3）监测目标要求具有较好的后向散射能力，如裸露的岩体、混凝土结构和干燥的土体等；需要时，可布设人工角反射器等协作目标，目的是为增强回波信号，且能用直接计算分析角反射器位置处的变形代替监测对象的变形；角反射器规格大小根据雷达分辨能力合理确定，其大小不能过大以降低旁瓣效应影响。

（4）设备启动后要有预热时间，以保证采集的影像数据具有稳定的热噪声，且要求舍弃初始 5~10 景影像。

3. 地基雷达干涉测量系统技术要求。《工程测量标准》GB 50026—2020 首次将地基雷达干涉测量技术纳入变形监测方法，并给出了作业的技术规定：

（1）作业前应分析项目变形特点，预估变形速率，确定监测特性和监测周期，选用具有相应参数的雷达设备，搭建监测平台。

（2）地基雷达干涉测量作业应满足下列要求：

1）应以雷达波束中心线为参考设计雷达测量视角，并将主要监测目标置于雷达波束最优辐射区域内，目标主变形方向和雷达视线向夹角不宜超过 60°，以确保雷达回波信号强度。

2）应选择雷达波束辐射范围内稳定区域作为主要变形区域变形计算的参考基准，也可以选择稳定的基岩体或前期监测分析时已确定的稳定区域作为稳定的测量基准。

3）测区目标应具有较好的后向散射能力。当回波信号强度整体较弱时可布设人工角反射器等协作目标，角反射器大小应根据雷达分辨率和传输距离合理确定。回波信号强度较弱是指雷达无法连续有效接收回波信号，出现时断时续的情形。

4）连续性准实时变形监测系统设计时，应加快高相干点目标选取和干涉处理的速度，以达到快速提取变形的目的。

（3）分析处理影像数据提取变形时，应满足下列要求：

1）数据处理与变形计算应基于稳定可靠的高相干点目标进行，并剔除虚假信号像元、低相干点目标像元。

2）连续性变形监测数据后处理，由于相邻影像采集时间间隔较短，可采用时域相位差分方式计算变形序列；周期性变形监测数据后处理，可将各周期影像之间构成干涉对，采用差分干涉处理或时序分析思路提取变形序列。

3）地基雷达变形测量数据应借助外部地形数据进行严密的地理编码、坐标变换和变形投影，恢复像元的三维位置。

4）应分析改正环境因素对雷达影像数据的影响。当测区横纵跨度不大时，首先分析参考点的稳定性，然后选取稳定的参考点进行环境改正；当测区在距离向或方位向跨度较大时，需在监测过程中同时采集气象参数，利用参考点，采用多元改正模型或结合更加精细的气象模型进行环境改正。

5）预先确定主变形方向后，可将雷达视线向变形分量成果转换计算至主变形方向上。主要变形区域是指变形量最大的变形核心区域。

（4）地基雷达干涉测量作业还应符合下列规定：

1）应合理选择观测时段，避开雷电、降雨和降雪等恶劣天气及强电磁场干扰，防止设备暴晒。

2）监测基础平台应稳固避免震动，作业过程中应防止人员走动等干扰。

3）设备应连续供电，连续性变形监测应确保设备稳定持续的采集影像，因断电、人为调整或故障等原因导致影像采集中断的时间不宜过长，中断后应及时重新开始影像采集。

4）对周期性变形监测，在每个监测周期内应连续稳定采集多景影像。

5）准实时变形监测，应搭建能够实时传输和管理数据的网络数据库管理系统，并配套准实时处理和分析雷达影像数据的软件平台。

（王百发）

227　光纤光栅传感器的概念和监测技术要求是什么？

光纤光栅传感器技术，采用光作为信息载体，用光纤作为传递信息的介质，兼具光纤及光学测量的特点。具有重量轻、体积小、耐腐蚀、精度高、反应灵敏、能实时自动监测的特性。能用于土木工程中的应力、应变、变形（位移、沉降、倾斜等）、水位、温度、压力、振动、加速度、倾角等的监测。

《工程测量标准》GB 50026—2020 首次将光纤光栅传感器技术纳入变形监测方法，并给出了作业的技术规定：

1. 传感器宜埋设在结构体的内部，也可埋设在结构体的表面。作业前应根据项目特点和现场情况，选定传感器的埋设方式、数据传输方式和相应的光纤光栅解调器、配套解调软件和数据分析软件。

2. 传感器的量程宜为预计最大变形值的 1.2 倍。

3. 传感器埋设在结构物表面时，传感器的光纤电缆连接应稳固，并采取保护措施，避免硬折弯损伤。

4. 埋设时传感器的量测方向应与结构物的变形方向一致。

5. 解调器不宜满负荷工作，需要预留足够的通道接口。

6. 宜采用固定 IP 地址的网络服务器，所有监测数据应汇聚到该服务器上存储和传输，并使用计算机和相应的数据分析软件进行处理。

（王百发）

12.4　工业与民用建筑变形监测

228　建（构）筑物沉降观测的实质是什么？

1. 建（构）筑物沉降观测的实质，实际上是监测建（构）筑物的地基基础沉降，直接反映的是地基基础的变化情况。

2. 若建（构）筑物的基础发生整体均匀下沉，则上部建筑结构主体会跟着相应下沉，不可能是空中楼阁。基础的下沉量与建筑基础处理的方式、方法以及处理深度直接相关。均匀性沉降倒不会发生大的危险，若超过一定的限度，则会直接导致与建筑物相连的各种管线（如给水排水、电力、燃气、通信等）发生损毁，相关的连廊也会发生竖向挫裂。更严重者会导致一楼发生雨水倒灌。因此，相关标准会对建筑基础的沉降量做出统一的规定。如体形简单的高层建筑基础的平均沉降量不能超过 200mm。

3. 若建（构）筑物的地基基础发生不均匀沉降又称差异沉降，如果仅是局部的不均匀沉降且变形较大时，则会引起相关墙体产生裂缝并引起相关梁、板开裂。但局部变形不会危及主体安全。若发生大面积、有规律且趋势明显的地基基础不均匀沉降，则会引起主体倾斜；若差异沉降超过一定程度，则需进行主体倾斜监测。因此，相关标准会对工业与民用建筑相邻柱基的沉降差、多层和高层建筑物的整体倾斜、高耸结构基础的倾斜做出统一的规定。例如，高层建筑的主体倾斜不超过 2.5‰，超高层建筑主体倾斜率不超过 2‰作为限值指标。

4. 常见的建（构）筑物的地基变形允许值见表 228，该表源自国家标准《建筑地基基础设计规范》GB 50007—2011。其他类型的监测项目的变形允许值，则参考相关的设计标准，或由设计部门确定。变形监测的变形量预警值，通常取允许变形值的 75%。

表 228　建筑物的地基变形允许值

变形特征		地基土类别	
		中、低压缩性土	高压缩性土
砌体承重结构基础的局部倾斜		0.002	0.003
工业与民用建筑相邻柱基的沉降差/mm	（1）框架结构	0.002 l	0.003 l
	（2）砌体墙填充的边排柱	0.000 7 l	0.001 l
	（3）当基础不均匀沉降时不产生附加应力的结构	0.005 l	0.005 l
单层排架结构（柱距为 6m）柱基的沉降量/mm		（120）	200
桥式吊车轨面的倾斜（按不调整轨道考虑）	纵向	0.004	
	横向	0.003	
多层和高层建筑的整体倾斜	$H \le 24$	0.004	
	$24 < H \le 60$	0.003	
	$60 < H \le 100$	0.002 5	
	$H > 100$	0.002	
体型简单的高层建筑基础的平均沉降量/mm		200	
高耸结构基础的倾斜	$H \le 20$	0.008	
	$20 < H \le 50$	0.006	
	$50 < H \le 100$	0.005	
	$100 < H \le 150$	0.004	
	$150 < H \le 200$	0.003	
	$200 < H \le 250$	0.002	

续表228

变形特征		地基土类别	
		中、低压缩性土	高压缩性土
高耸结构基础的沉降量/mm	$H \leqslant 100$	400	
	$100<H \leqslant 200$	300	
	$200<H \leqslant 250$	200	

注：1　本表引用自现行国家标准《建筑地基基础设计规范》GB 50007—2011。

2　表中数值为建筑物地基实际最终变形允许值。

3　有括号的数值，仅适用于中压缩性土。

4　l 为相邻柱基的中心距离，单位为 mm；H 为自室外地面起算的建筑物高度，单位为 m。

5　倾斜指基础倾斜方向两端点的沉降差与其距离的比值。

6　局部倾斜指砌体承重结构沿纵向 6~10m 内，基础两点的沉降差与其距离的比值。

5. 就变形监测的精度取值而言，为保障建筑安全而进行变形测量，可取变形允许值的 1/10 ~1/20 作为变形测量的精度；而若为研究变形的过程，变形测量的精度则应更高。《工程测量标准》GB 50026—2020 根据高层建筑的变形敏感程度给出了相应的一、二、三等的监测精度标准和监测方法要求。

6. 就沉降观测而言，应主要依据差异沉降的沉降差允许值来确定相应的测量精度，因为均匀沉降对建筑质量安全的危害远小于差异沉降的危害。需要指出的是，某些类型的位移观测（如基础倾斜），可以采用沉降观测方法来实现。

7. 需要指出的是，工业与民用建筑的垂直度测量和建（构）筑物的倾斜监测是两个完全不同的概念。

（1）垂直度测量，通常是一次性测量过程，采用常规测量方法和普通测量精度即可满足垂直度测量的要求。属于竣工备案所要求的资料之一。

（2）倾斜监测，通常是在主体结构的垂直度接近或超过设计允许值时所进行的专项监测过程，是一个高精度、反复、持续监测的过程，且作业方法与垂直度测量区别很大。

（3）导致建（构）筑物发生倾斜的因素很多，主要包括建筑基础外围荷载发生重大变化，如大量堆土；建筑自身基础发生较大变化，如基础浸水；遭遇强大外力冲撞致使建筑承重结构发生改变或破坏；遭遇自然灾害，如发生地震、滑坡、洪水或泥石流等。

（王百发）

229　如何确定建（构）筑物的沉降稳定指标？

1. 建（构）筑物沉降观测的时间长短，要求能全面反映整个沉降过程。

2. 对于建（构）筑物沉降观测的终止观测的稳定指标值，早期的《建筑变形测量规程》编制组曾进行了调研，不同地域的指标有所差异，基本上在 0.01~0.04mm/日之间，见表 229。

表 229　几个城市采用的稳定指标

城市名称	接近稳定指标时的周期容许沉降量	稳定控制指标
北京	1mm/100d	0.01mm/d

续表229

城市名称	接近稳定指标时的周期容许沉降量	稳定控制指标
天津	3mm/半年，1mm/100d	0.017~0.01mm/d
济南	1mm/100d	0.01mm/d
西安	1~2mm/50d	0.02~0.04mm/d
上海	2mm/半年	0.01mm/d

3. 在《工程测量规范》GB 50026—93 中没有给出明确的稳定指标，只是要求：施工期间，建筑物沉降观测的周期，高层建筑每增加 1~2 层应观测 1 次；其他建筑的观测次数，不应少于 5 次。竣工后的观测周期，可根据建筑物的稳定情况确定。

4.《建筑变形测量规范》对稳定指标的判定：

（1）在 JGJ/T—97 版中规定：建筑是否进入稳定阶段，应由沉降量与时间关系曲线判定。对重点观测和科研观测工程，若最后三个周期观测中每周期沉降量不大于 $2\sqrt{2}$ 倍测量中误差可以认为已进入稳定阶段。一般观测工程，若沉降速率小于 0.01~0.04mm/d，可以认为已进入稳定阶段，具体取值宜根据各地区地基土的压缩性确定。

（2）在 JGJ 8—2007 版和 JGJ 8—2016 版中均规定为建筑沉降达到稳定状态可由沉降量与时间关系曲线判定。当最后 100d 的最大沉降速率小于 0.01~0.04mm/d 时，可认为已达到稳定状态。对具体沉降观测项目，最大沉降速率的取值宜结合当地地基土的压缩性能来确定。

（3）建筑运营阶段的观测次数，在 JGJ/T—97 版、JGJ 8—2007 版和 JGJ 8—2016 版中均规定为：应视地基土类型和沉降速率大小确定。除有特殊要求外，可在第一年观测 3~4 次，第二年观测 2~3 次，第三年后每年观测 1 次，至沉降达到稳定状态或满足观测要求为止。

5.《建筑变形测量规范》中 100d 并非最长观测期间隔，而是最长“分析期”间隔，目的是便于大家理解和接受。其最长观测期间隔为 1 年（365d）。

6. 在变形监测的具体工程应用中，大家普遍使用的就是《建筑变形测量规范》所规定的 0.01~0.04mm/d 稳定指标要求。但该区间指标往往给应用者造成某种程度的困惑：

（1）到底是用 0.01mm/d、0.02mm/d、0.03mm/d 还是 0.04mm/d？

（2）技术人员不得不依规范要求告知业主：对具体沉降观测项目，最大沉降速率的取值宜结合当地地基土的压缩性能来确定。

（3）业主则会反问：场地的地基土的压缩性究竟是大呢还是小呢？即便是进行了土的压缩性试验，也无法得出一个统一的判定标准。

（4）事实上，大家都是困惑的。

7. 其实，对于监测者来说与地基土的压缩性没有直接相关，也没有相关的必要。而 0.01mm/d 和 0.04mm/d 对建筑工程质量究竟有多大的影响和区别？有无实质性的影响和区别？我们根本不必细究，也无必要！无非就是多测一次和少测一次的问题。

8. 工程测量规范修订组在 2003 年开始修订《工程测量规范》GB 50026—93 时，就决定统一全国新建建筑物稳定指标的要求，以消除大家在使用中的疑惑。为稳妥，在国家标准《工程测量规范》GB 50026—2007 中，采用相对较严的 0.02mm/d，作为统一的终止观测稳定指标值。且明确要求：①高层建筑施工期间的沉降观测周期，应每增加 1~2 层观测一次；封顶后，应每 3 个月观测一次，应观测一年。若最后两个观测周期的平均沉降速率小于 0. 02mm/d，可认为整体趋于稳定，若各沉降观测点的沉降速率均小于 0. 02mm/d，可终止观测；不满足时，应继续按 3 个月间隔进行观测，应在最后两期建筑物稳定指标符合规定后停止观测。②工业厂房或多层民用建筑的沉降观测总次数不应少于 5 次，竣工后的观测周期，可根据建（构）筑物的稳定情况确定。

9. 需要注意的是，3 个月周期间隔的时间要求和《建筑变形测量规范》JGJ 8 的 100d 相当。但工程测量标准特别强调：若各沉降观测点的沉降速率均小于 0. 02mm/d，可终止观测。请注意这是一个确保建筑物沉降稳定的必要条件，即所有监测点都得稳定才能终止观测。这和《建筑变形测量规范》JGJ 8 的要求略有不同，属于宽中带严。

10. 通俗地讲，建筑物的稳定指标其实是指在短周期内按相应监测精度等级无法测量出来的一个指标，换句话说，就是短周期的沉降量和测量误差相当，致使无法判别究竟是沉降值还是误差值。只能借 3 个月或 100d 的长周期进行判断。到了长周期也无法准确判别的时候，就是终止观测的时候，该指标也就是相应的稳定指标。《工程测量标准》GB 50026—2020 沿用了这一规定。

（王百发）

230 如何对新建高层建筑物进行稳定评判?

《工程测量标准》GB 50026—2020 要求高层建筑物封顶后，应每 3 个月观测 1 次，应观测 1 年。若最后 2 个观测周期的平均沉降速率小于 0. 02mm/d，可认为整体趋于稳定，若各沉降观测点的沉降速率均小于 0. 02mm/d，可终止观测；不满足时，应继续按 3 个月间隔进行观测，应在最后两期建筑物稳定指标符合规定为止。比如某高层建筑物 12 月底封顶，沉降观测分别于来年的 1、4、7、10、1 月持续观测了 5 次。1~4 月为封顶后第一个观测周期，4~7 月为封顶后第二个观测周期，7~10 月为封顶后第三个观测周期，10~1 月为封顶后第四个观测周期，那么第三个观测周期和第四个观测周期的平均沉降速率都应小于 0. 02mm/d，才能认为整体趋于稳定。还有一个条件，即各监测点的沉降速率均小于 0. 02mm/d 时方能终止观测。前者是整体趋于稳定的认定条件，后者是终止观测的必要条件。若整体趋于稳定，但仍有个别点沉降速率大于 0. 02mm/d，则还需继续每隔 3 个月观测一次，直至所有点沉降速率小于 0. 02mm/d，方能终止观测。

停止观测和终止观测在标准编写使用含义有所不同，终止观测是指“有始有终”的持续观测，一旦终止后，就不再需要观测了，因为再继续测下去就没有意义。停止观测则有阶段性观测的含义，例如，按合约完成观测次数后就停止观测了，若续约则继续观测。若不续约，则应明确提出建议继续观测或密切关注某些点的沉降或水平位移变化。

要强调说明的是，0. 02mm/d 的稳定判别指标，仅适用于新建高层建筑物。对于多层民用建筑和工业厂房的稳定指标仅能用作参考，也可能工业厂房的设计单位会给出设计方的专项要求。

（王百发）

231 如何对工业园区厂房及办公楼等建筑进行沉降监测?

为掌握建筑物在施工及使用过程中实际变形情况，及时反馈监测信息，便于业主实施动态管理，需要编制详细的建筑物沉降监测方案。

1. 监测的主要技术依据。《工程测量标准》GB 50026、《建筑变形测量规范》JGJ 8、施工设计图纸及业主单位提供的相关资料及文件等。

2. 基准点及监测点的布置。

（1）基准点和工作基点。根据厂区总平面图、厂房结构图和现场情况，在沉降影响区域之外的稳定地区布设不少于3个基准点构成基准网。为便于众多厂房（几十栋）及综合大楼的沉降观测，同时在厂区附近布设若干个工作基点，基准点与工作基点布设成闭合环或附合路线，基准点与工作基点布设示意图见图231。

（2）沉降观测点。

1）所有沉降观测点的布设应能全面反映建筑及地基变形特征，并顾及地质情况及建筑结构特点。

2）点位应设置在建筑物的四角、核心筒四角、大转角处及沿外墙每10~15m处或每隔2~3根柱基上。

3）高低层建筑、新旧建筑、纵横墙等交接处的两侧，应设置观测点。

4）建筑裂缝、后浇带和沉降缝两侧、基础埋深相差悬殊处、人工地基与天然地基接壤处、不同结构的分界处，应设置观测点。

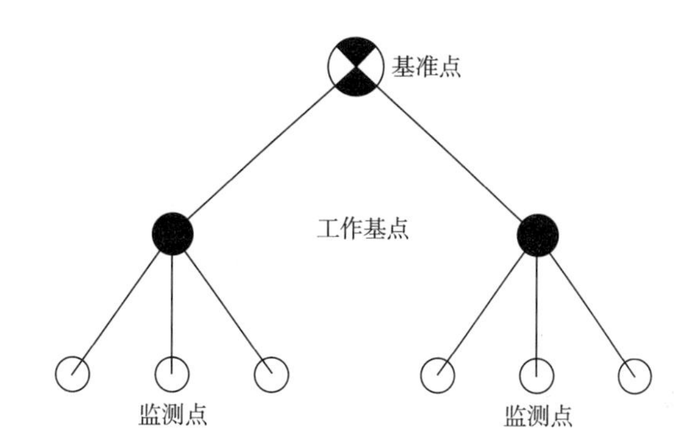

图231　基准点与工作基点布设示意图

5）对于宽度大于或等于15m或小于15m而地质复杂以及膨胀土地区的建筑，应在承重内隔墙中部设内墙点，并在室内地面中心及四周设地面点。

6）框架结构建筑的每个或部分柱基上或沿纵横轴线上应设置观测点。

7）沉降观测点宜设于+0.500m参考线处。

3. 监测方法及精度指标（以二等监测精度为例）。

（1）观测方法。观测时，先后视水准工作基点，接着依次前视各沉降观测点，最后再次后视该水准基点（间视法），两次后视读数之差不应超过±0.5mm。另外，沉降观测的水准路线（从一个水准工作基点到另一个水准工作基点）应为附合水准路线。沉降监测网的主要技术要求，见表231-1。

表231-1　沉降监测网的主要技术要求

相邻基准点高差中误差/mm	每站高差中误差/mm	往返较差或环线闭合差/mm	检测已测高差较差/mm	使用仪器、观测方法及要求
0.5	0.15	$0.30\sqrt{n}$	$0.4\sqrt{n}$	DS05型仪器，按二等水准监测的技术要求施测

注：n为测站数。

（2）沉降观测。建筑物的沉降观测，采用DS05级水准仪及其配套水准标尺，用二等水准监测的作业方法进行。

1）数字水准仪二等水准监测作业的主要技术要求见表 231-2。

2）光学水准仪二等水准监测作业的主要技术要求见表 231-3。

3）请注意：监测网的测量精度指标和基准网的测量精度指标完全相同。

表 231-2　二等水准监测作业的主要技术要求（数字水准仪）

等级	水准仪级别	水准尺类别	视线长度/m	前后视的距离较差/m	前后视距离较差累积/m	数字水准仪重复测量次数
二等	DS05、DSZ05	条码式因瓦尺	30	0.5	1.5	3

注：因沉降观测点通常布设在 500mm 线的高度，故数字水准仪对视线离地面最低高度不做具体限制。

表 231-3　二等水准监测作业的主要技术要求（光学水准仪）

等级	水准仪级别	水准尺类别	视线长度/m	前后视的距离较差/m	前后视的距离较差累积/m	视线离地面最低高度/m	基本分划、辅助分划读数较差/mm	基本分划、辅助分划所测高差较差/mm
二等	DS05、DSZ05	线条式因瓦尺	30	0.5	1.5	0.5	0.3	0.4

4）工作基点用作直接测定观测点的起始点或终点，选择适当位置布置工作基点，与基准点一起布设成附合水准路线，按要求进行联测，按二等水准监测作业的要求进行精确测量。

5）需要特别强调的是：这里的二等水准监测精度及作业要求，远比国家二等水准测量或二等高程控制测量的精度及作业要求严苛得多，不仅仪器精度要求高、作业视线要求短，而且各项观测限差要高出很多，特别是水准监测线路闭合差。要说有什么共同点，也仅仅是二等水准监测作业的观测顺序相同。即二等光学水准测量观测顺序，往测时，奇数站应为后→前→前→后，偶数站应为前→后→后→前。返测时，奇数站应为前→后→后→前，偶数站应为后→前→前→后。二等数字水准测量观测顺序，奇数站应为后→前→前→后，偶数站应为前→后→后→前。很多测量技术人员容易混淆，故再次强调。

4. 观测周期。

（1）观测周期，主要依据《工程测量标准》GB 50026 和《建筑变形测量规范》JGJ 8 并结合设计方与建设方的要求确定。原则上采用每施工完 1~2 层观测 1 次。

（2）如遇突发情况，如基础附近地面荷载突然增减、基础四周大量积水、长时间连续降雨等情况，应立即逐日或 2~3d 进行 1 次连续观测。相对稳定以后，可恢复正常观测频次，直至稳定为止。

（3）工业厂房或多层民用建筑的沉降观测总次数不应少于 5 次，竣工后的观测周期，可根据建（构）筑物的稳定情况确定。

（4）各个阶段的基准网复测必须定期进行，不得漏测或补测。

5. 监测预警和稳定性判定。

（1）监测项目预警值和报警值（控制值）的确定，具体要求如下：①监测的预警值和报警值宜由项目设计单位根据结构设计验算结果提供。②当设计单位没有提供时，预警值和报警值宜由建设方会同设计、施工及监测单位依据相关标准并结合项目的具体情况共同会商确定。③监测项目的预警值通常取报警值的75%。④监测项目的预警值和报警值的调整应在设计单位的许可下进行。⑤预警后，变形达到相对稳定后应及时消警。变形消警，应由建设方会同设计、施工及监测单位依据相关标准并结合项目的具体情况共同会商确定。

（2）预警分级。

1）不同的行业，不同的项目类型，通常会根据项目的设计要求和施工工艺确定预警的形式。有的将预警的形式参照天气预报风格分为正常、黄色监测预警、橙色监测预警、红色监测预警四个级别；有的将预警的形式分为A、B、C、D四个级别。各省的地方标准也做了及时的跟进，足见对变形监测工作的重视。

2）《工程测量标准》GB 50026—2020并未对预警形式做出具体规定，只是对当变形量或变形速率达到变形预警值或接近允许值时，必须即时通知建设单位，提高监测频率或增加监测内容做出了强制性的规定。

3）具体作业时的预警分级和预警方式，宜由项目设计单位根据结构设计验算结果提供，或由建设方会同设计、施工及监测单位依据相关标准并结合项目的具体情况共同会商确定。

（3）稳定标准。需要强调说明的是，《工程测量标准》GB 50026所确定的0.02mm/d的稳定判别指标，仅适用于新建高层建筑物。对于多层民用建筑和工业厂房的稳定指标仅能用作参考，也可能工业厂房及相关设施的设计单位会给出设计方的专项要求。

（张 潇 王百发）

12.5 水工建筑物变形监测

232 大型水工主体建筑变形监测基本设施、方法及相关技术指标?

1. 建筑物内部结构的变形观测，并不包含水平位移观测的大地测量方法，如使用测量机器人、全站仪、T3经纬仪等设备实施的高精度测边、测角的监测网观测项目，也不包含使用高精度卫星定位接收机的监测方案。主要是在适宜的空间中，用相对简洁且有效的交会方法及视准线等观测方法进行内部结构变形监测。

2. 大型水工主体建筑物在不同的高程面、剖面上布置有众多的横向廊道、纵向廊道、竖井、检修及通风井等内部结构通道，还有专门的观测廊道等相关监测设施。由于内部结构受到光线、通视、空间利用等诸多因素影响，加之对结构变形监测布置本身的要求，需采取一系列有别于建筑物表面的高精度变形监测方法，大坝和电站厂房变形监测方法、精度及相关技术指标，见表232。

3. 对水工主体建筑物变形监测，在表232中只描述主要设备的技术规格。其他辅助设施，如观测墩、观测房等的技术要求，可根据监测项目特点在设计方案中具体确定。

表 232　大坝和电站厂房变形监测方法、精度及相关技术指标

监测方法	主要设备组成名称	技术指标（规格型号）	说明
1. 三维倒垂线	倒垂线设备	60kg 恒定浮力	锚块长度应≥1m
	坐标仪基座	对中精度<0.1mm	—
	高强度不锈钢丝	$\phi 1.2$mm，$\sigma>100$MPa	检定膨胀系数
	倒垂机钻孔	埋管后有效孔径≥100mm	取岩芯，地质描述
	三维坐标仪	测量范围：50mm×50mm×8mm，精度：±0.1mm	人工读数
	三维遥测坐标仪	精度：±0.1mm，量程：50mm×50mm×10mm	—
2. 正垂线	正垂线装置	50kg，悬线及夹线装置、油桶为不锈钢	—
	坐标仪基座	不锈钢，对中精度<0.1mm	—
	高强度不锈钢丝	$\phi 1.2$mm，$\sigma>100$MPa	—
	二维坐标仪	测量范围：50mm×50mm，精度：±0.1mm	人工读数
	二维遥测坐标仪	精度：±0.1mm，量程：50mm×50mm	—
	便携式读数仪	与垂线坐标仪相配	调试和数据采集
	采集控制器（MCU）	包括主板、ASM 模拟信号模块等， 具有防潮、防雷功能	—
3. 引张线	引张线端点拉力装置	60kg 拉力	—
	高强不锈钢丝	$\phi 1.2$mm，$\sigma>100$MPa	—
	引张线读数仪	精度：±0.1mm，分辨率：0.01mm，量程：30mm	人工读数
4. 精密量距	精密量距装置	含量距标志、拉力架、卷尺架	—
	量距重锤	10kg，不锈钢	—
	因瓦带尺	10m、20m、50m 等	每根尺，除在整米处刻线外，至少有 4 处在长 0.02m 范围内每毫米均刻线
5. 精密水准	电子水准仪		含配套脚架、尺台、尺桩
	精密水准尺	3m 因钢尺	条形码
	精密水准尺	2m 因钢尺	条形码
	电子温度计	分辨率 0.1℃，精度 0.5℃，60m 电缆、电缆架	钢管标内测温
	电子温度计	分辨率 0.1℃，精度 0.5℃	水准测量测温
6. 静力水准	静力水准仪	精度：±0.1mm，分辨率：0.01mm， 量程：20mm，带传感器和位移换能器	—
	标定器	与静力水准仪配套	与相应静力水准仪配套

续表232

监测方法	主要设备组成名称	技术指标（规格型号）	说明
6. 静力水准	目视测微器	精度 0. 1mm，量程 30mm	
	读数显示器	与相应静力水准仪配套	调试和数据采集
7. 双金属标	套管	ϕ273 d8 无缝钢管	d 为壁厚（mm）
	钢标芯管	ϕ89 d7 无缝钢管（同炉产品）	检定膨胀系数，d 为壁厚（mm）
	铝标芯管	ϕ89 d7 无缝钢管（同炉产品）	检定膨胀系数，d 为壁厚（mm）
	双金属标仪	测量范围±15mm，精度 0. 1mm，湿度 100%	
	钻孔	ϕ273≤孔径≤ϕ325，孔斜≤0. 5°	取岩芯，地质描述
8. 测温钢管标	保护管	ϕ168 d7 无缝钢管	d 为壁厚（mm）
	钢标芯管	ϕ89 d7 无缝钢管	检定膨胀系数，d 为壁厚（mm）
	钻孔	可埋 ϕ168 钢管，孔斜≤0. 5°	取岩芯，地质描述
	钢管标仪	测量范围±15mm，精度 0. 1mm，湿度 100%	
9. 竖直传高	竖直传高仪	量测范围：±15mm，精度：0. 1mm	
	铟瓦丝	ϕ1. 2mm，$a<1\times10^{-6}$/℃	检定膨胀系数
	高强不锈钢丝	ϕ1. 2mm，$\sigma>100$MPa	检定膨胀系数
10. 视准线	视准线	一等边、角测量	测定加、乘常数
11. 交会法	交会点	一等边、角测量	
12. 伸缩仪	伸缩仪	量程：20mm，基线长度 8~30m，精度±0. 1mm	

（张　潇）

233　如何进行水利枢纽电厂桥机轨道监测？

1. 水利枢纽电站厂房属于重要的水工建筑物之一，厂房内的桁调桥机轨道使用频繁，载重量大，运行时对平整度、平行度等方面的要求高。为了保证桥机的安全正常运行和轨道得到及时合理的维护，掌握轨道在运行过程中的变形情况，以轨道为监测对象，采用目前国内外先进成熟的监测技术及设备，结合运行管理部门所提供的信息及要求，运用准确、高精度的监测手段，客观反映轨道的实际工作状态，及时发现安全异常，为运行管理部门的科学决策提供必要依据。

2. 监测方案设计时，要充分对监测中发现的异常点加密观测或增补监测点，力求监测方法方便、快速、可靠，确保监测工作顺利展开的同时减少对桥机正常工作的影响。

3. 一般情况下，在电厂内部布置大、小桥机轨道各一组，承担电厂施工吊装工作。大桥机轨道位于较低高程面，小桥机轨道位于较高高程面，轨道间距相同，大约数十米。具体位置根据水工枢纽建筑物设计安装，两组轨道沿平行于坝轴线方向布置，每条轨道长达数百米。

4. 桥机轨道监测方法与主要技术要求：

（1）技术指标及一般规定。

1）平整度高程测量采用假定高程基准，起算数据取轨道的概略绝对高程。

2）平行度检测的观测边长应归算至两条轨道的平均概略高程面上。

3）监测量方向（正负）规定：①单轨同轴度偏移量观测误差不超过±1.5mm。同轴度偏移量应归算至垂直轴线方向上，偏向下游为正“+”，反之为负“-”。②同组轨道平行度监测用一级精密测距仪观测距离，距离观测较差误差不超过±1.5mm。③同组轨道平整度监测采用一等监测精度要求。即环线闭合差及往返闭合差不符值限值不超过 $\pm 0.2\sqrt{n}$（n 为测站数）。水准环数量较多时，统计的每公里水准测量偶然中误差不超过±0.45mm，每公里水准测量全中误差不超过±1.0mm。平整度检测完成后，归算出各测点高程相对于参考基准的差值，高于参考点为正“+”；反之为负“-”。④错动量：向上游错动为正“+”；反之为负“-”。

（2）监测内容。根据桥机正常运行及安全需要，考虑监测成果的直观性和精度要求，施测方便快捷、可行、有效，结合运行管理部门对监测的初步指导性意见和现场具体情况，主要监测内容包括以下四个方面，相应的检测方法见表233。

1）单条轨道的分段同轴度测量及检测：根据航吊机车工作性质，在同一条轨道上取2~3段设立分段，沿轴线检测轨道各断面顶面中心点与轴线的偏离量。

2）钢轨接头处错动：根据目视情况决定是否应检测，若有必要，需测定或增设测定垂直轴线的错动量。

3）同组两条轨道的平行度检测：检测两条轨道同一断面（垂直轴线）上中心点间的距离，通过测定的距离或距离变化较差确定两轨的平行或位移情况。

4）同组两条轨道的平整度检测：以某条轨道某断面（一般为端点）中心点为高程参考基准，检测两条轨道顶面各断面中心点相对于参考基准在竖面上的高差变化或测定其不均匀沉陷量。

表233 监测对象、目的、方法和主要仪器设备一览表

监测对象	主要目的	监测方法	主要仪器设备
单根轨道	同轴度	活动觇牌法	高精度经纬仪（全站仪）、觇牌
钢轨接头	错动	量距法	游标卡尺
同组轨道	平行度	精密测距法	精密测距仪
	平整度	精密水准法	精密水准仪

（3）监测点布置及监测方法。

1）单轨同轴度监测。监测方法：初步设计采用活动觇牌法，首先用高精度测角经纬仪（全站仪）确定轨道中心轴线，然后将活动觇牌置于需检测处，直接读取偏移量；因视线太长影响观测精度，而且航吊机车处于工作状态，对通视有影响，考虑适当分段（2~3段，且要有部分重复以便连成整体）。

测点布置：首次观测前须确定测点位置，主要遵循以下原则：原则上每节钢轨一个测点，位于此节 1/2 位置的轴线上；必须精确测定其桩号（以左岸为起点），精度不低于±50mm；并做好能够长期保存（或恢复）的醒目标志。同组两条轨道测点布置应对称，且同一断面两点连线应严格垂直于轨道轴线。加工特殊对点及复位装置，以保证不同测次的对点精度。根据实际需要，测点布置可适当加密或减少。测点布置参考图，见图 233-1。

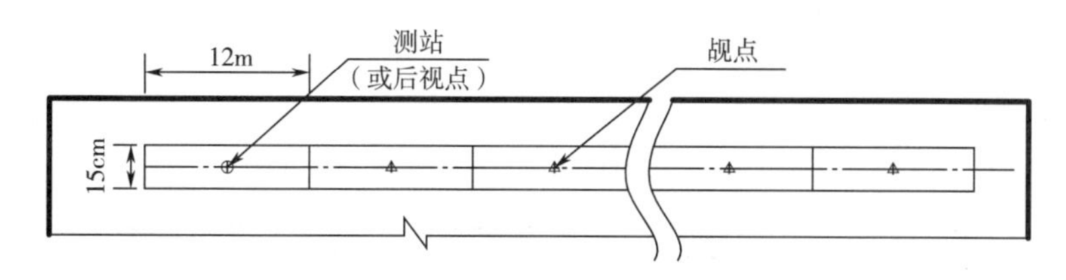

图 233-1　单轨同轴度监测点布置参考图

周期观测：结合如夏天高温季节、冬天低温季节等典型气候条件和桥机运行状态，每年观测 2 次（每半年 1 次），根据需要加密或减少；后续周期观测时，为增加可比性，用对点装置复位测点，尽可能保持测点重合。

2）同组轨道平行度监测。监测方法：采用精密测距法，精确测定同一断面两点之间的距离，并归算至轨道平均绝对高程面上（以便每次观测对比基准一致），通过比较各距离的差值判断轨道的平行度。

测点布置：与单轨同轴度监测测点布置方式基本相同，见图 233-2。

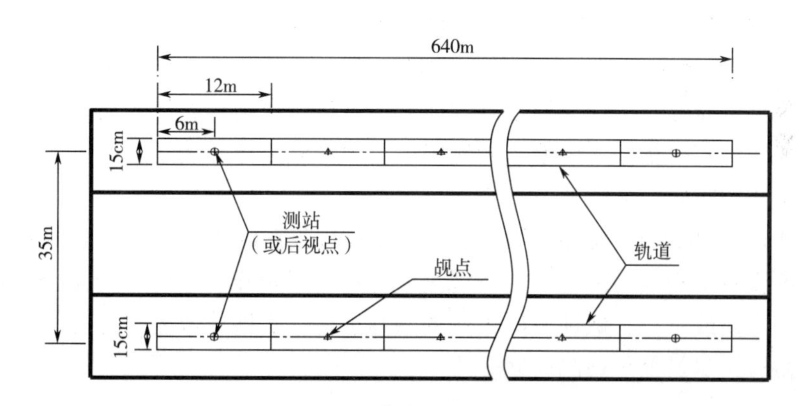

图 233-2　同组轨道平行度监测点布置参考图

周期观测：结合如夏天高温季节、冬天低温季节等典型气候条件和桥机运行状态，每年观测 2 次（每半年 1 次），根据需要加密或减少。

每次观测前，以一条轨道测点和轴线为基准，以不低于四等方向观测的精度，精确放样另一轨道对应测点位置（以轴线为零方向，拨 90°角，确定视线后，在对应轨道中心轴线上找出照准点，左右方向偏离视线值不超过±5mm）；为增加可比性，尽可能保持测点重合。

3）同组轨道平整度监测。监测方法：采用一等精密水准测量方法，以轨道中轴线顶面某处为基准，形成闭合水准路线（或网），测出各测点的相对高程，通过各点的高程变化，换算出轨道在垂直面上的变化（即不平整度）。

测点布置：原则上每节钢轨3个测点，分别位于1/2位置和两端的中轴线上；必须精确测定其桩号（以左岸为起点），精度不低于±50mm；并做好能够长期保存（或恢复）的醒目标志。加工特制的对点及复位装置，以利重复观测使用。

具体作业时，可根据项目实际需要，对测点布置可适当加密或减少。同组轨道平整度监测点布置参考图，见图233-3。

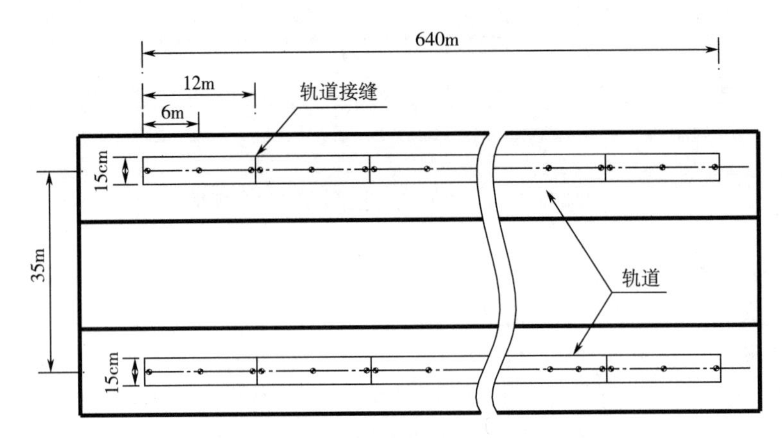

图233-3　同组轨道平整度监测点布置参考图

周期观测：结合如夏天高温季节、冬天低温季节等典型气候条件和桥机运行状态，每年观测2次（每半年1次），根据需要加密或减少。

4）加强技术方案在工程实践中的协调性。①为满足桥机运行安全实际需要，除了与工程建设管理单位充分讨论及沟通之外，还应由桥机轨道结构设计和运行管理部门提供合理、可行、有效的监控指标，以便监测实施单位根据监控指标确定恰当的精度等级。②此类项目监测工程的实施，虽然涉及的空间范围有限，但工作量较大，而且精度要求高。根据测量或监测情况可适当减少测点数，必要时根据以往观测资料进行分析报运行管理单位同意后，考虑仅对个别或局部进行加密观测。③每次观测开始之前，为减少工程建设中专业交叉带来的不便或干扰，保证监测工作的顺利进行，实施单位需与运行管理等有关部门应进行积极协调，尽量缩短观测时间。

（张　潇）

234　大型水利枢纽工程中的直立坡、高边坡岩体变形监测的方法及精度要求？

1. 水电大坝多位于高山峡谷之中，设计中需要在有限的区域布置大量的水工建筑物，如导流洞、电站进水及出水口、大型船闸、交通硐室等，在施工中就会形成不少的高边坡、边坡及马道这一特殊结构。这些高边坡、边坡及马道的地质条件各异，岩石、跨裂缝、岩石与土质混合等，为确保边坡及水工工程施工安全，因此对其稳定性进行监测、分析、预报（预警）显得非常重要。

2. 由于人工岩质高边坡施工难度大，技术十分复杂，施工周期长，有的特大型的直立坡施工长达数年乃至十年之久。加之断层裂隙切割岩体，形成较弱结构面，破坏岩体的整体性。因此，在边坡开挖过程中因山体减载引起的岩体应力调整和变形，将直接影响高边坡和闸槽直立坡施工期的稳定性。

3. 为了保证高边坡施工期的安全和了解闸槽直立坡岩体长期稳定性对船闸运行影响等问题，对高边坡和闸槽直立坡岩体进行变形监测工作显得尤为重要。

4. 直立坡、高边坡岩体变形监测的方法及精度要求：

（1）直立坡顶部或表面岩体变形监测。

1）直立坡顶部岩体主要由施工爆破及开挖形成。

2）水平位移采用高精度边角交会方法（有条件的可以组网观测），垂直位移采用高精度几何水准测量方法。

3）按照工程性质、水工建筑物结构的复杂程度及地质情况等，选择、确定关键断面布置监测点。

4）进行周期观测时，宜与高边坡马道上测点统一观测和计算。

5）监测基准站与监测简网（专用监测网），应按照设计规定周期一并观测，统一平差计算，便于后期资料分析。

（2）直立坡深层岩体变形监测。直立坡深层岩体的变形主要是通过布置在直立坡顶垂直钻孔内的测斜孔；直立坡侧面的水平钻孔内埋设的多点位移计；边坡排水洞内支洞的伸缩仪和向直立坡面的水平钻孔内埋设的多点位移计、滑动变形计等监测设施和方法进行。

1）滑动变形计，在大型边坡排水洞主洞壁，分别向山体（数十米深）和直立坡面的水平钻孔内，各埋设滑动变形计，可测出紧靠直立边坡相对于排水洞山体侧的水平位移。

2）钻孔倾斜仪，在直立坡顶选定数个断面，各埋设数个钻孔倾斜仪管。测孔深度，均穿过水工建筑物底板。其目的是，测定深层岩体的水平位移以及岩体结构面的错动情况。

3）多点位移计，在直立坡面和其他部位水工建筑物墩两侧直立坡面的水平钻孔内，设计并共埋设多点位移计；在大型边坡工程的排水洞壁水平钻孔内，设计并埋设多点位移计。

（3）观测周期及精度指标。

1）直立坡顶部岩体变形监测，应每月观测 1 次。大量工程实践表明，监测点水平、垂直位移量的测量精度宜在±1.5mm 以内。

2）直立坡深层岩体变形监测，应每月观测 1 次。

3）滑动变形计，仪器测量精度宜为±0.03mm/m。

4）钻孔倾斜仪，测量精度宜为±6mm/25m。

5）多点位移计，仪器测量精度宜为 0.5% F · S；量测范围宜为±20mm；分辨率宜为 0.01mm。

5. 对于形成马道的高边坡监测，其具有不同于直立边坡的监测方法。一般会根据边坡马道结构、工程地质条件、建筑物布置情况等因素，采取设计布置正倒垂线、视准线、交会、高精度水准（三角高程）等方法结合，形成局部监测体系。

6. 随着自动化技术、仪器设备的快速进步，目前对有条件的工程建议采取全自动化或与人工结合自动化的监测方法进行。

（张　潇）

235　电站大坝超百米特深倒垂的施工工艺与安装方法?

倒垂线作为大型变形监测项目的重要基准设施，广泛应用于大型水利枢纽工程中。在电站大坝坝体内，布设了许多安全监测仪器和设备，而其中特别重要的倒垂线。其是正垂线、引张线及真空激光准直等绝对位移量的观测基准或工作基点。因此倒垂线的安装质量及运行状态，将直接影响它们的观测精度。

对深度超过百米的倒垂线的安装，在国内外尚不多见。对如此特深孔倒垂线的安装，如何解决关键性的技术难题、创造性采用先进施工工艺，就成为工程技术人员需要攻克的难题。

1. 倒垂孔钻孔施工及保护管安装。在特深孔倒垂线的安装过程中，通过不断试验、摸索，在工程实践中进行了创造性思维，抓住安装过程中的难点和关键工序，归纳出一套较系统的、实用简捷的施工安装方案。

（1）倒垂孔钻孔施工技术概要。

1）造孔初期，就应进行了详尽的造孔技术方案规划。倒垂孔机钻孔施工前应按设计要求精确放样，然后须牢靠地将钻机底盘用混凝土浇筑在观测室底板上，且不得有丝毫的晃动。钻机钻进过程中，根据观测室的高度尽可能选用长钻具，否则很容易钻偏。

2）钻机钻杆，须采用强度很高的特殊钢材专门加工而成，且应绝对保证每根钻杆的同心度。

3）钻孔钻进过程中，钻具应采用低转速、小压力、小水量地施压钻进，每钻进一米，测量孔斜一次。若偏斜太大，须及时纠偏。如果纠偏不及时，偏斜太大，无法纠正过来，钻孔就得报废。

（2）倒垂孔保护管的埋设安装及校正。

1）根据《混凝土坝安全监测技术规范》GB/T 51416—2020 中有关规定，倒垂孔保护管安装、校正完毕后，其（上下）有效管径必须要达到 80mm 以上。

2）安装时，由于倒垂孔太深，3~3. 5m 长的特殊材质无缝钢管保护管约有 30~40 根，全部下入孔内需 5~6h。如果时间拖得太长，预先下入的水泥浆就会凝固，保护管的校正将无法进行。

3）实际作业时，优化施工方法可以提高一倍安装效率。安装完毕，须经反复调试、校正保护管位置，使保护管处于最佳状态。保护管壁与钻孔壁之间用水泥砂浆固结。

2. 倒垂线安装的技术难点。

1）灌水泥浆的方法。由于倒垂线保护管长度超过百米，要保证倒垂线的锚块稳固地埋设在保护管孔底，钢丝位于保护管有效管径中心。作业过程中用什么办法将水泥浆从管口送到管底？如果操作不当，水泥浆将附吸在保护管壁上，对倒垂线的复位精度及以后的观测工作造成极大的影响。

2）倒垂线锚块埋设的稳固问题。倒垂线锚块需稳固地埋设在保护管孔底，且要承受 60kg 的浮力。由于水泥浆下到孔底后无法进行搅拌，如果下入的锚块与水泥固接不好，时间长了，倒垂线的浮体可能将锚块拉松，整个倒垂装置就会报废。

3）保护管口钢丝的固定问题。倒垂线锚块下入管底后，需在孔口不断调整钢丝的位置，待钢丝中心完全与有效管径中心吻合，然后牢牢固定钢丝。等到保护管底的水泥浆凝固好后才能松开固定装置。如果固定不合理，钢丝很容易被夹断。

由于存在以上的难点，必须制订好科学合理的计划和稳妥的施工安装工艺流程。倒垂埋设示意见图 235-1。

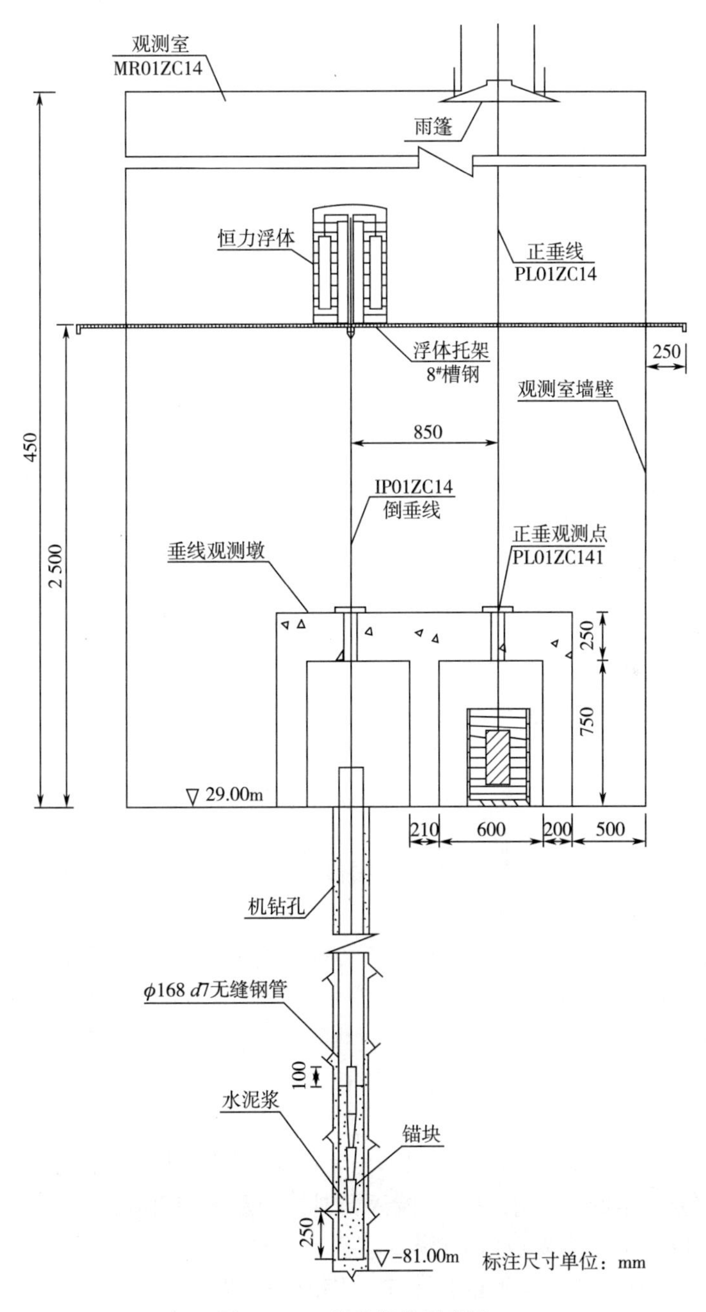

图 235-1 倒垂埋设示意图

3. 关键技术路线及工艺流程。制定关键技术路线指导施工，施工安装的工艺流程图，见图 235-2。

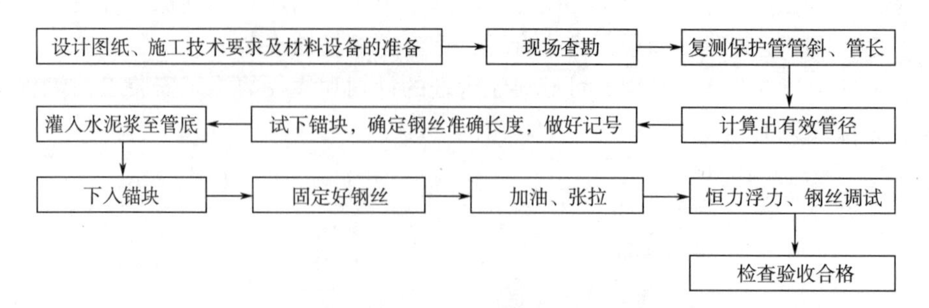

图 235-2　倒垂施工安装的关键技术路线工艺流程图

4. 实施组织及技术验证。

（1）保护管管斜测量。

1）需要在保护管口建立独立坐标系，如图 235-3 所示。

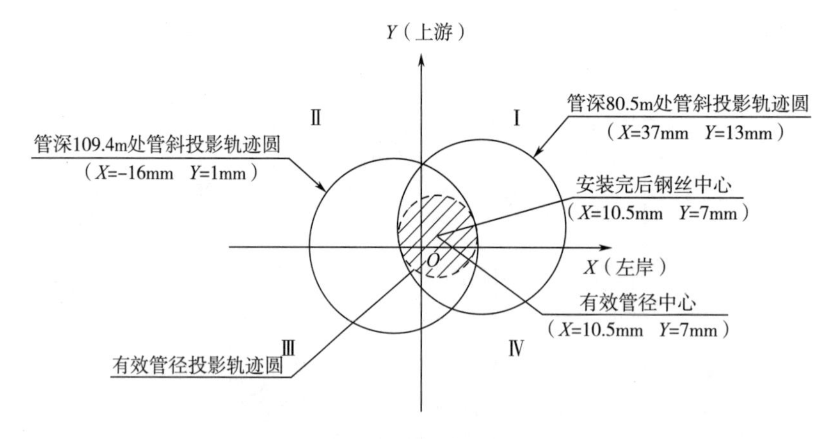

图 235-3　保护管口独立坐标系

2）用测斜装置（伞形垂孔导中器）采用自上而下的测量方法，按每米测量一点的密度精确测定管斜，并计算出有效管径。

（2）试下锚块。预先准备一个铰车，铰车的周长为 1m，将钢丝绕在铰车上。到现场后先固定好铰车，必要时可在铰车底部载以重物，以防止其滑动。然后将钢丝固定在锚块上，用两个临时滑轮固定在浮体托架上。钢丝通过滑轮缓慢地、匀速地下入管底。到达管底后在钢丝上精确地做好记号，再通过滑轮将其提出，重新绕在铰车上。

（3）灌水泥浆。

1）选用合适强度的水泥。如果水泥标号太高，凝固得太快，灌浆、下锚块固定钢丝等一系列工序需要一定时间，水泥过早凝固，对锚块稳定性不利；反之，水泥标号太低，锚块的稳定性不够，锚块容易被恒力浮体拉脱。

2）配备合适的水泥量。水泥的量太多，钢丝会被埋入，在钢丝长期的使用后，钢丝的位置会因水泥体被钢丝剥开而变动，影响精度；而水泥量太少，又将影响锚块的稳固。

3）同样，水、灰的混合采用2：1的比例进行搅拌，如太稠，水泥浆通过灌浆管不利索；太稀，水泥浆凝固时间太长，影响安装进度，水泥浆凝固后强度差。

（4）下锚块。灌浆完毕后需及时将锚块下到管底设计位置，并一定要防止钢丝打折，以防钢丝被拉断。

（5）固定钢丝。在管口用预先加工准备好的固定架将钢丝缓慢、准确、牢固地固定在有效管径中心，其间应保持钢丝的绝对稳定。在完成整个安装过程后，再检查钢丝位置的准确性及固定架的稳固性。

（6）安装恒力浮体。等待数日待保护管底的水泥浆已完全凝固，此时将钢丝从铰车上解下，将恒力浮体安装到托架上，浮体内注入25#变压油。此时必须保证浮体夹线装置将钢丝夹紧、夹牢。

（7）恒力浮体、钢丝的调试。恒力浮体安装完毕后，应反复调试浮体外筒的位置，最终使浮体内筒的外壁与外筒壁的距离在各个方向上一致，并使内筒始终处于自由状态。

在调整浮体的同时，反复拨动钢丝，查看钢丝复位情况如何。

5. 工程检验。

（1）监测项目的施工安装，应预先制定科学、周密的施工安装工艺流程，作业过程中应严格按所制定的方案施工。

（2）超百米深度的倒垂线在国内属超深系列，只有采取正确的安装方法，才能取得较好的安装质量。

（张　潇）

236　如何进行水电大坝下游河道变迁监测？

1. 由于水利枢纽的下游近坝区的河道及河岸属水流冲刷河段，发电、泄洪等运行对原河道河床、河岸地貌等存在客观影响。因此，为保障大坝运行的安全，除进行常规的安全监测、坝体维护等外，周期性测量下游一定区域内的河道及其河岸的地形资料，进而进行比较、校对、分析等，也显得极为重要。

2. 对已建成运行多年的，作为发挥防洪、发电、航运等综合效益的水电大坝，为增加保证其正常运行的相关条件，及时了解近坝区域的运行态势，需对其下游一定区域内的河道及其河岸进行测量、防护整治等工作，及时对可能存在的问题进行处理。

3. 监测工作内容及技术指标。

（1）在枢纽工程大坝下游近坝区的河道及河岸进行1：500比例尺的水下地形测绘。

（2）在大坝下游两岸固定的断面基点上进行横断面测量工作，监测河道在水流冲刷下的变化情况。

4. 监测范围。

（1）上游从大坝下游水工建（构）筑物的水边线起至下游电厂航道管理界牌，左右两岸测至一定的高程等高线。

（2）对定点（两岸固定的断面基点）河道横断面进行测量。

5. 河道变迁及监测分析。

（1）库岸变化。

（2）河道变化：电厂机窝下游，船闸航道。

（3）河道横断面监测分析。

1）河道横断面一般布置在下游距大坝一定的距离处，中小型约在50m、100m、200m、300m、400m布置，大型或特大型水利枢纽由于下泄水力大，为人员及设备安全考虑，断面布置距离大坝下游面会更远一些。

2）工程实践表明：通过的河道横断面的比较图，一般情况下距坝体更远的横断面，由于水流变得更加平缓，船闸航道河床基本上与以往的一致，横断面形状上基本没有变化。河道中间河床有一定程度的下降，变化通常在1m以内，结合具体情况分析采取相应的工程措施。距离大坝、船闸等水工建筑物下游较近的地方，自然河床的变化比较显著。

（4）河道河床变化监测。

1）经过大坝下泄的水流携带有巨大能量，会对大坝下游河床产生冲刷。水工建筑和设备运行时间越久，会使自然河床状态发生变化的概率越大，严重的冲蚀或淤积会影响大坝安全。

2）为了避免影响航运、泄洪等一系列的问题，定期进行河道地形测绘，对了解河道状态是十分必要的。

3）工程运行期，应对水工建筑物下游河道河床的水下地形和河道固定横断面进行定期测绘、监测，并建立系统的、完整的数据库，以便进行对比分析，及时了解库岸和河道的变迁情况，针对性的解决出现的问题，发现潜在的问题或隐患，防患于未然。

（张　潇）

237　堤坝、海防水利工程及相关水工建筑物施工期监测项目、工作内容及精度指标要求有哪些？

施工期监测一般由业主或业主委托的第三方进行安全监测设计，并独立实施监测。

1. 监测项目。第三方监测项目主要包括：垂直沉降位移及水平位移监测；孔隙水压力监测；地下水位监测；深层土体内部水平位移监测；土体分层沉降监测支撑结构支撑轴力监测；施工弃土区地表沉降监测及施工前后原、现状地形测量；潮汐状态、临海潮位的同期观测记录。

2. 工作内容。施工期第三方监测工作内容包括：各监测项目按照规定观测频次进行日常数据采集；工程建设施工区域及周边巡视检查；数据分析与处理，监测警报、周报、月报、年报的及时编辑报送；监测设备的维护、保养和缺陷修复；参加工程例会、监理周例会及月度例会，就施工期不同阶段各效应量的监测数据，分析其变化趋势，结合巡视检查情况，评价施工期建筑物的稳定性、安全性，并提出合理化建议。

3. 监测作业与精度指标。监测作业应根据设计要求和实施监测工作所依据的相关国家标准、行业标准，结合工程实际制定合理的监测方案。在建设施工期，第三方监测的主要测量精度控制指标，包括：

（1）位移监测点坐标中误差不超过±3.0mm。

（2）沉降监测点测站高差中误差，对于海堤不超过±0.5mm；对于船闸、水闸不超过±1.0mm。

（3）深层水平位移监测测斜仪分辨率不超过0.02mm/500mm。

（4）孔隙水压力监测渗压计模数读测灵敏度不超过0.1Pa/F；温度读测精度不超过±0.5℃。

（5）分层沉降监测电磁沉降仪读测精度不超过±1.0mm。

（6）地下水位监测水位测深仪读测精度不超过±1.0mm。

（7）支撑结构应力监测振铉读数仪读测精度不超过 0.1%F·S。

4. 巡视检查。工程施工及周边区域的巡视检查是第三方监测项目部的另一项重要外业工作也是安全监测的重要组成部分。巡视的主要内容包括：

（1）施工范围及周边的环境和施工变化、安全监测设施有无损坏、有无地下水渗出。

（2）巡察海堤堤身、水闸、船闸、围堰、基坑周边等是否出现裂缝、洞穴、滑动及管涌等渗透、变形现象，是否有阻碍安全监测工作进行的障碍。

（3）在海堤与穿堤建筑物结合处应加强检查。恶劣气候变化前后、汛期前后、监测点测值变化较大、施工进展加快时均增加巡视频次，日常巡视检查频次为1~3 天1 次，巡视结果实时记录对比。发现异常及时反馈至外业监测组，项目部立即组织相应监测项目的加密观测，利于发现安全隐患，及时发出监测预警。每周巡视检查情况在当期监测周报中描叙，必要时首先使用电话通信，就巡视检查情况向业主、监理及土建施工方进行口头汇报；其后，在监测预警快报中基于监测结果与巡视检查情况加以详细说明与分析，并提出建议。

（张　潇）

12.6　地下工程变形监测

238　地下工程有哪些分类？

所有地层表面以下建筑物和构筑物统称为地下工程，也称为岩土工程。地下工程有许多分类方法：按其使用性质分类，按周围围岩介质分类，按设计施工方法分类，按建筑材料和断面构造形式分类。也有按其重要程度、防护等级、抗震等级分类等。最常用是按使用性质分类。

1. 按使用功能分类。地下工程按使用功能依次可分为交通工程、市政管道工程、地下工业建筑、地下民用建筑、地下军事工程、地下仓储工程、地下娱乐体育设施等。可以按其用途及功能再分组如下：

（1）地下交通工程：地下铁道、公路（隧道）、过街人行道、海（河、湖）底隧道等。

（2）地下市政管道工程：地下给（排）水管道、通信、电缆、供热、供气管道、将上述管道汇聚一起的共同沟。

（3）地下工业建筑：地下核电站、水电站厂房、地下车间、地下厂房、地下垃圾焚烧厂等。

（4）地下民用建筑：地下商业街、地下商场、地下医院、地下旅馆、地下学校等。

（5）地下军事工程：人防掩蔽部、地下军用品仓库、地下战斗工事、地下导弹发射井、地下飞机（舰艇）库、防空指挥中心等。

（6）地下仓储工程：地下粮、油、水、药品等物资仓库、地下车库、地下垃圾堆场、地下核废料仓库、危险品仓库、金库等。

（7）地下文娱文化设施：图书馆、博物馆、展览馆、影剧院、歌舞厅等。

（8）地下体育设施：篮球场、乒乓球场、网球场、羽毛球场、田径场、游泳池、滑冰场等。

2. 按四周围岩介质分类。可以把地下工程分为软土地下工程、硬土（岩石）地下工程、海（河、湖）底或悬浮工程，按照地下工程所处围岩介质的覆盖层厚度，又分为深埋、浅埋、中埋等不同埋深工程。

3. 按施工方法分类。地下工程常分为：浅埋明挖法地下工程、盖挖逆作法地下工程、矿山法隧道、盾构法隧道、顶管法隧道、沉管法隧道、沉井（箱）基础工程等。

4. 按结构形式分类。地下建筑和地面建筑结合在一起的常称为附建式，独立修建的地下工程称为单建式。地下工程结构形式可以为隧道形式，横断面尺寸远远小于纵向长度尺寸，即廊道式。平面布局上也可以构成棋盘式或者如地面房间布置，可以为单跨、多跨，也可以单层或多层，通常的浅埋地下结构为多跨多层框架结构。地下工程横断面可根据所处部位地质条件和使用要求，选用不同的形状，最常见的有圆形、口形、马蹄形、直墙拱形、曲墙拱形、落地拱、联拱（塔拱）、穹顶直墙等。

（王双龙）

239 隧道施工现场监控量测包括哪些项目？

隧道施工现场监控量测包括必测项目和选测项目。必测项目，如表 239-1 所示；选测项目，可根据现场具体情况做出选择，如表 239-2 所示。

表 239-1 隧道现场监测必测项目

序号	项目名称	方法及工具	布置	测试精度	量测间隔时间			
					1~15d	16d~1个月	1~3个月	大于3个月
1	洞内、外观察	现场观测、地质罗盘等	开挖及初期支护后进行	—	—			
2	周边位移	各种类型收敛计	每5~50m一个断面，每个断面2~3对测点	0.1mm	1~2次/d	1次/2d	1~2次/周	1~3次/月
3	拱顶下沉	水准测量的方法，水准仪、钢尺等	每5~50m一个断面	0.1mm	1~2次/d	1次/2d	1~2次/周	1~3次/月
4	地表下沉	水准测量的方法，水准仪、因瓦尺等	洞口段、浅埋段（$h_0 \leq 2b$）	0.5mm	开挖面距量测断面前后 $<2b$ 时，1~2次/d；开挖面距量测断面前后 $<5b$ 时，1次/2~3d；开挖面距量测断面前后 $>5b$ 时，1次/3~7d			

注：b 为隧道开挖宽度；h_0 为隧道埋深。

表 239-2　隧道现场监测选测项目

序号	项目名称	方法及工具	布置	测试精度	量测间隔时间			
					1~15d	16d~1 个月	1~3 个月	大于 3 个月
1	钢架内力及外力	支柱压力计或其他测力计	每代表性地段 1~2 个断面，每个断面钢支撑内力 3~7 个测点，或外力 1 对测力计	0. 1MPa	1~2 次/d	1 次/2d	1~2 次/周	1~3 次/月
2	围岩体内位移（洞内设点）	洞内钻孔中安设单点、多点杆式或钢丝式位移计	每代表性地段 1~2 个断面，每个断面 3~7 个钻孔	0. 1mm	1~2 次/d	1 次/2d	1~2 次/周	1~3 次/月
3	围岩体内位移（地表设点）	地面钻孔中安设各类位移计	每代表性地段 1~2 个断面，每个断面 3~5 个钻孔	0. 1mm	同地表下沉要求			
4	围岩压力	各种类型岩土压力盒	每代表性地段 1~2 个断面，每个断面 3~7 个测点	0. 1MPa	1~2 次/d	1 次/2d	1~2 次/周	1~3 次/月
5	两层支护间压力	压力盒	每代表性地段 1~2 个断面，每个断面 3~7 个测点	0. 01MPa	1~2 次/d	1 次/2d	1~2 次/周	1~3 次/月
6	锚杆轴力	钢筋计、锚杆测力计	每代表性地段 1~2 个断面，每个断面 3~7 根锚杆（索），每根锚杆 2~4 测点	0. 01MPa	1~2 次/d	1 次/2d	1~2 次/周	1~3 次/月
7	支护、衬砌内应力	各类混凝土内应变计及表面应力解除法	每代表性地段 1~2 断面，每个断面 3~7 个测点	0. 01MPa	1~2 次/d	1 次/2d	1~2 次/周	1~3 次/月
8	围岩弹性波速度	各种声波仪及配套探头	在有代表性地段设置	—	—			
9	爆破震动	测振及配套传感器	临近建（构）筑物	—	随爆破进行			
10	渗水压力、水流量	渗压计、流量计	—	0. 01MPa	—			

（王双龙）

240　隧道施工现场位移量测有哪些项目？

位移量测稳定可靠，简便经济，测试成果可直接用于指导施工、验证设计以及评价围岩与支护的稳定性。

1. 净空收敛量测。洞室内壁面两点连线方向的位移之和称为“收敛”，此项量测称“收敛量测”。收敛值为两期量测的距离之差。又称为净空相对位移测试或收敛测试，简称净空收敛。收敛量测是地下洞室施工监控量测的重要项目，收敛值是最基本的量测数据，必须量测准确，计算无误。

（1）测试装置的基本构成。净空相对位移测试观测手段较多，但基本上都是由壁面测点、测尺（测杆）、测试仪器和连接部分等组成。

1）壁面测点：由埋入围岩壁面 300~500mm 的埋杆与测头组成，由于观测的手段不同，测头有多种形式，一般为销孔测头与圆球测头。它代表围岩壁面变形情况，因而要求对测点加工要精确，埋设要可靠。

2）测尺（测杆）：一般是用打孔的钢卷尺或金属管对围岩壁面某两点间的相对位移测取粗读数。除对测尺的打孔、测杆的加工要精确外，观测中还要注意测尺（杆）长度的温度修正。

3）测试仪器：一般由测表、张拉力设施与支架组成，是净空位移测试的主要构成部分。测表多为 10mm、30mm 的百分表或游标尺，用此对净空变化量进行精读数。张拉力设施一般采用重锤、弹簧或应力环，观测时由它对测尺进行定量施加拉力，使每次施测时测尺本身长度处于同一状态。

4）连接部分：是连接测点与仪器（测尺）的构件，可用单向（销接）或万向（球校接）连接，它们的核心问题是既要保证精度，又要连接方便，操作简单，能做任意方向测试。

（2）工程中常用的收敛测试手段。

1）位移测杆：由数节可伸缩的异径金属管组成，管上装有游标尺或百分表，用以测定测杆两端测点间的相对位移。位移测杆适用于小断面洞室观测。

2）净空变化测定计（收敛计）：目前国内收敛计种类较多，大致可分为如下三种：

单向重锤式：主要由支架、百分表、钢尺（带孔）、连接销、测杆、重锤等几部分组成。SWJ-81 型隧道净空变化测定计示意图见图 240-1。

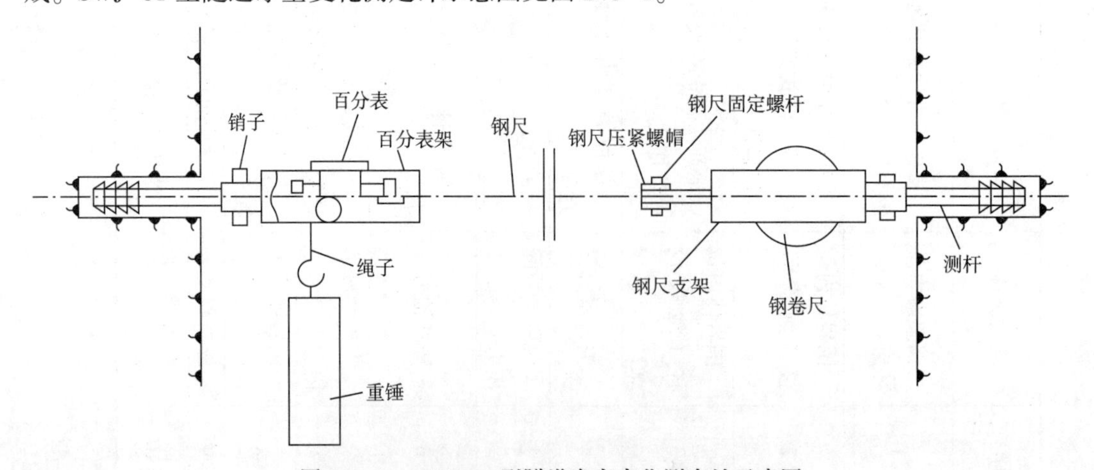

图 240-1　SWJ-81 型隧道净空变化测定计示意图

万向弹簧式：主要由支架、百分表、带孔钢尺、弹簧、连接球铰、测杆等几部分组成。

万向应力环式：主要由应力环、带孔钢尺、球铰、测杆等几部分组成。其特点是测尺张拉力的施加，不用重锤或弹簧，而用经国家标定的量力元件应力环。因此其测试精度高、性能稳定、操作方便。GSL 钢环式收敛计结构示意图见图 240-2。

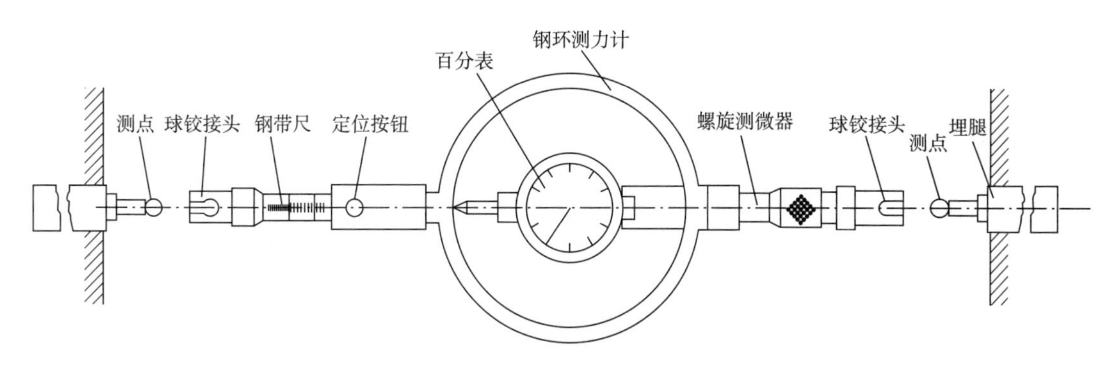

图 240-2　GSL 钢环式收敛计结构示意图

（3）净空相对位移计算。

1）根据测量结果，可通过如下方法计算净空相对位移：

$$U_n = R_n - R_0$$

式中：U_n ——第 n 次量测时净空相对位移值（mm）；

R_n ——第 n 次量测时的观测值（mm）；

R_0 ——初始观测值（mm）。

2）测尺为普通钢尺时，还需要消除温度的影响。当洞室净空大（测线长）、温度变化大时，应进行温度修正，其计算式为：

$$U_n = R_n - R_0 - \alpha L(t_n - t_0)$$

式中：t_n ——第 n 次量测时温度（℃）；

t_0 ——初始量测时温度（℃）；

L ——量测基线长（m）；

α ——钢尺线膨胀系数（一般情况下 $\alpha = 12 \times 10^{-6}$/℃）。

3）当净空相对位移值比较大，需要换测试钢尺孔位时（即仪表读数大于测试钢尺孔距时），为了消除钻孔间距的误差，应在换孔前先读一次，并计算出净空相对位移值 U_n 。换孔后应立即再测一次，从此往后计算即以换孔后这次读数为基数（即新的初读数 R_{no} ），此后净空相对位移（总值）计算式为：

$$U_k = U_n + R_k - R_{no}\ (k > n)$$

式中：U_k ——第 k 次量测时净空相对位移值（mm）；

R_k ——第 k 次量测时观测值（mm）；

R_{no} ——第 n 次量测时换孔后读数（mm）。

4）若变形速率高，量测间隔期间变形量超出仪表量程，可按下式计算净空相对位移值：

$$U_k = R_k - R_0 + A_0 - A_k$$

式中：A_0——钢尺初始孔位（mm）；

A_k——第 k 次量测时钢尺孔位（mm）。

2. 拱顶下沉量测。隧道拱顶内壁的绝对下沉量称为拱顶下沉值，单位时间内拱顶下沉值称为拱顶下沉速度。

（1）量测方法。对于浅埋隧道，可由地面钻孔，使用挠度计或其他仪表测定拱顶相对于地面不动点的位移值。对于深埋隧道，可用拱顶变位计，将钢尺或收敛计挂在拱顶点作为标尺，后视点可视为设在稳定衬砌上，用水平仪进行观测，将前后两次后视点读数相减得差值 A，两次前视点读数相减得差值 B，计算 $C=B-A$；如 C 值为正，则表示拱顶向上位移；反之表示拱顶下沉。

（2）量测仪器。拱顶下沉量测主要用隧道拱部变位观测计。由于隧道净空高，使用机械式测试方法很不方便，使用电测方法造价又很高，铁道科研部门设计了隧道拱部变位观测计。其主要特点是：当锚头用砂浆固定在拱顶时，钢丝一头固定在挂尺轴上，另一头通过滑轮可引到隧道下部，测量人员可在隧道底板上测量。测量时，用尼龙绳将钢尺拉上去，不测时收在边上，不致影响施工，测点布置又相对固定。

3. 地表下沉量测。洞顶地表沉降测试，是为了判定地下工程建筑对地面建筑物的影响程度和范围，并掌握地表沉降规律，为分析洞室开挖对围岩力学形态的扰动状况提供信息。一般是在浅埋情况下观测才有意义。

4. 围岩内部位移量测。由于洞室开挖引起围岩的应力变化与相应的变形，距临空面不同深度处是各不相同的。围岩内部位移量测，就是观测围岩表面、内部各测点间的相对位移值，它能较好地反映出围岩受力的稳定状态、岩体扰动与松动范围。该项测试是位移观测的主要内容，一般工程都要进行这项测试工作。

（1）测试原理。埋设在钻孔内的各测点与钻孔壁紧密连接，岩层移动时能带动测点一起移动，如图 240-3 所示。变形前各测点钢带在孔口的读数为 S_{i0}，变形后第 n 次测量时各点钢带在孔口的读数为 S_{in}。测量钻孔不同深度岩层的位移，也就是测量各点相对于钻孔最深点的相对位移。第 n 次测量时，测点 1 相对于钻孔的总位移量为 $S_{1n} - S_{10} = D_1$，测点 2 相对于孔口的总位移量为 $S_{2n} - S_{20} = D_2$，测点 i 相对于孔口的总位移量 $S_{in} - S_{i0} = D_i$。于是，测点 2 相对于测点 1 的位移是 $\Delta S_{2n} = D_2 - D_1$，测点 i 相对于测点 1 的位移量是 $\Delta S_{in} = D_i - D_1$。

当在钻孔内布置多个测点时，就能分别测出沿钻孔不同深度岩层的位移值。测点 1 的深度越大，本身受开挖的影响越小，所测出的位移值越接近绝对值。

（2）量测装置的基本构成。国内围岩内部位移测试类型、手段很多，通常采用钻孔伸长计或位移计，由锚固、传递、孔口装置、测试仪表等部分组成。

1）锚固部分。把测试元件与围岩锚固为一整体，测试元件的变位即为该点围岩的变位。常用的形式有楔缝式、胀壳式、支撑式，压缩木式、树脂或砂浆浇筑式及全孔灌注式等。由于具体测试要求和使用环境的不同，采用的锚固方式也不尽相同，一般情况下，软岩、干燥环境采用胀壳式、支撑式、砂浆灌注式为好，而硬岩、潮湿环境采用楔缝式、压缩木式较好。

2）传递部分。把各测点间的位移进行准确的传递。传递位移的构件可分为直杆式、

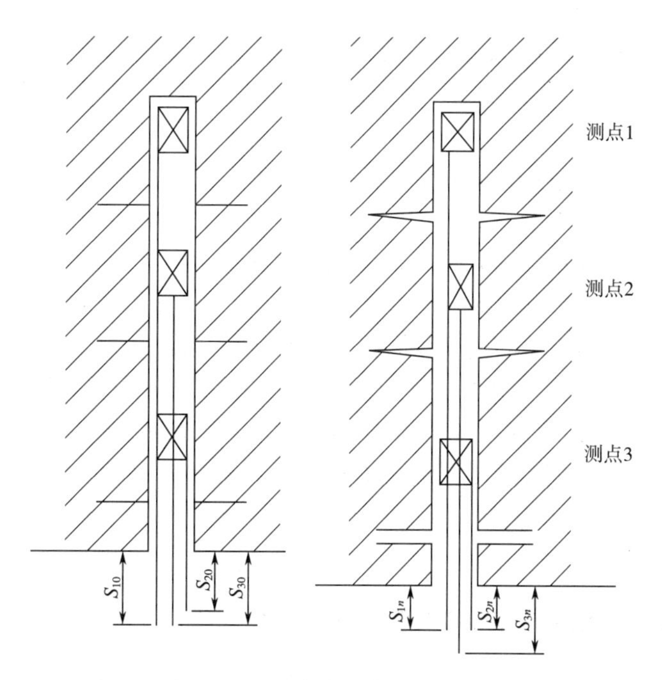

图 240-3　围岩内位移量测示意图

钢带式、钢丝式等；传递位移的方式可分为并联式和串联式。

3）孔口装置部分。为了量测的具体实施而在孔口处设的必要装置。一般包括在孔口设置基准面及其固定、孔口保护、导线隐蔽及集线箱等。

传感器与测读仪表—测读部分是位移测试的重要组成部分，所采用的仪表通常分为机械式与电测式。

（3）工程中常用的测试仪器。主要包括机械式位移计、电测式位移计。

机械式位移计：机械式位移计结构简单，稳定可靠，价格低廉，但一般精度偏低，观测不方便，适用于小断面及外界干扰小的地下洞室的观测。

1）单点机械式位移计：由楔缝式锚头、圆钢位移传递杆、孔口测读部分（百分表与外锚头）组成。

根据测量结果，可按下式计算相对位移：

$$U_i = Z_0 - Z_i$$

式中：U_i——第 i 次量测时孔口与锚固点间的相对位移（mm）；

Z_0——初读数（mm）；

Z_i——第 i 次测读时百分表读数。当锚固点为不动点时，此时 U_i 即为孔口（壁面）的绝对位移值（mm）。

2）机械式两点位移计：这种位移计有两个内锚头，两根金属测杆分别同两个锚头连接，用百分表分别量测两测杆外端测点和孔口端面（观测基准面）间的相对位移变化。

3）多点机械式位移计：在同一钻孔中，设多个锚头（测点），通过相应的位移传递杆或传递钢丝、传递钢带等，可以了解各测点（不同孔深处）至孔口间沿钻孔方向上的位移状态。

电测式位移计：电测式位移计，是把非电量的位移量通过传感器（一次仪表）的机械运动转化为电量变化信号输出，再由导线传送给接收仪（二次仪表）接收并显示。这种装置施测方便，操作安全，能够遥测，适应性强；但受外界影响较大，稳定性较差，费用较高。

1）电感式位移计：利用电磁互感原理，传感器在恒定电压情况下，铁芯的位移变化可由二次绕组线圈的电压变化进行准确的反映，再由二次仪表测读。电感式位移计因使用需要和不同的位移传递系统与孔口设施而制成单点式或多点式。

2）差动式位移计：由差动变压器式位移传感器、电缆及位移测量仪组成，根据使用上的要求，可为单点式，也可经过系统构造上的组合为多点式。

3）电阻式位移计：位移的变化是通过传感器的滑动电阻体的电阻变化来反映的，再由导线传给二次仪表，有的可经过仪表内部率定，直接读出位移测试值。电阻式位移计抗外界干扰能力强，性能稳定，价格便宜；但灵敏度差，在一般情况下能满足测试要求。

（王双龙）

241　隧道量测部位如何确定和测点应怎样布设？

1. 量测间距。在国家标准锚喷支护规范中，对应测项目与选测项目的量测间距已有规定，见表 241-1。在具体工程测试中，量测间隔还要根据围岩条件、埋深情况、工程进展等进行必要的修正。

表 241-1　应测项目

条 件	量测断面间距/m
洞口附近	10
埋深小于 $2D$	10
施工进展 200m 前	20（土砂围岩减小到 10）
施工进展 200m 后	30（土砂围岩减小到 20）

选测项目的测点纵向间距一般为 200～500m，或在几个典型地段选取测试断面。增测项目的测试断面应视需要而定。表 241-2 列出了地表下沉（隧道中线上）测点的纵向间距。

表 241-2　选测项目

埋深 h 与洞室跨度关系	测点间距/m
$2D<h$	20～50
$D<h<2D$	10～20
$h<D$	5～10

注：D 为洞室跨度。

2. 测点的布置。

（1）净空位移的测线布置。净空位移的测线布置见表 241-3 和图 241-1。拱顶下沉量测的测点，一般可与净空位移测点共用，这样可节省安设工作量，更重要的是使测点统一在一起，测点结果能互相校验。

表 241-3 净空变化量测基准线布置表

施工方法地段	一般地段	特殊地质			
		洞口	埋深小于 2D	膨胀或偏压地段	实施 B 类量测地段
全断面	1~2 条水平基线	1~2 条水平基线	三条三角形基线	三条基线	三条基线
短台阶	两条水平基线	两条水平基线	四条基线	四条基线	四条基线
多台阶	每台阶一条水平基线	每台阶一条水平基线	外加两条斜基线	外加两条斜基线	外加两条斜基线

注：D 为开挖宽度。

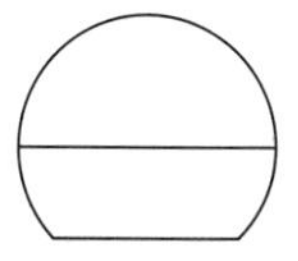
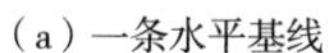
（a）一条水平基线

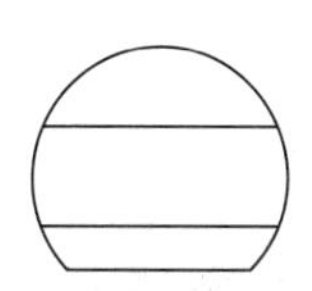
（b）二条水平基线

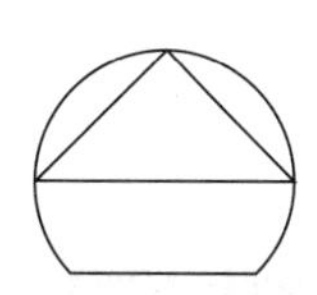
（c）三条水平基线

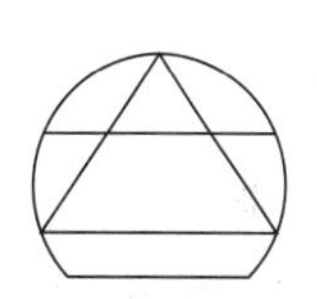
（d）四条水平基线

图 241-1 净空变化量测基准线布置示意图

（2）围岩位移测孔的布置。围岩位移测孔布置，除应考虑地质、洞形、开挖等因素外，一般应与净空位移测线相应布设。

（3）锚杆轴力量测锚杆的布置。量测锚杆要依据具体工程中支护锚杆的安设位置和方式而定。如是局部加强锚杆，要在加强区域内有代表性位置设量测锚杆；若为全断面设系统锚杆（不含底板），在断面上布置位置按围岩位移测孔布置方式进行。

（4）衬砌应力量测布置。衬砌应力量测，除应与锚杆受力量测孔相对应布设外，还要在有代表性的部位设测点，如图 241-2 所示。

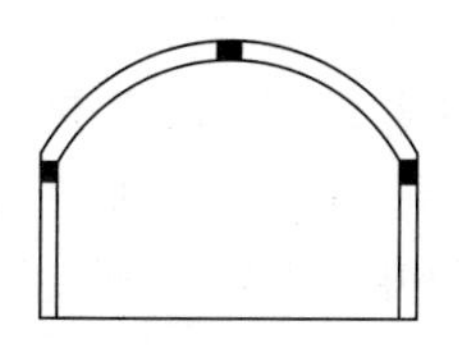
（a）拱顶及拱底布点图

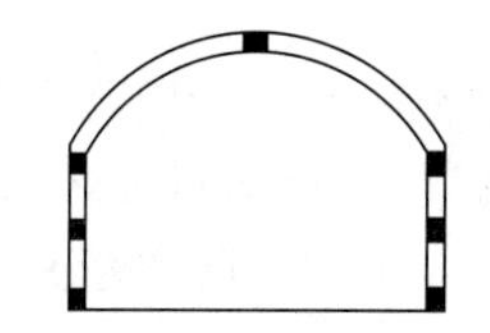
（b）拱顶、拱底及两腰布点图

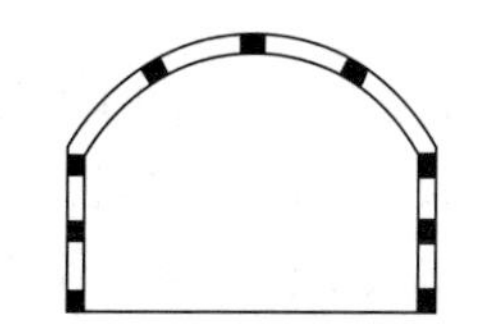
（c）拱顶、拱顶两侧、拱底及两腰布点图

图 241-2 衬砌应力量测点布置示意图

（5）地表、地中沉降测点布置。地表、地中沉降测点，原则上应布置在洞室中心线上，并在与洞室轴线正交平面的一定范围内布设必要数量的测点，如图 241-3 所示。并在有可能下沉的范围外设置不会下沉的固定测点。

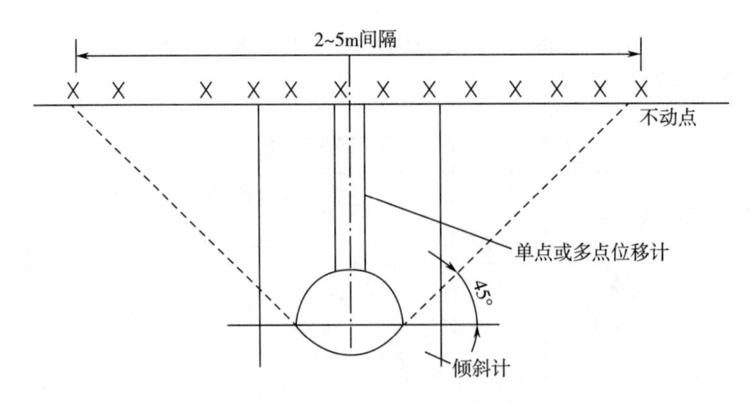

图 241-3　地表下沉测点布置示意图

(6) 声波测孔布置。声波测试的目的是测试围岩松动范围与提供分类参数验证围岩分类，要求测孔位置要有代表性。在每个部位上的测孔布置，要兼顾单孔、双孔两种测试方法，还要考虑到围岩层理、节理与双孔对穿测试方向的关系。有时在同一个部位上，可呈直角形布设三个测孔，以便充分掌握围岩构造对声测结果的影响。

（王双龙）

242　运营地铁隧道结构长期监测内容及方法？

1. 监测内容和方法。地铁隧道结构长期变形监测内容需根据地铁隧道结构设计、国家相关规范和类似工程的变形监测，以及当前地铁所处阶段来确定。地铁隧道结构变形监测主要内容如表 242 所示。

表 242　地铁隧道结构长期变形监测内容

隧道水平位移监测	区间隧道水平位移监测
	隧道相对地下车站水平位移监测
隧道垂直位移监测	区间隧道沉降监测
	隧道与地下车站沉降差异监测
隧道断面收敛变形监测	—

对于不同的地铁隧道结构变形监测项目，所用监测方法和仪器也不相同。通常，对于隧道垂直位移和水平位移监测，需通过大地测量或者自动化测量的方法利用高级别水准仪、高级别全站仪或智能全站仪进行；而对于隧道断面收敛变形监测，则要通过物理测量的方法进行，如收敛仪（计）。

2. 变形监测网（点）的布设。由于地铁隧道结构变形监测具有范围大、要求精度高和监测时间长等特点，因此，必须根据地铁隧道结构设计、国家相关规范和地铁隧道结构实际状况，从地铁隧道结构整体来考虑，拟定统一要求的变形监测网（点）。

(1) 变形监测基准网（点）的布设。变形监测基准网（点）是变形监测的基础，基准网（点）布设的一般原则是：基准网（点）应布设在变形体或变形区之外，且地质情况良好，不易破坏的地方。但是，根据地铁隧道的实际情况，从经济性和可操作性考虑，基准网（点）全部布设在地铁外是不可取的。如果监测基准网（点）全部布设在地铁外，一是增加了引测进入地铁隧道的工作量；二是引测进地铁时，因测量条件差，测边短，俯、仰角大，测量精度很难得到保证和控制。

此外，在隧道内布设基岩基准点也不合适。而地铁车站所处的地质条件一般较好，遇到不良地质，都进行地基处理，所以通常将车站看作一个大的稳定的刚体，相对隧道变形要小得多；另外，个别车站发生变形，也可从相邻车站的位置关系反映出来，不至于对监测基准网（点）体系造成影响。因此，地铁变形监测基准网（点）通常建立在车站上，可选择车站的铺轨控制基标或埋设的特殊点作为变形监测的基准点。

1）水平位移监测基准网（点）。地铁结构水平位移监测主要是监测隧道相对于车站的变形，通常在车站左右线按要求各埋设一条边作为基准边，基准点间距离应在 120 m 以上，车站之间成附合导线形式，左右线间成闭合导线。

2）垂直位移监测基准网（点），对于垂直位移监测，监测基准网主要由水准基点和工作基点构成。水准基点一般布设于地铁外部（国家或地区高程控制点最佳），工作基点布设在地铁车站内，可与水平位移监测基准点共用；监测基准网宜布设成附合水准路线或沿上、下行线隧道成结点水准路线形式。根据地质条件和车站结构的稳定状况确定定期观测的周期，采用一等水准监测要求施测，但观测限差则应按严格的变形监测指标控制，否则平差后的工作基点高程中误差太大，难以检验出工作基点发生的沉降位移，使隧道沉降监测时附合水准路线无法测合。

（2）变形监测点的布设。

1）水平位移监测点的布设。水平位移监测点边应尽量布设成长边，减少导线边数，以减少误差的累积。依据地铁线路所处的地质情况，地质条件好的地段，50~70m 设一水平位移监测点；地质条件不良的地段，40~60m 设一水平位移监测点。

2）垂直位移监测点布设。区间隧道沉降监测点。通常，区间隧道沉降监测点与水平位移监测点共用，地质条件不良的地段可根据实际情况适当加密。

隧道与地下车站沉降差异监测点。隧道与地下车站沉降差异监测点的布设较为简单，只需在隧道与车站交接缝两侧约 1m 处的道床上布设一对沉降监测点，直接监测两点间高差即可。

3）隧道断面收敛变形监测点。隧道断面收敛变形监测点的布设，一般根据隧道所处地质条件、所用收敛计以及隧道断面形状等实际情况而定。如在圆形断面隧道内的布设如图 242 所示，只要定期用收敛计测量 *AC* 和 *BD* 的长度变化，即可得知隧道横断面收敛变形大小。

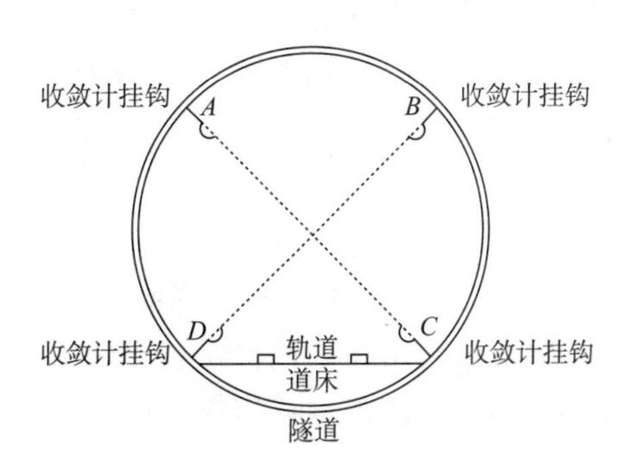

图 242　收敛计布设示意图

（3）测点标志与埋设。地铁隧道内水平位移及垂直位移的基准点标志应进行统一设计和埋设，可位于车站道床中间的水沟中，高出水沟底部约 10mm，采用混凝土标石，中央嵌入铜心标志，并加保护罩。

水平和垂直位移监测点布设于道床中央，可分别埋设直径 16mm 或 8mm，长约 60mm 的圆头实心铜质或不锈钢标志。基准点与变形监测点均需按要求用油漆统一标记。

3. 变形监测的实施。

（1）测量作业。测量遵循“以基准点为基础，先控制，后加密”的原则。为了能更客观地反映变形的实际情况，每次测量采用的仪器、设备、观测人员及观测程序应相同。测量作业应严格按照《工程测量标准》GB 50026—2020 和《城市轨道交通工程测量规范》GB/T 50308—2017 对应的测量等级和要求进行做好过程控制。一般以每一区间为一测量单元，即从一个车站附合至另一车站。

（2）监测数据处理与分析。监测数据处理与分析主要包括监测基准网点的稳定性分析和地铁隧道结构形变情况分析。通常，隧道断面收敛变形情况可由收敛计读数经相关方法计算处理得到，而水平和垂直位移则较为复杂。因此下面主要介绍水平和垂直位移监测数据的处理和分析过程。

1）监测基准网点的稳定性分析。隧道结构水平位移、垂直位移的判断均参照监测基准网点，如果基准点不稳定，所求位移即失真。在对监测基准网做周期性观测后，其点位观测值的变化是观测误差还是点位的真实变化，必须加以区分。另外，点位稳定性分析还可为监测基准网提供稳定或相对稳定的基准信息，以便于平差基准的选取。

稳定性分析通常应用统计检验的方法，首先对监测基准网做几何图形一致性检验，即稳定点的整体检验，以判明该网在两期观测之间是否发生了显著性变化。如果检验通过则认为所有的网点是稳定的；否则，再用动点检验法依次寻找动点，直到通过检验为止。

2）隧道水平位移、垂直位移分析。地铁的隧道结构体为条形状，呈现一定的柔性，在地质条件不稳固状态下极易产生变形，而地下车站结构体相对较大，位移要比隧道小得多。在工程管理中，无论从结构安全还是行车安全上考虑，密切关注的是隧道相对车站的位移。所以，对隧道的水平位移和垂直位移分析应重点分析隧道相对于车站的位移，也就是变形监测点相对于工作基点的变化。

隧道变形临测点数量较多，且相邻测点之间的结构体呈现一定的刚度，如果仅仅对单一变形测点的变化进行分析，既不方便，又不能全面地反映隧道纵向的整体沉降情况。所以，变形分析宜采取整体分析，可按隧道的上、下行线逐条或区间逐段去分析。

较直观的方法是将监测的报表绘制成“监测点位移量曲线图”，即将每一期各测点的累计沉降量（或本期沉降量）曲线绘制在以隧道里程（或测点）为横轴，位移量为竖轴的坐标系中；同样方法绘制“监测点位移速率曲线图”。这样便能直观地从图上看出整条隧道的沉降情况、规律和趋势。必要时还可将隧道纵向地质剖面图及隧道纵断面绘制在“监测点位移量曲线图”下方，更有利于分析隧道沉降的成因，做出正确推测。

隧道如建在地质稳固的基础上或经历长期的稳定，相邻期监测计算的高程变化量会很小。可以采取统计检验的方法对隧道监测点做稳定性检验，以判明隧道监测点两期测值的差异是否为测量误差引起的。

（王双龙）

243 地下工程激光扫描测量技术有哪些？

三维激光扫描技术是20世纪90年代中期开始出现的一项技术，是继全球导航卫星空间定位系统之后又一项测绘技术新突破。它通过高速激光扫描测量的方法，大面积并以高分辨率快速获取被测对象表面的三维坐标数据。可以短时间大量地采集空间点位信息，为快速建立物体的三维影像模型提供了一种全新的技术手段。其具有快速性、不接触性、主动性、实时、动态以及高密度、高精度，数字化、自动化等特性。

目前，应用在地下工程的激光扫描测量技术主要有架站式扫描和移动式扫描。

1. 地下工程激光扫描测量技术指标（表243-1）。

表243-1 点云精度与技术指标

扫描精度等级		扫描仪标称精度	特征点间距中误差/mm	点位中误差/mm	最大点间距/mm	适用场景
一等	相对	≤12″，$2mm \pm 10 \times 10^{-6}d$	≤5	≤2	≤3	结构和轨道变形监测中等精度要求的监测对象、隧道病害检测等限界检测、竣工测量、结构现状普查
	绝对		—	≤10	≤10	
二等	相对	≤24″，$3mm \pm 10 \times 10^{-6}d$	≤15	≤10	≤10	装修装饰、广告牌安装等
	绝对		—	≤20	≤20	
三等	相对	≤36″，$5mm \pm 10 \times 10^{-6}d$	≤50	≤100	≤25	用于展示的低精度三维模型等
	绝对		—		≤50	
四等	相对	≤50″，$10mm \pm 10 \times 10^{-6}d$	≤200	≤250	—	其他

2. 架站式外业扫描及数据处理。

（1）作业流程。外业扫描作业流程由装备检查、仪器架设、参数设置、数据采集和现场清理组成。架站式外业扫描作业流程见图243-1。

（2）仪器要求。

1）扫描仪架设要求：①扫描仪应安置在稳固的区域，作业过程中应防止设备晃动；②相邻两个扫描测站之间的距离宜小于30m，不宜超过50m。

2）仪器设站要求：①测量点云数据为绝对坐标时，宜采用后方交会或附合扫描路线设站，扫描标靶宜均匀分布并单独扫描，应采用双面扫描标靶，减小扫描仪自身的轴系误差；②项目不要求绝对坐标成果数据时，可根据现场环境灵活设站，使用简易标靶或特征点作为公共点进行点云配准。

3）标靶布设要求：①扫描期间标靶应保持稳固，宜放置在固定装置或特制的磁性基座上；②每个测站扫描标靶的数量应不少于4个，且相邻两个扫描测站的公共标靶数量应不少于3个；③扫描标靶应在扫描范围内水平上均匀布置且不在一直线上，高程上错落分布。

4）标靶扫描要求：①一等、二等精度外业扫描时，宜采用仪器可设置的最高扫描密

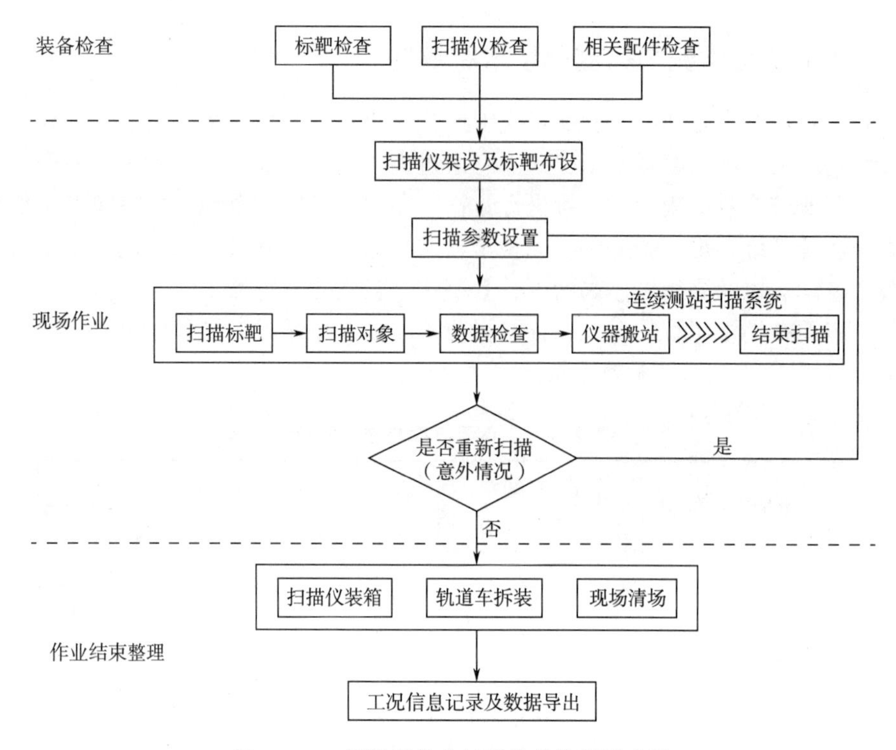

图 243-1　架站式外业扫描作业流程示意图

度进行标靶扫描；②每站扫描结束前应检查标靶扫描点云数据，确认标靶的扫描点云数据完整后再结束扫描并搬站；③扫描设置按以下要求执行：扫描分辨率的设置应符合技术指标表中最大点间距的要求；一等精度外业扫描时作业前仪器宜放置在作业环境中 30min 以上。

（3）外业扫描。

1）扫描作业时，扫描仪周围不应出现干扰扫描作业的移动物体。

2）扫描间歇时，应在固定位置设置标靶用于间歇后的扫描点云配准，标靶设置应符合要求。

3）相邻两测站的点云重叠度不宜低于 30%。

4）扫描过程中出现断电、死机、仪器位置变动等异常情况，应重新进行设备检查，检查通过后方可初始化进行重新扫描。

5）扫描作业结束后，宜对点云数据备份并检查，基本检查项目包括标靶点云靶心数据完整性、两测站之间的点云分辨率符合技术指标中规定的最大点间距要求等。对异常数据应及时补测。

6）现场应记录扫描区间、起始里程或盾构隧道环号、设备编号、数据文件名、控制点使用情况等信息，系统报警、死机等非正常作业情况需详细记录。

（4）数据处理。

1）数据准备：①在未完成数据成果制作前，应保留扫描设备存储硬盘中的原始数据，并备份原始数据文件；对于同一个项目的点云数据，宜采用同一个项目文件进行管理、查看、编辑和处理。②对已复核的控制点数据，整理成已知控制点坐标文件，并找出对应控制点的标靶位置点云，通过软件拟合和配准。③对外业扫描记录的日志文件进行检查，并结合扫描数据复核扫描日志文件，检查和复核正确后根据外业日志文件进行数据处理。

2）点云配准：①可使用已知控制点、公共特征点、重叠点云的方式进行点云配准。②采用控制点进行点云配准时，控制点配准残余中误差应不大于技术指标中规定的精度等级要求中误差的1/2。③采用特征点或标靶进行数据配准时，相邻两站的配准应采用不少于3个同名点进行配准转换，配准后同名点的配准残余中误差应不大于技术指标中规定的精度等级要求中误差的1/2。

3）点云降噪和抽稀：①点云降噪宜采取算术平均滤波法或人机交互的方式。②点云抽稀应不影响目标物特征识别与提取，且抽稀后的点云密度应符合技术指标中对应精度等级的最大点间距要求。

3. 移动式外业扫描及数据处理。

（1）作业流程。外业扫描作业流程由装备检查、系统组装、参数设置、数据采集和现场清理组成。移动式外业扫描作业流程见图243-2。

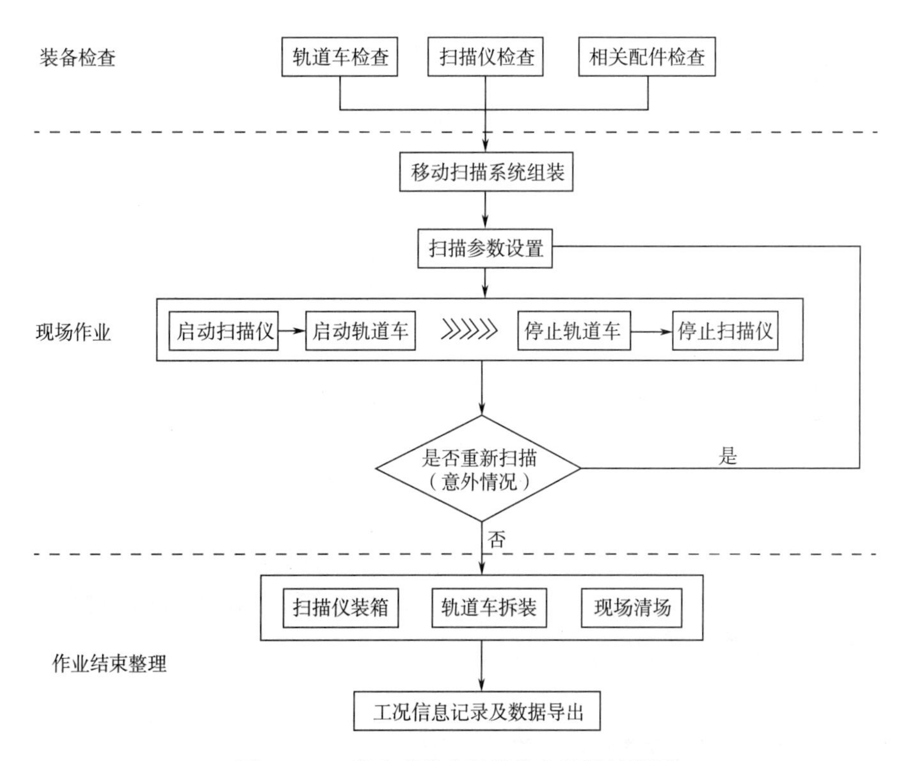

图243-2　移动式外业扫描作业流程示意图

（2）仪器要求。

1）移动式扫描仪器要求：①仪器最小测程应小于0.5m，有效测程内的径向距离误差不应大于2mm。②数据获取速率不宜小于50万点/s，断面测量模式下的最高转速不宜低于50Hz。

2）移动平台要求：移动平台的行走部件应满足轨道绝缘要求，作业过程中应防止对计轴器、导电轨等轨道交通设施产生不良影响。

3）惯性测量单元要求：配备惯性测量单元（IMU）的移动式外业扫描，惯性测量单元准确度等级宜为Ⅱ级及以上。惯性测量单元准确度等级划分见表243-2。

表243-2 惯性测量单元准确度等级划分

准确度等级	测角标准差 δ/°
Ⅰ	$\delta \leqslant 0.01$
Ⅱ	$0.01 < \delta \leqslant 0.02$
Ⅲ	$0.02 < \delta$

（3）外业扫描。

1）标靶布设：①标靶设置应满足点云数据配准的要求，宜成对布设。布设间距应根据设计方案的精度要求、惯性测量单元（IMU）精度性能等确定，相邻两对标靶的间距不宜大于150m。②标靶应便于全站仪坐标联测和从激光点云集中识别。③可利用现场明显特征点代替专用标靶。

2）外业扫描：①扫描作业过程中，保证扫描头与待测对象通视，禁止任何物件靠近扫描头。②扫描结束后，应确认扫描数据的完整性。③扫描过程若出现死机、断电等异常情况，应重测。④现场记录扫描区间、起始和终点里程、起始和终点隧道环号、设备编号、数据文件名、控制点使用情况等信息，系统报警、死机等非正常作业情况需详细记录。⑤扫描作业过程中，宜采用其他测量手段，实测现场部分几何数据，供内业成果检校。

（4）数据处理。

1）点云数据配准：①点云数据配准适用于配备惯性测量单元移动扫描系统。②点云数据先依据惯性测量单元（IMU）数据进行坐标计算和配准，再识别点云中的标靶，进行绝对定位。③双圆盾构隧道、有中隔墙的单洞双线隧道或大直径盾构隧道，需进行上、下行线扫描数据的配准。④点云数据配准后宜分区段、分区间或全线形成连续的三维点云模型。

2）点云数据校正：①点云数据校正适用于未配备惯性测量单元移动扫描系统。②应利用明显标识进行里程校正。③双圆盾构隧道、有中隔墙的单洞双线隧道或大直径盾构隧道，需进行上、下行线扫描数据的里程校正。

（王双龙）

244 深基坑工程监测预警存在的问题？

1. 基坑工程的监控报警是一个十分复杂和严肃的工程问题。各地的工程地质和水文地质条件不同，同一地方的地层分布也不同。因此，作为国家标准想全面提供一个各种地质情况下的基坑工程监控值几乎是不可能。但是各种支护形式的抗变形能力、各种构建的承载能力却在一个可控的范围内，周边环境对基坑支护变形的要求也是可知，所以，从变形控制的角度，提出监控报警值是可行的。

2. 一些标准据此提出基坑工程监测项目的监控值指标，在实际工程实践中，由于基坑工程的复杂性，存在不负责任简单套用有关标准的监控指标的现象，导致过度报警，引起报警疲劳，或影响工程建设效率。

3. 大家知道，由于地铁线路长，施工周期也长，一般都采用三色预警机制，便于预警的管理和效率。在《城市轨道交通工程监测技术规范》GB 50911—2013 中规定：城市轨道交通工程监测应根据监测预警等级和预警标准建立预警管理制度，预警管理制度应包括不同预警等级的警情报送对象、时间、方式和流程等。在相应条文说明中建议：工程监测预警等级的划分要与工程建设城市的工程特点、施工经验等相适应，具体的预警等级可根据工程实际需要确定，一般取监测控制值的 70%、85% 和 100% 划分为三级。条文说明中也列举了北京市轨道交通工程监测预警体系，认为北京市较为成熟，其工程监测预警分级标准，见表 244。

表 244　北京市轨道交通工程监测预警分级标准

预警级别	预警状态描述
黄色预警	变形监测的绝对值和速率值双控指标均达到控制值的 70%；或双控指标之一达到控制值的 85% 时
橙色预警	变形监测的绝对值和速率值双控指标均达到控制值的 85%；或双控指标之一达到控制值时
红色预警	变形监测的绝对值和速率值双控指标均达到控制值

从表 244 中可以看出，预警等级是根据变形监测的绝对值和速率值双控指标双指标划分的，并且绝大部分是在双指标同时达到时才开始预警，但是，在实际工作中，很多时候都是在单一指标（如绝对值或速率值）达到报警值的 70% 就开始报警，导致频繁报警。当前，一些地方的一般性建筑基坑也简单套用地铁常用的三色预警模式，可以想象，在没有建立区域内一致的预警模式的情况下，预警分级过多、频次过密，也会导致预警混乱，无所适从。这种频繁、不合理、不科学的报警会导致真的狼来了，反而不以为然，引起重大工程安全事故。

4.《建筑基坑工程监测技术标准》GB 50497—2019 的第 8 章的标题为“监测预警”，其修订前的 2009 版第 8 章标题则是“监测报警”，比照两个版本的技术指标发现其指标数字并未进行实质的修改，为什么需要将“监测报警”修订为“监测预警”？笔者就这个问题咨询了标准主编，他解释为：“我们在调研中了解到在实际基坑工程监测过程中，一旦某个监测项目达到了原规范的报警值，报警后即停工，实际上，我们规范中说过有异常报警和危险报警两种，应具体问题具体分析，一些异常报警，有的是某一监测项目达到报警值，但关联监测项目并不能互相印证，或者是由于监测失误所造成的，所以不一定都要采取停工措施。针对这种现象，我们新规范设定了预警值，就是希望对出现预警的监测项目首先进行分析，确定是否需要报警，然后采取相应工程措施。”应具体问题具体分析。

5. 随着城市建设的高速发展，超大、超深基坑大量出现，监测项目也越来越多，不仅需要对几何变形量进行监测，如水平位移、垂直位移等，同时也要对相关物理量进行监测，如应力、应变等。在进行变形分析、变形预警时，有必要也有条件进行各项指标变形的综合分析，互相印证，提出合理、科学的预警结论。

（王双龙）

245 基坑工程安全等级如何划分？

1. 基坑安全等级与监测等级关系。

（1）基坑安全等级是基坑工程监测的关键点，一些技术要求主要是根据基坑安全等级选取或确定。基坑安全等级由基坑工程设计人员依据相关规范确定，相关基坑工程技术规范一般在“设计原则”中有明确规定。安全等级越高要求基坑变形必测项目越多，报警值更小，监测精度更高，基坑安全等级的重要性不言而喻。

（2）随着工程建设的发展，超深、超大基坑越来越多，基坑周边环境如地下管线、建筑物、地铁等建（构）筑物及设施更加错综复杂，基坑工程施工对周围环境不良影响更加明显。因此，基坑工程监测除基坑支护结构本身外，应密切关注周边环境、地质条件对基坑工程的限制和基坑变形对周围环境的不良影响。

（3）近年来，越来越多的基坑监测标准对“基坑工程监测等级”进行规定，“基坑工程监测等级”概念上有别于“基坑安全等级”，有利于基坑监测更具针对性，并能突出监测重点。

1）上海地方标准《基坑工程施工监测规程》2006 版最早反映了这一概念和趋势，2016 版强化了相关内容。

2）国家标准《城市轨道交通工程监测技术规范》GB 50911—2013 版和近年来的一些地方标准如云南、广西等均有相应的规定。

2. 基坑工程安全等级的划分种类。

（1）目前，基坑工程安全等级的划分方法有多种，主要有三大类：

1）主要依据基坑深度划分，是一种量化指标划分法。

2）依据基坑工程破坏后果严重程度划分，是一种原则性划分法。

3）综合运用前两种方法进行划分。

（2）典型代表有：

1）《建筑地基基础工程施工质量验收规范》GB 50202—2002 主要是依据基坑深度划分，共分三级，对于一级基坑还兼顾周边环境等因素。

2）《建筑基坑支护技术规范》JGJ 120—2012 主要是依据基坑破坏后果划分：将支护结构破坏、土体失稳或过大变形对基坑周边环境及地下结构施工影响很严重定为一级，影响一般定为二级，影响不严重定为三级。

3）北京地方标准《建筑基坑支护设计规程》DB 11/489—2007 根据基坑的开挖深度、邻近建（构）筑物及管线到坑边的相对距离和工程地质、水文地质条件，按破坏后果严重程度划分为三级。

（3）按定量标准如基坑深度划分比较容易理解和操作，相对而言按原则性如破坏后果划分则不太容易操作。《建筑基坑支护技术规程》JGJ 120—2012 仍维持 99 版规程对支护结构安全等级的原则性划分方法，主要依据《工程结构可靠性设计统一标准》GB 50153—2008 对结构安全等级确定的原则，以破坏后果严重程度，将支护结构划分为三个安全等级。采用原则性划分方法而未采用定量划分方法，是考虑到基坑深度、周边建筑物距离及埋深、结构及基础形式、土的性状等因素对破坏后果的影响程度难以用统一标准界定，不能保证普遍适用，定量化的方法对具体工程可能会出现不合理的情况。

（4）上海《基坑工程施工监测规程》DG/T J08-2001-2016 将基坑工程安全等级分为两大部分：基坑自身的安全等级和环境保护等级，实质上也是量化划分法。

3. 相关标准的划分方法。

（1）《建筑地基基础工程施工质量验收规范》GB 50202—2002 的划分方法为：

1）符合下列情况之一的基坑，定为一级基坑：①重要工程或支护结构作主体结构的一部分；②开挖深度大于 10m；③与临近建筑物、重要设施的距离在开挖深度以内的基坑；④基坑范围内有历史文物、近代优秀建筑、重要管线等需严加保护的基坑。

2）三级基坑为开挖深度小于 7m，且周围环境无特别要求的基坑。

3）除一级基坑和三级基坑外的基坑均属二级基坑。

（2）《建筑基坑支护技术规程》JGJ 120—2012 的划分方法，见表 245-1。

表 245-1　支护结构的安全等级

安全等级	破坏后果
一级	支护结构破坏、土体失稳或过大变形对基坑周边环境及地下结构施工影响很严重
二级	支护结构破坏、土体失稳或过大变形对基坑周边环境及地下结构施工影响一般
三级	支护结构破坏、土体失稳或过大变形对基坑周边环境及地下结构施工影响不严重

（3）《建筑地基基础设计规范》GB 50007—2007 的划分方法，基坑监测项目的选择是按照地基基础设计等级确定的，它将地基基础设计等级分为甲、乙、丙三个设计等级。其中，位于复杂地质条件及软土地区的二层及二层以地下室的基坑工程，属于甲级设计等级。

（4）北京《建筑基坑支护设计规程》DB 11/489—2007 划分法，是根据基坑的开挖深度 h 、邻近建（构）筑物及管线与坑边的相对距离比 α 和工程地质、水文地质条件，按破坏后果的严重程度将基坑侧壁的安全等级分为三级，支护结构设计中应根据不同的安全等级选用重要性系数：一级取 $\gamma_0 = 1.10$；二级取 $\gamma_0 = 1.00$；三级取 $\gamma_0 = 0.9$。

（5）上海《基坑工程施工监测规程》DG/T J08-2001-2016 划分法为：

1）根据基坑的开挖深度等因素，基坑工程安全等级应分为以下三级：①基坑开挖深度 $H \geqslant 12$m 或基坑采用支护结构与主体结构相合时，属一级安全等级基坑工程；②基坑开挖深度 $H<7$m，属三级安全等级基坑工程；③除一级和三级以外的基坑均属二级安全等级基坑工程。

2）根据基坑周围环境的重要性程度及其与基坑的距离，基坑工程环境保护等级应分为三级，见表 245-2。

表 245-2　基坑工程的环境保护等级

环境保护对象	保护对象与基坑距离关系	基坑工程的环境保护等级
优秀历史建筑、有精密仪器与设备的厂房、其他采用天然地基或短桩基础的重要建筑物、轨道交通设施、隧道、防汛墙、原水管、自来水总管、煤气总管、共同沟等重要建（构）筑物或设施	$s \leqslant H$	一级
	$H < s \leqslant 2H$	二级
	$2H < s \leqslant 4H$	三级
较重要的自来水管、煤气管、污水管等市政管线。采用天然地基或短桩基础的建筑物等	$s \leqslant H$	二级
	$H < s \leqslant 2H$	三级

注：1　H 为基坑开挖深度，s 为保护对象与基坑开挖边线的净距。

2　基坑工程环境保护等级可依据基坑各边的不同环境分别确定。

3　位于轨道交通等环境保护对象周边的基坑工程，应遵照政府有关文件和规定执行。

（6）深圳《深圳地区建筑深基坑支护技术规范》SJG 05—2011 划分法：基坑支护安全等级应按表 245-3 选定，同一基坑的不同部位可根据其周边环境、地质条件等选择不同的等级。

表 245-3　基坑支护安全等级

工程条件	支护安全等级		
	一级	二级	三级
	很严重	严重	不严重
基坑深度/m	>12.0	8.0~12.0	<8.0
1.3h 范围内软弱土层总厚度/m	>5.0	3.0~5.0	<3.0
基坑边缘与邻近浅基础或桩端埋置深度 $<1.3h$ 摩擦桩基础的建筑物的净距或与重要关系的净距/m	$<1.0h$	$1.0h\sim2.0h$	$>2.0h$

注：1　工程条件栏，从一级开始，有两项（含两项）以上，最先符合该级标准者，即可划分为该等级。

2　h 为基坑深度。

3　重要管线系指其破坏后果严重或很严重的管线，如燃气、供水、重要通信或高压电力电缆等。

4　软弱土层指淤泥、淤泥质土、松散粉、细砂层或新近堆填的松散填土。

5　当基坑边线距离 50m 以内有地铁时，应分析基坑开挖对地铁的影响，必要时基坑支护安全等级可提高一级。

（王双龙）

246　深基坑变形监测问题的再讨论？

1. 基坑支护结构的安全，是建筑物基础施工的根本保证。

2. 基坑的变形监测，具体反映的是基坑支护结构的客观变化情况，监测的主要目的是为基坑的安全使用提供准确的客观预报。也就是说，基坑监测工作本身无法对基坑做出任何客观改变，只能是客观性的几何数据描述。

3. 当然，基坑的客观变形数据可以为基坑支护设计人员提供设计反演、帮助并积累经验，让设计人员在以后的设计工作中能根据既往设计的反演验证值，合理调整支护设计方案中的相关参数。符合基坑本身需求状况的支护方案才是最优方案，施加一定的安全系数后，只是多了一定的安全保证。安全系数越高，经济成本肯定越大。

4. 由于建筑基坑工程设计计算理论尚不成熟，实际上，基坑监测是实现信息化施工、完善设计方案、保障基坑工程及周边环境安全的一项重要的不可或缺的兜底性工作。

5. 危险性较大的基坑工程，依照《危险性较大的分部分项工程安全管理规定》（中华人民共和国住房和城乡建设部令第 37 号，2018 年 3 月 8 日）进行划分。

6. 在基坑支护设计方案对监测精度要求不明确时，根据经验，通常将基坑开挖深度的 4‰，作为基坑顶部侧向位移的施工监测预警值。监测精度通常采用二、三等。

7. 对于变形监测精度，一般来说，按设计允许变形量的 1/10～1/20 确定，这是一条重要的经验法则，是国际测量师联合会（FIG）1971 年第 13 届会议提出的观测精度确认规则。

《工程测量标准》GB 50026—2020 对变形监测相应的中误差指标的确定，是基于设计对变形的要求和我国相关施工标准已确定的变形允许值，取其 1/20 作为变形监测的精度指标值。

8. 就变形监测而言，变形量和每次观测的相对变形量是反映变形状况的最直观的变形指标。每次观测的相对变形量和间隔的时长（天数）之比，便是变形速率。因此，也可以说，变形速率是反映监测体发展变化快慢的一个重要指标，但从数学的角度和测量的角度，其属于一个导出指标，并非直接的变形监测指标。

变形速率总会随着荷载和周边环境的变化而变化，相应的应力也是从应力分布平衡到应力分布不平衡再到应力重新分布平衡的过程，相应的应力重新分布的过程，在变形上的反映就是变形速率。相应的应力重新分布的结果便是相对变形量。也就是说应力变化和变形量的变化有相辅相成的作用或者说有直接的相关性。

9.《工程测量标准》中有关变形监测强制性条文的变化与调整：

（1）在《工程测量规范》GB 50026—2007 中作为强制性条文规定：每期观测结束后，应及时处理观测数据。当数据处理结果出现下列情况之一时，必须即刻通知建设单位和施工单位采取相应措施：①变形量达到预警值或接近允许值；②变形量出现异常变化；③建（构）筑物的裂缝或地表的裂缝快速扩大。

（2）在《工程测量标准》GB 50026—2020 标准中作为强制性条文规定：变形监测出现下列情况之一时，必须即时通知建设单位，提高监测频率或增加监测内容：①变形量或变形速率达到变形预警值或接近允许值；②变形量或变形速率变化异常；③建（构）筑物的裂缝或地表的裂缝快速扩大。

（3）《工程测量标准》GB 50026—2020 与《工程测量规范》GB 50026—2007 就该条强制性条文相比，增加了“变形速率预警值”和“变形速率变化异常”。事实上，这是值得商榷的。变形量出现异常变化本身就包含变形速率异常之意。

10. 诚然，一些专业标准、行业标准和地方标准都将变形速率作为控制性指标和预警指标，很多专家学者也赞同此观点。但将变形速率作为监测项目双控指标之一后，直接导致监测项目频繁报警、疲劳报警，甚至报虚警，报警后就得停工并查明原因，导致相关管理人员怀疑监测技术或监测指标制定的科学性与合理性，这种现象较多反映在深基坑和地铁监测项目上。

（1）尽管变形速率反映了监测体变形的快慢，但只有过快的变形速率且持续时间较长的变形速率或者持续加大的变形速率，往往是突发事故的先兆，需要采取相应处置措施，是必须预警和报警的。

（2）偶然的变形速率加大或超过平均值或达到预警指标，是一个监测体应力再分布的过程，应该引起重视，但是可以接受的。只要根本性指标—变形量可控，且没有超过设计规定的指标值应该是安全的。

（3）变形监测是一个持续的监测过程，偶然的数据起伏、跳跃在下次监测中就能得到证实和消除。变形量和相对变形量才是根本指标，变形速率也只是一个导出指标。将其作为双控指标有多余之嫌，且实际意义不大。只有在变形接近或超过设计允许变形量时，关注变形速率才有现实意义。

（4）当然也存在基坑支护设计的合理性和变形验算的正确性与可靠性问题。基坑支护设计人员水平的良莠不齐，也是基坑事故频发的主要因素之一。

（5）对于将变形速率在工程中作为控制性指标和预警指标，尚需在工程实践中进一步总结、讨论。

（王百发　王双龙　张　潇）

12.7　桥梁变形监测

247　大型桥梁变形监测系统设计的主要原则有哪些？

1. 影响桥梁变形的原因较多，主要因素有：

（1）桥梁本身及地基处理状况可能存在的不可预知的缺陷（如结构、施工质量、材料老化等）等。

（2）外界因素如长期的水流冲刷、可能的腐蚀、车载流量的变化、行船安全等。

（3）自然灾害的破坏如地震、洪水、山体滑坡等。

2. 为及时了解桥梁的工况，安全监测已成为大桥建设和运行管理过程中必须重点关注的环节之一。对于大、特大型桥梁的变形监测，需要进行专门的系统性方案设计，并通过大桥设计、监理、运行管理部门（建设方）及专家组对初步设计方案的评审。主要原则有：

（1）变形监测系统按照突出重点、兼顾全面、先进、实用、可靠及经济的原则。

（2）根据桥型结构不同，确定主要监测对象。如悬索桥以大桥主梁、主缆、散索鞍、索夹、桥塔、锚碇、桥塔基础不均匀沉降及两岸河岸边坡等为主，同时，为有利于分析大桥及基础变形中由温度变化引起的变形分量，以及研究大桥及基础应力状态变化规律，条件允许下必须建立与变形观测同步的温度量测系统，以便掌握同时期大桥及其基础内的温度分布与温度变化规律。结合施工期监测资料、设备及对监测中发现的异常点加密观测或增补测点，使用监测方法经济、实用、可靠，确保重点又兼顾全面。

（3）采用目前国内外先进、成熟的技术、设备。以能实现监测自动化作为主要手段，以人工监测手段为辅。

（4）监测成果应准确、可靠，能及时发现监测体的安全异常，预报未来形态和发展趋势，并能反馈和验证设计的正确性，获得设计的合理、完善与创新成果。

（张　潇）

248　桥梁监测网坐标系、变形监测量的一般规定有哪些？

1. 平面监测网坐标系，应采用该桥梁施工坐标系。即平行桥轴线为 X 轴，且方向指向一致；顺时针旋转 90°，垂直桥轴线为 Y 轴，方向指向上游；投影面高程与施工坐标系一致。主要是为保持永久性监测资料与施工期监测资料的一致性，便于整理分析。

2. 高程基准，应采用桥梁施工高程基准。

3. 位移量方向规定（与施工期有冲突时，以施工期位移量方向为准）。

（1）水平位移（除河岸边坡等）应归算至垂直轴线和平行轴线方向（即 X、Y 方向），垂直轴线向上游为正“+”，平行轴线指向与施工坐标同一岸为正“+”；反之为负“−”。

（2）垂直位移下沉为正“+”；上升为负“−”。

（3）线性形变拉伸为正“+”；收缩为负“−”。

（4）锚散索鞍向倾斜增大为正，河岸边坡向河中心、向上游位移为正“+”；反之为负“−”。

（张　潇）

249　“封桥”状态下桥梁变形监测组织实施方案的编写内容？

1. 通常，在桥梁变形监测实施时，需要“封桥”进行观测，且会由几家专业单位同时观测。

2. 鉴于在测量过程中存在相互干扰及协调问题，尤其是在各单位测量高峰期，因而需要桥梁变形监测组织实施方案的编写。

3. 组织实施方案编写的主要内容应包括：

（1）时间要求及分部分项安排内容。

（2）实现桥梁监测的基本目标内容。

（3）完成的监测内容。

（4）人员安排及基本设备或特殊装备情况。

（5）测站及镜站实施调度表、监测布点图形。

（6）现场出现的临时情况现场解决安排。

（7）若有局部变动，按实际情况适当调整。

（张　潇）

250　施工期对大型主桥墩施工及冲刷防护区监测的主要工作内容有哪些？

我国桥梁建设速度和施工技术日新月异，在大江、大河及海湾上的特大规模桥梁建设越来越多。由于水下工程属于隐蔽工程，对其按照常规监测方法进行监测方案设计是不可行的。因此，需要采用新的技术和方法进行监测和分析。

1. 随着大桥主墩施工及冲刷防护区的完成，大规模的桥墩基础即将成型，对桥墩基础及冲刷防护区实施监控将确保冲刷防护安全度汛，进而为主桥的安全服务。这是施工期监测的主要目的。

2. 监测方案实施的主要作用。

（1）将有助于减少工程运行中的风险和确保上部工程的顺利进行。

（2）将为大型桥梁冲刷防护工程积累经验，进而为大桥基础工程的长治久安奠定基础。

（3）监测河势和深槽的演变，是否在整体上会影响桥体安全。因而，对周边深槽及附近河势的监测也是施工期的重要内容。

3. 主墩施工及冲刷防护区监测。为确保及时评估大桥整体和桥基安全提供可靠的监测资料，对大桥大型主墩施工及冲刷防护区监测是一项重要的不可或缺的工作。以主桥桥墩位置为中心，由近及远主要包含三个方面的工作：

（1）为检查、评估冲刷防护工程效果及其对周边的影响，需进行近期冲刷防护完成后现场监控方案的制订和实施。

（2）在度汛之前，为做好工程安全防护应急预案和相应应急监测措施，需进行主墩施工期安全度汛现场监控方案的制订和实施。

（3）利用所实施的监测资料进行初步分析，及时向工程建设或管理单位提交监测和警示报告，密切关注和监测桥位河势和深槽的演变。

4. 桥轴周边深槽及附近河势的监测。为掌握主桥上下游河道资料，及时了解主桥上下游河势的变化，需要开展大范围水深及水下地形测量，量化掌握河床沙体面积不断扩大、淤高、长度增加等情况。周边河床变化和附近深槽的变化情况，需定期进行测量比较。

（1）桥轴线周边监测。水下地形测量范围一般在桥轴线上、下数公里范围，比如4~5km；测图比例尺1：10 000~1：5 000；观测频次每年汛前测一次。

（2）周边河床变化监测。测量范围：桥轴线上、下游300~500m；测图比例尺1：2 000~1：1 000；观测频次一年两次。

（3）桥区周边水位动力环境的监测。在桥轴线上游每年1~2次进行断面水文全潮测量（汛期和非汛期大潮各一次），内容包括流速、流向、水深等。

5. 监测资料的分析和研究。通过历次现场监测工作采集的资料，对其进行计算分析，判断防护工程的稳定性，对防护工程的维护方案提出参考建议。主要内容包括：

（1）分析本河段的地形变化情况，并针对其发展趋势进行分析研究。

（2）分析计算防护工程附近的地形变化特点。

（3）根据主桥的施工进度，判断周边地形变化的发展趋势。

（4）分析水流动力条件的基本情况总结其变化规律等。

（5）为建设方采取相应的度汛措施和防护工程维护方案提供相关基础资料。

（张　潇）

251　主桥施工期的水下冲刷监测与测试方案、实施方法？

在大江大河上修建特大型桥梁，主墩基础位于水下，时刻受到水流的冲刷。随着主桥基础的冲刷防护工程的设计及施工完成，需要对其质量和效果进行检验。为验证主桥冲刷防护可靠性，确保主体工程施工安全，对其进行相应的监测是十分必要的。

1. 监测与测试方案。

（1）主桥基础的冲刷防护工程位于水下，属于隐蔽工程。因此需要制订符合其特点、专门的、切实可行的监测方案，达到验证工程可靠性或及时发现问题的目的。

（2）根据现场监测的相应结果，提出相应的监测报告。若发现问题或存在异常现象，及时提交业主、设计、监理及施工方等，便于制订施工期维护方案，为工程设计和施工提供科学的依据。

（3）专项监测方案需要结合工程的设计方案，一般而言，其内容主要包括：

1）对主桥桥墩基础防护现场水流力条件监测。

2）周边河床及深槽在水流冲刷下的变化监测。

3）扩大或延伸区域的局部地形扫测等。

4）必要时对桥轴线上下游 1～3km 或更长的河段进行水下断面测绘，加密观测周期等。

5）监测测试方案主要内容及其流程见图 251。

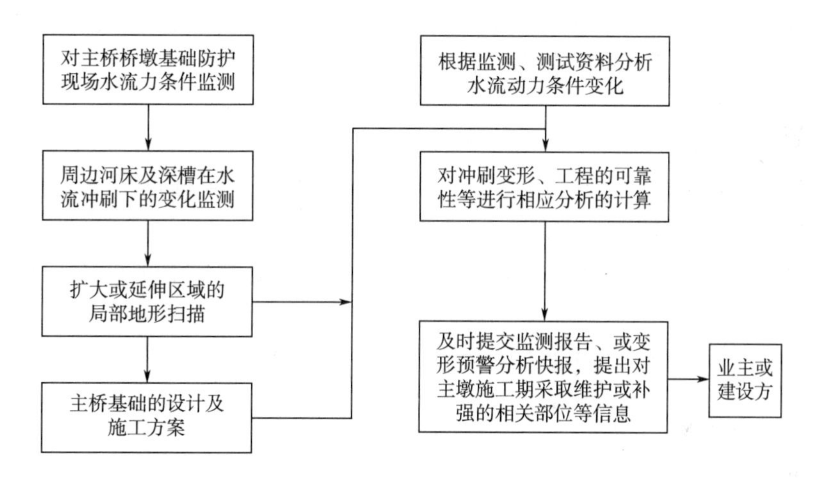

图 251　监测测试内容及流程图

2. 实施方法。桥墩和防波堤处的冲刷对其运行造成非常大安全隐患，因此，对水下冲刷情况的了解显得尤其重要。

（1）测量传统上是通过潜水员下潜检查或者采用单波束回声测深设备进行的。这两种方法具有较大的局限性和风险：①提供的数据有限；②定期的下潜检查费用大，且具有一定风险；③作业效率低，很难在泥沙浓度高、流量大的大江及河流环境中进行。

（2）随着多波束回声测深系统的快速发展和大量运用，能够大范围地迅速收集准确的水深数据。高分辨率多波束回声测深系统就能够产生详尽的河床图以及水下构筑物的断面与三维图。

多波束系统实际上并不使用多波束，而是发射扇形声波并通过电子方法使一系列传感器定向来接收反射声波片段。传感器以弧形布置，一般是在 90°～120°的弧上配置 100～200 个波束。这样，就几乎可以对海/河床的一个幅区同时进行测量。由于多波束系统采用了窄波束技术，因此，可以产生非常详尽的水下图形，该系统是一个同时包括卫星定位系统与运动传感器在内的一个测量导航与数据记录系统。因而，该系统是一个可以建立河床图形绘制与冲刷探测的强有力的工具。

（张　潇）

12.8 核电厂变形监测

252 核电厂变形监测的对象有哪些?

1.《核动力厂安全评价与验证》HAD 102/17 中规定：核电厂内与核安全相关的重要构筑物、系统和部件的设计，均应在核动力厂寿命期内，对完整性和功能的能力进行定期试验、维护、修理、检查和监测。

2.《核电厂的地基安全问题》HAD 101/12 中明确指出：静力荷载作用下的沉降评定是重要的，由于核电厂各设施间有联接管道、沟渠和隧道，各建筑物之间的沉降差和隆起是重要的，沉降或隆起在基础变形方面也是重要的，基础变形会导致建筑物超应力并干扰泵、汽轮机等机器运行。

3.《核动力厂安全重要物项的监督》HAD 103/09 中指出：营运单位必须制订监督大纲，以验证设计中所规定的并在建造和调试中已核实的安全运行措施在整个核电厂寿期内始终有效，并提供用于估计构筑物、系统和部件剩余寿期的数据。

4. 综上，可以看出：

(1) 与核安全相关的重要建（构）筑物主要包括核岛、常规岛、水工建筑物、边坡等，都在核电站变形监测的范围内。

(2) 核岛包括安全壳的缺陷检测、环廊的沉降监测、核岛的沉降监测、核岛的倾斜监测等。

(3) 常规岛包括厂房的沉降监测、汽轮机平台的沉降监测等。

(4) 水工建筑物包括引水渡槽的沉降及裂缝监测、堤坝的变形监测、取水口浮筒状态监测等。

(5) 边坡，则属于常规监测的范畴。

（徐亚明）

253 核电厂变形监测等级是如何划分的?

1. 核电站变形监测等级可分为两级，见表 253。

2. 对于不同的监测对象，可按照其重要性，采用相应等级进行监测。

3. 核岛、常规岛等主体建筑物，应采用一级精度监测。对于附属设施、边坡、水库坝体、码头、环廊基础等，可采用二级精度监测。

表 253　变形监测的等级划分及精度要求

等级	高程中误差/mm	点位中误差/mm	适用范围
一级	0.5	3.0	核岛、常规岛等主体建筑物
二级	1.0	6.0	附属设施、边坡、水库坝体、码头、环廊基础等

（徐亚明）

254 运营期次级网点还需要复测吗？

尽管次级网是为核电站建设期间提供平面和高程基准，在运营期间对次级网的复测也是非常必要的。其原因有以下几个方面：

（1）由于次级网在建网时的最弱点点位中误差要求不大于3mm，换算成坐标中误差，则是要求每个控制点的纵向、横向坐标中误差都优于2mm。其最弱边边长相对中误差要求不大于1/150 000。而次级高程控制网，要求水准点高程中误差不超过1mm。可见，次级网点的精度本身是很高的。

（2）次级网点为带有强制对中装置和水准标志的观测墩，在厂区布设均匀，非常稳定，可以作为核电厂运营期变形监测的工作基点使用，这样可以减少重新建标的费用。

（3）次级网点具有从建厂初期到运营期之间长期的观测数据，可以纳入变形监测系统中统一分析，有利于分析结果的准确性和系统性。

（4）在运营期不可避免会对原有厂房进行改扩建工程，可以为改（扩）建项目提供放样的基准数据。

（徐亚明）

12.9 滑坡监测

255 滑坡监测的特点及方法是什么？

1. 滑坡监测主要是面向，峡谷中的水电枢纽大坝、高速公路、铁路、矿产开发、山区城市扩展建设等项目附近的滑坡体进行监测，以确保人民生命财产和工程建设项目的施工或运营安全。

2. 一般来讲，滑坡体的形成时间较长，诱发因素和形成机制复杂，有些本身就是古滑坡体。随着人类活动的增加，也有可能导致古滑坡体复活。

3. 而客观上，在极端天气的影响下，江河水位上下大幅波动，持续暴雨导致山洪，而相关建设项目破坏了山体坡脚，使得滑坡体处于持续蠕动状态。当蠕动值在达到一定极限时，就会出现滑坡。也就是说，极端天气的出现是产生滑坡的主要诱发因素。

4. 大型滑坡体的体积庞大，从其表面积看，滑坡体的前缘至后缘距离，即顺山体方向会达到数百米至数公里，两侧边缘横向距离也达到数百米至公里级别，总方量数千万立方米甚至更多。因此，需要对滑坡体的稳定性进行持续监测、分析及预警。

（1）滑坡监测的技术准则。

1）滑坡体外部变形监测的常用监测方法、精度等级及监测周期，见表255。

表255 滑坡体外部变形监测方法、精度等级及监测周期

监测项目	监测方法	监测周期	监测精度
垂直位移	直接水准	每月或季度	一等
	间接高	每月或季度	三等

续表255

监测项目	监测方法	监测周期	监测精度
水平位移	硐内基线	每月或季度	一等
	前方交会	每月或季度	二等或以上
	后方交会	每月或季度	一等
	视准线（小角法）	每月或季度	二等
	三角型网	每年常规一次或加密监测	一等
	大地四边形	每年常规一次或加密监测	一等
巡视监测（群策群防）	岩石裂缝量测	每周、雨季加密	螺旋千分尺或游标卡尺
	土层裂缝量测	每周、雨季加密	钢卷尺或皮尺

2）平面监测网的布设，需埋设经过基础处理的至少两个附有强制对中装置的固定标墩，监测网宜每年年底观测一次，前（后）方交会的计算，应采用每年的监测网平差计算成果。

3）高程起算基准数据，均可以采用假设高程基准。

（2）特殊监测仪器设备及技术要求。

1）硐内基线测量，宜使用因瓦带状基线尺（西安产）。若因瓦带尺（系特制）使用年限过长，加上不同量距卡口位置不同，在拉张力的作用下，会出现多处折痕，对量距实测值及精度有很大影响。因此，需及时更换或送专门机构进行周期检定。

2）为了更好地了解滑坡体的发育机制，监测其内部岩石变形状态，在大型滑坡体上布置有多条监测平硐。根据滑坡体上设计的平硐长度及高度，进平硐监测的水准尺往往需要特制，需要用到高度2m或1m的水准标尺（仪器标配为3m尺）。

3）为了减小测量系统误差，提高观测精度，仪器、设备配置及现场观测技术人员的安排都是相对固定的。

（3）观测精度及措施。

1）常规性监测，按既定监测周期进行，为了减小测量系统误差，提高观测精度，观测人员、观测仪器及观测设备的配置应相对固定。

2）平面位移的水平角观测、垂直位移的间接高之垂直角对向观测，均应使用高精度测角仪器；硐内基线测量，宜使用经检定的因瓦带尺。二等几何水准测量，宜使用DS05级水准仪和因瓦水准尺。

3）一等监测网观测的测角中误差限差为±0.7″，最弱点位中误差限差为±5mm；三角形闭合差、角极条件自由项等精度指标均应合《工程测量标准》GB 50026—2020的相关要求。水准观测的往、返测不符值，应合《工程测量标准》GB 50026—2020一、二等垂直位移监测的精度要求。

（4）滑坡监测资料初步分析内容。

1）监测平硐水平位移量分析。根据平硐内布置的基线进行周期观测的全年观测值，与首次值比较计算出各条基线的位移量，绘制过程曲线图，量化分析累计最大位移量及累计最小位移量等，判断有无明显位移。

2）垂直位移分析。通过布设在滑坡体上不同高程面上的几何水准路线，用周期观测的全年观测值与首次值比较，绘制过程曲线图。计算累计下沉最大位移量、累计最小位移量、平均下沉速率等关键指标，判断是否有下沉或明显下沉趋势。

3）平面位移分析。周期观测的监测网，在遇暴雨季后应加密观测，分析网中监测基站的稳定性。通过前（后）方交会监测站点，分析监测测站及监测点的稳定性。

通过布设在滑坡体上不同高程面上的视准线小角法监测线，用周期观测的全年观测值与首次值比较，绘制过程曲线图。量化分析累计最大位移量及累计最小位移量等，判断有无明显平面位移。

（5）群策群防及巡视监测。

1）群策群防机制，在滑坡监测中尤为重要。尤其在诸如雨季降雨量增大、汛期水位抬高、山洪泥石流发生等外界诱发性因素下，发生滑坡的危险性增大。不仅对滑坡区域内人民生命财产的安全产生严重威胁，而且对相关主航道的畅通产生严重影响。

2）群策群防活动，需通过当地政府组织本地技术人员实施，并应实时巡视监测和预警，可及时发现危险并采取相关应急措施，将自然灾害带来的损失减少到最低限度。

3）在预先设置的群策群防固定巡视点位，宜用量距设备等工具进行加密或实时量测，发现问题及时上报。

（张　潇）

256　监测点累积变形量计算及过程曲线绘制应注意的问题？

1. 监测数据成果中既含有监测体实际形态的变形，又带有各种测量误差的影响，同时还会受到外界偶然因素随机作用的干扰。为排除不利因素影响，需将多种观测方法获取的各类测点周期性观测成果汇总在一起，利用测点的空间分布和同步观测建立相同或不同类型测点之间关联与联系，进而对监测成果逐一进行分析，采用相互补充、彼此印证的方式，将各单一的监测信息融汇形成合理、明确的监测分析结果，从中了解和掌握监测体的变形过程以及发展趋势，因此监测资料整编和分析是安全监测工作中的一项重要内容。

2. 在监测资料整编分析过程中，除将监测数据成果编制成各种记录表、计算表、统计表及其他表格外，还需绘制各种变形过程曲线，比较常用的是测点变化过程线，它是以时间为横坐标，以累积变形量为纵坐标绘制成的曲线。测点变化过程线可直观反映变形的趋势、规律和幅度，是初步分析监测体运营形态是否正常判断的常用方法。

3. 日常安全监测工作中，通常是以工作基点为基础实施测点观测，最终观测成果均需划算至测点相对基准点的变化，进而考察监测体的空间形态是否保持稳定，监测设施中工作基点只是起到中间衔接与过渡作用。工作基点与基准点之间由外观监测控制系统即监测基准网建立联系，并通过监测基准网的定期复测，一是对工作基点的稳定性做出评价，二是取得当前工作基点的正确坐标或高程成果。

假定测点 P 某一观测量的初始值为 L_0，以后周期性的观测值分别为：L_1、L_2、L_3、…、L_n，则测点 P 第 i 期的累积变化量 H_i 可采用以下两种方式计算：

一是用第 i 期的观测值减去初始值，得到测点 P 第 i 期的累积变化量即：

$$H_i = L_i - L_0 \tag{1}$$

二是利用相邻期变化差值累加计算得出测点 P 第 i 期的累积变化量即：

$$\Delta_1 = L_1 - L_0、\Delta_2 = L_2 - L_1、\cdots \Delta_i = L_i - L_{i-1}$$

$$H_i = \Delta_1 + \Delta_2 + \cdots + \Delta_i \tag{2}$$

当监测工作基点稳定，由上述公式分别式（1）和式（2）计算的测点累积变化量一致，在不存在监测异常情况下，由累积变化量绘制的监测点的变化过程线如图 256-1 所示。

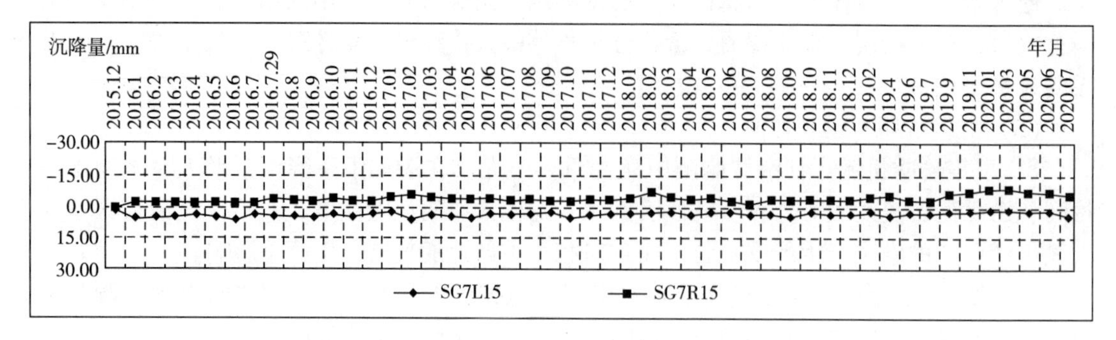

图 256-1　120+265.6 断面沉降测点变化过程线

当工作基点不稳定，由于工作基点的坐标变化，将引起测点相邻期监测成果存在较大变化差值，若不进行必要修正，由式（1）和式（2）计算的测点累积变化量亦基本相同。但是在依累积变化量绘制的测点的变化过程线中，工作基点的变化影响将在过程线中将有所显现，如图 256-2 所示。

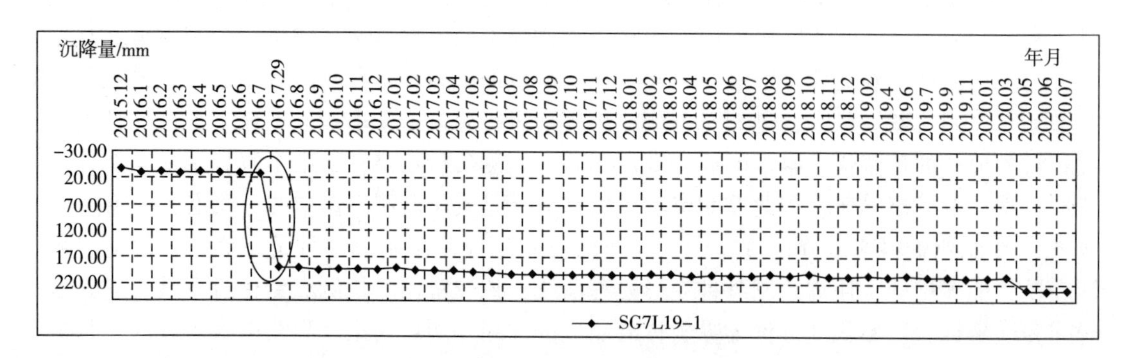

图 256-2　120+688.7 断面沉降测点变化过程线

4. 为保持监测数据成果的延续性，方便测点变形的系统性、规律性分析，应对因工作基点不稳定引起的这一非正常变化予以修正，但值得注意的是：由方法一计算的测点累积变化量相对于基准点；以方法二计算的测点累积变化量相对于工作基点，未能全面反映测点的绝对变形。

因此，对不稳定的工作基点应加强日常检核工作，以便准确了解工作基点坐标或高程的变化时间，掌握工作基点相对基准点的变形规律；对不适宜用作测点观测的工作基点，应依据具体工作基点分布和稳定情况以及监测作业的便利性，对工作基点的使用做出调整或重新予以设置。

（刘东庆）

12.10 数据处理与变形分析

257 变形监测数据处理的基本流程是什么？

1. 变形监测是通过对监测体变形数据的获取，对监测数据进行分析，从而找到变形产生的原因、对变形进行相应的预测预报，帮助人们认识、分析引起变形的因素和规律，可以进行有效预防、控制、处理，最终实现保障监测体安全的目的。

2. 变形监测数据处理的流程，主要包括三个方面：①变形监测资料的预处理；②基准点稳定性分析；③变形分析与建模等。

3. 变形监测数据处理完成后，应形成相应的变形监测图、表。需要时，应生成变形监测报告。

（徐亚明）

258 变形监测网点稳定性评判的基本方法与原理？

1. 平均间隙法，是常用判断监测点稳定性的基本方法。

2. 平均间隙法是德国汉诺威大学教授 H. Pelzer 和 W. Niemeir 于 1971 年提出的，是比较经典的变形监测网，点位稳定性分析的方法。

3. 该方法分为整体检验和局部检验，利用统计检验理论进行点位稳定性分析。其中，整体检验用来判断监测网点中是否有动点，而局部检验是为了找出动点。

4. 平均间隙法的基本思路如下：

（1）假设在两个观测周期期间，网中所有基准点均未发生变化，那么可以把两个观测周期的观测，看成是对同一网进行的两次连续观测。由这两次观测资料所求得的两组基准点坐标，可以看成是一组双观测值。则利用由双观测值之差求方差的方法，计算观测值的单位权方差估计值。

（2）在求出两观测周期观测值之差 d 和协因数阵 Q_d 以后，先进行两周期图形一致性检验，又叫“整体检验”。

（3）如果通过检验，则所有参考点是稳定的。否则，就要找出不稳定点。

（4）寻找不稳定点的方法是“尝试法”。即依次去掉一个点，计算图形不一致性减少的程度。图形不一致性减少最大的点视为不稳定点。

（5）排除不稳定点后，再重复上述过程，直到图形一致性（指去掉不稳定点后的图形）通过检验为止。

（徐亚明）

259 变形分析与预报通常采用哪些方法？

1. 变形分析与预报通常采用回归分析法、时间序列分析法、频谱分析法、kalman 滤波法、人工神经网络法、有限元法、小波分析法等。

2. 近几年，由于深度学习在各个领域的发展，深度学习的相关技术和方法也被应用于变形数据处理中。

（徐亚明）

260　变形分析与预测的模型很多，对用户来说如何选取？

变形分析与预测的模型确实非常多，各个变形分析系统/平台提供的模型至少 3～5 种，有些甚至提供了近 10 种模型，用户采用不同的模型所得的结果存在差异，有时差异还非常大，系统提供的模型越多给用户产生的困惑就越大。

有一种说法是越新的模型适用性越强，显然这种说法是不对的。每一种模型都有他的适用性，比方说适用于基坑监测点变形预测模型对预测桥梁的变形就不一定适用，即使对同一个基坑，对不同位置的监测点变形预测可能需要采用不同的预测模型。有些模型适合长期预报，而有些模型适合短期预报。

对用户来讲，最简单直接选择预测模型的方法是：从监测点的历史观测数据中提取一部分样本数据，用系统提供的各种预测模型进行试算，选择预测值与实际观测值最为接近的模型，作为该点的待定预测模型；再从该点的历史观测数据中重新提取另一部分样本数据，验证所选待定预测模型的预测效果，如果预测效果比其他模型的效果好，就可以选用该预测模型作为该点的预测模型。

变形分析系统/平台自适应历史观测数据智能选定预测模型是解决用户选择预测模型困惑的一个有效途径，目前国内已经有学者在做这样的尝试，相信不久的将来就会看到系统界面上没有预测模型的变形分析系统/平台，能给用户提供最优的变形预报数据。

（徐亚明）

12.11　变形监测信息系统

261　为什么要建立变形监测信息系统？

计算机技术和网络通信技术的发展为建立高效、实用的变形监测系统成为可能；变形监测具有监测周期长、精度高、数据量大、数据分析复杂、成果资料多的特点，传统的依靠人工手记结合计算机技术的变形监测信息管理手段，具有效率低下、耗费人力和物力、数据增删不便、数据备份不规范、不直观、不支持数据自动化分析和处理的缺点。因此，所以结合工程的特点，开发满足工程需要的变形监测系统具有十分重要的现实意义。

（徐亚明）

262　变形监测信息系统应该具备哪些基本功能？

各科研、生产单位或公司开发的变形监测信息系统千差万别，但作为变形监测信息系统，都应该具备以下基本功能：①工程管理；②数据管理；③查询功能；④数据预处理；⑤变形分析与预报；⑥监测信息可视化；⑦统计报表；⑧网络传输与数据共享等。

（徐亚明）

附录 A　综合应用与研究成果

案例 1　工程技术问题综合解决方案——城市地铁工程施工测量的几项关键技术

本文是根据作者曾在新加坡从事地铁东北线的施工测量经验，总结得出的城市地铁施工测量需要解决的 10 项核心技术问题。今天看来，这些技术仍不过时，希望能给国内从事地铁施工测量的工程技术人员有所启发。

1. 盾构（TBM）的初始定位和盾构掘进定位（永久）测量标志的安装问题。

盾构的初始定位的准确性，对将来的顺利掘进至关重要。因此必须对盾构进行准确的初始定位，初始定位必须在专业测量人员的准确配合下完成。

（1）盾构的外部形状检测与初始定位，应在盾构吊装和安装完成后进行。至少应沿盾构的外轮廓布设 3 个横向剖面（横切圆），按前中后进行测设，每个横向剖面应测设 12 个点且须均匀，可事先将点位标注在盾构外壳表面。根据每个横向剖面 12 个点的测量坐标计算剖面的中心坐标，由三个中心坐标的连线可计算出盾构的基本方位，并相互检校。检验应在竖井中的控制点上进行。

（2）盾构的倾斜度，可采用五等水准精度测设盾构内部的底部中心线前、中、后三点，并同时测设盾构外壳顶部中线的倾斜度。同时，也应和盾构推进千斤顶支架（油缸）的垂直度进行校核，必要时，还应求出盾构推进千斤顶支架垂直度的改正数。

（3）盾构的旋转角度（量），可直接测设盾构的内部水平横梁确定，采用五等水准按左中右顺序测设 3 点。

（4）当盾构的基本方位、倾斜度、旋转度确定后，可进行盾构掘进定位标志（永久标志）的安装。盾构的掘进定位标志通常不少于 3 个，标志点位应与盾构的中心线方位垂直或平行。由于制造的误差和观测标志的安装误差，必要时，要对方位进行修正，修正须基于盾构的初始方位进行。

（5）盾构的掘进定位标志，可采用小型反射棱镜或反射片又称纸质棱镜。反射棱镜的安装要牢固，且应设置必要的保护装置和警示标志。反射棱镜的缺点是易遭破坏和被碰撞变形，且成本很高。

目前较多采用反射片，其理想的规格为 50mm×50mm。安装时，不能直接利用反射片自身背面的胶体直接粘贴，这样易脱落，还应分别在反射片背面和机器的粘贴部位涂抹胶水牢固粘贴，粘贴时注意调整反射片的十字交叉线和盾构的水平线一致。同时应注意选择质量好的防水黏合剂，劣质的黏合剂会产生化学反应，致使反射片起泡变形，影响反射效果，导致反射距离变短。反射片安装的理想部位，是 12 个推进千斤顶整体骨架（油缸）内环的垂直后向表面。并成对按两腰、两腰上侧 45°部位和顶部安装。

2. 盾构施工推进中的倾斜度（pitching）和旋转量（rolling）的测量计算方法。

盾构掘进的理想状态，是和设计的线路（平面曲线和竖向曲线）完全一致；盾构倾斜度的理想值，是和线路竖向曲线的坡度相一致。换句话说，盾构自身的首尾应位于线路上，盾构整体位于首尾两点连线的弦上。

由于受各种因素的影响，不可能让盾构始终处于一种理想的状态，也就是说，盾构的姿态需要的推进中不断地调整。专业测量人员的任务就是确定盾构的位置和姿态，并提供给推进工程师参考或指导推进。

专业测量人员的任务就是通过对盾构的掘进定位标志的测量，确定盾构首尾的坐标和高程，并计算偏离值。

（1）盾构掘进定位标志的测量，应采用全站仪直接测定其坐标和高程，测站通常在支点上进行，测量前必须对测站的坐标和高程充分检核，后视通常要求检核两个控制点。

（2）盾构的倾斜量，可采用上下对称的掘进测量标志的坐标和高程计算，也可采用吊垂球的方法直接量算（油缸面）垂直度。建议采用后者，这样可以避免与盾构推进工程师发生技术争议。

（3）盾构的旋转量，可采用盾构左右两侧的掘进定位标志进行计算。

要说明的是：盾构的推进理想状态是不发生旋转，也就是说工作台应始终保持在水平的理想状态。但推进中的盾构一般都会旋转，其旋转成因很复杂，且旋转方向不固定。通常采用配重铅块的方法或盾构外侧两腰加翼的方法，都不能得到很好的控制。有时，当旋转量太大时，不得不停工，并采用300t 以上的千斤顶纠正。否则，工作人员在旋转倾斜的工作台上无法站立，且盾构后面约 30m 长的附属设施的连接关系也受到影响。甚至会造成附属设施的脱轨。也就是说，对盾构的旋转量的测定非常重要，这样可以根据监测情况尽早调整。

（4）当盾构的姿态很差时，施工单位应每推进 1 环测量 1 次；姿态较好时，可每推进 5～10 环测量 1 次。第三方监测可每 100 环检测 1 次。

3. 隧道洞内的临时测量控制点和永久控制点的问题。

盾构法施工的隧道平面控制点，宜布设在隧道的两腰，并采用测量平台安置，平台的下方应设置观测台和围栏。

鉴于地铁隧道比较狭窄，故宜采用活动式测量平台，固定平台会影响通行，其次也易遭碰撞变形。测量平台须采用安装支架和仪器平台构成，安装支架须长期固定在两腰的管片壁上，活动的仪器平台在测量时只需旋转固定到安装支架上即可。总长为 8. 8km 的盾构施工隧道，需制作约 70 个安装支架，活动的仪器平台需要制作 30 个（每个隧道段 3 个），其难点是对支架和平台的制作精度要求很高，特别是平台，其安装后引起的点位偏差不应大于 0. 5mm，控制在 0. 3mm 最好。同时，工程施工中需要对仪器平台每 3 个月检测一次。

临时测量控制点主要用于指导盾构的施工定向与定位，永久控制点主要用于传递坐标和高程。由于隧道管片在 2 次或 3 次注浆前均会受推进作用力的影响而微量移动。也就是说，临时测量标志可安装在其管片壁上，其理想的位置是距离盾构前沿 70 环管片。固定的标志，应安装在 150 环管片的两腰。这点必须注意，否则管片移动会引起较大的误差。

高程控制宜采用水准测量，水准点宜布设在两腰下的 135°处，要采用管壁钻孔砂浆充填嵌入水准观测标志，不得将观测标志安装在隧道管片的底部。安装时还需注意跟人行通道的支架相避让。

三角高程测量只可用于临时平面控制点的高程控制测量和盾构的高程施工测量。尽管有些试验研究隧道的三角高程控制测量可达到二等水准精度，但其作业方法和其对环境条件的要求很严格，施工中的隧道是很难满足的，加之隧道内的湿度和粉尘相对较大，且受通风的影响气象条件并不均匀，所以要提高三角高程的精度较难，也不可能停工静置几小时再进行测量。

对于明挖法、暗挖法的马蹄形断面隧道，可将控制点布设在隧道的底部中线或蹄角两侧。条件允许时，可安装测量平台。

4. 关于激光导向仪（laser guidance）的安装和应用。

激光导向仪（或指向仪）是指导盾构施工的辅助手段，是指导新奥法施工的隧道或暗挖隧道的主要定向、定位手段。该仪器主要有激光导向仪和激光经纬仪两种。激光经纬仪的应用比较常见。其安装和操作要满足以下要求：

（1）激光器（包括激光经纬仪、激光导向仪、激光准直仪等）的仪器支架宜安置在隧道顶部的管片上，尽量避免在最小的管片（key 块或锁块）上直接安装。激光器应采取防尘、防水措施。

（2）安置激光器后，应同时在激光器附近的激光光路上，设立固定的光路检核标志；以防仪器遭碰撞。

（3）整个光路上应无障碍物，光路附近应设立安全警示标志；眼睛不能直视激光束。

（4）目标板（或感应器），应稳固设立在盾构工作台附近或新奥法施工的工作面上，并与光路垂直；目标板的刻划，应均匀、合理（一般以 10mm 为宜）。观测时应将接收到的激光光斑，调至最小、最清晰。

（5）严格计算每环推进（或新奥法掘进）的目标板偏离值以指导施工，计算结果需经 2 人检查并签名。计算结果应交给盾构施工推进工程师或新奥法掘进工程师使用。

（6）要根据推进（掘进）进程及时前移激光器。

（7）由于大多数激光经纬仪的目镜部位没有设置激光束的过滤片，所以反射棱镜会把强烈的激光束原路返回，这样可能不会损坏仪器，但会造成仪器定向的测量人员的眼睛暂时失明或导致永久失明，必须严格注意。

5. 横洞（cross passenger）的施工测量。

横洞的施工，一般至少在隧道管片 2～3 次注浆稳定后进行。通常要由专业测量人员进行定位，凿开管片进行。鉴于横洞长度较短且开挖面较小，通常是单向人工掘进，仅需要简单的支护。其相比盾构施工更危险些。

在施工洞口标定后，即应安装激光经纬仪于对面的隧道腰线上，并指向开挖面的上半部分中心，其望远镜倾角应和横洞的倾角相同，并应编写相应的开挖尺寸表。应注意：由于隧道狭窄，需要经常检校激光指向的方位。安装时，仪器高度需要兼顾横洞支撑的空间。

由于隧道内的导线缺少检核条件，所以规定“当双线隧道或其他辅助坑道同时掘进时，应分别布设导线，并通过横洞连成闭合环”，所以横洞对面管片腰壁上的平台，也将兼顾此作用。

6. 隧道的贯通测量（the break through survey）。

隧道的贯通测量宜在隧道掘进的最后 150～100m 期间提前进行，可选择设备的检修期等停工时段进行，必要时要关闭通风设备，或要求施工停工。总之，要有足够的贯通测量时间。

测量前，还必须收集最新的线路调整图纸（平面曲线和竖向曲线）和将贯通的对方地铁站的隧道预留出口的最新竣工图纸，以防产生任何差错。并严格进行平差计算和贯通误差分析计算，施工偏差较大时，必须在最后的 100m 前指导盾构推进工程师（或新奥法掘进工程师）将偏差逐步调整过来。

隧道的洞外控制测量、洞内控制测量及竖井联系测量都是为贯通测量服务，是贯通测量的基础或前期工作，因此贯通测量的计算要满足下列要求：

（1）隧道工程的相向施工中线在贯通面上的贯通误差，不应大于表 1 的规定。

表 1　隧道工程的贯通限差

类别	两开挖洞口间长度/km	贯通误差限差/mm
横向	$L<4$	100

（2）隧道控制测量对贯通中误差的影响值，不应大于表 2 的规定。

表 2　隧道控制测量对贯通中误差影响值的限值

两开挖洞口间的长度/km	横向贯通中误差/mm				高程贯通中误差/mm	
	洞外控制测量	洞内控制测量		竖井联系测量	洞外	洞内
		无竖井的	有竖井的			
$L<4$	25	45	35	25	25	25

（3）要特别建议的是，为了提高贯通精度，宜对每个隧道的地面平面控制网，按独立网进行单个平差计算，这样可以避免整个网的起算数据误差和观测累积误差对贯通误差的影响，从而提高贯通精度。

7. 隧道的竖井联系测量（shaft connection survey）。

隧道竖井联系测量的方法，应根据竖井的大小、深度和结构合理确定，无论采用何种测量方法，都应满足贯通误差对竖井联系测量的精度要求，即其对横向贯通误差的影响不应大于 25mm，并符合下列规定：

（1）作业前，应对联系测量的平面和高程起算点进行检核。

（2）竖井联系测量的平面控制，宜采用光学投点法、激光准直投点法、陀螺经纬仪定向法或联系三角形法；对于开口较大、分层支护开挖的较浅竖井，也可采用导线法（或称竖直导线法）。

（3）联系测量的高程控制，宜采用悬挂钢尺或钢丝导入的水准测量方法。

（4）具体作业时还应注意：需要关掉所有的通风设备和附近的施工设备，传递高程时需要测定竖井顶部和底部的温度，并取其平均值作为钢尺的修正指标值，在钢尺稳定后方能用水准仪读取钢尺数值并精确读至 0.1mm。

（5）要说明的是，通常在隧道的掘进初期，先不急需进行严格的竖井联系测量，可采用竖直导线进行代替。对于开口不大，分层进行钢架内支撑的竖井，竖直导线须采用强制对中观测墩或观测台进行传递，其观测精度宜采用四等。当隧道掘进超过 100~200m 后，可进行严格的联系测量。

8. 关于隧道掘进里程（chainage）的标注。

隧道的掘进里程，是盾构推进和盾构姿态控制的一个重要参考基准，主要用于确定盾构尾部两侧的推进差异（square）。通常施工测量人员应每 100m 标注一次，其余参考线由盾构推进工程师自行延伸。

隧道的里程，每次应标注在盾构尾部附近两侧管片的腰线上，并用等边三角形标注，等边三角形的垂直方向边应表示准确的里程数。里程数的确定，应在控制点上或支点上独立施测，不得用上个里程标志采用钢尺量距简单的延伸。

第三方监测单位，必要时应对里程标记进行复核。

9. 隧道贯通及清洗完成后底部混凝土施工线的放样。

在隧道贯通及清洗完成后，将进行隧道底部混凝土施工（或称做基标施工），放样的高程依设计高程和隧道的竖向曲线进行计算。

放样前，可事先计算好每 5 环的高程值并编制放样成果表，并根据隧道内的水准点进行放样，放样时应同时在隧道底部两侧弹墨线（5 环内按直线处理，放样点须按竖向曲线计算）。

底部混凝土浇筑完成后，应进行检测。检测可采用全站仪电磁波测距三角高程测量进行。检测完成后，应计算相应各点的偏差。

10. 关于气压施工测量（survey in compressed air environment）。

气压施工测量，是隧道施工的一项特殊的施工措施，即对隧道进行封闭加压。特别对于新奥法施工工艺的隧道在特殊地质条件下较为常见。主要是为了防止透水和塌方事故的发生。土压平衡式盾构不需采用。这里需要特别注意以下几个方面：

（1）在隧道封闭加压前，必须事先进行封闭舱段内、外的联系测量，亦即，将控制点的坐标和方位提前传至隧道的加压段。

（2）根据加压施工的线路长度，确定是否需要进行加压舱内的陀螺经纬仪定向检测。通常，需要进行一次。加压段较短时，可不进行。

（3）由于隧道加压，所以必须测定加压段的气压和温度，并对边长进行严格的气象改正。切记，不能将直接测定盾构掘进定位标志的坐标对盾构进行导向，须采用改正后的坐标进行，否则，会引起较大的偏差。

（王百发）

案例 2 工程技术问题综合解决方案——三峡水利枢纽工程测量及变形监测的要点与难点

经过 40 年论证、20 年建设、12 年的试验性蓄水检验后，2020 年 11 月三峡工程完成了国家的整体竣工验收，进入正常运行期。随着三峡工程建设竣工和正常运行，其在防洪、发电、水利、通航、生态保护等方面正发挥着巨大的社会效益和经济效能。她的成功建设和卓越实践，实现了中华民族的百年梦想。

工程测量作为其中一个技术特色鲜明的基础专业之一，从工程的反复论证到开工建设，贯穿早期规划、坝址比选、初步设计、重新论证初设和技术设计等全过程。从勘测阶段所需的各种大比例尺地形测绘、地质测绘等工作开始，到施工期的工程控制网测设、施工测量、安全监测及其管理，库区移民测量以及库岸稳定、边坡缓坡监测等，再到运行期的后续规划测绘及工程安全监测，测绘技术人员脚踩坝区每一寸土地，测遍了三峡坝区及库区长江两岸的山川河流。一代又一代三峡工程的测绘工作者，面对许多在当时的标准规范中不曾体现、无先例可循的技术难题，勇挑重担、攻坚克难、殚精竭虑、艰苦卓绝的开展作业方法研究与测量工作。充分体现了测绘工作者，特别能吃苦长期坚守工地的无私奉献精神和一丝不苟的严谨科学态度，为跨世纪建成的宏伟工程奠定了坚实基础和做出了不可或缺的卓越贡献。

1. 工程概述。

三峡工程由枢纽大坝、泄洪建筑物、双线五级船闸及升船机、左右岸电厂及地下电站、茅坪溪副坝等主要建筑物组成，是当今世界综合规模最大的水利枢纽工程。

（1）工程等次和建筑物级次。

1）三峡工程为一等工程。

2）大坝、水电站厂房、永久船闸、垂直升船机均为一级建筑物。

3）二期上游横向围堰为二级临时建筑物。

4）永久建筑物地震设防烈度为Ⅶ度。

（2）工程特点。

1）由于三峡工程规模特别大，其中电站装机容量达2 250万kW，年发电量900亿kW·h。船闸年通过能力超过1亿t，双线五级永久船闸及垂直升船机都是当今世界上的特大型高技术难度的工程设施。

2）防洪高标准，带来了枢纽建筑物布置上的困难。根据三峡坝址河段一千多年的历史洪水记载资料，1870年发生的最大洪水洪峰流量为9.8万m^3/s，三峡工程设计采用的校核洪水标准为12.43万m^3/s。由此，拦河大坝坝体泄洪量大、孔口多、泄洪消能结构异常复杂等。水位变化大（135~175m）、结构复杂，在世界上均无先例。

3）需要攻克的难题也特别多，很多都是世界性的难题。对设计、建设及运行管理也提出了严苛的高标准和技术挑战。

（3）关键技术问题的论证及技术攻关。由于工程规模前所未有，工程设计和实施都存在大量的关键技术问题需要解决。在全国范围内先后集结了3 000多人的科技队伍，对关键技术问题开展全方位的论证和研究。许多难题都是在长时间反复模拟试验中被攻克。

2. 跨越旷久时空与超大强度勘测中的工程测量。

三峡工程勘测工作强度大、范围广、持续时间之长，其中的测绘类别繁多、工程规模极大、技术难度很高，在世界水利水电勘测史上是前所未有的，也是巨型水电工程测量研究和应用的标杆。

（1）三峡工程勘测工作从1955年开始，全面开展长江流域规划和三峡工程勘测、科研、设计与论证工作，至1979年“选坝会议”选定三斗坪坝址时止，进行了24年系统、详细的勘测设计，设计单位对2个坝区15个坝段和18个坝址进行细致比选。作为工程测量专业，在其中的三斗坪坝址、永久船闸区域就完成了1：1 000~1：25 000比例尺测绘计461 km^2，进行了成千上万个合计超过12万m小口径钻探钻孔的孔位放样和竖井和大口径钻孔测放，以及10个勘探平硐总计3 180m的施工测量和竣工测量等工作。

（2）对大坝基坑开挖过程的建基面动态地质测绘、三峡左岸最重要工程—大坝和永久船闸所在地的1：2 000地质填图和测绘等，勘测技术人员在纵横交错的竖井、平硐每隔

20m 就须布设一个勘测点，为把近 20km^2 的坝区地质条件调查清楚，提供了优质的测绘保障。

（3）为大型船闸超级工程量开挖计量及设计需要，开展左岸永久船闸开挖前的 1∶500 原始地形测绘及纵横断面测绘；右岸部分区域的高精度 1∶500 水下地形测绘，为工程航道炸礁摸清情况，提供了详细的工程施工依据。

（4）为解决坝区交通及道路建设，反复对因前期施工变化频繁的地形地貌进行道路施工测量。

（5）进行坝址下游交通大桥的勘测工作，完成桥梁建设前的桥址必选测量，高精度大比例尺陆上及水下地形测绘、长江航道流速流向测绘、船舶航行的航迹线测绘等。

工程勘测内容繁多，时间跨度相对久远，在此不再一一列举。总之，从提出建设三峡工程的设想，在总计进行长达半个多世纪的坝址区域勘测、比选、论证等工作中，工程测量专业勘测及设计人员共完成各类比例尺的地形测量及地质测绘约 7 000 km^2，填（编）图 11 400 km^2，以及小口径钻探 4 670 孔的放样及复核测量等工作。

3. 全面、立体、规模庞大的高精度监测系统。

建立最大规模的高精度水电站水平位移监测网，并首次构建巨型水电站工程的立体监测系统。若干监测系统构成了一个完整的监测体系。其中，安全监测系统是三峡工程中的一个重要建设项目，安全监测系统的建立和运行工作环节多，涉及专业面广，监测数据量大，是工程安全和质量评价的基础。

（1）工程规模及安全监测单项设计。三峡工程规模空前，技术复杂。核心专家组审查意见指出："三峡工程规模特大，其中某些单项工程规模即相当于一个常规大型工程。"正如在单项工程技术设计报告《建筑物安全监测技术设计》审查意见的序言中指出："长江三峡工程建筑物安全监测系统是一个分布广、涉及面宽、实施时间长、自动化程度高、技术复杂的系统工程，对监测设计提出了很高的要求"。因此，对建筑物安全监测设计单列为"单项工程技术设计报告（第七册）"，其技术设计内容的广度和深度是空前的。

（2）高精度监测工程主要范围。

1）三峡工程的安全监测范围分为主体工程建筑物及坝址区附属工程等；近坝区岩体、岸坡监测；库区滑坡、高切坡等监测。具体为：①大坝建筑物：包括泄洪坝段、左、右岸厂房及相应坝段，左、右非溢流坝段、厂坝导墙、茅坪溪防护工程。②通航建筑物：包括双线五级船闸、升船机、临时船闸及其高边坡。③导流建筑物：包括各期围堰及导流明渠。④近坝区库岸滑坡、地震、地壳形变。

2）由于三峡工程是一个特大型工程（包括茅坪溪土石坝工程），在建设及运行期的主要监测对象，是主体工程建筑物及坝址区附属工程，监测范围东西方向约 5~6km，南北约 4~5km。需要在如此大的范围内，建立高精度的基准检验网，保证最弱点精度在 2mm 以内，用于定期检测大坝、船闸、升船机等简网基准点的绝对位移量、测定其他点位所代表的岩体绝对位移量。

3）近坝区、上游水库根据区域地质情况，进行近坝区库岸滑坡、地震及地壳形变监测。在监测地质断裂带布置有地震台网及高精度平面、垂直位移监测网，进行周期观测、资料分析及安全性评估。

（3）主体工程监测项目。监测系统的仪器监测项目分为常规、专项两大类，另外还有巡视检查项目。

1）常规监测项目中分为原因量（库水位和下游坝区水位、温度、泥沙），效应量（变形、地下水、渗流渗压监测、应力应变及温度监测）。

2）专项监测项目有水文、气象、变形监测网、水力学、结构动力、地应力、爆破影响、混凝土及和材料老化监测等。

3）巡视检查项目：包括日常巡视检查和定期检查。组成专人负责的由监测人员组成的巡查组，对建筑物和近坝区各部位进行巡视检查，如大坝、厂房及通航建筑物；建筑物基础及坝肩；引水、泄水建筑物，高边坡、近坝岸坡等。如果发现近岸坡有滑移征兆、建筑物裂缝、损伤及其他异常迹象，立即报告建设方，并参与原因分析。

（4）变形监测网。为了全面监测各主体工程部分工作状态，建立了各部位监测简网或最简网。变形监测网就是以检测各部位监测简网或最简网工作基点稳定性及近坝区岩体绝对位移，采用高精度大地测量方法建立的平面及高程监测网。

1）平面监测网。分为三个层次：①全网，也称基点检验网，应用高精度测角、测距仪器，按照一等精度进行测角、测距。网型设计后进行精度估算，最弱点的位移量中误差约±1.0mm。②简网，用于特大型工程实践，可以减少观测工作量，也称×××平面监测网。如在三峡工程中分为大坝主体部分、双向五级船闸、临时船闸和升船机以及茅坪溪工程区的平面监测网。根据工程建筑物特点，可以设计成三角形网（边角）、直伸边角网等。网型设计后进行精度估算，最弱点的位移量中误差约±1.2mm。③最简网，特点是组成较为灵活，视工程安全监测需要可以组成若干个最简网，便于对各种水平位移监测方法所用的工作基点进行检测。相对于简网一次观测工作量较小，观测频次较高。

2）高程监测网。分为两个层次，即垂直位移监测网、检核网。

（5）科研攻关及监测自动化。为实现能高精度、动态实时监测的目标，在永久船闸进行遥测自动化仪器的试验研究项目，自动化仪器主要有四类：遥测坐标仪、静力水准仪、双金属标仪等一次仪表及二次仪表 MCU。

在被监测的工程体已完成安装及人工观测已正常进行的情况下，垂线、静力水准及双金属标的自动化遥测设备都具备安装条件，进行自动化仪器线孔的钻孔、仪器安装支架的设计、加工和安装。

通过垂线、引张线自动化试验研究，对比人工观测及自动化监测结果。试验研究中，为增加监测工作的可靠性和资料的完整性，实行人工观测及自动化监测同时进行。而且，对比研究多种型号和规格的自动化仪器设备，包含国内、国外成熟的自动化监测仪器。

经自动化系统的监测数据与大量人工实测数据对比分析后表明：自动化仪器的测读精度高、速度快，能动态监测永久船闸运行过程中的变形，很好地揭示了船闸闸首、闸室及其基础的变形规律，为永久船闸按期通航提供了科学依据。

（6）关键性技术问题与技术难点。

1）特大型永久船闸安全监测。永久船闸是三峡工程的主要过坝设施，为双线五级船闸，它位于长江左岸，最大运行水头 113m，总长 6 442m。为世界上最大的人工开挖的船闸，开挖后两边形成了高达 170m 的人工边坡，因而边坡和船闸的稳定性成了世界性的难题。

历时八年的施工期监测，完成了大量的变形监测仪器设备的安装调试及观测工作，埋设一等水准点数百点，完成一等水准测量近 1 000km。安装正倒垂线、引张线数十条，伸缩仪数十套，安装自动化垂线仪达百台，布设了 50 000m 长的电缆线和六千多米的线槽，编制观测月报、施工简报约 200 期（份）。为指导永久船闸的开挖和金属结构安装起到了不可替代的作用。相关项目被竣工验收专家组评为优质工程。

2）变形监测新技术的应用。船闸闸室墙有两条坡度达 10‰的倾斜引张线，长度各有 200 多米，在这么大的斜坡上安装引张线，全国各水电站无先例，难度很大。

为保证顺利安装，安全监测技术人员会同有关设计、监理和管理部门的专业技术领导到现场进行充分调研、攻关，并在施工安装过程中创新性改进安装方法和工艺，提出首创性施工技术方案，顺利安装完成两条超长、大坡度的倾斜引张线。

3）超深倒垂线技术攻关。大坝及电站厂房二期工程布置有两个深达 108m 和 110m 的倒垂孔。这两个孔当时在全国来说是最深的倒垂孔，施工和安装难度极大。一是要保证有效孔径有 100mm；二是要保证倒垂线安装后复位良好。面对这两个硬指标、硬骨头，监测技术人员与勘探钻井队员常驻施工现场，反复根据现场情况召开实时分析会。同时加大技术投入，多专业合力攻关，设计和制作了一批专用工具，最终啃下了这两个“硬骨头”，攻克了这个技术难题。此项工作的顺利完成，并在上游围堰爆破前取得基准值，为大坝的稳定性分析做出了贡献。

富有挑战性的科研攻关项目很多，在此不再一一列举。

4. 类别繁多的工程施工测量。

施工测量在大规模建设工程中无时无处不在，且具有重复性强，工作量大的特点。在不同性质的施工测量，不仅专业技术要求不同，而且对测量精度和作业方法要求千差万别。

（1）施工控制测量。三峡工程的首级控制网和二级加密网、施工控制网（首级网或二级网）的复测，根据施工控制网建立的时间和施工进展情况，由测量中心组织实施，要求每两年复测一次。二级以下的控制网由施工单位布设、施测。

各施工区范围内的二级以下控制点（主要轴线点、放样测站点、地下工程基本导线点以及相应的高程控制点），由有关施工承包单位负责布设、施测，并根据需要提交监理进行校测、审查。

（2）高精度施工测量。

1）建立各类工程施工专用控制网，在安装船闸、电站厂房等大型金属结构、机组安装区域，建立高精度微型施工控制网，为各精密部件的安装进行高精度的精密施工测量。

2）大型船闸“人字门”安装，其施工测量精度平面及高程要求非常高，一般控制在 1~3mm 的精度范围，大多数精度指标要求控制在为 1~2mm 范围。

3）电站厂房的行吊，在平整度、平行度等方面需要很高的精度，通常控制在 1~2mm 精度以内。

（3）施工放样。

1）施工放样的主要点线，主体建筑物基础块和预埋件的立模点、大型金属结构、机组安装基装点等，对于各个工程部位的施工放样，应根据其工程等级、精度要求，采取与其相应的放样方法，关键部位的测量放样参数及方法应事先报经监理单位审查。

2）重要部位的放样点，分别包括：基础开挖开口线、竣工部位轮廓点、混凝土工程基础块（第一层）轮廓点、重要预埋件位置、金属结构安装轴线点、地下工程基本导线点等。

（4）收方测量。

1）由于三峡工程规模巨大，施工范围广阔，在施工过程中的地形、地貌不断改变，竣工测量资料必须齐全。主体工程部位应提供1∶500（1∶200）竣工地形图和相应断面图，非主体部位可以酌情只提供其中的一种。

2）开工前实测的原始地形（断面）线是土石方计量的基准线；根据原始地形线和设计线计算的设计量，是施工过程中工程量宏观控制的指标，不能作为竣工量和结算量。

3）混凝土工程量以实测的竣工资料和设计的几何体形为基准进行计算。由于基础超欠挖增加或减少的混凝土程量，除了应提供实测资料外，还应提供允许超欠挖的批准文件。

4）土石方量差异不超过5%，混凝土量差异不超过3%。

（5）竣工测量。

1）竣工测量资料是检验施工质量的重要文件之一，是进行竣工结算的依据，也是为今后建筑物的运行积累的基础资料。测量资料（图形、数据）必须是实测的资料，实测的竣工地形图比例尺应为1∶200~1∶1 000。

2）实测的竣工纵、横断面图，其横断面间距应为5~20m范围。

3）竣工测量点、断面点的精度应满足规范中相应比例尺地形图的要求。重要轮廓点及特征点的测量精度，不低于相应点的放样精度。

5. 工程测量、监测及监理的创新管理机制。

三峡工程建设及管理开创了许多先河，如实行项目法人责任制、招标承包制和建设监理制等。测绘专业和测绘技术人员作为重要的技术支撑，在业主的统筹安排和领导下，创新性的分别组建了测量中心、安全监测中心、监理中心（测量专业）三大专业中心参与工程管理，为工程建设顺利进行、技术把关、成本与进度控制等方面，做出了重要贡献。

（1）由业主及测绘专业技术人员组成测量中心，是对三峡工程有关测量业务的归口管理单位，隶属于业主单位管理。其主要任务是统一管理三峡工程的施工控制测量工作、负责全工区控制网的维护、管理、复测和加密工作，并负责向施工单位统一提供施工控制网成果；负责提供主体工程部位的原始地形（断面）测量资料；在工程量计量管理中全面校测竣工工程量，收集和整理项目竣工测量资料；对各施工部位的重要测量点线进行复核等。测量中心是业主、建设单位在测绘管理方面的强有力专业技术支撑。

（2）三峡工程施工期安全监测工作的设计、实施设计单位众多，同时包含有安全监测系统设计、施工、运行等技术活动，在实施过程及监测工作中需要设计、施工、监理和业主各单位密切配合。因此，由业主、监测、测绘等专业技术人员组成监测中心，对三峡工程安全监测工作实施归口管理。其主要任务是统一规划、组织、协调、监督和管理安全监测项目的实施；承担三峡工程安全监测项目的监理工作，对施工期和永久监测项目取得的监测数据、资料、报告进行收集、管理、综合、分析和反馈，为安全施工和设计工作提供指导性的建议和意见等。

（3）测量监理一般在监理中心领导下开展工作。工程建设监理制也是三峡工程建设中较早开始创立的，由多专业组成的监理单位对施工承包单位的各类施工活动进行监督检查，测量作为重要的技术专业之一，对施工单位提交的测量方案或测量成果进行审查。除了进行内业复核外，还采取旁站监理或独立的对照测量等方法进行外业抽查。其抽查范围要求能够控制关键节点，并反映全貌。

（4）开拓性地研究和解决了混凝土纵向围堰椭圆弧及其平行弧的坐标计算等技术难题。测量监理工作中，椭圆弧及其平行弧的坐标计算一直是工程施工中对超欠挖进行及时判断和对开挖现状进行检查的瓶颈问题。监理测量人员结合具体实际，在实地对交通隧洞的超欠挖进行及时研判和对开挖现状进行检查。在工程实际运用中充分体现了其高效、可靠及实用的特点，具有很好的指导作用。

6. 规模宏大的移民测量、运维期及后续规划测量。

移民是三峡工程最大的难点，在工程总投资中，用于移民安置的经费占到了45%。三峡工程采取“一次开发、一次建成、分期蓄水、连续移民”的建设方式，水库淹没涉及湖北省、重庆市的20个区县、270多个乡镇、1 500多家企业，以及3 400多万平方米的房屋，水库也淹没了大量耕地。

从开始实施移民工程的1993年到2005年，每年平均移民近10万人左右，累计有110多万移民告别故土。

在广大区域库区移民测量工作中，主要的内容是设置和实施库区淹没线界桩测量、库调与城镇迁址及其配套工程的勘察测绘，以及三峡后续规划测量工作等。

（1）移民界桩测量。根据《水电工程建设征地处理范围界定规范》NB/T 10338的要求，以及《水电工程水库淹没处理规划设计规范》DL/T 5064、水电及测绘行业相关的技术规程规范开展三峡库区移民界桩测量工作。

库区永久界桩包括175m土地征用线和177m移民搬迁线，共设置永久界桩点45 827个，范围涉及库区两省市25个县（市），258个乡镇。创下国内水利水电工程测设库岸线（5 800多公里）最长、界桩数量最多（45 000多个）记录。

1）分类分级。界桩设计时，将其分为两类：土地征用线界桩，以“土”标识；移民迁移线界桩，以“人”标识。

界桩分三级：Ⅰ级、Ⅱ级、Ⅲ级。根据界桩附近目前的经济价值与地面坡度来确定土地征用线和移民搬迁线界桩的级别。

2）界桩分级及精度指标，见表1。

表1　移民界桩分级及精度指标

级别	分级标准	高程中误差/m	平面中误差/m	实测高程与设计高程差/m
Ⅰ级	居民地、工矿企业、名胜古迹、重要建筑物及界线附近地面倾斜角小于6°的大片耕地	0.10	1.0	0.05
Ⅱ级	界线附近地面坡度为6°～15°的耕地和其他有较大经济价值的地区。如果园、大片森林、竹林、油茶林，养牧场及木材加工场等	0.20	1.0	0.10
Ⅲ级	界线附近地面坡度大于15°的耕地和其他有一定经济价值的地区。如一般价值的森林、竹林等	0.30	1.0	0.15

3）主要工作内容。主要工作内容分别包括：基本控制测量、定桩导线测量、界桩标石埋设和测量、永久界桩移交等。

4）成果入库及信息化管理。成果通过处理入库，地理信息数据系统对包含界桩成果在内的各种信息进行快速查询、检索、统计、及时修改更新，实现空间分析与资源共享。

在移民实物指标调查过程中，需要根据界桩成果和现场情况确定各类征地线位置，移民指标采集系统加载界桩成果数据，可作为各类征地线位置的基本参照。

（2）移民安置调查及工程测量。

1）库区移民156m水位标记设置测量。为保证156m水位标记下建筑物拆迁和库区清理，在2005年对各实物淹没指标开展复查验收工作，对城、镇（集）、工矿企业（单位）、村组居民地、成片林木测设标牌或标记。

长江三峡工程库区156m库岸线长约2 506km，水位标记设置涉及三峡工程坝区（宜昌）至库区（涪陵）13个县（市）。

高程基准与整个库区各期移民土地征用线，移民搬迁线高程基准一致。设置的水位标记不分级，不分类只测水位线淹没高程，其标记点的高程中误差为±0. 2m。

2）库区实物指标调查测量。主要任务和内容是根据库区移民安置规划工作的需要，测量淹没线的种类、条数、范围及水库末端的位置；配合库调组确认本测区所测各条淹没线、各断面回水高程的分界线的实地位置。

三峡库区实物指标遥感解译创新引进了惯导无控制航测、数码航摄等新技术用于地形测量工作，开展国内最大工程规模的库区实物指标遥感解译，形成了5 000余km^2实物指标调查成果。

为保障三峡后续规划工作顺利推进。经过多方研究论证后，率先将三维精准遥感解译技术应用于库区移民实物指标调查，按时保质完成了测绘任务，有力支撑了“百万移民安置工程”。

（3）后续规划测量。2011年05月会议讨论通过《三峡后续工作规划》，适时开展三峡后续工作，对于确保三峡工程长期安全运行和持续发挥综合效益，提升其服务国民经济和社会发展能力，更好更多地造福广大人民群众，意义重大。

《三峡后续工作规划》的主要目标是：到2020年，移民生活水平和质量达到湖北省、重庆市同期平均水平，覆盖城乡居民的社会保障体系建立，库区经济结构战略性调整取得重大进展，交通、水利及城镇等基础设施进一步完善，移民安置区社会公共服务均等化基本实现，生态环境恶化趋势得到有效遏制，地质灾害防治长效机制进一步健全，防灾减灾体系基本建立。

在三峡库区共完成6 000余km^2的1∶2 000数字地形图，形成国内最大工程规模的库区1∶2 000数字地形测量成果；在地理空间信息服务方面，也为三峡后续规划工作的顺利进行，奠定了坚实的基础。

7. 库区自然地质灾害监测全覆盖。

三峡大坝以其宏伟和气势磅礴而著称于世，同时，建设这一利在千秋的水利水电工程，不可避免地会面对一系列问题，如何科学地把握并协调解决好工程与自然的关系，有效防灾减灾，从而使它真正造福于人类等。

（1）近坝区地震、地质断裂监测。为了掌握三峡大坝在建设前期、建设期及运营期其库区及周缘地区的地壳动态、该区域地质断裂的活动情况，对该地区可能发生的地震进行预测预报。三峡库区及周缘地区的断裂形变监测始于 1977 年，跨断裂地震监测设施的布置跨越水库上游多个区县的山区，已连续观测数十年，由工程测量及地质地震技术人员组成联合班底，对三峡大坝库区周缘的 11 条主要断裂布点进行监测（垂直位移和水平位移）。

1）监测方法及精度指标。根据跨断裂监测的特点，布设的监测方案主要是垂直位移监测，采用高精度几何水准测量方法。为满足监测预报需要，在库区周缘监测区域共布置 13 条跨断裂测线，分布在六县市境内，一次观测总行程约 565km。为提高监测精度，达到监测目的，采用一等水准测量方法，单条测线短、高差小、线路长度在 2km 以内且相互独立观测。

2）水平位移监测。主要方法是布设室内精密量距基线，单跨 24m。采用特制精密的专用因瓦带尺丈量，使用一等基线丈量方法，相对精度优于 1/250 万。

跨断裂处布设一等精度的三维形变监测网，进行精密边、角测量。

3）三峡大坝周缘地区地壳运动监测情况。经过高精度观测后，综合观测资料，能够动态地对各条垂直位移测线当年的高差变化值进行及时分析。

（2）三峡库区滑坡监测网络。三峡水电工程建成蓄水后，前缘高程低于 175m 的滑坡、泥石流等地质灾害共 484 600 多处，体积 133 亿m^3。在水库蓄水和运行期间，若其中部分滑坡的失稳将会对三峡的水库运行、正常航运及城镇安全、人民生命和财产安全等构成重大威胁。因此，对相关滑坡进行监测、预报和治理必将对三峡水库的安全运行起到十分重要的作用。

1）地质灾害监测专业预警网络分布概况。三峡库区位于我国中心腹地，四川盆地东南边缘山地、川东平行岭谷、鄂西山地向长江中下游平原过渡地带。地貌以山地、丘陵为主，测区位于三峡库区长江上游的长江两岸，测区内主要以水上交通为主，原有的国家高等级平面控制点位于高山顶（800 ~ 1 600m），交通十分不便且破坏严重，实施中的难度大。

三峡库区地质灾害监测预警工程建设的专业监测点分布范围广，滑坡位置相对分散。专业监测点，主要分布在湖北省宜昌市及重庆市共 20 个县（自治县、区、市）地质体上。主要功能，是监测危及移民迁建城市、重点集镇重要工矿企业、重要交通道路（航道）安全的崩滑体及库岸。先期实施由 120 个左右较大的滑坡组成监测网络，每个滑坡体上布设若干个卫星定位监测点。这些滑坡体主要位于库区长江干流及其支流上。

2）建设三峡库区地质灾害监测专业预警网络。三峡库区地质灾害防治工作的任务非常繁重，根据“三峡库区地质灾害防治总体规划”，对崩滑体和库岸分为工程治理、搬迁避让和监测预警三类，并对三峡库区地质灾害监测预警建设作出了详细规划和监测预警设计。

专业监测是实施监测系统中很重要的组成部分，为有效的实施三峡库区地质灾害监测预警，业务主管单位对三峡库区地质灾害监测网进行了规划和必要的论证，构建了三峡库区地质灾害监测预警卫星定位三级测网，即控制网（A 级）、基准网（B 级）和变形监测网（C 级）。在此基础上对卫星定位控制网（15 个卫星定位监测控制点构成）进行了观测网形论证和方案设计。

按照监测预警规划和监测预警设计，已于 2003 年基本完成了滑坡等地质灾害监测点建设。

3）专业监测网网形优化。在监测网络建成以后，为了对 C 级卫星定位专业监测网点或单个滑坡监测网需要修改或研究的问题，作为重点进行研究和论证，并分析预测监测点布置的合理性。进行了大规模的三峡库区滑坡 C 级卫星定位实地专业监测网核查及观测工作。

外业核（调）查工作遵循全面完整、记录明晰、资料齐全、数据准确的原则。对原建设单位所建的基准点、监测点一般不做更动，确需变动者应采用实地核查方法充分论证。

C 级卫星定位专业监测网外业观测的实施方案及方法既遵循先进实用、精度适宜、简捷可靠及经济的原则，同时也着重考虑或解决监测系统方案的合理性及灵敏性原则。

4）监测精度及等级。三峡库区与三峡大坝是密不可分、息息相关的。《混凝土大坝安全监测技术规范》GB/T 51416，对于近坝区滑坡体监测精度要求±5mm，需采用工程网精度等级为二等；《工程测量规范》GB 50026 变形点的点位中误差为±（3~6）mm，监测网的精度等级为二、三等；《水利水电工程施工测量规范》SL 52 工程施工期滑坡体变形监测精度要求为±5mm，大地测量方法监测网的精度等级为二、三等。

虽然相关规范的侧重点有所区别，但对滑坡体监测的精度要求却十分接近。

根据《三峡库区地质灾害防治总体规划》、三峡库区地质灾害主管部门编制的《三峡库区地质灾害监测预警工程实施方案》及《三峡库区移民迁建区地质灾害监测预警工程实施方案》，平面点位误差要求不超过±（2.6~5.4）mm。

按照国家相关标准要求，结合工程实际需要及滑坡总体地质条件，三峡库区地质灾害防治主管部门所要求的平面点位误差不超过±（2.6~5.4）mm 是合适的。

按照《全球定位系统（GPS）测量规范》GB/T 18341，观测方案按 B 或 C 级网实施。因变形测量工作具有重复性的特点，三峡库区滑坡卫星定位专业监测网优化观测采用 C 级，平面点位误差满足±（2.6~5.4）mm。

5）外业观测技术方案。监测基点的联测：单个滑坡的监测基点一般宜为 2~3 个，但不得少于 2 个。若受客观条件限制只有 1 个时，应与最近的相邻滑坡基准点联测。

监测点观测方案：单个滑坡内观测采用双频卫星定位接收机进行观测，以静态测量模式同步进行作业，以每一滑坡体为监测对象，将 5~6 台接收机同时安放于监测基准点及监测点上，按 C 级网标准进行同步观测。

6）观测数据的处理及监测网形优化。为保证解算的准确，对重点滑坡体、基准点至监测点的距离大于或等于 1.5km 的基线，采用 GAMIT（或 Berness）软件和 IGS 精密星历进行解算。当较差在允许范围内，采用广播星历和随机软件解算的结果，否则用 GAMIT（或 Berness）软件和 IGS 精密星历进行解算的结果。

观测数据的处理及网形优化过程，重点研究和解决前一阶段尚未最终确定或需进一步优化的观测方案和技术问题，同时应为下阶段的常规监测中对于不同级别预警点实施"突出重点、区别对待"的方案（包括监测精度及周期）提供依据。

8. 库区坍岸治理工程测量及高切坡监测。

为满足三峡库区部分区县坍岸治理及沿江公路建设，以及随着库岸危岩体工程措施处理、库岸设施、港口工程等建设需要，形成了较大规模的高切坡（高边坡）。坍岸治理及沿江公路建设需要施测大比例尺的数字地形图进行设计，形成的高切坡须进行高精度的预警监测。

（1）大比例尺地形测绘。坍岸治理及沿江路建设一般需要进行 1∶500~1∶1 000 数字地形图测绘，在道路建设的布置中，由于受山区地形影响，局部需要施测 1∶200 的大比例尺数字地形图。

平面控制测量，根据工程建设区域大小或长度，采用原等级控制点成果布设四等或五等平面控制，同时施测导线或卫星定位首级测图控制网。

高程控制测量，可布设四或五等电磁波测距高程导线。当涉及 1∶200 大比例尺地形图测绘时，需特别注意高程控制测量及散点的高程精度。

（2）高切坡监测预警系统工程。三峡库区需要实施工程防护的高切坡共计 2 660 处，加上二期地质灾害防治已经实施了工程治理的高切坡 214 处，两者合计 2 874 处高切坡。

三峡库区高切坡监测预警工程建设是三峡库区三期地质灾害防治（高切坡防护）的重要组成部分，是由相关部门批准、组织实施的国家重点建设项目。2006 年 11 月，下达了《关于印发〈三峡库区高切坡监测预警系统实施方案〉的通知》，正式启动了项目。

高切坡监测预警系统工程由专业监测、群测群防和监测预警信息系统三大部分组成。

1）专业监测分级及分级标准。专业监测分重点监测和辐射监测两级。高切坡专业监测的目的，是确保库区移民的生命财产安全，尤其是防止发生边坡灾害导致的群死群伤事件。经过批复，确定实施专业监测的高切坡 700 处。重点监测，是对位置重要、规模大、稳定性差，一旦失稳，后果严重的高切坡监测。重点监测对象包括：①高度在 20m 以上、严重威胁 300 人以上的居民生命财产安全；②严重影响机关、学校、医院等生命线工程安全；③边坡处于变形阶段，必须连续监测以便于进行预警预报。

监测内容为地表位移，监测方法主要为卫星定位、全站仪（测量机器人）监测。每处高切坡一般需布设 4 个基准点；辐射监测的高切坡共用重点监测高切坡的基准点。专业监测的高切坡平均按每 1 500m^2坡面面积布设 1 个监测点的密度，布设测量点。对坡面积比较小的高切坡，加密布设监测点，对于坡面面积比较大的高切坡也可适当放宽监测点的布设密度。高切坡观测周期原则上定为 1 次/月，总体上一年平均观测不少于 10 次。

2）监测内容及方法。专业监测内容包括位移、应变、声发射、地下水位等；监测方法主要包括：卫星定位监测、全站仪（测量机器人）监测、分布式光纤监测、声发射监测、锚杆应变计监测、钻孔倾斜仪监测、钻孔多点位移监测、地下水监测等 8 种。方法分主要监测与辅助监测，主要监测方法为卫星定位监测、全站仪（测量机器人）监测，其他 6 项作为辅助监测方法。监测设备主要有卫星定位接收机、全站仪（测量机器人），以及光时域反射仪、声发射仪、应变仪、钻孔倾斜仪、钻孔多点位移计、地下水监测仪等。

3）专业监测技术标准。

①基准点选点。基准点应选择在高切坡变形影响范围之外，基础牢固，受外界环境影响小的位置；对于卫星定位网点，按《全球定位系统（GPS）测量规范》GB/T 18341 要求，具备卫星定位对空观测条件。

②监测点布置。根据高切坡的几何特征、变形特征等确定监测点位；一般情况下监测点布置在坡顶，以能真实反映高切坡变形的敏感部位为准；全站仪监测点应按《建筑变形测量规范》JGJ 8 要求，并具备全站仪观测条件。

③专业监测仪器主要技术指标见表 2。

表 2　专业监测仪器的主要技术指标

序号	仪器名称	主要技术指标
1	卫星定位接收机	采用双频系列仪器
2	全站仪	测角精度为 2″级及以上精度仪器，测边采用 2mm+2mm/km 及以上仪器，与之配套的反射棱镜、觇牌等
3	水准仪	采用 S05 级瑞士徕卡系列光学水准仪或德国蔡司 Ni 系列光学水准仪或同精度数字式水准仪
4	光时域反射仪	测量范围 5km，空间分辨率 1m，应变范围 0~±1.25%，应变分辨率 20με，采样点 1~1 000，定期自动监测
5	声发射仪	多通道、多参数、自动监测、单探头接收信号半径 30m
6	应变仪	静态、便携式、电池供电、液晶显示、应变范围 0~±19 999με
7	钻孔倾斜仪	便携式，量程 0°~±75°，分辨率 0.01mm/500mm，探头重复性±0.003°
8	多点位移计	杆式，灌浆式或机械式锚块（6 块），机械式测头，量程 0~40mm，分辨率 0.01mm
9	地下水监测仪	自动，分辨率±10mm，水位动态范围 40m

④大地测量法主要是采用全站仪或测量机器人进行观测。监测点位移量中误差不超过±5mm。

⑤平面位移监测主要采用边角交会，特殊情况可采用极坐标法观测，前方交会法观测技术指标见表 3。

表 3　交会法监测的主要技术要求

精度要求/mm	测角前方交会			测边前方交会			边角前方交会			
	测角中误差/″	交会边长/m	交会角/°	测距中误差/mm	交会边长/m	交会角/°	测角中误差/″	测距中误差/mm	交会边长/m	交会角/°
±3	±1	<200	30~120	±2	<500	70~110	±1.8	±2	<500	40~140
	±1.8		60~120							
±5	±1.8	<250	40~140	±3	<500	60~120	±2.5	±3	<700	40~140
	±2.5		60~120							

4）群测群防监测体系。因实施专业监测的高切坡监测覆盖范围有限，且专业监测必须由专业监测队伍实施，受资金的制约，监测频次有一定的局限，而高切坡地质灾害具有随机性、突发性等特点，仅靠专业监测实施，很难完全确保人民生命财产的安全。

群测群防监测体系，是以高切坡当地群众为监测人员主体，以及时并广泛获取高切坡监测信息为主要目的和实施巡查主要减灾防灾措施的群众性监测与防灾体系。建立三峡库区高切坡群测群防监测系统，对库区共计 2 874 处高切坡实施群测群防监测预警，防患于未然，最大限度减少库区高切坡地质灾害造成的危害，保护库区人民生命财产的安全。

①群测群防监测范围。批准实施的三峡库区合计 2 874 处高切坡，全部纳入群测群防监测的范围。

②监测内容及方法。采用以钢卷尺、直尺作为主要监测工具的简易监测法与常规地质调查方法的巡视观察相结合的方法，重点对高切坡防护工程地面裂缝和建筑裂缝、地表排水等进行观测。采用的直尺等简易测量工具，其计数应达到 0. 1mm。

③监测周期要求。非汛期每月监测一次，汛期每 10 天监测 1 次。当降雨期长、降雨强度大或高切坡出现明显的变形迹象时，应增加观测频次。对人口密集区或正在变形的高切坡，增加裂缝观测和人工巡视。为更好地掌握高切坡的变化情况，应加强高切坡隐患点的汛前排查、汛期检查和汛后复查工作，并详细描述、记录高切坡的变化情况。

9. 结语。

目前，三峡工程在发电、水利、防洪减灾、通航、生态保护等方面正发挥着巨大的经济和社会效益。据统计，三峡工程建设形成的科技成果获国家科技进步奖 20 多项、省部级科技进步奖 200 多项、专利数百项，创造了 100 多项“世界之最”。“长江三峡枢纽工程”项目获得了 2019 年度国家科学技术进步奖特等奖。

作为国之重器的三峡工程，全面建成只是万里长征走完了第一步。管理、运行、维护好三峡工程是更为长远、艰巨的任务。“长江三峡枢纽工程”是靠中华民族自己的努力成功建设的三峡工程，没有靠别人给予，而是我们自己迎难克坚，通过自力更生，倒逼自主创新能力的提升，取得了三峡工程这样的成就。

在巨大的时空跨越中，通过三峡工程这样巨型的工程实践，培养、锻造出了一大批水电行业的顶尖人才。工程测量作为专业性极强的技术门类，在三峡工程的勘测设计、施工建设、安全监测及其管理、库区移民迁建、运行维护等方面，无不发挥出应有的不可或缺的重大作用。三峡工程测量人，依然任重道远、无上荣光。

（张　潇）

案例 3　工程技术问题综合解决方案——抛物线在测量坐标系中的直接解法

大比例尺数字测图常采用抛物线加权平均法对等高线进行光滑，但对抛物线在测量坐标系中的定位现时只能采用近似解法，其不能保证抛物线的顶点正好位于中间点上。经推导，本文给出了严格的直接解法。已知顺次三点的测量系坐标，建立以第二点为顶点的二次抛物线。解此问题的关键在于求出标准抛物线坐标轴在测量坐标系中的方位角。

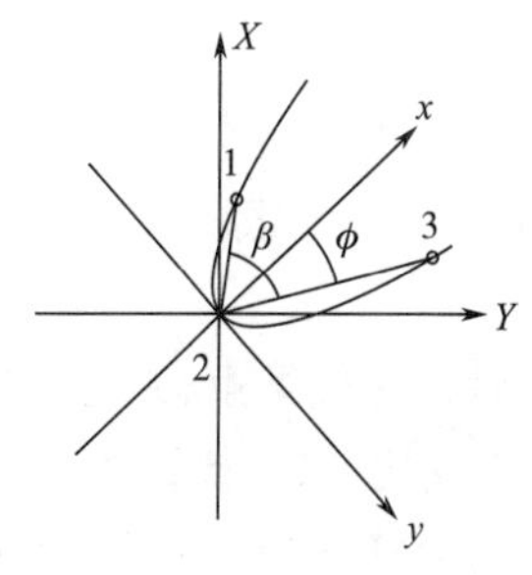

图 1　坐标系转换示意图

1. 列立定向角方程。

如图 1 所示，已知顺次 3 点的测量系坐标为（X_1，Y_1）、（X_2，Y_2）、（X_3，Y_3）。可以算出“点 2 至点 1”“点 2 至点 3”的方位角和距离：

$$\tan \alpha_{21} = \frac{Y_1 - Y_2}{X_1 - X_2} \tag{1}$$

$$\tan \alpha_{23} = \frac{Y_3 - Y_2}{X_3 - X_2} \tag{2}$$

$$S_{21} = \sqrt{(X_1 - X_2)^2 + (Y_1 - Y_2)^2} \tag{3}$$

$$S_{23} = \sqrt{(X_3 - X_2)^2 + (Y_3 - Y_2)^2} \tag{4}$$

$$\beta = \alpha_{23} - \alpha_{21} \tag{5}$$

以上公式（3）、（4）、（5）的结果是相对量，所以在标准抛物线系统中数值与其相同。

在标准抛物线系统中该三已知点的坐标为（x_1，y_1）、(0，0)、（x_3，y_3）。如在此系统中点2至点3的方位角为ϕ，即需要求出的定向角。在标准抛物线系统中可列出以下方程：

$$y_1^2 = 2p\,x_1 \tag{6}$$

$$y_3^2 = 2p\,x_3 \tag{7}$$

$$x_1 = S_{12}\cos(\phi - \beta) \tag{8}$$

$$y_1 = S_{12}\sin(\phi - \beta) \tag{9}$$

$$x_3 = S_{23}\cos\phi \tag{10}$$

$$y_3 = S_{23}\sin\phi \tag{11}$$

由公式（6）和公式（7）可得：

$$x_1 = \frac{y_1^2\, x_3}{y_3^2} \tag{12}$$

将公式（8）~公式（11）诸式代入公式（12），可得定向角方程：

$$\frac{S_{12}}{S_{23}}\left(\frac{\sin(\phi - \beta)}{\sin\phi}\right)^2 - \frac{\cos(\phi - \beta)}{\cos\phi} = 0 \tag{13}$$

2. 解法一：牛顿法。

令公式（13）为$f(\phi)$，求其导数，有：

$$f(\phi)' = \frac{2S_{12}\sin(\phi - \beta)\sin\beta}{S_{23}\,(\sin\phi)^3} - \frac{\sin\beta}{(\cos\phi)^2} \tag{14}$$

公式（13）解的迭代公式为：

$$\phi_{n+1} = \phi_n - \frac{f(\phi_n)}{f'(\phi_n)} \tag{15}$$

由于ϕ是周期函数，在此不必确定解所在的区间，初值的确定只要不使公式（13）、（14）分母为零即可，一般可取为$\beta/2$。当：

$$|\phi_{n+1} - \phi_n| \leqslant \delta \tag{16}$$

时，迭代结束，δ是预先给定的解算精度。

3. 解法二：代数法。

将公式（13）展开为$\tan\phi$的一元三次方程，得：

$$X^3 + a\,X^2 + bX + c = 0 \tag{17}$$

其中：

$$X = \tan\phi \tag{18}$$

$$a = \cot\beta - \frac{S_{12}}{S_{23}}\cos\beta\ \cot\beta \tag{19}$$

$$b = 2\frac{S_{12}}{S_{23}}\cos\beta \tag{20}$$

$$c = -\frac{S_{12}}{S_{23}}\sin\beta \tag{21}$$

按下列顺序求解：

$$p = b - \frac{a^2}{3} \tag{22}$$

$$q = c - \frac{ab}{3} + \frac{2a^3}{27} \tag{23}$$

$$y = \sqrt[3]{-\frac{q}{2} + \sqrt{\left(\frac{q}{2}\right)^2 + \left(\frac{p}{3}\right)^3}} + \sqrt[3]{-\frac{q}{2} - \sqrt{\left(\frac{q}{2}\right)^2 + \left(\frac{p}{3}\right)^3}} \tag{24}$$

$$X = y - \frac{a}{3} \tag{25}$$

$$\phi = (\tan X)^{-1} \tag{26}$$

4. 小结。

采用本法，结果严密，中间不需进行任何判断，计算简便，易于在微机上实现。解出定向角后，测量坐标系抛物线方程的系数计算本文不再赘述。

（王百发　牛卓立）

案例4　工程技术问题综合解决方案——高精度三维施工控制网技术在抽水蓄能电站工程的研究与应用

1. 项目概述。

抽水蓄能电站枢纽工程一般包括上水库、输水系统、地下厂房系统、下水库、洞室工程及附属建筑物。上水库一般选建在山顶上或靠近山顶，下水库大多建造在山谷，厂房则埋藏于两者之间的山体下面，除了进水高压隧洞和出水隧道分别与厂房相连之外，还有一些地下洞室与之相接。一般大型抽水蓄能电站主体工程涉及的范围约几个平方公里至十几个平方公里，控制区域内高差变化大，施工控制网建立的精度及可靠性要求高。

为提高抽水蓄能电站的经济性指标，在站址选择上，除对地质、地形条件的要求苛刻外，一般尽量利用原有地形、环境条件形成的自然现状，以减少上、下水库及输水系统等工程开挖量，在获得上、下水库之间较高可利用水头的同时，期望缩短其相互距离，以减小水道长度与提高距高比 L/H 。因此，抽水蓄能电站的站址选择一般在山区或高山区，工程区涉及范围小，上、下水库间相对高差较大，山势陡峻、地形地貌复杂，工程区内部交通、通行十分困难；上水库大多靠近山体顶部位置，缺乏制高控制的地形，通视条件差；下水库一般建在山谷，周边地形狭窄，坡度大、视野不开阔。

受抽水蓄能电站工程特殊地形条件的制约，要建立服务于工程整体的、统一的施工控制网，就其稳定性、可靠性及精确性而言，其施工控制网建立与规划设计阶段的测图控制以及常规水电站的施工控制比较，有如下主要难点：

（1）由于工程区地形复杂，范围狭窄，山势陡峻，一些边无法通视，难以形成合乎要求的图形结构，致使图形强度过低，甚至有产生形亏的可能。

（2）控制区域内坡度过大，控制网整体呈倾斜状，许多观测边的倾角超出相关标准的规定，无法满足化算平距的精度要求，需采用几何水准直接进行高程联测，但是地形陡峭难以攀登，水准观测无办法实施或实施异常困难。

（3）由于上、下水库之间高差很大，相距水平距离较短，引测几何水准的线路选择困难，高程布网多数情况下只能沿一条路线绕行引测上山，而成为支线水准，不能满足规范要求。有的即便绕行很远也只能形成单一闭合环线，由于上下都是沿着一个坡度施测，可能产生的系统误差很难发现，其高程的可靠性不能得到有效保证。

国内、外建立的大型抽水蓄能电站施工控制网，大多采用常规布网方法，即平面网和高程网分开布设，为了克服上述特殊地形条件下造成的建网难题，通常做法是：以增加过渡点的办法来解决通视问题和图形强度问题；以高等级几何水准直接联测两点之间的高差，来解决斜距化平的精度问题；采用几何水准进行双向往返测的措施，来改善高程精度和可靠性的问题。因此，野外作业的难度大，外业工作量成倍增加。当地形条件特别困难时，还不得不以降低精度和可靠性作为代价。

2. 建立三维施工控制网的技术优势。

抽水蓄能电站的施工控制网的平面网精度一般采用点位中误差来衡量，首级平面网的最弱点点位中误差大多控制在±5mm 以内，并且要求控制成果具有良好的可靠性。因此，网形布设通常采用三角形网方式，使其具有较多的多余观测量和足够好的图形强度，使所构网形坚强。为克服抽水蓄能电站特殊地形条件下存在的建网难点，结合具体工程，对应用三维网建立特大高差蓄能电站施工控制的可行性和适用性，进行研究与实践。运用三维网技术设计建网的优势在于：

（1）虽然在高差较大地区建立抽水蓄能电站施工控制网存在诸多不利因素，但是在高差较大条件下，平面坐标和高程之间具有较强的相关性，而且高差越大这一特点越突出，可利用价值也越大，因此，采用三角形网布设三维网是解决蓄能电站建网的有效方法。

（2）采用三维控制网布置方式，可以解决大高差抽水蓄能电站平面网和高程网单独布设的困难，以几何水准的高精度，控制和提高电磁波测距三角高程测量的精度，反过来又以电磁波测距三角高程测量大量的多余观测量，来增强整个高程控制系统的可靠性，克服了几何水准线路单一及可靠性差的困难。

（3）对不通视的图形方向加测卫星定位测量基线，可保证处于边缘处的网点具有三个以上的方向连接以改善布网图形，提高图形强度，保持观测量的可靠性和网的坚强性。

对水平方向、天顶距、距离、几何水准、卫星定位基线五种不同类型的观测量联合平差处理，不仅能够解决平面坐标和高程的总体控制问题，而且运用三维平差手段直接处理各类观测量，而不是平差观测量的函数，其处理方式更为合理，既保证了观测精度不受损失，又使最后成果的可靠性和精度得以提高或改善。同时也避免了某些方面超出规范要求。

3. 三维施工控制网的布网设计。

建立抽水蓄能电站施工控制网主要是保证对电站主体工程的控制，同时尽可能兼顾其他附属工程对施工控制的需要。由于各电站工程的地形条件、工程规模、枢纽布置以及施工布置存在较大差异，因此施工控制网的网形设计必须依据工程的具体情况以及相关因素综合考虑，确定平面和高程控制精度，进而完成布网与网形设计，明确网点数量、点位布设位置和平均边长，通过优化设计选择最佳施工控制网布设方案。

控制网的优化设计问题一般分为四类：①零阶段设计或称基准选择问题；②一阶段设计或称结构图形设计问题；③二阶段设计或称观测值权的分配问题；④三阶段设计或称网的修改设计问题。事实上，设计优化是一项综合设计调整过程，难以将各类设计严格割裂开来。

优化设计的方法，总体上也可归纳为解析法和计算机模拟法。计算机模拟法以其计算快捷、适应性强等特点为目前普遍采用。通过自行开发的三维平差软件具有精度估算功能，可将初始拟定的设计方案（包括设计的图形、各类设计观测量、相应的先验方差）及各点的近似坐标组成数据文件输入计算机进行估算，输出每个点的各项精度信息。经过设计人员的分析、判断、修改，直到认为方案满意。其估算功能是一、二、三类设计的综合设计，但包括零阶段的设计功能，零类设计即参考系设计，是采用相似变换的方法，以原有的测图控制系统为基础，通过多点联测与配制不仅能够建立施工控制与测图控制间的紧密联系，而且较好解决了施工控制网基准的选择问题。

采用三维网进行抽水蓄能电站的施工控制网布网设计与平面网和高程网分开布设相比较，其网形设计更为灵活、多余观测量增加、整体控制测量精度和可靠性得到提高与改善、测量外业工作量相应减少。

4. 各类观测数据的归算。

（1）建立独立坐标系。地面上的各类观测数据归算，相对于平差计算而言，也有学者称之为“观测数据的预处理”，其作为平差计算的基本数据源，直接关系到平差成果的正确性。因此，各类观测数据的归算十分重要，必须予以足够的重视。

我们所建立独立坐标系，如图 1。设 A、B 为地面上两点，分别沿法线投影到椭球面上为 $a_0 b_0$ 弧，两法线延长线可交于 C_0 点，为该弧的曲率中心，曲率半径为 R_0 。建立一个与似大地水准面有较好重合的球面球体，地面上 A、B 两点分别沿垂线方向投影到似大地水准面上为 $a_1 b_1$ 弧，两垂线延长可交于球心 C_1 点，此点为似大地水准面上 $a_1 b_1$ 弧的曲率中心，其曲率半径为 R_1 ，R_0 可知而 R_1 不可知。一般似大地水准面不与椭球面重合，似大地水准面差距各处一般也都不相等，即似大地水准面与椭球面存在一定的倾斜，倾斜的大小是由垂线偏差所引起。通过计算可知似大地水准面的曲率半径取值误差在一定范围内对投影长度的影响甚微。因此，可以近似地将大地水准面与椭球面视为具有相同的曲率，即曲率半径 $R_1 = R_0$ 。由于似大地水准面不是一个真正的球面，而是一个不规则的未知曲面，对于 A 和 B 之间水准面的微小起伏所带来的影响，可忽略不计或视之为一种随机误差，对观测结果的影响幅度，可通过统计检验来确定其是否在允许范围以内。

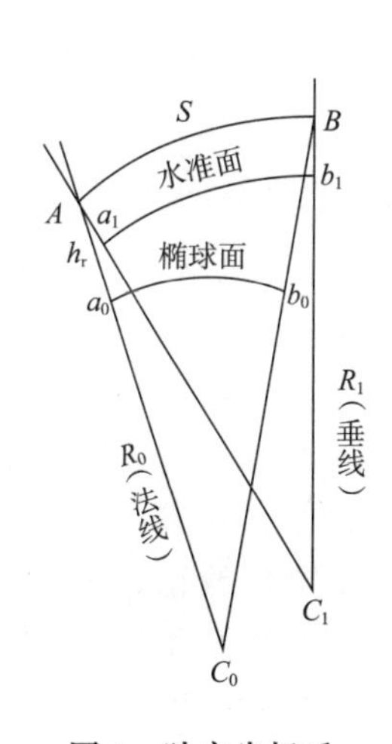

图 1　独立坐标系

新建坐标系是一种局部独立的三维坐标系，以控制网中央附近的一点作为起算点，以与此点垂线方向相反的方向作 Z 轴的正方向（高程方向）；以所选定的某正常高水准面作为平面坐标的投影面，水准面以球面近似代替，其曲率半径可采用此处地球平均曲率半径加上某正常高，见图 2。在地面上的观测量均归化到上述球面上，如是数据归算将变得十分简单而又不失精确。

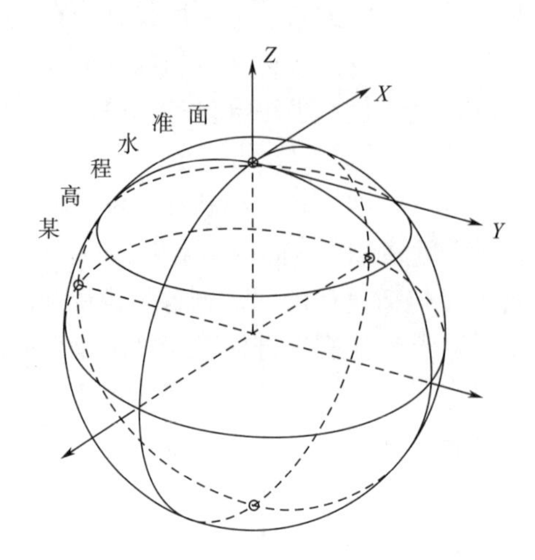

图 2　局部独立的三维坐标系

在特定的小范围内，进一步用平面代替球面，试求其长度和角度的变形。当限定抽水蓄能电站施工控制网所覆盖的范围不超过 $20km^2$ 时，最边缘处相对于网中央的距离也不过 2.5km。设其平均曲率半径为 6 371km，则球面上 2.5km 的弧长（或弦长）投影到切平面上，其误差不过 0.1mm；另外在以 2.5km 边长的等边三角形计算得球面角超为 0.014″，则给每一个角度带来的误差不足 0.005″。因此，可以用球面上的边长和方向直接计算平面坐标，而两点之间的高差仍然以球面为准。这样建立的三维坐标系统，类似于传统的平面坐标系和高程系相叠加的混合坐标系统。

（2）地面观测值的归算。

1）水平方向。就一般施工控制网而言，水平方向观测值无照准归心和测站归心改正。另外由于是归算到最接近似大地水准面的球面上，而且忽略了水准面的微小起伏。因此垂线和法线一致，不存在垂线偏差的改正，同时由于 A、B 两点的法线同处一个平面，不论测站和目标离开球面多高，对水平方向没有任何影响。总之经过测站平差后的水平方向观测值，可以不加任何改化即可直接参与三维平差。

2）斜距。

①尺长改正。尺长改正包括加常数、乘常数和周期误差三项改正，系由送检所得出的检验结果确定，保证仪器设备在检定有效期内使用，对重要工程则取测前、测后检验结果的中值进行相关参数改正。

②气象改正。气象改正的公式，是由测距仪的载波波长及该仪器的大气标准条件所决定，各种不同型号的仪器气象改正的计算公式略有差别。观测时，测站和镜站都须量测湿度、气压和温度，取其平均值进行改正数计算。

③化算到标石中心的改正。此项改正是将测距仪中心至目标反射棱镜中心的观测距离

经以上各项改正之后的距离化算到两标石间的弦长 AB 的改正，如图 3。

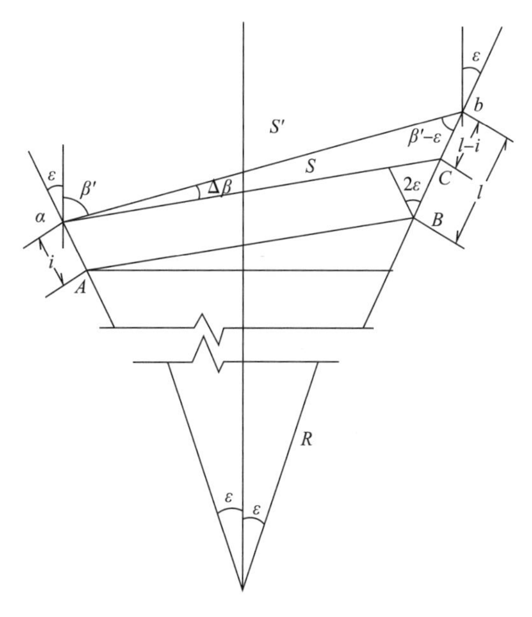

图 3　观测斜距归化至标石中心间弦长示意图

设在 a、b 两点是仪器中心到觇标中心的观测斜距，经过前两种改正之后的距离 S'，现将其划归到 A、B 两点的标志中心，精确的化算方法可分两步。

第一步由 a、b 的长度 S' 化算到 a、c 处的 S。

$$dS_1 = S' - \sqrt{S'^2 + (l-i)^2 - 2S' \times (l-i) \times \cos(\beta' - 2\varepsilon)}$$

式中：

$$\varepsilon = \rho'' \times S' \times \sin\beta'/(2R)$$

图中 i 为仪器高，l 为棱镜高，$(l-i)$ 为负值时，公式依然成立。

第二步是将 a、c 处的长度化算到 A、B 两标志中心的弦长，其改正数：

$$dS_2 = 2 \times \varepsilon \times i/\rho''$$

此项实际上是将 ac 的长度投影到 AB 的长度改正数。一般当 i 不超过 1m，边长小于 2 000m时，其改正数不超过 0.3mm，可以不加考虑。

此项改化不需要归算到投影面上，直接将两标志间的弦长参与三维平差，只是应该注意的是在计算 x、y 坐标时，将斜距换算成平距，再根据两点的正常高投影到坐标所在高程面上。

3）天顶距。

①将观测天顶距划归到标志中心的改正，如图 3。

$$\frac{l-i}{\sin(\Delta\beta)} = \frac{S}{\sin(\beta' - 2\varepsilon)}$$

$$\sin(\Delta\beta) = \frac{l-i}{S}\sin(\beta' - 2\varepsilon)$$

$$\Delta\beta = \sin^{-1}\left[\frac{l-i}{S}\sin(\beta' - 2\varepsilon)\right]$$

②球气差改正，如图4。设β_1、β_2为经归算到标石中心的天顶距，ε_1、ε_2为球面曲率改正，即所谓球差角：$\varepsilon_1 = \varepsilon_2 = S_0/(2R)$。$\delta_1$、$\delta_2$为往返测大气折射角，有的也称为气差角，它依赖于大气条件，是由大气垂直折光系数K所引起的，其表达式为：$\delta_1 = K \cdot S_0/(2R)$。

一般认为通过对向观测的往返测高差取均值后可以抵消一部分或大部分垂直折光差的影响，在推算往返测高差之前，对往返测天顶距先进行球差角和气差角的改正，再进行往返高差的计算，其结果与往返测高差取均值等价。

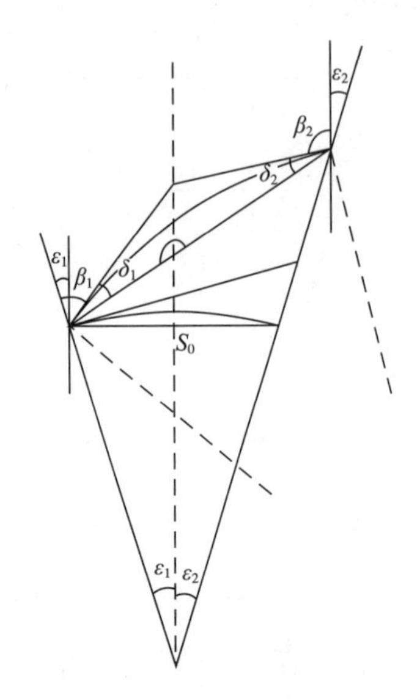

图4　天顶距球差角气差角改正示意图

由图4可知：

$$\beta_1 - \varepsilon_1 + \delta_1 + \beta_2 - \varepsilon_2 + \delta_2 = 180$$

因为：$\varepsilon = \varepsilon_1 = \varepsilon_2$，设：$\delta = \delta_1 = \delta_2$，$C = \delta - \varepsilon$

则：

$$2C = 180 - \beta_1 - \beta_2$$

经C改正后的天顶距：$\beta'_1 = \beta_1 + C$，$\beta'_2 = \beta_2 + C$

其中：C为球气差改正，实际上它不仅包括了球差角改正和气差角改正，还包含了垂线偏差不等差的影响和观测误差，以C改正β_1和β_2之后，相当处于两点中间中点的天顶距，为以后计算两点之间的高差和进行平差处理带来方便。

4）几何水准观测高差。对于高差较小的抽水蓄能电站，一般要求施测三等几何水准时，可不加水准面不平行改正，如果分别以往测及返测单程观测结果参与平差，其平差结果为单程的观测量精度指标。

当高差大于500m时，一般要采用更高等级几何水准测量，因此需要加入标尺的长度改正、水准面不平行改正和重力异常改正，在水准成果概算中对往返平均高差加以改正，以往返高差中数参与平差。其平差结果的精度为往返测中数的精度指标，应不超过相应等级的每公里全中误差的水平。如果水准路线较少，则宜采用单程观测成果参与平差。

5）卫星定位测量基线改正。卫星定位观测值经基线解算之后，与常规测边一样已经化为标石中心之间的弦长，可直接参与三维平差；对于重复基线，可单独参与平差，也可取平均值后参与平差。对卫星定位测量基线与常规边可能存在尺度上的差异，必要时加入尺度比改正。

5. 建立观测方程。

设：三维坐标的平差值分别为：$\hat{X}$，$\hat{Y}$，$\hat{Z}$

三维坐标的近似值分别为：X^0，Y^0，Z^0

三维坐标的平差改正数分别为：$\mathrm{d}x$，$\mathrm{d}y$，$\mathrm{d}z$

则：

$$\left.\begin{aligned}\hat{X} &= X^0 + \mathrm{d}x\\ \hat{Y} &= Y^0 + \mathrm{d}y\\ \hat{Z} &= Z^0 + \mathrm{d}z\end{aligned}\right\}$$

设：测站点 i 至照准点 k 的近似坐标增量：

$$\Delta X_{ik}^0 = X_k^0 - X_i^0 \quad \Delta Y_{ik}^0 = Y_k^0 - Y_i^0 \quad \Delta Z_{ik}^0 = Z_k^0 - Z_i^0$$

测站点 i 至照准点 k 在平面坐标投影面上的近似边长为：

$$D_{ik}^0 = \sqrt{\Delta X_{ik}^{0\,2} + \Delta Y_{ik}^{0\,2}}$$

测站点 i 至照准点 k 两标志中心间的近似弦长：

$$S_{ik}^0 = \sqrt{(C_{ik}\Delta X_{ik}^0)^2 + (C_{ik}\Delta Y_{ik}^0)^2 + \Delta Z_{ik}^{0\,2}}$$

$$C_{ik} = \frac{(Z_i^0 + Z_k^0)/2 + R}{R + H_0}$$

式中：H_0——投影面的正常高；

R——地球平均曲率半径。

（1）水平方向的函数模型及误差方程。

设平差值 $\hat{A}_{ik}$，观测值 A_{ik}，近似值 A_{ik}^0，定向参数：

$$\theta_i = \theta_i^0 + \mathrm{d}\theta_i$$

$$A_{ik} + \theta_i + V_{Aik} = A_{ik}^0 + \mathrm{d}A_{ik}^0$$

$$V_{Aik} = -\mathrm{d}\theta_i + \mathrm{d}A_{ik}^0 - A_{ik} - \theta_i^0 + A_{ik}^0$$

$$A_{ik}^0 = \tan^{-1}\left(\frac{\Delta Y_{ik}^0}{\Delta X_{ik}^0}\right) = \tan^{-1}\left(\frac{Y_k^0 - Y_i^0}{X_k^0 - X_i^0}\right)$$

经线性化后的误差方程：

$$V_{Aik} = -\mathrm{d}\theta_i + \rho\frac{\Delta Y_{ik}^0}{D_{ik}^{0\,2}}(\mathrm{d}x_i - \mathrm{d}x_k) - \rho\frac{\Delta X_{ik}^0}{D_{ik}^{0\,2}}(\mathrm{d}y_i - \mathrm{d}y_k) - l_{Aik}$$

式中：

$$l_{Aik} = A_{ik} - (A_{Iik}^0 - \theta_i^0)$$

一般方向权取：

$$P_1 = \frac{\sigma_0^2}{m_a^2} = \frac{m_a^2}{m_a^2} = 1$$

为消除定向角未知数，每一测站需增加一个测站和方程式，其权为 $\left(\frac{1}{n_k}\right)$，$n_k$ 为该测站观测方向数。

（2）斜距的函数模型及误差方程。

设：斜距观测平差值 $\hat{S}_{ik}$，斜距观测值 S_{ik}，斜距近似值 S_{ik}^0。

$$S_{ik} + V_{Sik} = S_{ik}^0 + dS_{ik}^0$$

$$S_{ik}^0 = [(C_{ik}\Delta X_{ik}^0)^2 + (C_{ik}\Delta Y_{ik}^0)^2 + \Delta Z_{ik}^{02}]^{\frac{1}{2}}$$

经线性化后的误差方程：

$$V_{Sik} = -\frac{\Delta X_{ik}^0}{S_{ik}^0}(dx_i - dx_k) - \frac{\Delta Y_{ik}^0}{S_{ik}^0}(dy_i - dy_k) - \frac{\Delta Z_{ik}^0}{S_{ik}^0}(dz_i - dz_k) - l_{Sik}$$

式中：

$$l_{Sik} = S_{ik} - S_{ik}^0$$

边长的权：

$$P_2 = \frac{m_a^2}{(a + b \cdot D)^2} = \frac{m_a^2}{m_s^2}$$

式中：a、b ——设计精度的固定误差和比例误差；

D ——测距长度以（km）。

注：误差方程式中省略 C_{ik}^2 的影响，其对误差方程系数的影响不会超过 1/10 000。

（3）天顶距的函数模型及误差方程。

设：天顶距的平差值 $\hat{B}_{ik}$，天顶距的观测值 B_{ik}，天顶距近似值 B_{ik}^0。

$$B_{ik} + V_{Bik} = B_{ik}^0 + dB_{ik}^0$$

$$B_{ik}^0 = \tan^{-1}\left(\frac{D_{ik}^0}{\Delta Z_{ik}^0}\right) = \tan^{-1}\left(\frac{\Delta X_{ik}^{02} + \Delta Y_{ik}^{02}}{\Delta Z_{ik}^{02}}\right)^{\frac{1}{2}}$$

经线性化后的误差方程：

$$V_{Bik} = -\rho\frac{\Delta Z_{ik}^0 \times \Delta X_{ik}^0}{D_{ik}^0 \times S_{ik}^{02}}(dx_i - dx_k) - \rho\frac{\Delta Z_{ik}^0 \times \Delta Y_{ik}^0}{D_{ik}^0 \times S_{ik}^{02}}(dy_i - dy_k) + \rho\frac{D_{ik}^0}{S_{ik}^{02}}(dz_i - dz_k) - l_{bik}$$

式中：

$$l_{bik} = B_{ik} - B_{ik}^0$$

天顶距的权：

$$p_3 = \frac{m_a^2}{m_b^2}$$

式中：m_b ——天顶距的设计精度。

（4）几何水准观测高差的函数模型及误差方程。

设：观测高差的平差值 $\hat{H}_{ik}$，高差的观测值 H_{ik}，高差的近似值 H_{ik}^0。

$$H_{ik} + V_{Hik} = H_{ik}^0 + dH_{ik}^0$$

$$H_{ik}^0 = Z_k^0 - Z_i^0$$

其误差方程为：

$$V_{hik} = -dZ_i + dZ_k - l_{hik}$$

式中：

$$l_{hik} = H_{ik} - H_{ik}^0$$

几何水准的权：

$$P_3 = \frac{m_a^2}{m_h^2} = \frac{m_a^2}{m_\Delta^2 \cdot L}$$

式中：m_Δ ——设计的水准测量每公里偶然中误差；

L ——水准路线长度（km）。

（5）卫星定位测量基线的数学模型及误差方程。

设：卫星定位基线平差值 $\hat{G}_{ik}$，卫星定位基线观测值 G_{ik}，卫星定位基线的近似值 G_{ik}^0。

$$G_{ik} + V_{Gik} = G_{ik}^0 + dG_{ik}^0$$

$$G_{ik}^0 = \sqrt{(C_{ik}\Delta X_{ik}^0)^2 + (C_{ik}\Delta Y_{ik}^0)^2 + \Delta Z_{ik}^{02}}$$

同斜距类似，经线性化后的误差方程：

$$V_{gik} = -\frac{\Delta X_{ik}^0}{S_{ik}^0}(dx_i - dx_k) - \frac{\Delta Y_{ik}^0}{S_{ik}^0}(dy_i - dy_k) - \frac{\Delta Z_{ik}^0}{S_{ik}^0}(dz_i - dz_k) - l_{gik}$$

式中：

$$l_{gik} = G_{ik} - G_{ik}^0$$

卫星定位测量基线的权：

$$P_5 = \frac{m_a^2}{a^2 + (b \cdot D)^2} = \frac{m_a^2}{m_g^2}$$

式中：a ——卫星定位基线测量的固定误差；

b ——卫星定位基线测量的比例误差；

D ——卫星定位基线长度（km）。

注：误差方程式中同样省略了 C_{ik}^2 的影响，其对误差方程系数的影响小于1/10 000。

6. 平差处理。

上述5类（有时可能只有3、4类）不同的观测量的观测数，按其顺序分别为 n_1、n_2、n_3、n_4、n_5 表示，其总观测量数：$n = n_1 + n_2 + \cdots + n_5$，未知点数 m_1，总未知参数 $m = 3m_1$，用矩阵表示：

$$\underset{n\times1}{V} = \underset{n\times m}{A} \times \underset{m\times1}{X} - \underset{n\times1}{L}$$

其中：$\underset{n\times1}{V}$、$\underset{n\times m}{A}$、$\underset{n\times1}{L}$ 矩阵的转置矩阵分别为：

$$\underset{1\times n}{V^T} = (\underset{1\times n_1}{V_1^T}\ \underset{1\times n_2}{V_2^T} \cdots \underset{1\times n_5}{V_5^T})$$

$$\underset{m\times n}{A^T} = (\underset{m\times n_1}{A_1^T}\ \underset{m\times n_2}{A_2^T} \cdots \underset{m\times n_5}{A_5^T})$$

$$\underset{1\times n}{L^T} = (\underset{1\times n_1}{L_1^T}\ \underset{1\times n_2}{L_2^T} \cdots \underset{1\times n_5}{L_5^T})$$

全部观测方程建立完成之后，就可以按照常规的间接平差方法进行平差处理。

未知数的向量解：

$$\hat{X} N^{-1} W = Q_{XX} W$$

其中：

$$N = (N_1 + N_2 + \cdots + N_5) = (A_1^T P_1 A_1 + A_2^T P_2 A_2 + \cdots + A_5^T P_5 A_5)$$

$$W = (W_1 + W_2 + \cdots + W_5) = (A_1^T P_1 L_1 + A_2^T P_2 L_2 + \cdots + A_5^T P_5 L_5)$$

各网点的最终坐标是通过在测区范围内选择不同的原有测图控制点，联测3个以上的施工控制网点，并要求联测网点位置分布均匀，采用相似变换的方法，通过平移旋转使网点计算坐标与联测坐标残差分量的平方和极小，采用多点进行控制网定位，进而推算得出。

观测方程不变，给予不同的先验方差，则有不同的平差值和协因数矩阵。只有当先验方差和验后方差一致时才能认为数据处理合理。对于多达五种不同类型观测量，其权的匹配非常重要，必须采用方差分量估计定权的方法逐步进行修正，为此依照参考文献推导出各类观测量单位方差分量估值的公式：

$$V_1^T P_1 V_1 = \{n_1 - 2SP(K_1) + SP(K_1 K_1)\} \hat{\sigma}_{01}^2 + SP(K_1 K_2) \hat{\sigma}_{02}^2 + SP(K_1 K_3) \hat{\sigma}_{03}^2 + SP(K_1 K_4) \hat{\sigma}_{04}^2 + SP(K_1 K_5) \hat{\sigma}_{05}^2$$

$$V_2^T P_2 V_2 = SP(K_1 K_2) \hat{\sigma}_{01}^2 + \{n_2 - 2SP(K_2) + SP(K_2 K_2)\} \hat{\sigma}_{02}^2 + SP(K_2 K_3) \hat{\sigma}_{03}^2 + SP(K_2 K_4) \hat{\sigma}_{04}^2 + SP(K_2 K_5) \hat{\sigma}_{05}^2$$

$$V_3^T P_3 V_3 = SP(K_1 K_3) \hat{\sigma}_{01}^2 + SP(K_2 K_3) \hat{\sigma}_{02}^2 + \{n_3 - 2SP(K_3) + SP(K_3 K_3)\} \hat{\sigma}_{03}^2 + SP(K_3 K_4) \hat{\sigma}_{04}^2 + SP(K_3 K_5) \hat{\sigma}_{05}^2$$

$$V_4^T P_4 V_4 = SP(K_1 K_4) \hat{\sigma}_{01}^2 + SP(K_2 K_4) \hat{\sigma}_{02}^2 + SP(K_3 K_4) \hat{\sigma}_{04}^2 + \{n_4 - 2SP(K_4) + SP(K_4 K_4)\} \hat{\sigma}_{04}^2 + SP(K_4 K_5) \hat{\sigma}_{05}^2$$

$$V_5^T P_5 V_5 = SP(K_1 K_5) \hat{\sigma}_{01}^2 + SP(K_2 K_5) \hat{\sigma}_{02}^2 + SP(K_3 K_5) \hat{\sigma}_{03}^2 + SP(K_4 K_5) \hat{\sigma}_{04}^2 + \{n_5 - 2SP(K_5) + SP(K_5 K_5)\} \hat{\sigma}_{05}^2$$

式中：$K_1 = N^{-1} N_1$，$K_2 = N^{-1} N_2$，$K_3 = N^{-1} N_3$，$K_4 = N^{-1} N_4$，$K_5 = N^{-1} N_5$

SP 表示矩阵的迹算子。

值得注意的是，第一类观测属于水平方向观测，在 n_1 中需减去定向方向数，按上式求得的方差估值，应有：

$$\hat{\sigma}_{01}^2 = \hat{\sigma}_{02}^2 = \hat{\sigma}_{03}^2 = \hat{\sigma}_{04}^2 = \hat{\sigma}_{05}^2 = \hat{\sigma}_0^2$$

否则可按：

$$C_1 = \frac{\hat{\sigma}_{01}^2}{\hat{\sigma}_{01}^2} \quad C_2 = \frac{\hat{\sigma}_{01}^2}{\hat{\sigma}_{02}^2} \quad C_3 = \frac{\hat{\sigma}_{01}^2}{\hat{\sigma}_{03}^2} \quad C_4 = \frac{\hat{\sigma}_{01}^2}{\hat{\sigma}_{04}^2} \quad C_5 = \frac{\hat{\sigma}_{01}^2}{\hat{\sigma}_{05}^2}$$

计算比例系数，用这些比例系数分别乘相应的权、法方程系数及常数项，重新计算总和法方程式，进行迭代计算，我们可以取 $|C_i - 1| < 0.1 \sim 0.01$ 作为收敛准则，通常少数几次即可收敛，但如果先验方差不当，与实际精度不匹配，或者多余观测数较少，可能收敛较慢或者不收敛，此时可另行置入先验方差进行试算，一般可以获得成功。

内蒙古呼和浩特抽水蓄能电站施工控制网涉及范围约 10km^2，地形陡峻，高差大，上、下高差超过 800m，几何水准上山可以形成闭合环，但需绕行约 45km，同样折光差及尺长误差的系统影响依然难以发现，因此需要增强其可靠性，依据抽水蓄能电站三维网技术设计的基本思路，选定平面网由 15 点组成的三维网。确定平面坐标最弱点点位中误差为±5mm，高程最弱点高程中误差为±10mm。最终确定施工控制网如图 5 所示。

根据最终确定的网形，采用了不同的测量精度指标进行点位精度估算，最后确定采用 TCA2003 全站仪，测角标称精度为 0.5″，距离测量精度为 1mm+1mm/km。采用观测精度指标为方向中误差为±0.7″（测角中误差±1″），测距中误差为 1mm+1mm/km，天顶距观测中误差为±1.5″。水准仪则采用徕卡 DNA03 电子水准仪，其标称精度为每公里偶然中误差为±0.3mm，我们按二等水准测量精度要求进行，其每公里偶然中误差为±1mm。卫星定位接收机采用 JAVAD 双频双系统接收机，采用其标称精度 $\sqrt{5^2 + (1 \times D)^2}$ 参与定权。按三维平差估算的控制网点位精度如施工控制网点位精度估算结果如表 1 所示。

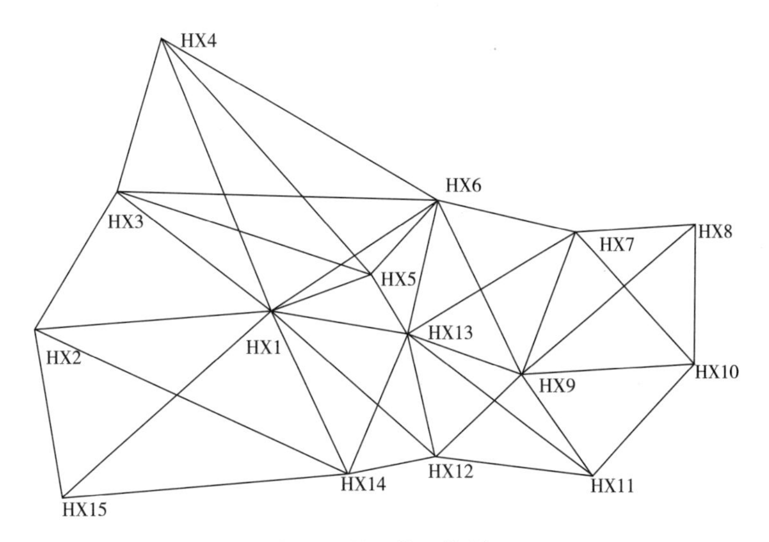

图 5　三维网施工控制网

表 1　施工控制网点位精度估算结果

点名	单位权方差	误差椭球要素				点位误差/mm			
	σ_0^2	a/mm	b/mm	c/mm	θ/°	Mx	My	M	Mz
HX2	0.490	3.535	0.698	1.169	3.768	1.344	0.703	1.517	3.471
HX3		3.065	1.002	1.427	6.478	1.439	1.237	1.897	2.972
HX4		1.161	2.317	2.667	162.825	2.502	1.352	2.844	2.396
HX5		2.279	0.920	1.458	16.613	0.995	1.450	1.759	2.252
HX6		2.845	1.090	2.109	28.119	1.428	1.985	2.445	2.785
HX7		3.330	1.260	2.502	29.457	1.505	3.237	3.570	2.489
HX8		4.674	1.503	2.503	11.164	1.845	4.561	4.921	2.481
HX9		1.195	2.535	2.817	167.175	1.374	2.760	3.083	2.507
HX10		4.543	1.378	2.539	13.461	1.523	4.513	4.763	2.511
HX11		3.843	1.365	2.592	21.868	2.154	3.481	4.094	2.568
HX12		1.329	2.382	2.592	168.429	1.812	2.119	2.788	2.527
HX13		2.476	0.964	1.776	25.205	1.043	1.771	2.055	2.448
HX14		3.428	1.469	2.124	13.614	1.849	1.924	2.668	3.362
HX15		3.733	1.226	1.835	7.992	1.934	1.353	2.360	3.638
选择方向值中误差为单位权，经方差分量估计各观测量的权得到匹配后，输出五类观测量的测量精度									
名称				五类观测量测量精度					
观测类别				Ma	Ms	Mb	Mh	Mg	
观测中误差				0.700	2.000	1.500	1.000	5.099	

其估算的精度均优于设计精度的要求。

7. 工程应用。

21 世纪初期，中国电建集团北京勘测设计研究院依托已完成或正在施工建设中的抽水蓄能电站主要有：河北张河湾抽水蓄能电站、安徽琅琊山抽水蓄能电站、山西西龙池抽水蓄能电站、内蒙古呼和浩特抽水蓄能电站等四项工程，这四项工程的施工控制网均了采用三维平差处理方法。前两项工程以试验研究为主，总结并关注抽水蓄能电站施工控制网建立过程中存在的难点，进行三维布网的试验研究、相关技术的理论探讨、总结工程实践经验、重点问题组织专家咨询、确立特殊地形条件下三维建网的可行性。在后两项工程中将三维施工控制网的建网方法应用于工程实践，对五类不同性质观测量进行三维平差处理，获得了良好的应用效果。四项工程的有关情况统计，见表 2。

表 2　三维网在抽水蓄能电站的应用情况统计表

项目	各项技术指标统计	河北张河湾	安徽琅琊山	山西西龙池	呼和浩特
电站规模	装机容量	1 000MW	600MW	1 200MW	1 200MW
	工程等级	Ⅰ	Ⅱ	Ⅰ	Ⅰ
	相对高差	400	300	900	800
	控制面积	4km²	4km²	11km²	10km²
布网情况	控制网等级	Ⅲ	Ⅲ	Ⅱ	Ⅱ
	主网点数	12	13	13	15
	平均边长	900	1 000	1 200	1 000
	最大高度角	19.23	7.41	23.36	19.49
	边最大高差	308	120	618	481
	标石类型	普通标石	普通标石 标石	观测墩/ 普通标石	观测墩
	水准路线埋点数	14	10	29	29
项目	各项技术指标统计	河北张河湾	安徽琅琊山	山西西龙池	呼和浩特
设计观测量和精度指标	几何水准	6（往返）/3	4（往返）/3	8（往返）/1.0	9（往返）/1
	水平方向	58/1.27	66/1.27	65/0.7	64/0.7
	天顶距	58/2	66/2	60/1.5	64/1.5
	斜距	56/2+2	66/2+2	62/2+2	64/1+1
	卫星定位基线	0	0	5/5+1	25/5+1
平差中误差	水平方向	1.01	1.08	0.99	0.64
	天顶距	1.58	0.96	1.29	0.86
	斜距	2.41	2.97	2.98	1.44
	几何水准	3.72（单程）	3.75（单程）	1.88（单程）	1.01
	GNSS 基线	无	无	1.51	1.82

续表2

项目	各项技术指标统计	河北张河湾	安徽琅琊山	山西西龙池	呼和浩特
（最弱点）点位精度	m_x（二维/三维）mm	2.38/2.03	3.02/2.78	3.64/3.40	4.78/3.50
	m_y（二维/三维）mm	2.77/2.39	3.13/2.93	3.22/2.89	2.64/1.95
	m_h（一维/三维）mm	5.07/2.97	4.18/2.22	8.04/4.38	4.09/2.37

由表2可以看出：在未采取任何特殊措施的情况下进行观测，按三维平差处理后，网点的点位精度均能满足要求。比较施工控制网按平面网和高程网分开进行的二维平差处理，或是控制网按三维平差处理，两者计算的网点坐标成果，其坐标差异均在点位中误差影响的范围以内。

（1）按照国家测绘局《测绘产品质量抽检实施细则（试行）》的规定，平差后单位权中误差应小于单位权观测中误差的1.5倍统计，单位权方差满足设计规定的精度指标。

（2）最弱点点位中误差均在设计要求的范围以内，包括平面坐标分量的误差、点位误差、高程误差。经过统计计算，无论是平均点位精度还是最弱点点位精度均有所提高，其平面位置精度平均提高18%，高程精度提高70%以上，点位精度指标统计，见表3。

表3　三维网在抽水蓄能电站应用的点位精度指标统计表

控制网点	坐标分量	张河湾	琅琊山	西龙池	呼和浩特
点位精度	m_x（二维/三维）	9.2%	6.0%	7.0%	34.4%
	m_y（二维/三维）	19.1%	7.8%	13.8%	50.3%
	m_h（一维/三维）	48.9%	64.2%	86.0%	90.6%

目前该研究成果已应用于多个工程的控制网建立工作，它不仅适用于大高差抽水蓄能电站工程的施工控制网，而且对于地形起伏较大的其他建设工程的施工控制网以及变形监测网均取得了良好的使用效果，并且将三维网的设计要求、技术指标、数据处理等纳入《水电工程测量》专用控制网测量章节，以便于该技术的规范与推广，在工程应用实践中发挥指导作用。

8. 结论。

（1）运用三维布网方式建立抽水蓄能电站高精度施工控制网，改变了传统的布网方法，解决了平面网和高程网单独布设困难这一难题，利用多种观测数据进行联合三维平差，使整个高程控制系统的精度和可靠性得以全面提高。

（2）对水平方向、斜距、天顶距、几何水准、卫星定位基线五种观测量联合平差的关键在于建立正确的数学模型、解决各类观测量间权的匹配问题，使平差处理后的各类观测量验后方差与先验方差保持一致，从而保证未知参数的正确性和高精度。

（3）加测卫星定位基线，可以有效地解决不通视的问题，增强了图形强度，为网型结构设计带来方便。

（4）在20 km^2的范围内，由最接近测区似大地水准面作为坐标系统的基准面，使地面上各种观测量的归算变得十分简单；在这样的范围内由平面代替球面，其长度和角度的变形均可忽略不计，由三维网建立的平面坐标和高程系统与传统的分开布网完全一样，因此建立各种观测量的误差方程也很简单，故而，避免了各观测量的概略计算和总体三维平差的复杂化，具有参考价值。

(5) 四项工程的实测数据表明，垂直折光系数 K 值随时间、地点、植被覆盖、视线离地面的高度等诸多因素的影响而变化，不同地区或同一地区不同测站或者同一测站不同方向的 K 值各不相同，每一项工程的 K 值都有正有负，平均在-0.37~0.35之间，说明在工程测量中因为地形条件的差异取一个固定的 K 值是不合适的。三维平差取其往返测中值则抵消大部分影响，很少出现粗差，因此这种处理方法具有明显的效果，有一定的实用价值。

(6) 经过对四个抽水蓄能电站三维网的成果对比统计检验，全部的各项精度指标均达到了预期目的，成果优秀。避免了测量作业复杂化，从而极大地减少了野外采集数据的工作量，经济效益十分明显。

(刘东庆　范延峰　翟明成　张高明　杨海军)

案例5　工程技术问题综合解决方案——水电工程表面变形监测自动化系统建设及应用研究

水电作为我国清洁电力能源计划的重要组成部分，得到了长期持续发展。受水文地质、施工质量、运行管理、工程老化以及自然灾害等因素影响，电站工程设施及周边环境，可能出现坝体破损、渗漏、库岸侵蚀、垮塌等现象，不仅关系水电站正常运行，而且会威胁到人民的生命财产安全，给国家造成重大损失。早期水电站表面变形安全监测较多采用人工观测方式，进行监测数据的获取、分析和预报，存在监测频次低、数据采集工作量大、易产生人为差错和受外界环境干扰，如高寒、高温影响等缺点，难以较好地达到监测预警的目的。

随着测绘仪器设备自动化及计算机网络监控软件技术水平的进步，自动化数据采集和传输技术得到了长足的发展，自动化监测具有无人值守、实时在线、实时计算分析等优点，而且自动化可进行持续监测，既能避免人为误差、有效提升监测成果的测量精度与可靠性，也便于对监测体的变形规律和空间形态变化及时掌握。

目前，自动化监测技术在电站工程外部安全监测中已逐步得到推广运用，既有的外观自动化监测系统，大多采用设备厂家提供的程式化监测技术方案，虽较好地解决了人工观测存在的缺点与不足，但所实现的自动化观测系统，在环境的适应性和功能的智能化等方面仍存在提升与完善的空间。依据项目合同要求，新疆某水电站拟对现有人工监测系统进行自动化升级改造，项目任务包括引水渠道边坡自动化监测和枢纽区表面变形全站仪自动监测系统改造建设两项工作内容。为此，中国电建集团北京院在总结以往电站工程外观自动化系统建设经验的同时，针对该项目特殊地理环境、系统功能需求以及现有自动化系统存在的缺点与不足等，组织开展系统建设的相关应用技术研究工作，以确保完成的电站外观自动化改造系统，在全面实现各项合同技术要求的同时，能够迅速将监测成果转化为安全信息，为电站运营管理的智能化、信息化提供可靠的监测数据支持。

1. 设计思路。

电站位于新疆北部高寒地区，属北温带大陆性气候，日照较长、昼夜温差大、无霜期短，多年平均风速 2.5m/s，最大风速 24m/s；冬季积雪较深且寒冷漫长，每年 10 月至翌年 3 月为冰冻期，最大冻土深度约 1.6m 左右。该地区为多民族聚居地，生活有汉族、哈萨克族、维吾尔族、回族、蒙古族等多个民族。

根据项目自动化系统建设要求，针对电站引水渠道边坡不稳定体位置偏远、测点分散、无稳定供电等特点，拟采用卫星定位方式建立自动化监测系统，对渠道边坡稳定情况实施在线监测。充分考虑电站枢纽工程区各部监测点的位置分布及周边环境，拟采用测量机器人以极坐标方法对监测点和参考点进行非接触测量；通过智能观测房建造、测量机器人、自动观测控制、数据检核与通信等形成测量机器人自动化监测系统。系统功能包括：可预先设置各项观测限差和精度指标、按指定时间或控制中心指令完成监测数据采集、智能观测房能通过气象环境及能见度的判定阈值控制观测窗的启闭、对采集的监测数据实施自主控制，并将符合要求的观测成果适时传至工控机等。最后将卫星定位或测量机器人系统自动采集的监测数据解算、存储后，通过本地服务器发送至数据管理云平台，将监测成果以电脑页面、移动终端等多种形式发布推送以及可视化展示。

为使建立的卫星定位和全站仪自动化监测系统全面适应当地的特殊环境，且实现本项目外观监测自动化、智能化功能，需着重解决好下列应用技术问题：

（1）各类标点设施的环境适应性及野外自我保护问题；

（2）高纬度、高海拔、高寒地区的智能观测房的结构设计和施工建造；

（3）快速获取监测点数据成果的自动化观测方法及测量精度的研究；

（4）气象站、智能观测房、测量机器人系统控制集成与三者间的交互控制；

（5）监测数据的平差处理及成果精度；

（6）卫星定位和全站仪监测数据的集成管理和监测信息的可视化展示。

2. 卫星定位自动化系统。

（1）卫星定位标点组成。卫星定位标点类型包括卫星定位基准站标点和监测站标点。标点由观测墩（杆）建造、卫星定位接收机设备、供电系统、通信与传输系统、防雷击装置及其他辅助设备组成。

（2）系统施工建设。充分收集了解当地最大冻土深度数据，确保卫星定位自动化监测系统的基准标点和监测标点的基础埋深均在冻土深度以下；基准点的选位，从稳定和间距适当两方面综合考虑，监测标点则从能准确反映渠道边坡实际变形为出发点，遵循设计要求选定基准站和监测站标点的埋设位置，并依据基础地质条件和破碎风化状况，确定标点混凝土基础埋设尺寸；为适应现场高寒、多风、昼夜温差大等气候特点，标点应具有良好的抗风性，为避免温度对监测成果的影响，在要求标点立杆铅直的同时，基准站和监测站标点建造选择相同的材质和规格；此外，通过提高标点基础混凝土建造强度和立杆高度，提升卫星定位标点野外保护能力。总之，从基础设施上保障卫星定位安全监测成果的正确性和有效性。

根据本项目边坡不稳定体所处的地理位置和自然环境条件，引水渠道沿线两处不稳定体分别采用 2 座基准标点加 6 座监测标点和 2 座基准标点加 7 座监测标点的组合方式，分别埋设 8 座和 9 座卫星定位标点。设备选型时，从卫星定位接收机设备价格、获取数据的稳定性、主板的耐用性、特殊环境的适应性、工程应用经验、厂商市场信誉以及售后服务评价等方面综合比选，采用国内知名品牌卫星定位设备供应商，其高精度卫星定位监测设备包括：E40G 多频监测型接收机和 A40c 监测型卫星定位天线及相应设备附件。卫星定位系统基础建造及最终埋设式样见图 1。

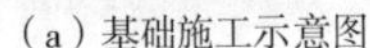

（a）基础施工示意图

（b）最终点位影象图

图 1　卫星定位标点埋设示意图

（3）监测数据输出。设立本地服务器，将各卫星定位标点监测原始数据接收并集中存储入库，应用设备供应商提供的解算软件，按一定的模式，分别按小时段对 1h、2h、3h 和 4h 观测时段的数据进行平差处理，并对观测成果的进行对比分析，以设计要求的点位精度为主要技术指标，结合点位坐标、高程的连续性、点位变化过程曲线的平顺程度等，确定卫星定位自动化监测系统的数据采集与数据处理的时间间隔、预警值设定、输出数据格式等，将卫星定位监测成果通过固定端口推送至项目管理云平台进行集中发布，实现引水渠边坡不稳定体的远程、在线监测。

3. 全站仪自动化系统。

（1）工作原理及系统组成。基于智能全站仪，又称测量机器人的自动化监测系统，其原理是利用安装于相对固定位置的测量机器人，接收监测控制中心发送的指令，按设定的测量方法对监测点和参考点进行周期性非接触测量，为保证数据采集的质量，根据外部环境智能选择合适的观测时机，由预先设置的各项观测限差如：2C 差、半测回水平方向归零差等，对测量机器人采集的数据成果实施自动化控制，并将符合要求的观测数据实时传回至工控机，通过系统软件的数据处理、量值对比及统计分析，将观测数据迅速转化为连续的监测成果信息。主要观测方法是极坐标距离差分法。

1）极坐标法点位误差计算。在不顾及起始点误差、测站点和照准点对中误差等情况下，极坐标测量平面点位精度估算公式如下：

$$M_P = \sqrt{m_s \times \cos^2\beta + \left(\frac{S \times m_0}{\rho}\right)^2}$$

式中：M_P ——点位误差（mm）；

m_s ——测距误差（mm）；

β ——垂直角（°）；

S ——斜距（mm）；

m_0 ——测角误差（″）。

由上式可知，监测点平面点位误差的来源主要是测距误差，同理高程点位精度也与观测距离的远近有着直接联系。

通过全站仪气象改正公式计算，相对 1 000m 距离，温度变化 1℃对测距的影响约为 0.96mm，气压每 1mmHg 和湿度每 1℃变化对距离的影响分别为±0.37mm 和±0.05mm。

2）距离差分改正。为降低气象因素对点位观测误差的影响，可利用差分原理，即在相同环境条件下，可认为气象条件对距离的影响是与距离成比例的，利用测点至周边稳定的参考基准点或工作基点的距离变化求取改正系数，实时对监测点距离予以修正。

假设测站点与参考基准点已知斜距为 d_0，且参考点点位稳定，周期观测时受气象变化影响观测斜距为 d_1，则本期观测距离改正系数 k 为：

$$k = \frac{d_1 - d_0}{d_0}$$

若监测点初始斜距为 s_0，则本期观测监测点斜距 s_1 为：

$$s_1 = s_0 + k \times s_0$$

3）系统组成。全站仪自动化系统，主要由固定棱镜监测点、测量机器人、智能观测房、工控机、通信系统、控制中心及预警平台等几部分组成。

（2）智能观测房布置及建造。根据枢纽工程区监测点分布，确定观测方法并进行严密精度估算评定后，在不影响原有监测控制网网形结构的位置，布置 3 座智能观测房。观测房外观呈六边形，整体采用方钢框架结构，便于自动启闭门窗的安装及与监测点的通视；观测房内部空间能满足工控机柜、工作台等设备布置的同时，还留足维护人员工作活动的空间；观测房外采用镀锌钢板与框架锚固密封，顶部加盖整块正六边形花纹钢板，固定并做防锈处理后压盖绝缘辅材，进行隔热、防水及防雷处理；内部采用 PVC 装饰材料贴面，内外墙之间预留走线空间和线槽，其余部分采用保温棉填充；观测房顶部和平台均安装安全围栏，围栏采用不锈钢焊接，各观测房均安装钢管爬梯，爬梯上部安装安全护箍，下部安装防盗爬装置。

（3）测量机器人设备选型。自动化测站测量机器人采用徕卡 TM50 全站仪，现场 3 个测站，安装 3 台徕卡测量机器人。徕卡新一代精密监测机器人，是以超精密三维自动化测量而著称的新型测量机器人，测角精度±0.5″、测距精度标准棱镜下±0.6+1mm/km，自动目标识别（ATR）能力最远可达 3 000m，可通过自带或第三方监测软件实现自动化变形监测。

（4）观测房自动升降测窗设计。选定测站机器人位置，依据监测点的水平、垂直视线偏角，设计窗体长×宽为 1 100mm×800mm，升降窗安装建筑钢化玻璃，下部安装电缸推杆，通过接收工控机发送的指令，由伺服驱动器控制推杆完成观测窗升降启闭；窗框周边铺设发热电缆，防止冬季结冰对测窗启闭带来阻滞。

（5）观测房气象采集设备集成。集成气象采集设备布置在观测房顶部，包括超声波风速仪、能见度观测摄像头、雨（雪）传感器和内外温度传感器四部分；可自定义气象采集频率，如 1 次/min，实时获取雨雪、风力、温度和可见度四项气象数据，数据传输至工控机作为观测时气象条件的判断依据。

（6）监测点棱镜保护。枢纽工程区原有人工观测测点 41 座，新建测点 7 座，为实现表面变形测点的自动观测，所有测点观测墩顶部均安装固定棱镜目标。为解决防雨雪、防盗、防偏转等问题，依据监测站和测点位置进行棱镜保护罩设计，实施测点设施改造，设计加工的整套棱镜装置包括整平基座、连接螺栓、棱镜支架、徕卡单棱镜和保护罩等部分。单独设计的整平基座具有水平调节功能，确保目标棱镜处于竖直状态。棱镜及保护罩通过防盗螺丝固定后，棱镜及观测窗口均正对相应的一体化智能测站，设计加工的棱镜保护罩如图 2 所示。

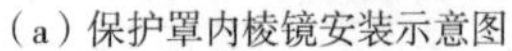

（a）保护罩内棱镜安装示意图

（b）保护罩安装示意图

图 2　棱镜保护罩设计加工示意图

（7）监测系统集成与数据传输。各智能观测房均设置一台工控主机，通过二次开发的全站仪自动化数据采集软件，集中控制测量机器人、自动测窗等设备。智能观测房按约定观测频次并参考现时气象条件，定期对各监测部位监测点实施观测。观测准备时，分析由气象采集设备获取的气象条件是否达到观测要求，当条件满足时，由控制软件发送指令控制测窗开窗及测量机器人开机准备，至内外温度传感器测量温差满足要求时开展自动观测。观测过程中，根据限差控制数据观测质量，平差计算获取周期性监测成果。观测结束后将全站仪自动化监测成果通过光缆发送至电站本地服务器进行检查入库，实现电站枢纽工程的自适应控制监测。

4. 系统应用成果展示。

完成的卫星定位自动化系统所获取的监测数据成果，连续性强、测值变化起伏不大，监测成果满足设计精度要求；全站仪自动化监测系统改造建成后，以智能观测站 T1 为例，对部分监测点的 2019 年 12 月初至 2020 年 4 月自动监测成果进行精度统计，统计结果为监测点相邻期坐标分量差值的中误差，假定两期观测精度相同、不顾及监测点位置变化，每期自动化观测的监测点精度应为该值的 $1/\sqrt{2}$ 倍，统计结果见表 1，表明自动化观测成果能够满足规范规定的平面、高程点位精度不超过±3mm 的精度要求，且这一观测精度与原人工观测方式比较有着较大幅的提高或改善。卫星定位监测系统信号接收良好、数据传输稳定，也达到了平面点位精度不超过±3mm，高程监测精度不超过±5mm 的设计精度要求。

表 1　监测点相邻期坐标分量差值的中误差

点名	坐标分量差值中误差/mm		
	d_x	d_y	d_h
CFST-01	±1.47	±1.50	±1.70
LR-6-07	±0.98	±1.52	±2.85
LR-6-02	±1.09	±1.11	±2.78

在集控中心搭建具有固定地址的项目管理云平台服务器，集成了电站内外观监测成果的集中网上展示功能，云平台在收到各电站本地服务器推送的监测成果后，即可在网页或移动设备客户端界面实时浏览各监测点信息。包括最新一期、近 7 天以及历史数据等。可进行模拟测量，观看整个模拟测量的过程，根据历史数据，依据内置多种预测分析模型进行分析统计，绘图制表，并一定程度上做到变形趋势预测。全站仪自动化系统智能测站成品及云平台展示界面见图 3。

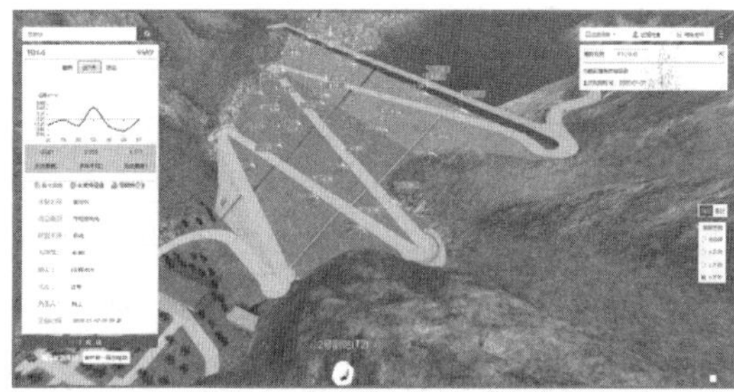

图 3　一体化智能观测房及测点信息展示云平台

5. 结语。

自动化监测系统的投入使用，提升了电站外观监测质量和效率，解决了现场原有人工观测方式存在的监测频次低、数据采集慢、受外界干扰大等缺点；实现了无人值守、实时在线、自动计算分析等功能；设计的标点保护罩及观测房对监测设备起到了良好的保护作用；极坐标差分及分组观测方法提升了全站仪自动化监测成果的精度及可靠性；数据管理云平台实现了变形数据的实时发布与预警推送，达到了预期效果。

就项目实施完成的表面变形监测自动化系统而言，在卫星定位数据远程无线传输、自动化集成、系统稳定性等方面仍有赖于通信网络、计算机、工业数控等技术发展与应用得到补充或完善。如通过 5G 网络、卫星数据传输技术确保卫星定位监测数据的无障碍通信；依托未来数控技术，着力解决智能测站自动化控制系统的模块化设计和设备的标准化集成问题，避免设备、设施间繁杂的调线连接，提高系统运行的稳定性；在监测成果的可视化展示方面，遵循物联网、大数据和可视化的未来监测理念，运用三维地理信息技术，将地理信息空间、建筑物结构模型、成果发布、安全评价、预报预警等全过程逐一展示，使最终汇集的监测信息更加直观、生动、形象。

（姜泉泉　刘绍英　刘东庆　徐　亮）

案例 6　工程技术问题综合解决方案——某调水干线工程外部变形安全监测工作简述

1. 工程概述。

某调水干线工程是跨流域、长距离的特大型调水工程。水源主要来自长江最大支流汉江，工程渠首位于汉江中上游丹江口水库东岸河南省淅川县境内的丹阳村，由丹江口水库陶岔渠首闸引水，经长江流域与淮河流域的分水岭即伏牛山和桐柏山的方城垭口，沿华北平原中西部边缘开挖渠道，通过隧道穿过黄河，沿京广铁路西侧北上，自流至北京市颐和园团城湖。输水干渠地跨河南、河北、北京、天津 4 个省、直辖市，工程由总干渠和天津干渠两部分组成，全长约 1 432km。总干渠输水形式以明渠为主，局部布置管涵，其中，陶岔渠首至北拒马河中支南渠段采用明渠输水，北京段和天津段采用管涵输水。南水北调中线干线工程于 2003 年 12 月 31 日开工建设，2014 年 12 月 12 日开始正式通水。

2. 安全监测项目。

（1）为确保调水干线工程的运行安全，全面掌握工程干线渠道及建筑物运行状况，设计布置的安全监测项目类别有：

1）渗流监测：包括扬压力、渗流压力、侧向绕渗。

2）表面变形监测：包括垂直位移、水平位移、基础沉降、倾斜、接缝及裂缝开合度、围岩及衬砌变形等。

3）结构内力监测：钢筋应力、混凝土应力、应变。

4）预应力锚索监测、土压力监测、温度监测和膨胀土特性监测等。

（2）为全面取得工程安全监测数据成果，工程沿线布设了数万支（套）内观仪器，并接入自动化监测系统；建立工程平面、垂直位移监测基准网，埋设外观监测设施，开展工程表面变形监测。通过工程内、外观周期性监测数据成果的汇总、统计以及关联分析，并以此为基础，系统性地对工程工作性态做出安全评价。

（3）根据调水干线工程各类建筑物不同的结构特点和地质条件，外部变形观测内容和设置的主要监测项目如下：

1）大坝及附属建筑物外部变形观测。大坝包含坝顶、坝肩及大坝廊道，附属建筑物包括发电厂房。外部变形观测内容为大坝及附属建筑物的垂直位移观测和水平位移观测。

2）水闸外部变形观测。水闸包含节制闸、分水闸、排冰闸和退水闸。水闸外部变形观测内容为闸室和进出口建筑物的水平位移观测和垂直位移观测。

3）渡槽工程外部变形观测。外部变形观测内容为渡槽上部结构、下部结构和进、出口建筑物的水平位移观测和垂直位移观测。

4）倒虹吸及暗渠外部变形观测。外部变形观测内容为建筑物和进、出口段的水平位移观测和垂直位移观测。

5）渠道外部变形观测。渠道的主要监测项目有垂直位移监测和水平位移监测。

6）穿渠和跨渠建筑物外部变形观测。穿渠和跨渠建筑物的主要监测项目有垂直位移监测和水平位移监测。

7）工程沿线基准网和工作基点复测。主要内容为水平、垂直位移监测基准网复测；水平位移工作基点和垂直位移工作基点复核等工作；准确测定监测基准点、工作基点坐标成果，并对其是否稳定做出评价。

3. 主要技术要求。

（1）垂直位移观测。

1）垂直位移监测应采用几何水准观测方法，测量中使用的仪器、施测方法和精度等应满足《国家一、二等水准测量规范》GB/T 12897—2006 的要求。测站视线长度、前后视距差等应满足表 1 的要求：

表 1　测站视线长度、前后视距差、视线高度和重复测量次数

等级	视线长度/m	前后视距差/m	任一测站上前后视距差累积/m	视线高度/m	重复测量次数
一等	≥4 且≤30	≤1.0	≤3.0	≤2.80 且≥0.65	≥3 次
二等	≥3 且≤50	≤1.5	≤6.0	≤2.80 且≥0.55	≥2 次

2）大坝及附属建筑物、输水建筑物测点及工作基点按国家一等水准观测要求施测。渠道和其他建筑物测点按国家二等水准观测要求施测。

3）工作基点每年校测一次，若发现工作基点异常，应及时校测。工作基点复核按国家一等水准观测要求施测。

（2）水平位移观测。

1）水平位移测量中使用的仪器、施测方法和精度等应满足相关规程、规范的要求；所使用观测仪器应在有资质的计量检定部门进行检定，并且在有效检定期内使用。

2）水平位移采用前方交会法、收敛法进行观测，个别监测点不具备通视条件，可采用卫星定位静态测量。

3）输水建筑物水平位移点观测精度相对于临近工作基点不大于±1.5mm。

4）渠道及其他建筑物水平位移观测精度相对于临近工作基点不大于±3.0mm。

5）作业方法及技术要求见表 2。

表 2　平面监测作业方法和技术要求

作业方法	作业技术要求
距离前方交会法	在已知点安置仪器，设一个点为定位点、另一个点为定向点，正、倒镜照准目标分别读取 2 次读数为一测回，要求读取 4 个测回，取均值为观测值
角度前方交会法	距离交会观测时分别在已知点上安置仪器，照准目标 1 次读 2 次数为一测回，要求读取 4 个测回，取均值为观测值
边角前方交会法	
收敛法	在各水平位移测点设站，依次施测测站与对岸测点的水平距离，即可通过各期测点间距离的变化情况，分析出该处断面的稳定性

（3）观测资料整理要求。观测资料的日常整理的基本要求：

1）应做好所采集数据的原始记录，采用批准的固定格式记录，妥善保管原始记录。

2）在每次监测完成后，及时检查原始监测数据的准确性、可靠性和完整性，如有漏记、误读（记）或异常，应及时复测确认或更正，并记录有关情况。

3）观测工作结束后应立即对原始记录进行检查，其主要内容如下：①现场观测方法是否符合规程规定；②监测记录是否正确、完整、清晰；③各项观测成果是否在限差以内；④观测成果是否存在粗差、系统误差；⑤不合格观测数据应立即重测；⑥资料整理及文件存储与输出等资料格式执行相关要求。

4）经检查合格的观测数据，应及时进行计算，换算成各绝对高程值或坐标值，绘制监测物理量过程线图，检查和判断测值的变化趋势，如有异常，应及时分析原因。当确认为测值异常，应及时上报。必要时应立即进行重测，直至确定最终观测数据。

5）观测记录和计算成果的计算、校核、复核人员，均应签名，各负其责，完备观测手续。

（4）观测频次。监测工作基点每年复测 1 次；大坝及附属建筑物观测频次按 1 次/月；渠道及输水建筑物测点按每 2 个月观测 1 次，其他建筑物测点按每 3 月观测 1 次；当测值有显著变化时，观测频次应适当加密。

4. 项目关键问题分析。

调水工程运行期外部安全监测，具有线路长、监测点多、观测工作量大，涉及几十个管理处等诸多项目特点，外观安全监测工作的全面展开与周期性任务的顺利完成，有赖于科学高效的项目组织管理、人员设备的资源保障、工作重点与难点的准确掌握与有效应对。为此，针对项目外观监测工作内容以及项目特点，对本项目外观监测工作中所涉及关键问题做如下分析。

（1）监测工作的有序衔接。监测工作的衔接可分为监测资料和监测设施两部分。南水北调中线干线工程从施工期到运行期，积累了大量的外观监测资料，由于外观监测工作历时时间长，监测队伍更迭等原因，有可能造成相关资料的遗漏或缺失；为保持监测成果的延续性和数据有效衔接，运行期外部安全监测需要对前期监测设计、技术要求、观测方法、数据计算等进行全面了解与掌握，通过对前期监测数据、成果等相关资料梳理，进而做出完整的系统性分析与评价，在建立统一的监测基准前提下，合理提出监测数据成果的过渡衔接的原则与方法。同时对构成外观监测系统的各类设施进行排查、维护、登记，补充、重建，形成完整的、严密的外部监测体系，使之能够在工程运行期外观监测中长期发挥作用。

（2）监测基准网复测与工作基点的复核。外观监测系统包括监测基准网、工作基点网和测点观测三个组成部分。建立监测基准网目的，是为工程外观安全监测系统提供统一的、稳定可靠的监测基准；通过周期性的监测基准网复测与工作基点的复核，对监测基准点和工作基点的稳定性和可靠性做出相应检验与评价，为日常监测工作提供可靠的起算基准和起算数据，依托监测控制，通过仪器设备，按一定的技术指标要求，对水平位移测点和垂直位移测点进行周期性观测，才能有效获得测点相对基准点之间水平和垂直方向的位移变化量，进而掌握工程在运行过程中所处空间形态状况，起到安全监视作用，为工程的运行管理与决策提供数据支撑。故此，为保障安全监测过程中应用监测基准的可靠性与正确性，监测基准网复测与工作基点的复核至关重要、不容忽视。

（3）制订行之有效的监测方案。依据监测技术要求提出的观测等级、点位精度指标，结合现场基准点、工作基点以及监测点分布状况和地形条件，参照类似工程经验，制订合理、可行的监测实施方案。方案内容应包括施测方法、观测等级、精度估算、作业及技术指标要求、数据处理方法、成果资料等内容，通过设计优化，使最终确定的施测方案，不仅可保障获得的监测成果满足合同技术约定和精度指标要求，而且作业方法简捷明了、有利于作业人员的掌握和工作效率的提高。监测方案应与现场实际、技术要求以及规范规定相适应，并通过监测方案的落实与应用，对其应用效果、监测数据质量进行分析评估，进而得到优化与改进，以便有效指导周期性外观监测作业活动。

（4）确保监测数据成果真实性和正确性。监测数据成果，是反映工程设施现状形态的重要信息依据。为高质量地完成外观监测数据采集工作，要求监测作业人员应具有较高的专业素养，使用的仪器设备应检定“合格”，且在检定有效期内使用，监测数据资料的整理与计算工作应由专人负责，计算软件或程序需通过鉴定或审查；外业数据采集应严格执行监测方案规定的测量方法和技术要求，加强作业过程中的成果质量控制，通过“两级检查、一级验收”制度的贯彻与实施，对原始数据、起算数据、计算数据、成果数据等做出检查与校核，并保留各项数据的校审记录，将责任落实到人；做好工作日志，记录现场观测中出现的重要问题以及环境变化情况，若发现异常观测数据应及时查找原因，并在第一时间做出返工或复测处理，使异常观测数据在有效时间范围内得到确认或消除，确保监测成果真实性和正确性。

（5）资料分析及成果的信息反馈。监测资料分析工作既不是上一周期监测工作简单的延续说明，也非本周期监测成果反映现象的汇总与小结，而是通过测点的周期性监测以及过程数据的积累，进行各类相关数据的关联性技术分析，从中探索与发现工程建筑物变形趋势和变化规律，在正确做出安全评价的同时，有效指导后期安全监测的工作方向和关注重点，故此监测资料分析必须具有正确性和预见性，切实起到保证工程安全运行的重要作用。

在保障监测设施、控制基准、监测数据、计算成果等准确无误的情况下，运用比较法、作图法、统计法等分析方法，对观测量做出正确、合理、切合实际的分析结论，得出观测量随时间、空间及环境因素产生的变化规律，确立变形分析模型，变被动监测为主动监测，对监测数据进行反演、预测，利用大数据、云技术等建立科学的数据管理和查询系统，实现监测成果的信息化管理、可视化输出和展示，以确保监测信息的迅速反馈。

5. 监测作业与数据处理。

调水干线工程依不同工程部位分别设置外观监测项目，主要工作内容为垂直位移观测和水平位移观测，其中垂直位移观测工程量远大于水平位移观测，以此为代表将监测作业与数据处理等做如下介绍：

（1）作业方法。调水干线工程垂直位移观测是采用几何水准测量方法、在监测作业中，依据基准点、工作基点和测点的位置分布，并结合所需完成工程量情况，遵照监测设计方案，进行施测单元划分，组成闭合水准或附合水准路线，按项目要求的一、二等水准测量等级开展日常监测工作，各项技术指标及限差要求执行相应等级的规范规定。由于监测工作量大，测点多且相对集中，为便于测点区分，点名采用字母和数字混合的长字符编码，若以常规作业模式进行水准线路测量，对线路名称、测点点名等测量信息无论是采用数字水准仪观测时直接录入，还是现场记簿后期补录均易出现差错，且会降低外业作业效率。依监测工作“三固定原则”要求，充分利用项目垂直位移观测具有固定水准线路、固定测站数的特点，对观测作业模式进行必要改进。在水准线路首次观测时建立测段信息文件，测段信息包含测段名、观测日期及各点的点名、唯一编码、往返测测站序号等，内业数据处理时根据其测站序号截取相应观测数据参与计算，这样既可简化水准测量外业操作，提高作业效率，降低因信息录入而产生的错误，又可使观测数据及测段信息完整保留溯源。研发的相应监测数据处理软件应用于日常的监测工作，取得了良好的应用效果。

（2）数据的预处理。根据《国家一、二等水准测量规范》GB/T 12897 外业高差改正数计算要求，测点高程计算时，水准观测高差应加入的改正项有水准标尺长度改正、水准标尺温度改正、正常水准面不平行改正、重力异常改正、固体潮改正、海潮负荷改正和水准线路闭合差改正，由于工程安全监测属周期性重复测量工作，监测成果的关注重点是测点相对基准点的高差变化，而非测点自身的绝对高程值，故此在观测人员、仪器设备、水准路线基本固定情况下，对于如正常水准面不平行改正、重力异常改正等具有大小相同性质的高差改正项可不做修正，以减少不必要的计算内容；对影响监测成果相对较小的改正项也可忽略不计。故此在本项目外业高差改正计算中只进行水准标尺长度和水准线路闭合差两项改正，在此基础上，编制水准测量外业高差与概略高程表，进行观测数据的预处理。

（3）平差计算。

1）依水准线路检查、核对水准测量数据预处理结果和起算数据，按水准平差计算软件要求的数据格式，组成平差原始数据文件，选用距离定权方式进行水准平差，解算出水准线路中各测点的高程值，并对测点高程精度进行评定。监测数据平差处理流程如图 1 所示。

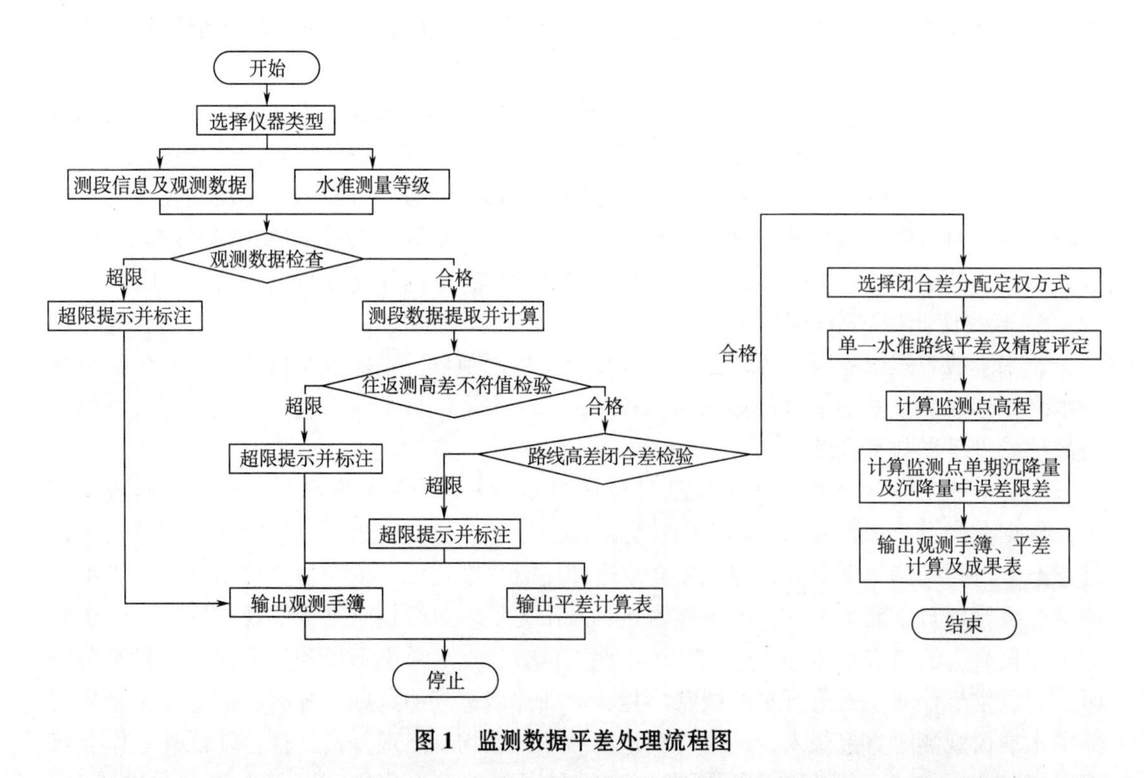

图 1 监测数据平差处理流程图

2）要求应用的平差处理软件功能齐全，输出的成果信息完整、美观，便于审查与检核。

3）异常值的判定与处理。利用相邻两期几何水准测定的测点高程，对测点垂直位移变化量进行计算，其结果既包含测点在不同工况环境下产生的变形，也存在测量误差的影响；假定测点第 n 期测量高程为 H_n ，高程精度为 m_n ，第 $n+1$ 期测量高程为 H_{n+1} ，高程精度为 m_{n+1} ，测点垂直位移变化量 H_Δ 及相应精度 m_Δ ，可由下列公式进行计算：

$$H_\Delta = H_{n+1} - H_n$$

$$m_\Delta = \sqrt{m_n^2 + m_{n+1}^2}$$

在进行测点变形分析时，按测点垂直位移变化量中误差的两倍作为极限误差，对测点是否产生变形做出判定。当 $H_\Delta \leqslant 2m_\Delta$ 时，即未超出观测误差范畴，该测点未产生变形，否则可认为该测点存在变形现象。

根据相关技术文件中对异常情况及处置做出的相应说明，测点变形量值是否为异常值，可运用比较法、作图法、特征值统计法等予以进一步判定。例如，比较法可通过下列方面比较分析判断测点有无异常：①相邻期测点测值比较，考察是连续渐变还是突变；②将变化量与历史最大值最小值比较，考察是否突破；③与历史同条件测值比较，考察差异程度和偏离方向；④与相邻其他测点的测值比较，考察其变化量是否属正常范围，彼此变化是否协调、是否符合历史变化规律；⑤与相关监测项目比较，考察相互间是否存在不协调的异常现象；⑥与监控指标比较，考察测点变形量是否超出；⑦与测点的模型预测值比较，考察实测值与预测值是否出现较大偏离等，其他判断方法不再赘述。

依据各种方法所反映的测点变化现象、变形量之大小以及显著程度等，对测点异常予以综合判断。假使工程监测出现异常或险情，应以快报或简报形式予以迅速反馈，报告内容包括：描述出现的异常或险情状况、分析现场巡视和安全监测资料、判断引起变化的可能原因和形变未来发展趋势、提出相应处理措施或建议等。

6. 监测后续工作的思考。

调水干线工程外观监测系统在保障工程运行安全过程中发挥了重要作用，确保了工程外观监测工作的持续有效开展，通过可行监测技术方案的实施，获得了工程各部测点的基础监测数据成果，全面反映了工程空间形态变化情况，为保证工程运行安全、水资源调配以及管理决策等提供了可靠的监测信息支撑。

为进一步完善工程外观监测工作，提高安全监测作业效率，逐步实现工程外观安全监测的自动化与智慧化，对后续监测工作提出如下建议或设想：

（1）工程运行期所建立的高精度基准网，满足对工程局部变形、区域整体变形、变化趋势和速率等要素的准确分析和对工程的安全评估；较好地解决了工程施工期各标段间监测成果相互独立、缺乏关联性、监测成果不能反映区域整体沉降等问题，为工程全线外观安全监测提供了统一的控制基准。就垂直位移监测基准网而言，一是调水干线覆盖一千多公里范围，基准网复测工程量大、完成周期长；二是沿线网点的位置分布未能全面兼顾各管理处所辖区段日常监测作业需要，为此建议在原有监测网的基础上，以各管理处负责渠段为单元，视各部测点具体变形情况，增补诸如基岩标、双金属管标等高规格水准基点，并形成局部区域性监测基准网，在日常监测中如遇突发情况或对应用控制基准的稳定性产生疑问时，可在较短时间内完成区域性监测基准网的复测与检核工作，确保外观监测应用监测控制的正确性和可靠性。

（2）工程运行期外观监测已持续多年，对干线工程全线各部位测点的变形情况、变化规律以及变形趋势等有了基本的了解与掌握，为进一步优化外观监测工作，建议组织管理部门、设计单位等相关专业技术人员，将渠道、水闸、渡槽、大坝及附属建筑物等工程外观监测资料进行汇总，通过对不同工程部位的测点监测成果的分析与梳理，结合设计允许值和实测变形数据，给出工程各部稳定形态的判断依据和判定标准，适时做出测点观测周期频次的调整，这样对于相对稳定渠段及建（构）筑物的测点，可适当延长观测周期之间的时间间隔；反之，对相对不稳定渠段及建（构）筑物的测点，则加大观测频次。一方面有利于测点变形及发展趋势的全面掌控，另一方面在同等监测资源条件下可使其工作效能得到最大限度的发挥。

（3）将大地水准测量和工程监测类水准测量进行比较不难发现，两者在许多方面存在差别，例如国家一、二等大地水准测量，水准线路长度通常在几百公里至上千公里，水准点之间最短间距在2~4km，测量成果的关注重点是水准点的绝对高程值等；而工程监测类水准测量的线路长度大多在几公里到几十公里之间，相邻测点之间的距离长的几十米、短的则不过几米，考察重点是测点相对基准点高差变化；工程实际情况表明它们尽管在施测等级、测量精度、技术指标等方面的要求相一致，但是在具体作业环境和成果性质上存在明显不同。故此，设想以水准测量成果能否满足相应等级精度要求作为关键性控制性指标，通过实测数据的对比分析，验证观测程序、作业方法、改正项修正等内容调整对最终成果的实质影响及大小程度，进而简化水准测量作业中其他非必要性作业要求，使优化后的监测外业更有利于数据采集的快速获取和测点观测精度的提升。

（4）受工程布置、地形条件以及测绘技术等诸多因素制约，工程外观监测工作主要采用人工观测模式，因工程量大，数据采集历时长，即便通过投入大量专业化队伍完成全部测点的周期性观测，也难以实现工程建筑物突发形变时机的精准捕捉与监测信息的迅速反馈。为此急需加快自动化系统建设，实现自动化、人工监测的衔接，以保证数据采集的及时性。伴随我国北斗系统的组网完成和自主卫星定位设备研发生产和仪器性能的全面升级，能否通过北斗卫星定位设备选型、外观监测设施的改造、解算模型与计算方法优化等实现卫星定位的高精度观测。建议与监测单位、科研院校合作，结合已开展的北斗试点项目，根据实测数据成果验证理论、方法的可行性及应用效果，在此基础上逐步在干线工程全线推广，以远程、在线、连续的自动化监测模式，全面或局部代替人工观测，为工程运行安全提供高效优质的监测服务。

（5）调水干线工程设有多个外观监测项目，随着周期性监测的不断持续，将积累了大量的监测数据，如何对海量监测数据进行检核存储、查询调用、关联处理和统计分析，实现对数据异常评判与预警，对监测人员来说是一项巨大的挑战。为此，有必要对现有安全监测应用系统进行再升级，构建外观智慧安全监测平台，包含监测数据管理模块、监测信息分析模块和安全监测可视化展示平台三个组成部分。其中监测数据管理模块，应具备外观数据的统一管理功能，可适时查看工作进度、数据质量、人员情况、关联信息等，是外观安全监测智慧化系统的综合管理入口；监测信息分析模块，主要用于监测数据预处理、数据的平差计算、成果的综合分析、报警预警及趋势预测、技术报告和文档等；可视化展示平台，应对干渠、主要建（构）筑物进行三维建模、分类标识和虚拟三维实景，可将工程运行情况监测分析得出的健康诊断、隐患识别及综合评价等，运用可视化管控工具，直观展示给运管单位相关人员，实现各类外观监测信息的异常示警与快速反馈，提升工程外观安全监测的智慧化管理水平。

（刘东庆　李　玲　顾春丰）

案例7　工程技术问题综合解决方案——深圳卫星定位连续运行基准站技术与应用简介

1. 深圳北斗连续运行卫星定位服务系统的基本情况。

深圳北斗连续运行卫星定位服务系统（Shenzhen Continuous Operational Reference System），简称SZCORS建设，主要分两个阶段。

第一阶段，于2000年5月正式启动，在全市范围内建设5个GPS连续运行基准站，并于2001年9月建成并投入实验和试运行。SZCORS是我国第一个建立于现代计算机网络技术、网络化实时定位服务技术、现代移动通信技术基础之上的大型城市定位与导航综合服务网络。

第二阶段，属北斗地基增强系统升级改造，于2014—2017年实施，深圳市北斗连续运行卫星定位服务系统，简称SZBDCORS。其中主要包括SZCORS基准站5个，2017年建立的深圳市北斗地基增强系统6个，2020年建立的陆地基岩站2个和2020年深汕特别合作区建立的基站3个。SZBDCORS新建6个北斗基准站安装了国产北斗接收机，并将原有SZCORS的5个基准站通过并置安装国产北斗卫星定位接收机方式，实现了11个北斗兼容GPS的基准站的融合。同时，数据处理中心也进行了北斗数据处理系统升级，实现了北斗和GPS定位服务的融合与备份以及平面坐标转换服务和高程成果的一体化实时服务。在2020年，也将深汕合作区3个基准站纳入SZBDCORS，进行并网运行。

（1）SZCORS建设阶段。SZCORS是由原深圳市规划国土局主持，由武汉大学GPS工程技术研究中心承建的实时动态型CORS系统。于2000年5月启动，2001年9月建成。于2009年3月完成CORS站网络改造，其中参考站通信采用中国电信SMTP专网，发布采用中国移动GPRS网络。同年也将系统升级为精化大地水准面可实时应用的系统。

SZCORS系统由卫星跟踪基准站、系统控制中心、用户数据中心、用户应用、数据通信五个子系统组成。各子系统依靠政府信息网络互联，形成一个分布于整个深圳城镇郊区的局域网。SZCORS通过在全市范围内建设5个卫星定位连续运行参考站，形成一个高精度、高时空分辨率、高效率、高覆盖率的全球导航卫星系统（Global Navigation Satellite System，GNSS）网，把GNSS这一高新技术综合应用于大地测量、工程测量、气象监测、地震监测、地面沉降监测、精确导航等领域。同时兼顾社会公共定位服务，以满足日益增长的城市综合管理与城市化建设的需求。

（2）SZBDCORS系统升级。为了落实《国家卫星导航产业中长期发展规划》要求，保障我国卫星导航定位系统的安全性和自主可控性，实现代替GPS的目的。2014—2017年，深圳市进行了北斗地基增强系统升级改造工作，既可提供北斗与GPS的融合定位，也可在GPS信号不可用时由北斗独立提供高精度定位服务，保障了精密导航定位与位置服务的自主安全可控。在2016年，SZBDCORS研发了在线坐标转换软件，解决了在线坐标转换服务中，大地水准面模型及转换参数保密与实时服务的技术难点，实现平面坐标转换服务和高程成果的一体化实时服务。

2020 年，将深汕合作区 3 个基准站纳入 SZBDCORS，进行并网运行。系统不但可以给各类测绘用户提供实时米级、分米级、厘米级和后处理毫米级的高精度位置服务，还可以给交通、城建、气象、海洋、应急、水利、电力等各部门提供各种高精度基础数据服务，已经成为深圳市重要的地理信息基础设施之一。

（3）SZBDCORS 的组成。SZCORS 主要由五大部分组成，包括参考站系统、通信子系统、处理与控制中心系统、通信子系统和用户子系统。参考站子系统由卫星定位接收机、卫星定位天线、UPS 电源、网络设备、机柜、观测墩、观测室和避雷系统等设备组成。主要负责卫星定位数据的跟踪、采集、记录等。

数据处理与控制中心子系统，是整个系统的核心单元。其由服务器、工作站、交换机、路由器、UPS、雷电防护设备等硬件设备和相应的软件构成的。主要是接受参考站对卫星的实时观测数据，进行相应的建模，同时生成网络差分改正数等，并服务终端用户。

通信子系统，是连接数据处理与控制中心、参考站子系统和用户终端的纽带。

用户子系统，是用户通过多种方式登录系统，获取系统提供的相应的数据服务。发播子系统包括：①各个参考站持续不断地向控制中心传送实时观测数据，控制中心实时解算，建立误差模型；②流动站将其单点定位概略位置坐标通过 NMEA 发送给控制中心；③控制中心在流动站附近位置创建一个 VRS 参考站；④网络内插得到 VRS 各误差源影响的改正值，并按 RTCM 格式通过 Ntrip 协议发送给流动站用户。

SZBDCORS 系统主要是国产基础设施和进口基础设施两套组成。国产的硬件主要采用攀达接收机，数据后处理软件采用武汉大学 GNSS 中心研制的 POWERNETWORK 数据处理软件。进口的硬件采用的是 Trimble 接收机，数据后处理软件采用 Trimble 的 Pivot 软件。两套系统互为备份，对外发播主要以国产软件的发播为主。

目前，SZBDCORS 系统由 13 个基站和 1 个数据处理中心组成。13 个基站的位置分布如图 1 所示，1 个数据处理中心位于深圳市地籍测绘大队办公楼。13 个基站与数据处理中心的网络采用中国电信的点对点的光纤连接，所有基准站卫星观测数据通过数据网络实时回传至数据处理中心，与此同时，数据处理中心通过数据网络监控各个基准站的工作状态。

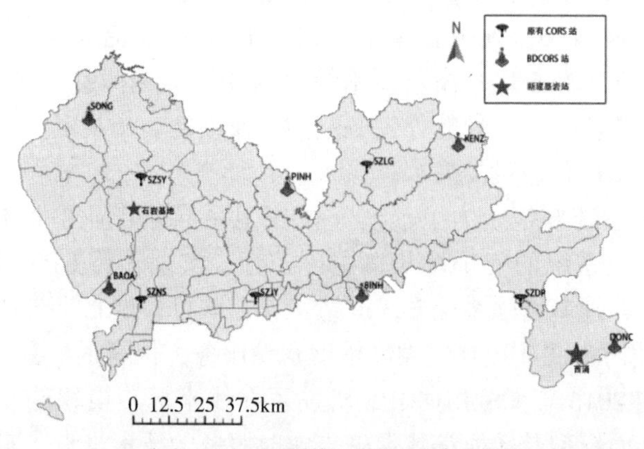

（a）SZBDCORS系统13个基站分布示意图

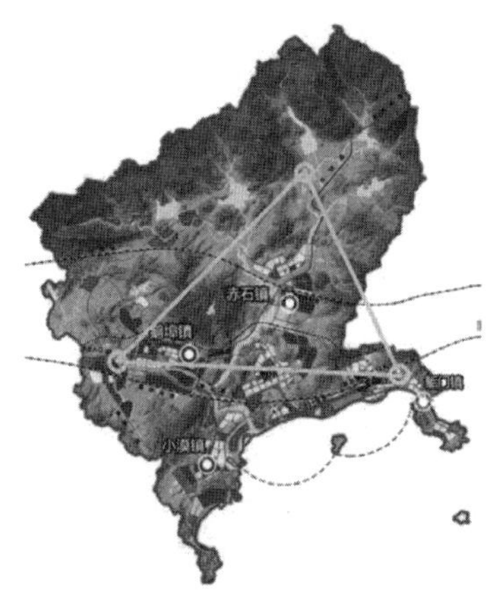

（b）深汕合作区基部分部示意图

图 1　SZBDCORS 分布图

用户接入采用 APN SIM 卡（移动）10M 专线进行通信，用户端通过专线获取控制中心 RTK 解算服务软件提供的差分数据流。整个 SZBDCORS 系统无互联网出口，跟互联网隔离，系统运行的独立性和安全性良好。网络拓扑图如图 2 所示。

（4）SZBCORS 系统应用现状。SZBDCORS 系统以北斗为主、多系统融合（北斗/GPS/GLONASS）的新一代精密定位导航服务系统，历时五年。系统含有 11 个基准站，2019 年提供厘米级的服务累计 4 685 万次，2020 年提供厘米级的服务累计 5 736.5 万次。该系统为国土、城建、交通、水利、气象、地震、港口、海洋等行业陆海统一的高精度三维空间基准服务。服务模式主要有：观测数据服务、网络 RTK 服务和平面高程一体化服务。

1）观测数据服务。提供给低空航飞的相关单位使用。如全市的倾斜摄影测量项目，为每年的航飞任务提供观测数据，计算航线位置。

2）网络 RTK 服务。网络 RTK 服务是主力服务，属无偿公益服务。该服务凭借其能在户外实时、快速（一般 10s 以内）机动地获取厘米级定位精度，在大多数应用场景取代了低效率高成本的传统技术手段，已广泛应用于工程放样、地形测图，各种控制测量工作当中。极大地提高了生产劳动效率，助力地方建设与经济发展。

3）平面高程一体化服务。SZBDCORS 解决了大地水准面模型及转换参数保密与实时服务的技术难点，可提供平面坐标转换服务和高程成果的一体化实时服务。

（5）SZBDCORS 主要技术特色。

1）实现了以北斗为主，GPS 为辅的定位服务。SZBDCORS 系统提供了不依赖 GPS 的单北斗高精度定位服务，保障了精密导航定位与位置服务的自主安全可控。

2）基于 VSPHERE，搭建高可用性虚拟化的 CORS 系统。利用 VSPHERE 虚拟化平台，搭建了一个高可用性的 SZBDCORS 平台。实现了系统可快速扩容、快速恢复、实时监控的高精度定位服务，为百万级甚至千万级海量用户的接入服务奠定了基础。

3）实现了平面和高程“陆海三维一体化”测量方式。将国家科技进步一等奖的研究成果，结合平面坐标转换参数，通过三维在线坐标转换系统达到以下目的：①实现了实时获取深圳市独立坐标系+1956 黄海高程、CGCS2000 平面坐标+1985 国家高程基准的“陆

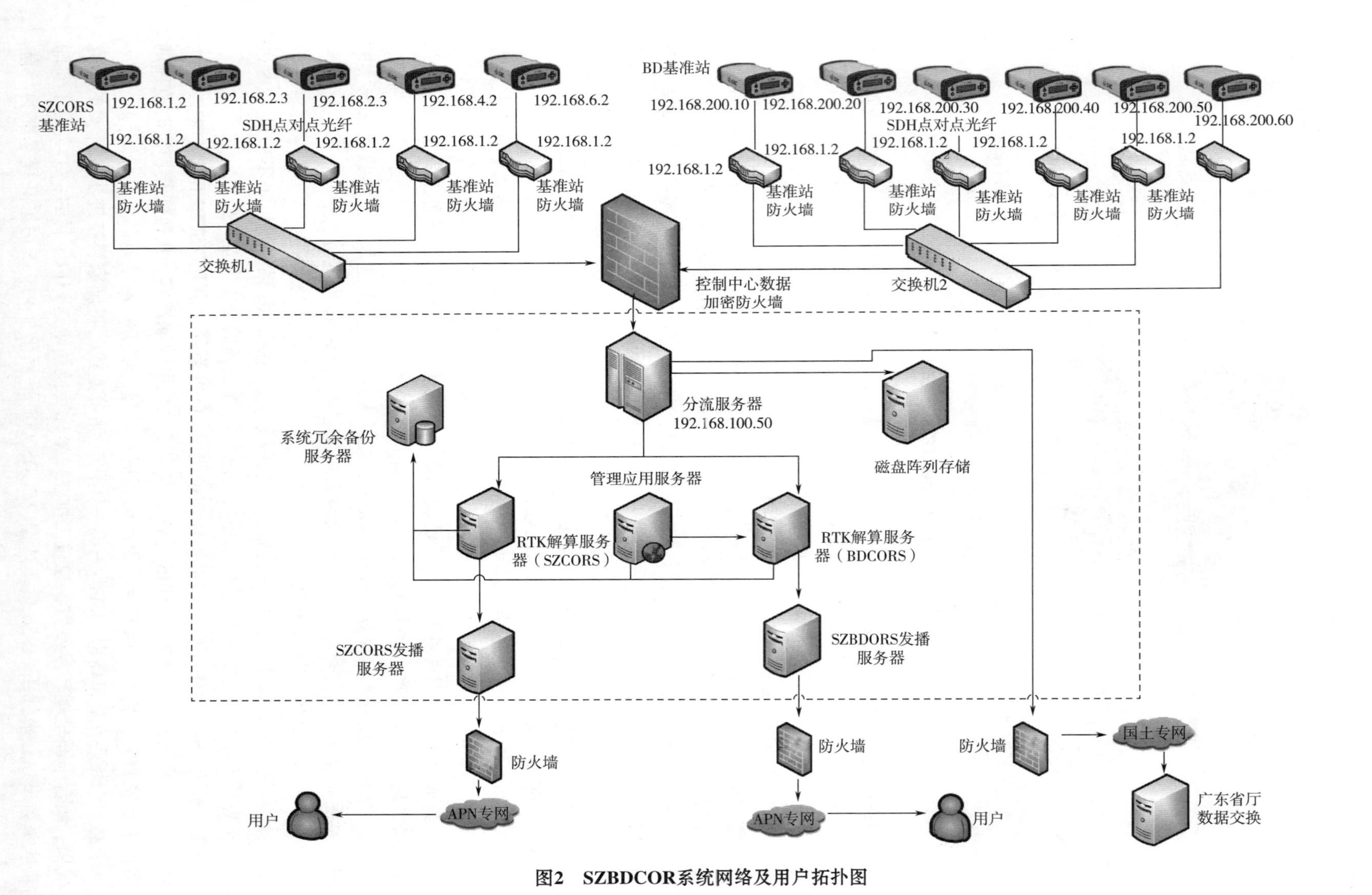

图2　SZBDCOR系统网络及用户拓扑图

海三位一体”定位；②建立了现代平面测定+高程测定的新模式；③解决了 CORS 系统与用户的“最后一公里”问题。

4）提供 GNSS 虚拟测量服务。该服务采用逆向思维方式，借由 CORS 系统软件，通过长期的运行、积累、计算，将相关误差源进行建模，根据 CORS 系统站点的坐标及接收机的物理观测数据，根据用户指定的位置，逆向计算，生成虚拟观测的观测值，改变传统的控制测量模式。

2. 深圳市似大地水准面的基本情况。

（1）深圳市测绘行政主管部门一直高度重视基础测绘工作，早在 2003 年，率先建立了全国第一个城市 CORS 系统，同时通过“深圳特区绝对重力基准点建设”“深圳市高分辨率、高精度似大地水准面测量”等项目建立了覆盖深圳市的平面、高程和重力控制网三网结合的高精度现代测绘基准体系。2017 年，“深圳市北斗地基增强系统”建成投入运行，标志着北斗在深圳市正式对外提供测绘基准服务。

（2）2017—2019 年，为了加快推进陆海基准体系的统一，深圳市地籍测绘大队作为深圳市规划和自然资源局技术支撑单位，先后承担完成了“深圳市似大地水准面的建立”“深圳市陆海垂直基准面统一转换工程”等一系列工作，验证了数字高程基准精密确定的一系列理论和技术难题，主要包括：①利用数字高程基准实现高程基准维持与测定模式的可行性；②“卫星定位系统+数字高程基准模型”精确测定海拔高的新途径；③实现平面和高程的“三维一体”定位，革新了现代高程测定和基准维持的模式。

（3）相关项目的研究成果作为本次国家科技进步奖的主要成果之一，已经广泛应用深圳市城市建设，为工程建设、民生服务、北斗等卫星导航定位、地理信息系统研发应用和社会经济事务管理提供了空间服务保障，产生了显著的社会效益和经济效益。

1）建立了覆盖深圳市陆、海全域的高精度似大地水准面。充分利用地面、航空、卫星重力数据及卫星测高数据，利用 2 185 个点重力数据和 98 个卫星定位水准资料，以 EN-GEN6C4 地球重力场模型作为参考重力场，由第二类 Helmert 凝集法，最终计算得到分辨率为 2′×2′陆海统一的似大地水准面。似大地水准面陆海拼接基于扩展法实现，98 个卫星定位水准点资料与重力似大地水准面比较的标准差为±12mm，融合后的似大地水准面标准差为±8mm。

2）建立了深圳海域高精度深度基准面以及深度基准面与似大地水准面之间的衔接与转换关系。深入研究了深度基准面建立及海域高程基面与深度基准转换的理论，基于长期验潮站水位观测数据（连续观测不少于 3 年）、长期验潮站卫星定位水准联测数据和多源卫星测高海洋观测数据，采用基于改进型潮差比法的深度基准面模型构建方法与基于空间内插的区域深度基准面转换格网模型的构建方法，建立了深圳海域高精度深度基准面以及深度基准面与似大地水准面之间的衔接与转换关系。

（王双龙）

案例 8　工程技术问题综合解决方案——海岸带测量新技术简介

1. 海岸相关概念。

（1）海岸带（Coastal Zone），指海陆之间相互作用的地带，是海岸线向陆海两侧扩展一定宽度的带状区域，包括陆域与近岸海域。不仅具有海滩、湿地、海湾、河口、珊瑚礁等自然特性，也具有城镇、港口、养殖区、工业、旅游娱乐区、围堰等人工特征。目前，国内外对海岸带的定义尚未有统一的标准。从自然角度看，海岸带包括大陆和海域两部分，受陆域和海洋双重影响，其广度和深度时刻都在变化；从管理角度看，海岸带的范围可以几百米宽到几千米宽，可以从淡水分水岭的内陆区域到国家管辖的外海海域。

按照海岸带的定义和界限划分标准，海岸带通常包括三部分：一是海岸部分，指海岸线以上 2km 沿岸陆地的狭窄地带；二是干出滩（海滩或潮间带）部分，指介于海岸线以下至零米等深线之间的潮浸地带；三是潮下带部分，指零米等深线至 15m 水深的下限地带心。

2001 年启动的《千年生态系统评估》将海岸带定义为海洋与陆地的界面，向海延伸至大陆架的中间，向陆包括所有受海洋因素影响的区域；具体边界为：位于平均海深 50m 与潮流线以上 50m 之间的区域，或者自海岸向大陆延伸 100km 范围内的低地。

（2）海岸线（coastline），指海洋与陆地的分界线，更确切的定义是海水到达陆地的极限位置的连线。由于受到潮汐作用以及风暴潮等影响，海水有涨有落，海面时高时低，这条海洋与陆地的实时分界线时刻处于变化之中。因此，实际的海岸线应该是高低潮间无数条海陆分界线的集合，它在空间上是一条带，而不是一条地理位置固定的线。

（3）海岸类型，根据其形态和成因，大体可分为基岩海岸、砂（砾）质海岸、淤泥质海岸和生物海岸。

2. 海岸带对经济建设的影响及其作用。

海岸带是海岸线向海、陆两侧扩展到一定宽度的带状地理区域，同时是海、陆之间相互作用的重要过渡地带，由相互密切影响的近岸海域及滨海陆地组成，因其临海且狭长如带，形象地被称为海岸带。因其地理位置的独特性，无论从生活、经济、军事、政治上都具有十分重要的战略地位。

3. 海岸带测量难点。

（1）项目所在海岸带以滩涂、养殖区、围堰、海堤等为主，滩涂坡度平缓，水下岸坡面积大，明暗沙洲多。由于泥沙淤积和经济开发，滩涂不断向外扩展、地形地貌变化很大。涨潮时为海水淹没，落潮时沟沟坎坎，如图 1 所示。

（a）远景

（b）近景

图 1　现场滩涂照片

（2）项目滩涂主要由淤泥组成，车辆、人员行走困难。受海湾旋转波以及沿岸河流的共同作用，不同流系在前进过程中达到某一谐振状态，加之此处的“巨掌”辐射沙脊地形，极可能产生局部怪潮。在很短的时间内，海水潮位急剧上涨，流速激增，来势汹涌，瞬间就能将船打翻；退潮时杳无声息，一泻千里，而且潮时间很短，危及海上作业人员的安全。采用常规海岸地形测量手段工作量巨大，作业条件异常复杂、艰苦。

（3）考虑测区滩涂特殊的地理特征，滩涂面积大，潮汐怪异，环境危险，交通不便、工作量大等，完全采用常规测量手段作业难度大、效率低、人员安全无法保证，所以，作业单位提出了引入新的测量方法和技术的要求，辅助解决作业效率低、环境危险、重点区域无法作业等难题。

4. 海岸带测量方法。

（1）水岸一体测量。

1）海岸带指以海岸线为基准向海、陆两个方向辐射扩散的广阔地带，包括沿海平原、河口三角洲以及浅海大陆架一直延伸到陆架边缘的区域。海岸带的水岸地形测量，是目前海洋测绘中最重要的部分之一。其主要内容包括浅海水深、海岸线、干出滩、近海陆地和岛礁地形等，由于潮间带受到潮汐的影响，使得海岸带的测量条件比较困难。

2）近年来，水岸一体综合测量技术得到快速发展，水岸一体海岸带测绘系统主要是由水下多波束测深系统、水上激光扫描系统、全景影像采集系统和船 POS 定位定向系统等硬件组成，依据成熟的控制系统实现了对多传感器的同步控制、多数据源的同步采集，如图 2 所示。

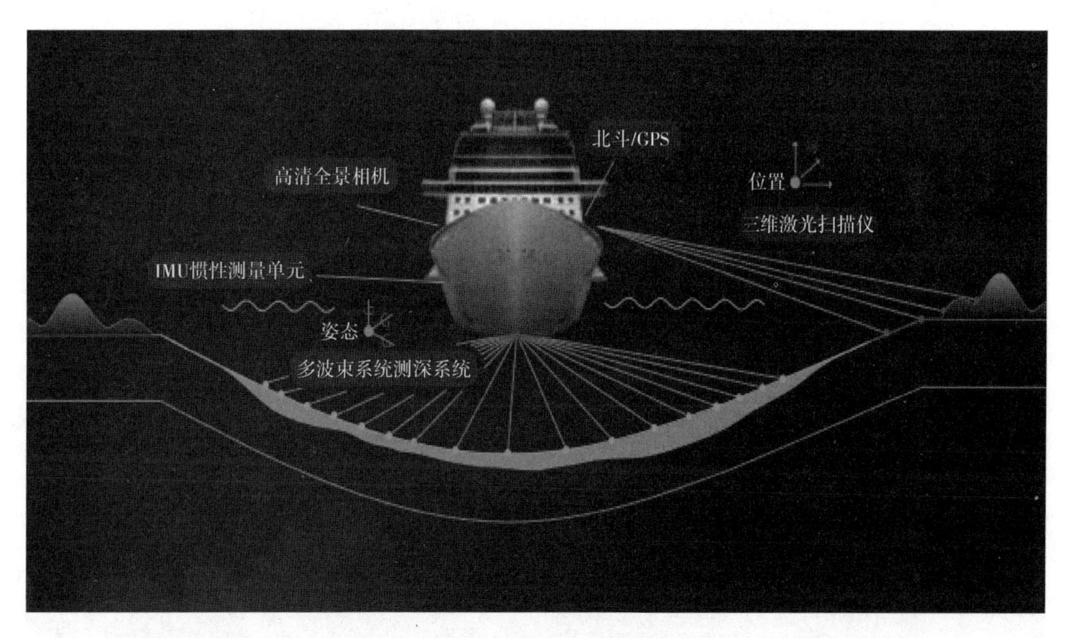

图 2　水岸一体化测量系统

3）该综合测量系统的思路是：将水上、水下设备进行固联，并标定水上激光扫描仪、全景相机、水下多波束换能器与卫星定位主机的平移及旋转位置关系，利用 POS 系统及同步控制器实现多传感器协同信息采集，同时将三维点云归算到统一坐标系下，从而提供快速、高效、全覆盖、高质量的真三维数据，实现了水深及地形成果的拼接和融合，即实现水岸上下一体化测量。

4）船载三维激光移动测绘系统，在船只快速行进过程中，采集高精度定位定姿数据、高密度三维激光点云和高清晰 CCD 影像数据，通过多源数据的时空同步集成、配准融合、特征提取等一系列处理，在专业的海洋测绘成图软件的支持下，构建水岸一体三维数字地形数据库。

5）船载激光扫描系统与传统的测量手段相比有其独特的应用领域，在数据采集方面速度快、灵活、无须接触且可靠性高，一次测量即可覆盖整个测区，极大地节省了外业工作时间，可有效解决本项目中滩涂测量的难点。船载三维激光扫描海岸移动测绘作业如图 3所示，船载激光点云海岸成果如图 4 所示。

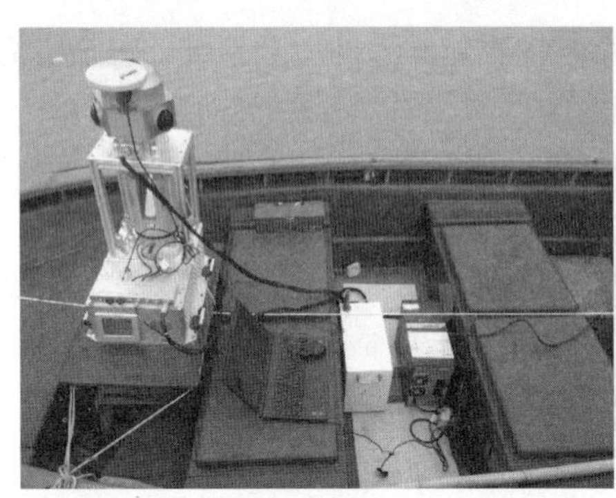

（a）船载三维激光扫描海岸安装示意图

（b）船载三维激光扫描海岸作业示意图

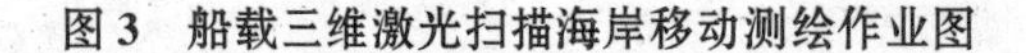

图 3　船载三维激光扫描海岸移动测绘作业图

图 4　船载激光点云海岸成果示意图

（2）无人船测量系统。无人船测量系统集成了卫星定位技术、智能导航技术、自动避障技术、实时通信技术和声呐测深技术。可搭载单波束测深仪、多波束测深仪、ADCP 声学多普勒流速剖面仪、水质仪等多种数据采集设备进行海洋水下地形测量，如图 5 所示，其成果示意见图 6。

与传统人工测量相比，可有效解决传统作业方式效率低下，受地形环境等因素限制较大的情况，同时减少了工作人员的涉水风险，能够满足传统测量方式难以完成的作业和工期要求。

（a）无人船测量系统作业示意图

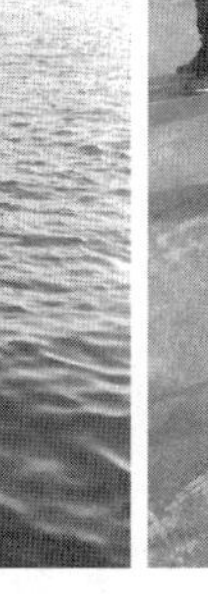

（b）无人船测量系统组成图

图 5　无人船测量系统

图 6　无人船测量系统成果示意图

（3）机载激光雷达测量。目前，航空、航天遥感技术发展很快，卫星遥感、航空摄影测量、无人机测绘（图 7）和机载 LiDAR 测量（图 8）等技术广泛应用于海岸地形测绘，代表了未来该领域技术发展趋势。针对本项目滩涂测量，卫星遥感可以掌控测区全貌，宏观分析地形结构，测绘基础地理信息，但是无法用于干出滩大比例尺测图；航空摄影测量可以测绘大比例尺地形图，但是受测区地貌特征和立体测图技术能力的影响，干出滩的高程测量精度较低，不能满足海道测量规范要求。

无人机机载 LiDAR 可以实现局部区域的精细测量，获取干出滩微地貌，作业方便，可随时起降，缺点是高程测量精度稍低，而且不适合大区域测量作业；航空机载 LiDAR 测量可以获取干出滩高精度 DEM 数据，测量范围大，作业效率高，缺点作业成本高。两者结合是解决本项目滩涂测量的有效方法。机载激光点云成果见图 9。

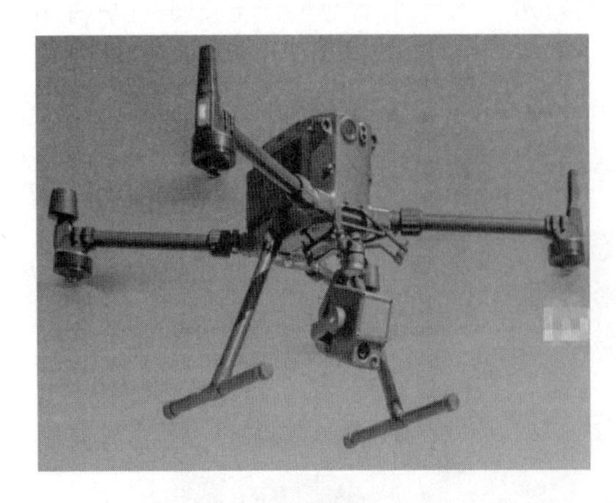

图 7　无人机机载 LiDAR

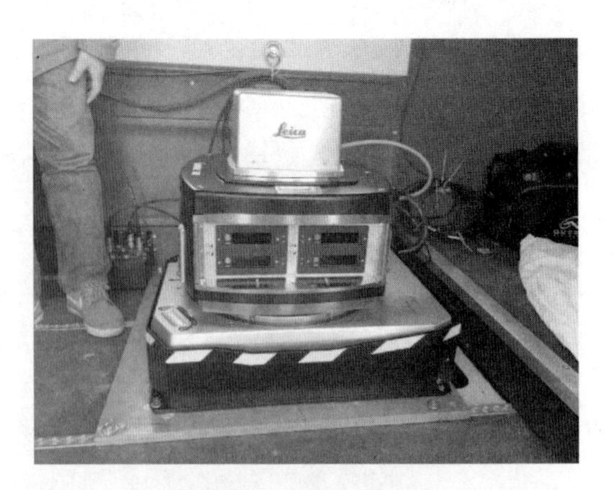

图 8　徕卡机载 LiDAR

图 9　机载激光点云成果示意图

（4）机载激光雷达测深。机载测深激光雷达（Airborne Laser Bathymetry，ALB）技术利用水体在蓝绿光波段（470~580nm）的透射性质，通过基于航空平台的非接触主动探测方式有效克服了传统水深探测方法在非通航区域所存在的适用性问题，具有探测效率高、灵活性强、精度高以及海陆全覆盖等技术特点，能够较好地解决潮间带、滩涂、海岛、礁盘及其近岸浅水海域的地形地貌数据获取问题。

机载激光雷达测深技术是一种主动式遥感观测技术，利用激光在水中的反射、透射传播特性进行水深测量，如图 10 所示。以目前常见的双色激光海水测深为例，由于 0.47~0.58μm 波段光波在海水中受到的吸收、散射等能量衰减作用相对其他波段影响较低，故采用该波段的绿激光（532nm）进行穿透海水量测；水对近红外波段吸收强，但水面具有相对较高的反射率，因此也可与绿激光相结合提高水深测量精度。目前常采用的激光扫描方式有圆、椭圆和直线三种方式，以 RIEGL VQ-880-G 为例，绿色激光（532nm）采用圆形循环扫描方式对陆地或穿透水面进行测量，近红外激光（1 064nm）采用线型扫描方式对陆地或水体表面进行测量。

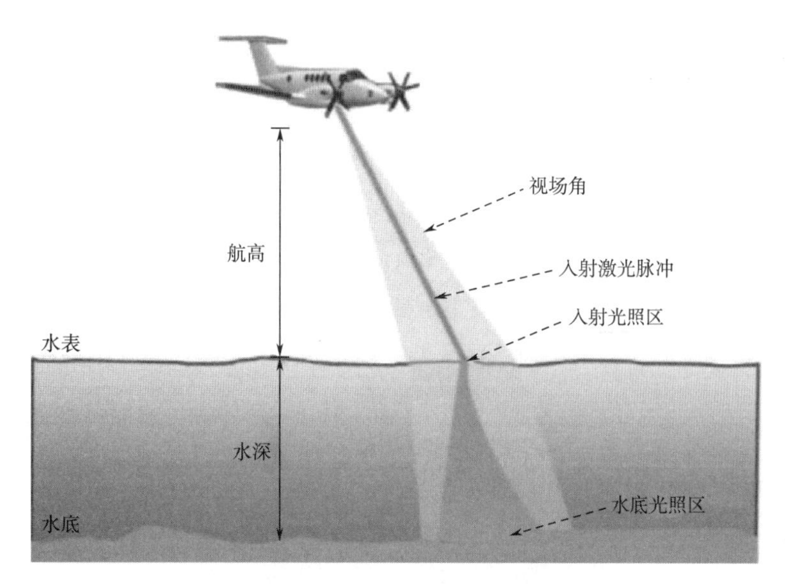

图 10　机载激光雷达水深测量系统示意图

目前已有较为成熟的国外商业机载平台激光雷达测深系统能够成功实现激光水下测量，如 OPTECH 公司的 CZMIL、RIEGL 公司的 VQ－880－G、LEICA 公司的 HawkEye 等，这些系统已在河流海岸带水深测量、水底分类及制图、珊瑚礁的监测、水下考古、水面油污的监测和水下鱼群的监测等多个领域展开了应用。国内目前开展激光雷达测深系统研究的单位主要有中国科学院上海光机所、山东科技大学、国家自然资源部第一海洋研究所、深圳大学、武汉海达数云公司等，但研究成果停留在试验验证阶段，离实用化尚有距离。国内某高校对相关仪器研发及机载测深试验如图 11 所示。

（a）某高校研发试验示意图1

（b）某高校研发试验示意图2

（c）某高校机载试验示意图

图 11　仪器研发及机载实验

（王双龙）

附录B　工程测量标准体系的相关国家标准基本构成

附表B　工程测量标准体系的相关国家标准基本构成

序号	属性	标准名称	标准编号
1	国家标准（工程测量）	工程测量标准	GB 50026—2020
2		工程测量基本术语标准	GB/T 50228—2011
3		冶金工程测量规范	GB 50995—2014
4		油气田工程测量标准	GB/T 50537—2017
5		油气输送管道工程测量规范	GB/T 50539—2017
6		建材矿山工程测量技术规范	GB/T 51178—2016
7		核电厂工程测量技术规范	GB 50633—2010
8		精密工程测量规范	GB/T 15314—2021
9		城市轨道交通工程测量规范	GB/T 50308—2017
10		城市轨道交通监测技术规范	GB/T 50911—2013
11		工程摄影测量规范	GB 50167—2014
12		倾斜数字航空摄影技术规程	GB/T 39610—2020
13		低空数字航摄与数据处理规范	GB/T 39612—2020
14		建筑基坑工程监测技术标准	GB 50497—2019
15		尾矿库在线安全监测系统工程技术规范	GB 51108—2015
16		煤炭工业露天矿边坡工程监测规范	GB 51214—2017
17		露天煤矿边坡变形监测技术规范	GB/T 37697—2019
18		混凝土坝安全监测技术标准	GB/T 51416—2020
19		大坝安全监测系统验收规范	GB/T 22385—2008
20		城市轨道交通设施运营监测技术规范　第1部分：总则	GB/T 39559. 1—2020
21		城市轨道交通设施运营监测技术规范　第2部分：桥梁	GB/T 39559. 2—2020
22		城市轨道交通设施运营监测技术规范　第3部分：隧道	GB/T 39559. 3—2020
23		城市轨道交通设施运营监测技术规范　第4部分：轨道和路基	GB/T 39559. 4—2020
24		海洋工程地形测量规范	GB/T 17501—2017
25		水土保持工程调查与勘测标准	GB/T 51297—2018
26		海上风力发电场勘测标准	GB 51395—2019
27		330kV~750kV 架空输电线路勘测标准	GB 50548—2018
28		1 000kV 架空输电线路勘测规范	GB 50741—2012
29		房产测量规范	GB/T 17986. 1—2000

续附表B

序号	属性	标准名称	标准编号
30	国家标准（工程测量）	地质矿产勘查测量规范	GB/T 18341—2001
31		干线公路定位规则	GB/T 18731—2002
32		海道测量基本术语	GB/T 39619—2020
33		海道测量规范	GB 12327—1998
34		机载激光雷达水下地形测量技术规范	GB/T 39624—2020
35		中国海图图式	GB 12319—1998
36		船用潮汐、潮流图表编制方法	GB 12708—1991
37		全球定位系统（GPS）测量规范	GB/T 18314—2009
38		全球卫星导航系统连续运行基准站网技术规范	GB/T 28588—2012
39		卫星导航定位基准站数据传输和接口协议	GB/T 39607—2020
40		卫星导航定位基准站术语	GB/T 39611—2020
41		卫星导航定位基准站网络实时动态测量（RTK）规范	GB/T 39616—2020
42		差分全球卫星导航系统（DGNSS）技术要求	GB/T 17424—2019
43		北斗卫星导航术语	GB/T 39267—2020
44		北斗卫星导航系统公开服务性能规范	GB/T 39473—2020
45		北斗精密服务产品规范	GB/T 39467—2020
46		北斗卫星共视时间传递技术要求	GB/T 39411—2020
47		北斗卫星导航系统空间信号接口规范　第1部分：公开服务信号B1C	GB/T 39414.1—2020
48		北斗卫星导航系统空间信号接口规范　第2部分：公开服务信号B2a	GB/T 39414.2—2020
49		北斗卫星导航系统空间信号接口规范　第3部分：公开服务信号B1I	GB/T 39414.3—2020
50		北斗卫星导航系统空间信号接口规范　第4部分：公开服务信号B3I	GB/T 39414.4—2020
51		低轨星载GNSS导航型接收机通用规范	GB/T 39268—2020
52		低轨星载GNSS测量型接收机通用规范	GB/T 39410—2020
53		北斗卫星导航系统测量型接收机通用规范	GB/T 39399—2020
54		GNSS接收机数据自主交换格式	GB/T 27606—2020
55		北斗网格位置码	GB/T 39409—2020
56		北斗地基增强系统通信网络系统技术规范	GB/T 39723—2020
57		全球连续运行监测评估系统（iGMAS）质量要求　第1部分：观测数据	GB/T 39396.1—2020

续附表B

序号	属性	标准名称	标准编号
58	国家标准（工程测量）	全球连续运行监测评估系统（iGMAS）质量要求　第2部分：产品	GB/T 39396. 2—2020
59		全球连续运行监测评估系统（iGMAS）文件格式　第1部分：观测数据	GB/T 39397. 1—2020
60		全球连续运行监测评估系统（iGMAS）文件格式　第2部分：产品	GB/T 39397. 2—2020
61		卫星导航定位坐标系	GB/T 30288—2013
62		月球地形图要素分类、代码与图式	GB/T 37541—2019
63		月球影像平面图制作规范	GB/T 34054—2017
64		月球数字高程模型数据制作规范	GB/T 34055—2017

附录 C　工程测量标准体系的相关行业标准构成

附表 C-1　工程测量标准体系的相关行业标准构成（住建行业）

序号	属性	标准名称	标准编号
1	住建行业标准	城市测量规范	CJJ/T 8—2011
2		建筑变形测量规范	JGJ 8—2016
3		建筑施工测量标准	JGJ/T 408—2017
4		卫星定位城市测量技术标准	CJJ/T 73—2019
5		城市地下管线探测技术规程	CJJ 61—2017
6		城市基础地理信息系统技术标准	CJJ/T 100—2017
7		城市地理空间框架数据标准	CJJ 103—2004
8		城市市政综合监管信息系统技术规范	CJJ/T 106—2010
9		城市地理空间信息元数据标准	CJJ/T 144—2019
10		城市遥感信息应用技术标准	CJJ/T 151—2020
11		城市三维建模技术规范	CJJ/T 157—2010
12		城市地理编码技术规范	CJJ/T 186—2012
13		城市综合地下管线信息系统技术规范	CJJ/T 269—2017
14		城市轨道交通结构安全保护技术规范	CJJ/T 202—2013
15		城市轨道交通工程远程监控系统技术标准	CJJ/T 278—2017
16		城市地下病害体综合探测与风险评估技术标准	JGJ/T 437—2018
17		城市工程地球物理探测标准	CJJ/T 7—2017

附表 C-2　工程测量标准体系的相关行业标准构成（能源行业——电力）

序号	属性	标准名称	标准编号
1	能源行业标准（电力）	水电工程测量规范	NB/T 35029—2014
2		火力发电厂工程测量技术规程	DL/T 5001—2014
3		水电工程全球导航卫星系统（GNSS）测量规程	NB/T 35116—2018
4		电力工程数字摄影测量规程	DL/T 5138—2014
5		电力工程遥感调查技术规程	DL/T 5492—2014
6		机载干涉合成孔径雷达（InSAR）系统测制 1：10 000　1：50 000 数字高程模型数字正射影像图数字线划图技术规程	NB/T 51031—2015
7		电力工程勘测制图标准　第 1 部分：测量	DL/T 5156. 1—2015

续附表C-2

序号	属性	标准名称	标准编号
8	能源行业标准（电力）	水电水利工程施工测量规范	DL/T 5173—2012
9		水电水利地下工程施工测量规范	DL/T 5742—2016
10		电力工程施工测量标准	DL/T 5578—2020
11		电力工程测量精度标准	DL/T 5533—2017
12		广域测量系统设计规程	DL/T 5575—2020
13		水电水利工程施工安全监测技术规范	DL/T 5308—2013
14		水电站大坝运行安全在线监控系统技术规范	DL/T 2096—2020
15		水电站大坝运行安全管理信息系统技术规范	DL/T 1754—2017
16		大坝安全监测自动化技术规范	DL/T 5211—2019
17		混凝土坝安全监测技术规范	DL/T 5178—2016
18		混凝土坝安全监测系统施工技术规范	DL/T 5784—2019
19		大坝安全信息分类与系统接口技术规范	DL/T 2097—2020
20		大坝安全监测系统施工监理规范	DL/T 5385—2020
21		大坝安全监测系统运行维护规程	DL/T 1558—2016
22		大坝安全监测数据自动采集装置	DL/T 1134—2009
23		大坝安全监测数据库表结构及标识符标准	DL/T 1321—2014
24		大坝安全监测系统评价规程	DL/T 2155—2020
25		大坝安全监测自动化系统实用化要求及验收规程	DL/T 5272—2012
26		土石坝安全监测技术规范	DL/T 5259—2010
27		土石坝安全监测资料整编规程	DL/T 5256—2010
28		混凝土坝安全监测资料整编规程	DL/T 5209—2020
29		混凝土坝监测仪器系列型谱	DL/T 948—2019
30		水电工程库区安全监测技术规范	DL/T 5809—2020
31		能源标准化管理办法及实施细则	—
32		电力工程勘测安全规程	DL/T 5334—2016
33		变电站岩土工程勘测技术规程	DL/T 5170—2015
34		水电工程竣工图文件编制规程	NB/T 35083—2016
35		差动电阻式土压力计	DL/T 2164—2020
36		微机械电子式测斜仪	DL/T 2163—2020
37		光电式（CCD）引张线仪	DL/T 1062—2020
38		光电式（CCD）垂线坐标仪	DL/T 1061—2020
39		电容式静力水准仪	DL/T 1020—2019
40		电容式垂线坐标仪	DL/T 1019—2019

续附表C-2

序号	属性	标准名称	标准编号
41	能源行业标准（电力）	电容式测缝计	DL/T 1018—2019
42		电容式位移计	DL/T 1017—2019
43		静力水准装置	DL/T 1739—2017
44		双金属管标装置	DL/T 1738—2017
45		钢弦式温度计	DL/T 1737—2017
46		光纤光栅仪器基本技术条件	DL/T 1736—2017
47		引张线装置	DL/T 1565—2016
48		垂线装置	DL/T 1564—2016
49		测量用互感器检验装置	DL/T 668—2017
50		水电水利工程软土地基施工监测技术规范	DL/T 5316—2014

附表 C-3　工程测量标准体系的相关行业标准构成（能源行业——电力线路）

序号	属性	标准名称	标准编号
1	能源行业标准（电力线路）	架空输电线路大跨越工程勘测技术规程	DL/T 5049—2016
2		直升机激光扫描输电线路作业技术规程	DL/T 1346—2014
3		架空输电线路固定翼无人机巡检系统	DL/T 2101—2020
4		架空电力线路多旋翼无人机飞行控制系统通用技术规范	DL/T 2119—2020
5		架空输电线路无人直升机巡检系统	DL/T 1578—2016
6		架空输电线路直升机巡视技术导则	DL/T 288—2012
7		架空输电线路直升机巡视作业标志	DL/T 289—2012
8		35kV～220kV 架空送电线路测量技术规程	DL/T 5146—2001
9		输电杆塔命名规则	DL/T 1252—2013
		500kV 架空送电线路勘测技术规程	DL/T 5122—2000
		火力发电厂岩土工程勘测资料整编技术规定	DL/T 5093—1999
		火力发电厂贮灰场岩土工程勘测技术规程	DL/T 5097—1999
		电力工程勘测安全技术规程	DL 5334—2006
		架空送电线路大跨越工程勘测技术规程	DL/T 5049—2006
		火力发电厂岩土工程勘测技术规程	DL/T 5074—2006
		变电所岩土工程勘测技术规程	DL/T 5170—2002
		电力工程水文地质勘测技术规程	DL/T 5034—2006
		电力工程气象勘测技术规程	DL/T 5158—2012
		电力工程勘测制图　第 1 部分：测量	DL/T 5156.1—2002

附表 C-4　工程测量标准体系的相关行业标准构成（能源行业——核电、风电）

序号	属性	标准名称	标准编号
1	能源行业标准（核电 风电）	核电厂核岛工程微网测量技术规程	NB/T 20504—2018
2		核电工程测量基准网的建立和管理规定	NB/T 20172—2012
3		核电厂建构筑物变形监测技术规程	NB/T 20494—2018
4		压水堆核电厂安全壳预应力技术规程　第 4 部分：监测	NB/T 20325. 4—2018
5		核电工程分部分项划分规定	NB/T 20123—2012
6		核电厂定期安全审查指南　第 6 部分：构筑物、系统和部件的实际状态	NB/T 20442. 6—2017
7		核电工程施工信息化管理通用要求	NB/T 20451—2017
8		核电工程爆破安全监测技术规程	NB/T 20547—2019
9		核电厂工程勘测技术规程　第 4 部分：测量	DL/T 5409. 4—2010
10		海上风电场工程测量规程	NB/T 10104—2018
11		风力发电场测量技术监督规程	NB/T 31131—2018
12		水电工程三维激光扫描测量规程	NB/T 35109—2018
13		风力发电机组在线状态监测系统技术规范	NB/T 31122—2017
14		风电场工程竣工图文件编制规程	NB/T 10207 —2019

附表 C-5　工程测量标准体系的相关行业标准构成（能源行业——石油、化工、天然气）

序号	属性	标准名称	标准编号
1	能源行业标准（石油 化工 天然气）	石油化工工程测量规范	SH/T 3100—2013
2		滩海工程测量技术规范	SY/T 4100—2012
3		石油天然气工程建设卫星定位测量规范	SY/T 7367—2017
4		海上卫星差分定位测量技术规程	SY/T 10019—2016
5		长距离输油输气管道测量规范	SY/T 0055—2003
6		石油天然气井位测量规范	SY/T 5518—2010
7		油气田及管道工程测量质量评定	SY/T 6850—2012
8		石油天然气工程地面三维激光扫描测量规范	SY/T 7346—2016
9		化工企业总图运输设计工程测量技术规定	HG/T 20574—95
10		油气管道工程无人机航空摄影测量规范	SY/T 7344—2016
11		石油天然气工程建设遥感技术规范	SY/T 6965—2013
12		油气输送管道线路工程竣工测量规范	SY/T 4131—2016
13		陆上石油物探测量规范	SY/T 5171—2011
14		油气田开发图例及编图规范	SY/T 6796—2010
15		石油化工企业现状图图式	SH/T 3133—2017
16		油气管道线路标识设置技术规范	SY/T 6064—2017

续附表C-5

序号	属性	标准名称	标准编号
17	能源行业标准（石油 化工 天然气）	油气田开发井号命名规则	SY/T 5829—1993
18		海上油气钻井井名命名规范	SY/T 10012-1998
19		随钻测量仪通用技术条件	SY/T 6702—2007
20		定向井测量仪器测量及检验　第3部分：陀螺类	SY/T 5416. 3—2016
21		重力仪使用与维护	SY/T 5939—2009
22		石油天然气工程建设基本术语	SY/T 0439—2012
23		石油化工仪表管线平面布置图图形符号及文字代号	SH/T 3105—2000
24		石油化工企业建筑物分类标准	SH/T 3196—2017
25		石油工业信息分类与编码导则	SY/T 5785—2007
26		石油工业数据元设计原则	SY/T 6705—2007
27		石油天然气工程制图标准	SY/T 0003—2012
28		石油化工工厂数字总图技术规范	SH/T 3187—2017
29		石油化工企业厂区总平面布置设计规范	SH/T 3053—2002
30		化工建设项目环境保护设计规定	HG/T 20667—2005
31		化工矿山建设项目环境保护设计规定	HG/T 22806—1994
32		化工矿山土地复垦规划设计内容和深度的规定	HG/T 22804—1993
33		化工矿山企业施工图设计内容和深度的规定——尾矿专业	HG/T 22805. 4—1993
34		化工矿山矿区总体规划内容和深度的规范	HG/T 22802—2014
35		地脚螺栓（锚栓）通用图	HG/T 21545—2006

附表 C-6　工程测量标准体系的相关行业标准构成（水利行业）

序号	属性	标准名称	标准编号
1	水利行业标准	水利水电工程测量规范	SL 197—2013
2		水利水电工程施工测量规范	SL 52—2015
3		混凝土坝安全监测技术规范	SL 601—2013
4		土石坝安全监测技术规范	SL 551—2012
5		堤防工程安全监测技术规程	SL/T 794—2020
6		水利水电工程安全监测设计规范	SL 725—2016
7		大坝安全监测系统鉴定技术规范	SL 766—2018
8		水闸安全监测技术规范	SL 768—2018
9		水利水电工程安全监测系统运行管理规范	SL/T 782—2019
10		水工隧洞安全监测技术规范	SL 764—2018
11		水道观测规范	SL 257—2017
12		水文测量规范	SL 58—2014

续附表C-6

序号	属性	标准名称	标准编号
13	水利行业标准	水利技术标准编写规定	SL 1—2014
14		大坝安全监测仪器安装标准	SL 531—2012
15		大坝安全监测仪器报废标准	SL 621—2013
16		水工建筑物强震动安全监测技术规范	SL 486—2011
17		水利水电工程水力学原型观测规范	SL 616—2013
18		水利空间要素图式与表达规范	SL 730—2015
19		水利空间要素数据字典	SL 729—2015
20		水利信息系统运行维护规范	SL 715—2015
21		水库诱发地震监测技术规范	SL 516—2013
22		水工金属结构三维坐标测量技术规程	SL 580—2012
23		水土保持遥感监测技术规范	SL 592—2012
24		水利一张图空间信息服务规范	SL/T 801—2020
25		水利对象分类与编码总则	SL/T 213—2020
26		水利水电工程技术术语	SL 26—2012
27		大坝安全自动监测系统设备基本技术条件	SL 268—2001

附表 C-7　工程测量标准体系的相关行业标准构成（交通行业）

序号	属性	标准名称	标准编号
1	交通行业标准	公路勘测规范	JTG C10—2007
2		公路勘测细则	JTG/T C10—2007
3		水运工程测量规范	JTS 131—2012
4		公路全球定位系统（GPS）测量规范	JTJ/T 066—98
5		水深测量数据采集与处理技术要求	JT/T 701—2007
6		侧扫声呐测量技术要求	JT/T 1362—2020
7		沿海无线电指向标—差分全球卫星导航系统播发标准	JT/T 377—2020
8		沿海通航水域应急扫测技术要求	JT/T 1381—2021
9		通航尺度核定测量技术要求	JT/T 1192—2018
10		多波束测深系统测量技术要求	JT/T 790—2010
11		多波束测深仪　浅水	JT/T 1154—2017
12		水运工程　回声测深仪	JT/T 571—2015
13		沿海港口航道测量技术要求	JT/T 954—2014
14		沿海港口航道图改正通告编写规范	JT/T 702—2019
15		港口航道图编绘技术规定	JT/T 1256—2019

续附表C-7

序号	属性	标准名称	标准编号
16	交通行业标准	国际道路运输信息系统基本技术要求	JT/T 1005—2015
17		沿海港口航道基础地理信息要素　第1部分：分类与编码	JT/T 1161.1—2017
18		沿海港口航道基础地理信息要素　第2部分：要素表达	JT/T 1161.2—2017
19		沿海港口航道基础地理信息要素　第3部分：图示表达	JT/T 待发布
20		港口高精度卫星导航定位系统应用技术要求	JT/T 1254—2019
21		长江航运信息系统 数据交换共享规范	JT/T 1206—2018
22		交通运输卫星导航增强应用系统　第1部分：信息数据元	JT/T 1160.1—2017
23		交通运输卫星导航增强应用系统　第2部分：差分数据电文	JT/T 1160.2—2017
24		交通运输卫星导航增强应用系统　第3部分：位置信息交换与共享	JT/T 1160.3—2017
25		交通运输卫星导航增强应用系统　第4部分：基于数字广播差分信息播发技术要求	JT/T 1160.4—2017
26		道路运输车辆卫星定位系统北斗兼容卫星定位模块　第1部分：技术要求	JT/T 1159.1—2017
27		道路运输车辆卫星定位系统北斗兼容卫星定位模块　第2部分：通信协议	JT/T 1159.2—2017
28		船舶交通管理系统数据交换　第1部分：IVEF格式	JT/T 1142.1—2017
29		船舶交通管理系统数据交换　第2部分：电文格式	JT/T 1142.2—2017
30		交通运输标准制定、修订程序和要求	JT/T 18—2020
31		长江电子航道图制作规范　第5部分：数据保护	JT/T 765.5—2016
32		长江电子航道图制作规范　第4部分：数据有效性检验	JT/T 765.4—2016
33		长江电子航道图制作规范　第3部分：显示准则	JT/T 765.3—2016
34		长江电子航道图制作规范　第2部分：数据传输	JT/T 765.2—2016
35		长江电子航道图制作规范　第1部分：术语	JT/T 765.1—2016
36		交通信息基础数据元　第9部分：建设项目信息基础数据元	JT/T 697.9—2016
37		公路桥梁结构安全监测系统技术规程	JT/T 1037—2016
38		北斗卫星导航系统船舶遇险报警终端技术要求	JT/T 768—2009
39		公路断面探伤及结构层厚度探地雷达	JT/T 940—2014
40		船用通信、导航设备的安装、使用、维护、维修技术要求 全球定位系统（GPS）接收机	JT/T 219—2015
41		伺服式测斜仪	JT/T 1014—2015
42		裂缝测宽仪	JT/T 1152—2017

续附表C-7

序号	属性	标准名称	标准编号
43	交通行业标准	水运工程　回声测深仪	JT/T 571—2015
44		水运工程　声速剖面仪	JT/T 964—2015
45		水运工程　浅地层剖面仪	JT/T 1155—2017
46		激光式高速弯沉测定仪	JT/T 1170—2017

附表 C-8　工程测量标准体系的相关行业标准构成（铁路行业）

序号	属性	标准名称	标准编号
1	铁路行业标准	铁路工程测量规范	TB 10101—2018
2		铁路工程卫星定位测量规范	TB 10054—2010
3		改建铁路工程测量规范	TB 10105—2009
4		铁路工程摄影测量规范	TB 10050—2010
5		铁路工程制图标准	TB/T 10058—2015
6		铁路工程制图图形符号标准	TB/T 10059—2015
7		高速铁路工程测量规范	TB 10601—2009
8		铁路工程信息模型统一标准	TB/T 10183—2021
9		铁路客站结构健康监测技术标准	TB/T 10184—2021
10		邻近铁路营业线施工安全监测技术规程	TB 10314—2021
11		铁路隧道盾构法技术规程	TB 10181—2017
12		铁路建设项目资料管理规程	TB 10443—2010
13		磁浮铁路技术标准（试行）	TB 10630—2019
14		高速铁路安全防护设计规范	TB 10671—2019
15		油气输送管道与铁路交汇工程技术及管理规定	—

附表 C-9　工程测量标准体系的相关行业标准构成（土地行业）

序号	属性	标准名称	标准编号
1	土地行业标准	土地勘测定界规程	TD/T 1008—2007
2		城镇地籍数据库标准	TD/T 1015—2007
3		建设用地节约集约利用评价规程	TD/T 1018—2008
4		基本农田数据库标准	TD/T 1019—2009
5		基本农田划定技术规程	TD/T 1032—2011
6		地籍调查规程	TD/T 1001—2012
7		高标准基本农田建设标准	TD/T 1033—2012
8		土地利用动态遥感监测规程	TD/T 1010—2015
9		土地整治工程建设标准编写规程	TD/T 1045—2016
10		土地整治权属调整规范	TD/T 1046—2016

续附表C-9

序号	属性	标准名称	标准编号
11	土地行业标准	土地整治信息分类与编码规范	TD/T 1051—2017
12		农用地质量分等数据库标准	TD/T 1053—2017
13		土地整治术语	TD/T 1054—2018
14		国土调查数据库标准	TD/T 1057—2020
15		地籍图图式	CH 5003—94
16		地籍测量规范	CH 5002—94

附表 C-10　工程测量标准体系的相关行业标准构成（地质行业）

序号	属性	标准名称	标准编号
1	地质行业标准	滑坡、崩塌监测测量规范	DZ/T 227—2002
2		海洋地质调查导航定位规程	DZ/T 0360—2020
3		海洋磁力测量技术规范	DZ/T 0357—2020
4		海洋重力测量技术规范	DZ/T 0356—2020
5		大比例尺重力勘查规范	DZ/T 0171—2017
6		崩塌、滑坡、泥石流监测规范	DZ/T 0221—2006
7		物化探工程测量规范	DZ/T 0153—2014
8		航空遥感摄影技术规程	DZ/T 0203—2014
9		岩石地球化学测量技术规程	DZ/T 0248—2014
10		矿产资源开发遥感监测技术规范	DZ/T 0266—2014
11		地面沉降调查与监测规范	DZ/T 0283—2015
12		地面沉降测量规范	DZ/T 0154—2020
13		矿山地质环境监测技术规程	DZ/T 0287—2015

附表 C-11　工程测量标准体系的相关行业标准构成（国家测绘行业）

序号	属性	标准名称	标准编号
1	国家测绘行业标准	区域似大地水准面精化精度检测技术规程	CH/T 1040—2018
2		卫星导航定位基准站网测试技术规范	CH/T 2018—2018
3		卫星导航定位基准站网检查与验收	CH/T 1041—2018
4		全球导航卫星系统连续运行基准站网运行维护技术规范	CH/T 2011—2012
5		室内三维测图数据获取与处理技术规程	CH/Z 9031—2021
6		机载型全球导航卫星系统接收机通用规范	CH/Z 8025—2021
7		低空数字航空摄影规范	CH/T 3005—2021
8		低空数字航空摄影测量外业规范	CH/T 3004—2021
9		低空数字航空摄影测量内业规范	CH/T 3003—2021

续附表C-11

序号	属性	标准名称	标准编号
10	国家测绘行业标准	无人机航摄系统技术要求	CH/Z 3002—2010
11		数字航空摄影测量　测图规范　第1部分：1∶500　1∶1 000　1∶2 000数字高程模型　数字正射影像图　数字线划图	CH/T 3007. 1—2011
12		数字航空摄影测量　测图规范　第2部分：1∶5 000　1∶10 000　数字高程模型　数字正射影像图　数字线划图	CH/T 3007. 3—2011
13		地面三维激光扫描作业技术规程	CH/Z 3017—2015
14		实景三维地理信息数据激光雷达测量技术规程	CH/T 3020—2018
15		倾斜数字航空摄影技术规程	CH/T 3021—2018
16		机载激光雷达数据获取成果质量检验技术规程	CH/T 3023—2019
17		地籍测绘规范	CH 5002—1994
18		地籍图图式	CH 5003—1994
19		地籍图质量检验技术规程	CH/T 5004—2014
20		车载移动测量技术规程	CH/T 6004—2016
21		车载移动测量数据规范	CH/T 6003—2016
22		古建筑测绘规范	CH/T 6005—2018
23		城市建设工程竣工测量成果规范	CH/T 6001—2014
24		城市轨道交通结构形变监测技术规范	CH/T 6007—2018
25		无人船水下地形测量技术规程	CH/T 7002—2018
26		基础地理信息数字成果　数字水深模型	CH/Z 9026—2018
27		内陆水域水下地形测量技术规程	CH/T 7003—2021

附表 C-12　工程测量标准体系的相关行业标准构成（海洋行业）

序号	属性	标准名称	标准编号
1	国家海洋局行业标准	海洋多波束水深测量规程	DZ/T 0292—2016
2		全球导航卫星系统（GNSS）连续运行基准站与验潮站并置建设规范	HY/T 243—2018
3		海洋仪器术语	HY/T 008—1992
4		海洋仪器分类及型号命名办法	HY/T 042—2015
5		海洋信息分类与代码	HY/T 075—2005
6		沿海行政区域分类与代码	HY/T 094—2006
7		海洋特别保护区分类分级标准	HY/T 117—2010
8		全国海岛名称与代码	HY/T 119—2008
9		海岛命名技术规范	HY/T 199—2016
10		无居民海岛开发利用测量规范	HY/T 250—2018

续附表C-12

序号	属性	标准名称	标准编号
11	国家海洋局行业标准	海岛保护与利用标准体系	HY/T 265—2018
12		海域使用权属核查技术规程	HY/T 0321—2021
13		宗海图编绘技术规范	HY/T 251—2018
14		海籍调查规范	HY/T 124—2009
15		海域使用分类	HY/T 123—2009
16		海域使用面积测量规范	HY 070—2003
17		填海项目竣工海域使用验收测量规范	HY/T 0318—2021
18		海洋站自动化观测通用技术要求	HY/T 059—2002
19		近岸海洋生态健康评价指南	HY/T 087—2005
20		海平面观测与影响评价	HY/T 134—2010
21		大陆架与专属经济区划界技术资料要求	HY/T 154—2013
22		海岸带制图图式	HY/T 164—2013
23		基准潮位核定技术指南	HY/T 180—2015
24		1：50 000　1：250 000　1：1 000 000 海洋基础地理信息更新技术规范	HY/T 272—2018
25		南极测绘基本技术规定	CH/T 1046—2019
26		极地考察要素分类代码和图式图例	HY/T 221—2017
27		南极区域低空数字航空摄影规范	CH/T 3018—2016
28		中国极地考察档案著录细则	HY/T 030. 2—1993
29		中国极地考察档案分类法	HY/T 030. 1—1993

附表 C-13　工程测量标准体系的相关行业标准构成（有色冶金行业）

序号	属性	标准名称	标准编号
1	有色冶金行业标准	冶金勘察测量规范	YSJ 201—87 YBJ 26—87
2		冶金矿山井巷工程测量规范	YB/T 4385—2013
3		冶金建筑安装工程施工测量规范	YBJ 212—88
4		冶金矿山测量规范	（1992）冶矿字第 743 号
		冶金矿山测量图式	（1992）冶矿字第 743 号
5		工程测量成果检查验收和质量评定标准	YB/T 9008—98
6		黑色冶金矿山测量技术规范	（80）冶矿字第 2192 号
		黑色冶金矿山测量图式	YBJ 221—90

续附表C-13

序号	属性	标准名称	标准编号
7	有色冶金行业标准	黑色冶金矿山井巷施工测量规范	YBJ 221—90
8		地下管线电磁法探测规程	YB/T 9027—1994
9		冶金标准编写的基本规定	YB/T 080—1996
10		有色金属矿山井巷工程测量规程	YSJ 415—93
11		工程测量作业规程	YS/T 5228—2022

附表 C-14　工程测量标准体系的相关行业标准构成（煤炭行业）

序号	属性	标准名称	标准编号
1	煤炭行业标准	煤炭资源勘查工程测量规程	NB/T 51025—2014
2		煤矿膏体充填体监测技术与方法	NB/T 51071—2017
3		矿用钻孔陀螺测斜仪	MT/T 1054—2007
4		地下水动态长期观测技术规范	MT/T 633—1996
5		煤炭产量远程监测系统通用技术要求	MT 1082—2007
6		煤矿用防爆激光指向仪	MT 870—2000
7		电子数显式收敛计	MT/T 919—2002
8		煤矿用锚杆拉力计	MT/T 979—2006
9		煤裂隙描述方法	MT/T 968—2005
10		煤粉生产防爆安全技术规范	MT/T 714—1997
11		煤矿井下环境监测用传感器通用技术条件	MT 443—1995
12		岩石膨胀应力测定方法	MT/T 172—1987
13		煤和岩石变形参数测定方法	MT/T 45—1987
14		矿用烟雾传感器通用技术条件	MT 382—1995

附表 C-15　工程测量标准体系的相关行业标准构成（北斗导航）

序号	属性	标准名称	标准编号
1	北斗导航	北斗地基增强系统基准站建设技术规范	BD 440013—2017
2		北斗地基增强系统基准站数据存储和输出要求	BD 440017—2017
3		北斗卫星导航术语	BD 110001—2015
4		北斗/全球卫星导航系统（GNSS）卫星高精度应用参数定义及描述	BD 420025—2019
5		北斗/全球卫星导航系统（GNSS）基线处理及网平差软件要求与测试方法	BD 420020—2019
6		北斗/全球卫星导航系统（GNSS）网络 RTK 中心数据处理软件要求与测试方法	BD 420021—2019
7		北斗/全球卫星导航系统（GNSS）测量型接收机观测数据质量评估方法	BD 420022—2019

续附表C-15

序号	属性	标准名称	标准编号
8	北斗导航	北斗/全球卫星导航系统（GNSS）RTK 接收机通用规范	BD 420023—2019
9		北斗/全球卫星导航系统（GNSS）地理　信息采集高精度手持终端规范	BD 420024—2019
10		北斗卫星导航系统 RNSS 公开服务性能评估方法	BD 310002—2019
11		北斗卫星导航系统时间	BDJ-120004-2019
12		北斗卫星导航系统地面监测站维护规程	BDJ-330001-2019
13		北斗军用测量型接收机通用规范	BDJ-520001-2019
14		北斗卫星导航系统测量型接收机通用规范	GB/T 39399—2020
15		北斗精密服务产品规范	GB/T 39467—2020
16		北斗卫星导航标准体系（2.0 版）	—

附表 C-16　工程测量标准体系的相关行业标准构成（其他行业）

序号	属性	标准名称	标准编号
1	其他行业	林区公路工程测量规范	LYJ 115—87
2		广播电视工程测量规范	GY 5013—2014
3		纺织工业企业竣工现状图测绘技术规定	FZJ 119—93
4		纺织工业建设工程测量程序及内容规定	FZJ 120—93
5		世界大地测量系统-1984（WGS-84）民用航空应用规范	MH/T 4015—2013
6		民用航空空中交通管理　管理信息系统技术规范　第 4 部分：GNSS 完好性监测数据接口	MH/T 4018.4—2007
7		使用全球定位系统（GPS）进行航路和终端区 IFR 飞行以及非精密进近的运行指南	AC-91-FS-01
8		在终端区实施区域导航的适航和运行批准	AC-121FS-13
9		邮政用汽车卫星定位监控系统技术要求	YZ/Z 0036—2001

注：本系列表格中，主要列出工程建设国家标准和常用行业标准，以方便查询和技术咨询。

附录D　原国家测绘局系统国家标准的构成

附表D　原国家测绘局系统国家标准的构成

序号	属性	测绘国家标准名称	标准编号
1	测绘国家标准	远程光电测距规范	GB 12526—1990
2		导航电子地图安全处理技术基本要求	GB 20263—2006
3		基础地理信息标准数据基本规定	GB 21139—2007
4		国家大地测量基本技术规定	GB 22021—2008
5		国家基本比例尺地图测绘基本技术规定	GB 35650—2017
6		精密工程测量规范	GB/T 15314—1994
7		国家三角测量规范	GB/T 17942—2000
8		大地天文测量规范	GB/T 17943—2000
9		房产测量规范　第1单元：房产测量规定	GB/T 17986.1—2000
10		房产测量规范　第2单元：房产图图式	GB/T 17986.2—2000
11		地理信息　一致性与测试	GB/T 19333.5—2003
12		地理信息　元数据	GB/T 19710—2005
13		导航地理数据模型与交换格式	GB/T 19711—2005
14		国家一、二等水准测量规范	GB/T 12897—2006
15		基础地理信息要素分类与代码	GB/T 13923—2006
16		车载导航电子地图产品规范	GB/T 20267—2006
17		车载导航地理数据采集处理技术规程	GB/T 20268—2006
18		地理空间数据交换格式	GB/T 17798—2007
19		1：500　1：1 000　1：2 000地形图航空摄影测量内业规范	GB/T 7930—2008
20		1：500　1：1 000　1：2 000地形图航空摄影测量外业规范	GB/T 7931—2008
21		1：25 000　1：50 000　1：100 000地形图航空摄影测量内业规范	GB/T 12340—2008
22		1：25 000　1：50 000　1：100 000地形图航空摄影测量外业规范	GB/T 12341—2008
23		国家基本比例尺地图编绘规范　第1部分：1：25 000　1：50 000　1：100 000地形图编绘规范	GB/T 12343.1—2008
24		国家基本比例尺地图编绘规范　第2部分：1：250 000地形图编绘规范	GB/T 12343.2—2008
25		近景摄影测量规范	GB/T 12979—2008
26		国家基本比例尺地形图更新规范	GB/T 14268—2008
27		地图印刷规范	GB/T 14511—2008

续附表D

序号	属性	测绘国家标准名称	标准编号
28	测绘国家标准	测绘基本术语	GB/T 14911—2008
29		1∶5 000　1∶10 000　1∶25 000　1∶50 000　1∶100 000 地形图航空摄影规范	GB/T 15661—2008
30		1∶500　1∶1 000　1∶2 000 地形图航空摄影测量数字化测图规范	GB/T 15967—2008
31		遥感影像平面图制作规范	GB/T 15968—2008
32		中、短程光电测距规范	GB/T 16818—2008
33		摄影测量数字测图记录格式	GB/T 17158—2008
34		1∶500　1∶1 000　1∶2 000 地形图数字化规范	GB/T 17160—2008
35		数字测绘成果质量要求	GB/T 17941—2008
36		数字测绘成果质量检查与验收	GB/T 18316—2008
37		城市地理信息系统设计规范	GB/T 18578—2008
38		地理信息　质量评价过程	GB/T 21336—2008
39		地理信息　质量原则	GB/T 21337—2008
40		基础地理信息城市数据库建设规范	GB/T 21740—2008
41		地理信息　时间模式	GB/T 22022—2008
42		中国山脉山峰名称代码	GB/T 22483—2008
43		国家基本比例尺地图编绘规范　第3部分：1∶500 000　1∶1 000 000 地形图编绘规范	GB/T 12343.3—2009
44		地理格网	GB/T 12409—2009
45		国家三、四等水准测量规范	GB/T 12898—2009
46		光电测距仪	GB/T 14267—2009
47		摄影测量与遥感术语	GB/T 14950—2009
48		地图学术语	GB/T 16820—2009
49		大地测量术语	GB/T 17159—2009
50		数字地形图产品基本要求	GB/T 17278—2009
51		地理信息　术语	GB/T 17694—2009
52		行政区域界线测绘规范	GB/T 17796—2009
53		全球定位系统（GPS）测量规范	GB/T 18314—2009
54		专题地图信息分类与代码	GB/T 18317—2009
55		数字航空摄影测量　空中三角测量规范	GB/T 23236—2009
56		数字城市地理信息公共平台地名/地址编码规则	GB/T 23705—2009
57		地理信息　核心空间模式	GB/T 23706—2009
58		地理信息　空间模式	GB/T 23707—2009

续附表D

序号	属性	测绘国家标准名称	标准编号
59	测绘国家标准	地理信息　地理标记语言（GML）	GB/T 23708—2009
60		区域似大地水准面精化基本技术规定	GB/T 23709—2009
61		公共地理信息通用地图符号	GB/T 24354—2009
62		地理信息　图示表达	GB/T 24355—2009
63		测绘成果质量检查与验收	GB/T 24356—2009
64		地理信息　数据产品规范	GB/T 25528—2010
65		地理信息分类与编码规则	GB/T 25529—2010
66		地理信息　服务	GB/T 25530—2010
67		地理信息　万维网地图服务接口	GB/T 25597—2010
68		地理信息　基于位置服务　参考模型	GB/T 27918—2011
69		IMU/GPS 辅助航空摄影技术规范	GB/T 27919—2011
70		数字航空摄影规范　第 1 部分：框幅式数字航空摄影	GB/T 27920. 1—2011
71		1：5 000　1：10 000 地形图航空摄影测量外业规范	GB/T 13977—2012
72		国家基本比例尺地形图分幅和编号	GB/T 13989—2012
73		1：5 000　1：10 000 地形图航空摄影测量内业规范	GB/T 13990—2012
74		数字航空摄影规范　第 2 部分：推扫式数字航空摄影	GB/T 27920. 2—2012
75		城市坐标系统建设规范	GB/T 28584—2012
76		地理信息　要素编目方法	GB/T 28585—2012
77		移动测量系统惯性测量单元	GB/T 28587—2012
78		全球导航卫星系统连续运行基准站网技术规范	GB/T 28588—2012
79		地理信息　定位服务	GB/T 28589—2012
80		城市地下空间设施分类与代码	GB/T 28590—2012
81		基于坐标的地理点位置标准表示法	GB/T 16831—2013
82		地理信息　大地测量代码与参数	GB/T 30168—2013
83		地理信息　基于网络的要素服务	GB/T 30169—2013
84		地理信息　基于坐标的空间参照	GB/T 30170—2013
85		地理信息　专用标准	GB/T 30171—2013
86		地理空间框架基本规定	GB/T 30317—2013
87		地理信息公共平台基本规定	GB/T 30318—2013
88		基础地理信息数据库基本规定	GB/T 30319—2013
89		地理空间数据库访问接口	GB/T 30320—2013
90		地理信息　基于位置服务　多模式路径规划与导航	GB/T 30321—2013
91		地理信息　分类系统　第 1 部分：分类系统结构	GB/T 30322. 1—2013

续附表D

序号	属性	测绘国家标准名称	标准编号
92	测绘国家标准	地理信息　元数据　第2部分：影像和格网数据扩展	GB/T 19710.2—2016
93		地理信息　基于坐标的空间参照　第2部分：参数值扩展	GB/T 30170.2—2016
94		地理信息　要素概念字典与注册簿	GB/T 32853—2016
95		国家基本比例尺地图 1：500　1：1 000　1：2 000 正射影像地图	GB/T 33175—2016
96		国家基本比例尺地图 1：500　1：1 000　1：2 000 地形图	GB/T 33176—2016
97		国家基本比例尺地图 1：5 000　1：10 000 地形图	GB/T 33177—2016
98		国家基本比例尺地图 1：250 000　1：500 000　1：1000 000 正射影像地图	GB/T 33178—2016
99		国家基本比例尺地图 1：25 000　1：50 000　1：100 000 正射影像地图	GB/T 33179—2016
100		国家基本比例尺地图 1：25 000　1：50 000　1：100 000 地形图	GB/T 33180—2016
101		国家基本比例尺地图 1：250 000　1：500 000　1：1 000 000 地形图	GB/T 33181—2016
102		国家基本比例尺地图 1：5 000 1：10 000 正射影像地图	GB/T 33182—2016
103		基础地理信息 1：50 000 地形要素数据规范	GB/T 33183—2016
104		地理信息　地理信息权限表达语言	GB/T 33184—2016
105		地理信息　基于地理标识符的空间参照	GB/T 33185—2016
106		陆地国界数据规范	GB/T 33186—2016
107		地理信息　简单要素访问　第1部分：通用架构	GB/T 33187.1—2016
108		地理信息　简单要素访问　第2部分：SQL 选项	GB/T 33187.2—2016
109		地理信息　参考模型　第1部分：基础	GB/T 33188.1—2016
110		地理信息系统软件测试规范	GB/T 33447—2016
111		数字城市地理信息公共平台运行服务质量规范	GB/T 33448—2016
112		基础地理信息数据库建设规范	GB/T 33453—2016
113		基础地理信息 1：10 000 地形要素数据规范	GB/T 33462—2016
114		1：500 1：1 000　1：2 000 外业数字测图规程	GB/T 14912—2017
115		公开版纸质地图质量评定	GB/T 19996—2017
116		国家基本比例尺地图图式　第1部分：1：500　1：1 000　1：2 000 地形图图式	GB/T 20257.1—2017
117		国家基本比例尺地图图式　第2部分：1：5 000　1：10 000 地形图图式	GB/T 20257.2—2017
118		国家基本比例尺地图图式　第3部分：1：25 000　1：50 000　1：100 000 地形图图式	GB/T 20257.3—2017

续附表D

序号	属性	测绘国家标准名称	标准编号
119	测绘国家标准	国家基本比例尺地图图式　第 4 部分：1∶250 000　1∶500 000　1∶1 000 000 地形图图式	GB/T 20257. 4—2017
120		室内多维位置信息标记语言	GB/T 35627—2017
121		实景地图数据产品	GB/T 35628—2017
122		室内外多模式协同定位服务接口	GB/T 35629—2017
123		手机地图数据规范	GB/T 35630—2017
124		地图符号 XML 描述规范	GB/T 35631—2017
125		测绘地理信息数据数字版权标识	GB/T 35632—2017
126		公开版地图地名表示通用要求	GB/T 35633—2017
127		公共服务电子地图瓦片数据规范	GB/T 35634—2017
128		地表覆盖信息服务	GB/T 35635—2017
129		城市地下空间测绘规范	GB/T 35636—2017
130		城市测绘基本技术要求	GB/T 35637—2017
131		地理信息　位置服务　术语	GB/T 35638—2017
132		地址模型	GB/T 35639—2017
133		公交导航数据模型与交换格式	GB/T 35640—2017
134		工程测绘基本技术要求	GB/T 35641—2017
135		1∶25 000　1∶50 000 光学遥感测绘卫星影像产品	GB/T 35642—2017
136		光学遥感测绘卫星影像产品元数据	GB/T 35643—2017
137		地下管线数据获取规程	GB/T 35644—2017
138		导航电子地图框架数据交换格式	GB/T 35645—2017
139		导航电子地图增量更新基本要求	GB/T 35646—2017
140		地理信息　概念模式语言	GB/T 35647—2017
141		地理信息兴趣点分类与编码	GB/T 35648—2017
142		突发事件应急标绘符号规范	GB/T 35649—2017
143		突发事件应急标绘图层规范	GB/T 35651—2017
144		瓦片地图服务	GB/T 35652—2017
145		地理信息　影像与格网数据的内容模型及编码规则　第 1 部分：内容模型	GB/T 35653. 1—2017
146		公开地图内容表示要求	GB/T 35764—2017
147		陆地国界测绘规范	GB/T 35765—2017
148		地图导航定位产品通用规范	GB/T 35766—2017
149		卫星导航定位基准站网基本产品规范	GB/T 35767—2017

续附表D

序号	属性	测绘国家标准名称	标准编号
150	测绘国家标准	卫星导航定位基准站网服务管理系统规范	GB/T 35768—2017
151		卫星导航定位基准站网服务规范	GB/T 35769—2017
152		智慧城市时空基础设施　评价指标体系	GB/T 35775—2017
153		智慧城市时空基础设施　基本规定	GB/T 35776—2017
154		加密重力测量规范	GB/T 17944—2018
155		地理实体空间数据规范	GB/T 37118—2018
156		自发地理信息收集处理规范	GB/T 37119—2018
157		轨道交通地理信息数据规范	GB/T 37120—2018
158		比长基线测量规范	GB/T 16789—2019
159		国家重力控制测量规范	GB/T 20256—2019
160		基础地理信息要素数据字典　第1部分：1∶500　1∶1 000　1∶2 000比例尺	GB/T 20258.1—2019
161		基础地理信息要素数据字典　第2部分：1∶5 000　1∶10 000比例尺	GB/T 20258.2—2019
162		基础地理信息要素数据字典　第3部分：1∶25 000　1∶50 000　1∶100 000比例尺	GB/T 20258.3—2019
163		基础地理信息要素数据字典　第4部分：1∶250 000　1∶500 000　1∶1 000 000比例尺	GB/T 20258.4—2019
164		卫星导航定位基准站数据传输和接口协议	GB/T 39607—2020
165		基础地理信息数字成果元数据	GB/T 39608—2020
166		地名地址地理编码规则	GB/T 39609—2020
167		倾斜数字航空摄影技术规程	GB/T 39610—2020
168		卫星导航定位基准站术语	GB/T 39611—2020
169		低空数字航摄与数据处理规范	GB/T 39612—2020
170		地理国情监测成果质量检查与验收	GB/T 39613—2020
171		卫星导航定位基准站网质量评价规范	GB/T 39614—2020
172		卫星导航定位基准站网测试技术规范	GB/T 39615—2020
173		卫星导航定位基准站网络实时动态测量（RTK）规范	GB/T 39616—2020
174		卫星导航定位基准站网运行维护技术规范	GB/T 39618—2020
175		基础地理信息数据库系统质量测试与评价	GB/T 39623—2020
176		机载激光雷达水下地形测量技术规范	GB/T 39624—2020
177		地理信息　空间抽样与统计推断	GB/Z 33451—2016
178		地理信息　影像和格网数据	GB/Z 34429—2017

注：截至2021年1月。

附录 E　原国家测绘局系统行业标准的构成

附表 E　原国家测绘局系统行业标准的构成

序号	属性	测绘行业标准名称	标准编号
1	测绘行业标准	测绘技术总结编写规定	CH/T 1001—2005
2		可量测实景影像	CH/Z 1002—2009
3		测绘技术设计规定	CH/T 1004—2005
4		基础地理信息数字产品元数据	CH/T 1007—2001
5		基础地理信息数字产品　土地覆盖图	CH/T 1012—2005
6		基础地理信息数字产品　数字影像地形图	CH/T 1013—2005
7		基础地理信息数据档案管理与保护规范	CH/T 1014—2006
8		基础地理信息数字产品 1∶10 000　1∶50 000 生产技术规程 第 1 部分：数字线划图（DLG）	CH/T 1015. 1—2007
9		基础地理信息数字产品 1∶10 000　1∶50 000 生产技术规程 第 2 部分：数字高程模型（DEM）	CH/T 1015. 2—2007
10		基础地理信息数字产品 1∶10 000　1∶50 000 生产技术规程 第 3 部分：数字正射影像图（DOM）	CH/T 1015. 3—2007
11		基础地理信息数字产品 1∶10 000　1∶50 000 生产技术规程 第 4 部分：数字栅格地图（DRG）	CH/T 1015. 4—2007
12		测绘作业人员安全规范	CH 1016—2008
13		1∶50 000 基础测绘成果质量评定	CH/T 1017—2008
14		测绘成果质量监督抽查与数据认定	CH/T 1018—2009
15		导航电子地图检测规范	CH/T 1019—2010
16		1∶500　1∶1 000　1∶2 000 地形图质量检验技术规程	CH/T 1020—2010
17		高程控制测量成果质量检验技术规程	CH/T 1021—2010
18		平面控制测量成果质量检验技术规程	CH/T 1022—2010
19		1∶5 000　1∶10 000　1∶25 000　1∶50 000　1∶100 000 地形图质量检验技术规程	CH/T 1023—2011
20		影像控制测量成果质量检验技术规程	CH/T 1024—2011
21		数字线划图（DLG）质量检验技术规程	CH/T 1025—2011
22		数字高程模型质量检验技术规程	CH/T 1026—2012
23		数字正射影像图质量检验技术规程	CH/T 1027—2012
24		变形测量成果质量检验技术规程	CH/T 1028—2012

续附表E

序号	属性	测绘行业标准名称	标准编号
25	测绘行业标准	航空摄影成果质量检验技术规程　第 1 部分：常规光学航空摄影	CH/T 1029. 1—2012
26		航空摄影成果质量检验技术规程　第 2 部分：框幅式数字航空摄影	CH/T 1029. 2—2013
27		航空摄影成果质量检验技术规程　第 3 部分：推扫式数字航空摄影	CH/T 1029. 3—2013
28		基础测绘项目文件归档技术规定	CH/T 1030—2012
29		新农村建设测量与制图规范	CH/T 1031—2012
30		归档测绘文件质量要求	CH/T 1032—2013
31		管线测量成果质量检验技术规程	CH/T 1033—2014
32		测绘调绘成果质量检验技术规程	CH/T 1034—2014
33		地理信息系统软件验收测试规程	CH/T 1035—2014
34		管线要素分类代码与符号表达	CH/T 1036—2015
35		管线信息系统建设技术规范	CH/T 1037—2015
36		时空政务地理信息应用服务接口技术规范	CH/T 1038—2018
37		空中三角测量成果检验技术规程	CH/T 1039—2018
38		区域似大地水准面精化精度检测技术规程	CH/T 1040—2018
39		卫星导航定位基准站网检查与验收	CH/T 1041—2018
40		测绘单位质量管理体系通用要求	CH/T 1042—2018
41		地理国情普查成果质量检查与验收	CH/T 1043—2018
42		光学卫星遥感影像质量检验技术规程	CH/Z 1044—2018
43		测绘地理信息档案著录规范	CH/T 1045—2018
44		南极测绘基本技术规定	CH/T 1046—2019
45		地理信息产业统计分类	CH/T 1047—2019
46		测绘地理信息技能人员职业分类和能力评价	CH/T 1048—2019
47		导线测量电子记录规定	CH/T 2002—1992
48		测量外业电子记录基本规定	CH/T 2004—1999
49		三角测量电子记录规定	CH/T 2005—1999
50		水准测量电子记录规定	CH/T 2006—1999
51		三、四等导线测量规范	CH/T 2007—2001
52		全球定位系统实时动态测量（RTK）技术规范	CH/T 2009—2010
53		海岛（礁）大地控制测量外业技术规程	CH/T 2010—2011
54		全球导航卫星系统连续运行基准站网运行维护技术规范	CH/T 2011—2012
55		大地测量数据库基本要求	CH/T 2012—2013
56		测量标志数据库建设规范	CH/T 2013—2016
57		大地测量控制点坐标转换技术规范	CH/T 2014—2016
58		卫星激光测距　数据处理规范	CH/T 2015—2018

续附表E

序号	属性	测绘行业标准名称	标准编号
59	测绘行业标准	卫星激光测距　数据获取规范	CH/T 2016—2018
60		卫星激光测距　数据库建设规范	CH/T 2017—2018
61		卫星导航定位基准站网测试技术规范	CH/T 2018—2018
62		1∶5 000　1∶10 000 比例尺地形图航摄像片室内外综合判调法作业规程（试行）	CH/T 3001—1999
63		1∶10 000　1∶25 000 比例尺影像平面图作业规程	CH/T 3002—1999
64		无人机航摄系统技术要求	CH/Z 3002—2010
65		低空数字航空摄影测量内业规范	CH/Z 3003—2010
66		低空数字航空摄影测量外业规范	CH/Z 3004—2010
67		低空数字航空摄影规范	CH/Z 3005—2010
68		数字航空摄影测量　控制测量规范	CH/T 3006—2011
69		数字航空摄影测量　测图规范　第1部分：1∶500　1∶1 000　1∶2 000 数字高程模型　数字正射影像图　数字线划图	CH/T 3007. 1—2011
70		数字航空摄影测量　测图规范　第2部分：1∶5 000　1∶10 000 数字高程模型　数字正射影像图　数字线划图	CH/T 3007. 2—2011
71		数字航空摄影测量　测图规范　第3部分：1∶25 000　1∶50 000　1∶100 000 数字高程模型　数字正射影像图　数字线划图	CH/T 3007. 3—2011
72		1∶5 000　1∶10 000 地形图航空摄影测量解析测图规范	CH/T 3008—2011
73		1∶50 000 地形图合成孔径雷达航天摄影测量技术规定	CH/T 3009—2012
74		1∶50 000 地形图合成孔径雷达航空摄影技术规定	CH/T 3010—2012
75		1∶50 000 地形图合成孔径雷达航空摄影测量技术规定	CH/T 3011—2012
76		数字表面模型航空摄影测量生产技术规程	CH/T 3012—2014
77		数字表面模型航天摄影测量生产技术规范	CH/T 3013—2014
78		数字表面模型机载激光雷达测量技术规程	CH/T 3014—2014
79		1∶5 000　1∶10 000 地形图合成孔径雷达航空摄影技术规定	CH/T 3015—2015
80		1∶5 000　1∶10 000 地形图合成孔径雷达航空摄影测量技术规定	CH/T 3016—2015
81		地面三维激光扫描作业技术规程	CH/Z 3017—2015
82		南极区域低空数字航空摄影规范	CH/T 3018—2016
83		1∶25 000　1∶50 000 光学遥感测绘卫星影像产品生产技术规范	CH/T 3019—2018
84		实景三维地理信息数据激光雷达测量技术规程	CH/T 3020—2018
85		倾斜数字航空摄影技术规程	CH/T 3021—2018
86		光学遥感测绘卫星影像数据库建设规范	CH/T 3022—2019
87		机载激光雷达数据获取成果质量检验技术规程	CH/T 3023—2019
88		藏语（德格话）地名汉字译音规则	CH 4001—1991

续附表E

序号	属性	测绘行业标准名称	标准编号
89	测绘行业标准	黎语地名汉字译音规则	CH 4002—1991
90		凉山彝语地名汉字译音规则	CH 4003—1993
91		省、地、县地图图式	CH/T 4004—1993
92		德宏傣语地名汉字译音规则	CH/T 4006—1998
93		蒙古语地名译音规则	CH/T 4007—1999
94		维吾尔语地名译音规则	CH/T 4008—1999
95		藏语（拉萨语）地名译音规则	CH/T 4009—1999
96		哈萨克语地名译音规则	CH/T 4010—1999
97		柯尔克孜语地名汉字译音规则	CH/T 4012—1999
98		藏语（安多语）地名译音规则	CH/T 4013—1999
99		西双版纳傣语地名汉字译音规则	CH/T 4014—1999
100		地图符号库建立的基本规定	CH/T 4015—2001
101		定向运动地图规范	CH/T 4016—2010
102		矢量地图符号制作规范	CH/T 4017—2012
103		基础地理信息应急制图规范	CH/T 4018—2013
104		城市政务电子地图技术规范	CH/T 4019—2016
105		管线制图技术规范	CH/T 4020—2018
106		极地地区 1：50 000　1：100 000 遥感影像平面图制作规范	CH/Z 4021—2019
107		南极地区 1：50 000 地形图图式	CH/T 4022—2019
108		地理国情普查成果图编制规范	CH/T 4023—2019
109		城市政务电子地图更新技术规范	CH/T 4024—2019
110		地籍测绘规范	CH 5002—1994
111		地籍图图式	CH 5003—1994
112		地籍图质量检验技术规程	CH/T 5004—2014
113		城市建设工程竣工测量成果规范	CH/T 6001—2014
114		管线测绘技术规程	CH/T 6002—2015
115		车载移动测量数据规范	CH/T 6003—2016
116		车载移动测量技术规程	CH/T 6004—2016
117		古建筑测绘规范	CH/T 6005—2018
118		时间序列 InSAR 地表形变监测数据处理规范	CH/T 6006—2018
119		城市轨道交通结构形变监测技术规范	CH/T 6007—2018
120		测绘地理信息车载应急监测系统通用技术要求	CH/Z 6008—2018
121		管线测绘工程监理规程	CH/T 6009—2019
122		1：5 000　1：10 000　1：25 000 海岸带地形图测绘规范	CH/T 7001—1999

续附表E

序号	属性	测绘行业标准名称	标准编号
123	测绘行业标准	无人船水下地形测量技术规程	CH/T 7002—2018
124		测绘仪器防霉、防雾、防锈	CH/T 8002—1991
125		坐标格网尺	CH 8003—1991
126		三等标准金属线纹尺	CH 8004—1991
127		全球定位系统（GPS）测量型接收机检定规程	CH 8016—1995
128		航测仪器整机精度检定规程	CH 8017—1999
129		机载激光雷达数据处理技术规范	CH/T 8023—2011
130		机载激光雷达数据获取技术规范	CH/T 8024—2011
131		1∶5 00　1∶10 000 基础地理信息数字产品更新规范	CH/T 9006—2010
132		基础地理信息数据库测试规程	CH/T 9007—2010
133		基础地理信息数字成果 1∶500　1∶1 000　1∶2 000 数字线划图	CH/T 9008. 1—2010
134		基础地理信息数字成果 1∶500　1∶1 000　1∶2 000 数字高程模型	CH/T 9008. 2—2010
135		基础地理信息数字成果 1∶500　1∶1 000　1∶2 000 数字正射影像图	CH/T 9008. 3—2010
136		基础地理信息数字成果 1∶500　1∶1 000　1∶2 000 数字栅格地图	CH/T 9008. 4—2010
137		基础地理信息数字成果 1∶5 000　1∶10 000　1∶25 000　1∶50 000　1∶100 000　第 1 部分：数字线划图	CH/T 9009. 1—2013
138		基础地理信息数字成果 1∶5 000　1∶10 000　1∶25 000　1∶50 000　1∶100 000 数字高程模型	CH/T 9009. 2—2010
139		基础地理信息数字成果 1∶5 000　1∶10 000　1∶25 000　1∶50 000　1∶100 000 数字正射影像图	CH/T 9009. 3—2010
140		基础地理信息数字成果 1∶5 000　1∶10 000　1∶25 000　1∶50 000　1∶100 000 数字栅格地图	CH/T 9009. 4—2010
141		地理信息公共服务平台　地理实体与地名地址数据规范	CH/Z 9010—2011
142		地理信息公共服务平台　电子地图数据规范	CH/Z 9011—2011
143		基础地理信息数字成果数据组织及文件命名规则	CH/T 9012—2011
144		数字城市地理信息公共平台建设要求	CH/T 9013—2012
145		数字城市地理信息公共平台运行服务规范	CH/T 9014—2012
146		三维地理信息模型数据产品规范	CH/T 9015—2012
147		三维地理信息模型生产规范	CH/T 9016—2012
148		三维地理信息模型数据库规范	CH/T 9017—2012

续附表E

序号	属性	测绘行业标准名称	标准编号
149	测绘行业标准	基础地理信息数字成果 1∶500　1∶1 000　1∶2 000 生产技术规程　第1部分：数字线划图	CH/T 9020.1—2013
150		基础地理信息数字成果 1∶500　1∶1 000　1∶2 000 生产技术规程　第2部分：数字高程模型	CH/T 9020.2—2013
151		基础地理信息数字成果 1∶500　1∶1 000　1∶2 000 生产技术规程　第3部分：数字正射影像图	CH/T 9020.3—2013
152		国家基本比例尺地形图　1∶50 000晕渲地形图	CH/T 9021—2013
153		基础地理信息数字成果 1∶500　1∶1 000　1∶2 000 1∶5 000　1∶10 000数字表面模型	CH/T 9022—2014
154		基础地理信息数字成果 1∶25 000　1∶50 000　1∶100 000 数字表面模型	CH/T 9023—2014
155		三维地理信息模型数据产品质量检查与验收	CH/T 9024—2014
156		城市建设工程竣工测量成果更新地形图数据技术规程	CH/T 9025—2014
157		基础地理信息数字成果　数字水深模型	CH/Z 9026—2018
158		数字城市地理信息公共平台服务接口	CH/T 9027—2018
159		地理信息公共服务平台　网络地理信息服务分类与命名规范	CH/T 9028—2018
160		基础性地理国情监测内容与指标	CH/T 9029—2019
161		统一社会信用代码地理空间数据基本要求	CH/T 9030—2019

注：截至2021年1月。

附录F　城市地下管线综合布置的原则与要求

掌握城市地下管线综合布置的原则与要求，对于管线测量工作者而言，无论是进行地下管线施工测量，还是从事地下管线探测，抑或是建立地下管线信息系统，都具有十分重要的意义。至少，我们在面向复杂的管线分布时，能够有一个最基本的判断，不至于毫无头绪或一头雾水。

1. 城市地下管线的综合布置原则。

（1）总体要求。

1）城市地下管线的综合设计与布置，对城市的规划、建设和管理是十分重要的。目前，城市的各种地下管线，分属不同的权属单位，各专业管线的敷设、管理和维修，均由权属单位负责，缺乏统一的部门去协调和管理，而且部队、铁路、民航及港口码头等部门与单位，都有自己一套独立的供电、供水和通信系统。因此，城市地下管线的综合布置显得尤为重要。

2）城市地下管线综合布置的主要目的是合理开发和利用散布的地下空间，协调各专业地下管线在城市地下空间的布设，综合确定城市地下管线在地下空间的位置，避免各专业地下管线之间、地下管线与各种地上及地下建（构）筑物等相互之间的干扰和影响，为地下管线的规划、建设和管理提供保障。

3）根据《中华人民共和国城乡规划法》的规定，城市地下管线的规划管理由城市的规划行政主管部门负责和实施。城市地下管线的新建、扩建、改建和拆除，必须经过城市规划行政主管部门的批准。城市地下管线的建设原则是：先地下后地上，局部服从于整体，临时管线服从于永久管线，可变管线服从于不可变管线，有压管线服从于无压管线，小容量管线服从于大容量管线。

（2）城市地下管线综合布置的一般原则。

1）城市地下管线的规划、设计与施工，要采用统一的城市坐标系统和高程基准。大型厂矿、企业采用独立的坐标系统与假设高程基准时，要建立与城市坐标系统和高程基准的换算关系，并充分考虑城市地下管线系统的规划、设计要求及与城市地下管线系统的衔接。

2）敷设管线应充分利用现有管线，原有的管线不符合生产及生活要求时，才考虑拆除或废弃。敷设临时管线应妥善安排，尽可能与永久管线结合，成为永久管线的一部分。

3）地下管线的综合布置应与总平面布置竖向设计和绿化布置统一进行。确定管线的容量、位置，应考虑城市规划发展的需要，预留一定的备用容量；地下管线之间，地下管线与地上、地下建（构）筑物须相互协调，不影响城市的整体布局。

4）城市地下管线的敷设，在满足生产和生活的需要、不影响地下管线运行安全和便于维护的前提下，须尽量缩短管线的敷设长度和节约用地，合理规划地下管线的空间位置，减少管线之间的相互影响。

5）地下管线宜沿城市道路、街巷布置，并与路、街巷中心线平行，管线的敷设应首先考虑布设在人行道、慢车道上，其次再考虑敷设在快车道上。尽量避免在交通主干道上敷设检修、维护频繁的地下管线，而且同类管线宜敷设在道路的同一侧，不得多次穿越道路，尽量减少地下管线之间的交叉跨越。

6）当城市规划分期分区建设时，管线布置应全面规划，近期集中，近远期结合。地下管线的布置要符合城市的规划发展需要，不影响远期用地的使用。

7）地下管线的综合布置一般根据管线的性质、埋设的深度及对周围建（构）筑物的影响等来决定。对于易燃、易爆的管线可能对周围地上、地下建（构）筑物的基础造成破坏，应远离建（构）筑物；对于埋设深度大的管线亦应远离建（构）筑物。一般而言，地下管线埋设顺序应符合下列原则：①管线从建（构）筑物向道路中心线平行布置的次序为电力管线或电信管线、燃气管线、工业管线、给水管线、雨水管线、污水管线。②各类管线在道路断面由浅入深垂直布置的顺序为通信管线、工业管线、小于 10kV 电力管线、大于 10kV 电力管线、燃气管线、给水管线、雨水管线、污水管线。

8）由于敷设在城市道路下的各专业地下管线，彼此之间会产生干扰和影响，因此，各专业管线之间在水平方向和垂直方向的间距，应满足国家有关专业规范的要求。

9）城市地下管线的敷设与综合布置，还应考虑对周围地上、地下建（构）筑物、城市绿地等的影响，不应危及地上、地下建（构）筑物的安全，不应穿越公共绿地和庭院绿地。同时，应防止地下管线受到腐蚀、沉陷、震动和重压等。国家有关规范对各类地下管线与建（构）筑物、公共绿地之间的间距要求也有相应的规定。

10）地下管线综合布置产生矛盾时，一般应按下列原则处理：①临时管线避让永久管线；②小管线避让大管线；③易弯曲管线避让不易弯曲管线；④压力管线避让重力流管线；⑤新建管线避让原有管线；⑥敷设工程量小的管线避让敷设工程量大的管线；⑦检修少、维护方便的管线避让检修多、维护不便的管线。

11）电力管线与通信管线互相之间会产生电磁干扰等影响，在敷设时应远离。根据国家规范的规定，电力管线和通信管线分别敷设在道路的两侧，通常电力管线敷设在道路东侧或南侧，通信管线敷设在道路的西侧或北侧。

12）值得注意的是：①为了确保拟建的各种城市地下管线平面位置和竖向标高按规划意图测设到实地上，以及各种管线互相衔接，便于今后的管理和维护，其施工控制测量应采用城市统一的平面坐标系统和高程基准。②由于各种地下管线的性质不同，其测量精度要求也有一定的区别。如城市排水管道靠重力自流排水时，其纵坡小，则对高程精度要求较严格；而有压力的给水管道和易弯曲的电缆、通信电缆等对高程精度要求较低，因此测量方法也有所不同。所以，城市地下管线测量工作应针对管线工程的不同特点和要求进行。

2. 给水管线的规划设计要求。

城市的供水类型有居民生活用水、工业用水、市政用水和消防用水等，目前我国大多数城市都采用同一管网系统给上述供水对象供水的统一给水系统，分为输水管道和配水管道。城市给水管线工程规划的目的和任务是根据城市用户（如居民、工厂、市政及消防）用水量的要求，经济合理地、安全可靠地为城市用户提供足够的生产、生活、市政和消防用水，并保证供水的水质和水压符合要求。给水管线的规划、设计与施工，主要是依据用户对水量、水质、水压的要求来进行。

（1）总体要求。

1）给水管线的规划设计要与城市的总体规划相一致，并考虑给水的远期规划，留有足够的供水余量保证城市发展对供水的要求。一般来说，给水工程的建设规模和投资额都是十分庞大的市政工程，管线的敷设如果与城市的规划发展不相符，若干年后，城市的发展就会导致原有的给水管线不再符合城市生产、生活及市政、消防对水量、水质和水压的要求，导致不得不迁改、扩建或新建给水管线，给国家造成浪费。因此，给水管线的规划设计要有超前意识，留有足够的余量，适应城市的发展需要。

2）给水管线的规划、设计与施工，在满足城市用水户对水量、水质和水压的要求下，管线的线路选择要尽可能短，便于施工，使给水工程的投资尽量缩小，从经济上节省给水管线的修理费用。给水管线一般敷设在城市道路下，道路的走向是不规则的，而且同一用户有多条道路可供选择，这就存在线路的优选问题，好的方案就是既满足用水户的需要，又投资最小。

3）给水管线的规划设计要保证管道无论正常使用、维修、扩建及管道局部发生故障时，不中断供水。

4）给水管线在整个城市的供水区域内，从技术上要使城市的用水户有足够的水量和水压，满足用户对水质的要求。

5）给水管线的规划设计要尽可能选择城市现有道路或规划道路，便于管道的敷设、维修、迁改和扩建。

（2）输水管道线路选择要求。

1）输水管道的线路，应尽量做到管线沿线地形起伏小，线路短，少占农田。

2）输水管道走向和位置，要符合城市和工业企业规划的要求，尽可能沿原有道路或规划道路敷设。

3）输水管道应充分利用水位高差，在条件许可时可设加压站。

（3）输水管道数量设计要求。

1）输水管道的数量，应根据供水系统的重要性、输水规模来确定。

2）不允许间断供水的给水工程。一般设置两条以上的输水管道；当有其他安全供水设施时，可只设一条输水管道。

3）允许间断供水的给水工程或一处水源断水并不影响整个供水系统供水的多水源给水工程，一般只设一条输水管道。

（4）输水管道连通管及阀门设计要求。

1）两条以上的输水管一般应设连通管，连通管的条数可根据断管时满足事故用水量的要求，应通过计算确定。

2）连通管直径与输水管相同，或较输水管直径小20%～30%，但应考虑任何一段输水管发生事故时仍能通过连通管满足事故用水量的要求。

3）设有连通管的输水管道上应设置必要的阀门，以保证任何管段发生事故或检修时阀的切换。当输水管直径小于或等于400mm时，阀门直径应与输水管直径相同；当管径大于500mm时，可通过经济比较确定是否缩小阀门口径，但不得小于输水管直径的80%。

4）输水管的阀门间距，需要根据具体位置要求，并结合地形起伏、穿越障碍物及连通管位置等因素综合确定。

（5）给水管线敷设要求。城市给水管线的敷设方式，除跨越河流及穿越铁路等特殊情况外，都是埋设在城市道路下。给水管线的具体敷设，除要符合给水管线本身的规划设计要求外，还要符合城市管线综合布设的原则。另外，给水管线的敷设还受城市气候、土壤介质等环境因素影响。因此，给水管线的敷设深度，主要从下列三个方面考虑：

1）给水管线的埋深与管道本身所受的综合荷载有关。一般来说，土壤介质对管道的荷载随管道敷设深度增加。但地面流动障碍物（如车辆等）对管道的荷载随管道敷设深度减少而增加。经实测得知，埋深在 0. 8 ~ 2. 0m 的范围内，管道所受的综合荷载最小。工程实践表明：0. 8 ~ 1. 2m 是一个转折界限，埋深再增加，管道所受荷载缓慢增加；但埋深减少，管道所受荷载急剧增加。因此，在车行道下，管道的埋深一般在 0. 8 ~ 1. 2m 为优；在人行道下，管道埋深在 0. 6 ~ 0. 8 m 间较好。

2）给水管线的敷设深度与土壤介质的温度状况有关。在北方寒冷城市，为防止给水管线内供水结冰而导致管线供水中断或因膨胀导致管道破裂，故要求埋设在土壤的冰冻线以下。各个北方城市的冰冻线与该城市所在的地理位置有关。南方城市因气候温暖，管道的埋深就没有冰冻线的顾虑。

3）管线的埋深，除考虑上述两个方面的因素外，还受到其他专业管线的综合影响。各专业管线的埋设有先有后，给水管线的埋深往往受到先埋设的其他专业管线的制约。因此，给水管线的埋深要综合考虑。

（6）输水管道的敷设要求。

1）重力输水管道设检查井和通气孔的要求：①输送浑浊度不高的水时，管径在 700mm 以下，检查井间距不大于 200m；管径在 700 ~ 1 400mm 间时，检查井间距不大于 400m。②对于重力输水管，地面坡度较陡时，在适当位置设置跌水井或其他控制水位的措施。③压力输水管道上的隆起点及倒虹管的上、下游一般应设进气阀和排气阀，以便及时排除管内空气，以避免发生气阻以及在放空管道或发生水锤时引入空气，防止管内产生负压。

2）输水管道低凹处设置泄水管及泄水阀的要求。在输水管道的低凹处设置泄水管及泄水阀，泄水管接至河沟或低洼处，当不能自流排出时，设集水井，用提水机排出，泄水管管径一般为输水管的 1/3。

（7）配水管道的敷设要求。

1）配水管道，应根据用水要求合理分布于全供水区。在满足各用户对水量、水压的要求后，应尽可能缩短配水管线的总长度。管网一般可布置成环网状，当允许间断供水时也可敷设为树状。

2）配水干管的位置，尽可能布置在两侧均有较大用户的道路上，以减少配水支管的数量。

3）配水干管之间，应在适当间距处设置连接管以形成环网。连接管间距按供水区重要性、街坊大小、地形等条件考虑，并按通断管时满足事故用水要求确定。

4）用以配水至用户和消火栓的配水支管，一般采用管径为 150 ~ 200mm；负担消防任务的配水支线管管径不小于 150mm。

5）城镇生活用水的管网，严禁与各单位自备的生活用水供水系统直接连接。如必须作为备用水源连接时，则应采取有效的安全隔断措施。

（8）阀门的布设要求。

1）应以满足事故管段的切断需要，其位置结合连接管及重要供水支管的节点设置，干管上的阀门距一般为500~1 000m。

2）一般情况下干管上的阀门设置在连接管的下游，以便阀门关闭时，不影响支管供水。

3）支管与干管相接处，一般在支管上设置阀门，支管修理时不影响干管供水。干管上的阀门根据配水管网分段、分区检修的需要设置。

（9）消火栓的布设要求。

1）在城市管网支干管上的消火栓及工业企业重要水管上的消火栓均应在消火栓前装设阀门。

2）消火栓的间距不大于120m。

3）消火栓的接管管径不小于100mm。

4）消火栓尽可能放置在交叉口和醒目处。消火栓按规定应距建筑物不小于5m；距车行道边不大于2m，以便消防车上水。

（10）给水管线与其他专业管线间距要求。一般情况下，给水管线不允许与污水管线近距离平行布置。给水管线应敷设在污水管上方，当给水管与污水管平行设置时，给水管应采用金属管材，并根据土壤的渗水性及地下水位情况，妥善确定间距。

实际上，在城市日益缩小的地下空间，特别是在旧城区、道路狭窄、管线之间的水平间距无法满足时，一般采用防护措施，来降低间距要求，但两管之间必须保证有0.5m的维修间距，便于给水管线的维修、扩建等。配水管道与构筑物或其他管道的间距要求要满足下列要求：

1）配水管道与构筑物的水平净距：①铁路路堤坡脚为5m；②路堑坡顶为10m；③建筑红线为5m；④街树中心为1.5m。

2）与其他管道之间的水平净距：①煤气管道低压为1.0m，次高压为1.5m，高压为2.0m；②热力管道为1.5m；③通信照明杆柱为1.0m，高压电杆支座为3.0m；④电力电缆为1.0m。

3）给水管道与污水管道的净距：①给水管道相互交叉，净距不少于0.15m；②给水管道应敷设在污水管道上面，当给水管道与污水管道交叉时，管外壁净距不小于0.4m，且不允许有接口重叠；③当给水管道与污水管道平行敷设时，管外壁净距不小于1.5m；④当污水管道必须敷设在生活用水管道上面时，给水管道必须采用钢管或钢套管，套管伸出交叉管的长度，每边不小于3m，套管两端用防水材料封闭，并根据土壤的渗水性及地下水位情况确定净距。

3. 排水管线的规划设计要求。

（1）排水管线的规划设计内容。城市排水工程是把城市中的雨（污）水有组织地按一定的系统汇集起来，处理至符合城市的污水排放标准，将雨（污）水排放到水体。城市排水管线的规划设计，主要包括下面内容：

1）确定排水系统的体制。目前排水系统分为合流制排水系统和分流制排水系统。在排水管线的规划设计中首先根据当地的实际条件，选择适当的排水系统。旧的城市排水系统多为合流制，目前城市的排水系统逐步采用分流制，只将生活、生产污水输入污水处理厂处理后排放入水体而将雨水直接排入水体，减轻城市的污水处理量。

2）确定排水区界，划分排水流域。排水区界的自定，在地形起伏及丘陵地区，流域的分界线与分水线一致；在地形平坦无显著分水线地区，流域的分界线可依据面积大小而划分，使各相邻流域的管道系统能合理分担排水面积，尽量使绝大部分地区雨（污）水能以自流方式排放。

3）估算城市的排水量，拟定城市雨（污）水的排水方案。

4）选择污水处理厂位置和研究污水处理与利用方法。

5）综合布设排水管线的位置、敷设深度、管径及泵站的设置等。

6）推算城市排水系统的经费、投资量及营运维护费。

（2）排水管线的平面布置原则。

1）平面布置原则。

①排水管线的布设要符合城市总体规划要求，配合地面、地下其他各项工程的建设。

②在满足让最大区域的雨（污）水能自流进出的前提下，采用短捷的线路布设和尽可能敷设较浅，减少排水工程的投资。同时，预留一定的余量，满足城市的发展需要。

③充分利用旧有的排水管线。

④满足城市环境保护方面的要求。

⑤合理布设排水管线，少占或不占农业用地。排水管线的布设要远近期结合，分期分批建设。

⑥排水管线一般应沿城市道路布设，尽量避免穿越河流、铁路、地下建构筑物或其他障碍物，也要尽量减少与其他专业管线交叉。

⑦各种不同直径的管道在检查井内的连接，应采用水面或管顶平接。

⑧管道转弯和交接处，其水流转角不小于90°。

⑨压力管应考虑水锤的影响，在管线的高低点以及每隔一定距离处，设排气装置；压力管接入自流管时应有消能设施。

2）各类检查井设置原则。

①重力自流排水管线：在变径、变坡或转弯处，均应设置检查井，管道的转角不应小于90°。在直线段上，检查井的间距最大不应超过40 m。

②跌水井设置：当污水管道跌水水头在1~2m时应设置跌水井，但在管道转折处不宜设跌水井。跌水井的进水管道管径不大于200mm时，一次跌水且水头高度不大于6m；管径为300~400mm时，一次跌水且水头高度不大于4 m。跌水方式一般可采用竖管或矩形竖槽。管径大于400mm时，其一次跌水水头高度及跌水方式应按水力计算确定。

③水封井：当生产污水可能产生引起爆炸或火灾的气体时，其管道系统中必须设置水封井。水封井应设置在产生上述污水的排出口处及其干管上每隔适当距离处。水封井深度0.25m，井上应设通风设施。水封井以及同一管道系统中的其他检查井，均不应设置在车行道和行人众多地段，并应在适当远离产生明火的场地。

④污水管道的倒虹管：倒虹管设置在穿越河流、障碍物、特殊重要结构、地下铁路等处。倒虹管通过河道一般不少于两条，管径一般不小于200mm，倒虹管的管顶距规划河底一般不少于0.5 m，倒虹吸井设置在不受洪水淹没处，井内要设闸槽、闸板、闸门，倒虹吸上行和下行斜管一般不大于30°。

3）排水管线的埋设深度。

①排水管线通常沿城市道路敷设，管道的埋设要防止因地面综合荷载而受到损坏。管顶最小覆土厚度，应根据外部荷载管材强度和土的冰冻情况等条件确定。一般情况下，在车行道上管道顶外壁至地面的深度不少于0.7m，人行道及内街巷的埋深要求可适当放宽。

②在北方城市，因气候寒冷，排水管的埋设深度还须考虑防止管内因冰冻而造成堵塞及因土壤冰冻膨胀而毁坏管道。通常在无保温措施的生活污水管道，应敷设在冰冻线0.15m以下。有防止冰冻膨胀破坏的措施下，污水管道可直埋在冰冻线以上。

③管道的埋设深度要满足各管道与管道之间及管道与用户排水管的要求，不同管径的连接一般在检查井内采用水面或管顶平接，以便雨（污）水能以自流方式排放。

4. 燃气管线的规划设计要求。

城市燃气管线是向城市各类燃气用户安全、可靠地供应生产、生活和公共福利事业用燃气的地下设施。

（1）燃气管线的规划设计原则。

1）与城市的总体规划相一致，并根据城市的规划发展需要，全面规划，远、近期结合，以近期为主，分期分批建设，留有足够的余量，适应城市的远期发展需要。

2）在保证管线安全、可靠营运和向城市各类燃气用户提供正常压力和足量燃气的前提下，尽可能缩短燃气管线的长度，减少工程的投资。通常，城市燃气管线主干管宜布设成环状，以保证供气的可靠性；庭院管布设成枝状，减少管线的长度并降低工程投资。

3）燃气管线一般沿城市道路敷设，不可布设在各类建（构）筑物下，或平行布设在其他专业管线的上方或下方。燃气管线的布设尽量少穿过道路、铁路和其他障碍物。不得不穿越时，应有一定的防护措施，以保障管道的营运安全。

（2）燃气管线的敷设方式。城市燃气管线除穿越道路、铁路、障碍物和跨越河流外，一般埋设在城市的道路下，燃气管线一般采用直埋方式，埋设时尽量避开主要交通干道和繁华的街道，以免给施工和营运管理造成困难。燃气管道不得在堆积易燃和具有腐蚀性液体的场地下穿越，并不应与其他管道或电缆同沟敷设，因环境需要同沟敷设时，必须采取防护措施。

1）燃气管线与其他管线交叉的敷设要求：①对于排水管线，一般敷设在排水干管、渠箱的上面和排水支管的下面；②对于电力、通信管线，从电力、通信管线下面穿越；③对于给水管线，一般而言，对于大管径给水管道，通常从上面敷设。

2）燃气管线的埋设深度要求：①埋设在车行道主干线下时不得小于1.2m，在车行道支线下时不小于1.0m。②埋设在非车行道下时不小于0.9m。③埋设在庭院内时不小于0.6m；埋设在水田下时不小于0.8m。④输送湿燃气或冷凝液的燃气管道，应埋设在冰冻线以下。⑤地下燃气管道埋设时，应在其管顶以上300~500mm处，敷设耐腐蚀的材料制成的警示带，警示带底色为黄色，上面印有压力等级、燃气种类和所属公司名称及危险字样。⑥当敷设管道遇上地下障碍物，导致埋深达不到上述要求时，通常需采取加套管或在管道上加钢板或钢筋混凝土盖板等防护措施。

3）燃气管线凝水缸设置要求：①输送湿燃气管道，坡度不小于3%，凝水缸敷设在管道低点，其间距一般不大于500m。②输气干管在适当的管道低点设置少量凝水缸。③倒虹吸管道在低点设凝水缸。

4）燃气管线阀门设置要求。

①高中压管道。高中压燃气干管上设分段阀门，其间距输送干线上一般为4km，环形管网为2km；高中压支管的起点处要设置阀门；离厂站6~100m范围内设置进出口阀门，支线阀门与进口阀门间距要小于100m。

②低压管道。低压出口管上，离调压站6~100m范围要设置阀门；两个调压站互为备用时，低压连道管上要设阀门。

5）燃气管道末端预留时的处理要求。①管径小于或等于200mm的低压管道末端预留长度为1.0m；②管径小于或等于300mm的低压管道末端预留长度为1.5m；③管径大于300mm的低压管道末端预留长度为2.0m；④高中压管线的预留管道装设阀门，并在阀门后加盲板，管道伸出阀门井外墙1.0m，阀门前必须装设放散阀门。

6）燃气管道穿越障碍物的要求。

①地下燃气管道穿过污水管、热力管沟、隧道及其他各种沟槽时，应将燃气管道敷设于套管内，套管伸出构筑物外墙不小于0.5m，套管两端的密封材料采用柔性的防腐、防水材料。

②燃气管道穿越铁路时，敷设在涵洞内；在穿越城镇主要干道时，敷设在套管或地沟内。套管或地沟两端要密封，在重要地段的套管或地沟端部安装检漏管，并采用检查井或保护罩保护。套管端部距堤坡脚距离不小于1.0m，应满足距铁路边轨不小于2.5m。燃气管道穿越主要铁路干线时，应在铁路两侧装设闸门和调长器。燃气管道垂直穿越公路，套管和管沟伸出公路道牙0.5m。

③燃气管道在穿越河底时，管道至规划河底的埋设深度，要根据水流冲刷条件确定，一般不小于0.8m。燃气管道穿越河流采用倒虹吸过河时，在管道最低点要设置凝水缸，并在两岸设立标志。穿越或跨越重要河流的燃气管道在河流两岸要设置阀门和调长器，调长器安装在两个阀门内侧。

7）燃气管道的材料要求。地下燃气管道一般采用钢管，并加强防腐措施。套管一般采用钢筋混凝土套管或钢套管。当采用钢套管时，套管直径根据穿越管道直径而定，穿越管道外径小于200mm时，套管内径应比穿越管道外径大100mm；穿越管道大于或等于200mm时，套管最小内径应比穿越管道外径大于200mm。

8）聚乙烯燃气管道布设要求。

①聚乙烯燃气管道不得从大型构筑物的下面穿越；不得在堆积易燃、易爆材料和具有腐蚀性液体的场地下面穿越；不得与其他管道或电缆同沟敷设。

②聚乙烯燃气管道与供热管之间水平净距，与其他建筑物、构筑物的基础或相邻管道之间的水平净距应符合相关规定。聚乙烯燃气管道与各类地下管道或设施的垂直净距不应小于附表F-1的规定。

附表F-1　聚乙烯燃气管道与各类地下管道或设施的垂直净距

名称	净距/m	
	聚乙烯燃气管道在该设施上方	聚乙烯燃气管道在该设施下方
给水管、燃气管	0.15	0.15
排水管	0.15	0.20（加套管）

续附表F-1

名称		净距/m	
		聚乙烯燃气管道在该设施上方	聚乙烯燃气管道在该设施下方
电缆供热管道	直埋	0.50	0.50
	在导管内	0.20	0.20
	$t<150^{\circ}$只提供热管	0.50	1.30（加套管）
	$t<150^{\circ}$热水蒸气供热管沟	0.20（加套管）或0.40	0.30（加套管）
	$t<280^{\circ}$蒸汽供热管沟	100（加套管），套管有降温措施可缩小	不允许
铁路轨底		—	1.20（加套管）

③聚乙烯燃气管道埋设的最小管顶覆土厚度应符合下列规定：埋设在车行道下时，深度不应小于1.2m。埋设在非车行道下时，不应小于0.8m。埋设在水田下时，不应小于1.0m，当采取行之有效的防护措施外，上述规定可适当降低。聚乙烯燃气管道的地基宜为无尖硬土石和无盐类的原土层，当土层有尖硬土石和盐类时，应铺垫细沙或细土。凡可能引起管道不均匀沉降的地段，其地基应进行处理。

9）燃气管线间的净距要求。在实际敷设时，受到城市道路地下空间条件的影响，无法达到间距要求时，通常采取的措施是将燃气管线的防腐等级提高，制作专门的燃气管沟。管沟内一般填充沙土。

从燃气管线本身的技术特点而言，在规划设计与施工时，尽可能远离排水管线、电力管线，防止引发事故。

5. 热力管线的规划设计要求。

城市热力管道的布置，应在城市建设规划的指导下，考虑负荷分布，热源位置与各种地上、地下管道及构筑物，园林绿化地的关系和水文、地理条件等多种因素，经技术和经济比较确定。

（1）热力管道的位置要求。

1）城市道路上的热力网管道一般平行道路中心线，并应尽量敷设在车行道以外的地方，一般情况下同一条管道应只沿街道的一侧敷设。

2）穿越厂区的热力网管道应敷设在易于检修和维护的位置。

3）通过非建筑区的热力网管道应沿公路敷设。

4）管径等于或小于ϕ300mm的热力网管道，可以穿过建筑物地下室或自建筑物下专门敷设的通行管沟内穿过。

5）热力管道可以和自来水管道，电压10 kV以下的电力电缆、通信电缆、压缩空气管道，压力排水管道和重油管道，一起敷设在综合沟道内，但热力管道应高于自来水管道和重油管道，同时自来水管道应做绝热层和防水层。

6）热力管道敷设时，宜采用不通行管沟敷设或直埋敷设，穿越不允许开挖检修地段时，应采用通行管沟，当采用通行管沟有困难时，可采用半通行管沟。

（2）热力管沟的敷设要求。

1）管沟敷设的有关尺寸见附表 F-2。

附表 F-2　管沟敷设有关尺寸/mm

类型	管沟净高	人行通道宽	管道保温表面与沟墙净距	管道保温表面与沟顶净距	管道保温表面与沟底净距	管道保温表面间的净距
通行管沟	≥1.8	≥0.8	≥0.2			
半通行管沟	≥1.2	≥0.5				
不通行管沟	—	—	≥0.1	≥0.05	≥0.15	0.2

2）对于直径小于或等于 500mm 的热力网管道宜采用直埋敷设，当敷设于地下水位以下时，直埋管道必须有可靠的防水层。

3）工作人员经常进入的通行管沟应有照明设备和良好的通风。人员在管沟内工作时，空气温度不超过 40℃。装有蒸汽管道的通行管沟每隔 100m 要设一个事故人孔；没有蒸汽管道的通行管沟每隔 200m 设一个事故人孔；整体混凝土结构的通行管沟，每隔 200m 设一个安装孔。

（3）热力管道与相关构筑物间的关系。

1）热力网直埋敷设管道，当管径大于 200mm 并与污水管道平行敷设时，最小水平净距不小于 3m，且与垃圾场、墓地等污染地区的最小水平净距应在 30m 以上，不得穿过上述地区。

2）热力管道同河流、铁路、公路等交叉时应尽量垂直相交。特殊情况下，管道与铁路或地下铁路交叉角度不得小于 60°；管道与河流或公路交叉角度不得小于 45°。

3）管道与铁路或不允许开挖的公路交叉，交叉段的一侧留有足够的抽管检修地段时，可采用套管敷设。套管敷设时，套管内不宜采用填充式保温，管道保温层与套管间应留有不小于 50mm 的空隙。

4）地下敷设热力网管道要设坡度，其坡度不小于 2%。

（4）地下敷设热力网管道的覆土深度。

1）管沟盖板或检查室盖板覆土深度不小于 0.2m。

2）直埋敷设管道覆土深度应符合附表 F -3 的要求。

附表 F-3　直埋热力管道的覆土深度要求

管径/mm		50~125	150~200	250~300	350~400	>450
覆土深度/m	车行道下	0.80	1.00	1.00	1.20	1.20
	非车行道下	0.60	0.60	0.70	0.80	0.90

3）燃气管道不得穿入热力网不通行管沟；自来水、排水管道或电缆与热力网管道交叉必须穿入热力网管沟时，应加套管或用厚度 100mm 的混凝土防护层与管沟隔开，同时不妨碍热力管道的检修及地沟排水。

4）热力网管道与燃气管道交叉时，燃气管道应加装套管。

5）热力网管道穿过建筑物时，管道穿墙处应封堵严密。

6. 通信管线的规划设计要求。

通信管线的规划设计是根据城市通信网络的远期发展规划要求来进行的，管线的规划、设计与敷设要符合城市通信的现有用户和将来用户的发展需要。另外，通信管线一经敷设就成为城市永久性的基础设施，成为城市地下管线的一部分。和其他专业管线一样，通信管线的规划设计也要受其他专业管线的影响。

（1）通信管线的规划设计要求。

1）通信管线的规划设计要与城市的总体规划相一致，沿规划道路进行建设，避免敷设在不固定的临时道路上。管线的敷设要依据城市现有用户和将来用户的发展需要，预留足够的容量，适应将来城市通信用户的发展需要。同一方向的通信管道尽量选择直达路由，避免过大的迂回。

2）远离高压输电线、电气化铁路和危险的道路布设，避免电力管线的电磁场干扰。一般电力管线与通信管线分别设在城市道路的两侧。通常，通信管线布设在城市道路的西侧或北侧。

3）合理利用城市地下空间，符合城市地下管线综合布设的长远规划，并充分利用原有的管道设备，选择用户多、线路集中的道路、街巷敷设管线，以适应用户的发展需要。在进行通信管道建设路由选择时，尽量避开地上、地下构筑物过于拥挤和地面交通过于繁忙的街巷，以避免施工时相互干扰。

4）选择尚未铺设高级路面的道路敷设管道，管线的布设要短捷，以节省工程投资。另外，管线通过的路面地上、地下障碍物要尽可能少且便于施工。

5）尽量沿道路敷设及避免穿越铁道、河流及障碍物，尽量避免在有化学腐蚀或电气干扰严重的地带铺设管道。

（2）通信管线敷设的埋深规律。

1）通信管线的敷设方式有：直埋、管道内敷设两种方式。通信管线的埋设深度，因管道的种类及敷设的方式不同而有别。

2）直埋管线的埋深要求，对于市区一般为 0.7～1.0m；对于郊区普通土、硬土为 1.2m，砂砾土为 1.0m。

3）管线埋设在管道内时，对于人行道为 0.5～0.7m，对于车行道为 0.7～0.9m，对于铁道下为不少于 1.2 m。附表 F-4 是各类管道中最小埋深值。

附表 F-4　路面至管顶的最小深度表/m

类别	人行道下	车行道下	与电车轨道交越（从轨道底部算起）	与铁路交越（从轨道底部算起）
水泥管 塑料管 石棉水泥管	0.5	0.7	1.0	1.5
钢管	0.2	0.4	0.7	1.2

4）通信管线埋设深度达不到上述要求时，通常在管顶加设 80mm 厚混凝土包封保护，直埋电缆埋深达不到要求时，一般加保护管。

（3）管道的坡度（或高差）要求。为了使管道管孔内的积水（因管道漏水、渗水或潮湿空气的凝结水）能够自行排出至人孔；或为调节管道及人（手）孔的埋设深度，在两人孔之间的管道一般都设计一定的坡度，坡度一般可与所接近的平行道路的纵坡基本相同；在道路纵坡小时，可人为设定坡度，一般在3°~5°之间，最小不少于2.5°；有时为调节深埋管道与浅埋管道之间的连接，需要加大管道的坡度，最大不得超过15°。

（4）通信管线的附属设施设置要求。

1）分支人孔的设置。在交叉路口或直线管道上需要引出四孔以上的分支管道处，要根据实际需要设置三道分支或四通分支人孔。

2）转弯人孔的设置。管道中心线在某处发生大于5°的折角时，可在折点处设置合适的转弯人孔。

3）直通人孔的设置。①直线管道的段长一般最大不超过150 m，如果超过150 m时，在适当位置上设置直通人孔。②在直线管道路的沿线，有三孔以下的分支管需要就近引出，在引出点附近可设置直通人孔，作为分支电缆与主干电缆的连通场所。③直线管道中心在某处发生小于5°的折角时，可在折点处设置一直通人孔，以缓和因折角对管孔通畅产生的影响。④如有超出上述各项的情况，需根据实际情况考虑人孔建设模式的选择。

7. 电力管线的规划设计要求。

（1）电力管线的规划设计，主要遵循如下六项基本要求。

1）确保电力管线运行安全。城市电力管线负担着整个城市电力能源的输送，电力管线运行的安全与否，直接影响着整个城市的运作。电力管线的规划、设计与施工，首先要保障管线运行的安全，凡是不能保证线路运行安全的任何方案，再节省、再方便、再多理由都是不可取的。

2）线路简捷，尽量利用原有线路以便节省投资。这是线路规划设计时要考虑的经济原则。电力线路的规划设计在确保运行安全的前提下，尽量选择最短的线路和利用原有线路，节省工程投资。其次要避免第二次再投资和采用经济实用的附属设施。

3）保障用户对供电的电压质量和对用电量的要求。提高供电的安全及可靠性，避免供电中断，这是城市供电的目的和要求。

4）方便施工、维护与检修，运行最方便。电力管线的敷设是工程量较大的建设工程，而且在城市道路上施工，线路的规划设计要充分考虑施工敷设的困难。另外，线路的运行安全要靠平时的经常维护与检测，线路的规划设计亦要便于维护与检测。

5）符合城市的总体规划和城市地下管线的综合布置原则。根据城市的规划发展需要，分阶段地进行建设，线路的规划设计要留有余量，以满足城市日后发展需要。

6）线路的选择要避免管线遭受机械性外力的冲击。要避免过热、腐蚀等危害，不要选择将要开挖施工的路段。充油线路通过起伏地形时，要使供油装置合理配置。

（2）电力管线的敷设要求。电力管线的敷设方式通常包括直埋、敷设在槽盒、电缆沟道和电线隧道内。为避免对通信管线的电磁干扰，电力管线须远离通信管线敷设。通常电力管线敷设在城市道路的东侧或南侧。

1）电缆直埋敷设及有关规定。①电缆埋设避开含有酸、碱强腐蚀或杂散电流化等腐蚀严重影响的地段。②未设防护措施时，要避开白蚁危害地带、热源影响和易遭外力损伤的地段。③电缆应敷设在壕沟里，沿电缆全长的上、下紧邻侧铺以厚度不小于100mm的软土或砂层。④沿电缆全长应覆盖宽度不小于电缆两侧 50mm 的保护板，保护板用混凝土制作。位于城镇道路等开挖较频繁的地方，可在保护板上层铺以醒目的标志带。⑤位于城郊或空旷地带，沿电缆路径的直线间隔约 100m 转弯处或接头部位，应竖立明显的方位标志或标桩。⑥直埋电缆敷设于非冻土地区时，电缆直埋深度要求为：电缆外皮至地下构筑物基础，不小于 0. 3m；电缆外皮至地面深度，不小于 0. 7m；当位于车行道或耕地下时应适当加深，不小于 1m。⑦直埋敷设于冻土地区时，埋入冻土层以下，当无法深埋，可在土壤排水性好的干燥冻土层或回填土中埋设，也可采取其他防止电缆受到损伤的措施。⑧直埋敷设的电缆，严禁位于其他地下管道的正上方或下方。⑨直埋敷设的电缆与铁路、公路或街道交叉时，要加保护管，保护范围超出路基，街道路面两边以及排水沟边 0. 5m 以上。⑩直埋敷设的电缆引入构筑物，在贯穿墙孔处设置保护管，对管口实施阻水堵塞。

2）直埋敷设电缆的接头配置。①接头与邻近电缆的净距不小于 0. 25m。②并列电缆的接头位置相互错开，不小于 0. 5m。③斜坡地形处的接头安置，应呈水平状。④对重要回路的电缆接头，在其两侧约 1 000m 开始的局部段，按留有备用量敷设电缆。

3）电缆敷设于水下时的要求。①电缆要敷设在河床稳定、流速较缓、岸边不易被冲刷的地方。②水下电缆敷设要选择水下无礁石或沉船等障碍物，少有沉锚和拖网渔船活动的水域。③电缆不设在码头、渡口、水工构筑物近处以及挖泥区和规划构筑地带。④水下电缆不得悬空于水中，埋设于水底适当深度，并加以稳固覆盖保护，浅水区埋深不小于 0. 5m，深水航道的埋深不小于 2. 0m。⑤水下电缆相互间严禁交叉、重叠，相邻的电缆保持足够的安全间距。⑥主航道内，电缆相互间距不小于平均最大水深的 1. 2 倍，引至岸边间距可适当缩小。⑦水下电缆与工业管道之间的水平距离不小于 50m，受条件限制时不小于 15m。

参 考 文 献

［1］宁津生，陈俊勇，李德仁．测绘学概论［M］．武汉：武汉大学出版社，2004.

［2］刘培仓．陕西年鉴［M］．西安：陕西年鉴社，2010.

［3］郭渭明，牛卓立．工程测量标准体系的构建与发展［J］．工程勘察，2009，37（12）：6-10+25.

［4］住房和城乡建设部标准定额司．工程建设标准编制指南［M］．北京：中国建筑工业出版社，2009.

［5］中国卫星导航系统管理办公室．BD 440013—2017 北斗地基增强系统基准站建设技术规范［S］．北京：中国标准出版社，2017.

［6］魏子卿，吴富梅，刘光明．北斗坐标系［J］．测绘学报，2019，48（07）：805-809.

［7］朱华统．大地坐标系的建立［M］．北京：测绘出版社，1986.

［8］周忠谟．GPS 卫星测量原理与应用［M］．北京：测绘出版社，1991.

［9］宁津生，王华，程鹏飞，等．2000 国家大地坐标系框架体系建设及其进展［J］．武汉大学学报，2015，40（05）：569-573.

［10］宁津生，刘经南，陈俊勇，等．现代大地测量理论与技术［M］．武汉：武汉大学出版社，2006.

［11］国家测绘总局．国家三角测量和精密导线测量规范［M］．北京：测绘出版社，1974.

［12］中华人民共和国住房和城乡建设部，国家市场监督管理总局．GB 50026—2020 工程测量标准［S］．北京：中国计划出版社，2020.

［13］中华人民共和国国家质量监督检验检疫总局，中国国家标准化管理委员会．GB 17942—2000 国家三角测量规范［S］．北京：中国标准出版社，2000.

［14］国家测绘总局．一、二、三、四等三角测量细则［M］．北京：测绘出版社，1958.

［15］中华人民共和国住房和城乡建设部，中华人民共和国国家质量监督检验检疫总局．GB 50026—2007 工程测量规范［S］．北京：中国计划出版社，2007.

［16］中华人民共和国建设部．GB 50026—93 工程测量规范［S］．北京：中国计划出版社，1993.

［17］李青岳，陈永奇．工程测量学［M］．第 2 版．北京：测绘出版社，1995.

［18］中华人民共和国水利部．SL 52—2015 水利水电工程施工测量规范［S］．北京：中国水利水电出版社，2015.

［19］中华人民共和国铁道部．TB 10101—1999 新建铁路工程测量规范［S］．北京：中国铁道出版社，1999.

［20］中华人民共和国交通部．JTJ 061—99 公路勘测规范［S］．北京：人民交通出版社，1999.

[21] 国家能源局 . DL/T 5173—2003 水电水利工程施工测量规范 [S] . 北京：中国电力出版社，2003.

[22] 国家能源局 . DL/T 5099—1999 水工建筑物地下开挖工程施工技术规范 [S] . 北京：中国电力出版社，1999.

[23] 中华人民共和国水利部 . SL 52—93 水利水电工程施工测量规范 [S] . 北京：中国水利水电出版社，1993.

[24] 中华人民共和国建设部，国家技术监督局 . GB/T 50228—96 工程测量基本术语标准 [S] . 北京：中国计划出版社，1996.

[25] 中华人民共和国住房和城乡建设部，中华人民共和国国家质量监督检验检疫总局 . GB/T 50228—2011 工程测量基本术语标准 [S] . 北京：中国计划出版社，2011.

[26] 武汉测绘科技大学《测量学》编写组，陆国胜修订，测量学（第三版）[M] . 北京：测绘出版社，2000.

[27] 中华人民共和国国家基本建设委员会 ，中华人民共和国冶金工业部 . TJ 26—78 工程测量规范 [S] . 北京：中国建筑工业出版社，1978.

[28] 孔祥元，梅是义 . 控制测量学 [M] . 北京：测绘出版社，1991.

[29] 中华人民共和国冶金工业部 . YSJ 201—87 冶金勘察测量规范 [S] . 北京：冶金工业出版社，1987.

[30] 国家测绘局 . CH 2001—92 全球定位系统（GPS）测量规范 [S] . 北京：测绘出版社，1992.

[31] 国家质量技术监督局 . GB/T 18314—2001 全球定位系统（GPS）测量规范 [S]. 北京：中国标准出版社，2001.

[32] 国家市场监督管理总局，中国国家标准化管理委员会 . GB/T 18314—2009 全球定位系统（GPS）测量规范 [S] . 北京：中国标准出版社，2009.

[33] 中华人民共和国建设部 . CJJ 73—97 全球定位系统城市测量技术规程 [S] . 北京：中国建筑工业出版社，1997.

[34] 中华人民共和国交通部 . JTJ/T 066—98 公路全球定位系统（GPS）测量规范 [S] . 北京：人民交通出版社，1998.

[35] 中华人民共和国住房和城乡建设部 . CJJ/T 73—2010 卫星定位城市测量技术规范 [S] . 北京：中国建筑工业出版社，2010.

[36] 中华人民共和国住房和城乡建设部，中华人民共和国国家质量监督检验检疫总局 . GB 50633—2010 核电厂工程测量技术规范 [S] . 北京：中国计划出版社，2010.

[37] 牛卓立 . 工程 GPS 平面控制网的精度衡量方法 [J] . 测绘工程，1996（04）：40-43.

[38] 清华大学土木工程系测量教研组 . 普通测量 [M] . 3 版 . 北京：中国建筑工业出版社，1985.

[39] 中华人民共和国国家质量监督检验检疫总局，JJG 100—2003 全站型电子速测仪 [S] . 北京：中国计量出版社，2003.

[40] 国家市场监督管理总局，国家标准化管理委员会 . GB/T 16818—2008 中、短程光电测距规范 [S] . 北京：中国标准出版社，2008.

［41］中华人民共和国住房和城乡建设部．CJJ/T 8—2011 城市测量规范［S］．北京：中国建筑工业出版社，2011.

［42］中华人民共和国铁道部．TB 10601—2009 高速铁路工程测量规范［S］．北京：中国铁道出版社，2009.

［43］张正禄．工程测量学［M］．第 2 版．武汉：武汉大学出版社，2013.

［44］国家技术监督局，GB 12897—91 国家一、二等水准测量规范［S］．北京：中国标准出版社，1991.

［45］中华人民共和国住房和城乡建设部，中华人民共和国国家质量监督检验检疫总局．GB/T 50308—2017 城市轨道交通工程测量规范［S］．北京：中国建筑工业出版社，2017.

［46］中华人民共和国水利部．SL 1—2014 水利技术标准编写规定［S］．北京：中国水利水电出版社，2014.

［47］中华人民共和国国家质量监督检验检疫总局，中国国家标准化管理委员会．GB/T 12897—2006 国家一、二等水准测量规范［S］．北京：中国标准出版社，2006.

［48］中华人民共和国国家质量监督检验检疫总局，中国国家标准化管理委员会．GB/T 12898—2009 国家三、四等水准测量规范［S］．北京：中国标准出版社，2009.

［49］文湘北，李国建．测绘天地纵横谈［M］．北京：测绘出版社，1999.

［50］中华人民共和国国家质量监督检验检疫总局，中国国家标准化管理委员会．GB/T 35650—2017 国家基本比例尺地图测绘基本技术规定［S］．北京：中国标准出版社，2017.

［51］官建军，李建明，苟胜国，等．无人机遥感测绘技术及应用［M］．西安：西北工业大学出版社，2017.

［52］中华人民共和国国家质量监督检验检疫总局，中国国家标准化管理委员会．GB/T 13989—2012 国家基本比例尺地形图分幅和编号［S］．北京：中国标准出版社，2012.

［53］李长春，何荣．测量学［M］．北京：煤炭工业出版社，2005.

［54］国家测绘局．CH/T 1004—2005 测绘技术设计规定［S］．北京：测绘出版社，2005.

［55］国家测绘局．CH/T 1001—2005 测绘技术总结编写规定［S］．北京：测绘出版社，2005.

［56］中华人民共和国国家质量监督检验检疫总局，中国国家标准化管理委员会．GB/T 18316—2008 数字测绘成果质量检查与验收［S］．北京：中国标准出版社，2008.

［57］国家测绘局．CH 1002—1995 测绘产品检查验收规定［S］．北京：测绘出版社，1995.

［58］城市测量手册编写组．城市测量手册［M］．北京：测绘出版社，1993.

［59］国家能源局．NB/T 35116—2018 水电工程全球导航卫星系统（GNSS）测量规程［S］．北京：中国水利水电出版社，2018.

［60］中华人民共和国国家质量监督检验检疫总局，中国国家标准化管理委员会．GB/T 24356—2009 测绘成果质量检查与验收［S］．北京：中国标准出版社，2009.

［61］国家能源局．NB/T 35029—2014 水电工程测量规范［S］．北京：中国电力出版

社，2014.
［62］全国科学技术名词审定委员会．测绘学名词［M］．第 2 版．北京：科学出版社，2002.
［63］全国科学技术名词审定委员会．测绘学名词［M］．第 3 版．北京：科学出版社，2010.
［64］中华人民共和国国家测绘总局．1：500、1：1 000、1：2 000 地形图图式［M］．北京：测绘出版社，1958.
［65］中华人民共和国国家质量监督检验检疫总局，中国国家标准化管理委员会．GB/T 20257.1—2007 国家基本比例尺地图图式　第 1 部分 1：500、1：1 000、1：2 000 地形图图式［S］．北京：中国标准出版社，2007.
［66］中华人民共和国国家质量监督检验检疫总局，中国国家标准化管理委员会．GB/T 20257.1—2017 国家基本比例尺地图图式第 1 部分 1：500、1：1 000、1：2 000 地形图图式［S］．北京：中国标准出版社，2017.
［67］胡合欢，程新平，徐丽君．极坐标法变形监测精度估算及应用研究［J］．中国水运．航道科技，2017（05）：42-46.
［68］国家测绘局．CH/T 2009—2010 全球定位系统实时动态测量（RTK）技术规范［S］．北京：测绘出版社，2010.
［69］国家市场监督管理总局，中国国家标准化管理委员会．GB/T 28588—2012 全球导航卫星系统连续运行基准站网技术规范［S］．北京：中国标准出版社，2012.
［70］孟灵飞．网络 RTK 技术分析与应用研究［D］．辽宁工程技术大学，2013.
［71］钱文进．网络 GPS/RTK 精度测试与评价分析［D］．西南交通大学，2011.
［72］刘大杰，施一民，过静君．全球定位系统（GPS）的原理与数据处理［M］．上海：同济大学出版社，1996.
［73］李征航，黄劲松．GPS 测量与数据处理［M］．3 版．武汉：武汉大学出版社，2016.
［74］胡明贤．GPS/BDS/GLONASS 多系统网络 RTK 算法实现及定位性能分析［D］．武汉大学，2017.
［75］高井祥，付培义，余学祥，等．数字地形测量学［M］．徐州：中国矿业大学出版社，2018.
［76］刘志德，章书寿，郑汉球．EDM 三角高程测量［M］．北京：测绘出版社，1996.
［77］中华人民共和国国家质量监督检验检疫总局，中国国家标准化管理委员会．GB/T 14912—2017　1：500、1：1 000、1：2 000 外业数字测图技术规程［S］．北京：中国标准出版社，2017.
［78］杜永胜．单波束测深仪校准方法研究［D］．北京化工大学，2020.
［79］王冲，肖胜昌．水电工程测绘新技术［M］．北京：中国水利水电出版社，2020.
［80］韩扬．GNSS 结合多波束技术在乐山大佛水域勘查中应用研究［D］．吉林大学，2017.

［81］丁玉江，付兆明，李云，等．多波束测深技术在漫湾电站水库安全管理中的运用［C］．中国大坝协会 2013 学术年会暨第三届堆石坝国际研讨会论文集，2013：212-219.

［82］马飞．多波束测深声纳接收与采集系统设计［D］．哈尔滨工程大学，2015.

［83］赵会滨，徐新盛，吴英姿．多波束条带测深技术发展动态展望［J］．哈尔滨工程大学学报，2001（02）：41-45.

［84］王家为．基于水上水下一体化探测系统的目标分类关键技术研究［D］．上海海洋大学，2017.

［85］赵志祥，董秀军，吕宝雄，等．地面三维激光扫描技术应用理论与实践［M］．北京：中国水利水电出版社，2019.

［86］中华人民共和国住房和城乡建设部．JGJ 8—2016 建筑变形测量规范［S］．北京：中国建筑工业出版社，2016.

［87］中华人民共和国国家发展和改革委员会．DL/T 5377—2007 水电工程建设征地实物调查规范［S］．北京：中国电力出版社，2007.

［88］中华人民共和国国家质量监督检验检疫总局，中国国家标准化管理委员会．GB/T 21010—2007 土地利用现状分类［S］．北京：中国标准出版社，2007.

［89］中华人民共和国交通部．JTJ 001—97 公路工程技术标准［S］．北京：人民交通出版社，1997.

［90］中华人民共和国住房和城乡建设部，国家市场监督管理总局．GB 51395—2019 海上风力发电场勘测标准［S］．北京：中国计划出版社，2019.

［91］中华人民共和国住房和城乡建设部 CJJ 61—2017 城市地下管线探测技术规程［S］．北京：中国建筑工业出版社，2017.

［92］中华人民共和国住房和城乡建设部．CJJ/T 269—2017 城市综合地下管线信息系统技术规范［S］．北京：中国建筑工业出版社，2017.

［93］中华人民共和国住房和城乡建设部．CJJ/T 7—2017 城市工程地球物理探测标准［S］．北京：中国建筑工业出版社，2017.

［94］国家测绘地理信息局．CH/T 1036—2015 管线要素分类代码与符号表达［S］．北京：中国标准出版社，2015.

［95］国家市场监督管理总局，国家标准化管理委员会．GB/T 39616—2020 卫星导航定位基准站网络实时动态测量（RTK）规范［S］．北京：中国标准出版社，2020.

［96］中华人民共和国自然资源部．CH/T 4020—2018 管线制图技术规范［S］．北京：测绘出版社，2018.

［97］中华人民共和国国家质量监督检验检疫总局，中国国家标准化管理委员会．GB/T 13923—2006 基础地理信息要素分类与代码［S］．北京：中国标准出版社，2006.

［98］全志强．建筑工程测量［M］．北京：测绘出版社，2010.

［99］曹智翔，邓明镜．交通土建工程测量［M］．3 版．成都：西南交通大学出版社，2014.

［100］潘正风．大坝变形观测［M］．西安：西安地图出版社，2012.

［101］刘祖强，张正禄，邹启新．工程变形监测分析预报的理论与实践［M］．北京：中国水利水电出版社，2008.

［102］国家电力监管委员会大坝安全监察中心．岩土工程安全监测手册［M］．3 版．北京：中国水利水电出版社，2013.

［103］刘祖强，张正禄，邹启新．苏通大桥主桥施工期监测方案［M］．北京：水利水电出版社，2009.

［104］焦素朝，林忠萍，唐亿阶．三峡大坝永久船闸人字闸门安装测量控制网的建立［J］．黄河水利职业技术学院学报，2008（02）：1-2.

［105］屈建余，唐保华．地下管线探测技术［M］．1 版．北京：地质出版社，2019.

［106］高绍伟，刘博文．管线探测［M］．2 版．北京：测绘出版社，2014.

［107］汪小茂．城市道路地下管线综合设计［M］．1 版．武汉：长江出版社，2013.

［108］郤艳丽．城市地下管线安全发展指引［M］．1 版．北京：中国建筑工业出版社，2014.

［109］朱伟，等．城市地下管线运行安全风险评估［M］．1 版．北京：科学出版社，2018.

［110］陈永奇．工程测量学［M］．4 版．北京：测绘出版社，2016.

［111］宰金珉，王旭东，徐洪钟．岩土工程测试与监测技术［M］．2 版．北京：中国建筑工业出版社，2016.

［112］张庆贺．地下工程［M］．1 版．上海：同济大学出版社，2005.

［113］中华人民共和国住房和城乡建设部，国家市场监督管理总局．GB 50497—2019 建筑基坑工程监测技术标准［S］．北京：中国计划出版社，2019.

［114］中华人民共和国住房和城乡建设部，中华人民共和国国家质量监督检验检疫总局．GB 50911—2013 城市轨道交通工程监测技术规范［S］．北京：中国建筑工业出版社，2017.

［115］中华人民共和国住房和城乡建设部，中华人民共和国国家质量监督检验检疫总局．GB 50330—2013 建筑边坡工程技术规范［S］．北京：中国建筑工业出版社，2017.

［116］中华人民共和国住房和城乡建设部，中华人民共和国国家质量监督检验检疫总局．GB 50202—2018 建筑地基基础工程施工质量验收规范［S］．北京：中国计划出版社，2018.

［117］中华人民共和国住房和城乡建设部，中华人民共和国国家质量监督检验检疫总局．GB 50007—2011 建筑地基基础设计规范［S］．北京：中国建筑工业出版社，2011.

［118］中华人民共和国住房和城乡建设部．JGJ 120—2012 建筑基坑支护技术规程［S］．北京：中国建筑工业出版社，2012.

［119］中华人民共和国住房和城乡建设部．CJJ 61—2017 城市地下管线探测技术规程［S］．北京：中国建筑工业出版社，2017.

［120］上海市住房和城乡建设管理委员会．DG/TJ 08-2001-2016 基坑工程施工监测规程［S］．上海：同济大学出版社，2016.

［121］王双龙，宋军，吴伟理，等．基于变形速率的深基坑工程监测精度研究［J］．工程勘察，2021，49（07）：41-44+54.

［122］潘正风，杨德麟，黄全义，等．大比例尺数字测图［M］．北京：测绘出版社，1996.

［123］潘正风，罗年学，黄全义．近似斜轴抛物线加权平均插值法曲线光滑［J］．测绘学报，1991（01）：60-65.

［124］国家能源局．DL/T 5173—2003 水电水利工程施工测量规范［S］．北京：中国电力出版社，2003.

［125］中华人民共和国水利部．SL 197—2013 水利水电工程测量规范［S］．北京：中国水利水电出版社，2013.

［126］陈健，薄志鹏．应用大地测量学［M］．北京：测绘出版社，1989.

［127］熊介．椭球大地测量学［M］．北京：解放军出版社，1988.

［128］陈永奇．变形观测数据处理［M］．北京：测绘出版社，1988.

［129］于来法，钟德堂．三维监测网中垂直折光和垂线偏差影响的补偿［J］．测绘学报，1989（04）：297-304.

［130］黄汝麟．建立高精度短边三维网的研究［J］．水利水电测量，1988（12）.

［131］张正禄，吴栋材，杨仁．精密工程测量［M］．北京：测绘出版社，1992.

［132］朱华统，郑育富．大地测量［M］．北京：测绘出版社，1987.

［133］李庆海，陶本藻．概率统计原理和在测量中的应用［M］．北京：测绘出版社，1980.

［134］周江文．误差理论［M］．北京：测绘出版社，1979.

［135］周秋生．测量控制网优化设计［M］．北京：测绘出版社，1992.

［136］陶本藻．自由网平差与变形分析［M］．北京：测绘出版社，1984.

［137］吴干城．汉江杨大沟滑坡三维观测及平差［J］．水利水电测量，1991.

［138］聂辉，邹思甜．浅谈老旧水电站安全监测系统更新改造［J］．城市建筑，2019，16（29）：106-107.

［139］高帅．二滩水电站库区金龙山斜坡稳定性监测的自动化改造技术研究［D］．成都理工大学，2013.

［140］殷建华，丁晓利，杨育文，等．常规仪器与全球定位仪相结合的全自动化遥控边坡监测系统［J］．岩石力学与工程学报，2004（03）：357-364.

［141］谭林．基于精密单点定位技术的大坝变形监测［J］．北京测绘，2020，34（06）：848-851.

［142］阴学军．GPS 在水电站大坝变形监测中的应用研究［D］．西南交通大学，2005.

［143］马涛，赵彦军，张伟．自动化监测系统分析深基坑监测的可靠性［J］．北京测绘，2019，33（11）：1356-1359.

［144］陈寿辙．基于 GNSS 技术的矿区开采沉陷自动化监测系统应用与探讨［J］．北京测绘，2017（06）：111-113.

［145］包欢，卫建东，徐忠阳，等．“智能全站仪网络监测系统”在地铁监测中的应用［J］．北京测绘，2005（03）：19-22.

［146］蒋晨．测量机器人在线控制及其在地铁隧道自动化监测中的应用［D］．中国矿业大学，2015.

［147］姜卫平．卫星导航定位基准站网的发展现状、机遇与挑战［J］．测绘学报，

2017，46（10）：1379-1388.

［148］袁敏. 测绘技术在智慧城市建设中的应用［J］. 北京测绘，2015（01）：128-130.

［149］赵存厚. 南水北调工程概述［J］. 水利建设与管理，2021，41（06）：5-9.

［150］张伟，王瀚斌，顾春丰，等. 南水北调中线工程沉降监测与数据处理［J］. 北京测绘，2020，34（08）：1148-1152.

［151］王珍萍，刘枫，马洪亮. 南水北调中线干线工程中的安全监测［J］. 人民长江，2015，46（23）：91-94.

［152］黎启贤. 南水北调工程箱涵结构安全监测数据分析及预测方法研究［D］. 天津大学，2018.